基于 PROTEUS 的应用开发系列

基于 PROTEUS 的 AVR 单片机设计与仿真

周润景　张丽娜　编著

北京航空航天大学出版社

内 容 简 介

以 ATMEL 公司的 AVR 单片机 AT90S8535 的结构为主线，讲述 AVR 系列单片机的内部结构、接口及其应用。采用基于 PROTEUS 软件的单片机系统仿真功能，对 AT90S8535 内含的EEPROM存储器、方向可定义的 I/O 端口、中断系统、定时器/计数器、模拟量输入接口及串行接口等内部资源的工作原理用实例加以分析，并附 10 个综合应用实例。同时介绍了新型 AVR 单片机，并附以应用实例。为了满足单片机开发中提高系统可靠性以及系统改进和功能扩充的要求，本书应用 IAR Embedded Workbench 集成开发环境开发 AVR 系列单片机 C 语言程序，并提供了 10 个 AVR C 语言应用实例及其分析、仿真结果。所附光盘包含书中所有例子的电路原理图和程序源代码，并附有 IAR 公司提供的用于 AVR 程序调试的 32K 免费版安装软件。

本书既可作为从事 AVR 单片机系统开发的工程技术人员以及广大电子爱好者的参考用书，也可为高等院校师生的单片机系统教学、学生实验、课程设计、毕业设计及电子设计竞赛等提供帮助。

图书在版编目(CIP)数据

基于 PROTEUS 的 AVR 单片机设计与仿真/周润景，张丽娜编著．—北京：北京航空航天大学出版社，2007.7

ISBN 978-7-81124-068-9

Ⅰ．基…　Ⅱ．①周…②张…　Ⅲ．①单片微型计算机—系统设计—应用软件，PROTEUS②单片微型计算机—系统仿真—应用软件，PROTEUS　Ⅳ．TP368

中国版本图书馆 CIP 数据核字(2007)第 099589 号

基于 PROTEUS 的 AVR 单片机设计与仿真

周润景　张丽娜　编著

责任编辑　冯　颖

*

北京航空航天大学出版社出版发行

北京市海淀区学院路 37 号(100083)　发行部电话：(010)82317024　传真：(010)82328026

http://www.buaapress.com.cn　E-mail:bhpress@263.net

涿州市新华印刷有限公司印装　各地书店经销

*

开本：787×1092　1/16　印张：36.25　字数：928 千字

2007 年 7 月第 1 版　2007 年 7 月第 1 次印刷　印数：5 000 册

ISBN 978-7-81124-068-9　定价：56.00 元(含光盘 1 张)

前　言

AVR 单片机是 ATMEL 公司 1997 年推出的全新配置精简指令集(RISC)单片机系列。片内程序存储器采用 Flash 存储器,可反复编程修改上千次,便于新产品的开发;程序高度保密,避免非法窃取;速度快,大多数指令的执行仅用 1 个晶振周期,而 MCS－51 单片机单周期指令的执行也需要 12 个晶振周期;可采用 C 语言编程,从而能高效、快速地开发出目标产品;采用 CMOS 工艺生产,功耗低;有主电源 3 V 以下的品种,进一步降低功耗,一般只需几个毫安(mA);还有多种低功耗方式,在掉电方式下的工作电流小于 1 μA。

AVR 单片机已形成系列产品,其中 ATtiny、AT90 及 ATmega 分别对应低、中、高档产品。根据用户的不同需要,可选择不同档次的产品。

本书以 AT90S8535 单片机为主线讲述 AVR 单片机。采用 PROTEUS 软件仿真 AT90S8535 单片机 I/O 端口的输入/输出方式、EERPOM 读/写过程、中断的使用、定时器/计数器的功能原理及应用领域、模拟量输入接口的编程以及串行端口的数据通信方式,图文并茂,理论介绍与实际过程演示相结合,使单片机的理论结构可视化。第 10 章给出了 AT90S8535 单片综合应用的例子,将单片机的各个独立部分相互结合,构成应用系统,书中给出相应的 PROTEUS 仿真系统过程图,用以说明单片机各部分的衔接。AVR 系列单片机作为一种新型单片机,支持各种高级语言,第 11 章介绍了 AVR 与嵌入式 C 语言编程,采用 IAR Embedded Workbench 的 C 编辑器编译 AVR C 程序,并将产生的 d90 格式文件加载到 PROTEUS 中进行系统仿真,用仿真过程说明使用 C 语言开发 AVR 单片机的过程。另外,本书以实例的形式引入了 ATmega8 的相关结构介绍,为进一步学习 AVR 高档单片机提供参考。

本书由内蒙古大学周润景老师主编,内蒙古师范大学张丽娜老师编写了第 11、12 章。全书由周润景统稿、定稿。

书中所使用的 PROTEUS 软件由英国 Labcenter 公司提供,IAR Embedded Workbench 软件由 IAR 上海办事处叶涛经理提供。在本书的出版过程中,景晓松、袁伟亭、张斐、郝晓霞、张红敏、张丽敏、宋志清、刘培智、陈雪梅、张旭、张云丽、张晖、宋建华、张钧、刘培珍、赵霞、赵俊奇、王栋、徐艳红、李林莉、吕小虎、图雅、张亚东、高靖、赵阳阳、张雪茹、王亦丰、苏耀东、王晓娟等同学参与本书例子的程序调试、文字录入与校对工作。广州风标科技有限公司的匡载华先生,IAR 上海办事处的叶涛经理都给予了很大的帮助,在此一并表示感谢。同时,对那些在网上给予我们帮助的网友及版主表示真诚的感谢!

在本书的编写过程中,作者虽然力求完美,但由于水平有限,书中不妥之处敬请指正。

作　者

2007 年 6 月

温馨提示

☞ 如有需要 PROTEUS 软件的读者，请联系广州风标科技有限公司，或到以下网址：http://www.windways.com 或 http://www.labcenter.co.wk 下载免费软件。

目 录

工具篇

应用篇

附 录

工 具 篇

要 点：

- 基于 PROTEUS 的单片机系统仿真
- 基于 IAR Embedded Workbench IDE 的 AVR 单片机 C 语言程序开发

第1章

基于PROTEUS的单片机系统仿真

PROTEUS VSM(虚拟系统模型)将处理器模型、Prospice混合电路仿真、虚拟仪器、高级图形仿真、动态器件库和外设模型、处理器软仿真器、第三方的编译器和调试器等有机结合起来,第一次真正实现了在计算机上完成从原理图设计、电路分析与仿真、处理器代码调试及实时仿真、系统测试及功能验证,再到形成PCB的整个开发过程。

在基于微处理器系统的设计中,即使没有物理原型,PROTEUS VSM也能够进行软件开发。模型库中包含LCD显示、键盘器、按钮、开关等通用外设。同时,提供的CPU模型有ARM7、PIC、Atmel AVR、Motorola HCXX以及8051/8052系列。单片机系统仿真是PROTEUS VSM的一大特色。同时,该仿真系统将源代码的编辑和编译整合到同一个设计环境中,这样使得用户可以在设计中直接编译代码,并且很容易地查看到用户对源程序修改后对仿真结果的影响。

1.1 PROTEUS ISIS编辑环境

PROTEUS集合了高级原理布图、混合模式SPICE仿真、PCB设计以及自动布线来实现一个完整的电子设计系统。其中,ISIS智能原理图输入系统是PROTEUS系统的中心。该编辑环境具有友好的人机交互界面,并且设计功能强大,使用方便,易于掌握。

1.1.1 操作界面

PROTEUS ISIS运行于Windows 98/2000/XP环境,对PC机要求不高,一般的配置即可满足要求。

运行PROTEUS ISIS的执行程序后,将启动PROTEUS VSM编辑环境,如图1-1所示。

图1-1中:点状的栅格区域为编辑窗口;左侧的上方为电路图浏览窗口;下方是元器件列表区。其中,编辑窗口用于放置元件,进行连线,绘制原理图;浏览窗口用来显示全部原理图。编辑窗口中的框线表示当前页的边界,浏览窗口中的框线表示当前编辑窗口显示的区域。当从对象选择器中选中一个新的对象时,在浏览窗口中可以预览选中的对象。

在预览窗口上单击,将会以单击位置为中心刷新编辑窗口。

其他情况下,预览窗口显示将要放置的对象的预览。这种“放置预览”特性在下列情况下被激活:

- 当使用旋转或镜像按钮时;
- 当一个对象在选择器中被选中时;
- 当为一个可以设定朝向的对象选择类型图标(例如Component图标、Device Pin图标

图 1-1 ISIS 绘制环境

等)时。

当放置对象或者执行其他非以上操作时,"放置预览"特性会自动消除。

对象选择器(Object Selector)根据由图标决定的当前状态显示不同的内容。显示对象的类型包括:设备、终端、引脚、图形符号、标注和图形。选择相应的工具箱图标按钮,将提供不同的操作工具。

- 单击 Component 按钮,在此模式下可选择元件。
- 单击 Junction dot 按钮,在此模式下可在原理图中标注连接点。
- 单击 Wire label 按钮,在此模式下可标识一条线段(即为线段命名)。
- 单击 Text script 按钮,在此模式下可在电路图中输入一段文本。
- 单击 Bus 按钮,在此模式下可在原理图中绘制一段总线。
- 单击 Sub-circuit 按钮,在此模式下可以绘制一个子电路块。
- 单击 Instant edit mode 按钮,在此模式下可以选择任意元件并编辑元件的属性。
- 单击 Inter-sheet Terminal 按钮,在此模式下对象选择器列出各种终端(如输入、输出、电源、地等)。
- 单击 Device Pin 按钮,在此模式下对象选择器将出现各种引脚(如普通引脚、时钟引脚、反电压引脚、短接引脚等)。
- 单击 Simulation Graph 按钮,在此模式下对象选择器出现各种仿真分析所需的图表(如模拟图表、数字图表、噪声图表、混合图表、AC 图表等)。
- 单击 Tape Recorder 按钮,当仿真声音波形时可采用此模式。
- 单击 Generator 按钮,在此模式下对象选择器列出各种信号源(如正弦信号源、脉冲信号源、指数信号源、文件信号源等)。
- 单击 Voltage probe 按钮,可在原理图中添加电压探针。当电路进入仿真模式时,可显示各探针处的电压值。

- 单击 Current probe 按钮，可在原理图中添加电流探针。当电路进入仿真模式时，可显示各探针处的电流值。
- 单击 Virtual Instrument 按钮，在此模式下对象选择器列出各种虚拟仪器（如示波器、逻辑分析仪、定时/计数器、模式发生器、示波器等）。

除上述模块图标外，系统还提供了以下 2D 图形模式图标：

- 2D graphics line 按钮为直线图标，用于创建元件或表示图表时划线。
- 2D graphics box 按钮为方框图标，用于创建元件或表示图表时绘制方框。
- 2D graphics circle 按钮为圆图标，用于创建元件或表示图表时划圆。
- 2D graphics arc 按钮，为弧线图标，用于创建元件或表示图表时绘制弧线。
- 2D graphics path 按钮为任意形状图标，用于创建元件或表示图表时绘制任意形状图标。
- 2D graphics text 按钮为文本编辑图标，用于插入各种文字说明。
- 2D graphics symbol 按钮为符号图标，用于选择各种符号器件。
- Markers for component origin, etc 按钮为标记图标，用于产生各种标记图标。

对于具有方向性的对象，系统还提供了各种块旋转按钮：

- 方向旋转（Set Rotation）按钮，以 90°的偏置改变元件的放置方向。
- 水平镜像旋转（Horizontal Reflection）按钮，以 Y 轴为对称轴，按 180°的偏置旋转元件。
- 垂直镜像旋转（Virtical Reflection）按钮，以 X 轴为对称轴，按 180°的偏置旋转元件。

在某些状态下，对象选择器有一个 Pick 切换按钮，单击该按钮可以弹出 Pick Devices、Pick Port、Pick Terminals、Pick Pins 或 Pick Symbols 窗口。通过不同的窗口，分别可以添加元器件、端口、终端、引脚或符号到对象选择器中，以便在后面的绘图中使用。

1.1.2 菜单栏和主工具栏

菜单栏和主工具栏如图 1-2 所示。PROTEUS ISIS 的菜单栏包括 File（文件）、View（视图）、Edit（编辑）、Library（库）、Tools（工具）、Design（设计）、Debug（调试）和 Help（帮助）等。单击任一菜单后都将弹出相应的下拉菜单，完全符合 Windows 菜单风格。

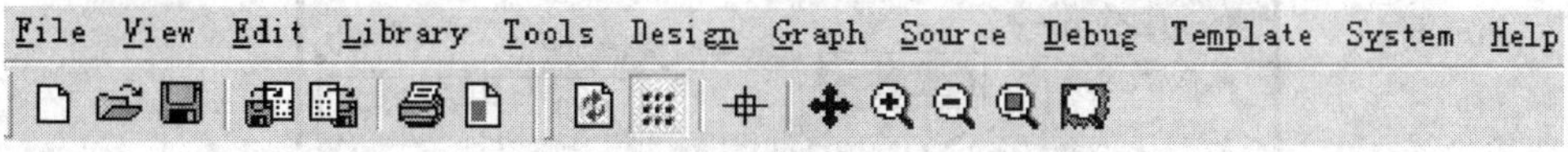

图 1-2 主菜单和主工具栏

- File 菜单包括常用的文件功能，如打开新的设计、加载设计、保存设计、导入/导出文件，也可进行打印、显示最近使用过的设计文档及退出 PROTEUS ISIS 系统等操作。
- View 菜单包括网格的显示与否、格点的间距设置、电路图的缩放及各种工具条的显示与隐藏等。
- Edit 菜单包括操作的撤销/恢复、元件的查找与编辑、剪切/复制/粘贴及多个对象的叠层关系设置等。
- Library 菜单包括元件/图标的添加、创建及库管理器的调用。

➢ Tools 菜单包括实时标注、实时捕捉及自动布线等。
➢ Design 菜单包括编辑设计属性、编辑图纸属性及进行设计注释等。
➢ Graph 菜单包括编辑图形、添加 Trace、仿真图形及一致性分析等。
➢ Source 菜单包括添加/删除源文件、定义代码生成工具及建立外部文本编辑器等。
➢ Debug 菜单包括启动调试、执行仿真、单步执行及弹出窗口重新排布等。
➢ Template 菜单包括图形格式、文本格式、设计颜色、线条连接点大小和图形等。
➢ System 菜单包括设置自动保存时间间隔、图纸大小及标注字体等。
➢ Help 菜单包括版权信息、PROTEUS ISIS 教程学习及示例等。

主工具栏的按钮图标包括新建一个设计、加载设计、刷新屏幕等。

1.1.3 编辑环境设置

PROTEUS ISIS 编辑环境的设置主要指模板的选择、图纸的选型与光标的设置。绘制电路图首先要选择模板，以控制电路图外观的信息，比如图形格式、文本格式、设计颜色、线条连接点大小和图形等；然后设置图纸，如纸张的型号、标注的字体等。图纸上的光标为放置元件、连接线路带来很多方便。

1. 设置模板

选择 Template→Set Design Defaults 选项，设置设计默认模板风格，如图 1-3 所示。

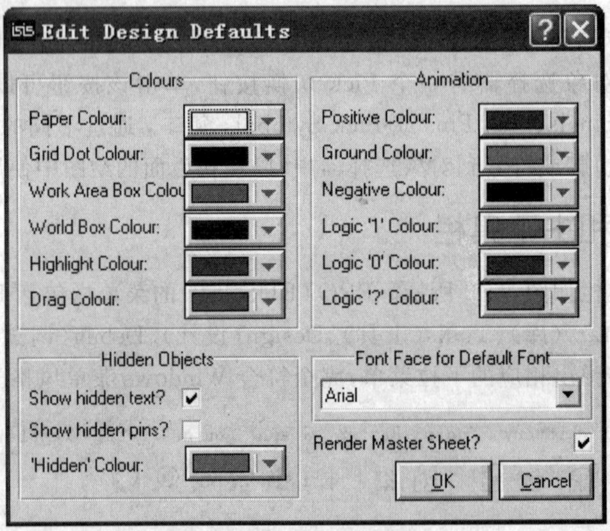

图 1-3 编辑设计的默认选项

为了满足不同设计者的需要，可以通过这一对话框设置纸张颜色(Paper Colour)、格点颜色(Grid Dot Colour)等以及电路仿真时正、负、地、逻辑高/低等项目的颜色，同时还可设置隐藏对象的显示与否及其颜色，还可通过 Font Face for Default Font 的下拉按钮设置编辑环境的默认字体等。

2. 设置仿真图表

选择 Template→Set Graph Colours 选项，编辑仿真图表风格，如图 1-4 所示。

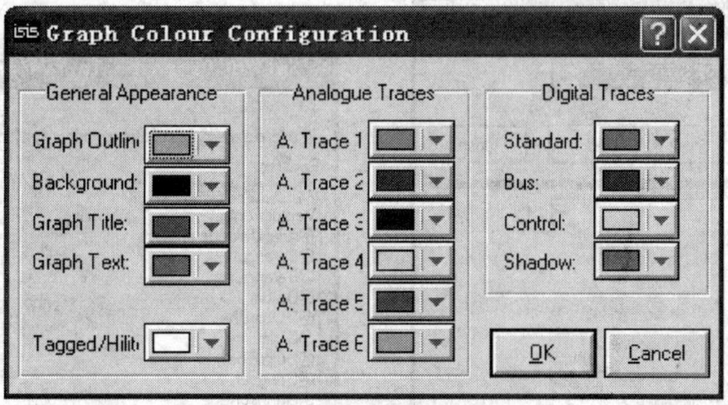

图 1－4　编辑仿真图表风格

通过图 1－4 所示对话框可对仿真图表的轮廓线(Graph Outline)、底色(Background)、图形标题(Graph Title)、图形文本(Graph Text)等按用户期望的颜色进行设置，同时也可对模拟跟踪曲线(Analogue Traces)、不同类型的数字跟踪曲线(Digital Traces)进行设置。

3. 设置图形

选择 Template→Set Graphics Styles 选项，编辑图形风格，如图 1－5 所示。

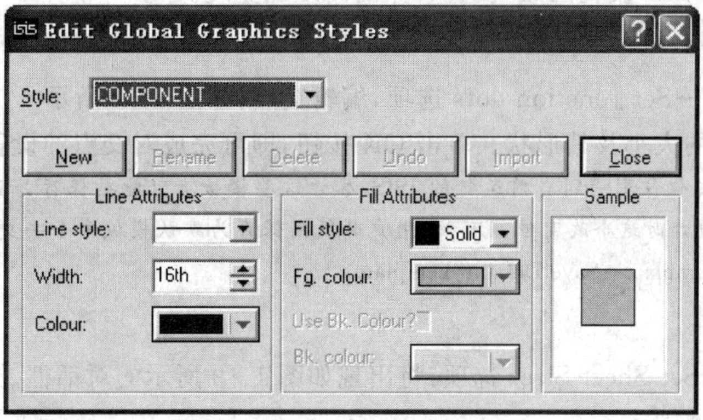

图 1－5　编辑图形风格

通过这一编辑框可以编辑图形风格，如线型、线宽、线的颜色及图形的填充色等。在 Style 的下拉列表框中可选择不同的系统图形风格。使用 New、Rename、Delete 等按钮可新建图形风格，或命名、删除已存在的图形风格。在这里，用户可自定义图形的风格，如颜色、线型等。

4. 设置全局文本

选择 Template→Set Text Styles 选项，编辑全局文本风格，如图 1－6 所示。

可在 Font face 的下拉列表框中选择期望的字体，还可设置字体的高度、颜色及是否加粗、倾斜、加下划线等。在 Sample 区域可以预览设置更改后的文本风格。

同理，单击 New 按钮可创建新的图形文本风格。

5. 设置图形文本

选择 Template→Set Graphics Text 选项，编辑图形文本格式，如图 1－7 所示。

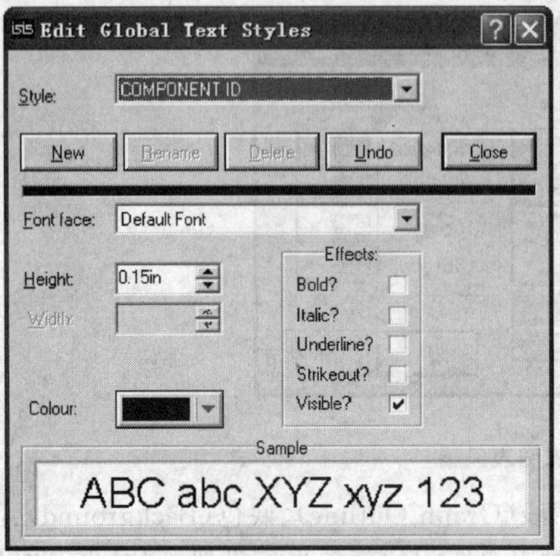

图 1-6　编辑全局字体风格

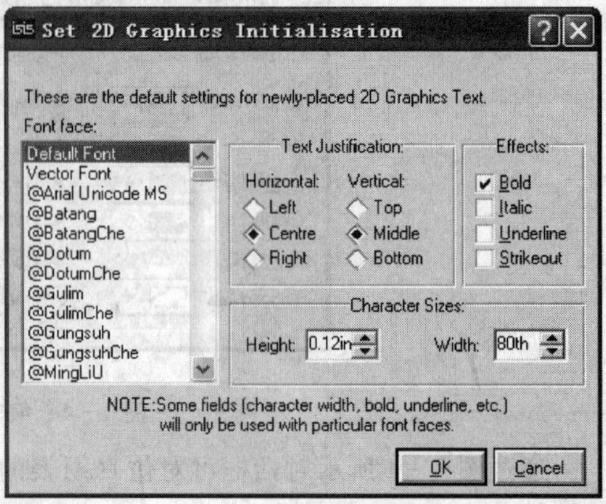

图 1-7　编辑图形字体

可在 Font face 列表中选择图形文本的字体类型，在 Text Justification 选择区域选择字体在文本框中的水平位置、垂直位置，在 Effects 选择区域选择字体的效果，如加粗、倾斜、加下划线等，在 Character Sizes 设置区域，设置字体的高度和宽度。

6. 设置交点

选择 Template→Set Junction dots 选项，编辑交点，如图 1-8 所示。

可以设置交点的大小及其形状。单击 OK 按钮，即可完成对交点的设置。

注意： 模板的改变仅仅影响到当前运行的 ISIS，尽管这些模板有可能被保存并且在别的设计中调用。为了使下次开始一个设计时这个改变依然有效，用户必须用保存为默认模板命令去更新默认的模板。该命令在模板菜单下，为 Template→Save Default Template。

7. 图纸选择

选择 System→Set Sheet Sizes 选项，将出现如图 1-9 所示的对话框。

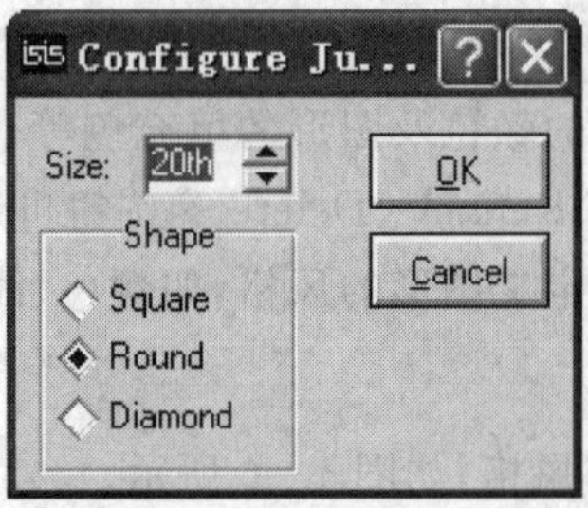

图 1-8　编辑交点

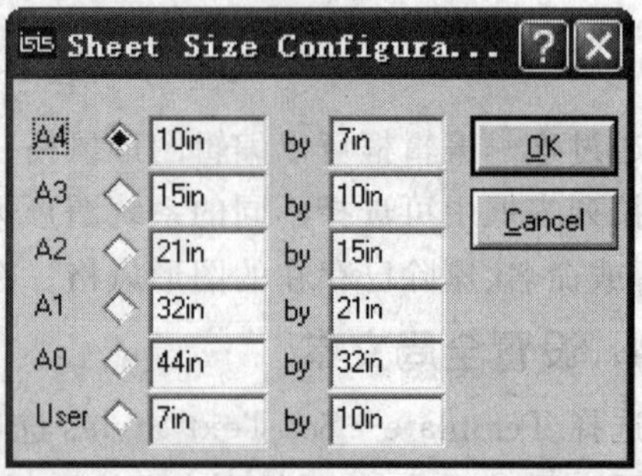

图 1-9　设置图纸大小

对于各种不同应用场合的电路设计，图纸的大小也不一样。比如用户要将图纸大小更改成为标准 A4 图纸。将 A4 的复选框选中，单击 OK 按钮确认即可。

系统所提供的图纸样式有以下几种：

- 美制：A0、A1、A2、A3、A4，其中 A4 为最小。
- 用户自定义：User。

8. 设置文本编辑器

选择 System→Set Text Editor 选项，将出现如图 1－10 所示的对话框。

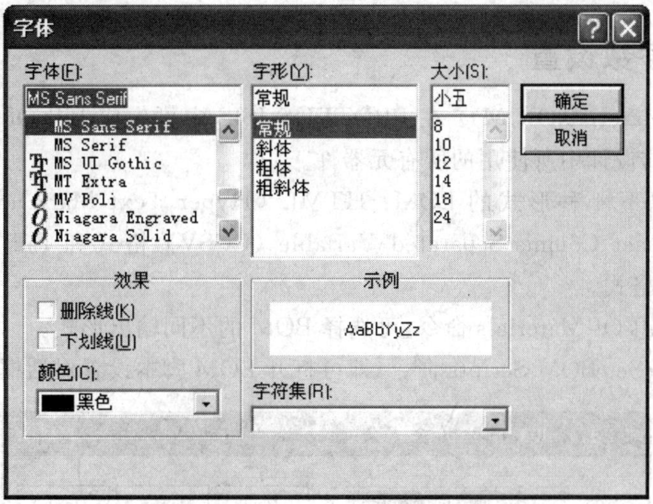

图 1－10 设置文本格式

在图 1－10 所示的对话框中可以对文本的字体、字形、大小、效果、颜色等进行设置。

9. 设置格点

在设计电路图时，图纸上的格点为放置元件和连接线路提供了很大的帮助，也使电路图中元件的对齐、排列更加方便。

(1) 使用 View 菜单设置格点的显示或隐藏

选择 View→Grid (快捷键为 G)选项，设置窗口中格点的显示与否，如图 1－11 所示。

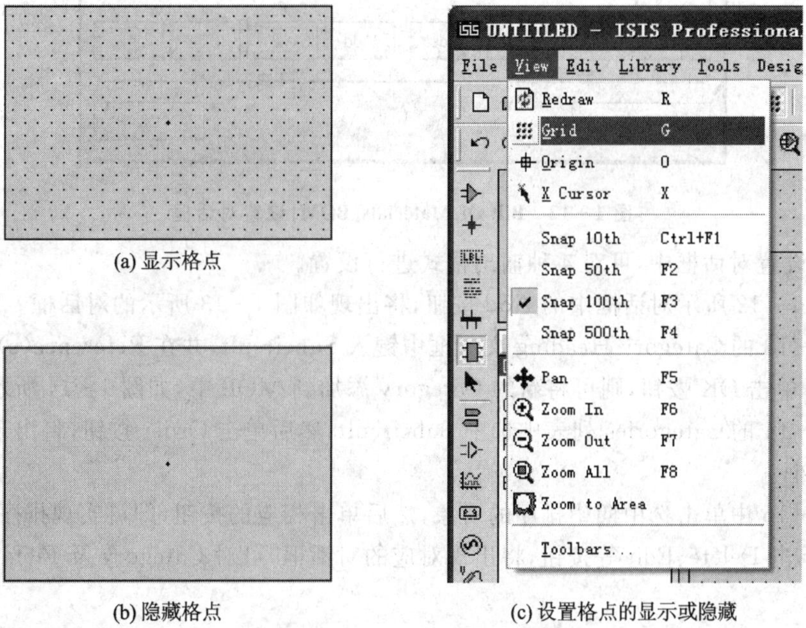

(a) 显示格点

(b) 隐藏格点

(c) 设置格点的显示或隐藏

图 1－11 格点的显示与隐藏

(2) 使用 View 菜单设置格点的间距

选择 View→Snap 10th(Snap 50th、Snap 100th 或 Snap 500th)选项来调整间距(默认值为 Snap 100th)。

1.1.4 系统参数设置

设置 Bill Of Materials(BOM):在 PROTEUS ISIS 中可生成 Bill Of Materials(BOM),BOM 用于列出当前设计中所使用的所有元器件。

ISIS 可生成以下 4 种形式的 BOM:HTML(Hyper Text Mark-up Language)格式、ASCII 格式、Compact Comma-Separated Variable(CCSV)格式和 Full Comma-Separated Variable(FCSV)格式。

执行 Tool→Bill Of Materials 命令,可选择 BOM 的不同输出形式。

执行 System→Set BOM Scripts 命令,即可打开 BOM 脚本设置对话框,如图 1-12 所示。

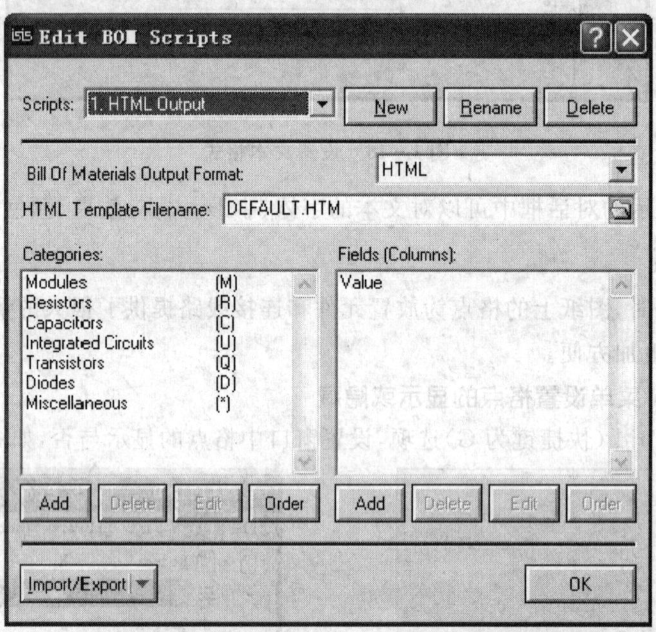

图 1-12 Bill Of Materials(BOM)设置对话框

在这一设置对话框中,可对 4 种输出格式进行设置。

单击图 1-12 所示对话框中的 Add 按钮,将出现如图 1-13 所示的对话框。

在图 1-13 的 Category Heading 文本框中键入 Subcircult,并在 Reference(s)to match 中键入 S,然后单击 OK 按钮,则可将新的 Category 添加到 MOB 中,如图 1-14 所示。

在图 1-14 的 Categories 列表中选中 Subcircult,然后单击 Order 按钮,将出现如图 1-15 所示的对话框。

在图 1-15 中单击选中期望排序的对象,然后单击相应的按钮,即可实现排序。

同理,单击 Delete、Edit 等按钮,将出现对应的对话框,可对 Category 及 Fields 进行添加、删除等操作。

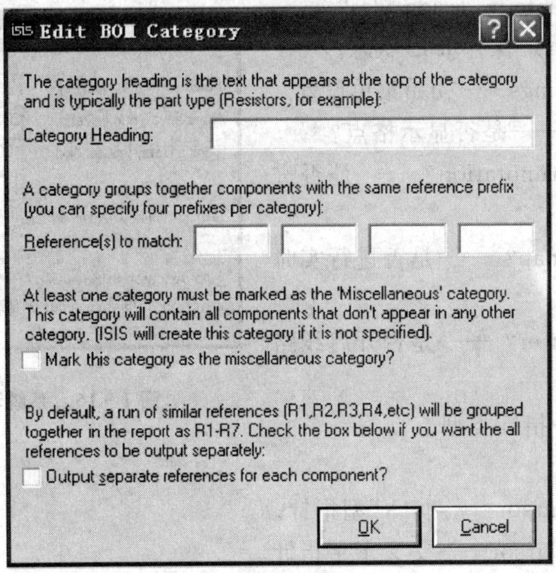

图 1-13　添加 Category

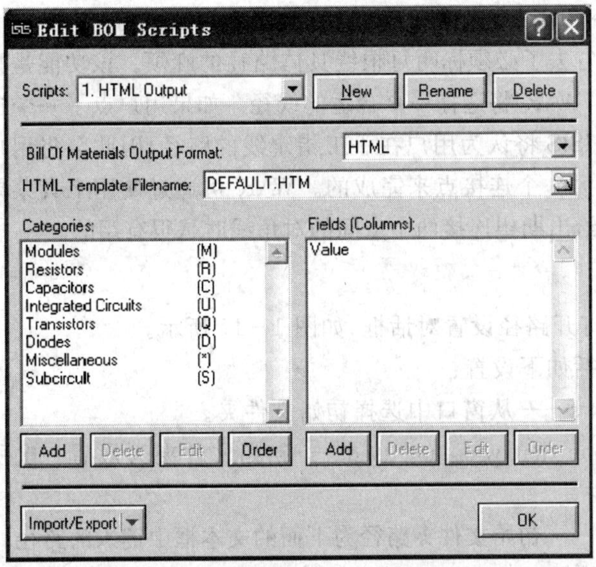

图 1-14　添加新的 Category

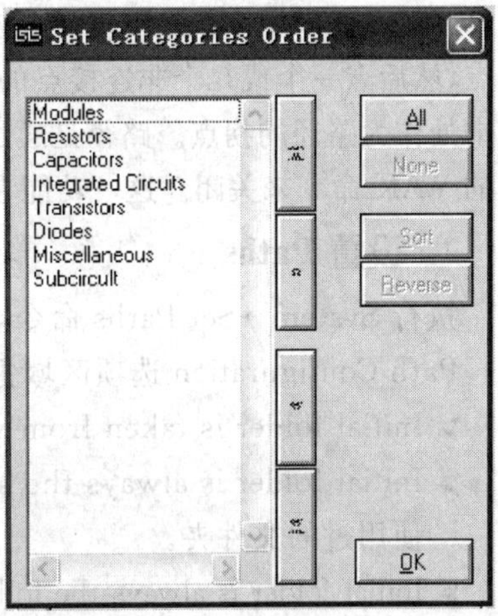

图 1-15　BOM 的 Order 窗口

1. 设置系统运行环境

执行 System→Set Environment 命令，即可打开系统环境设置对话框，如图 1-16 所示。选项区域主要包括如下设置：

- Autosave Time(minutes)——系统自动保存时间设置(分钟)。
- Number of Undo Levels——可撤销操作的数量设置。
- Tooltip Delay(milliseconds)——工具提示延时(毫秒)。
- Auto Synchronise/Save with ARES? ——自动同步/保存 ARES。

- Save/load ISIS state in design files? ——在设计文档中加载/保存 ISIS 状态。
- Initial Menu Settings——初始菜单设置。
  - — Grid Dots? ——是否显示格点?
  - — Real Time Annotation? ——是否进行实时标注?
  - — Real Time Snap? ——是否进行实时捕捉?
  - —Wire Autorouter? ——是否开启线路自动路径器?
- Cursor type——指针类型。
  - — None——无。
  - — Small "X" Cursor——小"X"型指针。
  - — Cross Hair Cursor——交叉十字指针。

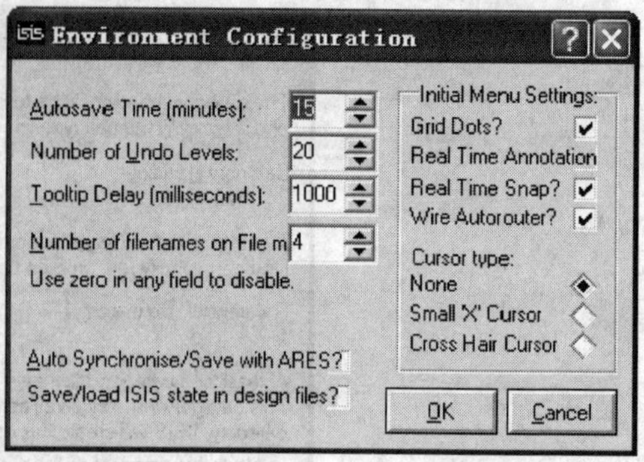

图 1-16　系统环境设置对话框

其中,实时捕捉(Real Time Snap)即:当鼠标指针指向引脚末端或者导线时,鼠标指针将会捕捉到这些对象,这种功能被称为实时捕捉。该功能可以使用户方便的实现导线与引脚的连接。可以通过 Tools 菜单的 Real Time Snap 命令或 CTRL+S 快捷键切换该功能。

另外,线路自动路径器(WAR)为用户省去了必须标明每根线具体路径的麻烦。该功能是默认打开的。如果用户只是单击两个连接点,WAR 将选择一个合适的线径。如果用户点了一个连接点,然后点一个或几个非连接点的位置,ISIS 将认为用户在手工指定线的路径,因此会将用户单击处作为路径的拐点。路径是通过单击另一个连接点来完成的。WAR 可通过使用工具菜单里的 WAR 命令来关闭。这一功能在用户给出期望连接两个点间的对角线时是很有用的。

2. 设置 Paths

执行 System→Set Paths 命令,即可打开路径设置对话框,如图 1-17 所示。

Path Configuration 选项区域主要包括如下设置:

- Initial folder is taken from windows——从窗口中选择初始文件夹。
- Initial folder is always the same one that was last used——初始文件夹为最后一次所使用过的文件夹。
- Initial folder is always the following——初始文件夹路径为下面的文本框中键入的路径。
- Template folders——模板文件夹路径。
- Library folders——库文件夹路径。
- Simulation Model and Module Folders——仿真模型及模块文件夹路径。
- Path to folder for simulation results——仿真结果的存放文件夹路径。
- Limit maximum disk space used for simulation result(Kilobytes)——仿真结果占用的最大磁盘空间(千字节)。

3. 设置键盘快捷方式

执行 System→Set Keyboard Mapping 命令,即可打开键盘快捷方式设置对话框,如图 1-18所示。

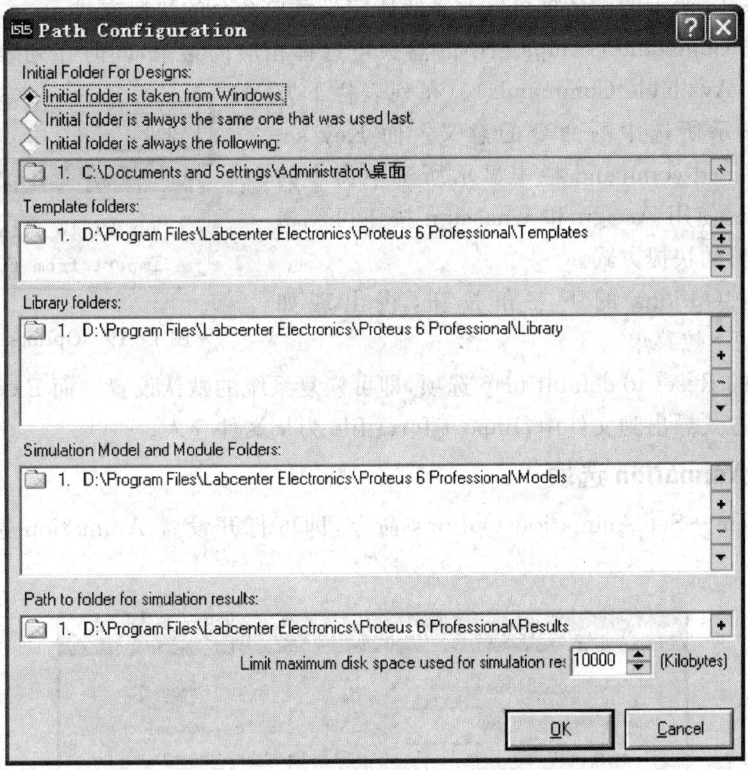

图 1-17　路径设置对话框

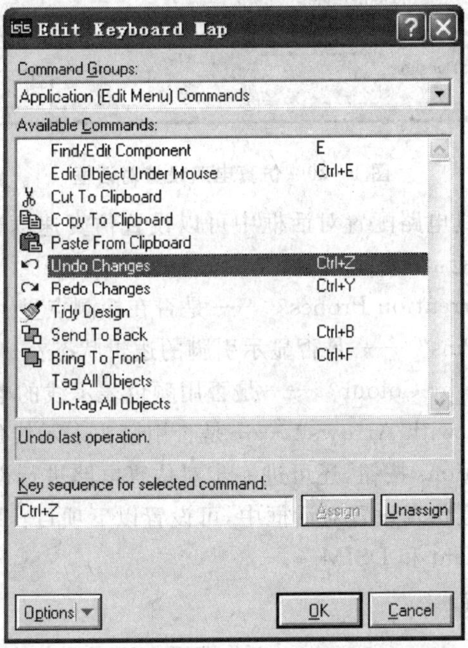

图 1-18　键盘快捷方式设置对话框

通过图 1－18 所示的对话框可修改系统所定义菜单命令的快捷方式。

其中，单击 Command Groups 栏中的箭头可选择相应的菜单，同时在列表栏中显示菜单下可用的命令（Available Commands）。在列表栏下方的说明栏中显示所选中的命令的意义。而 Key sequence for selected command 栏中显示所选中命令的键盘快捷方式。使用 Assign 和 Unassign 按钮可编辑或删除系统设置的快捷方式。

同时单击 Options 的下三角按钮，将出现如图 1－19所示的下拉菜单。

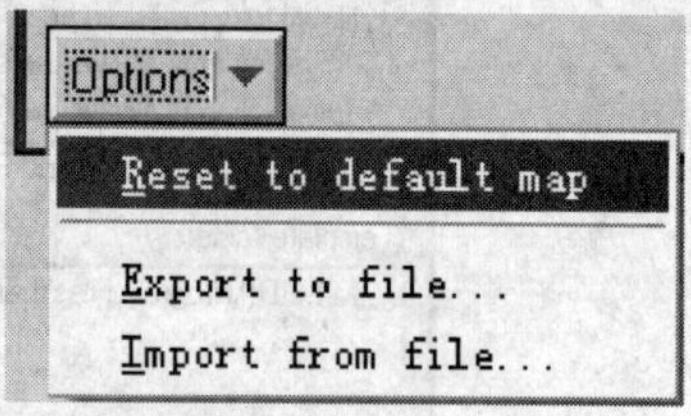

图 1－19　Optings 下拉菜单

使用其中的 Reset to default map 选项，即可恢复系统的默认设置。而 Export to file 可将上述键盘快捷方式导出到文件中，Import form file 为从文件导入。

4. 设置 Animation 选项

执行 System→Set Animation Options 命令，即可打开设置 Animation 选项对话框，如图 1－20所示。

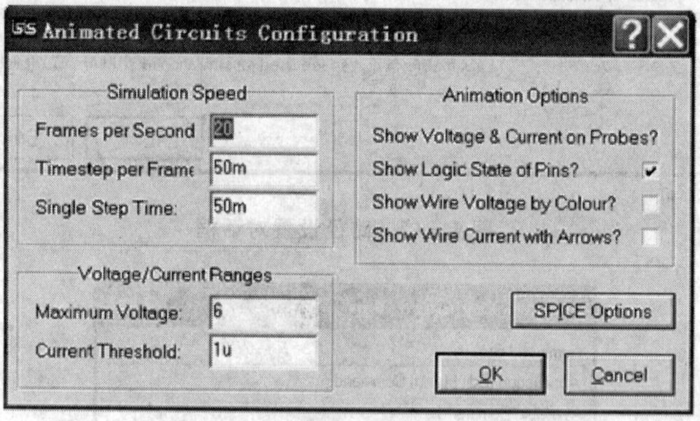

图 1－20　仿真电路设置对话框

在图 1－20 所示的仿真电路配置对话框中可以设置仿真速度、电压/电流的范围，同时还可设置仿真电路的其他功能：

- Show Voltage&Current on Probes? ——是否在探测点显示电压和电流？
- Show Logic State Pins? ——是否显示引脚的逻辑状态？
- Show Wire Voltage by Colour? ——是否用颜色表示线的电压？
- Show Wire Current with Arrows? ——是否用箭头表示线的电流？

此外，单击 SPICE Options 按钮，还可进一步对仿真电路进行设置，如图 1－21 所示。

在图 1－21 所示的交互仿真设置对话框中，可设置以下项目：Tolerances、MOSFET、Iteration、Temperature、Transient 和 DSIM。

5. 设置仿真器选项

执行 System→Set Simulator Options 命令，即可打开设置仿真器选项对话框设置仿真器。

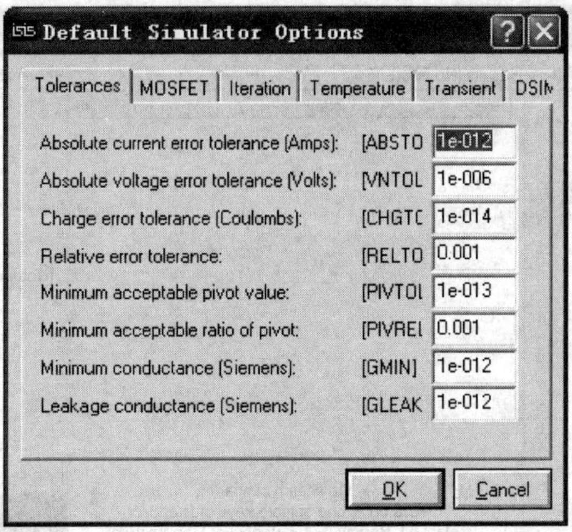

图 1-21　SPICE Options 设置对话框

1.2　电路图绘制

绘制电路原理图主要通过工具箱来完成，因此，熟练使用电路图绘制工具是快速准确绘制电路原理图的前提。

1.2.1　绘图工具

1. Component 工具

当启动 ISIS 的一个空白页面时，对象选择器是空的。因此，需要使用 Component 工具调出器件到选择器。使用 Component 工具的步骤如下：

① 从工具箱中选择 Component 图标。

② 单击对象选择器中的 P 按钮，此时将弹出 Pick Device 窗口，如图 1-22 所示。

③ 在 keywords 中键入一个或多个关键字，或使用导航工具目录(category)和子目录(subcategory)，滤掉不期望出现的元件的同时定位期望的库元件。

④ 在结果列表中双击元件，即可将该元件添加到设计中。

⑤ 当完成元件的提取时，单击 OK 按钮关闭对话框，并返回 ISIS。

注意： 有些器件是由多个元件组成的。在有些情形下，原理图中的多个元件在 PCB 中属于一个物理元件。在这种状况下，逻辑元件自动被标注为 U1:A，U1:B，U1:C，…，以表示它们属于同一物理元件。这种标注格式，也使得 ISIS 可以为每一个元件分配正确的引脚编号。

2. Junction dot 工具

连接点(Junction dot)用于表示线之间的互连。通常，ISIS 将根据具体情形自动添加或删除连接点。但在有些情形下，可先放置连接点，再将线连接到已放置的连接点或从这一连接点引线。放置连接点的步骤如下：

① 从 Mode Selector toolbar 选择 Junction dot 图标。

② 在编辑窗口期望放置连接点的位置单击，即可放置连接点。

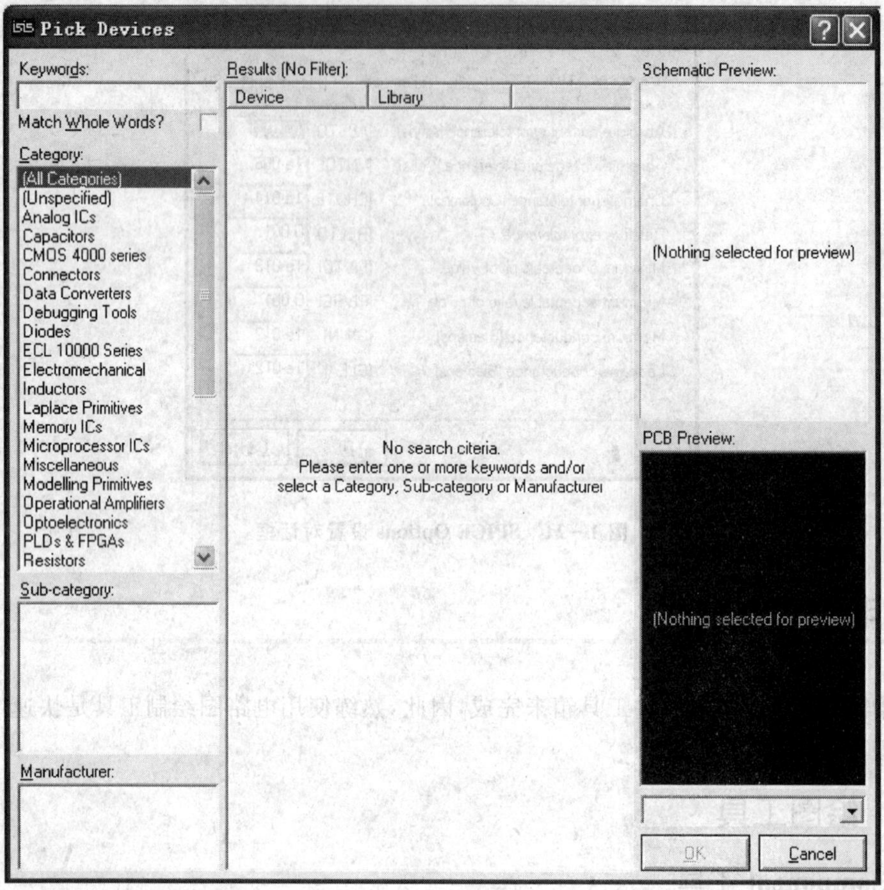

图 1-22 Pick Device 窗口

注意：当用户从已存在的线上引出另外一条线时，ISIS 将自动放置连接点；当一条线或多条线被删除时，ISIS 将检测留下的连接点是否有连接线。若没有连接线，则系统将自动删除连接点。

3. Wire labels 工具

线标签（Wire labels）用于对一组线或一组引脚编辑网络名称，以及对特定的网络指定网络属性。它的特性与元件的参考（Reference）标签或值（Value）标签类似。Wire Labels 使用步骤如下：

① 从工具箱中选择 Wire Label 图标。

② 如果想要在已存在的线上放置新的标签，则可在期望放置标签的沿线任何一点上单击，或在已存在的标签上单击，将出现如图 1-23 所示的 Edit Wire Label 对话框。

③ 在对话框的文本框中键入相应的文本。

④ 单击 OK 按钮或按下 ENTER 键关闭对话框，完成线标签的放置与编辑。

注意：

- 不可以将线标签放置在线以外的对象上。
- 一条线可放置多个线标签。若想要线上的标签具有同样的名称，并且当其中任意一名称改变时，其他名称自动更新，则需选中 Auto-Sync 复选框。
- ISIS 将自动根据线或总线的走向调整"线标签"的方位。"线标签"的方位也可通过 Edit Wire Label 对话框进行调整。

➢ 在 Edit Wire Label 对话框中，选中 label string 中的文本，并按下 DEL 键，即可删除“线标签”。

➢ 在 Edit Wire Label 对话框中单击 Style 制表符即可改变线标签风格。

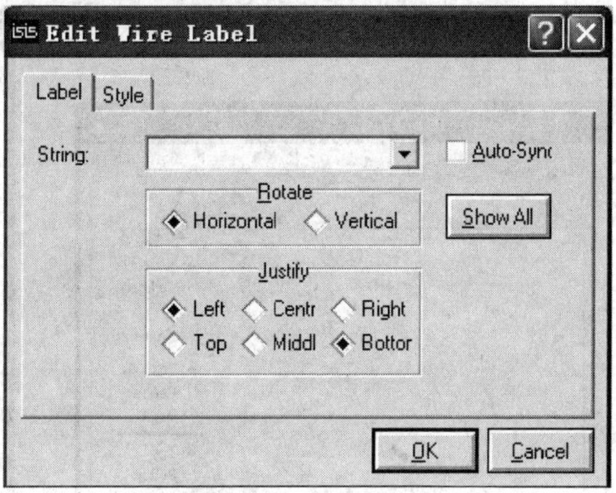

图 1-23 Edit Wire Label 对话框

4. Text scripts 工具

ISIS 的一个重要特色是支持自由格式的文本编辑(Text scripts)。它的使用包括以下 3 种方式：

➢ 定义变量，用于表达式或作为参数；

➢ 标注设计；

➢ 当某一元件被分解时，用于保存属性和封装信息。

放置和编辑脚本的步骤如下：

① 从工具箱中选择 Script 图标。

② 在编辑窗口期望 Script 左上角出现的位置单击，即出现如图 1-24 所示的 Edit Script Block 对话框。

③ 在 Text 区域键入文本。同时，单击 Style 制表符，用户还可在此对话框中调整脚本的属性。

④ 单击 OK 按钮，完成脚本的放置与编辑。单击 Cancel 按钮关闭对话框，并取消对脚本的放置与编辑。

注意：用户可重新设置 Edit Script Block 对话框的尺寸，从而使得 Text 区域变得更大，然后在 Edit Script Block 对话框左上角的 ISIS 标志处单击，将弹出如图 1-25 所示的下拉菜单，并可使用其中的 Save Window Size 命令保存这一重置的尺寸。

5. Bus 工具

ISIS 支持在层次模块间运行总线，同时还支持定义库元件为总线型引脚的功能。Bus 工具使用步骤如下：

① 从工具箱中选择 Bus 图标。

② 在期望总线起始端(可为总线引脚、一条已存在的总线或空白处)出现的位置单击。

③ 拖动鼠标，到期望总线路径的拐点处单击。

④ 在总线的终点(可为总线引脚、一条已存在的总线或空白处)单击结束总线的放置。若总线的终点为空白处，则先单击，然后单击鼠标结束总线的放置。

6. Sub-Circuit 工具

子电路(Sub-Circuit)用于在层次设计中连接低层绘图页和高层绘图页。每一个子电路都有一个标识名，用于标识子绘图页(child sheet)；同时还有一个电路名，用于标识子电路(child circuit)。在任一给定的绘图页中，所有的子绘图页具有不同的图页名，但是其电路名称可能都相同。子电路有属性表，这一性质保证了它是一个参数电路，即给定电路的不同实体具有不同的元件值，同时具有独立的标注。

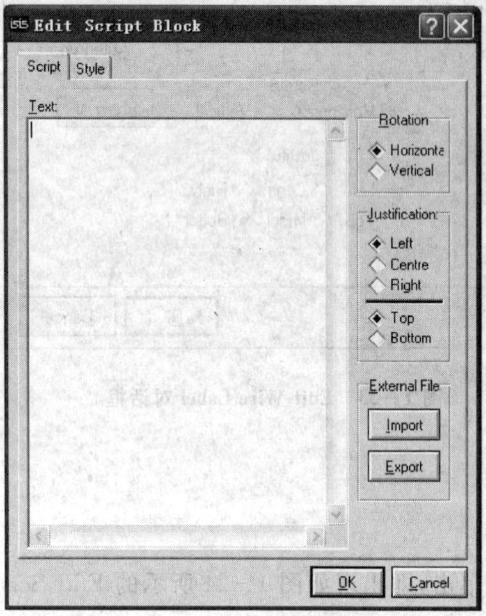

图 1-24　Edit Script Block 对话框

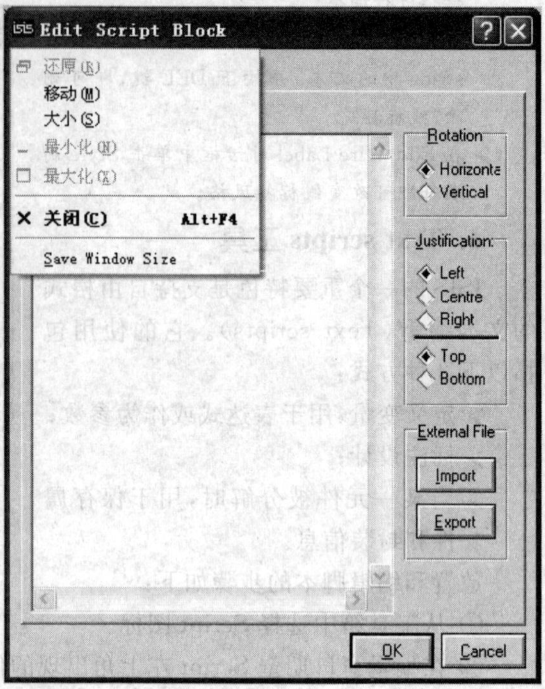

图 1-25　Edit Script Block 对话框的下拉菜单

使用“子电路”绘图工具绘制子电路的步骤如下：

① 从工具箱中选择 Sub-Circuit 图标。

② 在期望矩形框左上顶点出现的位置按下鼠标左键。

③ 拖动到期望的位置，然后松开鼠标按钮。放置过程如图 1-26 所示。

④ 从对象选择器中选择期望的端口类型。

⑤ 在期望端口放置的位置单击。通常将端口放置在子电路边界的左侧或右侧。ISIS 将会自动根据所选择的端口类型调整端口方向。

⑥ 选中子电路，单击打开“子电路”属性对话框编辑子电路属性，如图 1-27 所示。其中，Name 项用于标识子绘图页，Circuit 项用于标识自绘图页电路。

⑦ 绘制好的子电路如图 1-28 所示。

注意：

➢ 层次设计中，父绘图页的端口与子绘图页的逻辑终端通过名称连接。因此，在系统设计中要求端口名称和终端名称必须一致。

➢ 鼠标置于子电路中，使用 Ctrl+C 快捷方式进入子绘图页；使用 Ctrl+X 快捷方式退出子绘图页。

7. Inter-sheet terminal 工具

ISIS 提供两种终端：逻辑终端和物理终端。这两种终端以其标签的语法来区分。

➢ 逻辑终端：逻辑终端仅仅用作网络标号。特别是在层次设计中作为绘图页之间的连接方式，逻辑终端可使用文字、数字、字符及连接符(-)、下划线(_)等标识。在 PROTEUS 中也可使用空格。线标签、总线名称及网络名称均使用逻辑终端标识方式。逻辑终端也可连接到总线。

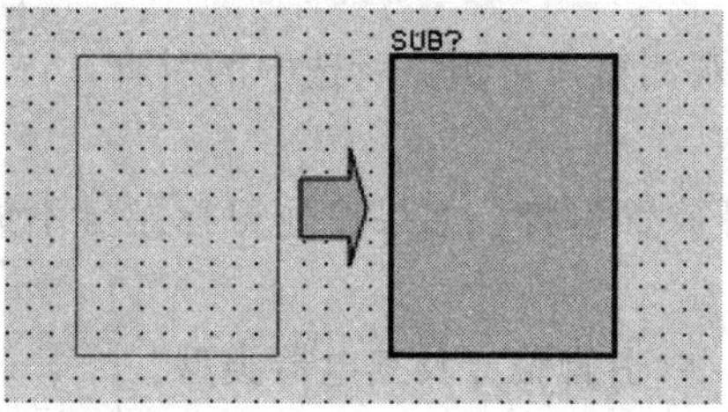

图 1-26　子电路的放置

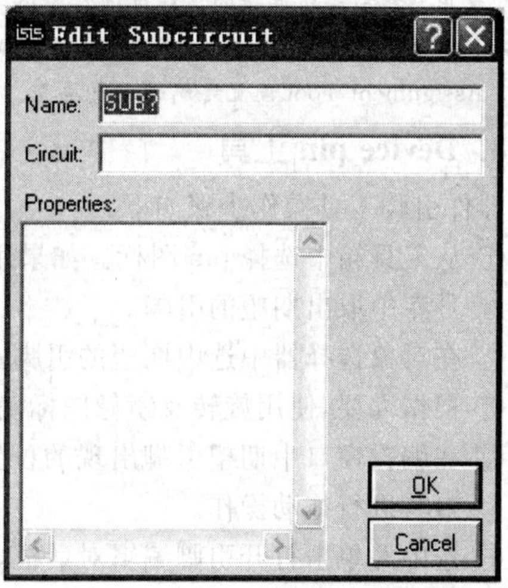

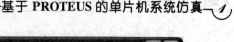

图 1-27　Edit Subcircuit 对话框

➢ 物理终端：物理终端表征一个物理连接器的引脚。例如，J3:2 是连接器 J3 的引脚 2。使用物理终端的一大好处为：可以在任意位置放置。

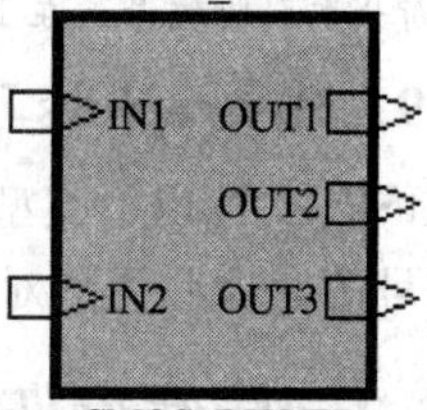

图 1-28　"子电路"

注意：总线终端为逻辑终端。

逻辑终端操作步骤如下：

① 从工具箱中选择 terminal 图标。如果用户期望的终端类型不在对象选择器中，则可单击 P 按钮打开符号库，取出期望的终端。

通常在对象选择器中列出下列终端：

➢ DEFAULT——默认端口；

➢ INPUT——输入端口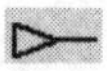；

➢ OUTPUT——输出端口；

➢ BIDIR——双向端口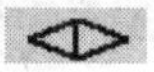；

➢ POWER——电源；

➢ GROUND——地；

➢ BUS——总线。

② 在对象选择器中选择期望的引脚。在 ISIS 的观测窗口可预览所选中的引脚。

③ 根据需要，使用旋转及镜像图标确定终端方位。

④ 在编辑窗口中期望终端出现的位置单击，即可放置终端。如果按住鼠标左键不放，可对其进行拖动操作。

⑤ 选中并单击打开终端编辑对话框，编辑终端属性。

⑥ 编辑完成，单击 OK 按钮，即可完成终端的放置。

注意：

➢ ISIS 允许将总线连接到终端。在此情形下，终端的名称应定义为总线形式，例如 D[0-7]。如果没有给出范围，ISIS 默认连接到端口的总线范围为终端的范围。当连接到端口的总线范围也没有给出时，将使用总线引脚所连接的总线范围作为终端的范围。

➢ 使用通用的属性编辑方法即可编辑终端。此外，由于终端常以组的形式出现，故可使用 Property Assignment Tool 设置终端的电气类型。

8. Device pin 工具

器件引脚工具操作步骤如下：

① 从工具箱中选择 pin 图标。如果用户期望的引脚类型不在对象选择中，则首先需从符号库中取出期望的引脚。

② 在对象选择器中选中期望的引脚。在 ISIS 的观测窗口可预览所选中的引脚。

③ 根据需要，使用旋转及镜像图标确定引脚方位。

④ 在编辑窗口中期望引脚出现的位置单击，即可放置引脚。如果按住鼠标左键不放，可对其进行拖动操作。

⑤ 选中并单击打开引脚编辑对话框，编辑引脚名称、引脚编号及其电器类型。

⑥ 编辑完成，单击 OK 按钮，即可完成引脚的放置。

注意： 如果某个引脚表示数据总线或地址总线，用户可使用总线引脚。在这种情形下，引脚编号只能使用虚拟封装工具来编辑。同样，如果某器件由多个元件组成(例如 7400)，则用户只能再次使用封装为每个引脚重新分配引脚编号。在上述情形下，用户应使引脚的编号为空。

9. 2D graphics 工具

ISIS 支持以下类型的 2D 图形对象：线、矩形框、圆、圆弧、闭合线、图形文本框及元件修饰符号等。这些图形对象可直接用于画图，例如用于创建新的库元件。

1.2.2 导线操作

两个对象间绘制导线的步骤如下：

① 单击第一个对象连接点。

② 单击另一个连接点，ISIS 将自动确定走线路径；如果用户想自己决定走线路径，则只需在想要拐点处单击，直到另一个连接点即可。

使用连接点连接多条导线：单击工具箱✚按钮，可在电路图中添加圆点。一个连接点可以精确地连到一根线。在元件和终端的引脚末端都有连接点。而一个圆点从中心出发有 4 个连接点，可以连接 4 根线，如图 1-29 所示。

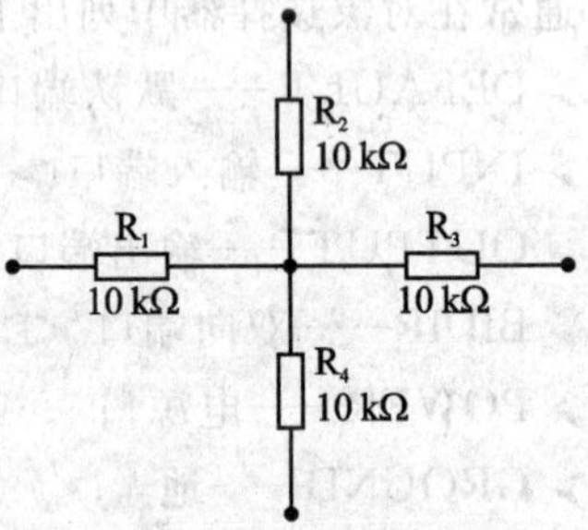

图 1-29 使用连接点连接多条导线

拖线：

➢ 用鼠标拖动线的一个角，该角即随鼠标指针移动；若鼠标指向一个线段中的任意一点拖动，则整条线段随鼠标移动。

➢ 右击选中想要移动的线段，单击主工具栏中的“移动”图标，并按住鼠标左键拖动，即可实现块移动。

1.2.3 对象的操作

选中对象：

➢ 用鼠标指向对象并单击可以选中该对象。选中对象将以高亮方式显示。

➢ 要选中一组对象，可以通过依次对单个对象右击选中的方式；也可以通过按下右键拖出一个选择框的方式，但只有完全位于选择框内的对象才可以被选中。

注意：

➢ 选中对象时，该对象上的所有连线同时被选中。

➢ 在空白处右击可以取消所有对象的选择。

删除对象：用鼠标指向选中的对象并右击可以删除该对象，同时删除该对象的所有连线。

放置对象：ISIS 支持多种类型的对象。虽然类型不同，但放置对象的基本步骤都是一样的。

放置对象的步骤如下：

① 根据对象的类别在工具箱选择相应模式的图标。

② 如果对象类型是元件、端点、引脚、图形、符号或标记，则首先从对象选择器里选择期望的对象。

③ 如果对象是有方向的，将会在预览窗口显示出来，用户可以通过单击旋转和镜像图标来调整对象的朝向。

④ 指向编辑窗口，并单击放置对象。

拖动对象：用鼠标指向选中的对象并按住左键来拖动该对象。该操作不仅对整个对象有效，而且对对象的标签也有效。

调整对象尺寸：子电路、图表、线、框和圆等都可以调整其尺寸。选中对象，对象周围会出现叫作“手柄”的白色小方块，拖动“手柄”即可调整对象尺寸。

调整对象朝向：许多类型的对象可以按 90°、270°、360°或 X 轴、Y 轴镜像调整其朝向。其中，↺为逆时针旋转按钮，↻为顺时针旋转按钮，↕为 X 轴镜象按钮，↔为 Y 轴镜象按钮。同时，还可使用工具栏旋转工具按钮调整对象朝向。单击按钮将出现如图 1-30 所示对话框。其中：“Angle”表示设置旋转角度；“Mirror X”表示 X 镜像；“Mirror Y”表示 Y 镜像。

编辑对象方法如下：

➢ 选中对象后单击，打开编辑对话框进行编辑。

➢ 选择 Instant Edit 图标，依次单击打开编辑对话框进行编辑，此方法可实现连续编辑多个对象。

➢ 选中对象，使用快捷键 CTRL＋E 启动外部的文本编辑器编辑对象。如果鼠标没有指向任何对象，则该命令将对当前的图进行编辑。

➢ 使用快捷键 CTRL＋E，再按下 E 键，将弹出查找并编辑元件对话框，如图 1-31 所示。在弹出的对话框中输入元件的参考号即可对元件进行编辑。

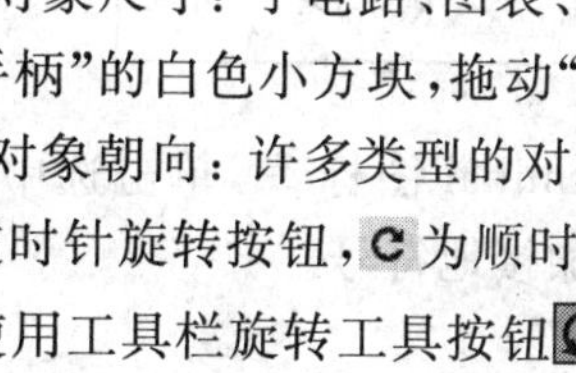

图 1-30 旋转工具按钮对话框

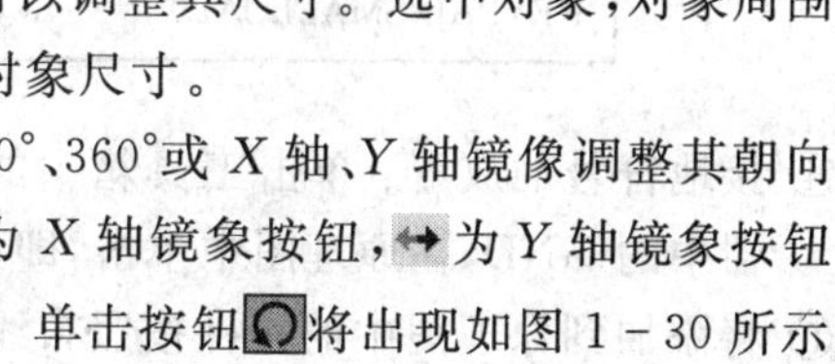

图 1-31 查找并编辑元件对话框

复制所有选中的对象：选中要复制的对象，单击工具栏中的“复制”图标，将其拖到期望的位置，单击放置复制对象(重复上述操作，可放置多个复制的对象)，右击结束。

注意：当一组元件被复制后，其标注自动重置为随机态，用来为下一步的自动标注做准备，防止出现重复的元件标注。

1.2.4 PROTEUS 电路绘制实例

以 AT90S8535 的某一应用(电路图如图 1－32 和图 1－33 所示)为例，说明基于 PROTEUS 的电路图的绘制。

绘制电路图的步骤如下：

① 从工具箱中选择 Component 图标。

② 单击对象选择器中的 P 按钮，将弹出 Pick Device 窗口。

③ 按照元件列表(见表 1－1)添加元件到编辑环境。

表 1－1　元器件列表

元件名称	所属类	所属子类
AT90S8535	Microprocessor ICs	AVR Family
7SEG-COM-CAT-GRN	TTL 74LS series	Flip-Flops & Latches
KEYPAD-SMALLCALC	Switches & Relays	Keypads

④ 接地符号的放置：单击工具箱中的 Inter-sheet Terminal 图标，单击选中对象选择器中的 GND，在原理图中单击，即可在原理图中添加接地符号。

⑤ 将添加到原理图中的元件按照布线方向排列。

⑥ 总线的绘制：单击工具箱按钮，单击电路图空白处，在期望的结束点双击即可完成总线的绘制。对于有拐点的总线，在拐点处单击即可出现拐点。

⑦ 标注总线：单击工具箱按钮，在总线上单击，打开线标签编辑对话框。在相应的文本框中键入总线名称，如 PC[0-7]。

⑧ 总线分支的绘制：确保 Bus 图标未被选中的状况下，左击 KEYPAD-SMALLCALC 的 A 连接点，并在拐点处左击，按下 Ctrl 键拖动光标到总线上一点，此时将出现一条斜线，单击即可实现 A 与 PC[0-7]总线的连接。

⑨ 总线分支的标注：单击相应的分支线，打开线标签编辑对话框。在对话框的文本框中键入分支线标识，如 PC0、PC1、… 、PC7 等。

⑩ 子电路的绘制：选中 Sbu-Circuit 工具，在期望子电路图框出现的位置放置子电路图框，并为其添加 I/O 端口。

⑪ 编辑子电路端口：打开子电路端口编辑对话框(如图 1－34 所示)，编辑端口名称、名称放置位置及其风格。

⑫ 连接子电路：单击子电路端口连接点，再单击目标连接点，即可完成子电路端口与外电路的连接。

⑬ 编辑子电路：将光标置于子电路图框中，按下 Ctrl＋C 键进入子电路图页，按照元件列表(见表 1－2)添加元件到编辑环境。

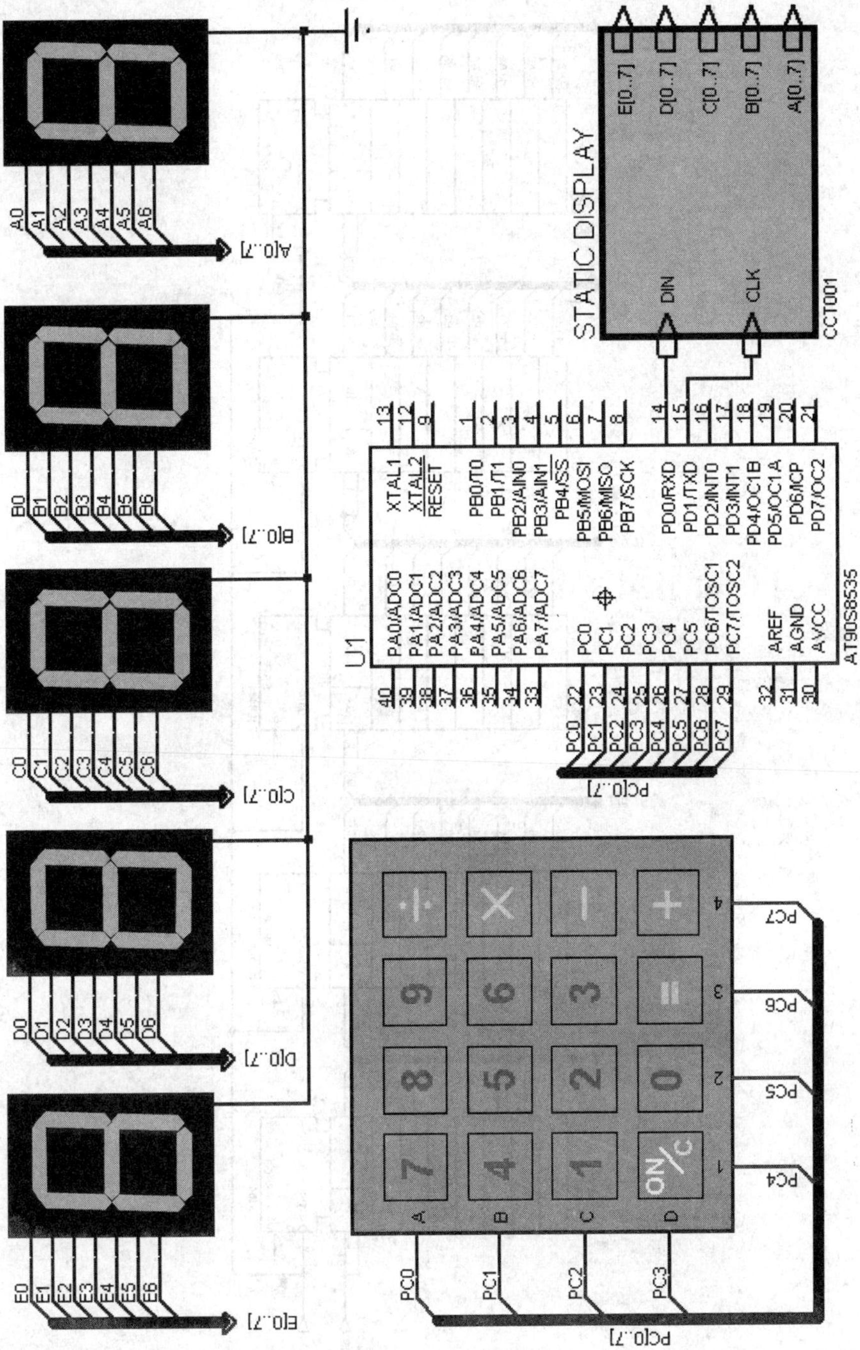

图 1-32　AT90S8535 的某应用主电路图

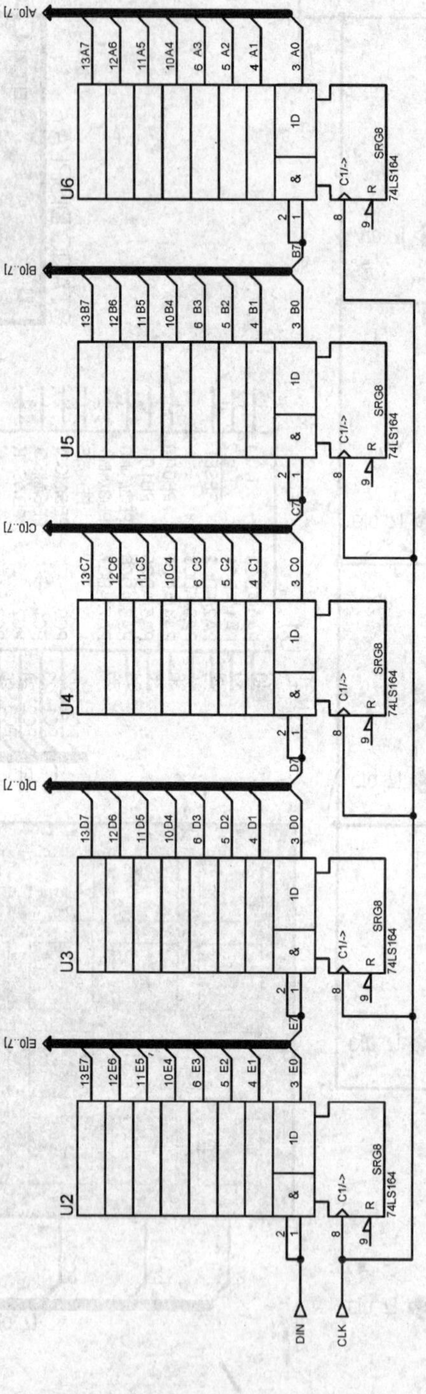

图 1-33　AT90S8535 的某应用电路 STATIC DISPLAY 子电路图

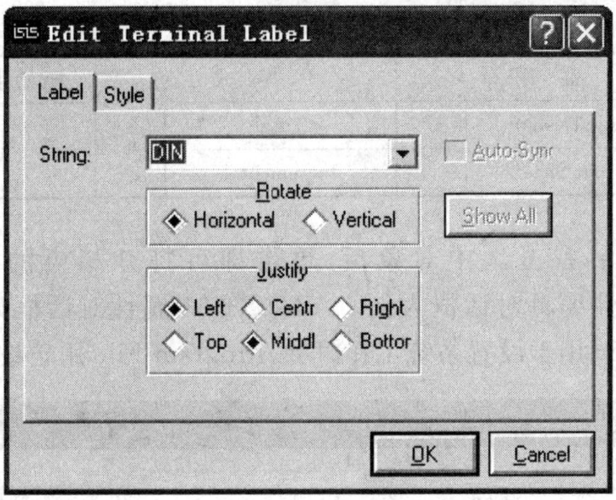

图 1-34　子电路端口编辑对话框

⑭ 放置引脚：选择 Inter-sheet Terminal 工具，然后选择相应的 I/O 端口添加到电路。

⑮ 按照上述方式连接电路。按下 Ctrl+X 键退出子电路的编辑。

⑯ 元器件的标注：在默认状态下，可使用系统的实时注释功能；也可手动进行标注。在这里执行 Tolls→Global Annotator 命令。执行这一命令时，将出现如图 1-35 所示的对话框。

表 1-2　元件列表

元件名称	所属类	所属子类
74LS164.IEC	TTL 74LS series	Registers

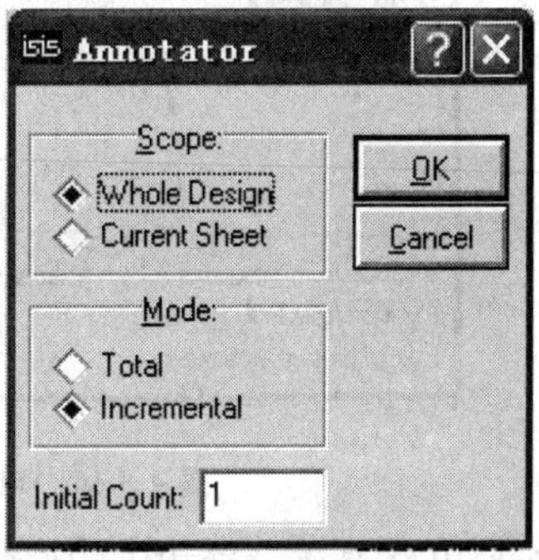

图 1-35　Global Annotator 对话框

在图 1-35 所示的对话框中包含如下设置选项：

Scope(范围)——Whole Design(整个设计)；
　　　　　　　　Current Sheet(当前页)。

Mode(模式)——Total(总合式)；
　　　　　　　　Incremental(增量式)。

Initial Count——初始计数值。

在本设计中，按照表 1-3 设置标注方式。

表 1-3　Global Annotator 标注方式列表

范　围		模　式		初始计数值
Whole Design	√	Total		1
Current Sheet		Incremental	√	

⑰ 元件值的设置：右击选中对象后，单击即可打开相应的属性编辑对话框。以 AT90S8535 属性编辑对话框为例。AT90S8535 属性对话框如图 1-36 所示。例如 Clock Frequency 用于设置系统工作时钟、Program File 用于设置系统程序文件等。

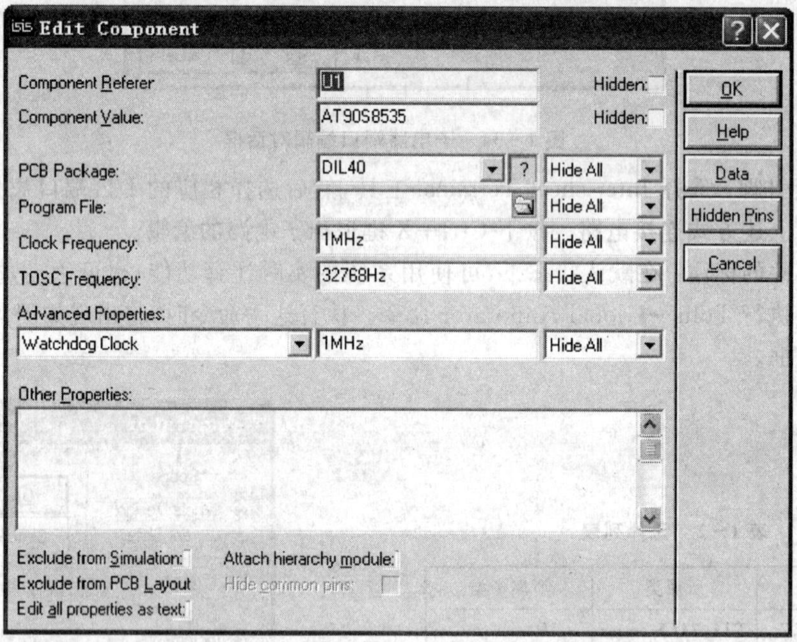

图 1-36　电路元件值设置(以 AT90S8535 为例)

⑱ 按照电路要求设置相应的属性值。

此时，电路图的绘制完成。

1.2.5　电路图绘制进阶

1. 元件替换

因为在删除元件的同时也会将与其连接的线删除。因此，ISIS 提供了一种替换元件的方法，操作过程如图 1-37 所示：

① 从元件库中调出一个新类型元件，添加到对象选择器中，并选中。

② 根据需要，使用旋转及镜像图标确定元件方位。

③ 在旧的元件内部单击，并保证新元件至少有一个引脚的末端与旧元件的某一引脚重合。当自动替换被激活时，在放置新元件过程中必须保证光标在旧元件内部。

ISIS 在替换元件的同时保留了连线。在替换过程中，先匹配位置，然后匹配引脚名称。不同元件进行上述替换操作可能得不到理想的结果，但可使用撤销(Undo)命令进行恢复。

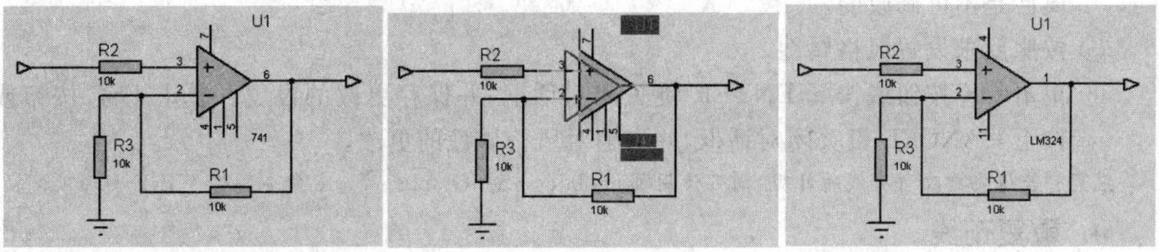

(a) 元件替换前　　(b) 元件替换过程中　　(c) 将741替换为LM324后的电路

图 1-37　元件替换

2. 隐藏电源引脚

在 Edit Component 对话框中，通过单击 Hidden Pins 按钮可查看或编辑隐藏的电源引脚，如图 1-38 所示。

在默认状态下，隐藏引脚将会被连接到同名网络。例如：隐藏引脚 VDD 将被连接到 VDD，隐藏引脚 VSS 将被连接到 VSS。

3. 改变线的外观

操作步骤如下：

① 确保 Wire Label 图标未被选中。

② 在期望改变外观的线上单击，选中线。

③ 在选中线上单击，将出现如图 1-39 所示的 Edit Wire Style 对话框。

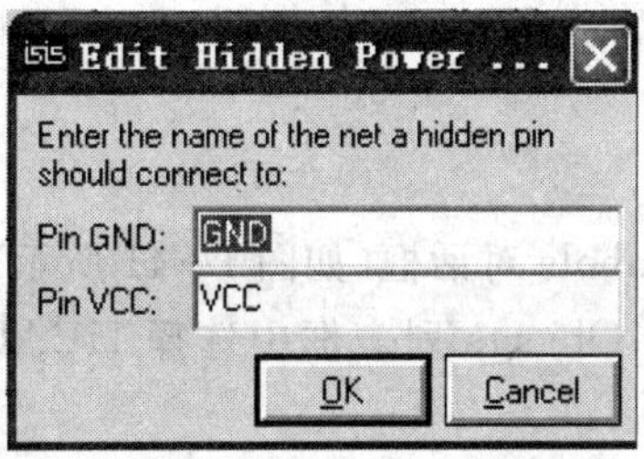

图 1-38　Edit Hidden Power 对话框

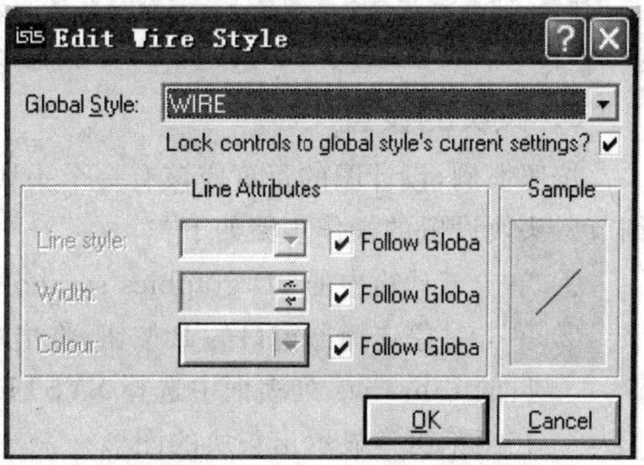

图 1-39　Edit Wire Style 对话框

在此对话框中，可编辑导线的以下项目：

Global Style——全局导线风格；

Line style——线型；

Width——线宽；

Colour——线的颜色；

Follow Global——是否更改整个设计的导线。

④ 取消对想要改变的图形风格的风格属性的 Follow Global's checkboxes 的选定。如果风格属性及其 Follow Global checkbox 都是灰色的，即这一选项不可用，或这一风格

属性是不可修改的。

⑤ 按照要求设置风格属性。

⑥ 单击 OK 按钮或按下 ENTER 键关闭对话框,并保存更改的设置。单击 ESC 按钮或按下 CANCEL 键关闭对话框,并取消对风格属性的更改。

注意:若想要更改所有线的外观,则可使用 Template →Set Graphics Style 命令编辑 WIRE 图形风格。

4. 重复布线

假设用户要连接一个 8 字节 ROM 数据总线到电路图主要数据总线,如图 1-40 所示。

① 单击工具箱按钮,右击总线后再单击总线,即可弹出 Edit Wire Label 对话框。

② 在对话框的 String 一栏中键入 A,使用 Rotate、Justify 选项调整标注的位置,调整完成后,单击 OK 按钮,则为总线插入标号 A。

③ 同理,按照图 1-40 所示,仿照以上步骤,依次为总线插入标号 B、C、D、E、F。

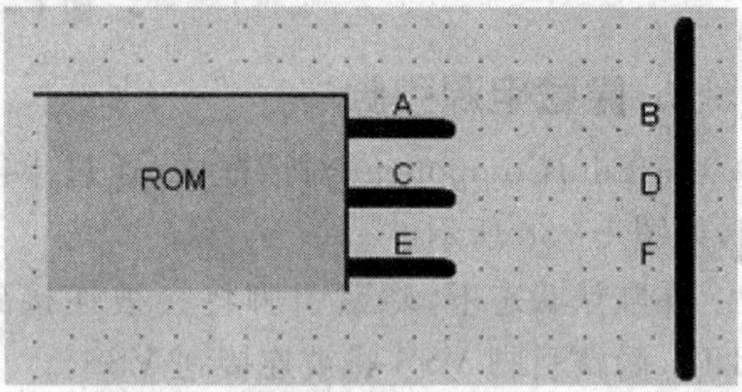

图 1-40 重复布线点路原理图

④ 首先单击 A,然后单击 B,在 AB 间画一根水平线。

⑤ 双击 C,重复画线功能会被激活,自动在 CD 间画线。

⑥ 双击 E,以下操作相同。

注意:重复画线完全复制了上一根线的路径。如果上一根线已经是自动重复,那么画线将仍旧自动复制该路径;如果上一根线为手工画线,那么画线将精确复制用于新的线。

5. 头块的设置

按照惯例,设计图的每页应该有一个头块来说明诸如设计名、页名、文档数、页数和作者等细节。头块设置的操作步骤如下:

① 单击工具箱中的 2D graphics symbol 按钮。

② 单击对象选择器窗口的 P 按钮,将出现 Pick Symbols 对话框(如图 1-41 所示)。在窗口的 Libraries 列表框中选择 SYSTEM,然后在 Objects 列表框中选择 HEADER,则在浏览窗口显示出头块的图形。

③ 在编辑窗口单击,放置对象,并进行拖动将其放在合适的地方,如图 1-42 所示。

④ 选择 Design→Edit design properties 命令即可弹出相关项设置对话框,如图 1-43 所示。

在这一设置对话框中包含如下设置选项:

Title——设计标题;

Doc. No——文档编号;

Revision——版本;

Author——作者。

例如,对头块进行如下设置(见表 1-4)。

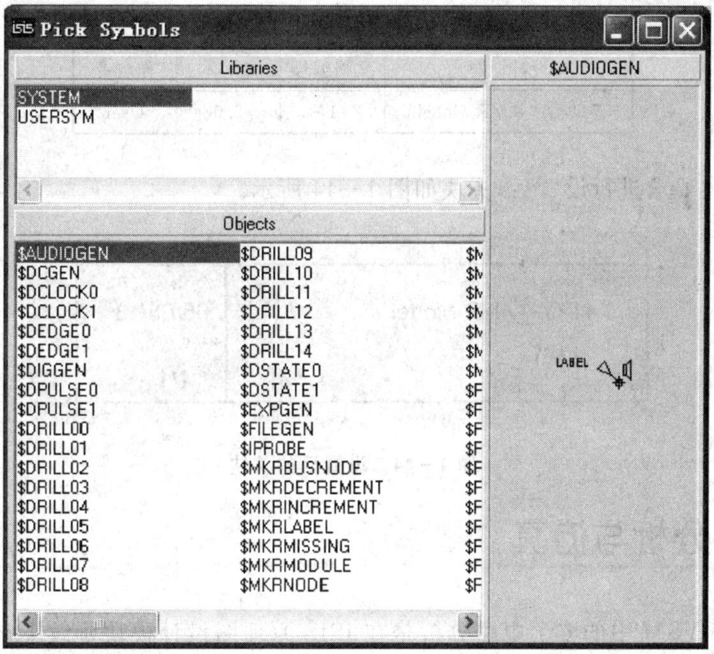

图 1－41　Pick Symbols 对话框

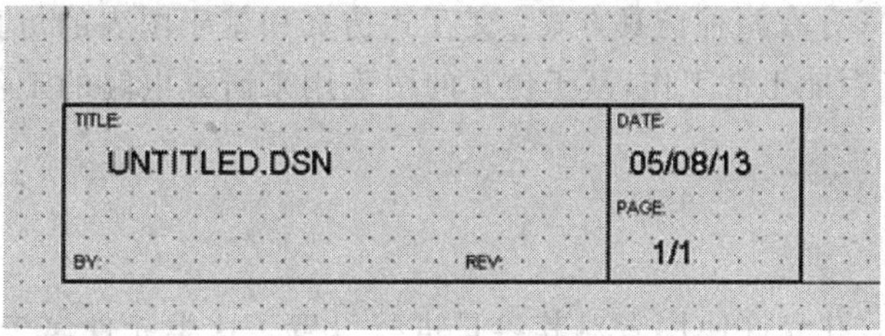

图 1－42　放置头块

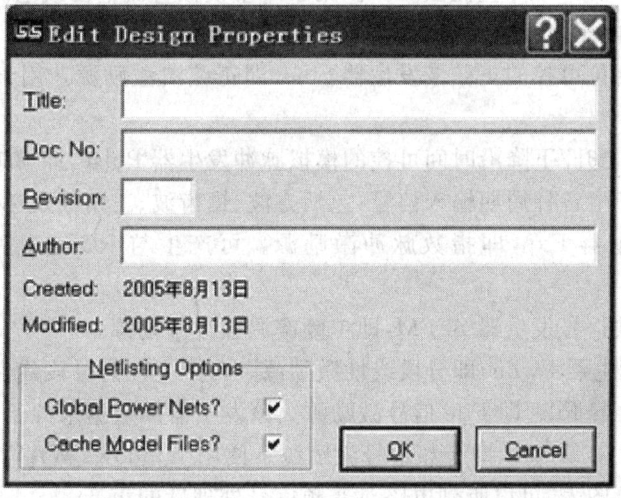

图 1－43　设置头块

表 1-4　头块设置列表

设计标题	文档编号	版　本	作　者
741 OP_AMP Model	1	6.0	User

⑤ 按照上述要求进行设置后，头块如图 1-44 所示。

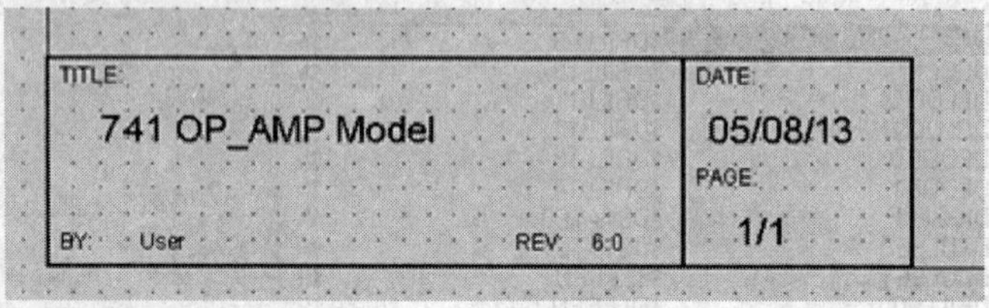

图 1-44　设置后的头块

1.3　电路分析与仿真

PROTEUS VSM 中的整个电路分析是在 ISIS 原理图设计模块延续下来的。原理图中，电路激励、虚拟仪器、曲线图表以及直接布置在线路上的探针一起出现在电路中，任何时候都能通过按下运行按钮或空格对电路进行仿真。

PTOTEUS VSM 存在两种仿真方式：交互式仿真和基于图表的仿真。交互式仿真检验用户所设计的电路是否能正常工作；基于仿真的图表用来研究电路的工作状态以及进行细节的测量。

1.3.1　激励源

激励源提供激励，并允许使用者对其参量进行设置。这类元件属于有源器件，在 Active 库中。ISIS 提供了以下类型的激励源：

- 直流信号发生器 DC，即直流激励源。用于产生模拟直流电压或电流。该激励源只有单一的属性，即电压值或电流值。
- 幅值、频率、相位可控的正弦波发生器 Sine，即正弦波激励源。用于产生固定频率的连续正弦波。
- 幅值、周期和上升/下降沿时间可控的模拟脉冲发生器 Pulse，即模拟脉冲激励源。用于为仿真分析产生各种周期输入信号，包括方波、锯齿波、三角波及单周期短脉冲。
- 指数脉冲发生器 Exp，即指数脉冲激励源。可产生与 RC 充电/放电电路相同的脉冲波。
- 单频率调频波信号发生器 SFFM，即单频率调频波激励源。
- Pwlin 信号发生器 Pwlin，即分段线性激励源。可产生任意分段线性信号。
- File 信号发生器 File，即 File 信号激励源。该发生器的数据来源于 ASCII 文件。
- 音频信号发生器 Audio，即音频信号激励源。使用 Windows WAV 文件作为输入文件。结合音频分析图表，可以听到电路对音频信号处理后的声音。
- 单周期数字脉冲发生器 DPulse，即单周期数字脉冲激励源。

➢ 数字单边沿信号发生器 DEdge，即数字单边沿信号激励源。用于产生从高电平跳变到低电平的信号，或从低电平跳变到高电平的信号。

➢ 数字单稳态逻辑电平发生器 DState，即数字单稳态逻辑电平激励源。

➢ 数字时钟信号发生器 DClock，即数字时钟信号激励源。

➢ 数字模式信号发生器 DPattern，即数字模式信号激励源。可产生任意频率逻辑电平。它是最灵活且功能最强的一种激励源，可产生上述所有数字脉冲。

1.3.2 虚拟仪器

(1) 虚拟示波器

虚拟示波器用于显示模拟波形。

(2) 逻辑分析仪

逻辑分析仪是通过将连续记录的输入数字信号存入到大的捕捉缓存器进行工作的。它具有可调的分辨率；在触发期间，驱动数据捕捉处理暂停，并监测输入数据；捕捉由仪器的Arming信号启动；触发前后的数据都可显示；支持放大/缩小显示和全局显示。

(3) 定时器/计数器

PROTEUS VSM 提供的定时器与计数器 Counter Timer 是一个通用的数字仪器，可用于测量时间间隔、信号频率和脉冲数。

(4) 虚拟终端

PROTEUS VSM 提供的虚拟终端允许用户通过 PC 的键盘、经由 RS232V 异步发送数据到仿真的微处理系统，同时也可通过 PC 的屏幕、经由 RS232V 异步接收来自仿真的微处理系统的数据。此功能在调试中是非常有用的，用户可以使用该虚拟仪器显示用户所编制程序发出的调试信息/曲线信息。

(5) SPI 调试器

SPI(Serial Peripheral Interface，串行设备接口)总线系统是 Motorola 公司提出的一种同步串行外设接口，允许 MCU 与各种外围设备以同步串行通信方式交换信息。其外围设备种类繁多，从简单的 TTL 移位寄存器到复杂的 LCD 显示驱动器、网络控制器等，可谓应有尽有。SPI 总线可直接与厂家生产的多种标准外围器件直接接口。

SPI 调试器监测 SPI 接口，同时允许用户与 SPI 接口交互，即允许用户查看沿 SPI 总线发送的数据，同时也可向总线发送数据。

(6) I^2C 调试器

I^2C(Intel IC)总线是 Philips 公司推出的芯片间串行传输总线。它只需要两根线(串行时钟线 SCL 和串行数据线 SDA)就能实现总线上各器件的全双工同步数据传送，可以极为方便地构成系统和外围器件扩展系统。I^2C 总线采用器件地址的硬件设置方法，避免了通过软件寻址器件片选线的方法，使硬件系统的扩展简单、灵活。按照 I^2C 总线规范，总线传输中的所有状态都生成相应的状态码，系统的主机能够依照状态码自动地进行总线管理，用户只要在程序中装入标准处理模块，根据数据操作要求完成 I^2C 总线的初始化，启动 I^2C 总线就能自动完成规定的数据传送操作。由于 I^2C 总线接口已集成在片内，用户无须设计接口，使设计时间大为缩短，且从系统中直接移去芯片对总线上的其他芯片没有影响，这样方便产品的改性或升级。

I^2C 调试器模型允许用户监测 I^2C 接口，同时允许用户与 I^2C 接口交互，即允许用户查看沿 I^2C 总线发送的数据，同时也可向总线发送数据。

(7) 信号发生器

PROTEUS VSM 所提供的信号发生器模拟了一个简单的音频函数发生器，可输出方波、锯齿波、三角波和正弦波；分 8 个波段，提供频率范围为 0～12 MHz 的信号；分 4 个波段，提供幅值范围为 0～12 V 的信号；具有调幅输入和调频输入功能。

(8) 模式发生器

PROTEUS VSM 所提供的模式发生器是模拟信号发生器的数字等价物。它支持 8 位 1 KB的模式信号；支持内部或外部时钟模式或触发模式；使用游标调整时钟刻度盘或触发器刻度盘；十六进制或十进制栅格显示模式；在需要高精度设置时，可直接输入指定的值；可以加载或保存模式脚本文件等。

(9) 电压表和电流表：

PROTEUS VSM 提供了 AC 电压表、DC 电压表、AC 电流表和 DC 电流表。这些虚拟仪器可直接连接到电路进行实时操作。当进行电路仿真时，它们以易读的数字格式显示电压值或电流值。

1.3.3 探　针

探针用于记录所连接网络的状态。ISIS 系统提供了两种探针：电压探针（Voltage probe）和电流探针（Current probe）。

- 电压探针：既可在模拟仿真中使用，也可在数字仿真中使用。在模拟电路中记录真实的电压值，而在数字电路中，记录逻辑电平及其强度。
- 电流探针：仅可在模拟电路中使用，并可显示电流方向。
- 探针既可用于基于图表的仿真，也可用于交互式仿真中。

1.3.4 图　表

图表分析可以得到整个分析结果，并且可以对仿真结果进行直观地分析。同时，图表分析能够在仿真过程中放大一些特别的部分，进行一些细节上的分析。另外，图表分析也是惟一能够显示在实时中难以作出分析的方法，比如说交流小信号分析、噪声分析和参数扫描。

图表在仿真中是一个最重要的部分。它不仅是结果的显示媒介，而且定义了仿真类型。通过放置一个或若干个图表，可以观测到各种数据（数字逻辑输出、电压、阻抗等），即通过放置不同的图表来显示电路在各方面的特性。

对瞬态仿真，需要放置一个模拟（Analogue）图表。另一种数字仿真（Digital）也是一种特殊的瞬态仿真：从数字的角度分析结果。这两种分析的结果可同时在混合（Mixed）图表中显示。

1. 模拟分析图表

模拟分析图表用于绘制一条或多条电压或电流随时间变化的曲线。

2. 数字分析图表

数字分析图表用于绘制逻辑电平值随时间变化的曲线，图表中的波形代表单一数据位或总线的二进制电平值。

3. 混合分析图表

混合分析图表可以在同一图表中同时显示模拟信号和数字信号的波形。

4. 频率分析图表

频率分析的作用是分析电路在不同频率工作状态下的运行情况。但不像频谱分析仪那样,所有频率一起被考虑,它是每次只可分析一个频率。因此,频率特性分析相当于在输入端接一个可改变频率的测试信号,在输出端接交流电表测量不同频率所对应的输出,同时可得到输出信号的相位变化情况。频率特性分析还可以用来分析不同频率下的输入、输出阻抗。

此功能在非线性电路中使用时是没有实际意义的。因为频率特性分析的前提是假设电路为线性的,也就是说如果在输入端加一组标准的正弦波,在输出端也相应得到一组标准的正弦波。实际中完全线性的电路是不存在的,但是大多数情况下,认为线性的电路都是在此分析允许范围内。另外,由于系统是在线性情况下引入复数算法(矩阵算法)进行的运算,其分析速度要比瞬态分析快得多。对于非线性电路,则可使用傅里叶分析。

PROTEUS ISIS 的频率分析用于绘制小信号电压增益或电流增益随频率变化的曲线,即绘制波特图。可描绘电路的幅频特性和相频特性。但它们都是以指定的输入发生器为参考。在进行频率分析时,图表的 X 轴表示频率,两个纵轴可分别显示幅值和相位。

5. 转移特性分析图表

转移特性分析图表用于测量电路的转移特性。

6. 噪声分析图表

由于电阻或半导体元件会自然而然地产生噪声,这对电路工作会产生一定程度的影响。系统提供噪声分析就是将噪声对输出信号所造成的影响数字化,以供设计师评估电路性能。

在分析时,SPICE 模拟装置可以模拟电阻器及半导体元件产生热噪声,各元件在设置电压探针(因为该分析不支持噪声电流,PROSPICE 将对电流探针不作考虑)处产生的噪声将在该点作和,即为该点的总噪声。分析曲线的横坐标表示的是该分析的频率范围,纵坐标表示的是噪声值(分左、右 Y 轴,左 Y 轴表示输出噪声值,右 Y 轴表示输入噪声值。以 $V/\sqrt{Hz}$ 为单位,也可通过编辑图表对话框设置为 dB,0 dB 对应 1 $V/\sqrt{Hz}$)。电路工作点将按照一般处理方法计算,在计算工作点之外的各时间,除了参考输入信号外,系统不考虑其他信号发生装置,因此分析前不必移除各信号发生装置。PROSPICE 在分析过程中将计算所有电压探针噪声的同时,考虑了它们相互间的影响,所以无法知道某个探针的噪声分析结果。分析过程将对每个探针逐一处理,所以仿真时间大概与电压探针的数量成正比。应当注意的是,噪声分析是不考虑外部电磁影响的,而且如果一个电路用 Tape(▣)功能分块,则分析时只对当前部分作处理。

PROTEUS ISIS 的噪声分析可显示随时间变化的输入和输出噪声电压,同时可产生单个元件的噪声电压清单。

7. 失真分析图表

失真是由电路传输函数中的非线性部分产生的,仅由线性元件(如电阻、电感、线性可控源)组成的电路不会产生任何失真。SPICE distortion analysis 可仿真二极管、双极性晶体管、场效应管、JFETs 和 MOSFETs。

PROTEUS ISIS 的失真分析用于确定由测试电路所引起的电平失真的程度，失真分析图表用于显示随频率变化的二次和三次谐波失真电平。

8. 傅里叶分析图表

傅里叶分析方法用于分析一个时域信号的直流分量、基波分量和谐波分量。即把被测节点处的时域变化信号作离散傅里叶变换，求出它的频域变换规律，将被测节点的频谱显示在分析图窗口中。在进行傅里叶分析时，必须首先选择被分析的节点，一般将电路中的交流激励源的频率设为基频。若在电路中有几个交流电源时，可将基频设在这些电源频率的最小公因数上。

PROTEUS ISIS 系统为模拟电路频域分析提供了傅里叶分析图表，通过该图表可以显示电路的频域分析。

9. 音频分析图表

PROTEUS VSM 包含许多特性，使用者可从设计的电路中听电路的输出(要求系统具有声卡)。实现此功能的主要元件为音频分析图表。该分析图表与模拟分析图表在本质上是一样的，只是在仿真结束后会生成一个时域的 WAV 文件窗口，并且可通过声卡输出声音。

10. 交互分析图表

交互式分析结合了交互式仿真与图表仿真的特点。仿真过程中，系统建立交互式模型，但分析结果却是用一个瞬态分析图表记录和显示的。交互分析特别适用于观察电路中的某一单独操作对电路产生的影响(如变阻器阻值变化对电路的影响情况)，相当于将示波器和逻辑分析仪结合在一个装置上。

分析过程中，系统按照混合模型瞬态分析的方法进行运算，但仿真是在交互式模型下运行的。因此，像开关、键盘等各种激励的操作将对结果产生影响。同时，仿真速度也决定于交互式仿真中设置的时间步长(Time-step)。应当注意的是：在分析过程中，系统将获得大量数据，处理器每秒将会产生数百万事件，产生的各种事件将占用很多内存空间，这就很容易使系统崩溃。因此，不宜进行长时间仿真，即在短时间仿真不能实现目的时，可以应用逻辑分析仪。另外，和普通交互式仿真不同的是，许多成分电路不被该分析支持。

通常，可以借助交互式仿真中的虚拟仪器实现观察电路中的某一单独操作对电路产生的影响，但有时需要将结果用图表的方式显示出来以便进行更详细地分析，这就需要利用交互式分析实现。

11. 一致性分析图表

一致性分析用于比较两组数字仿真结果。这种分析图表可以快速测试改进后的设计是否会带来不期望的副作用。一致性分析作为测试策略的一部分，通常应用于嵌入式系统的分析。

12. 直流扫描分析图表

直流扫描分析可以观察电路元件参数值在用户定义范围内发生变化时对电路工作状态(电压或电流)的影响(如观察电阻值、晶体管放大倍数、电路工作温度等参数变化对电路工作状态的影响)，也可以通过扫描激励元件参数值实现直流传输特性的测量。

PROTEUS ISIS 系统为模拟电路分析提供了直流扫描图表，使用该图表可以显示随扫描变化的定态电压或电流值。

13. 交流扫描分析图表

交流扫描分析可以建立一组反映元件在参数值发生线性变化时的频率特性曲线，主要用来观测相关元件参数值发生变化时对电路频率特性的影响。扫描分析时，系统内部完全按照普通的频率特性分析计算有关值，不同的是，由于元件参数不固定而增加了运算次数，每次相应地计算一个元件参数值对应的结果。

和频率特性分析相同，左、右 Y 轴分别表示幅度、相位值（可在编辑图表对话框中设置或直接拖动图线名到相应位置），并且也必须为系统计算幅度值而设置参考点。

PROTEUS ISIS 系统为模拟电路分析提供了交流扫描图表，使用该图表可以显示扫描变化的每一个值所对应的频率曲线而组成的一组曲线，同时显示幅值和相位。

1.3.5 基于图表的仿真

下面以基于模拟图表的仿真为例，说明基于图表的仿真方法。

(1) 单击工具箱中的 Simulation Graph 按钮，在对象选择器中将出现各种仿真分析所需的图表（如模拟、数字、噪声、混合及 AC 变换等），如图 1-45 所示。

(2) 选择 ANALOGUE 仿真图形。

(3) 光标指向编辑窗口，按下左键拖出一个方框，松开左键确定方框大小，则模拟分析图表被添加到原理图中，如图 1-46 所示。

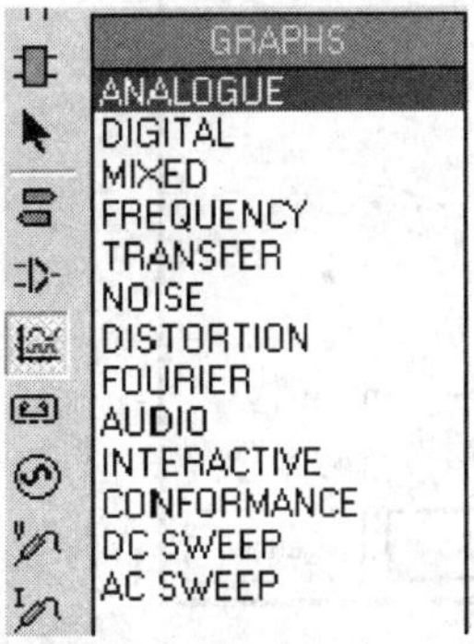

图 1-45 Simulation Graph 工具箱

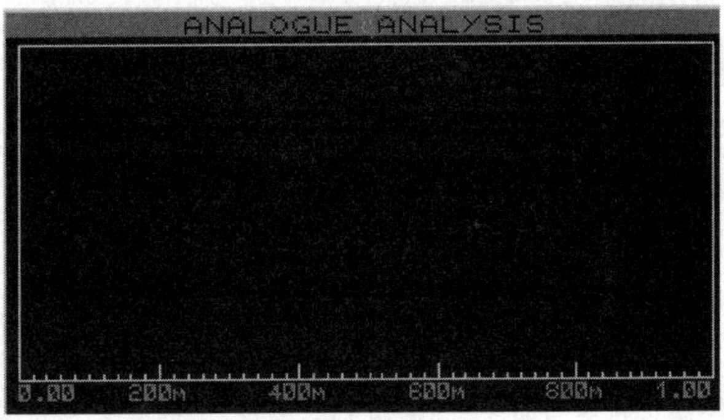

图 1-46 添加模拟仿真图表

- 图表与其他元件在移动、删除、编辑等方面的操作相同。
- 图表的大小可以进行调整：单击选中图表，四边出现小黑方框，光标指向方框拖动即可调整图表大小。

(4) 把发生器和探针放到图表中。每个发生器都默认自带一个探针，所以不需要再为发生器放置探针。有三种方法可加入发生器和探针：

① 依次选中探针或发生器，按住左键将其拖动到图表中，松开左键即可放置。图表有左、右两条竖轴，探针/发生器靠近哪边被拖入，它们的名字就被放置在那条轴上，图表中的探针/发生器名与原理图中的名字相同。

② 当原理图中没有被选中的探针或发生器时，选 Graph/Add Trace 出现增加探针对话框，从探针清单中选择一个探针，单击 OK 按钮即可。注意：这种方法每次只能加一个探针，图表中的探针以加入的先后顺序排序。

③ 如果原理图中有被选中的探针或发生器时，选 Graph/Add Trace 出现 OK 和 CANCEL 按钮：单击 OK 按钮则把所有选中的探针放置到图表中，按英文字母排序；单击 CANCEL 按钮将取消添加发生器或探针的操作。

➢ 探针和发生器的选中方法：探针和发生器可以逐一选中，也可以右击确定一个元件块（包含探针和发生器）来选中探针和发生器（块中的其他元件自动忽略，不会添加到图表中）。

➢ 可以看到，不同的探针名和发生器用不同的颜色表示。

➢ 和其他元件一样，右击选中探针名（或发生器名），探针名变为白色，按下左键可拖动它来调整顺序，也可把左边竖轴的探针名（或发生器名）放到右边的竖轴。

➢ 选中探针名（或发生器名）再单击它，即出现属性对话框；双击探针名（或发生器名）可删除探针名（或发生器名）；在图表上右击可释放探针名（或发生器名）。

(5) 设置仿真图标。运行时间由 X 轴的范围确定。先右击再单击图表，出现编辑瞬时图表对话框（如图 1-47 所示），设置相应的开始时间和停止时间即可。

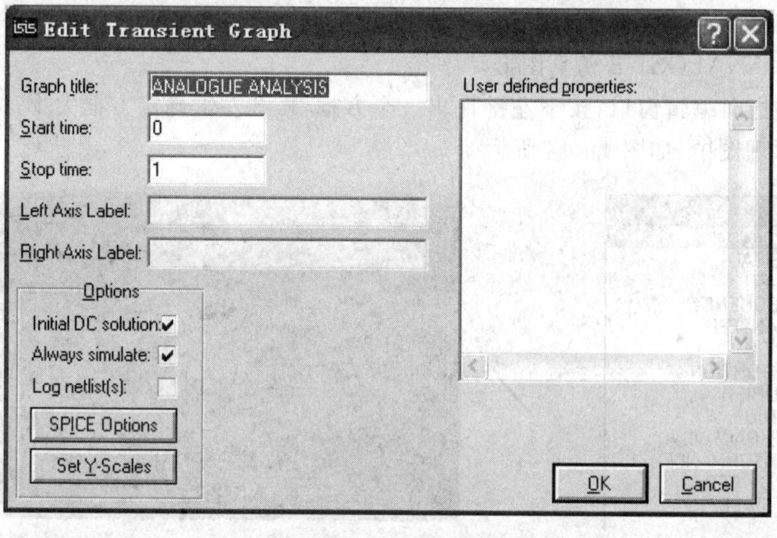

图 1-47　瞬时图表编辑对话框

图 1-47 所示对话框中包含如下设置内容：

Graph title——图表标题。

Start time——仿真起始时间。

Stop time——仿真终止时间。

Left Axis Label——左边坐标轴标签。

Right Axis Label——右边坐标轴标签。

设置完成后，单击 OK 按钮结束设置。可以在窗口中看到编辑好的图表。本例中添加的发生器和探针为 INPUT 和 OUTPUT 两个信号，设置停止时间为 1 ms，如图 1-48 所示。

(6) 进行仿真。选 Graph/Simulate（快捷键为空格键）即可。仿真命令使电路开始仿真，图表也随仿真的结果进行更新。

➢ 仿真日志记录。仿真日志记录最后一次的仿真情况，用 Graph/View Log（快捷键：

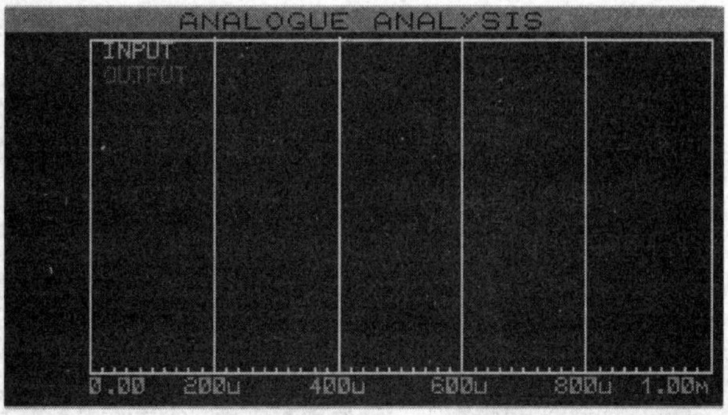

图 1-48 编辑后的图表

Ctrl+V)可查看仿真日志。

➢ 当仿真中出现错误时,日志中可显示详细的出错信息。

➢ 如果再一次执行仿真,可看到图表并没有发生变化;在编辑瞬时图表对话框中选择 Always Simulate,此时就可看到图表在动态刷新。

➢ 当可以看到图表上的波形,但不能看清细节时,单击图表的标题栏,可把图表最大化(全编辑窗口显示)。

➢ 分析完成后,再次单击图表标题栏可恢复原编辑窗口。

➢ 模拟图表仿真电路如图 1-49 所示,当显示窗口中两条曲线幅值相差太大(如图 1-50 所示)时,可以用分离的方法:选中 OUTPUT 信号,按下左键拖动到右边的竖轴,可以看到如图 1-51 所示的显示窗口。注意,两边竖轴的单位是不同的。

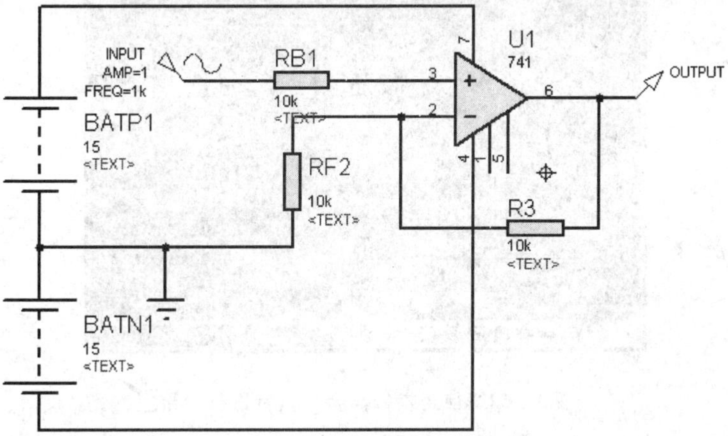

图 1-49 模拟图表仿真电路图

➢ 测量时,需放置测量指针(如图 1-52 所示):在图表中单击,出现基本指针(在 PROTEUS 中以一条平行于竖轴的绿线表示);按下 CTRL,在图表中单击,出现参考指针(在 PROTEUS 中以一条平行于竖轴的红线表示)。

➢ 移动测量指针时也一样:单击移动基本指针线,按下 CTRL 再单击则移动参考指针线。删除测量指针:光标指向任一竖轴的标值(如左轴的-200 m、400 m 等)单击删除基本指针线;光标指向任一竖轴的标值,按下 CTRL 再单击,即删除参考指针线。

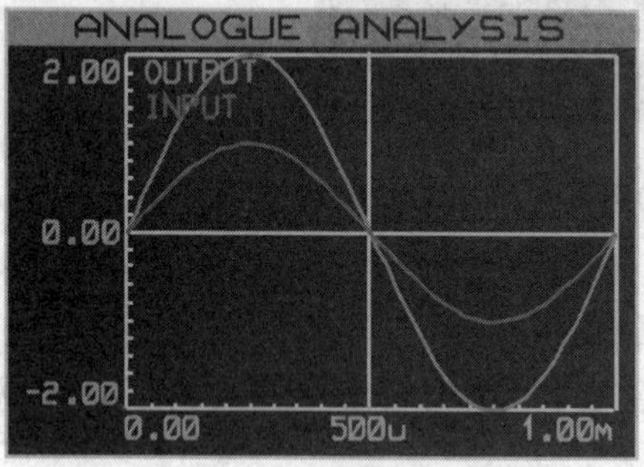

图 1-50　例图(两条曲线幅值相差偏大时)

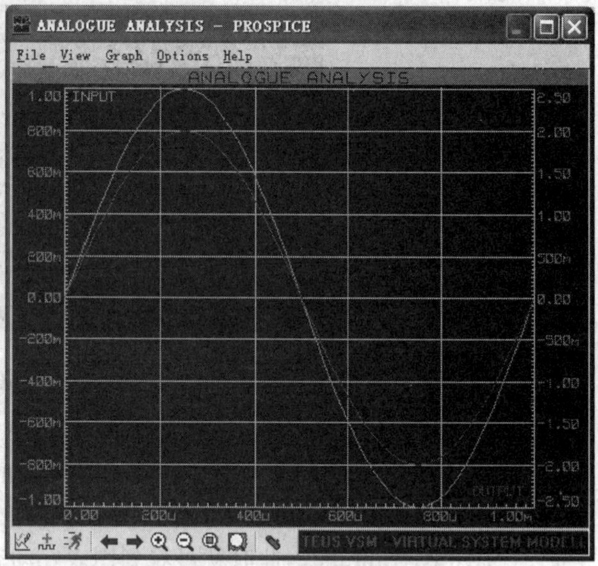

图 1-51　分离曲线

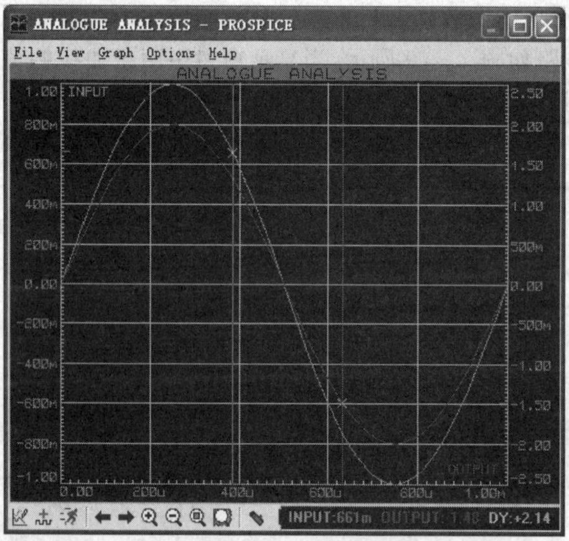

图 1-52　使用指针与参考指针进行测量

➢ 每个图表中只能出现两条测量线,对两个量进行测量。

➢ 此时,图表底部为状态栏,显示的数据都是绝对值。其中,DX 显示时间相对量,DY 显示幅值相对量。

1.3.6　交互式电路仿真

交互式电路仿真是电路分析的一个最重要的部分。输入原理图后,通过在期望的观测点放置电流/电压探针或虚拟仪器,单击运行按钮,即可观测到电路的实时输出。

1. 控制按钮

交互式仿真是由一个类似播放机操作按钮的控制按钮(如图 1-53 所示)控制的。这些控制按钮位于屏幕底端,如果没有显示,则需要通过 Graph→Circuit Animation 命令的选择调节可见。

各按钮的功能依次为:

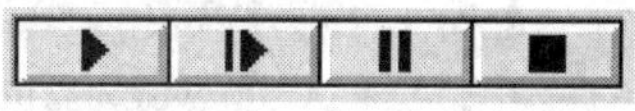

图 1-53 控制按钮

工作按钮——开始仿真。

步进按钮——此按钮可以使仿真按照预设的时间步长(单步执行时间增量)进行仿真。单击一下,仿真进行一个步长时间后停止。若按键后不放开,仿真将连续进行,直到按停止键为止。步长可通过执行 System→Set Animation Options 命令打开 Animation Circuits Configuration 对话框进行设置,默认值为 50 ms。

这一功能可更为细化地监控电路,同时也可以使电路放慢动作工作,从而更好地了解电路各元件间的相互关系。

暂停按钮——暂停按钮可延缓仿真的进行,再次按下可继续暂停的仿真。也可在暂停后接着进行步进仿真。暂停操作也可通过键盘的 Pause 键完成,但要恢复仿真需用控制面板按钮操作。

停止按钮——可使 PROSPICE 停止实时仿真,所有可动状态停止,模拟器不占用内存。除激励元件(开关等)外,所有指示器重置为停止时状态。停止操作也可通过键盘组合键 Shift+Break 完成。

2. 人性化测量方法

(1) 器件引脚逻辑状态。此功能可使连接在数字或混合网络的元件引脚显示一个有色小正方形,如图 1-54 所示。

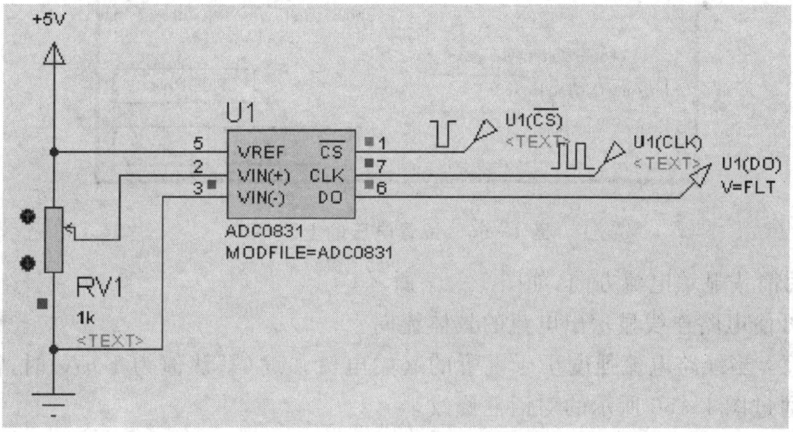

图 1-54 交互式仿真时电路器件引脚状态

默认的蓝色表示逻辑 0,红色表示逻辑 1,灰色表示不固定。以上三种颜色可通过 Template→Set Design Defaults 命令改变。改变引脚默认状态的对话框如图 1-55 所示。

(2) 利用不同颜色电路连线显示相应电压(参见图 1-57)。默认的蓝色表示-6 V,绿色表示 0 V,红色表示+6 V。连线颜色按照从蓝到红的颜色,深浅按照电压由小到大的规律渐变。同样,上述颜色可通过图 1-55 所示对话框进行设置。执行 System→Set Animation

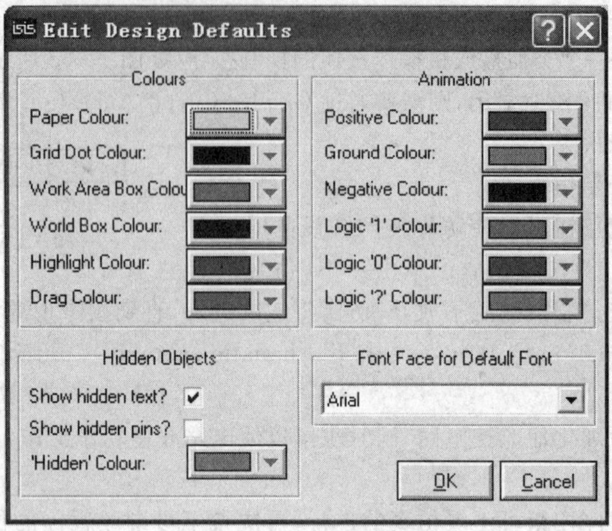

图 1-55　编辑器件引脚状态对话框

Options命令，将弹出如图 1-56 所示的对话框，即可进行电压的上、下限设置。

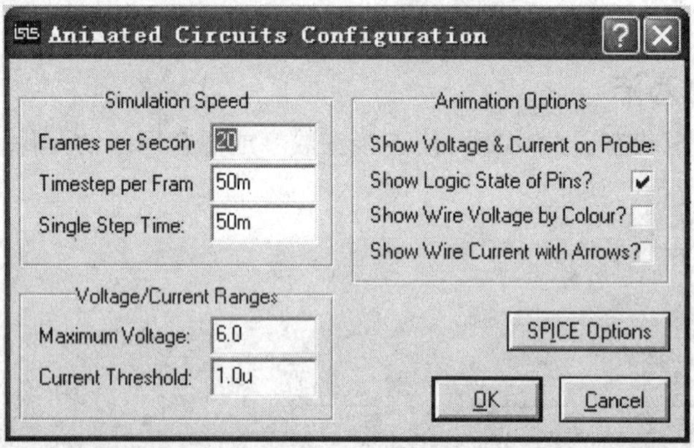

图 1-56　设置电压的上、下限

(3) 利用箭头显示电流方向，如图 1-57 所示。

此功能可使电路连线显示出电流的具体流向。

应当注意：当线路电流强度小于设置的起始电流强度(默认值为 1 μA)时，箭头不显示；起始电流可通过图 1-56 所示的对话框修改。

以上 3 种功能的开启与否，可通过图 1-56 所示对话框右侧的 3 个选项控制。

(4) 显示元件参数信息。

① 使用控制按钮使电路在想要观察的时刻暂停。若想要观察起始状态参数信息，则直接单击暂停键。

② 单击 Virtual Instruments 按钮一次。

③ 单击想要观察的元件即出现参数信息。一般情况下显示节点电压或(和)引脚逻辑状态，有些元件也可显示相对电压和耗散功率，如图 1-58 所示。

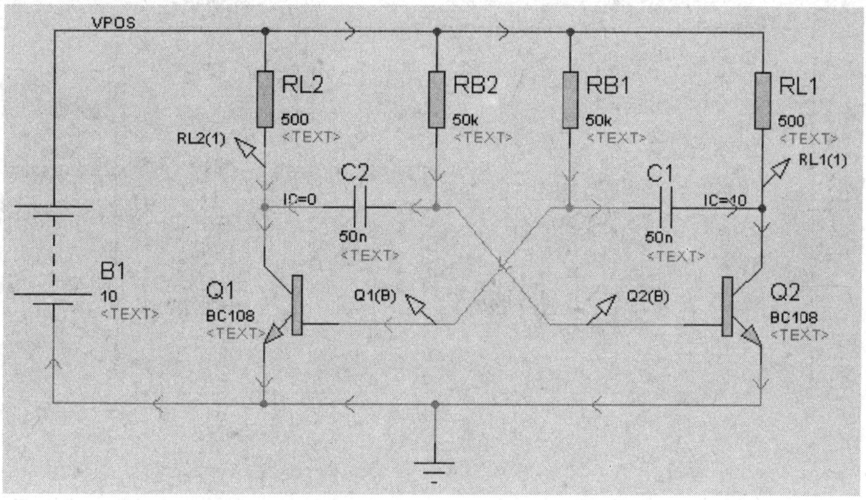

图 1-57 交互式仿真中电压颜色显示及电流方向显示

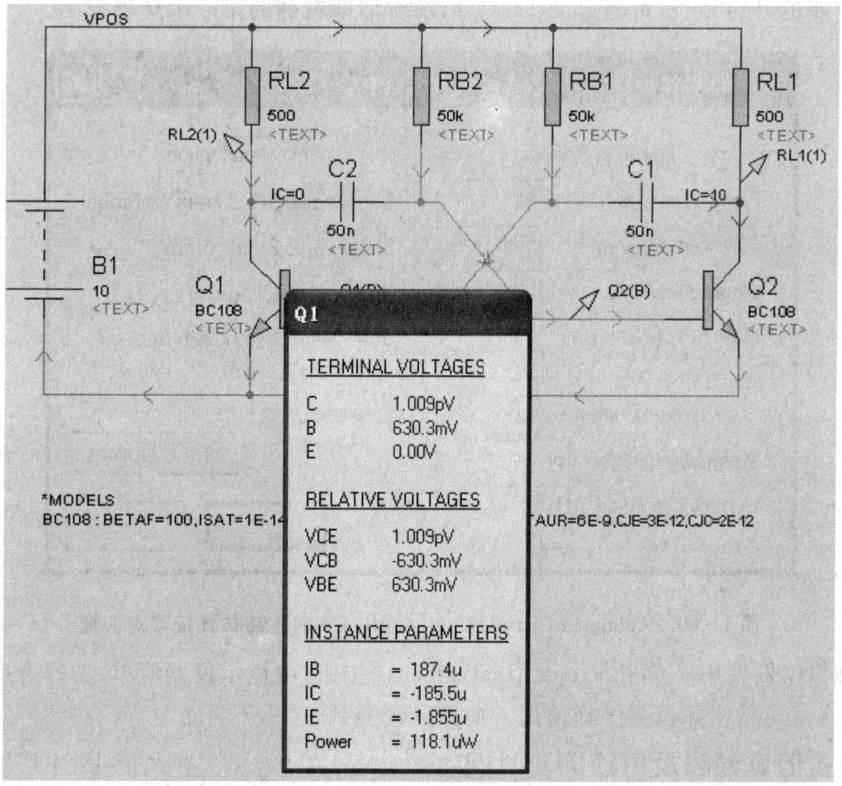

图 1-58 元件参数信息显示

(5) 使用电压和电流探针。利用探针可实时显示接探针节点的电压或电流，如图 1-59 所示。

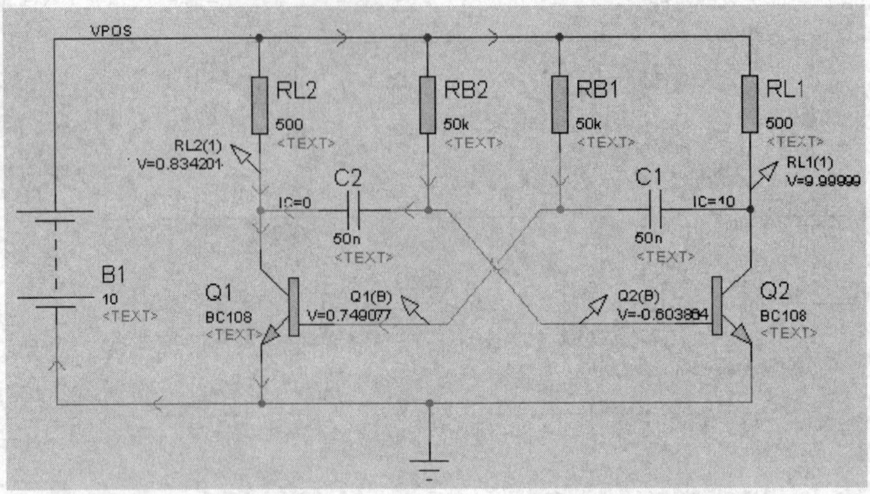

图 1-59 电压/电流探针实时电压/电流值显示

但应注意：电流探针是有方向的，一定要通过转动操作使其箭头方向与连接线平行。这一功能的开启与否，可通过图 1-60 所示对话框右侧的第一个选项控制。

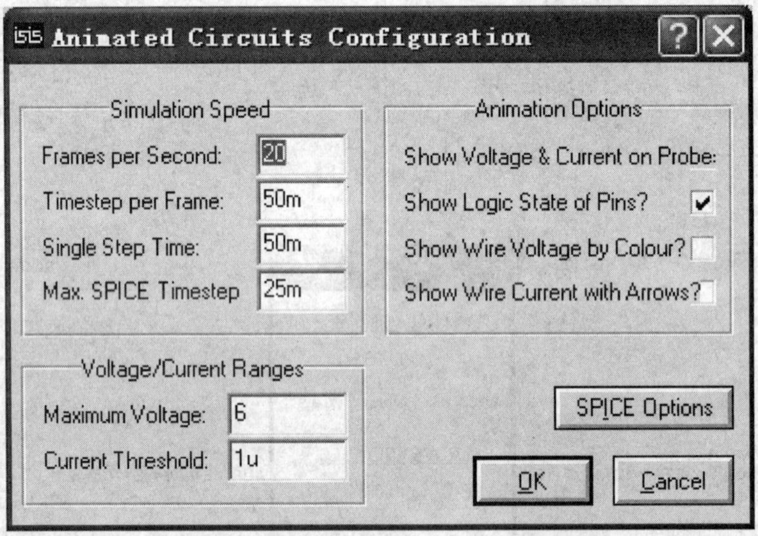

图 1-60 Animated Circuits Configuration 实时电路仿真配置对话框

(6) 虚拟仪器使用。单击 Virtual Instruments 按钮，可显示仪器清单，选择合适的仪器加入原理图中，就可像实际仪器一样使用。前面已经提到，这里不再重复。

3. 设置仿真帧频及每帧仿真时间

帧频(Frames per Second)即每秒屏幕更新次数，一般取默认值即可，但有时在调试过程中可适当减小。每帧仿真时间(Timestep per Frame)可使电路运行更慢或更快，必要时可根据具体需要更改数值，通过图 1-60 所示对话框即可设置。

- 运行时间方面：在增加每帧仿真时间时应保证 CPU 能够实现。另外，模拟分析要比数字分析慢得多。

➢ 电压范围：如果想要用连线颜色来显示节点电压时，需要预先估计电路中可能出现的电压范围，由于默认范围仅为－6～＋6 V，因此必要时需要重新设置。

➢ 接地：使用交流电压源时可设置接地点，但使用连接器按钮（）中的电源时，因为其为单端输出，系统默认参考点（参考点电压是变化的，与地不同），所以不必设置接地点，设置后仿真出错。

➢ 高阻抗点：电路中若有未连接处时，系统仿真时自动加入高阻抗电阻代替，而不会提示连线错误，所以将产生错误结果而不容易被发现，连线时应特别注意。

4. 交互式仿真实例

本例中按照图 1－61 所示进行电路的交互式仿真。

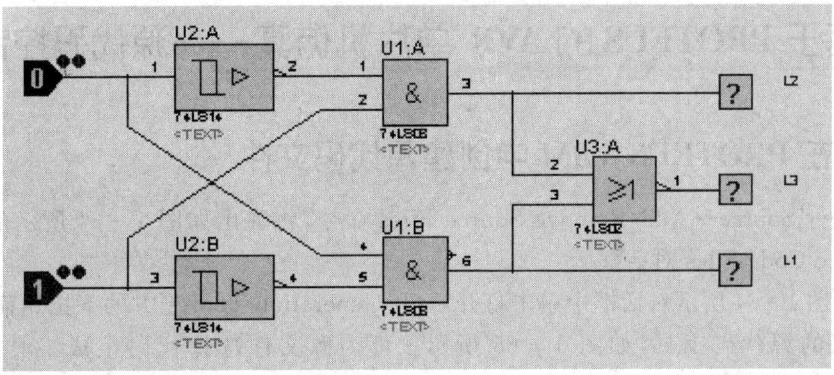

图 1－61　交互式电路仿真实例（1 位数值比较器）

(1) 电路输入。

(2) 电路仿真。单击运行按钮，电路开始仿真。仿真图如图 1－62 所示。

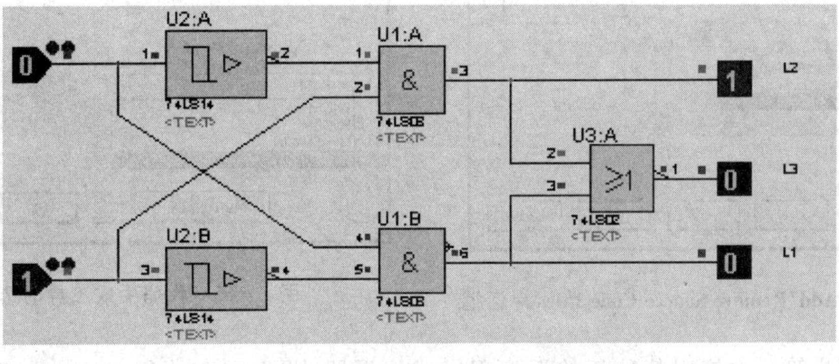

图 1－62　交互式电路仿真实例仿真结果图

(3) 本电路采用调试工具进行交互式仿真。在输入调试端口单击，电路就会在输出端给出相应的值；或在输入调试端口旁的增、减按钮，按动相应的按钮，则输入调试端口将会被赋予不同的值，从而电路在输出端也会输出相应的值，如图 1－63 所示。

交互式仿真还可以使用 ACTIV 器件。在仿真中实时改变 ACTIVE 器件的值，电路将实时输出电路的仿真结果。

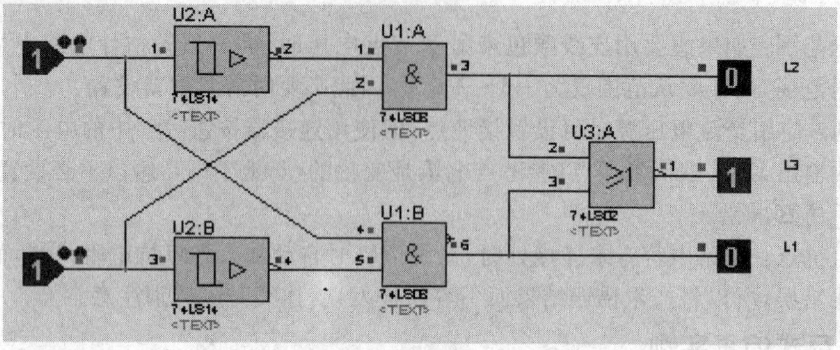

图 1-63　交互式仿真中电路的调试输出

1.4　基于 PROTEUS 的 AVR 单片机仿真——源代码控制系统

1.4.1　在 PROTEUS VSM 中创建源代码文件

(1) 执行 Source→Add/Remove Source Files 命令，将弹出如图 1-64 所示的 Add/Remove Source Code Files 对话框。

(2) 在图 1-64 所示对话框中单击打开 Code Generation Tool 下方的下拉式菜单，将出现系统已定义的源代码工具，如图 1-65 所示。可为源文件选择代码生成工具，这里选择 AVRASM 代码生成工具。

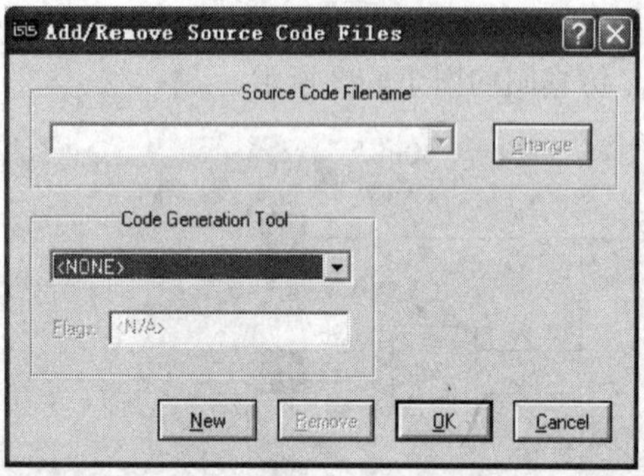

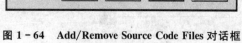

图 1-64　Add/Remove Source Code Files 对话框

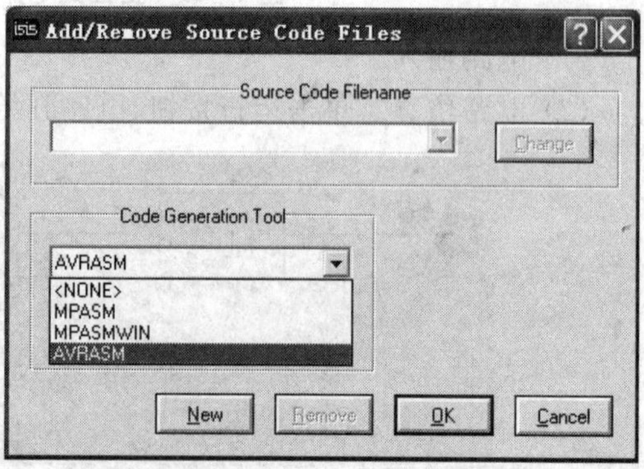

图 1-65　代码生成工具的选择

如果用户第一次使用某种新的汇编程序或编译器，首先需要执行 Source→Define Code Generation Tools 命令进行注册。

(3) 单击 New 按钮，将出现图 1-66 所示新的源文件建立对话框。

在文件名一栏中为源代码文件键入文件名或使用鼠标选择文件名。如果期望的文件名不存在，用户可在文本框中自行键入。在本例中新建源文件 AVR1.ASM。此外，还要为新建源文件选择目标存放地址。

(4) 在文件类型中指定新建源文件的类型。本例指定为 AVRASM source files(*.ASM)。

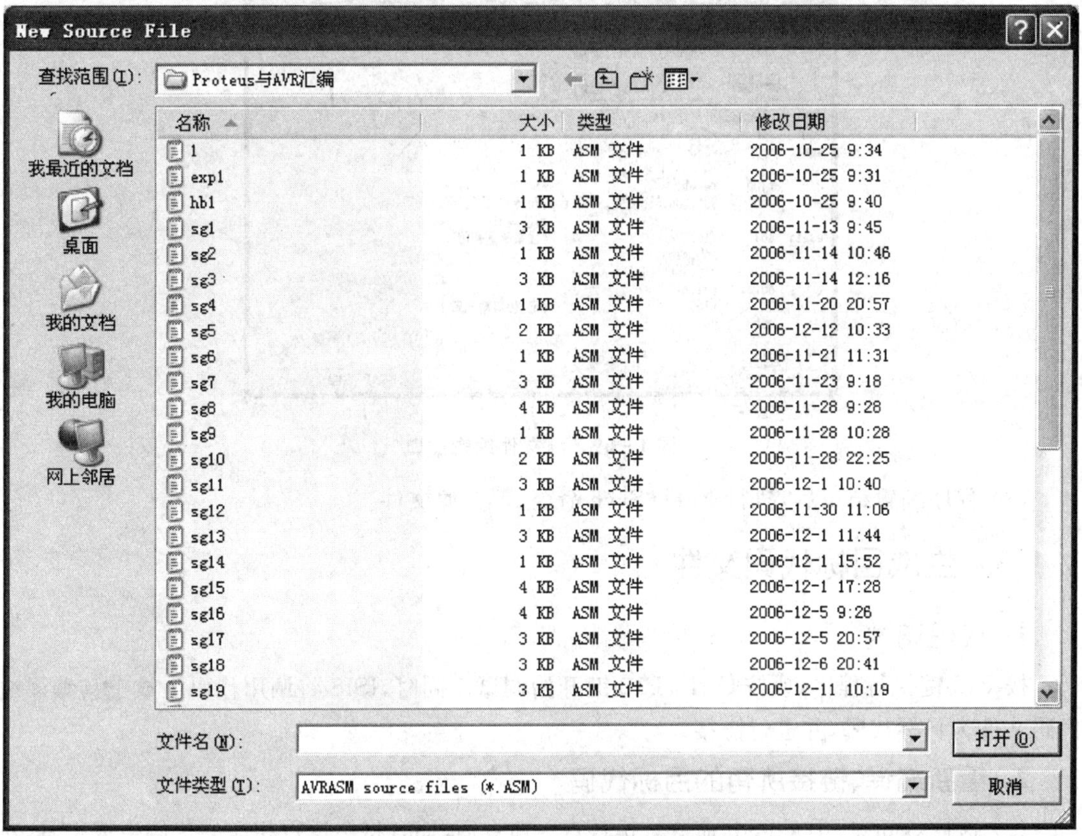

图 1-66 新的源文件建立对话框

(5) 单击"打开"按钮,若源文件已存在,则添加完成;若为新建源文件,则将出现如图 1-67所示的对话框。

(6) 单击"是"按钮,即可完成新源文件的创建和添加。

1.4.2 编辑源代码程序

(1) 使用组合键 Alt+S,打开 Source 菜单,如图 1-68 所示。

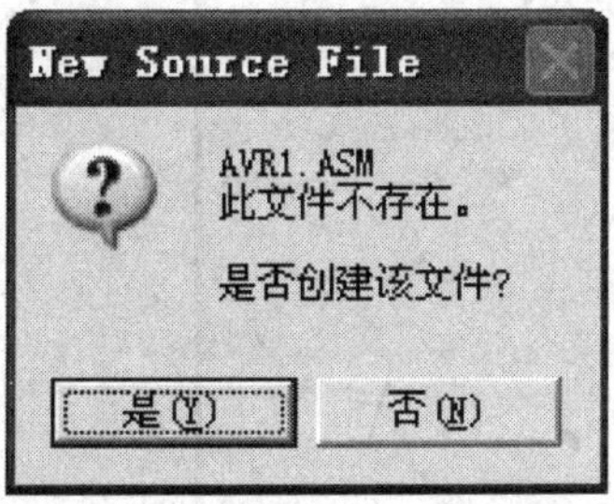

图 1-67 新建源文件对话框

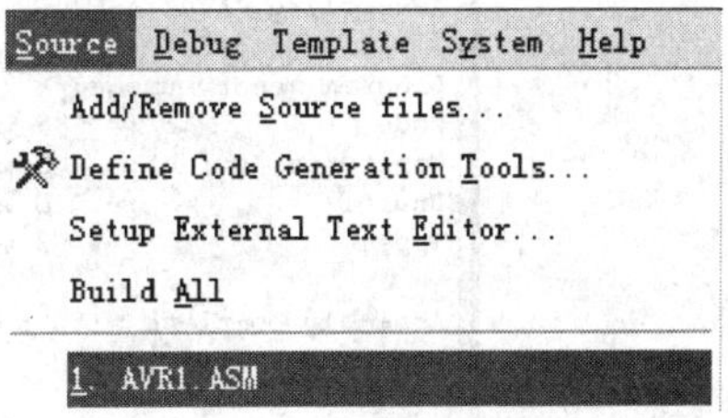

图 1-68 打开 Source 菜单

(2) 选择 Source 下拉菜单中相应源文件的序号(这里选择"1. AVR1.ASM"),即可打开源文件编辑窗口,如图 1-69 所示。然后,即可在编辑环境中键入程序。

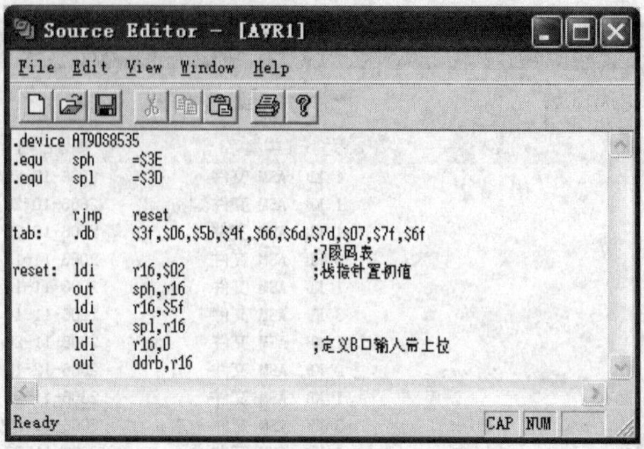

图 1-69 源文件编辑窗口

(3) 程序编辑结束后,执行 File→Save 命令,保存源文件。

1.4.3 生成目标代码文件

1. 代码调试

按 F12 键执行程序,或按 Ctrl+F12 键开始调试。同时,ISIS 将调用代码生成工具编译源代码文件为目标代码,并进行链接。

2. 重新编译、链接所有的目标代码

(1) 执行 Source→Build All 命令。执行这一命令后,ISIS 将会运行相应的代码生成工具,对所有源文件进行编译、链接,生成目标代码。同时弹出 BUILD LOG 窗口,如图 1-70 所示。

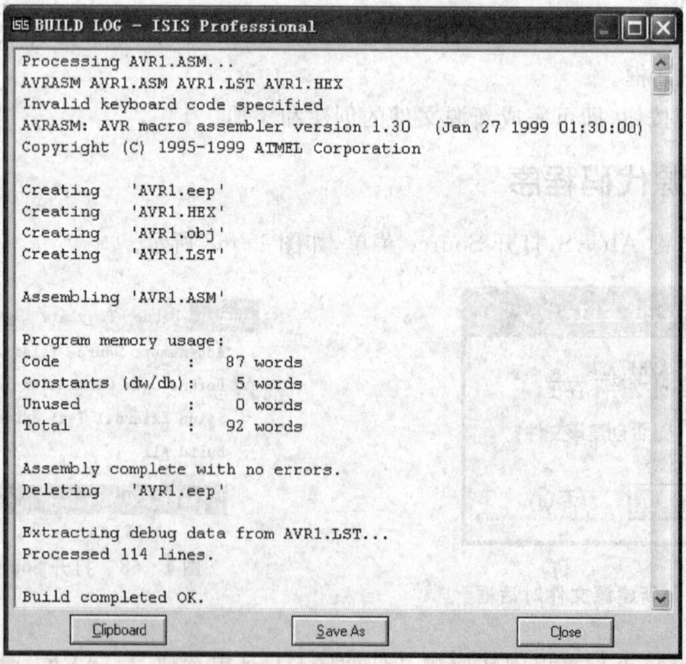

图 1-70 BUILD LOG 日志输出窗口

(2) 单击 Close 按钮,关闭对话框。也可单击 Clipboard 或 Save As 按钮,对编译日志进行相应的操作。

1.4.4 代码生成工具

PROTEUS 许多共享汇编软件或编译器可从系统 CD 上安装到 PROTEUS TOOLS 目录下,并且会被自动作为 PROTEUS 的代码生成工具。然而,如果用户想要使用其他工具,用户需要使用 Source→Define Code Generation Tools 命令注册新的代码生成工具。

1.4.5 定义第三方源代码编辑器

PROTEUS VSM 提供了一个简明的源代码文本编辑器 SRCEDIT,它本质上是 NOTEPAD 的改进版本。如果用户有更高级的编辑器,例如 UltraEdit,用户可在 ISIS 使用它。

建立第三方源代码编辑器的步骤如下:

(1) 执行 Source→Setup External Text Editor 命令,将弹出如图 1-71 所示的 Source Code Editor Configuration 对话框。

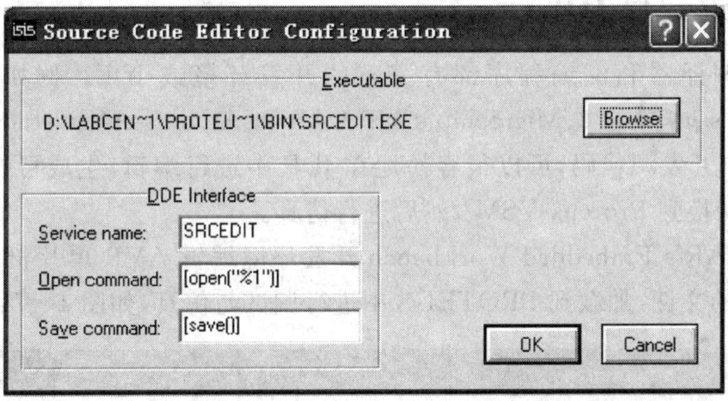

图 1-71 Source Code Editor Configuration 对话框

(2) 单击 Browse 按钮,并使用文件选择器定位文本编辑器的可执行文件。此时文件路径将显示在 Executable 中,如图 1-72 所示。

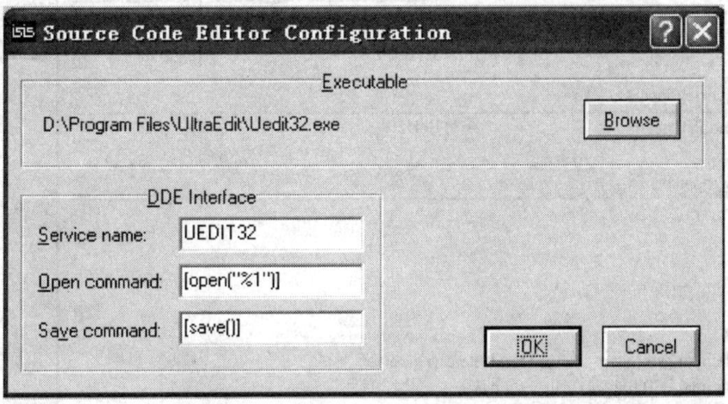

图 1-72 建立外部源代码编辑器

(3) 单击 OK 按钮,外部源代码编辑器与 PROTEUS 成功链接。此时打开 AVR1. ASM,其编辑界面如图 1-73 所示。

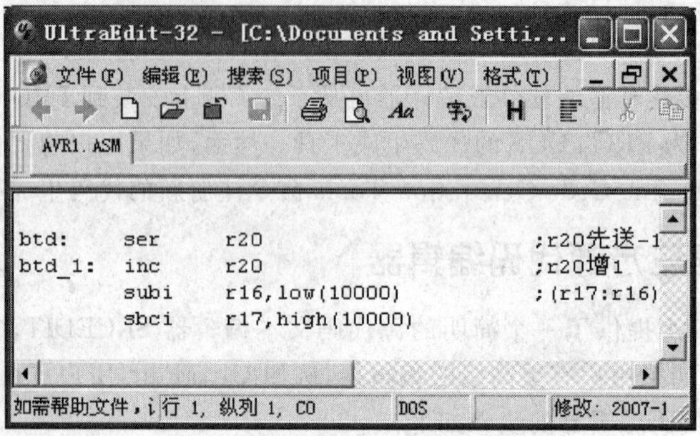

图 1-73 使用 UltraEdit 作为源代码编辑环境

1.4.6 使用第三方 IDE

大多数专业编译器和汇编程序都有完整的开发环境或 IDE。例如 IAR's Embedded Workbench、Keil's μVision 2、Microchip's MP-LAB 和 Atmel's AVR studio。如果用户使用上述任意一种工具开发源代码,可以很容易地在 IDE 中进行编辑,生成可执行文件(如 HEX 或 COD 文件)后切换到 Proteus VSM ,然后进行仿真。

本书中使用 IAR's Embedded Workbench 开发环境编辑 AVR 单片机 C 语言程序,并生成后缀名为. d90 的文件,加载到 PROTEUS 中进行调试与仿真,如图 1-74 所示。

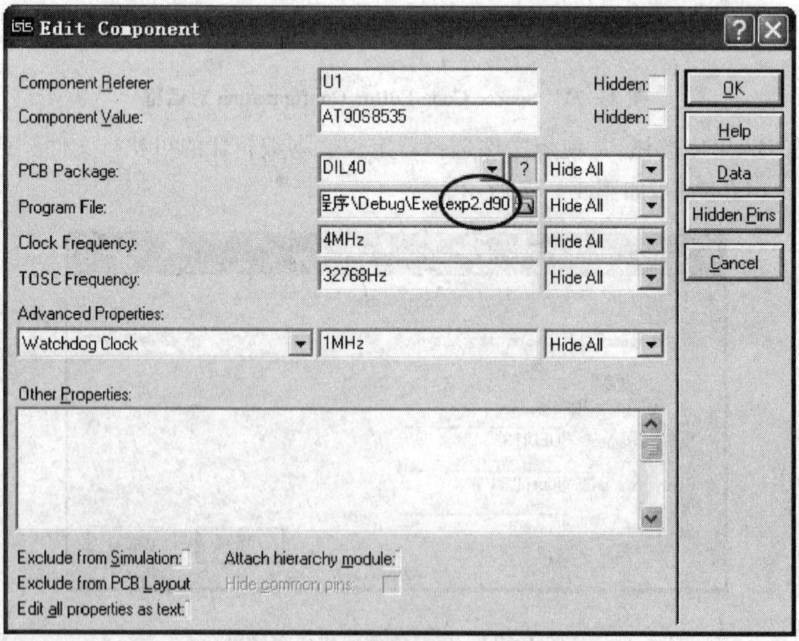

图 1-74 后缀名为. d90 的文件加载到 PROTEUS 中进行调试与仿真

1.5 基于 PROTEUS 的 AVR 单片机仿真——源代码调试

PROTEUS VSM 支持源代码调试。对于系统支持的汇编程序或编译器，PROTEUS VSM 为设计项目中的每一个源代码文件创建一个源代码窗口，并且这些代码将会在 Debug 菜单中显示。在进行代码调试时，须先在微处理器属性编辑中的 Program File 项配置目标代码文件名（通常为 HEX、S19 或符号调试数据文件，即 Symbolic debug data file）。ISIS 不能自动获取目标代码，这是因为在设计中可能有多个处理器。

1.5.1 单步调试

单击仿真控制面板中的按钮，进入单步调试。系统为单步执行提供了许多选项，源文件窗口和调试窗口中的工具栏都可用。

1.5.2 使用断点调试

断点在发现设计的软件或软件/硬件交互中所存在的问题非常有用。通常，用户可在存在问题的子程序的起始点设置断点，然后开始运行仿真。在断点处，仿真将会暂停。此后，用户可单步执行程序代码，观测寄存器的值、存储单元及电路中其他部分的状况。

- 开启显示引脚逻辑状态也将对电路的调试有所帮助。
- 当源代码窗口被激活，当前行断点的设置或取消可通过按动 F9 键实现。用户只可在有目标代码的源代码行设置一个断点。

如果源代码发生改变，PROTEUS VSM 将根据文件中子程序的地址、目标代码字节的模式匹配重新定位断点。显然，如果用户从根本上修改了代码，则断点的重新定位将不再具有原来的意义，但它不会影响程序的执行。

1.5.3 Multi-CPU 调试

PROTEUS VSM 可仿真 Multi-CPU 设计项目。每个 CPU 都将生成一组包括源代码窗口、变量窗口的弹出式窗口，并且全部放置在 Debug 菜单中。

当单步执行代码时，光标所在的源代码窗口的处理器将作为主处理器，其他 CPU 将自由运行，当主 CPU 完成一条指令时，将延缓从 CPU 的执行。如果用户将光标从源代码窗口退出，则最后光标所在的源代码窗口的处理器为主 CPU；单击其他任意处理器的源代码窗口，将改变主 CPU。

1.6 基于 PROTEUS 的 AVR 单片机仿真——弹出式窗口

PROTEUS VSM 中的大多数微处理器模型可创建许多弹出式窗口。通过这些窗口的显示或隐藏可通过 Debug 菜单进行设置。这些窗口具有以下类型：

- 状态窗口——一个处理器通常使用一个状态窗口显示寄存器的值。
- 存储器窗口——处理器的每一个存储空间都将会创建一个存储器窗口。存储器件（RAM 和 ROM）也将创建存储窗口。

- 源代码窗口——原理图中的每一个处理器都将创建一个源代码窗口。
- 变量窗口——倘若程序的 loader 程序支持变量显示，原理图中的每一个处理器都将创建一个变量窗口。

1.6.1 显示弹出式窗口

(1) 按下 Ctrl+F12 键进入调试模式；或在正在运行的系统中，单击控制面板中的 Pause 按钮，使仿真暂停。

(2) 按下 Alt+D 键，将弹出 Debug 的下拉菜单，如图 1-75 所示。

(3) 选择菜单中的需要显示的窗口序号，即可显示相应的窗口。这里选“1. Simulation Log”，则在 ISIS 中出现如图 1-76 所示的窗口。

- 这些类型的窗口只能在仿真暂停时显示；仿真运行期间，这些窗口将自动隐藏。在仿真暂停期间（手动使系统暂停，或由于程序执行遇到断点），窗口将重新显示。
- 所有的调试窗口都有右键菜单，用户可设置窗口外观和窗口内数据的显示格式。
- 调试窗口的存放位置和可见性将自动以当前电路设计位置和名称保存，存储为 PWI 文件格式。该 PWI 文件也包含系统设置的断点位置及 Watch Window 的内容。

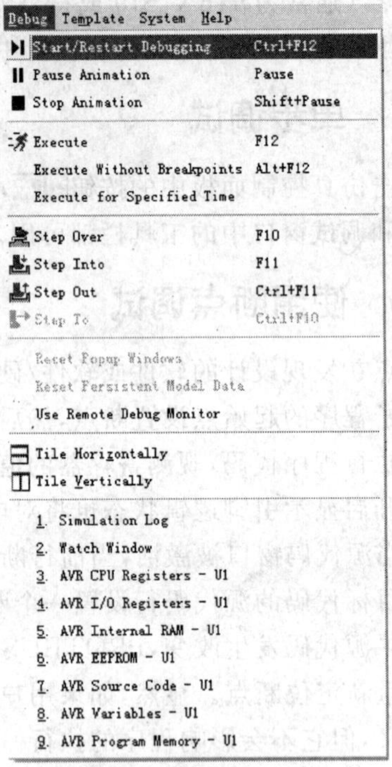

图 1-75 Debug 下拉菜单

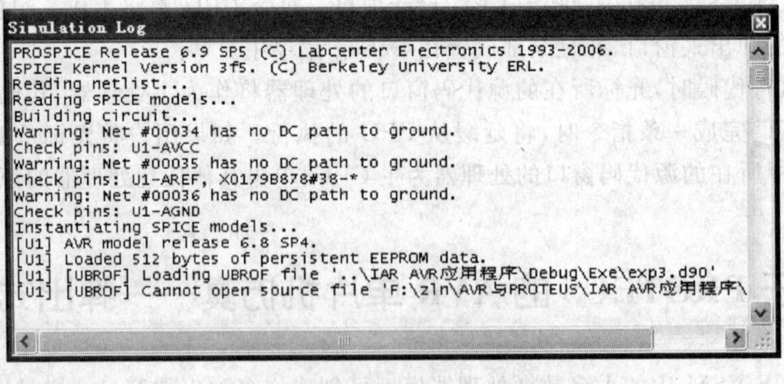

图 1-76 Simulation Log 窗口

1.6.2 源代码调试窗口

单击图 1-75 中的 AVR Source Code-U1 项，即可弹出源代码窗口（如图 1-77 所示）。

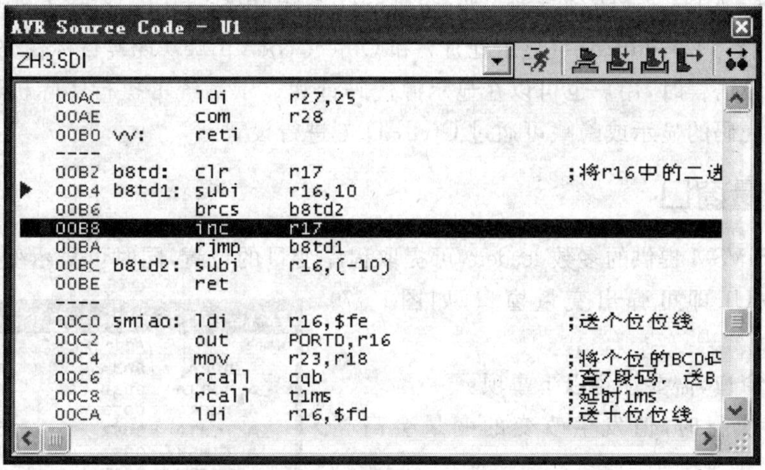

图 1-77　源代码窗口

(1) 源代码窗口具有以下特性：

➢ 源代码窗口为组合框，允许用户选择组成项目的其他源代码文件。用户也可使用快捷键 Ctrl+1、Ctrl+2、Ctrl+3 等切换源代码文件。

➢ 有底纹标注的行代表当前命令行，此处按动 F9 键可设置断点；如果按动 F10 键，程序将单步执行(PROTEUS 中以蓝色条标注)。

➢ 箭头表示处理器程序计数器的当前位置(PROTEUS 中以红色箭头标注)。

➢ 圆圈标注的行说明系统在这里设置了断点(PROTEUS 中以红色圆圈标注)。

(2) 在源代码窗口，系统提供了以下命令按钮：

Step Over——执行下一条指令。在执行到子程序调用语句时，整个子程序将被执行。

Step Into——执行下一条源代码指令。如果源代码窗口未被激活，系统将执行一条机器代码指令。

Step Out——系统一直在执行，直到当前子程序返回。

Step To——系统一直在执行，直到程序到达当前行。该选项只在源代码窗口被激活的情况下可用。

注意：除 Step To 选项外，单步执行命令可在源代码窗口不出现的情况下使用。

(3) 源代码窗口中的右键菜单

在源代码窗口单击，将出现如图 1-78 所示的右键菜单。

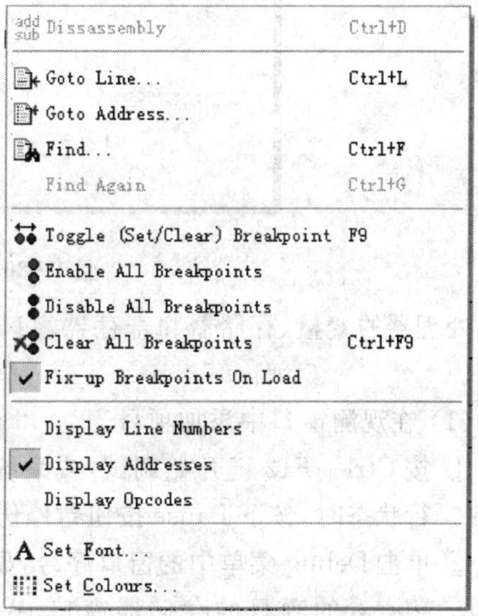

图 1-78　源代码窗口中的右键菜单

右键菜单提供了许多功能选项：Goto Line

(转到行)、Goto Address(转到地址)、Find Text(查找文本)和 Toggles for displaying line numbers(显示行号)、Addresses(显示地址) 和 Object code bytes(现实目标代码)。

当调试高级语言时,用户也可以在显示源代码行和显示系统可执行实际机器代码的列表间切换。机器代码的显示或隐藏可通过 Ctrl+D 键进行设置。

1.6.3 变量窗口

PROTEUS VSM 提供的多数 loaders 可提取程序变量的位置,同时可显示变量窗口。单击 AVR Varialbes-U1 即可弹出变量窗口,如图 1-79 所示。

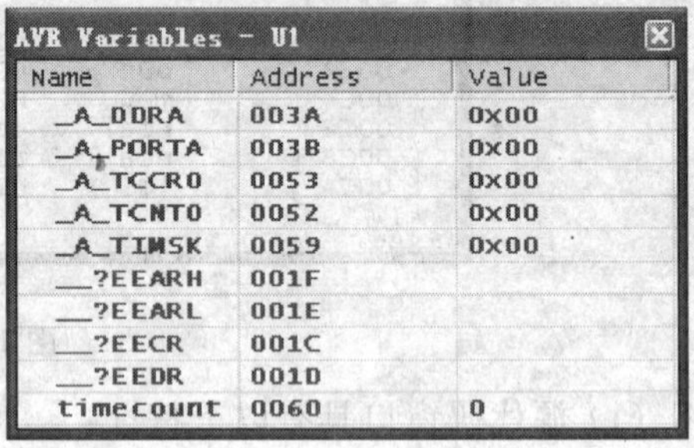

Name	Address	Value
_A_DDRA	003A	0x00
_A_PORTA	003B	0x00
_A_TCCR0	0053	0x00
_A_TCNT0	0052	0x00
_A_TIMSK	0059	0x00
__?EEARH	001F	
__?EEARL	001E	
__?EECR	001C	
__?EEDR	001D	
timecount	0060	0

图 1-79 变量窗口

关于变量窗口,需要注意以下事项:

- 当单步执行时,值发生改变的变量会高亮显示。
- 每个变量的显示格式都可通过在其上右击后弹出的下拉菜单进行调整。
- 程序运行期间,变量窗口会隐藏,但用户可拖动变量到观测窗口。在观测窗口,变量保持可见。

1.6.4 观测窗口

单击图 1-75 所示 Debug 菜单中的 Watch Window 选项,即可弹出观测窗口,如图 1-80 所示。

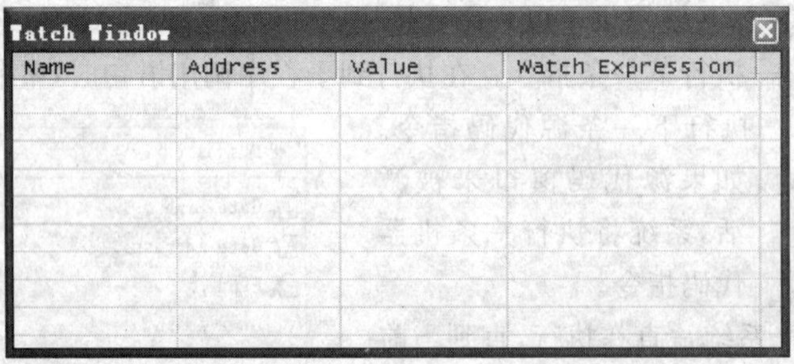

图 1-80 Watch Window 窗口

处理器的变量、存储器和寄存器窗口只在仿真暂停时显示,而观测窗口则可实时更新显示值。

(1) 在观测窗口中添加项目。

① 按 Ctrl+F12 键开始调试,或系统正处于运行状态时,按下 Pause 按钮暂停仿真。

② 单击 Debug 菜单中的窗口序号,显示包含期望查看的项目的存储器窗口、Watch Window 窗口。

③ 使用鼠标左键标记或选定存储单元,所选定的单元以反色显示,如图 1-81 所示。

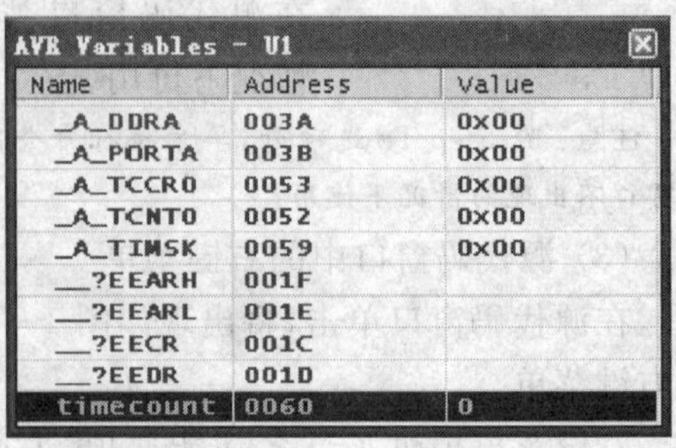

Name	Address	Value
_A_DDRA	003A	0x00
_A_PORTA	003B	0x00
_A_TCCR0	0053	0x00
_A_TCNT0	0052	0x00
_A_TIMSK	0059	0x00
__?EEARH	001F	
__?EEARL	001E	
__?EECR	001C	
__?EEDR	001D	
timecount	0060	0

图 1-81 选定存储单元

④ 从存储器窗口拖动所选择的项目到观测窗口，如图 1-82 所示。

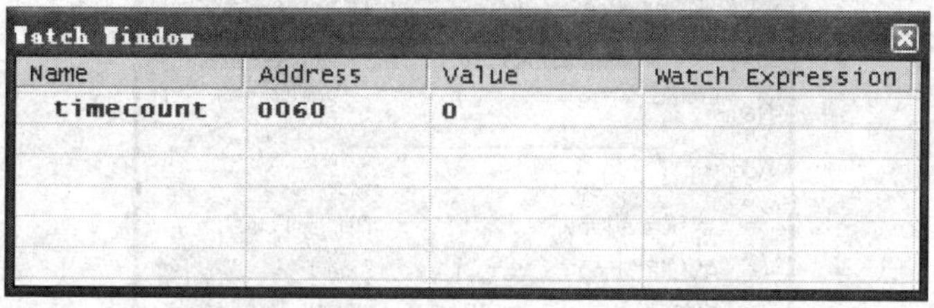

图 1-82　添加项目后的 Watch Window

➤ 用户可使用观测窗口的右键菜单，如 Add Item by Name 、Add Item by Address 等命令添加项目到观测窗口。如选择 Add Item by Name 命令，将出现如图 1-83 所示的对话框。可单击 Memory 的下三角按钮，选择存储器。然后选择 Watchable Items 中的项目，这里选择 TISMK 和 TCNT0，双击 TISMK 和 TCNT0 可将它们添加到 Watch Window 窗口，如图 1-84 所示。

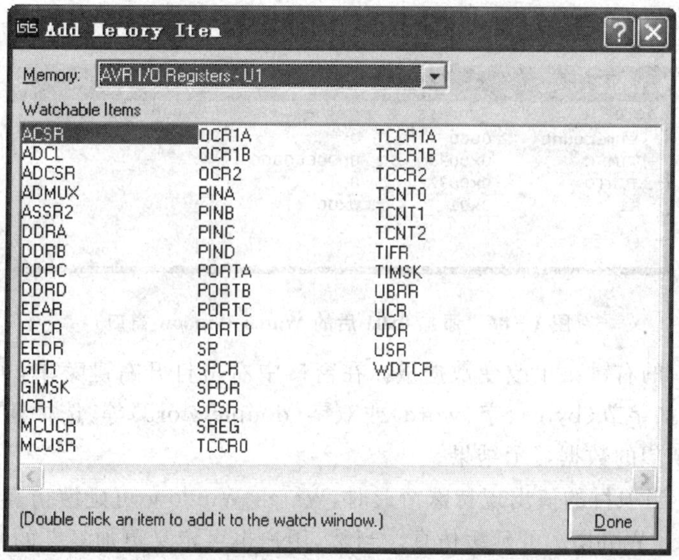

图 1-83　使用右键菜单、按名称添加项目对话框

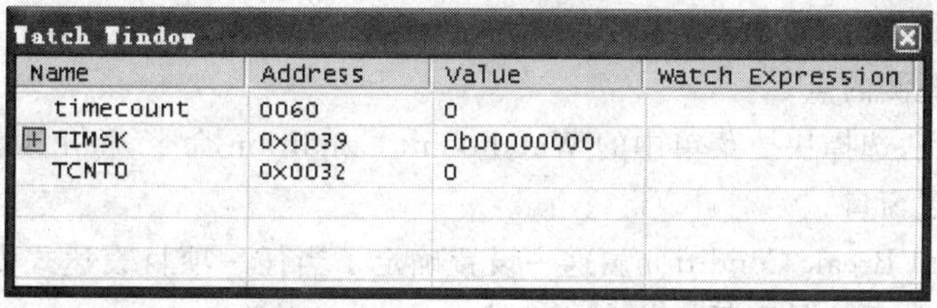

图 1-84　添加 TISMK 和 TCNT0 后的 Watch Window 窗口

➤ 若使用 Add Item by Address 命令添加项目到观测窗口，则将出现如图 1-85 所示的对话框。在 Name 后的文本框中键入名称，在 Address 后的文本框中键入地址，即可将项目添加的 Watch Window 窗口。这里选择 Name：r1，Address：0x01，如图 1-86 所示。

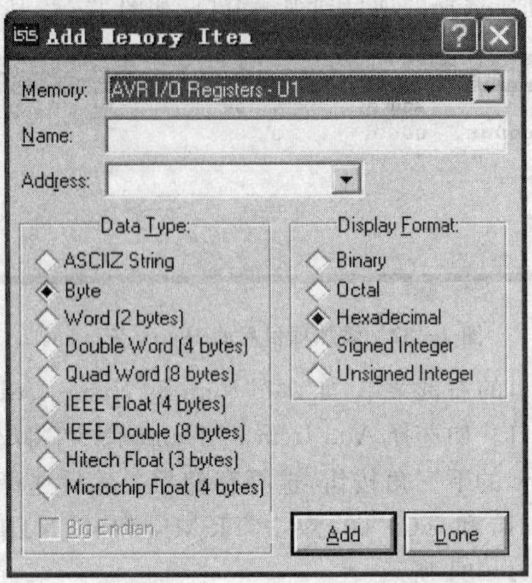

图 1-85　使用右键菜单、按地址添加项目对话框

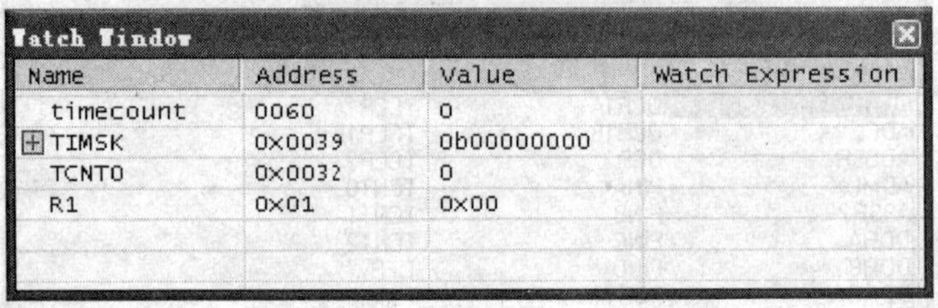

图 1-86　添加 0x01 后的 Watch Window 窗口

使用观测窗口的右键菜单改变数据量。在窗口中右击打开右键菜单，可以看到系统提供了多种数据类型，如字节（byte）、字（word）或双字（double word）等，选择期望的数据类型，即可在窗口中看到期望的数据显示结果。

（2）观测点。当项目的值出现特殊情形时，Watch Window 可延缓仿真；当特定的项目值发生改变时，Watch Window 可延缓仿真。当然，用户也可定义更加复杂的情形。

指定观测点情形：

① 按 Ctrl＋F12 键开始调试，或系统正处于运行状态时，按动 Pause 按钮暂停仿真。

② 单击 Debug 菜单中的窗口序号，显示 watch window 窗口。

③ 添加需要观测的点。

④ 选择观测点，选择快捷菜单中的 Watchpoint Condition 命令，将出现如图 1-87 所示的观测点设置窗口。

⑤ 指定 Global Break Condition。这一设置确定了当任一项目表达式为真或所有项目表达式为真时，系统是否延缓仿真。

⑥ 指定一个或多个项目断点表达式。其中，Item Break Expression 由项目（Item）、屏蔽方式（Mask）、条件操作符（Conditional operator）和值（Value）构成。

⑦ 按图 1-88 所示对话框中的选择设置观测条件。

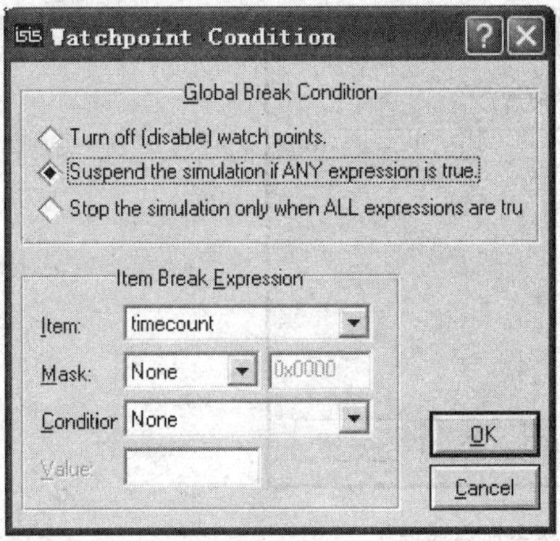

图 1-87　观测点设置对话框

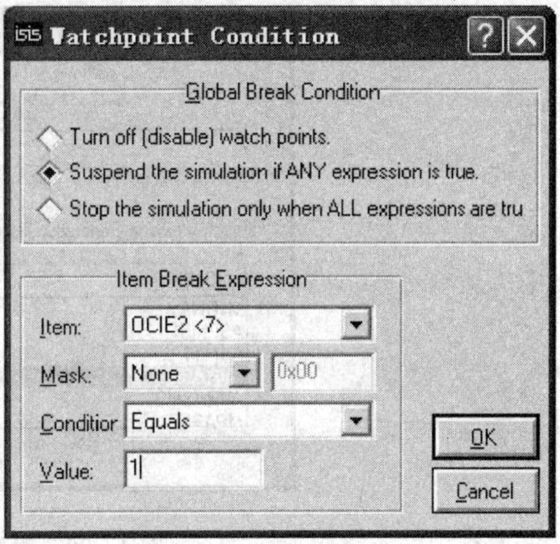

图 1-88　设置观测点

⑧ 设置完成后单击 OK 按钮，即可完成设置，如图 1-89 所示。

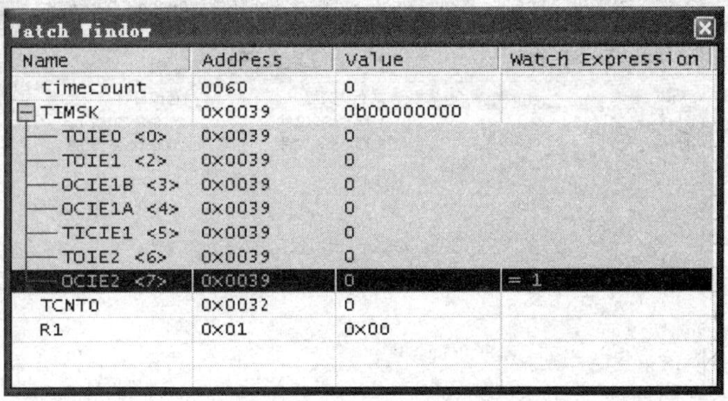

图 1-89　添加观测点情形后的 Watch Window 窗口

使用 PROTEUS 中的各种窗体，可便于调试程序。

1.7　基于 PROTEUS 的 AVR 单片机仿真——实现过程

1.7.1　原理图输入

如前所述，绘制电路原理图。

1.7.2　编辑源代码

程序的编制方法如下：

(1) 选择菜单栏 Source/Add/Remove Source File，将弹出添加/删除源文件对话框，如图 1-90所示。

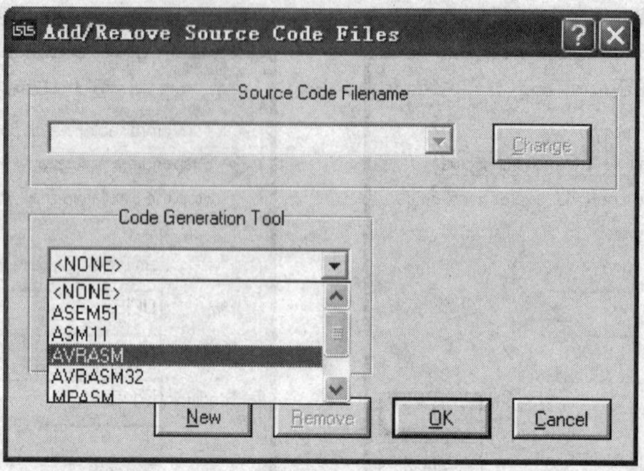

图 1-90　添加/删除源文件对话框

在 Code Generation Tool 栏的下拉列表中选择 ASEM 工具，单击 New 按钮后将弹出如图 1-91 所示对话框。

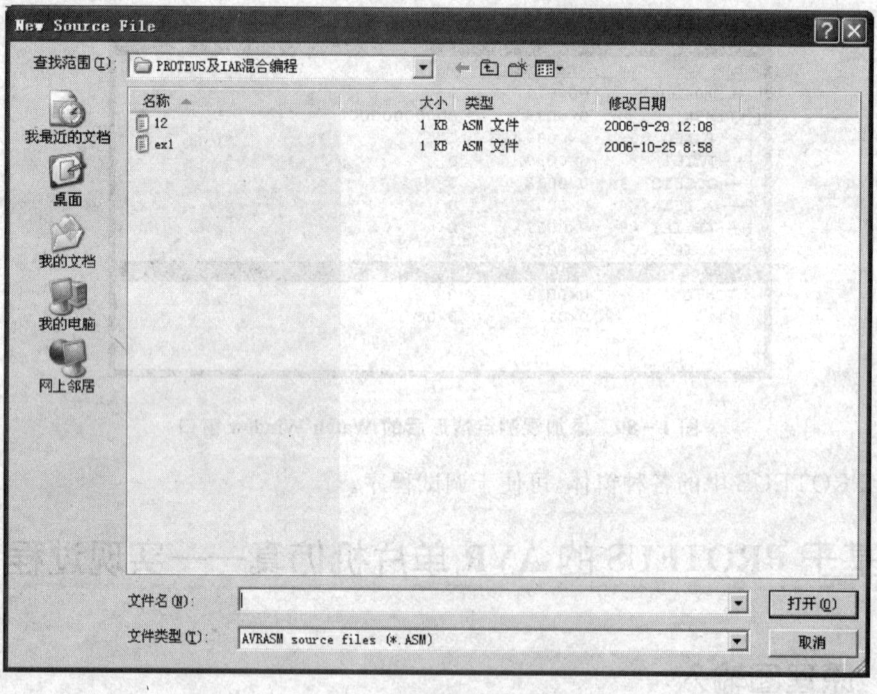

图 1-91　创建源文件对话框

在“查找范围”栏中选择源文件的保存目录，同时在“文件名”栏中键入 SG1 文件名。

(2) 单击“打开”按钮，将出现图 1-92 所示的对话框。

(3) 单击“是”按钮，完成原文件的创建。

在 PROTEUS 中单击菜单栏的 Source 项，在下拉菜单中出现了文件名 sg1. ASM，如图 1-93所示。单击此文件名，出现源程序文本编辑窗口，如图 1-94 所示。可在此编辑窗口中进行编辑，这样就把源文件链接到原理图中了。

图 1-92　创建源文件对话框

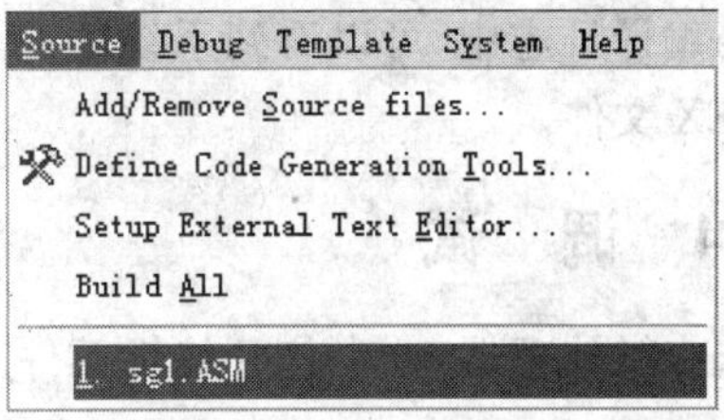

图 1-93　将源文件名添加到菜单

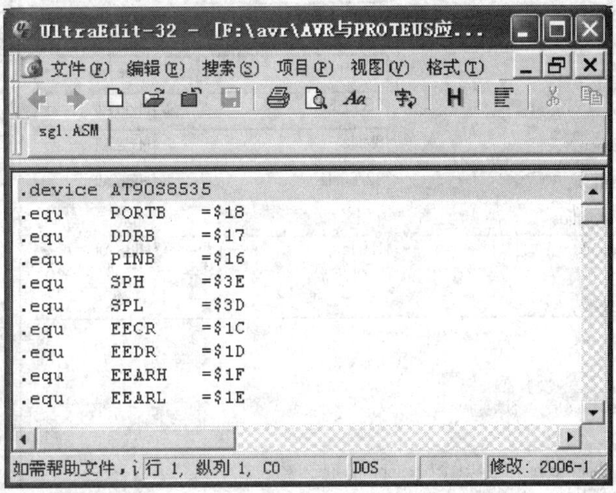

图 1-94　源程序文本编辑窗口

1.7.3　生成目标代码

选择 SOURCE/BUILD ALL 编译程序文件，即将由.ASM 文件生成.HEX 文件。编译完成后，系统给出编译日志，如图 1-95 所示。

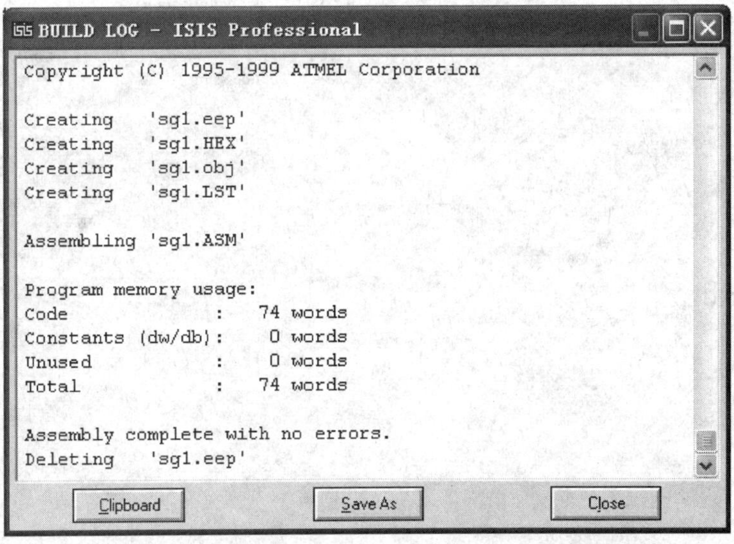

图 1-95　系统输出编译日志

从编译日志中，可以看到系统输出信息"Build completed OK"，即程序编译通过，系统生成. HEX 文件。

1.7.4 调 试

选中微处理器，单击打开编辑元件对话框，如图 1-96 所示。

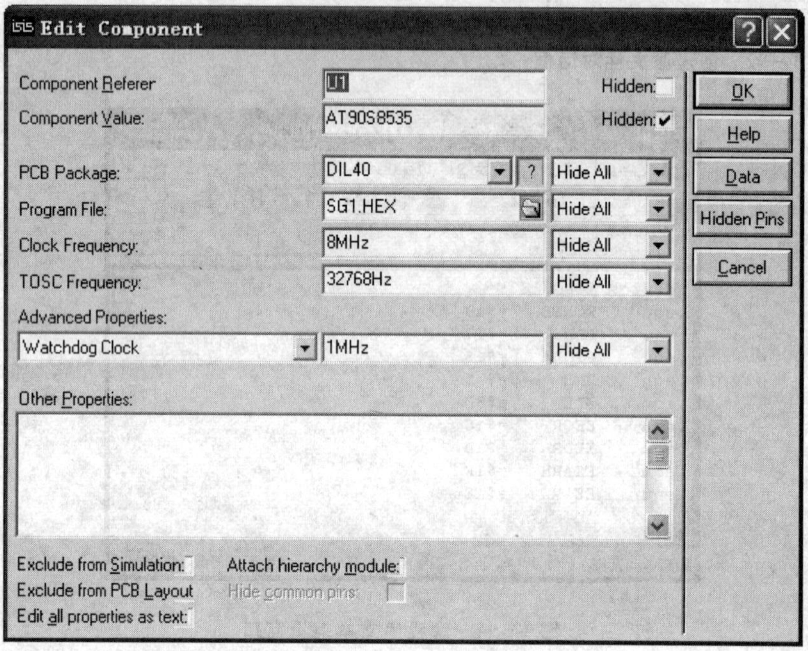

图 1-96 编辑元件对话框

在元件属性的 Program File 项中添加目标代码文件，此文件的目标代码文件为 LCD-DEMO. Hex，单击 OK 按钮完成设置。单击控制面板中的"运行"按钮，电路开始仿真。

在对系统调试的过程中，可使用各种弹出式窗口调试程序。

第2章

基于 IAR Embedded Workbench IDE 的 AVR 单片机 C 语言程序开发

嵌入式 IAR Embedded Workbench® 是一个非常有效的集成开发环境(IDE),它使用户能充分、有效地开发并管理嵌入式应用工程。在嵌入式 IAR Embedded Workbench IDE 中提供一个框架,使得任何可用的工具都可以完整地嵌入到其中。这些工具包括:

- 高度优化的 IAR AVR C/C++编译器;
- AVR IAR 汇编器;
- 通用 IAR XLINK Linker;
- IAR XAR 库创建器和 IAR XLIB Librarian;
- 一个强大的编辑器;
- 一个工程管理器;
- IAR C-SPY™调试器,一个具有世界先进水平的高级语言调试器。

嵌入式 IAR Embedded Workbench 适用于大量 8 位、16 位以及 32 位的微处理器和微控制器,使用户在开发新的项目时也能在所熟悉的开发环境中进行。它为用户提供了一个易学并具有最大量代码继承能力的开发环境,以及对大多数特殊目标的支持。嵌入式 IAR Embedded Workbench 可有效提高用户的工作效率,利用 IAR 工具,用户可以大大缩短工作时间。

IAR Embedded Workbench IDE 容易适应于用户喜欢的编辑器和源代码控制系统。IAR XLINK Linker 可以输出多种格式,使用户可在第三方的软件上进行调试。实时操作系统(RTOS)支持也可加载到产品中。编译器、汇编器和链接器也可在命令行环境中运行,用户可以在一个已建好的工程环境中把它们作为外部工具使用。

2.1 IAR Embedded Workbench 编辑环境

2.1.1 IAR Embedded Workbench 启动

IAR Embedded Workbench 可以在下面的平台上运行:

- Microsoft Windows 98 SE;
- Microsoft Windows ME;
- Microsoft Windows NT 4.0;
- Microsoft Windows 2000;

➢ Microsoft Windows XP。

本书中，IAR Embedded Workbench 运行于 Microsoft Windows XP 系统。双击 IAR Embedded Workbench 运行程序，出现如图 2-1 所示的启动界面。

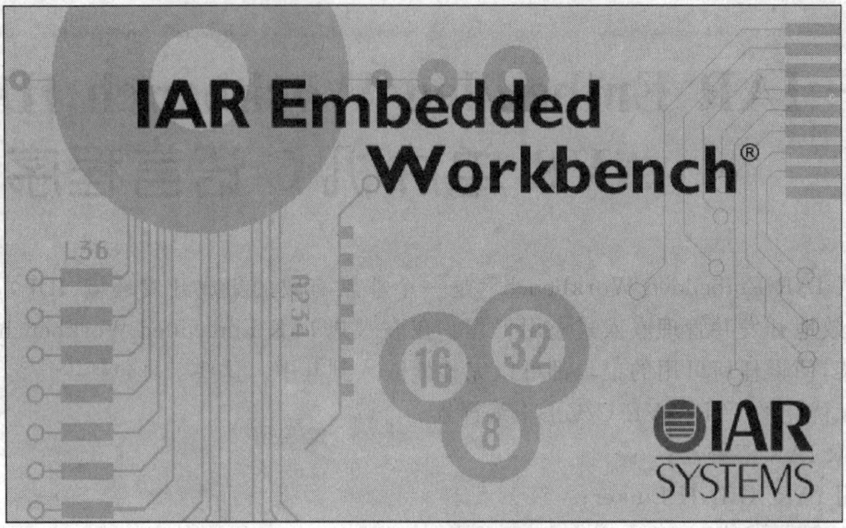

图 2-1　IAR Embedded Workbench 启动界面

启动后随即进入 IAR Embedded Workbench 编辑环境，如图 2-2 所示。

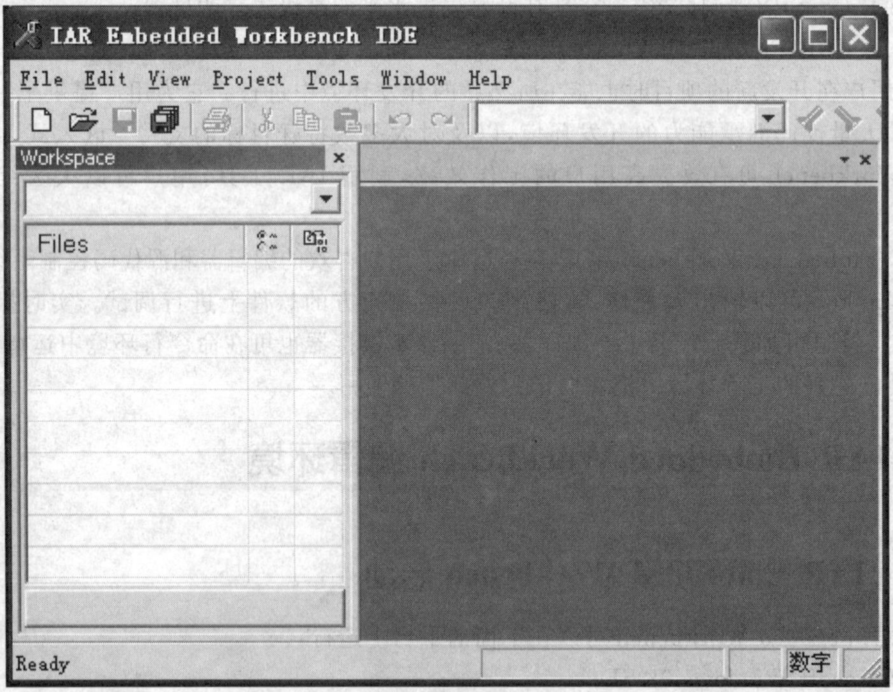

图 2-2　IAR Embedded Workbench 编辑环境

随后将弹出 Embedded Workbench Startup 窗口，如图 2-3 所示。

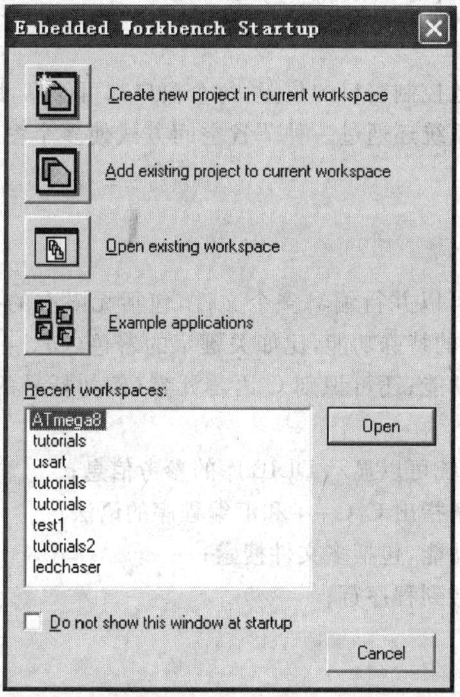

图 2-3 Embedded Workbench Startup 编辑环境

2.1.2 项目管理

嵌入式 IAR Embedded Workbench IDE 能帮助用户控制所有的工程模块，例如 C 或者 C++源代码文件、汇编文件、“引用”文件以及其他相关模块。用户创建一个工作区，可以在此开发一个或多个工程。文件可以组合，并可以为各级设置选项——工程、组或者文件。任何修改都将被记录下来，从而保证重新设计时可以获得所有所需的模块，而可执行文件中不会包含已过期的模块。此外，IAR IDE 还具有以下特性：

- 通过工程模板可以创建独立的可编辑和可运行的工程文件，使开发平稳启动；
- 具有分级的工程表述；
- 具有分级图标的源代码浏览器；
- 可以为全球化、组和个人源代码文件设置选项；
- Make 功能只在必要时才实行再编译、再汇编和再链接文件；
- 具有基于文本的工程文件；
- 自定义功能使用户轻松地扩展标准工具栏；
- 工程文件输入时可使用命令行模式。

2.1.3 源代码控制

源代码控制(Source Code Control,SCC)作为修订控制，可用于跟踪用户源代码的不同版本。IAR Embedded Workbench 可以识别和接受基于 Microsoft 发布的 SCC 接口规范的任何第三方源代码控制系统。

2.1.4 窗口管理

为使用户充分而方便地控制窗口的位置，每个窗口都可停靠，用户就可以有选择地给窗口作上标记。可停靠的窗口系统还通过一种节省空间方式使多个窗口可同时打开。另外，重新分配窗口大小也很方便。

2.1.5 文本编辑器

集成化的文本编辑器可以并行编辑多个文件，包括无限次的撤销/重做和自动完成。另外，它还包含针对软件开发的特殊功能，比如关键字的着色(C/C++、汇编和用户定义等)、段缩进以及对源文件的导航功能；还可识别 C 语言元素(例如括号的匹配问题)。此外，还具有以下特性：

- 上、下文智能帮助系统可以显示 DLIB 库的参考信息；
- 使用文本风格和色条指出 C/C++和汇编程序的语法；
- 强大的搜索和置换功能，包括多文件搜索；
- 从错误列表直接跳转到程序行；
- 支持多字节字符；
- 圆括号匹配；
- 自动缩排；
- 书签功能；
- 每个窗口均可无限次撤销和重做。

2.1.6 IAR C-SPY 调试器

IAR C-SPY 调试器是为嵌入式应用程序开发的高级语言调试器。在设计上，它与 IAR 编译器和汇编器一起工作，并且与嵌入式 IAR Embedded Workbench IDE 完全集成，可在开发与调试间自由切换。因此，它可使用户做到：

- 在调试时进行编辑。在调试过程中，源代码的修正可以直接写入用来控制调试过程的同一窗口中。其修改将在项目重启后生效。
- 在启动调试器之前可设置源代码断点。源代码中的断点可与同一段源代码相关联，即使中间插入了新的代码。

IAR C-SPY 调试器由一个具备基本的 C-SPY 系列特点的主要部分和驱动部分组成。C-SPY 驱动确保与目标系统的通信和控制，并提供一个用户接口——特殊菜单、窗口和对话框，以连接到目标系统的功能上，比如特殊断点。IAR 系统提供的是一个整体工具链，编译器和连接器的输出结果包含调试器的扩展调试信息，从而使用户获得最佳的调试效果。

(1) 源代码和反汇编调试

IAR C-SPY 调试器使用户能按要求在源代码和反汇编调试间切换，适用于 C/C++和汇编语言源代码。

调试 C/C++源代码是验证用户的应用程序的逻辑性最快捷、最便利的方式，然而反汇编调试则针对应用程序的错误段，并对硬件进行精确控制。在混合显示模式中，调试器显示 C/C++源代码及其对应的反汇编代码清单。

(2) 程序调用级的单步调试

传统的调试器设置,认为最佳的源代码调试间隔是“行到行”。与之相比,C-SPY 则更加细化,将每个语句和调用函数称为“步点”,并加以控制。这就意味着在每个表达式里的函数调用以及函数调用作为参数甚至到其他类型的函数调用,都可以进行“单步”调试。

调试信息提供了内嵌函数,如果执行了这类函数的调用,也可进行源码级调试。

(3) 代码和数据断点

C-SPY 断点系统允许用户在调试程序过程中设置多种断点,并按照特定需要在某一位置停止。用户可以设置代码断点来验证程序的逻辑性是否正确,也可以设置数据断点来检验数据如何以及何时改变。最后,用户还可以添加条件至断点处。

(4) 变量和表达式监控

当用户监控变量和表达式时,用户可以选择很多工具。任何变量和表达式都可通过一次扫描来求值。用户可以在一段较长的时间内很轻松地对已定义的表达式进行监控并记录其值。对局部变量用户可以直接控制,同时可以无干扰地显示即时数据。最终将自动显示最后指定的变量。

C-SPY 调试器还具有其他特性:如模块化和可扩展化的结构设计允许在调试器中加入第三方设备;线程运行保证在运行目标应用程序时 IDE 仍处于响应状态、自动步进;等。

2.1.7 C-SPY 仿真器驱动

C-SPY 软仿真器驱动在软件上完全模拟了目标处理器的功能。通过该驱动,在获得相关硬件之前就可对程序的逻辑性进行调试。因为不需要硬件,所以它同时也是很多应用程序最有效的解决方案。

除具备 C-SPY 调试器的基本特点外,软仿真器驱动还具备:指令级仿真;中断模拟;外围设备仿真,使用 C-SPY 宏系统与直接断点并行。

2.1.8 AVR IAR C/C++编译器

AVR IAR C/C++编译器是一个具有世界先进水平的具备标准 C/C++特性的编译器,众多的扩展插件让用户可以更好地使用 AVR 的特定功能。

AVR IAR C/C++编译器的代码生成特性:

- 普通或特定的 AVR 最优化技术可以产生出高效的机器代码;
- 全面的输出选择,包括可重定位的目标代码、汇编源代码和可选的汇编器列表文件;
- 目标代码可与汇编器连接;
- 生成扩展的调试信息。

AVR IAR C/C++编译器的语言工具:

- 支持 C 或 C++编程语言;
- 具有支持 IAR 扩展的嵌入式 C++的特性:模板、名称空间、多重的虚拟外设、固定操作符(static_cast, const_cast,和 reinterpret_cast)以及标准的模板库(STL);
- 在不同的存储器中放置“类”;
- 作为一个独立自主的环境,与 ISO/ANSI 标准相一致;
- 有特殊目标语言的扩展,比如特殊函数的输入、扩展的关键字、#pragma 指示、预设标志、内部函数、完全分配和行内汇编器；
- 针对嵌入式系统的应用函数的标准库；
- 与 IEEE 标准兼容的浮点算法；
- 可在 C/C++中应用的中断函数。

AVR IAR C/C++编译器的类型检查特性：
- 在编译时进行扩展类型检查；
- 在连接时进行外部调用类型检查；
- 连接时检查应用程序的内部模块移植性。

关于 AVR IAR C/C++编译器的运行环境，AVR IAR Embedded Workbench 提供了以下两套运行库：
- IAR DLIB 库，支持 ISO/ANSI C 和 C++ 。这个库还支持 IEEE 754 格式的浮点数、多字节参数和局部参数。
- IAR CLIB 库是一种轻型库，并不完全与 ISO/ANSI C 兼容。同时，它也不支持 IEEE 745 格式或者 C++格式。

2.1.9 IAR 汇编器

AVR IAR 汇编器同其他的 IAR 系统软件集成。它是一个强大的重定位宏汇编器(支持 Intel/Motorola 格式)，并且含有多种指示符和表达式。它具有一个内部 C 语言预处理器，因而支持条件汇编。

AVR IAR 汇编器使用与 ATMEL 公司的 AVR 汇编器相同的存储机制和操作语法，从而简化了对已有代码的移植过程。AVR IAR 汇编器具有以下特性：
- C 预处理器；
- 扩展的交叉调用输出的列表文件；
- 由可用存储器大小决定参数个数和程序大小；
- 支持外部调用的复杂表达式；
- 每个模块有多达 65 536 个可重定位段；
- 在参数表中有 255 个重要参数。

2.1.10 IAR XLINK 链接器

IAR XLINK 链接器连接一个或多个由 AVR IAR 汇编器或者 AVR IAR C/C++编译器产生的可重定位的目标文件，并生成 AVR 处理器所需的机器代码。它在链接小的单个文件、完全汇编程序时同链接大的、可重定位的、多模块的 C/C++或混合 C/C++以及汇编程序时一样快捷便利。

它可以识别 IAR C-SPY 调试器所使用的 IAR 系统调试格式——UBROF(通用的二进制可重定位目标文件格式)。一个应用程序可由任意多个 UBROF 可重定位文件构成，并且可以和汇编器以及 C 或 C++程序合成。

IAR XLINK 链接器最终输出结果是一个完整的、可执行的目标文件，并可以下载到 AVR 的处理器中或是一个硬件仿真器中。输出文件是否包含调试信息，取决于用户所选择的输出格式。

IAR XLINK 链接器支持用户定义库,并只下载在连接应用程序时所需的模块。在链接前,IAR XLINK 链接器将对所有模块进行 C 语言级的类型检查,并对所有输入文件中的所有参数进行完全的可靠性检查。它还对所有的模块进行统一的编译器设置检查,从而确保使用 C 或 C++运行库的正确类型和参数。IAR XLINK 链接器具有以下特性:

- 完全的内部模块类型检查;
- 简易的库模块的覆盖;
- 灵活的段命令可以更细致地掌控代码和数据的定位;
- 链接符的定义使对配置的控制更加自如;
- 可选的代码检测功能对运行监测;
- 去除无用的代码和数据。

2.2 创建一个应用工程

使用编译器和链接器创建一个适用于 AVR 芯片的小型应用程序,包括创建一个工作区,以 C 语言代码创建一个工程,并编译、链接这个应用程序。

2.2.1 创建一个新的工程

使用 IAR Embedded Workbench IDE,用户可以设计高级的工程模型。用户可以建立一个工作区,以创建一个或多个工程,并且已经有现成的工程模板用以开发应用工程和库。每个工程都可以建立以组为级别的结构,而在其中用户可以合理放置用户的源文件。每个工程用户都可以定义一个或多个 build 配置。

在 IAR Embedded Workbench IDE 中常使用一个特定的目录存放工程文件,其中特定的目录称为"工程(Project)"。但在创建一个工程前,应先创建一个工作区。

1. 创建工作区

选择 File→New→Workspace 菜单命令即可创建一个工作区窗口。此时,用户可以创建一个工程,并且将这一工程放入工作区。

2. 创建一个新的工程

(1) 选择 Project→Create New Project 菜单项,弹出 Create New Project 对话框,如图 2-4所示。

可以让用户按照模板创建新工程。选择程序模板 Empty project,可以快速创建一个采用默认设置的空白工程。

(2) 确认 Tool chain 选项已经设置为 AVR,然后单击 OK 按钮,弹出一个"另存为"对话框,如图 2-5 所示。

(3) 确认用户想放置工程文件的地方,即新创建的 projects 目录。在"文件名"文本框中键入 project1,然后单击"保存"按钮,完成新工程的创建。

此时,工程就出现在工作区窗口中,如图 2-6 所示。

默认状态下,系统产生两个创建配置:调试(Debug)和发布(Release)。在本应用中,选择"调试"。

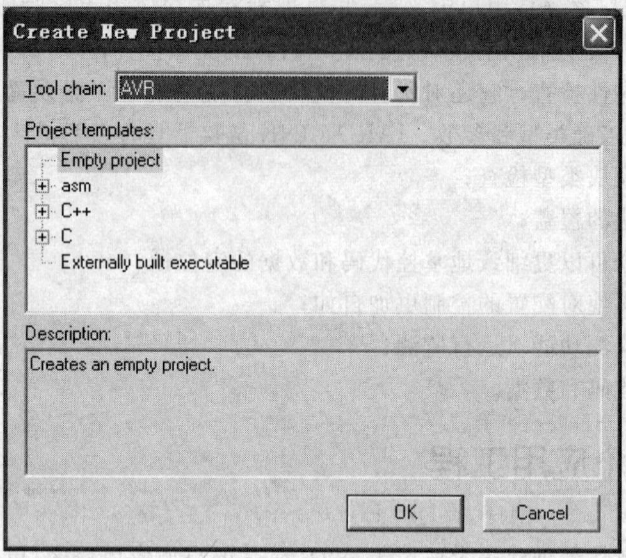

图 2-4　Create New Project 对话框

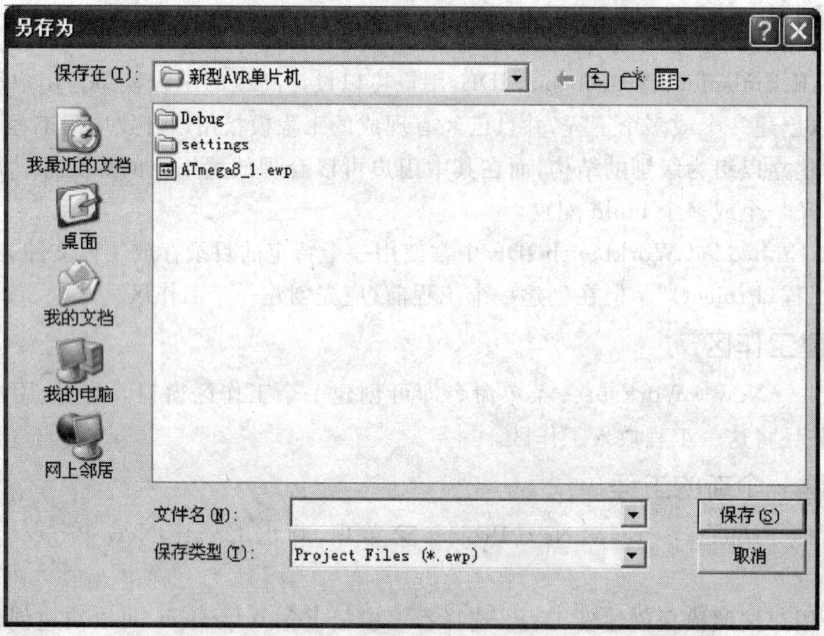

图 2-5　“另存为”对话框

在窗口顶部的下拉菜单中,用户可以选择创建配置选项,如图 2-7 所示。

在图 2-6 所示窗口中,项目名称后面的“*”指的是修改还没有保存。

一个工程文件,其文件扩展名为 ewp,已经创建在 projects 目录下了。这个文件包含用户工程的特殊设定,例如创建配置选项。

(4) 在用户向工程中添加任何文件时,应该先保存工作区。选择 File→Save Workspace 命令,将出现如图 2-8 所示的对话框。

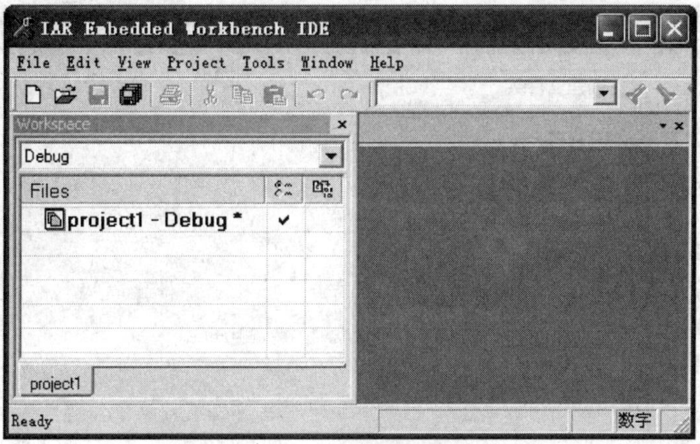

图 2-6　新创建的工程出现在工作区窗口

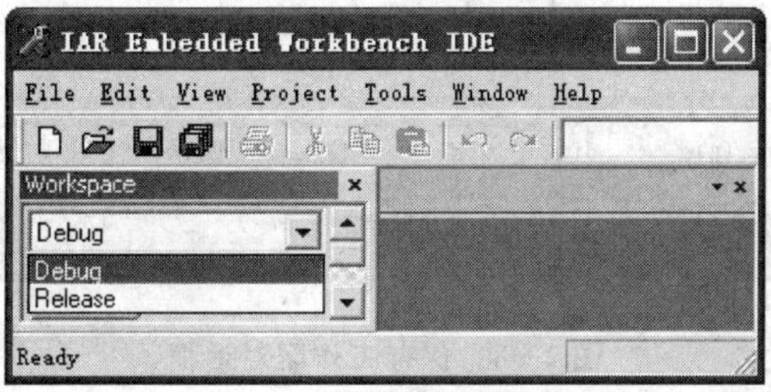

图 2-7　使用下拉式菜单选择配置

确定工作区文件的存放路径。这里将它放到新建立的 projects 目录下，并在"文件名"对话框中键入 tutorials，单击"保存"来创建新的工作区。此时，一个文件扩展名为 eww 的工作区文件就已经创建在 projects 目录下了。这个文件列出了所有用户想加入此工作区的工程。与之相关的信息（例如窗口放置和断点设置）都放在 projects\settings 目录下。

3. 添加文件到工程中

以添加 Avr\tutor 目录中的源文件 Tutor. c 和 Utilities. c 为例，其中：

- Tutor. c 程序是用标准 C 语言编写的简单程序。它计算出 Fibonacci 数列的前 10 个数，并把结果显示在 stdout 上；
- Utilities. c 程序包含了 Fibonacci 数列的相应算法。

选择 Project→Add Files 菜单项，打开一个标准的浏览对话框。转到 Tutor. c 和 Utilities. c 所在位置，将它们选中，如图 2-9 所示。然后，单击"打开"按钮，将它们加入到工程 Project1 中，如图 2-10 所示。

4. 设置工程选项

设置基本选项，以适应处理器的配置。

设置工程选项的操作步骤如下。

(1) 在工作区窗口中选择工程文件夹 project1→Debug，然后选择 Project→Options 选项。此时，General 选项中的 Target 选项卡显示出来，如图 2-11 所示。

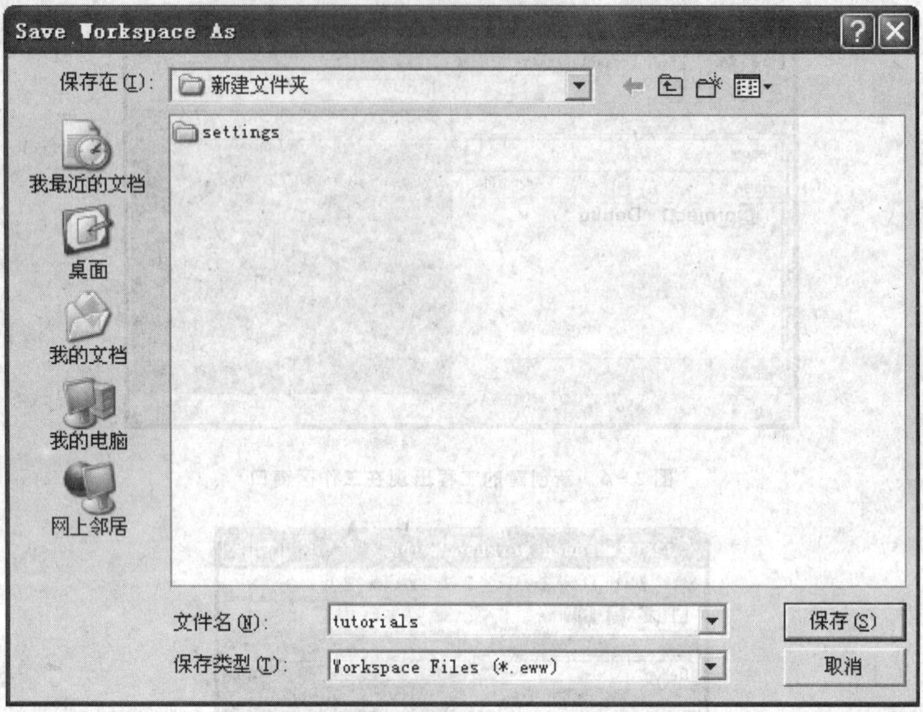

图 2-8 保存工作区对话框

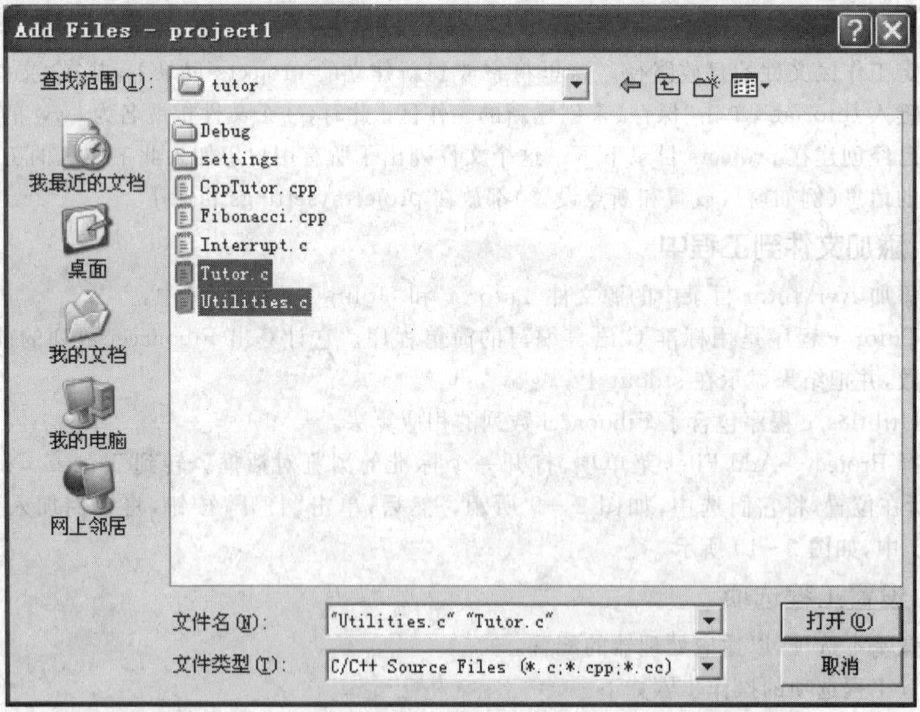

图 2-9 向工程中添加文件

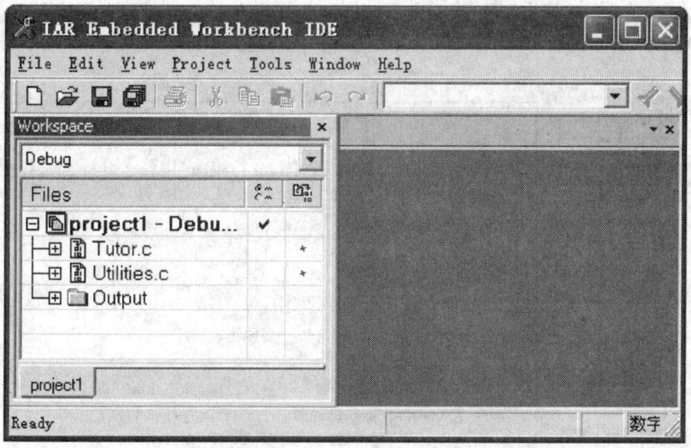

图 2-10　添加 Tutor.c 和 Utilities.c 到工程 Project1

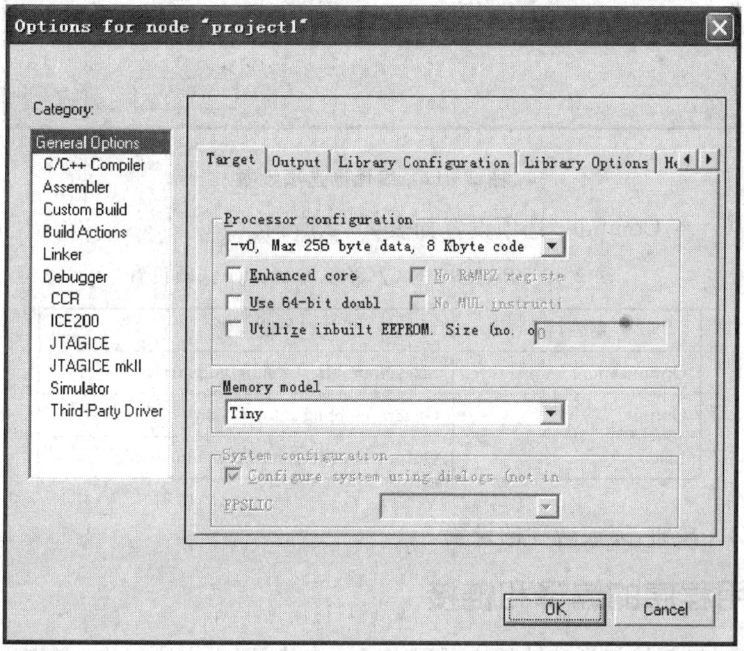

图 2-11　设置 General 选项

这里 General 选项设置如表 2-1 所列。

表 2-1　Project1 的 General 选项设置

制表页	选项设置
Target	Processor configuration:--cpu=8535,AT90S8535
Output	Output file:Executable
Library Configuration	Library:CLIB

(2) 设定该工程的编译器选项。在 Category 列表中,选择 C/C++ Compiler 显示编译器选项页,将出现如图 2-12 所示窗口。

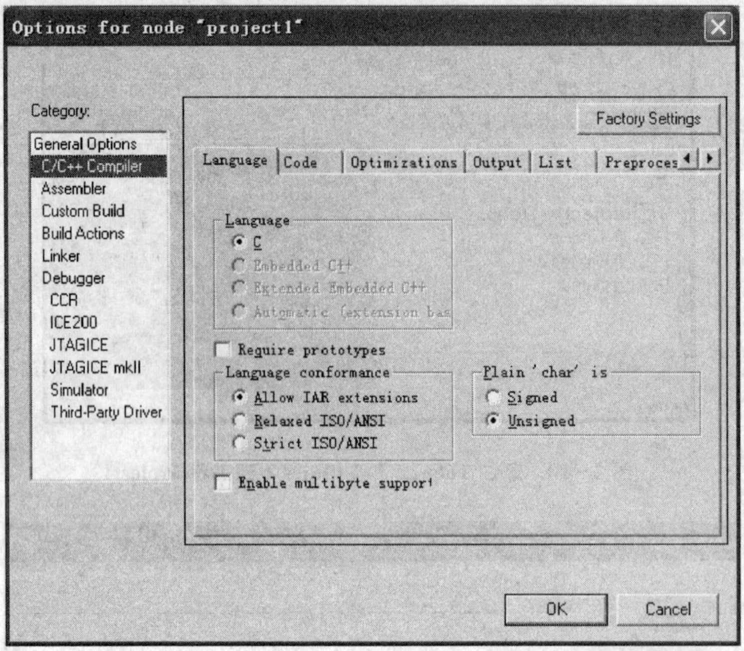

图 2-12 编译器选项设置

本书中,C/C++ Compiler 选项设置如表 2-2 所列。

表 2-2 Project1 的 C/C++ Compiler 选项设置

制表页	设 置
Optimizations	Size:None (Best debug support)
Output	Generate debug information
List	Output list file Assembler mnemonics

(3) 单击 OK 按钮,完成选项的设置。

2.2.2 应用程序的编译和链接

下面,用户可以开始编译和链接应用程序了。当然,用户应该创建一个编译器列表文件和一个链接库文件,并查看它们的内容。

1. 编译源文件

(1) 编译 Utilities.c 文件,在工作区窗口选中它。

(2) 选择 Project→Complie 菜单项。

同样,用户也可以单击工具栏中的 Compile 按钮或是在工作区的选择文件处右击弹出菜单的 Compile 命令。

其进程将显示在 Build 消息框中,如图 2-13 所示。

(3) 按照同样方式编译 Tutor.c 文件。

IAR Embedded Workbench 在用户的工程目录下已经创建了新的目录。因为用户正使用 build 配置命令 Debug,所以一个 Debug 目录已经创建,并且带有 list、obj 和 exe 目录,如图 2-14 所示。

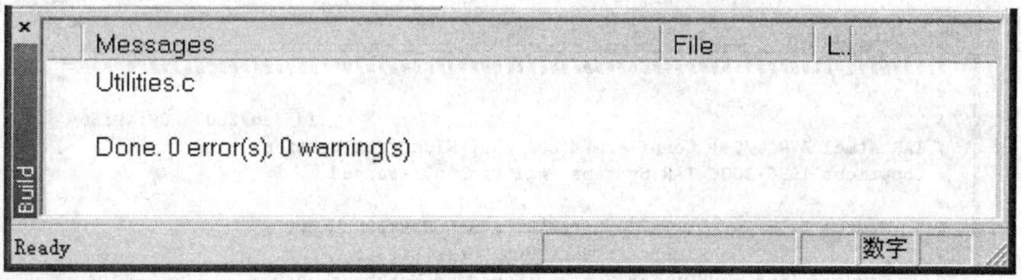

图 2-13　编译消息

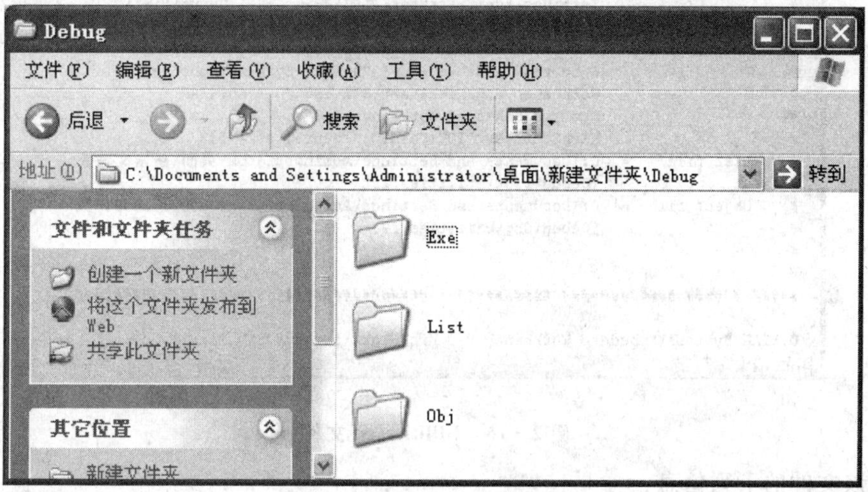

图 2-14　Debug 目录

> List 目录用来放置 list 文件。同时，list 文件的扩展名为 lst。
> Obj 目录用来放置由编译器和汇编器产生的目标文件。这些文件的扩展名为 r90，并用来作为 IAR XLINK Linker 的输入。
> Exe 目录用来放置可执行文件。其扩展名为 d90，并用来作为 IAR C-SPY 调试器的输入。

单击工作区窗口中目录树节点上的加号，使视图扩展开。用户可以看到，IAR Embedded Workbench 已经在包含输出文件的工作区窗口中创建了一个输出文件夹。此外，还根据文件间的依赖关系显示了内部所有的头文件，如图 2-15 所示。

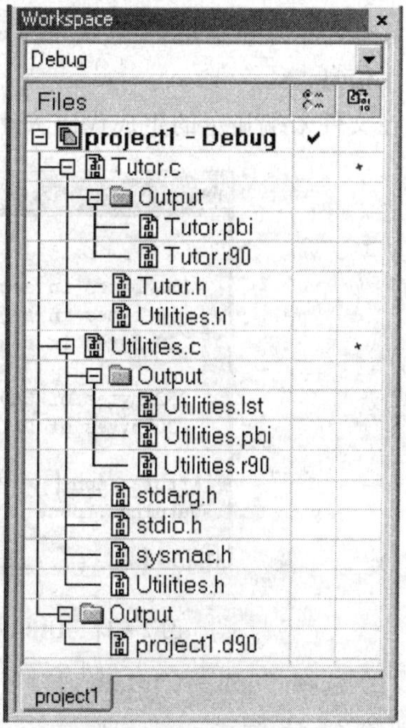

图 2-15　编译后的工作区窗口

2. 查看列表文件

(1) 在工作区窗口中双击 Utilities. lst 打开文件，如图 2-16 所示。

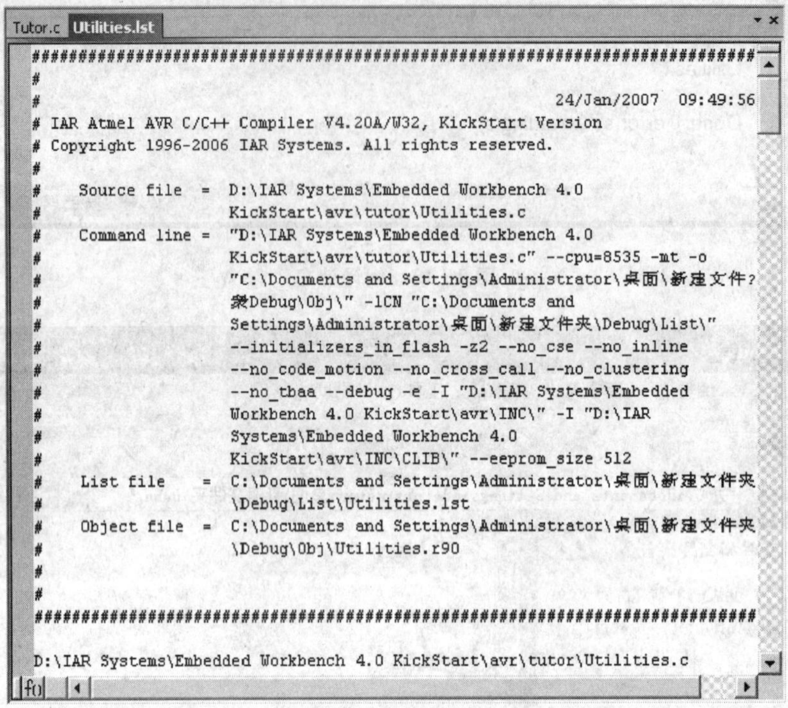

```
Tutor.c  Utilities.lst
###########################################################################
#
#                                                    24/Jan/2007  09:49:56
# IAR Atmel AVR C/C++ Compiler V4.20A/W32, KickStart Version
# Copyright 1996-2006 IAR Systems. All rights reserved.
#
#    Source file  =  D:\IAR Systems\Embedded Workbench 4.0
#                    KickStart\avr\tutor\Utilities.c
#    Command line =  "D:\IAR Systems\Embedded Workbench 4.0
#                    KickStart\avr\tutor\Utilities.c" --cpu=8535 -mt -o
#                    "C:\Documents and Settings\Administrator\桌面\新建文件?
#                    裻Debug\Obj\" -lCN "C:\Documents and
#                    Settings\Administrator\桌面\新建文件夹\Debug\List\"
#                    --initializers_in_flash -z2 --no_cse --no_inline
#                    --no_code_motion --no_cross_call --no_clustering
#                    --no_tbaa --debug -e -I "D:\IAR Systems\Embedded
#                    Workbench 4.0 KickStart\avr\INC\" -I "D:\IAR
#                    Systems\Embedded Workbench 4.0
#                    KickStart\avr\INC\CLIB\" --eeprom_size 512
#    List file    =  C:\Documents and Settings\Administrator\桌面\新建文件夹
#                    \Debug\List\Utilities.lst
#    Object file  =  C:\Documents and Settings\Administrator\桌面\新建文件夹
#                    \Debug\Obj\Utilities.r90
#
#
###########################################################################

D:\IAR Systems\Embedded Workbench 4.0 KickStart\avr\tutor\Utilities.c
```

图 2-16　Utilities. lst 文件

检查该文件的下列信息：

➢ header 部分显示产品版本、文件创建时间以及曾经使用的编译器的命令行版本。

➢ body 部分显示汇编代码和每个语句的二进制代码。还有分配给不同段的相关变量。

➢ end 部分显示堆栈大小、代码以及数据所需存储器空间，还有可能产生的错误或警告信息。

在文件末端显示的生成代码大小信息如图 2-17 所示。

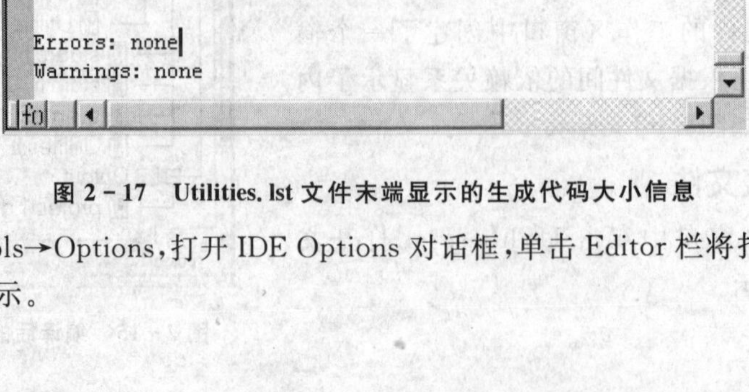

```
Tutor.c  Utilities.lst

   252 bytes in segment CODE
     6 bytes in segment INITTAB
    20 bytes in segment TINY_Z

   252 bytes of CODE memory (+ 6 bytes shared)
    20 bytes of DATA memory

 Errors: none
 Warnings: none
```

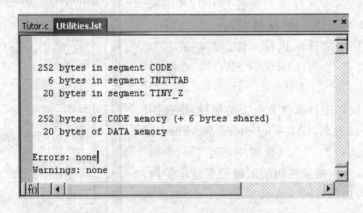

图 2-17　Utilities. lst 文件末端显示的生成代码大小信息

(2) 选择 Tools→Options，打开 IDE Options 对话框，单击 Editor 栏将打开 Editor 选项菜单，如图 2-18 所示。

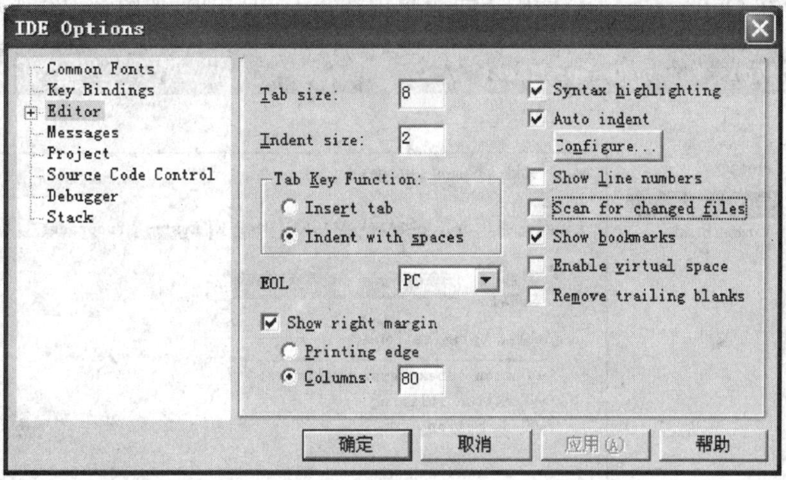

图 2-18　IDE Options 对话框 Editor 选项页

然后，选择 Scan for Changed Files 选项。此项功能将对编辑窗口中的文件实行自动更新，比如一个列表文件。单击"确定"按钮。

(3) 在工作区窗口中选择 Utilities.c 文件。在工作区窗口内的所选文件上右击，打开 C/C++编译器选项对话框。单击 Code(代码)栏，选择 Override inherited settings(继承覆盖选项)，如图 2-19 所示。

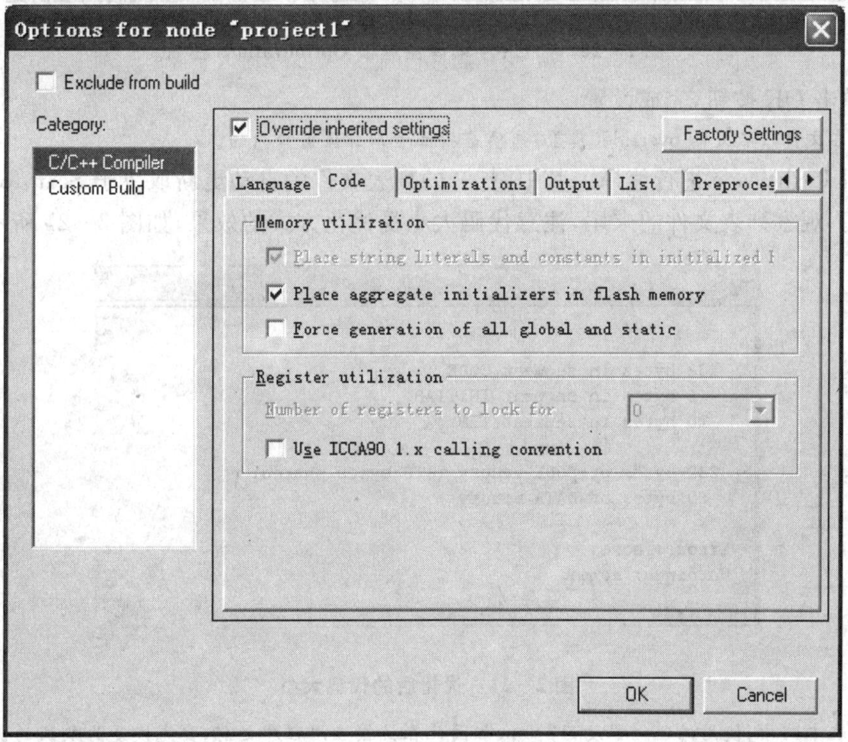

图 2-19　C/C++编译器选项 Code 栏

(4) 接着在 Optimizations(优化)下拉菜单中选择 High 选项,如图 2-20 所示。

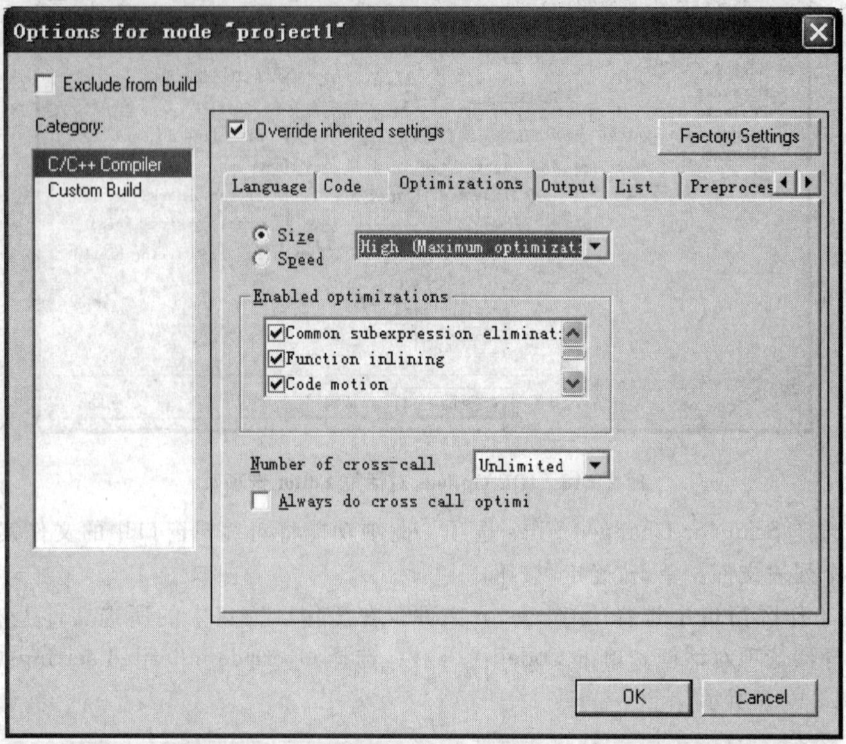

图 2-20　C/C++编译器选项 Optimizations 栏

(5) 单击 OK 按钮,完成设置。

注意: 在文件节点处的 override(覆盖)选项是指位于工作区窗口内的。

(6) 对 Utilities.c 进行编译。其中,打开的列表文件的自动更新取决于 Scan for Changed Files 选项。观察列表文件的末尾,注意代码大小受优化方式的效果,如图 2-21 所示。

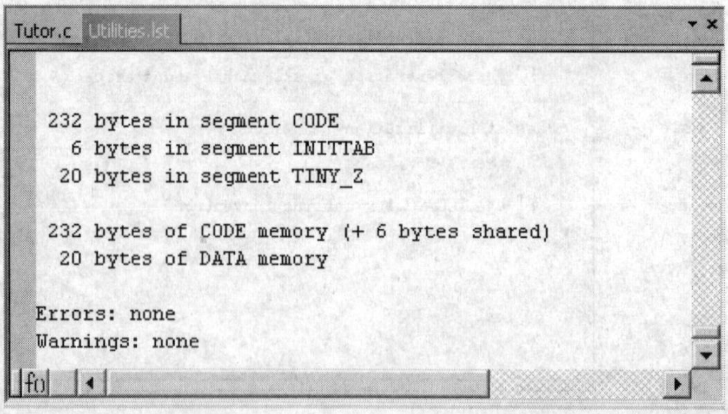

图 2-21　优化后的代码大小

注意: 在本文中,使用的优化程度为"None",因此在链接应用程序之前,要先恢复为默认的优化程度,并重新编译文件。

3. 链接应用程序

链接应用程序的操作步骤如下：

(1) 在工作区窗口中选择工程文件夹 project1→Debug，然后选择 Project→Options 选项。接着在 Category 列表中选择 Linker，打开 XLINK 选项页，如图 2-22 所示。

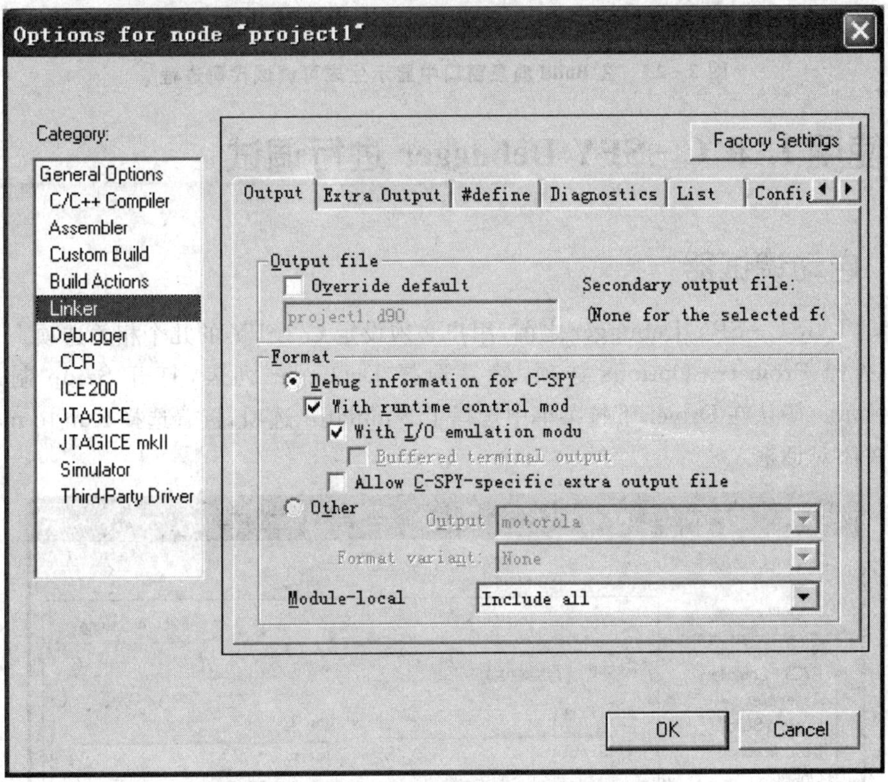

图 2-22 Options 选项 XLINK 选项页

在本文中使用系统的默认设置。需要指出的是，对于链接器，指令文件和输出格式的选择是很重要的。

- 输出格式：这里使用了 C-SPY Debug information，选择 With I/O 仿真模块选项，意味着一些低级别的进程会被链接，即在 C-SPY 调试器中把 stdin 和 stdout 直接导入到终端 I/O 窗口中。用户可以在 Output 页看到这些选项。如果想要将输出结果加载到一个 PROM 编程器中，此时就不需要在输出中显示调试信息，比如用 Intel-hex 或 Motorola S-records。
- 链接器命令文件：在链接命令文件中，用 XLINK 命令行选项控制段的放置。

(2) 单击 OK 按钮，保存 XLINK 的设置。

(3) 执行 Project→Make 命令。其进程在 Build 消息窗口中显示，如图 2-23 所示。

链接的结果是得到一个含有调试信息的代码文件 project1.d90。至此，程序就可以在 IAR C-SPY 调试器中运行了。

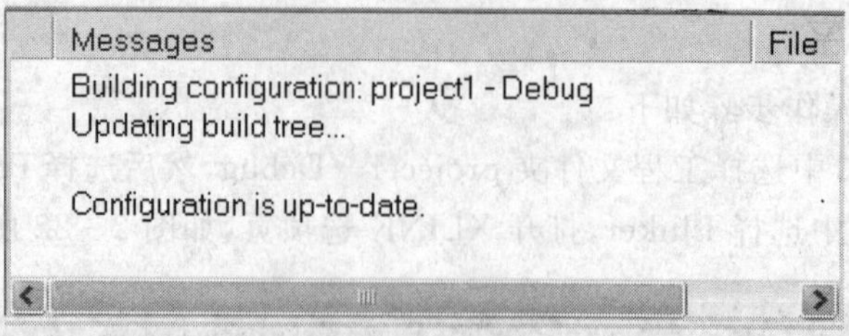

图 2-23　在 Build 消息窗口中显示生成可调试代码进程

2.3　使用 IAR C-SPY Debugger 进行调试

2.3.1　启动调试器

在启动 IAR C-SPY Debugger 之前，用户必须设定 C-SPY 的几个相关选项。

(1) 选择 Project→Options 选项，然后选择 Debugger 列表，打开 Setup 制表页，如图 2-24所示。确认在 Driver 下拉菜单中选择了 Simulator 选项，接着选择 Run to main，单击 OK 按钮关闭对话框。

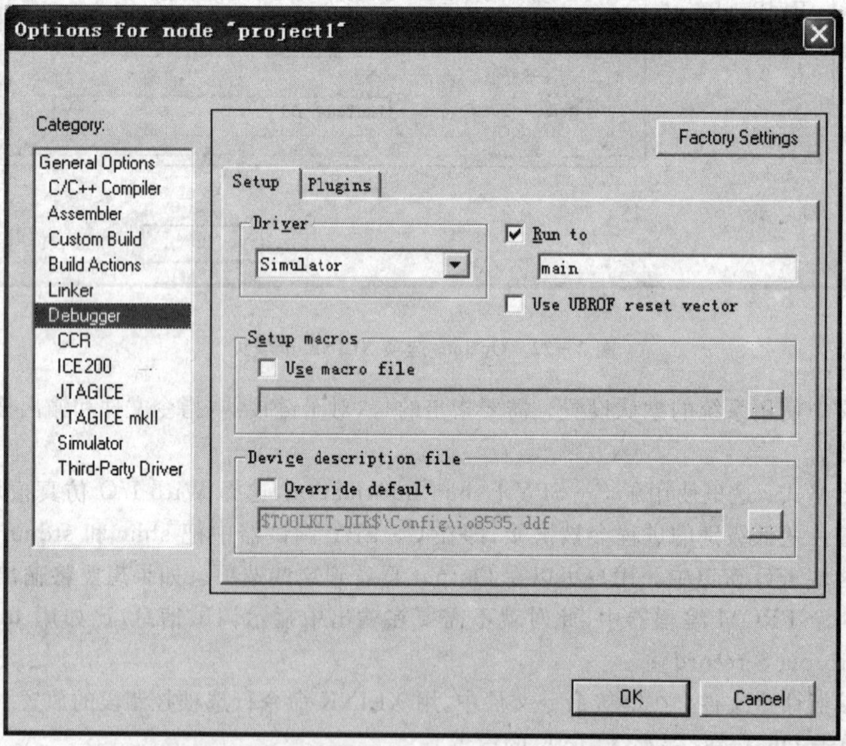

图 2-24　Options 中 Debugger 的 Setup 制表页

(2) 选择 Project→Debug 选项，或者单击位于工具栏上的 Debugger 按钮，从而启动 IAR C-SPY Debugger，并加载了 project1.d90 应用程序。除了在嵌入式 Workbench 中已经打开的窗口，还有一系列 C-SPY 的特殊窗口，如图 2-25 所示。

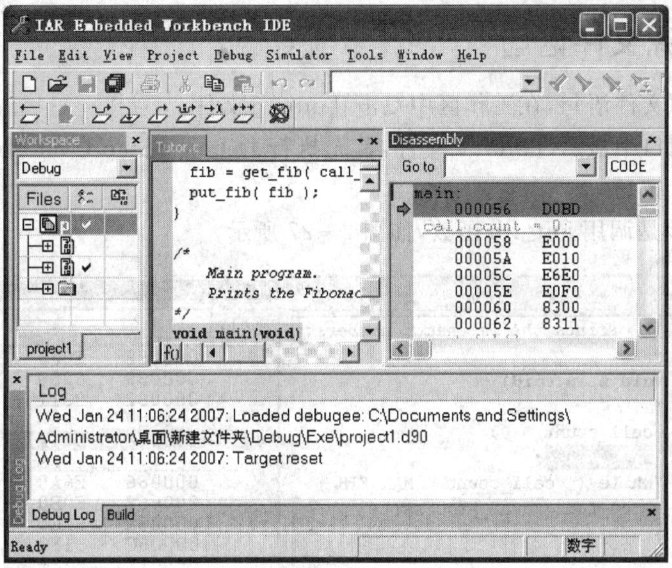

图 2-25　使用 IAR C-SPY 调试器调试

2.3.2　窗口管理

在 IAR Embedded Workbench 中，用户可以在特定位置停靠窗口，并利用标签组来管理它们。用户也可以使某个窗口处于“悬浮”状态，即让它始终处于其他窗口的上层。当用户改变“悬浮窗口”的大小和位置时，其他窗口不受影响。

状态栏位于嵌入式 Workbench 主窗口的底部，包含了如何管理窗口的帮助信息。

确保下列窗口和窗口内容始终开启，并处于屏幕上的视野内：build 配置文件 tutorials-project1 的工作区窗口、Tutor.c 和 Utilities.c 源文件的编辑窗口以及调试日志窗口，如图 2-26 所示。

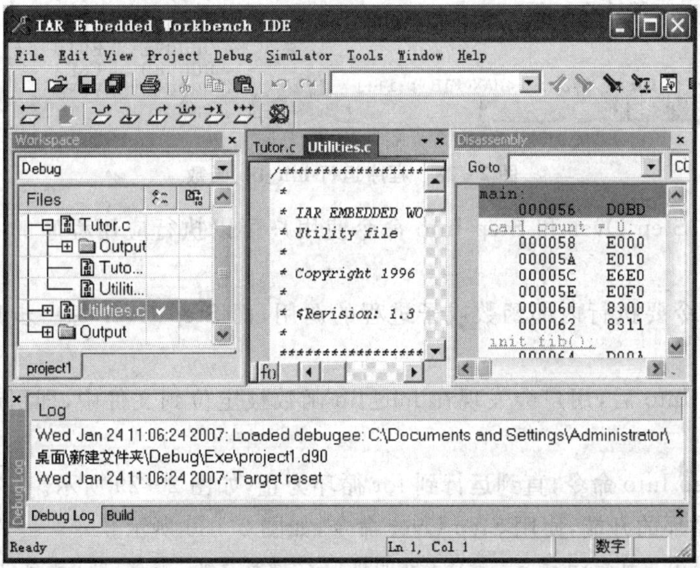

图 2-26　C-SPY 调试器主窗口

2.3.3 查看源文件语句

(1) 要查看源文件语句，在工作区中双击 Tutor. c 文件。

(2) 在编辑窗口中显示 Tutor. c 文件，首先执行 Debug→Step Over 命令，或者单击工具栏中的 Step Over 按钮。

当前位置应该是调用 init_fib 函数，如图 2-27 所示。

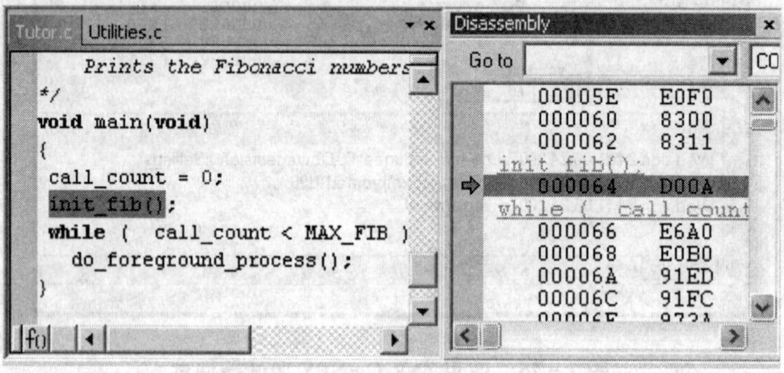

图 2-27 C-SPY 中的步进调试

(3) 选择 Debug→Step Into 选项(也可单击工具栏上的 Step Into 按钮)，程序运行到 init_fib 函数，如图 2-28 所示。

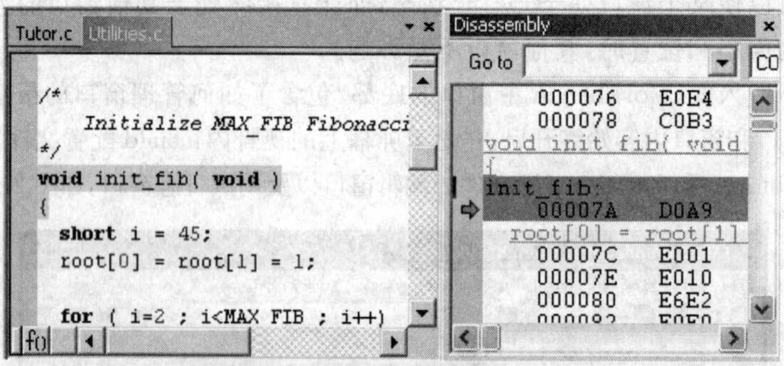

图 2-28 程序运行 init_fib 函数

在源文件级，Step Over 和 Step Into 命令使用户可以执行应用程序的一个语句或一个函数。

Step Into 命令要执行内部函数或子进程的调用，而 Step Over 每一步只执行一个函数调用。

在执行 Step Into 后，用户会发现在 init_fib 函数被定位到文件中，即引起当前窗口变为“Utilities. c”。

(4) 使用 Step Into 命令，直到运行到 for 循环为止，如图 2-29 所示。

(5) 在 for 循环的开端，使用 Step Over 命令，如图 2-30 所示。

注意：从图 2-30 中可知，步进点处于函数调用级，而不是语句级。当然，用户也可以设置为语句级。选择 Debug→Next statement，使程序每次执行一个语句，如图 2-31 所示。

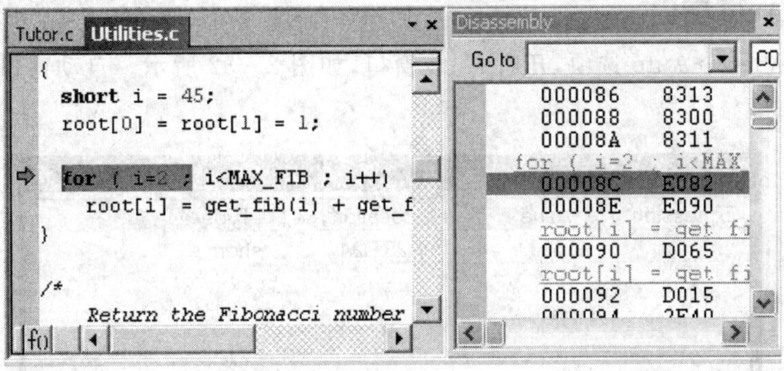

图 2-29　在 C-SPY 中使用 Step Into

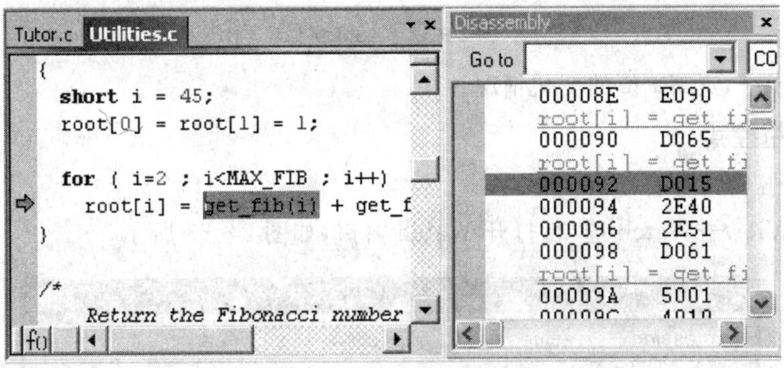

图 2-30　在 for 循环的开端使用 Step Over 命令

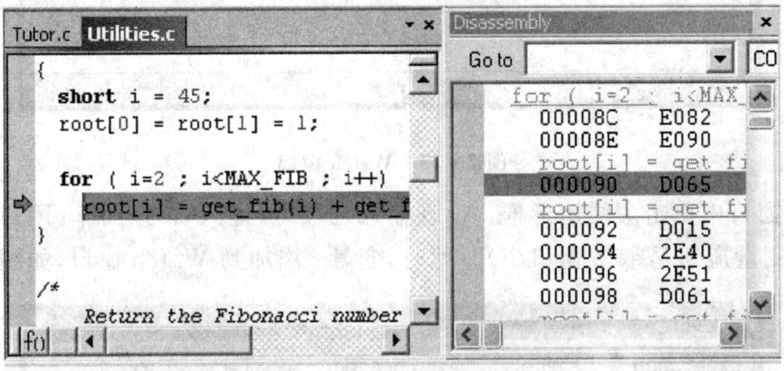

图 2-31　步进调试为语句级

2.3.4　查看变量

C-SPY 允许用户在源代码中查看变量或表达式，使用户可以在运行程序时跟踪其值的变化。用户可以通过多种方式查看变量。例如，在源代码窗口中所要查看的变量上面单击，或者通过打开 Locals、Watch、Live Watch 或 Auto 窗口。

注意：当优化等级设为 None 时，所有的非静态变量在整个进程中都是可用的，因此，这些变量是可完全调试的。一旦升高了优化等级，变量可能就不再是完全可调试的了。

1. 使用 Auto 窗口

(1) 选择 View→Auto 选项，开启 Auto 窗口，如图 2-32 所示。自动窗口会显示当前被修改过的表达式。

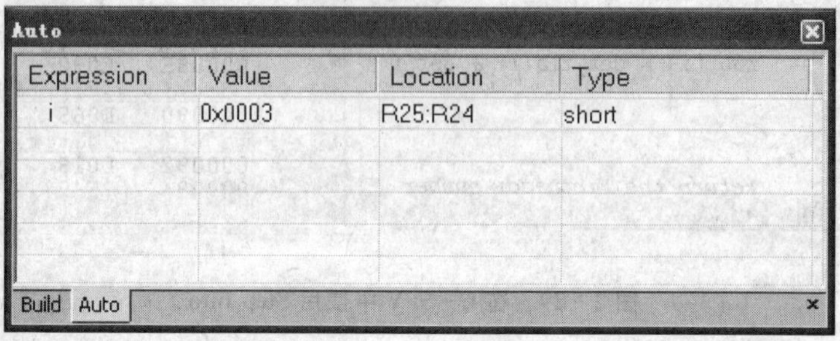

图 2-32 Auto 窗口

(2) 连续步进，观察 i 值的变化情况。

2. 设定监控点

使用 Watch 窗口查看变量。

(1) 选择 View→Watch 选项，打开 Watch 窗口，如图 2-33 所示。

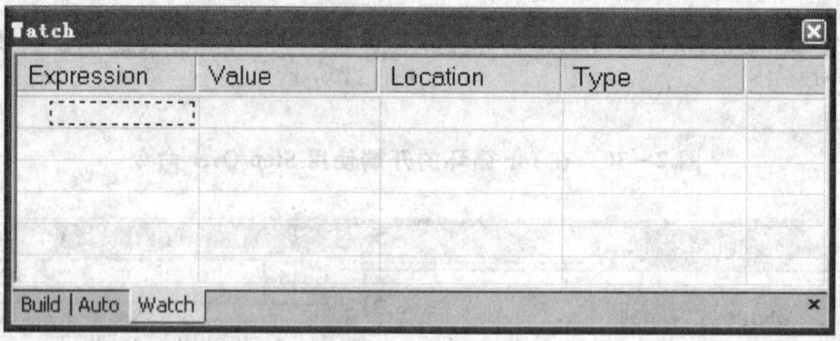

图 2-33 Watch 窗口

在 Watch 窗口中单击虚线矩形框。出现输入区域时，键入"i"并回车(用户也可以从编辑窗口中将一个变量拖到 Watch 窗口中)。此时，变量 i 添加到 Watch 窗口，如图 2-34 所示。

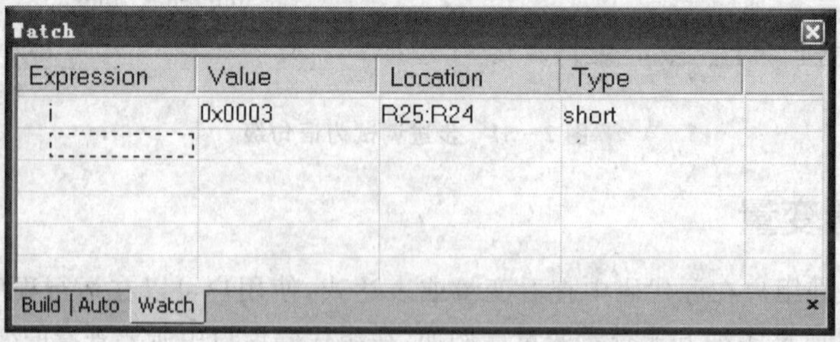

图 2-34 变量 i 添加到 Watch 窗口

(2) 在 init_fib 函数中选择 root 列，把它拖到 Watch 窗口中，如图 2-35 所示。

Watch 窗口中可以显示 i 和 root 的当前值。用户可以扩展 root 列来监控它的更多信息。

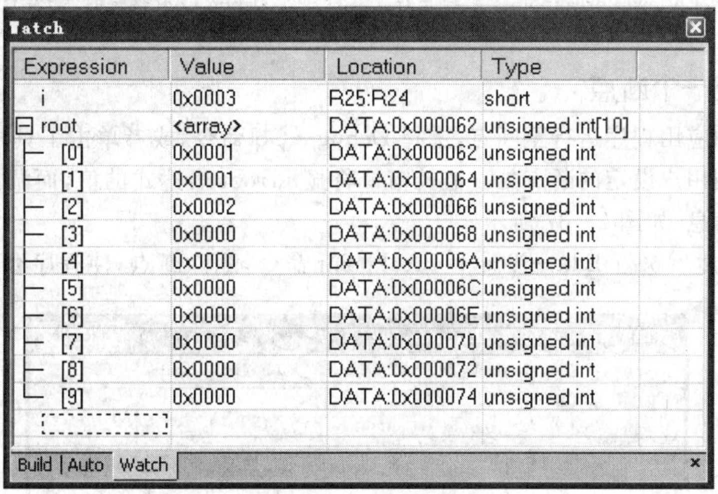

图 2-35 init_fib 函数中 root 列添加到 Watch 窗口

2.3.5 设置并监控断点

IAR C-SPY 调试器拥有一个多重特性的强大的断点调试系统。

使用断点最便捷的方式是将其设置为交互式的，即将插入点的位置指到一个语句里或者靠近一个语句，然后选择 Toggle Breakpoint(触发断点)命令。

在语句 get_fib (i) 上设置断点，其步骤为：在编辑窗口中单击 Utilities. c，然后选择需要设定插入点的语句。最后，选择 Edit→Toggle Breakpoint 命令(或者在工具栏上单击 Toggle Breakpoint 按钮)。

此时，在这个语句处已经设置好一个断点，并且还会使用亮条以及在旁边的空白处标注一个“●”指示断点的存在，如图 2-36 所示。

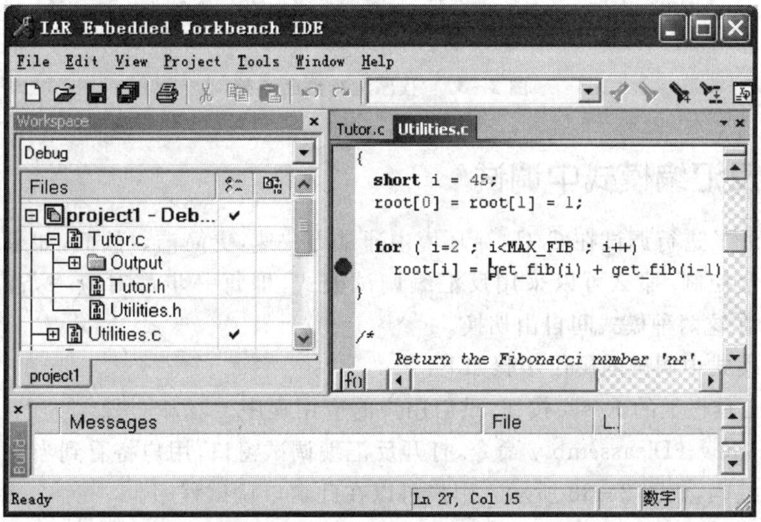

图 2-36 断点设置

注意：可以选择 View→Breakpoints 来打开断点窗口。在 Debug Log(调试日志)窗口用户可以找到断点执行的相关信息。

3. 运行至一个断点

要使用户的应用程序运行至断点，选择 Debug→Go 命令，或者单击工具栏上的 Go 按钮。应用程序运行到用户设定的断点处。监控窗口将显示 root 表达式的值，而调试日志窗口则显示断点的相关信息，如图 2-37 所示。

选中断点，然后执行 Edit→Toggle Breakpoint 命令，删除断点，使程序继续向下运行。

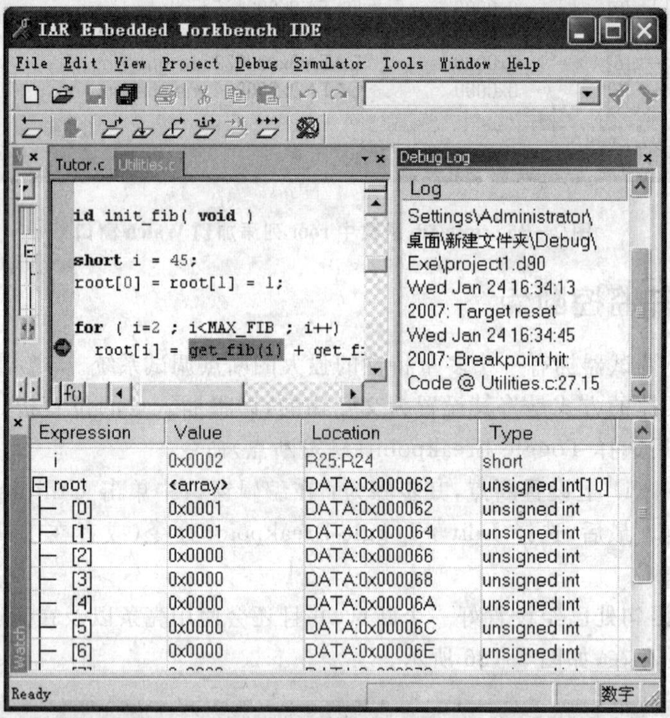

图 2-37 程序运行到断点处

2.3.6 在反汇编模式中调试

使用 C-SPY 进行调试在 C/C++环境中通常更快速，更简洁。然而，如果用户想对低层的进程进行完全控制，那么可以采用反汇编调试模式，即每一步都对应一条汇编指令。C-SPY 允许用户在这两种模式间自由切换。

在反汇编模式中调试的操作步骤如下：

(1) 单击工具栏上的 Reset 按钮，重启用户的应用程序。

(2) 选择 View→Disassembly 命令，打开反汇编调试窗口，用户将看到当前 C 语言语句的对应汇编语言编码，如图 2-38 所示。用户可以在此窗口调试程序。

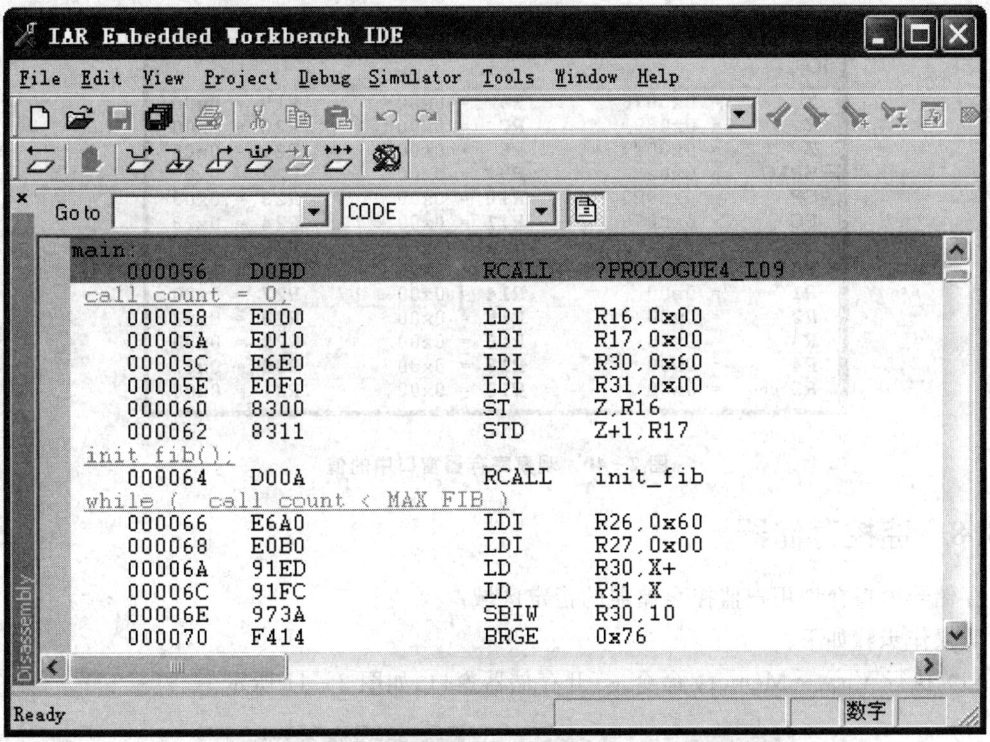

图 2-38　C 语言语句的对应汇编语言编码

2.3.7　监控寄存器

寄存器窗口允许用户监控并修改寄存器的内容。

其操作步骤如下：

(1) 执行 View→Register 命令，打开寄存器窗口，如图 2-39 所示。

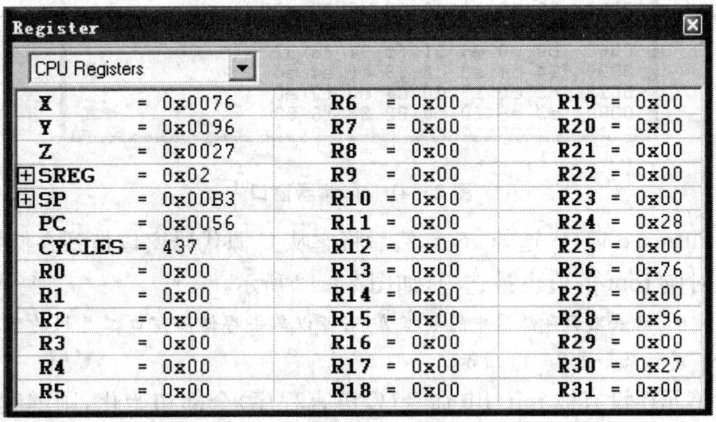

图 2-39　寄存器窗口

(2) 单击工具栏的 Step Over 按钮将执行下一行指令，可以观察寄存器窗口中的值的变化，如图 2-40 所示。

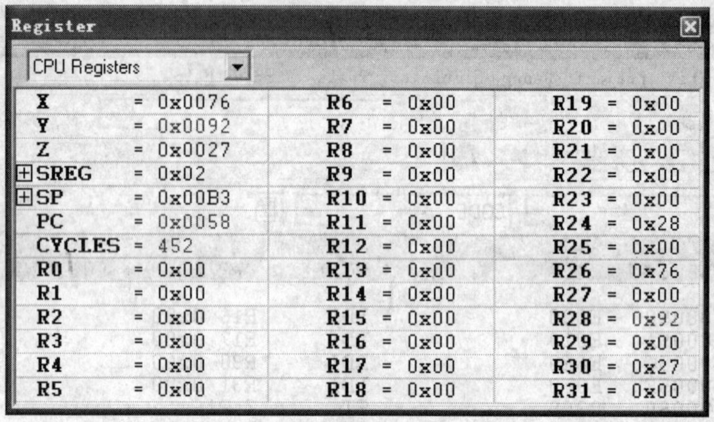

图 2-40 观察寄存器窗口中的值

2.3.8 监控存储器

存储器窗口允许用户监控存储器的指定区域。

其操作步骤如下：

(1) 执行 View→Memory 命令，打开存储器窗口，如图 2-41 所示。

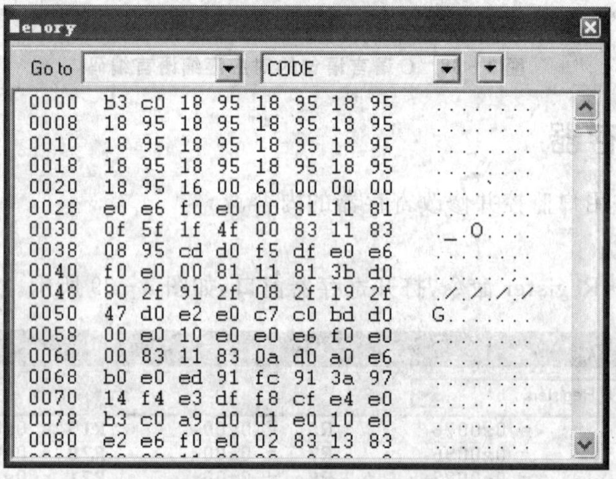

图 2-41 存储器窗口

(2) 激活 Utilities.c 窗口，选择 root，然后将它从 C 源代码窗口拖到存储器窗口中。同时在存储器窗口中对应 root 的值也被选中，如图 2-42 所示。

注意： 如果要按 16 位来显示存储器中的数据值，则可以单击存储器窗口工具栏的下拉菜单中的 x2 Units(2 倍单位)命令。其结果如图 2-43 所示。

如果存储器单元还没有被 init_fib 命令(C 语言程序)全部初始化，则继续执行单步命令，用户可以观察到存储器中的数值是如何更新的，如图 2-44 所示。

注意： 用户还可在存储器窗口中对数据值进行编辑、修改，只需在用户想进行编辑的存储器数值处放置插入点，然后键入期望值即可。

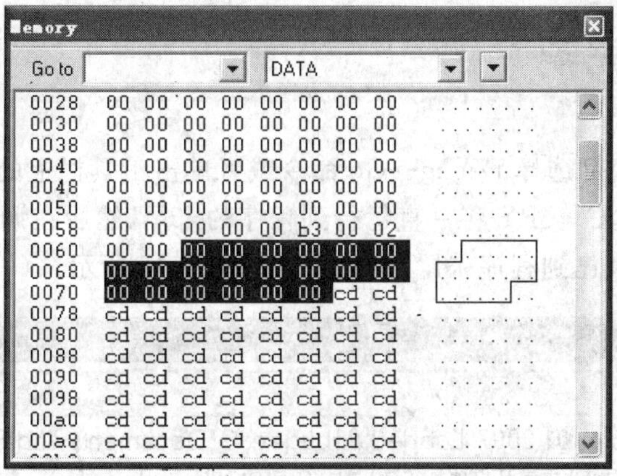

图 2-42　存储器窗口中对应 root 的值被选中

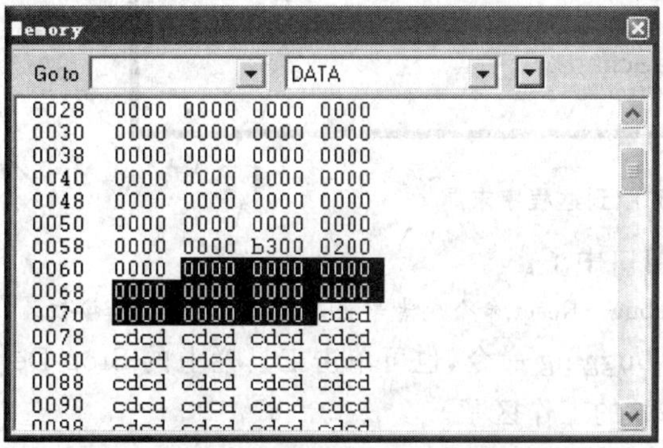

图 2-43　以 16 位显示内存中的数据值

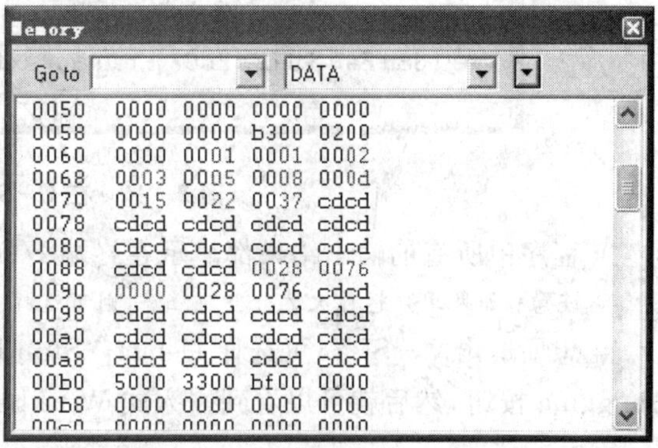

图 2-44　存储器数值更新

2.3.9　查看终端 I/O

有时用户也许需要对程序中的指令进行调试，以便在没有硬件支持的情况下使用 stdin 和 stdout。C-SPY 通过终端 I/O 窗口来模拟 stdin 和 stdout。

注意：终端 I/O 窗口只有在 C-SPY 使用了 With I/O emulation modules(使用 I/O 仿真模块)输出模式对工程进行链接之后才是可用的。

执行 View→Terminal I/O 命令显示 I/O 操作的输出结果，如图 2-45 所示。窗口中的内容取决于用户的应用程序运行到哪里。

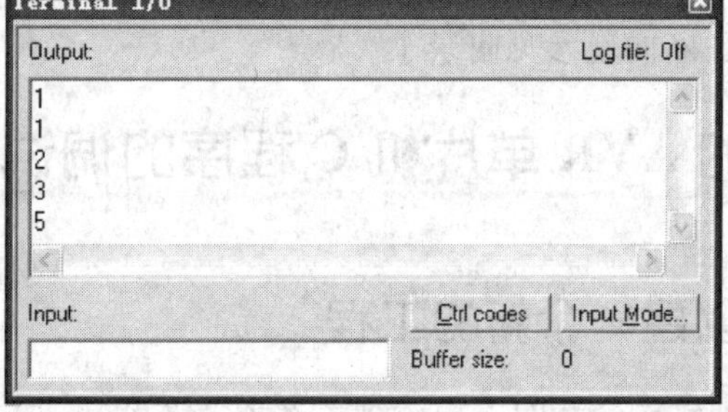

图 2-45　I/O 操作输出

2.4 程序运行完毕

想要完成程序运行，可选择 Debug→Go 命令或者单击工具栏上的 Go 按钮。

如果没有新的断点，C-SPY 将一直运行到程序的末尾，然后在调试日志窗口中就会显示"Program exit reached"（已到程序末尾）的信息，如图 2-46 所示。

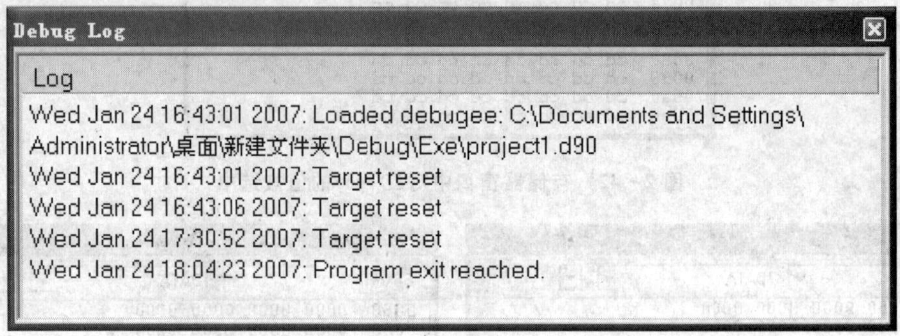

图 2-46　在 C-SPY 中到达程序末尾

程序中所有的输出结果都显示在终端 I/O 窗口中了。

注意： 如果用户想再次运行当前程序，则可选择 Debug→Reset 命令或者单击工具栏上的 Reset 按钮。

想要退出 C-SPY，可选择 Debug→Stop Debugging 命令，也可单击工具栏上的 Stop Debugging 按钮，然后就可以看到嵌入式 Workbench 的工作区了。

2.5 编写一个中断处理函数

以下的程序行是本文档使用的中断处理函数定义（完整的源代码在 avr/tutor 子目录下的 Interrupt.c 文件中找到）：

```
// define the interrupt handler
#pragma vector = USART0_RXC_vect
_interrupt void irqHandler(void)
```

#pragma 矢量指示用于详细说明中断向量地址——本例的 USART0 中断向量收到中断。

关键字_interrupt 用于引导编译器调用中断服务程序。

关于 AT90S8535 的中断向量参见附录 J。

2.6 基于 IAR 的 AVR 单片机 C 程序的调试与仿真

2.6.1 在 IAR 中创建一个新的工程

关于如何在 IAR 中创建一个新的工程请读者参考 2.2 节。

2.6.2 编译应用程序

工作区窗口选择应用程序.C 文件，选择工程文件夹 project1→Debug，将弹出如图 2-47 所示的编译对话框。

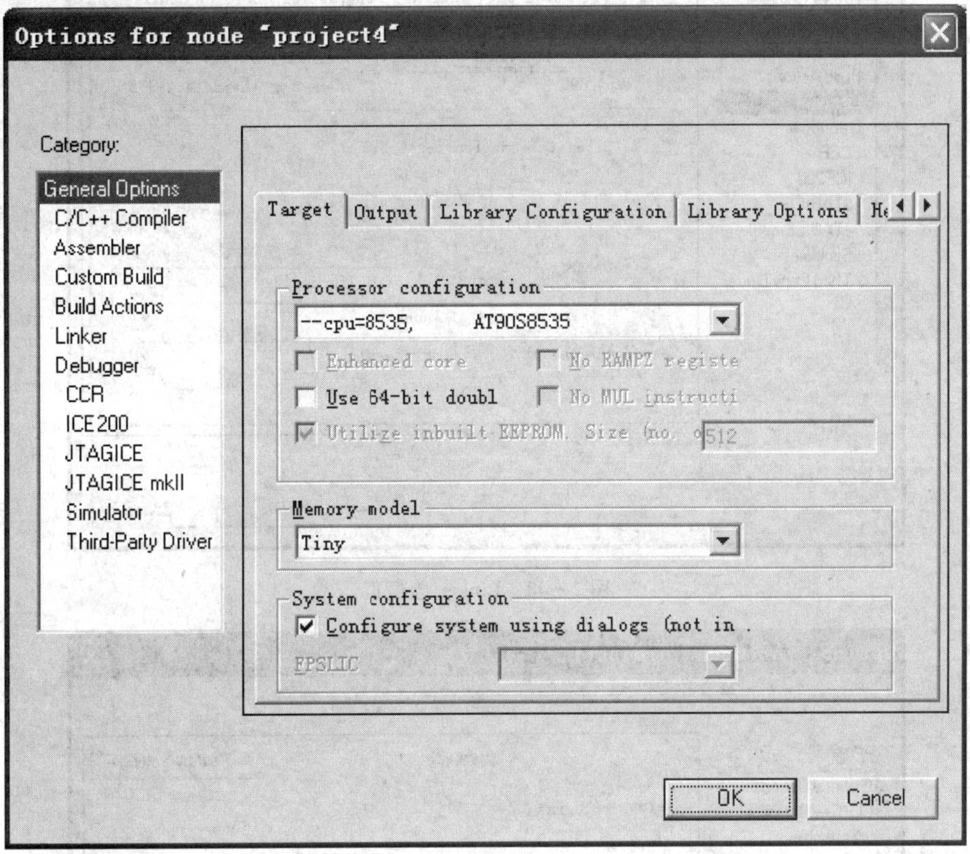

图 2-47 编译对话框

图 2-47 所示为 General Options 目录选项，其中 Target 制表页设置格式如图中所示。有关其他制表页的设置请参考 2.2 节。

单击 Category 列表框中的 Linker 选项，打开 Linker 选项页，如图 2-48 所示。

图 2-48 所示为 Linker 选项页的 Output 制表页，读者可按图中所示进行设置。有关其他制表页的设置请参考 2.2 节。

选择 Category 中的 Debugger 选项，打开 Debugger 选项页，如图 2-49 所示。

图 2-49 所示为 Debugger 选项页 Setup 制表页，读者可按图中所示进行设置。有关其他制表页的设置请参考 2.2 节。

如图 2-50 所示，选择 Project→Complie 菜单项，编译文件。编译后将产生后缀名为.d90 的输出文件。

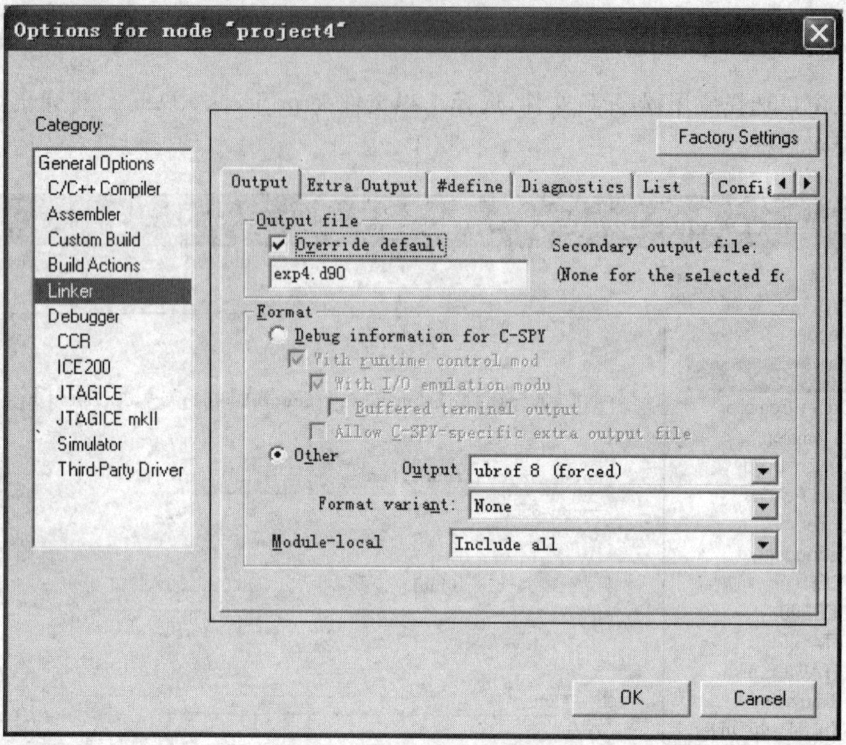

图 2-48　Linker 选项页

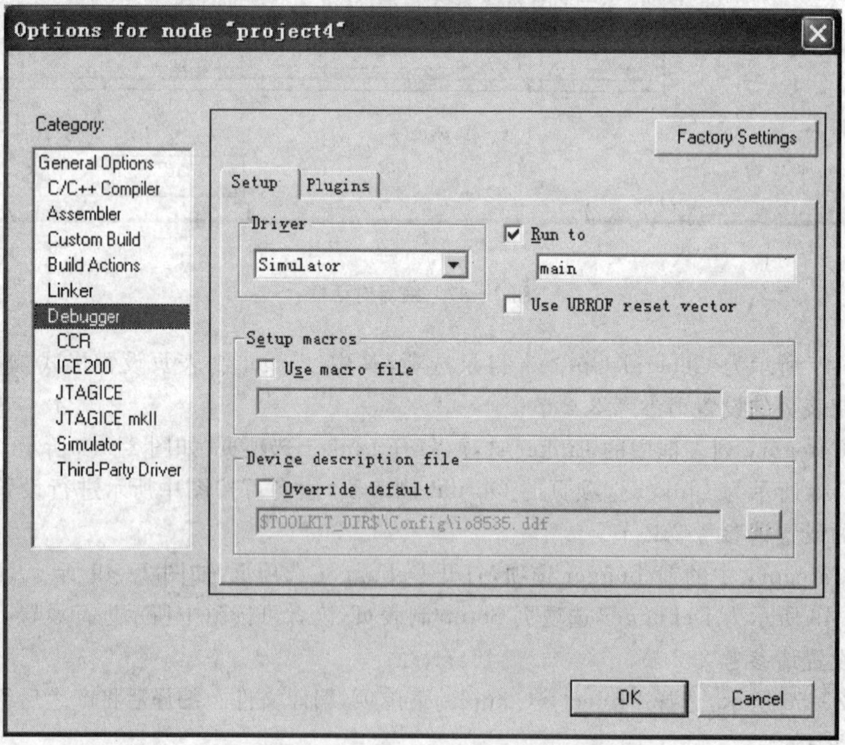

图 2-49　Debugger 选项页

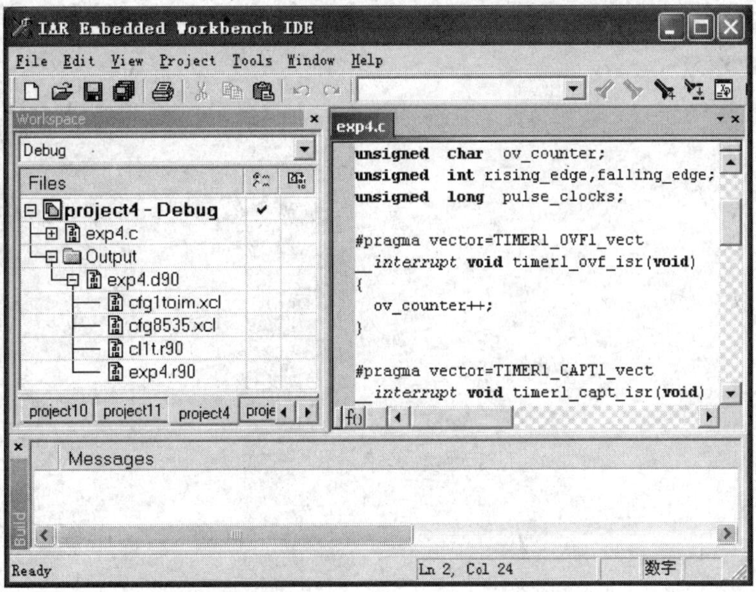

图 2-50 编译后产生后缀名为.d90 的输出文件

2.6.3 IAR C-SPY 程序调试

有关 IAR C-SPY 程序调试请参见 2.3 节。

2.6.4 C 程序的调试与仿真

在 PROTEUS 环境中，打开 AT90S8535 属性编辑对话框，在 Program File 中添加.d90 文件，如图 2-51 所示。此时，IAR 中的 C 程序即可在 PROTEUS 中进行调试、仿真。

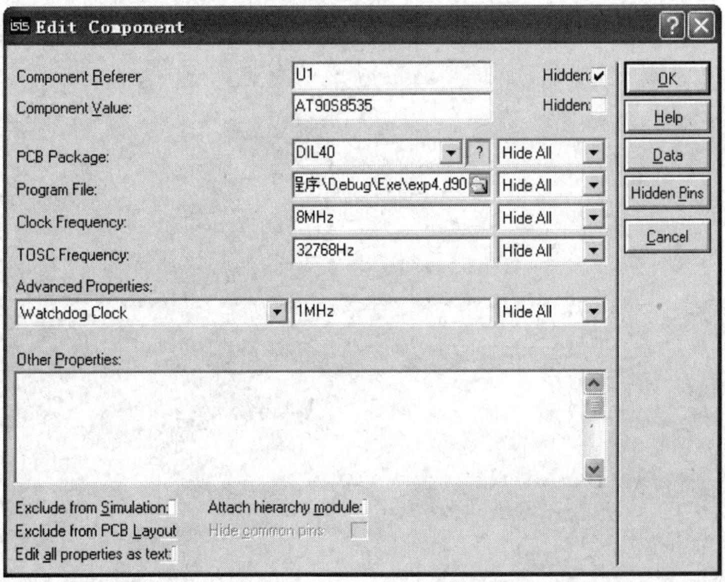

图 2-51 AT90S8535 属性编辑对话框

应 用 篇

要　点：

- AVR 系列单片机概述
- AT90S8535 单片机 EEPROM 读/写访问
- AT90S8535 单片机 I/O 端口
- AT90S8535 单片机中断系统
- AT90S8535 单片机定时器/计数器及其应用
- AT90S8535 单片机模拟量输入接口
- AT90S8535 单片机串行接口及其应用
- AT90S8535 单片机综合应用
- AVR 与嵌入式 C 语言编程
- 新型 AVR 单片机及其应用

第3章 AVR系列单片机概述

单片机就是包括中央处理器CPU(Control Processor Unit)、随机存储器RAM(Random Access Memory)、只读存储器ROM(Read Only Memory)和各种输入/输出(I/O)单元的单芯片微机系统。

单片微型计算机也称为单片机，目前已广泛应用于自动测量、智能仪表、工业控制及家用电器等各个领域。自从1976年9月美国Intel公司的MCS-48单片机问世以来，世界各大厂商已相继研制出了60多个系列、上千个品种的单片机产品。随着半导体集成技术的不断发展，单片机正向着高主频、低功耗、低成本、多接口等方向发展。

3.1 AVR系列单片机的特点

AVR系列单片机是ATMEL公司于1997年推出的精简计算指令集RISC(Reduced Instruction Set Computing)单片机。RISC结构优先选取使用频率最高的简单指令，避免复杂指令，并固定指令长度，减少指令格式和寻址方式的种类，从而缩短指令周期，提高运行速度。AVR系列单片机采用了RISC结构，使得其具备了1 MIps/MHz(百万条指令每秒/兆赫兹)的高速处理能力。

AVR单片机吸收了DSP双总线的特点，采用Harvard总线结构。因此，单片机的程序存储器和数据存储器是分离的，并且可对具有相同地址的程序存储器和数据存储器进行独立寻址。

在AVR单片机中，CPU执行当前指令时取出将要执行的下一条指令放入指令寄存器中，从而可以避免传统MCS-51系列单片机中多指令周期的出现。

传统MCS-51系列单片机所有的数据处理都是基于一个累加器的，因此，累加器与程序存储器、数据存储器之间的数据交换就成为了单片机的瓶颈；而在AVR单片机中，寄存器由32个通用工作寄存器组成，并且任何一个寄存器都可以充当累加器，从而有效地避免了累加器的瓶颈效应，提高了系统的性能。

AVR单片机具有良好的集成性能。AVR系列单片机都具有在线编程接口，其中的Mega系列还具有JTAG仿真和下载功能；包括片内看门狗电路、片内程序Flash、同步串行接口SPI；多数AVR单片机还内嵌了A/D转换器、EEPROM、模拟比较器、PWM定时器/计数器等多种功能；AVR单片机的I/O接口还具有很强的驱动能力，灌电流可直接驱动继电器、LED等器件，从而省去驱动电路，节约系统成本。

AVR单片机采用低功率、非挥发的CMOS工艺制造，除具有低功耗、高密度的特点外，还支持低电压的联机Flash、EEPROM写入功能。

AVR 单片机还支持 Basic 语言、C 语言等高级语言编程。采用高级语言对单片机系统进行开发是单片机应用的发展趋势。对单片机用高级语言编程可很容易地实现系统移植，并加快软件的开发过程。

AVR 单片机具有多个系列，包括 ATtimy、AT90 和 ATmega。每个系列又包括多种产品，它们在功能和存储器容量等方面有很大的不同，但基本结构和原理都类似，而且编程方法也相同。AVR 单片机选型表参见附录 C。

另外，AT90S4414 和 AT90S8515 引脚相同，仅 Flash、SRAM 和 EEPROM 相差一倍。AT90S4414/AT90S8515 引脚与 MCS－51 系列单片机 8X51/8X52 的引脚兼容，仅复位电平不同，AVR 低电平复位，MCS－51 高电平复位。这为用 AVR 单片机替代 MCS－51 单片机硬件电路带来了方便。

3.2　AT90S8535 单片机的总体结构

ATMEL 公司的 AT90 系列单片机是一种基于 AVR 增强性能、RISC 结构、低功耗、CMOS 技术、8 位微处理器(Enhanced RISC Microcontrollers)的单片机，通常简称为 AVR 单片机。目前，有 AT90S1200、AT90S2313、AT90S2323、AT90S4433、AT90S8515、AT90S8535、ATmega8、ATmega16、ATmega32、ATmega128、ATmega103、ATtiny11、ATtiny12、ATtiny15、ATtiny28 等多种型号，它们的基本结构都比较接近。本章以 AT90S8535 单片机的内部结构为主，叙述 AVR 系列单片机的系统结构。

3.2.1　AT90S8535 的特点

AT90S8535 单片机是 AVR 系列单片机中内部接口丰富、功能比较齐全、性价比高的一个品种。

AT90S8535 单片机的特点如下：

- AT90S8535 单片机片内有 8 KB 的 Flash 程序存储器。程序存储器一次读取一个字(16 位)，速度加快；可反复擦写、修改程序 1 000 次以上不损坏，便于新产品开发。
- 高速度。每个时钟周期执行一条指令，当主频为 8 MHz 时，大多数指令仅需 125 ns。AVR 运用了 Harvard 结构概念，对程序和数据存储使用不同的存储器和总线，具有预取指令功能。当执行某一指令时，下一条指令被预先从程序存储器中取出，这样可以在每一个时钟周期内都执行指令。
- 高度保密性。可多次烧写的 Flash 具有多重密码保护、锁死(lock)功能。保密位在芯片底部，无法用电子显微镜看到。程序高度保密，避免非法窃取。
- 超功能精简指令。据有 32 个通用工作寄存器(均可作累加器，克服了单一累加器造成的瓶颈效应)及 512 字节的 SRAM，可灵活使用指令寻址运算。
- 低功耗。在主频为 4 MHz、3 V 供电条件下，AT90S8535 工作模式只需 6.4 mA 的供电电流，具有空闲、省电、掉电 3 种低功耗方式。掉电模式下工作电流小于 1 μA。
- 工作电压范围宽(2.7～6.0 V)，抗电源波动能力强。
- 有 512 字节的 EEPROM(电擦写存储器)，掉电不丢失信息，可在线改写。

- 有 32 个 I/O 口，输入/输出的方向是可以定义的。输出口的驱动能力强，灌电流可达 40 mA，能直接驱动 LED、继电器等器件，省去驱动电路；输入口可以三态输入，也可带内部上拉电阻，省去外接上拉电阻。
- 有 2 个 8 位和 1 个 16 位的定时器/计数器，除定时、计数功能外，有些还具有比较匹配输出和输入捕获功能。
- 有看门狗定时器，便于程序抗干扰。程序飞走进入死循环后，能自动复位，重新启动。
- 有模拟比较器，便于发现输入模拟电压的变化。
- 有 8 路 10 位 ADC，可直接输入模拟电压信号。
- 有 2 路 10 位和 1 路 8 位的 PWM 脉宽调制输出，经滤波输出模拟电压信号，可作为 D/A转换器。这种模拟量输出很容易与主机隔离。
- 有 UART 异步串行接口，便于实现 RS232C 和 RS485 通信接口。
- 有 SPI 同步串行接口。
- 有独立振荡器的实时时钟。在省电模式的低功耗方式下，时钟正常工作。
- 有 16 种中断源。每种中断源在程序空间都有一个独立的中断向量作为相应的中断入口地址。
- 除可使用汇编语言外，还可使用 C 语言编程，易学，易写，易移植。
- 有商用级产品（工作温度为 0～70℃）和工业级产品（工作温度为－40～85℃）供用户选择。
- 有 PDIP 40 脚、PLCC 44 脚及 TQFP 44 脚封装供用户选择。

3.2.2 AT90S8535 的结构图

AT90S8535 的结构如图 3-1 所示。

AVR 核将 32 个工作寄存器和丰富的指令集结合在一起。所有的工作寄存器都与 ALU（运算逻辑单元）直接相连，允许在 1 个时钟周期内执行的单条指令同时访问 2 个独立的寄存器。这种结构提高了代码效率，使 AVR 得到了比普通 CISC 单片机高将近 10 倍的性能。

AT90S8535 具有 8 KB Flash、512 字节 EEPROM、512 字节 SRAM、32 个通用 I/O 口、32 个通用工作寄存器、具有比较模式的定时器/计数器、内外中断源、可编程的 UART、可编程的看门狗定时器以及 SPI 口。此外，AT90S8535 还具有 3 种可通过软件选择的节电模式：

① 工作于空闲模式时，CPU 将停止运行，而寄存器定时器/计数器看门狗和中断系统继续工作；

② 工作于掉电模式时，振荡器停止工作，所有功能都被禁止，而寄存器内容得到保留，只有外部中断或硬件复位才可以退出此状态；

③ 省电模式与掉电模式只有一点差别，即在该模式下，T/C2 继续工作以维持时间基准。

器件是用 ATMEL 公司的高密度、非易失性内存技术生产的，片内 Flash 可以通过 SPI 接口或通用编程器多次编程。

通过将增强的 RISC 8 位 CPU 与 Flash 集成在一个芯片内，8535 为许多嵌入式控制应用提供了灵活且低成本的方案。

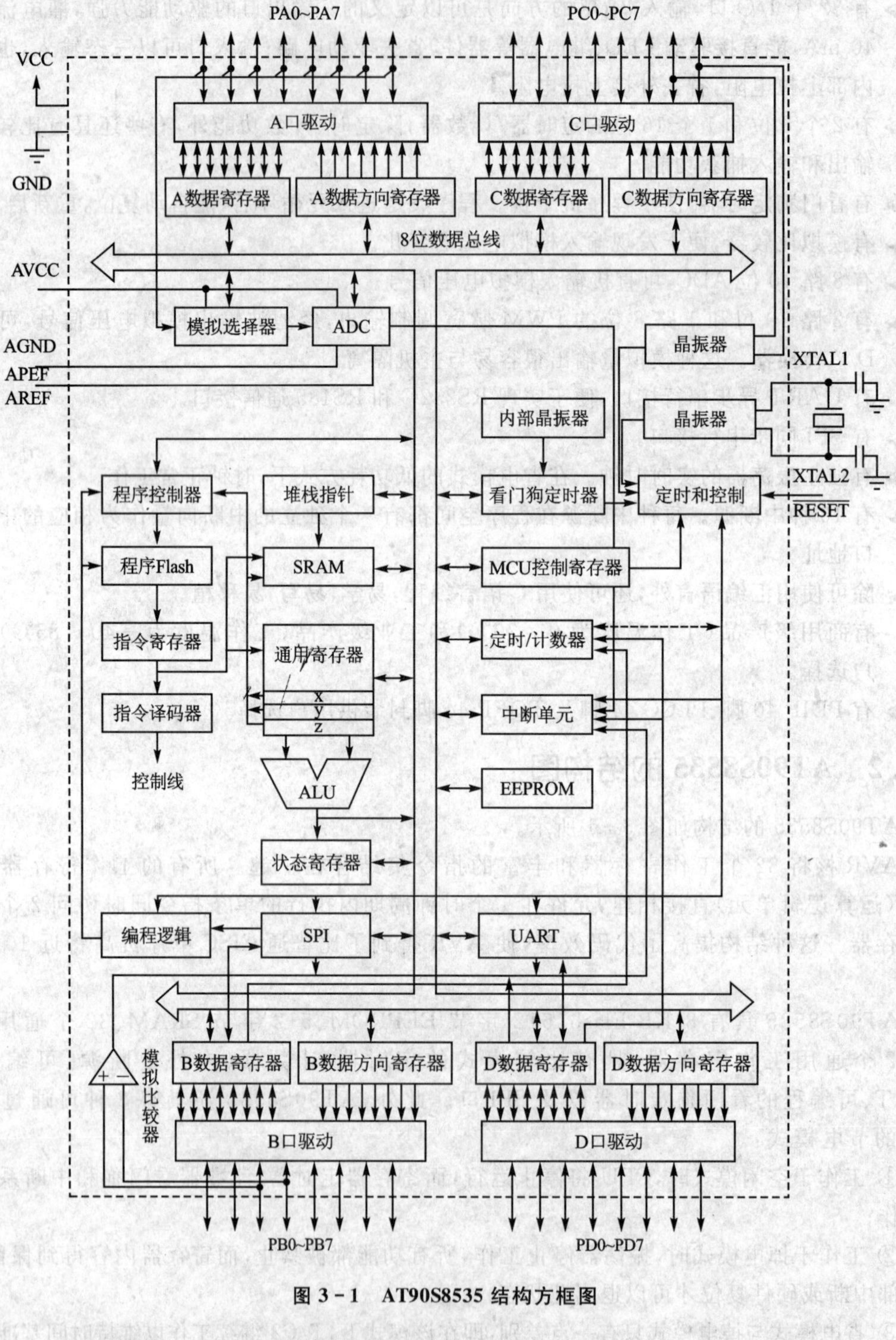

图 3-1　AT90S8535 结构方框图

3.2.3　AT90S8535 的引脚配置

AT90S8535 单片机引脚配置图如图 3-2 所示。

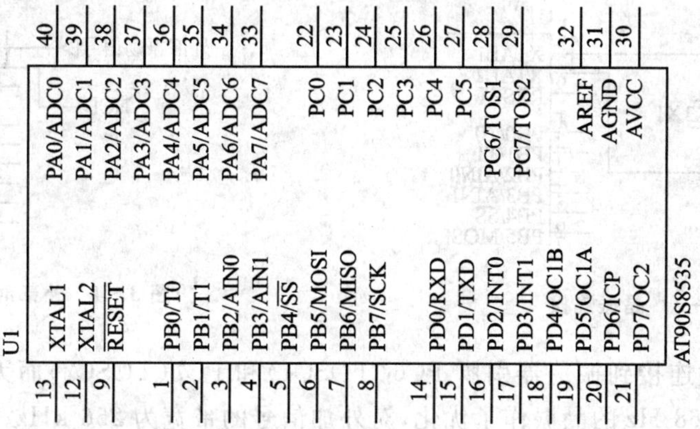

图 3-2　引脚配置

3.2.4　AT90S8535 的引脚定义

➢VCC、GND：电源。

➢A 口（PA7～PA0）：是一个 8 位双向 I/O 口，每个引脚都有内部上拉电阻，其输出缓冲器能吸收 20 mA 的电流，可直接驱动 LED。当作为输入时，如果外部被拉低，则由于上拉电阻的存在，引脚将输出电流。在复位过程中，A 口为三态，即使此时时钟还未起振。A 口还可以用作 ADC 的模拟输入口。

➢B 口（PB7～PB0）：是一个 8 位双向 I/O 口，每个引脚都有内部上拉电阻，其输出缓冲器能够吸收 20 mA 的电流，可直接驱动 LED。当作为输入时，如果外部被拉低，由于上拉电阻的存在，引脚将输出电流。在复位过程中，A 口为三态，即使此时时钟还未起振。B 口还可作为特殊功能口使用。

➢C 口（PC7～PC0）：是一个 8 位双向 I/O 口，每个引脚都有内部上拉电阻。当作为输入时，如果外部被拉低，由于上拉电阻的存在，引脚将输出电流。C 口的 2 个引脚还可以用作 T/C2 的振荡器。在复位过程中，C 口为三态，即使此时时钟还未起振。

➢D 口（PD7～PD0）：是一个带内部上拉电阻的 8 位双向 I/O 口。输出缓冲器能够吸收 20 mA 的电流。当作为输入时，如果外部被拉低，由于上拉电阻的存在，引脚将输出电流。在复位过程中，D 口为三态，即使此时时钟还未起振。D 口还可作为特殊功能口使用。

➢$\overline{\text{RESET}}$：复位输入。超过 50 ns 的低电平将引起系统复位；低于 50 ns 的脉冲不能保证可靠复位。

➢XTAL1：振荡器放大器的输入端。

➢XTAL2：振荡器放大器的输出端。

➢AVCC：A/D 转换器的电源，应通过一个低通滤波器与 VCC 连接。

➢AREF：A/D 转换器的参考电源，介于 AGND 与 AVCC 之间。

➢AGND：模拟地。

注意：XTAL1 和 XTAL2 分别是片内振荡器的输入、输出端，可使用晶体振荡器或陶瓷振荡器，如图 3-3所示。当使用外部时钟时，XTAL2 应悬空，如图 3-4 所示。

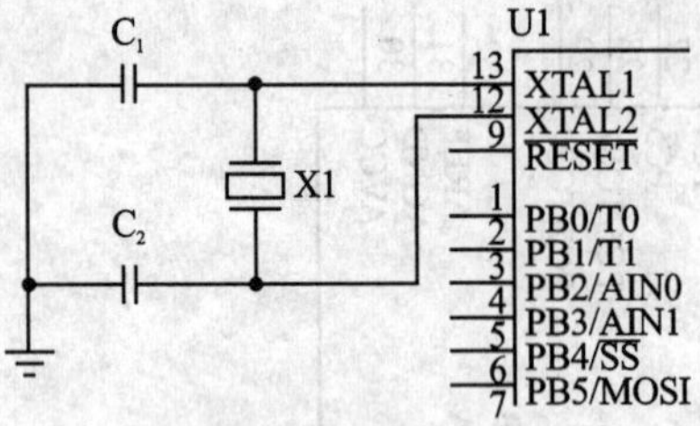

图 3-3　晶振连接

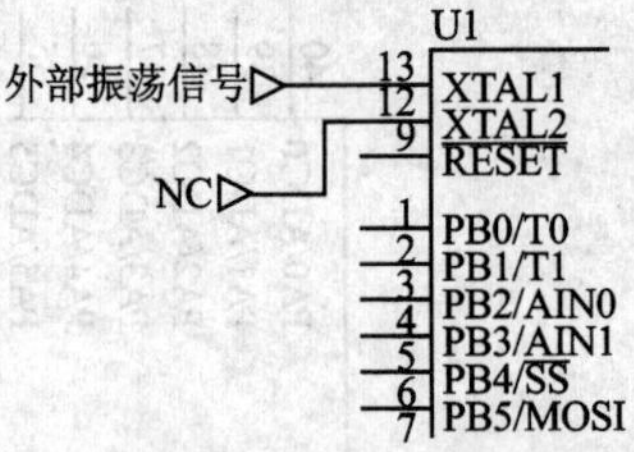

图 3-4　外部时钟连接

晶振可以直接连接到振荡器引脚 PC6(TOSC1)和 PC7(TOSC2)而无须使用外部电容。振荡器已经对 32 768 Hz 的晶振作了优化,对外加信号的带宽为 256 kHz。

3.3　AT90S8535 单片机的中央处理器 CPU

3.3.1　结构概述

快速访问寄存器堆包含 32 个 8 位可单周期访问的通用寄存器。这意味着在一个时钟周期内,ALU 可以完成一次如下操作:读取寄存器堆中的两个操作数,执行操作,将结果存回到寄存器堆。

寄存器堆中的 6 个可以组成 3 个 16 位用于数据寻址的间接寻址寄存器指针,以提高地址运算能力。其中,Z 指针还可用于查表功能。

ALU 支持两个寄存器之间、寄存器和常数之间的算术和逻辑操作,以及单寄存器的操作。除了寄存器操作模式,通常的内存访问模式也适用于寄存器堆,这是因为 AT90S8535 为寄存器堆分配了 32 个最低的数据空间地址($00～$1F),允许其像普通内存地址一样访问。

I/O 内存空间包括 64 个地址作为 CPU 外设的控制寄存器,T/C 、A/D 转换器以及其他 I/O 功能。I/O 内存可以直接访问,也可以作为数据地址($20～$5F)来访问。

AVR 采用了 Harvard 结构:程序和数据总线分离。程序内存通过两段式的管道(Pipeline)进行访问。CPU 在执行一条指令的同时,就去取下一条指令。这种预取指的概念使得指令可以在一个时钟周期内完成。

相对跳转和相对调用指令可以直接访问 2K/4K 地址空间。多数 AVR 指令的长度都是 16 位。每个程序内存地址都包含一条 16 位或 32 位的指令。

当执行中断和子程序调用时,返回地址存储于堆栈中。堆栈分布于通用数据 SRAM 之中,堆栈大小只受 SRAM 数量的限制。用户应该在复位例程里初始化 SP。SP 为可读/写的 16 位堆栈指针。

256/512 个 SRAM 可以通过 5 种不同的寻址方式很容易地进行访问。AVR 结构的内存空间是线性的。

内存映像如图 3-5 所示。

中断模块由 I/O 空间中的控制寄存器和状态寄存器中的全局中断触发位组成。每个中断都具有一个中断向量,由中断向量组成的中断向量表位于程序存储区的最前面。中断向量地址低的中断具有高的优先级。

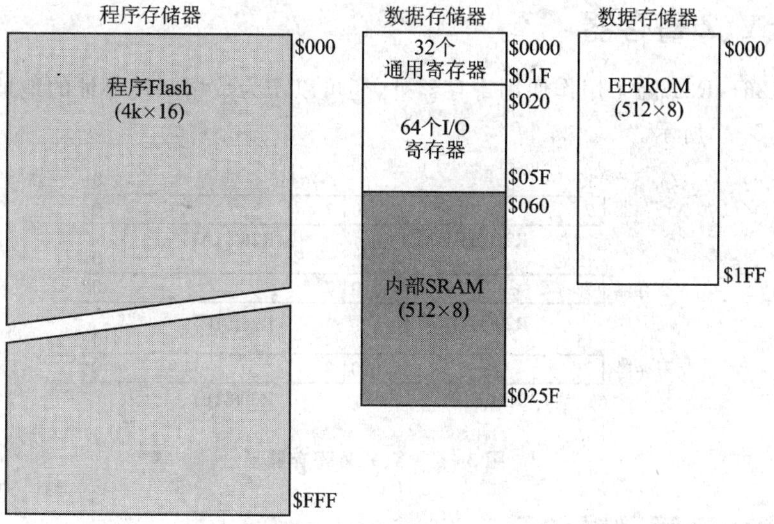

图 3－5　内存映像

3.3.2　通用工作寄存器堆

AT90S8535 通用工作寄存器堆包含 32 个寄存器，如图 3－6 所示。

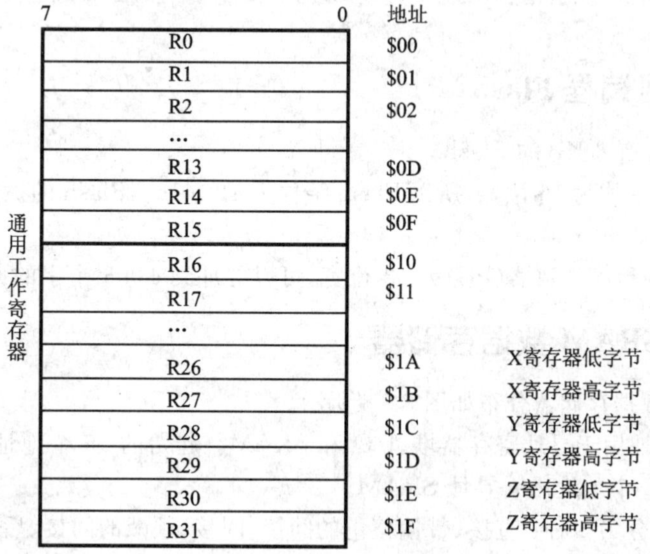

图 3－6　通用工作寄存器

所有的寄存器操作指令都可以单指令的形式直接访问所有的寄存器。例外情况为 5 条涉及常数操作的指令：SBCI、SUBI、CPI、ANDI 和 ORI。这些指令只能访问通用寄存器堆的后半部分：R16～R31。

每个寄存器都有一个数据内存地址，将他们直接映射到用户数据空间的头 32 个地址。虽然寄存器堆的实现与 SRAM 不同，这种内存组织方式在访问寄存器方面具有极大的灵活性。

3.3.3 X、Y、Z 寄存器

寄存器 R26～R31 除了用作通用寄存器外，还可以作为数据间接寻址的地址指针。X、Y、Z 寄存器如图 3-7 所示。

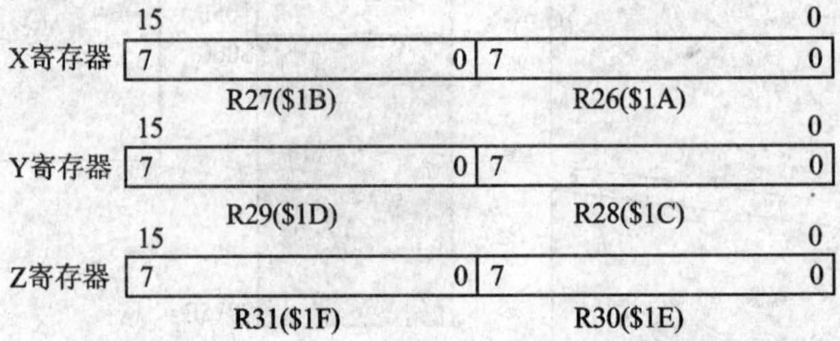

图 3-7　X、Y、Z 寄存器

3.3.4 ALU 运算逻辑单元

AVR ALU 与 32 个通用工作寄存器直接相连。ALU 操作分为 3 类：算术、逻辑和位操作。

3.4 AT90S8535 单片机存储器组织

3.4.1 在线可编程 Flash

AT90S8535 具有 8 KB 的 Flash。

因为所有的指令均为 16 位宽，所以 Flash 结构为 4K×16。Flash 的擦除次数至少为1 000 次。

AT90S8535 的程序计数器(PC)为 12 位宽，可以寻址到 4 096 个字的 Flash 程序区。

3.4.2 内部 SRAM 数据存储器

内部 SRAM 数据存储器分布如图 3-8 所示。

608 个数据地址用于寻址寄存器堆、I/O 和 SRAM。起始的 96 个地址为寄存器堆+I/O 寄存器，其后的 512 个地址用于寻址 SRAM。

数据寻址模式分为 5 种：直接、带偏移量的间接、间接、预减的间接、后加的间接和寄存器 R26～R31 为间接寻址的指针寄存器。

直接寻址范围可达整个数据空间。

带偏移量的间接寻址模式寻址到 Y、Z 指针给定地址附近的 63 个地址。

带预减和后加的间接寻址模式要用到 X、Y、Z 指针。

32 个通用寄存器、64 个 I/O 寄存器、256/512 字节的 SRAM 和最大可达 64 KB 的外部 SRAM 可以被所有的寻址模式访问。

AT90S8535 支持强大而有效的寻址模式：

① 单寄存器直接寻址，如图 3-9 所示。

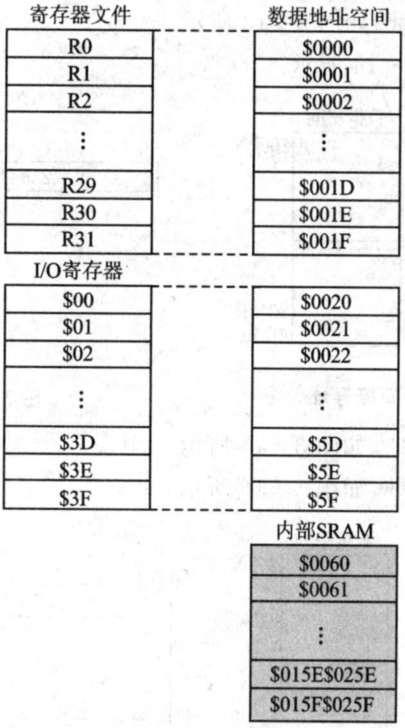

图 3-8　SRAM 分布

② 双寄存器直接寻址，如图 3-10 所示。

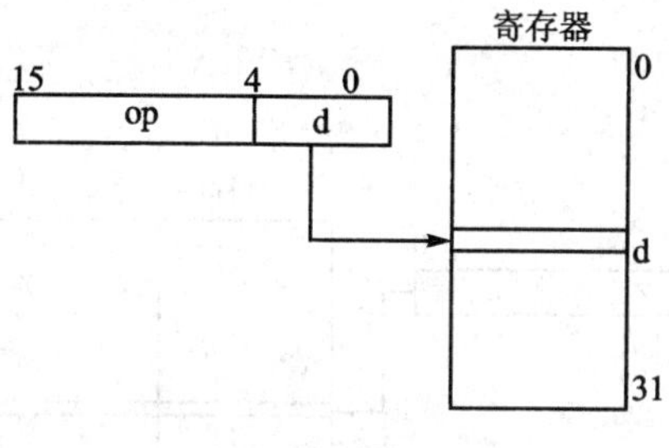

图 3-9　单寄存器寻址

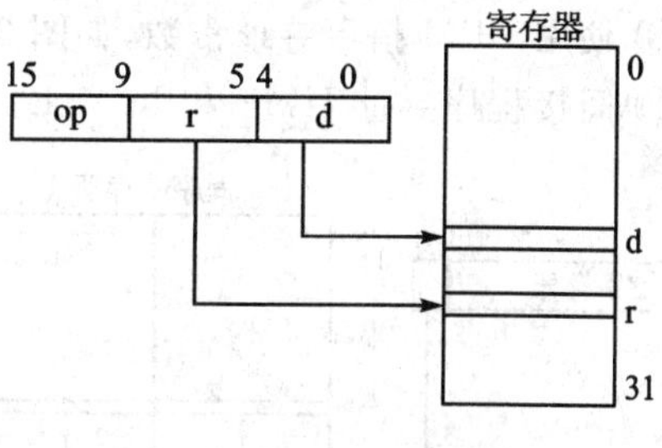

图 3-10　双寄存器寻址

③ I/O 直接寻址，如图 3-11 所示。

④ 数据直接寻址，如图 3-12 所示。

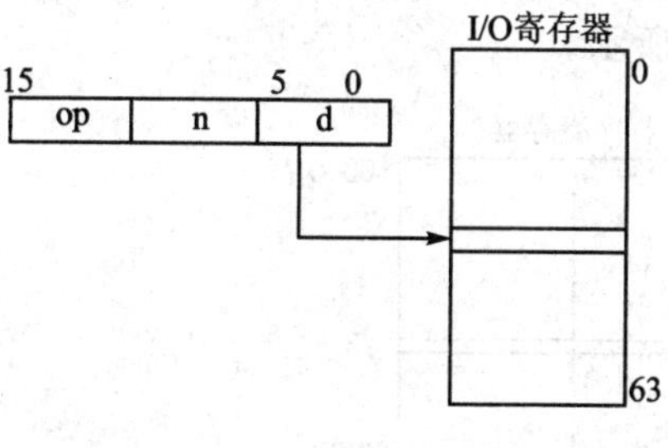

图 3-11　I/O 直接寻址

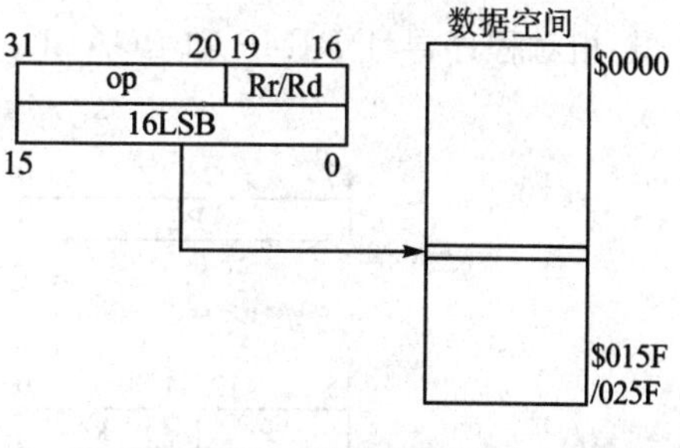

图 3-12　数据直接寻址

⑤ 带偏移的数据间接寻址，如图 3-13 所示。

⑥ 数据间接寻址，如图 3-14 所示。

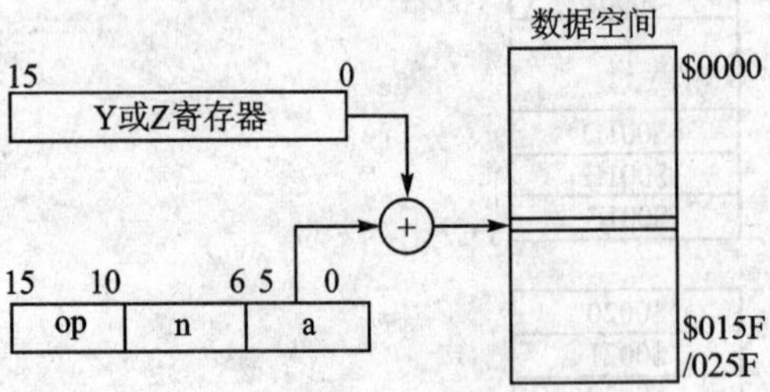

图 3-13 带偏移的数据间接寻址

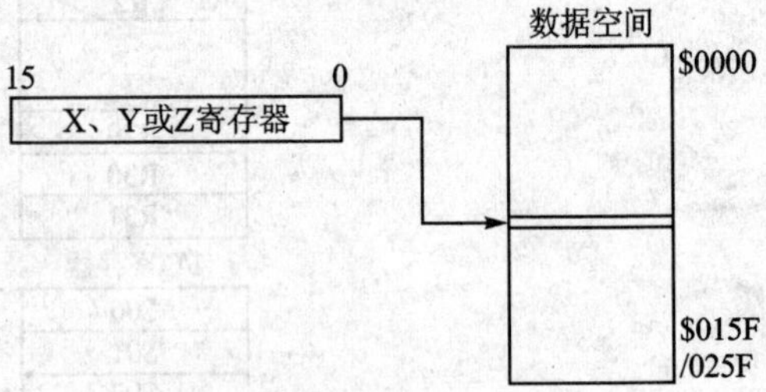

图 3-14 数据间接寻址

⑦ 带预减的数据间接寻址，如图 3-15 所示。

⑧ 带后加的数据间接寻址，如图 3-16 所示。

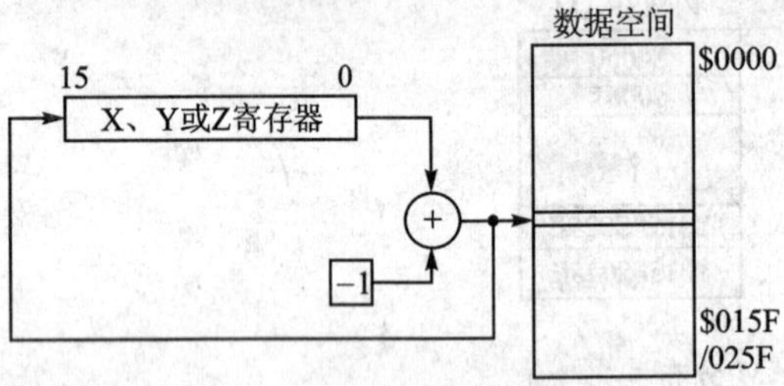

图 3-15 带预减的数据间接寻址

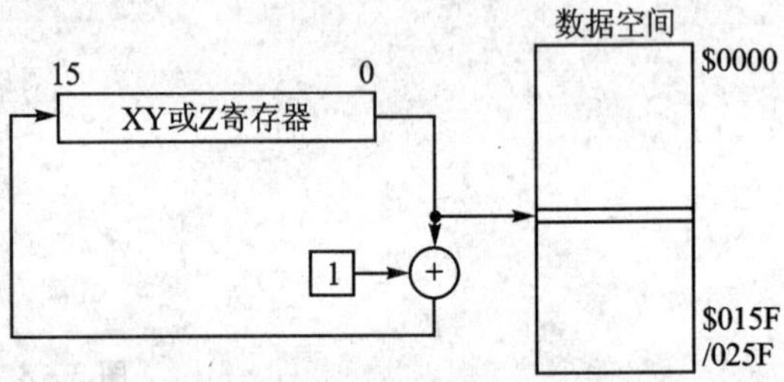

图 3-16 带后加的数据间接寻址

⑨ 使用 LPM 指令寻址常数，如图 3-17 所示。

⑩ 间接程序寻址 IJMP 和 ICALL，如图 3-18 所示。

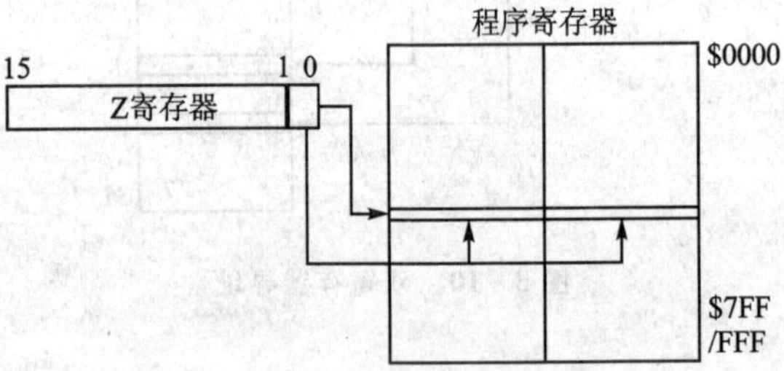

图 3-17 使用 LPM 指令寻址常数

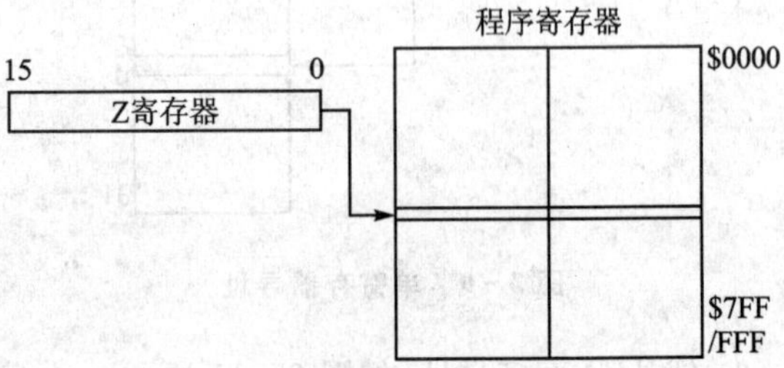

图 3-18 间接程序寻址 IJMP 和 ICALL

⑪ 相对程序寻址 RJMP 和 RCALL，如图 3-19 所示。

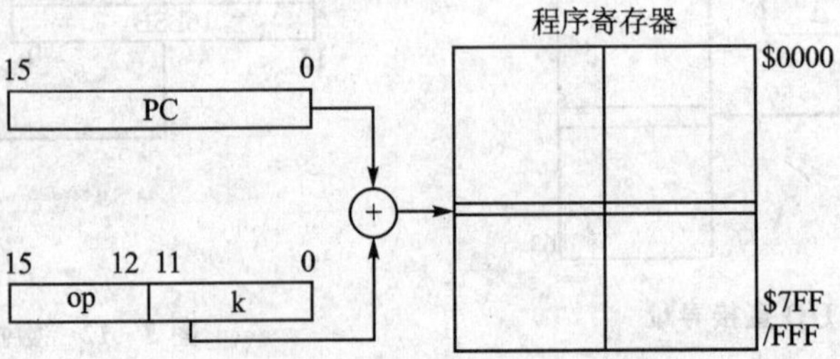

图 3-19 相对程序寻址 RJMP 和 RCALL

3.4.3 EEPROM 数据存储器

AT90S8535 包含 512 字节的 EEPROM,它是作为一个独立的数据空间而存在的,可以按字节读/写。EEPROM 的寿命至少为 100 000 次擦除,EEPROM 的访问由地址寄存器、数据寄存器和控制寄存器决定。

AVR CPU 由系统时钟驱动,时钟由外部晶体直接产生。

图 3-20 所示的时序图说明了由 Harvard 结构决定了的并行取指和执行,以及快速访问寄存器文件的概念。这是一个基本的、达到 1 MIPS/MHz、具有很高的性价比、功能/时钟比、功能/功耗比的流水线概念。

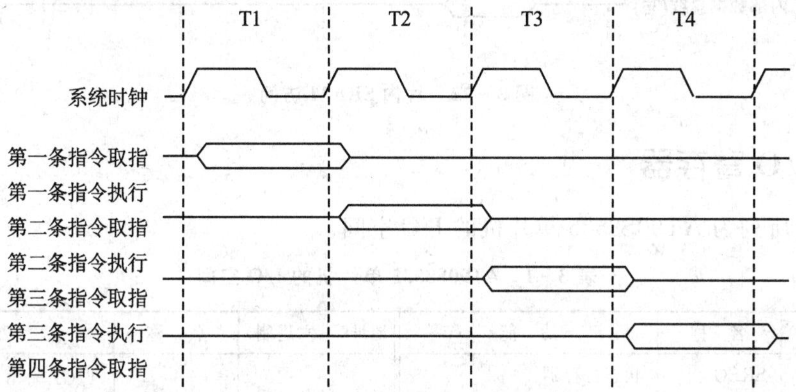

图 3-20 并行取指与指令执行

图 3-21 所示为寄存器文件内部时序。在一个时钟周期里,ALU 可以同时对两个寄存器操作数进行操作,同时将结果存回到其中的一个寄存器中。

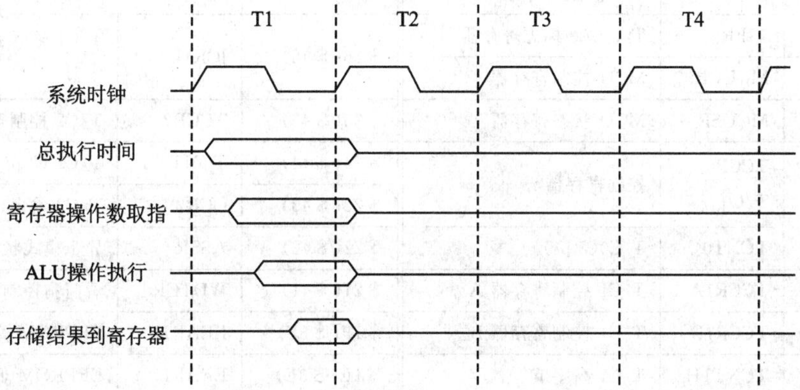

图 3-21 单时钟 ALU 操作

图 3-22 所示为片内 SRAM 访问时序图。

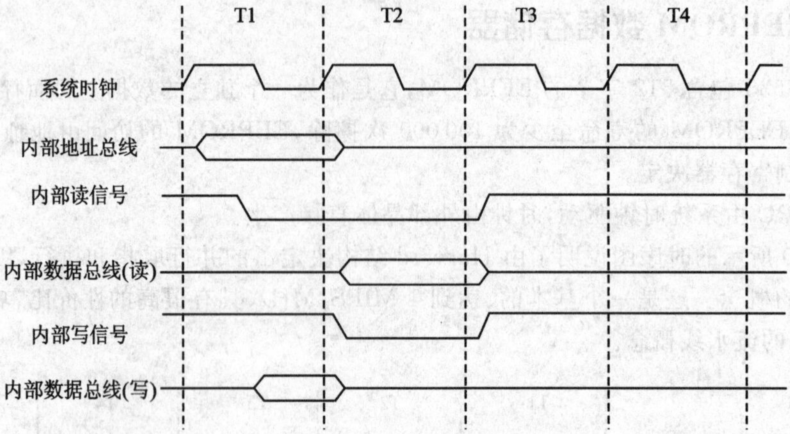

图 3－22　片内 SRAM 访问

3.4.4　I/O 寄存器

表 3－1 所列为 AT90S8535 单片机的 I/O 空间。

表 3－1　AT90S8535 单片机的 I/O 空间

地址(十六进制)	名　称	功　能
$3F($5F)	SREG	状态寄存器
$3E($5E)	SPH	堆栈指针高字节
$3D($5D)	SPL	堆栈指针低字节
$3B($5B)	GIMSK	通用中断屏蔽寄存器
$3A($5A)	GIFR	通用中断标志寄存器
$39($59)	TIMSK	T/C 屏蔽寄存器
$38($58)	TIFR	T/C 中断标志寄存器
$35($55)	MCUCR	MCU 控制寄存器
$34($54)	MCUSR	MCU 状态寄存器
$33($53)	TCCR0 T/C0	控制寄存器
$32($52)	TCNT0	T/C0(8 位)
$2F($4F)	TCCR1A	T/C1 控制寄存器 A
$2E($4E)	TCCR1B	T/C1 控制寄存器 B
$2D($4D)	TCNT1H	T/C1 高字节
$2C($4C)	TCNT1L	T/C1 低字节
$2B($4B)	OCR1AH	T/C1 输出比较寄存器 A 高字节
$2A($4A)	OCR1AL	T/C1 输出比较寄存器 A 低字节

地址(十六进制)	名　称	功　能
$29($49)	OCR1BH	T/C1 输出比较寄存器 B 高字节
$28($48)	OCR1BL	T/C1 输出比较寄存器 B 低字节
$27($47)	ICR1H	T/C1 输入捕捉寄存器高字节
$26($46)	ICR1L	T/C1 输入捕捉寄存器低字节
$25($45)	TCCR2	T/C2 控制寄存器
$24($44)	TCNT2	T/C2 (8 位)
$23($43)	OCR2	T/C2 输出比较寄存器
$22($42)	ASSR	异步模式状态寄存器
$21($41)	WDTCR	看门狗控制寄存器
$1F($3F)	EEARH	EEPROM 高地址寄存器
$1E($3E)	EEARL	EEPROM 低地址寄存器
$1D($3D)	EEDR	EEPROM 数据寄存器
$1C($3C)	EECR	EEPROM 控制寄存器
$1B($3B)	PORTA	A 口数据寄存器
$1A($3A)	DDRA	A 口数据方向寄存器
$19($39)	PINA	A 口输入引脚

续表 3-1

地址(十六进制)	名　称	功　能	地址(十六进制)	名　称	功　能
\$18(\$38)	PORTB	B 口数据寄存器	\$0D(\$2D)	SPCR	SPI 控制寄存器
\$17(\$37)	DDRB	B 口数据方向寄存器	\$0C(\$2C)	UDR	UART 数据寄存器
\$16(\$36)	PINB	B 口输入引脚	\$0B(\$2B)	USR	UART 状态寄存器
\$15(\$35)	PORTC	C 口数据寄存器	\$0A(\$2A)	UCR	UART 控制寄存器
\$14(\$34)	DDRC	C 口数据方向寄存器	\$09(\$29)	UBRR	UART 波特率寄存器
\$13(\$33)	PINC	C 口输入引脚	\$08(\$28)	ACSR	模拟比较器控制及状态寄存器
\$12(\$32)	PORTD	D 口数据寄存器			
\$11(\$31)	DDRD	D 口数据方向寄存器	\$07(\$27)	ADMUX	ADC 多路选择寄存器
\$10(\$30)	PIND	D 口输入引脚	\$06(\$26)	ADCSR	ADC 控制和状态寄存器
\$0F(\$2F)	SPDR	SPI 数据寄存器	\$05(\$25)	ADCH	ADC 数据寄存器高字节
\$0E(\$2E)	SPSR	SPI 状态寄存器	\$04(\$24)	ADCL	ADC 数据寄存器低字节

AVR8535 的所有 I/O 和外围都被放置在 I/O 空间，指令 IN 和 OUT 用来访问不同的 I/O地址，以及在 32 个通用寄存器之间传输数据。地址为 \$00～\$1F 的 I/O 寄存器还可用 SBI 和 CBI 指令进行位寻址，而 SIBC 和 SIBS 则用来检查单个位置位与否。当使用指令 IN 和 OUT 时，地址必须在 \$00～\$3F 之间。如果要像 SRAM 一样访问 I/O 寄存器，则相应地址要加上 \$20。本书中所有 I/O 寄存器的 SRAM 地址都写在括号中。

一些状态标志位的清除是通过写“1”来实现的。指令 CBI 和 SBI 读取已置位的标志位时回写“1”，因此会清除这些标志位。CBI 和 SBI 指令只对 \$00～\$1F 有效。

I/O 寄存器和外围控制寄存器在后续章节介绍。

1. 状态寄存器 SREG

状态寄存器 SREG(Status Register)的定义如下：

BIT	7	6	5	4	3	2	1	0	
\$3F(\$5F)	I	T	H	S	V	N	Z	C	SREG
读/写	R/W	R/W	R/W	R/W	R/W	R/W	R/W	R/W	
初始值	0	0	0	0	0	0	0	0	

其中：

I——全局中断触发。置位时触发全局中断。单独的中断触发由中断屏蔽寄存器 GIMSK/TIMSK 控制。如果 I 清零，则不论单独中断标志置位与否，都不会产生中断。I 在复位时清零，RETI 指令执行后置位。

T——位拷贝存储。位拷贝指令 BLD(T 送 Rr 的 b 位)和 BST(Rr 的 b 位送 T)利用 T 作为目的或源地址。BST 把寄存器的某一位复制到 T，而 BLD 把 T 复制到寄存器的某一位。

H——半加标志位。运算中低 4 位向高位进位时，H 置位 1。

S——符号位。总是 N 与 V 的“异或”。

V——二进制补码溢出标志位。

N——负数标志位。

Z——零标志位。

C——进位标志位。状态寄存器在进入中断和退出中断时,并不自动进行存储和恢复,这项工作由软件完成。

2. 堆栈指针 SP

在 I/O 地址＄3E(＄5E)和＄3D(＄5D)的 2 个 8 位寄存器构成了 90 系列单片机的 16 位堆栈指针。因为 AT90S8535 单片机 SRAM 的地址最高位为＄025F,又不能扩展外部 RAM,所以只用了 10 位。

堆栈指针 SP 的定义如下:

BIT	15	14	13	12	11	10	9	8	
＄3E(＄5E)	—	—	—	—	—		SP9	SP8	SPH
读/写	R/W	R/W	R/W	R/W	R/W	R/W	R/W	R/W	
BIT	7	6	5	4	3	2	1	0	
＄3D(＄5D)	SP7	SP6	SP5	SP4	SP3	SP2	SP1	SP0	SPL
读/写	R/W	R/W	R/W	R/W	R/W	R/W	R/W	R/W	

注:初始值为＄0000。

因为复位后堆栈为 SPH=＄00,SPL=＄00,AVR 单片机堆栈是减 1 或减 2 进栈,所以主程序一开始,堆栈指针必须设在 SRAM 最高处。AT90S8535 的堆栈设在 SRAM 的＄025F 处,堆栈有自动进栈(调用指令和中断指令)、人工进栈(压栈 PUSH)及出栈(POP)指令。

堆栈指针指示了数据 SRAM 堆栈区域,子程序和中断堆栈被放置在该区域中。在数据 SRAM 中的该堆栈空间必须在执行任何子程序调用或中断触发之前被程序定义。当执行 PUSH 指令、数据压入堆栈时,堆栈指针减 1;当执行子程序 CALL 和中断、将数据压入堆栈时,堆栈指针减 2;当执行 POP 指令、数据从堆栈弹出时,堆栈指针增 1;当从子程序 RET 返回或从中断 RETI 返回、数据被从堆栈弹出时,堆栈指针增 2。

3.5 AVR 系列单片机系统复位与中断处理

复位,就是回到初始状态。复位后即 I/O 寄存器初始化,送规定的初始值;PC 指向＄000,程序从头开始。

3.5.1 复位源

90 系列单片机有 3 个复位源:

上电复位——当供电电平加至 VCC 和 GND 引脚时,MCU 进行复位。

外部复位——当一个低电平加到 $\overline{\text{RESET}}$ 引脚多于 2 个 XTAL 周期时,MCU 进行复位。

看门狗复位——当看门狗定时器超时,且看门狗为触发时,MCU 进行复位。

在复位过程中,所有的 I/O 寄存器被设为初始值,程序从地址＄000 开始执行。＄000 地址中放置的指令需为某一相对转移指令(RJMP),即到达复位处理路径的指令。若程序没有对中断源触发，则中断向量无法使用，正常的程序代码可以放置在这些地址中。图 3-23 所示说明了复位逻辑。

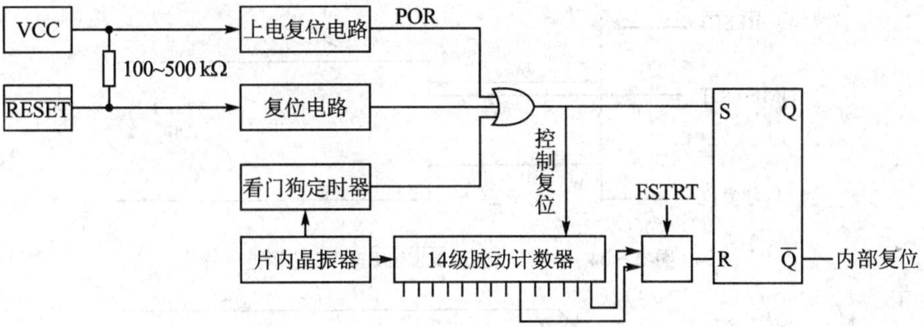

图 3-23　复位逻辑

表 3-2 定义了复位电路的时序和电参数。

表 3-2　复位特性(V_{CC}=5.0 V)

符　号	参　数	最小值	典型值	最大值	单　位
V_{POT} *	上电复位门限电压(上升)	1.0	1.4	1.8	V
	上电复位门限电压(下降)	0.4	0.6	0.8	V
V_{RST}	复位引脚门限电压	—	0.6V_{CC}		V
T_{TOUT}	复位延迟周期，FSTRT 未编程	11	16	21	ms
T_{TOUT}	复位延时周期，FSTRT 已编程	1.0	1.1	1.2	ms

注：带 * 项表示除非电源电压低于 V_{POT}，否则上电复位不会发生。

用户可以按照典型振荡器起振特性来选择启动时间。用于时间溢出的 WDT 振荡周期数列于表 3-3，看门狗振荡器的频率与工作电压有关。

表 3-3　看门狗振荡器周期数

FSTRT	溢出时间(V_{CC}=5 V)/ms	WDT 周期数
编程	1.1	1K
未编程	16.0	16K

3.5.2　上电复位

上电复位(POR)保证器件在上电时正确复位，如图 3-24 所示。

看门狗定时器驱动一个内部定时器，此定时器保证 MCU 只有在 V_{CC}达到门限电压 V_{POT}一定时间之后才启动。位于 Flash 内的 FSTRT 熔丝位编程后，可以使 MCU 以较短的时间启动，如图 3-25 所示。

如果使用了陶瓷谐振器或其他快速启动的振荡器，或内置于片内的启动时间足够，$\overline{RESET}$可以与 VCC 直接相连，或是外接上拉电阻；如果在加上 VCC 的同时保持$\overline{RESET}$为低，则可以延长复位周期。

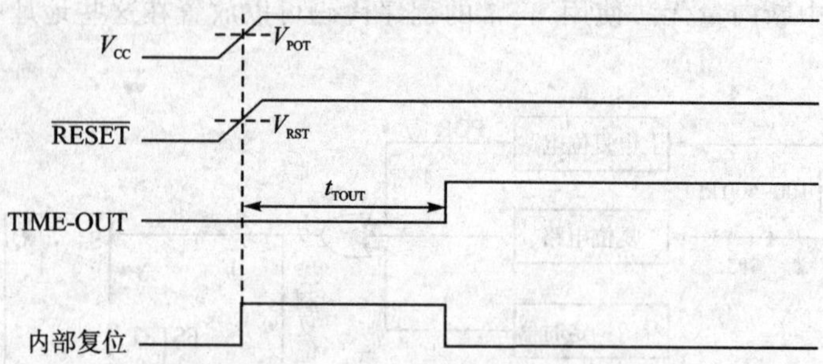

图 3-24　MCU 启动，$\overline{\text{RESET}}$与 VCC 相连

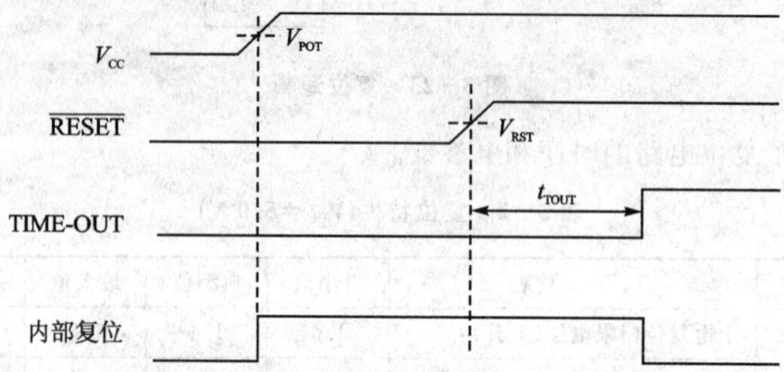

图 3-25　MCU 启动，$\overline{\text{RESET}}$由外部电路控制

3.5.3　外部复位

$\overline{\text{RESET}}$复位引脚上的低电压引发外部复位。大于 50 ns 的复位脉冲将造成芯片复位。施加短脉冲不能保证可靠复位。当外加信号达到复位门限电压 V_{RST}（上升沿）时，T_{IOUT} 延时周期开始，然后 MCU 启动。图 3-26 所示为工作期间的外部复位时序图。

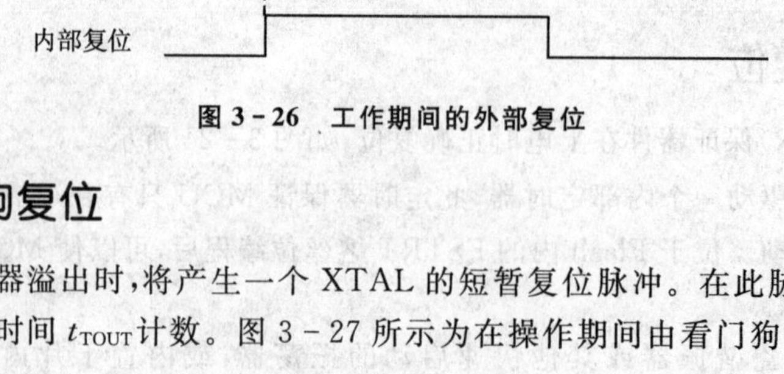

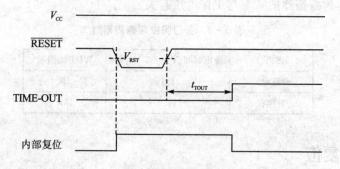

图 3-26　工作期间的外部复位

3.5.4　看门狗复位

当看门狗定时器溢出时，将产生一个 XTAL 的短暂复位脉冲。在此脉冲的下降沿，延时定时器开始对超时时间 t_{TOUT} 计数。图 3-27 所示为在操作期间由看门狗复位的复位脉冲时序图。

使用 AVR 的 EEPROM 需要注意以下三点：① 避开 0 地址；② 程序在初始化时，不要写

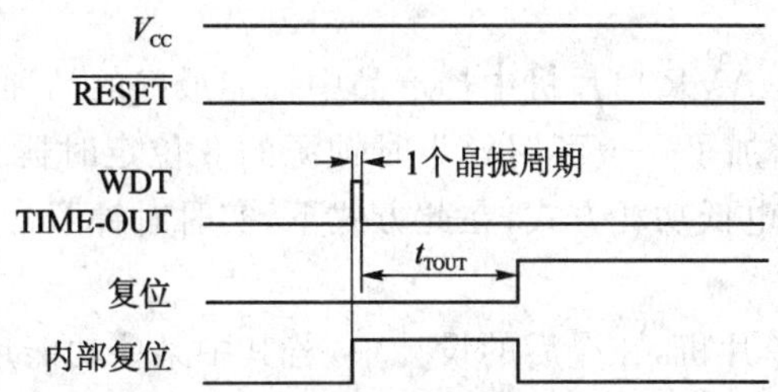

图 3-27　工作期间的看门狗复位

EEPROM；③ 在进入读/写之前确保有数毫秒(ms)的延时，即等机器完全稳定以后，才能操作 EEPROM。

3.5.5 MCU 状态寄存器

MCU 状态寄存器定义如下：

BIT	7	6	5	4	3	2	1	0	
$34($54)	—	—	—	—	—	—	EXTRF	PORF	MCUSR
读/写	R	R	R	R	R	R	R/W	R/W	
初始化值	0	0	0	0	0	0	0	0	

位 7～位 2——Res：保留位

位 1——EXTRF：外部复位标志 上电复位时没有定义(X)；外部复位时置位；看门狗复位对其没有影响。

位 0——PORF：上电复位标志 由上电复位置位。看门狗复位或外部复位对其没有影响。

上电复位、看门狗复位及外部复位对 PORF 和 EXTRF 的影响如表 3-4 所列。

如果要利用 PORF 和 EXTRF 识别复位条件，则软件要尽早对其清 0。检查 PORT 和 EXTRF的语句在对其清 0 之后执行。如果某一位在外部复位或看门狗复位之前清 0，则复位可以通过表 3-5 找出。

表 3-4　复位后的 PORF 和 EXTRF

复位源	PORF	EXTRF
上电复位	1	没有定义
外部复位	不变化	1
看门狗复位	不变化	不变化

表 3-5　复位源鉴别

PORF	EXTRF	复位源
0	0	看门狗复位
0	1	外部复位
1	0	上电复位
1	1	上电复位

3.5.6 中断处理

AT90S8535 有 16 个中断源，每个中断源在程序空间都有一个独立的中断向量，所有的中断事件都有自己的使能位。在使能位置位，且 I 也置位的情况下，中断可以发生。

小　结

AT90S8535 单片机是 AVR 单片机中档产品中性能最好的品种。与 AT90S8515 相比，它增加了 8 路 10 位 ADC；增加了一个可用异步时钟源的 8 位定时器/计数器（该定时器可用作实时时钟）；增加了一种省电低功耗方式，在此方式下，实时时钟照常运行；中断源由 12 个增加到 16 个。

学习了 AT90S8535 单片机，在今后的设计中，若其中某些功能用不到，可选用 ATtinyXX 或 AT90XXXXX 引脚少、价格低的品种，指令系统基本相同；有些型号少几条指令，可用其他指令代替，程序略作修改即可。

若 AT90S8535 满足不了系统的要求，需要用容量更大的 Flash 程序存储器、SRAM、EEPROM、更多的 I/O 口或是用乘法指令进行快速计算等，则可改用 ATmegaXXX 单片机。但这些单片机只是内部资源有量的变化，质的变化不大，I/O 寄存器的访问和系统编程方法是一样的。有些品种多了几条指令，在熟悉了 AT90S8535 单片机之后再使用这些单片机也就很容易了。

AT90S8535 功能比 AT90S8515 强，价格与 AT90S8515 相近、比 ATmegaXXX 低得多；而且 AT90S8535 具有 SDIP 封装，便于学生做实验。

因此，本书以 AT90S8535 单片机为主线讲述 AVR 系列单片机。对于其他型号的单片机，读者只要查一下资料就可以举一反三了。

第4章

AT90S8535 单片机 EERPOM 读/写访问

4.1 EEPROM 读/写访问说明

4.1.1 概　述

写入 EEPROM 的时间为 2.5～4 ms，取决于电压 V_{CC}。自定时功能可使用用户软件检测何时写入下一个字节。

在电源滤波时间常数比较的电路中，上电/下电时，V_{CC}上升/下降会比较慢，此时 MCU 将工作在低于晶振所要求的电源电压下。在这种情况下，程序指针有可能跑飞，并执行 EEP 误写操作。为了保证 EEP 数据的正确性，建议使用电压复位电路。

为了防止无意识的 EEPROM 写入，需要执行一个特定的写程序。当执行 EEPROM 读或写时，CPU 会停止工作 2 个时钟周期后，再执行下一条指令。

4.1.2 相关 I/O 寄存器

用于访问 EEPROM 的寄存器位于 I/O 空间，有以下 3 个 I/O 寄存器。

1. EEPROM 地址寄存器——EEAR

EEPROM 地址寄存器——EEAR 的定义如下：

BIT	15	14	13	12	11	10	9	8	
$1F($3F)	—	—	—	—	—	—	—	EEAR8	EEARH
读/写	R/W	R/W	R/W	R/W	R/W	R/W	R/W	R/W	
BIT	7	6	5	4	3	2	1	0	
$1E($3E)	EEAR7	EEAR6	EEAR5	EEAR4	EEAR3	EEAR2	EEAR1	EEAR0	EEARL
读/写	R/W	R/W	R/W	R/W	R/W	R/W	R/W	R/W	

注：初始值为 0b0000 000X XXXX XXXX。

EEPROM 地址寄存器——EEARH 和 EEARL，指定了在 512 字节的 EEPROM 空间中的 EEPROM 地址。

EEPROM 数据在 0～511 字节之间被线性编址。

2. EEPROM 数据寄存器——EEDR

EEPROM 数据寄存器——EEDR 的定义如下：

BIT	7	6	5	4	3	2	1	0	
\$1D(\$3D)	MSB							LSB	EEDR
读/写	R/W	R/W	R/W	R/W	R/W	R/W	R/W	R/W	

注：初始值为 \$00。

位 7～位 0——EEDR7～EEDR0：EEPROM 数据。

对于 EEPROM 写入操作，EEDR 寄存器包含了写入 EEPROM 的数据，由 EEAR 寄存器给出其地址；对于 EEPROM 的读取操作，EEDR 包含由 EEAR 给出的 EEPROM 地址，数据将从这一地址中读出。

3. EEPROM 控制寄存器——EECR

EEPROM 控制寄存器——EECR 的定义如下：

BIT	7	6	5	4	3	2	1	0	
\$1C(\$3C)	—	—	—	—	EEPIE	EEMWE	EEWE	EERE	EECR
读/写	R	R	R	R	R/W	R/W	R/W	R/W	

注：初始值为 \$00。

位 7～位 4——Res：保留位。

位 3——EERIE：EEPROM 准备好中断使能。当 I 和 EERIE 置位时，EEPROM 准备好中断使能。EEWE 为 0 时，EEPROM 准备好中断，将产生中断(Constant)。

位 2——EEMWE：EEPROM 的主写使能。EEMWE 位决定了设置 EEWE 是否导致 EERPOM 被写入。当 EEMWE 被设为 1 时，设置 EEWE 将把数据写入 EEPROM 所选择的地址中；如果 EEMWE 为 0，则设置 EEWE 无效。当 EEMWE 被软件设置后，4 个周期后被硬件清除。

位 1——EEWE：EEPROM 写入使能。EEPROM 写入使能信号 EEWE 是对 EEPROM 的写入选通。若地址和数据被正确设置，EEWE 位必须被设置，从而写入 EEPROM。当 EEWE 被置 1 时，EEMWE 必须被置 1，否则不会发生 EEPROM 的写操作。当写入 EEPROM 时，应服从以下过程(其中，第②步和第③步不是必需的)：

① 等待 EEWE 位变为 0；

② 把新的 EEPROM 地址写入 EEAR(可选)；

③ 把新的 EEPROM 数据写入 EEDR(可选)；

④ 在 EECR 中的 EEMWE 位写逻辑 1；

⑤ 在设置 EEMWE 后的 4 个时钟周期内，在 EEWE 中写入逻辑 1。

在写入访问时间(一般为 2.5 ms/5 V，4 ms/2.7 V)后，EEWE 由硬件清 0。用户软件在写入下一个字节之前，查询这一位，并等待 0 值。当 EEWE 被设置后，CPU 在执行下一个指令前中止 2 个周期。

位 0——EERE：EEPROM 读取使能。EEPROM 读取使能信号 EERE 是对 EEPROM

的读取选通。当 EEAR 寄存器中的地址被正确设置时，EERE 必须被设置。当 EEAR 被硬件清空时，在 EEDR 寄存器中可找到所需数据。EEPROM 读取访问占用 1 个指令周期，无须查询 EERE 位。一旦 EERE 被设置后，CPU 在执行下一个指令前中止 2 个周期。在开始读操作之前，用户可以查询 EEWE 位。若在新的数据或地址被写到 EEPROM I/O 寄存器时，一个写入操作在进行，则写入操作将被中断，并且结果是定义的。

4.2 片内 EEPROM 读/写访问示例

片内 EEPROM 读/写：将 aa 写入 EEPROM 的 $40 地址，再读出来送 B 口输出；以 $55、$aa、$55、$aa、…模式填充入 EEPROM；复制 EEPROM 最前 10 个字节到 r2～r11。

4.2.1 硬件电路

片内 EEPROM 读/写硬件电路如图 4-1 所示。

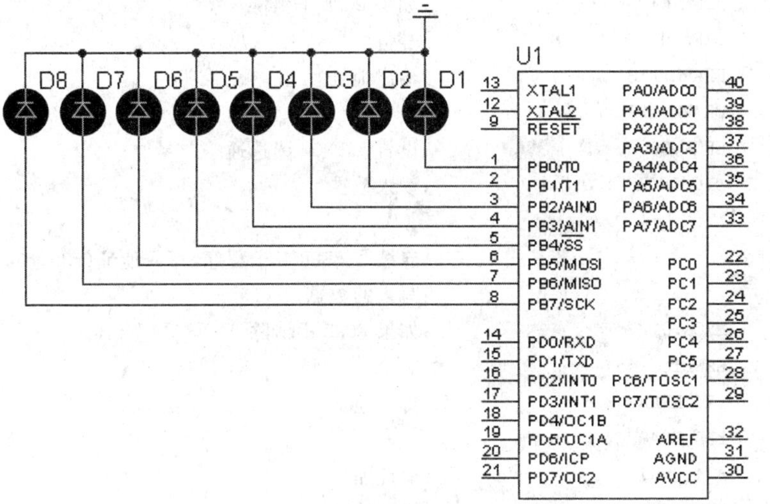

图 4-1 片内 EEPROM 读/写硬件电路

4.2.2 软件编程

EEPROM 读/写软件程序如下：

```
.device AT90S8535
.equ     PORTB      = $18
.equ     DDRB       = $17
.equ     PINB       = $16
.equ     SPH        = $3E
.equ     SPL        = $3D
.equ     EECR       = $1C
.equ     EEDR       = $1D
.equ     EEARH      = $1F
.equ     EEARL      = $1E
```

```
.def    ZH      = r31
.def    ZL      = r30

    rjmp    RESET                       ;处理复位
EEWrite:                                ;写 EEPROM 子程序,r18、r17 放写入地址,
                                        ;r16 放要写入的数据
    sbic    EECR,01                     ;如果 EEWE 不清除
    rjmp    EEWrite                     ;等待
    out     EEARH,r18                   ;输出地址
    out     EEARL,r17
    out     EEDR,r16                    ;输出数据
    sbi     EECR,02                     ;设置 EEPROM 写选通
    sbi     EECR,01                     ;该指令需 4 个时钟周期,由于它暂停 CPU 2 个时钟周期
    ret
EERead:                                 ;读 EEPROM 子程序,r18、r17 放读出地址,r16 放读到的数据
    sbic    EECR,01                     ;如果 EEWE 不清除
    rjmp    EERead                      ;等待
    out     EEARH,r18                   ;输出地址
    out     EEARL,r17
    sbi     EECR,00                     ;设置 EEPROM 读选通
    in      r16,EEDR                    ;读入数据
    ret
EEWrite_seq:                            ;连续写 EEPROM 子程序,写入地址(r25,r24) + 1,
                                        ;写入的数据放 r16
    sbic    EECR,01                     ;如果 EEWE 不清除
    rjmp    EEWrite_seq                 ;等待
    in      r24,EEARL                   ;得到地址
    in      r25,EEARH
    adiw    r24,0x01                    ;地址加 1
    out     EEARL,r24                   ;输出地址
    out     EEARH,r25
    out     EEDR,r16                    ;输出数据
    sbi     EECR,02                     ;设置 EEPROM 写选通
    sbi     EECR,01
    ret
EERead_seq:                             ;连续读 EEPROM 子程序,读出地址(r25,r24) + 1,
                                        ;读到的数据放 r16
    sbic    EECR,01                     ;如果 EEWE 不清除
    rjmp    EERead_seq                  ;等待
    in      r24,EEARL                   ;得到地址
    in      r25,EEARH
    adiw    r24,0x01                    ;地址加 1
    out     EEARL,r24                   ;输出地址
    out     EEARH,r25
    sbi     EECR,00                     ;设置 EEPROM 读选通
```

```
    in      r16,EEDR                    ;读入数据
    ret

RESET:                                  ;测试程序
    ldi     r16,$02                     ;栈指针置初值
    out     SPH,r16
    ldi     r16,$5f
    out     SPL,r16
;*****将 aa 写入 EEPROM 的 $40 地址,再读出来送 B 口输出*****
    ldi     r16,$ff                     ;定义 B 口为输出
    out     DDRB,r16
    ldi     r16,$aa
    ldi     r18,$00
    ldi     r17,$40
    rcall   EEWrite                     ;存储 $aa 到 EEPROM 的 $40 地址
    ldi     r18,$00
    ldi     r17,$40
    rcall   EERead                      ;读 $40 地址
    out     PORTB,r16
;*****以 $55、$aa、$55、$aa、...模式填充 EEPROM*****
    ldi     r19,16                      ;初始化循环计数器
    ser     r20                         ;r20← $FF
    out     EEARH,r20                   ;EEAR← $FF
    ser     r20                         ;r20← $FF
    out     EEARL,r20                   ;EEAR← $FF(start address-1)
loop1:      ldi  r16,$55
    rcall   EEWrite_seq                 ;写 $55 到 EEPROM
    ldi     r16,$aa
    rcall   EEWrite_seq                 ;写 $aa 到 EEPROM
    dec     r19                         ;计数器减 1
    brne    loop1                       ;未完成循环
;*****拷贝 EEPROM 最前 10 个字节到 r2~r11*****
    ser     r20
    out     EEARH,r20                   ;EEARH← $FF
    ser     r20                         ;r20← $FF
    out     EEARL,r20                   ;EEAR← $FF(start address-1)
    clr     ZH
    ldi     ZL,1                        ;Z 指针指向 r1
loop2: rcall EERead_seq                 ;得到 EEPROM 数据
    st      Z,r16                       ;存储到 SRAM
    inc     ZL
    cpi     ZL,12                       ;到结尾?
    brne    loop2                       ;未完成循环
forever:
    rjmp    forever                     ;无限循环
```

4.2.3 系统调试与仿真

对片内 EEPROM 读/写系统调试并仿真。系统的初始参数设置如图 4-2 所示。

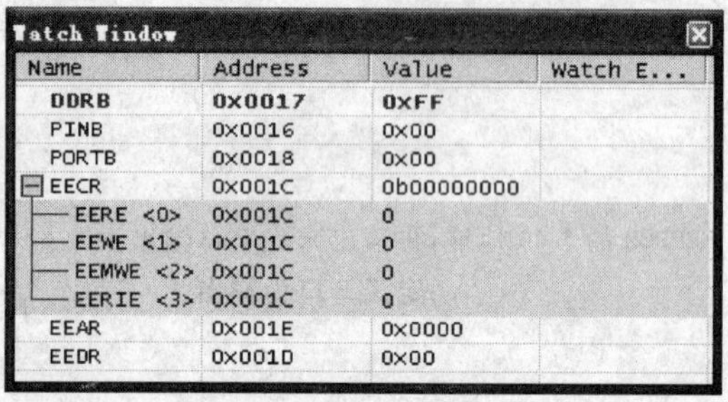

Watch Window

Name	Address	Value	Watch E...
DDRB	0x0017	0xFF	
PINB	0x0016	0x00	
PORTB	0x0018	0x00	
EECR	0x001C	0b00000000	
EERE <0>	0x001C	0	
EEWE <1>	0x001C	0	
EEMWE <2>	0x001C	0	
EERIE <3>	0x001C	0	
EEAR	0x001E	0x0000	
EEDR	0x001D	0x00	

图 4-2 片内 EEPROM 读/写系统初始参数设置

程序首先将 aa 写入 EEPROM 的 $ 40 地址。当写入 EEPROM 时,首先等待 EEWE 位变为 0,由图 4-2 可知,此时 EEWE 位为 0,因此程序将新的 EEPROM 地址写入 EEAR 中,如图 4-3 所示。

同时,将新的 EEPROM 数据写入 EEDR,如图 4-4 所示。

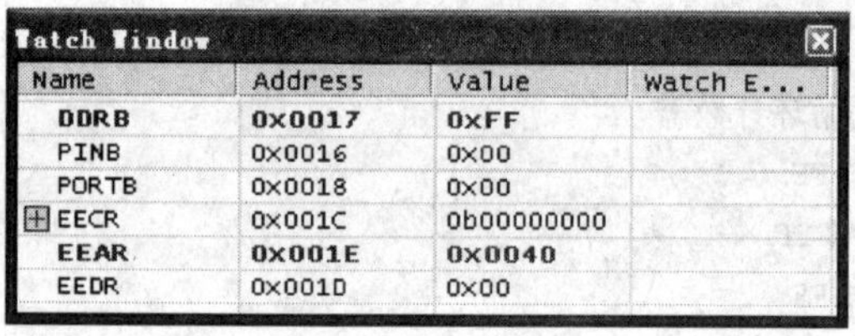

Watch Window

Name	Address	Value	Watch E...
DDRB	0x0017	0xFF	
PINB	0x0016	0x00	
PORTB	0x0018	0x00	
EECR	0x001C	0b00000000	
EEAR	0x001E	0x0040	
EEDR	0x001D	0x00	

图 4-3 程序将新的 EEPROM 地址写入 EEAR 中

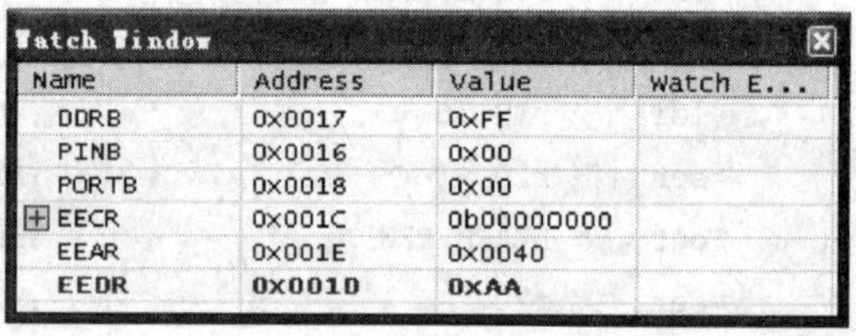

Watch Window

Name	Address	Value	Watch E...
DDRB	0x0017	0xFF	
PINB	0x0016	0x00	
PORTB	0x0018	0x00	
EECR	0x001C	0b00000000	
EEAR	0x001E	0x0040	
EEDR	0x001D	0xAA	

图 4-4 程序将新的 EEPROM 数据写入 EEDR

然后,程序在 EECR 中的 EEMWE 位写逻辑 1,如图 4-5 所示。

在 EEWE 中写入逻辑 1,如图 4-6 所示。

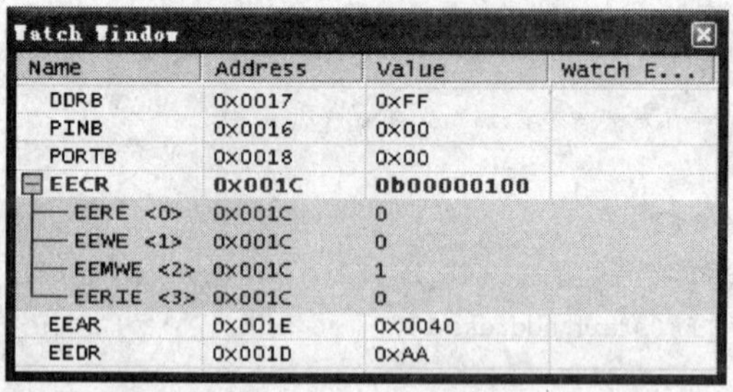

Watch Window

Name	Address	Value	Watch E...
DDRB	0x0017	0xFF	
PINB	0x0016	0x00	
PORTB	0x0018	0x00	
EECR	0x001C	0b00000100	
EERE <0>	0x001C	0	
EEWE <1>	0x001C	0	
EEMWE <2>	0x001C	1	
EERIE <3>	0x001C	0	
EEAR	0x001E	0x0040	
EEDR	0x001D	0xAA	

图 4-5 程序在 EECR 中的 EEMWE 位写逻辑 1

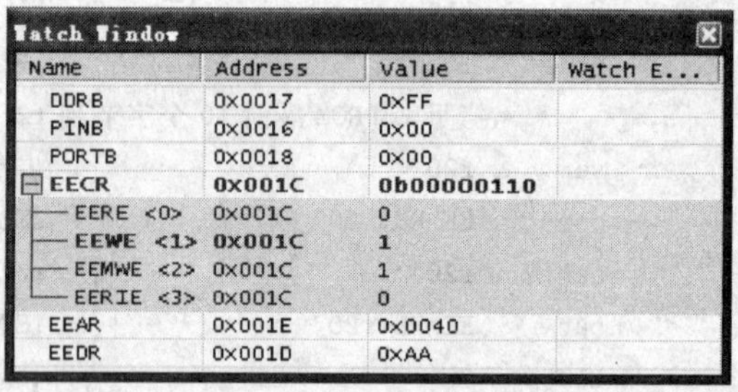

Watch Window

Name	Address	Value	Watch E...
DDRB	0x0017	0xFF	
PINB	0x0016	0x00	
PORTB	0x0018	0x00	
EECR	0x001C	0b00000110	
EERE <0>	0x001C	0	
EEWE <1>	0x001C	1	
EEMWE <2>	0x001C	1	
EERIE <3>	0x001C	0	
EEAR	0x001E	0x0040	
EEDR	0x001D	0xAA	

图 4-6 在 EEWE 中写入逻辑 1

EEWE 被设置后,CPU 在执行下一个指令前中止 2 个周期。此时,$ 40 地址写入 aa,如图 4-7 所示。

在写入访问时间后,EEWE 由硬件清 0,如图 4-8所示。

接着,程序读取 $ 40 地址的数据。程序首先确认写使能被禁止,然后设置读取地址,并使能读选通信号,如图 4-9 所示。程序将 EEDR 中的数据读取到 r16,如图 4-10 所示。

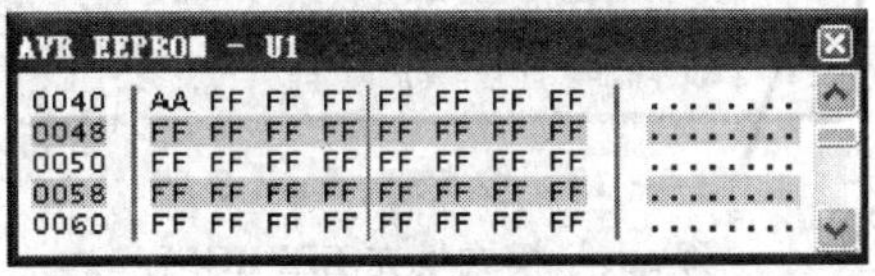

图 4-7　在 $ 40 地址写入 aa

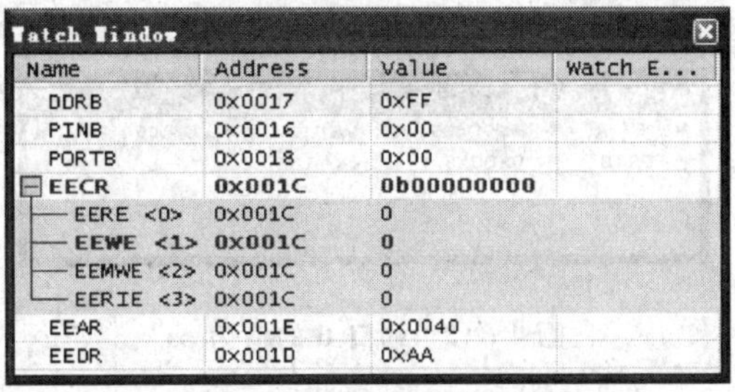

图 4-8　在写入访问时间过后,EEWE 由硬件清 0

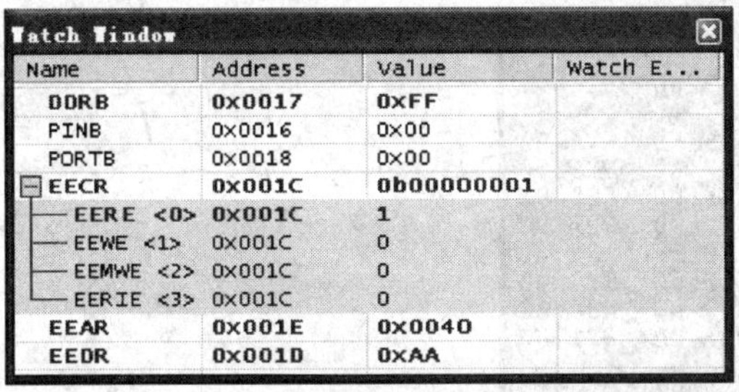

图 4-9　设置读取地址,并使能读选通信号

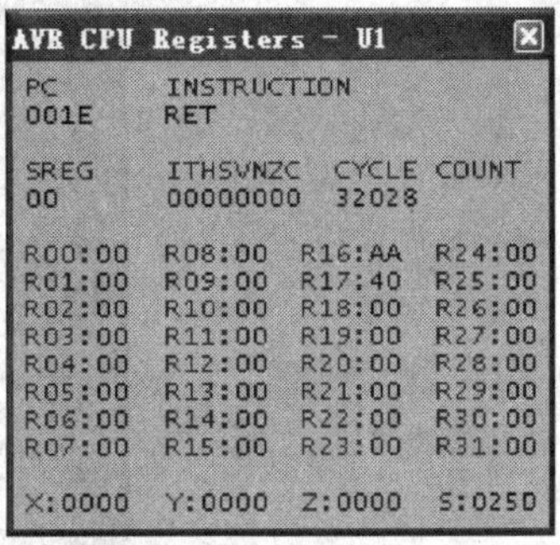

图 4-10　程序将 EEDR 中的数据读取到 r16

系统将 r16 中的数据输出到 AT90S8535 单片机 B 口,如图 4-11 所示。

此时,端口 B 的值为 aa,如图 4-12 所示。

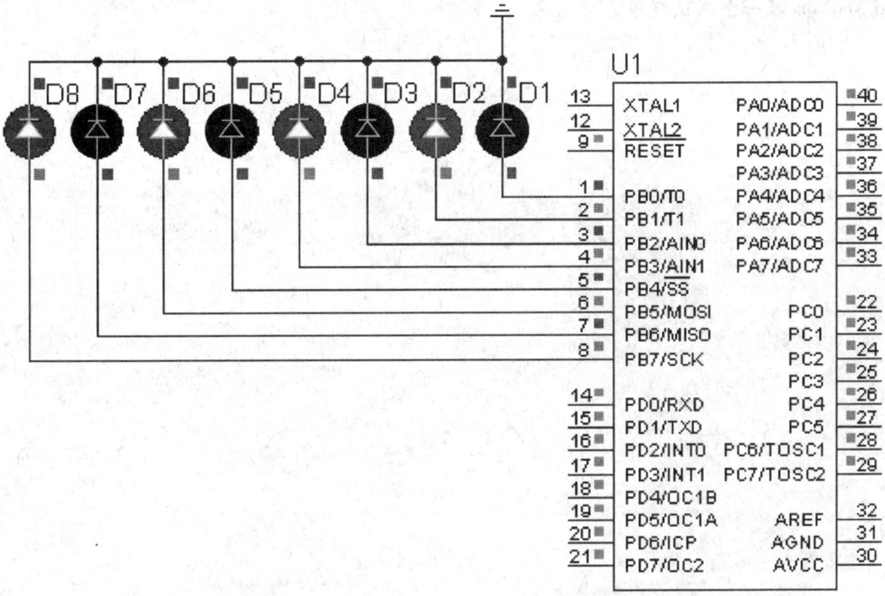

图 4-11　系统将数据输出到端口 B

程序按 $ 55、$ aa、$ 55、$ aa、…模式填充 EEPROM,如图 4-13 所示。

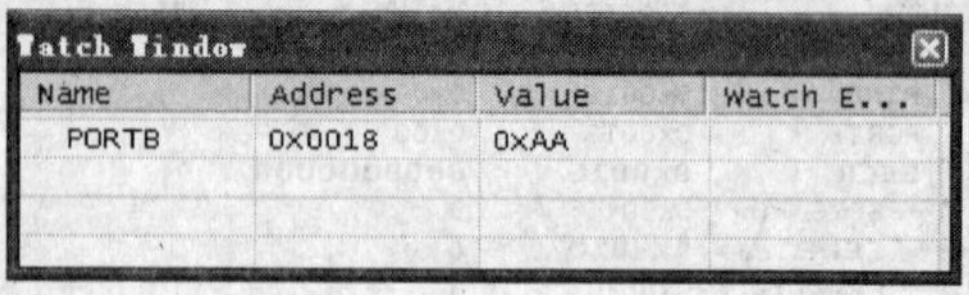

图 4-12 端口 B 的值为 aa

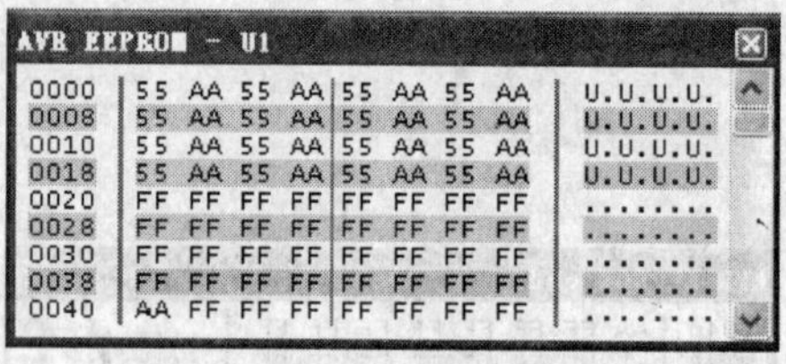

图 4-13 按 $55、$aa、$55、$aa、…模式填充 EEPROM

程序将 EEPROM 最前 10 个字节复制到 r2～r11，如图 4-14 所示。

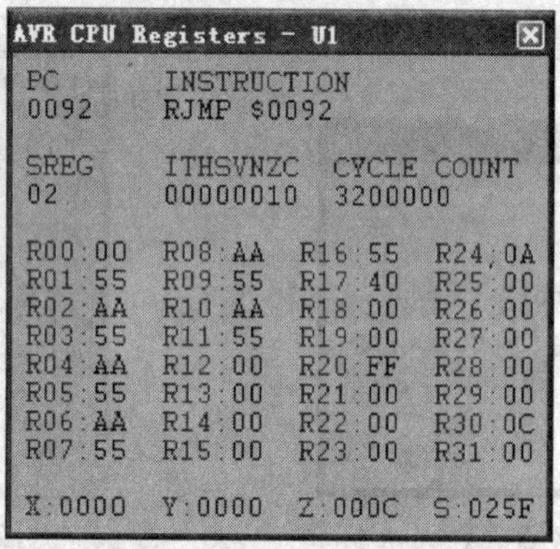

图 4-14 程序将 EEPROM 最前 10 个字节复制到 r2～r11

注意：该应用程序说明如何读 EEPROM 数据和写数据到 EEPROM。其中包括：写 EEPROM 子程序“EEWrite”，读 EEPROM 子程序“EERead”，按序写 EEPROM 子程序“EEWrite_seq”，按序读 EEPROM 子程序“EERead_seq”，以及一个测试程序。

第 5 章

AT90S8535 单片机 I/O 端口

AT90S8535 单片机有 4 个 8 位的 I/O 端口，分别是端口 A、端口 B、端口 C 和端口 D。这 32 个引脚均可以由程序定义为输入口或者输出口。同时，这些引脚还具有第二功能。

5.1 各 I/O 端口概述

5.1.1 端口 A

A 口为一个 8 位的双向 I/O 口。

A 口分配有 3 个数据存储地址，分别为数据寄存器 PORTA：＄1B(＄3B)、数据方向寄存器 DDRA：＄1A(＄3A)和 A 口的输出引脚 PINA：＄19(＄39)。A 口的输入引脚地址为只读，而数据寄存器和数据方向寄存器为可读/写。

所有的 A 口引脚都有独立可选的上拉 A 口输出缓冲器，可以吸收 20 mA 的电流以直接驱动 LED 显示。当 PA0～PA7 引脚用作输入且被外部拉低时，若内部拉高被触发，这些引脚将成为电流源(I_{IL})。

A 口引脚具有与可选的外部数据 SRAM 有关的第二功能，A 口在访问外部数据存储器时可以配置为复用的低位地址/数据线。在该模式下，A 口有内部的上拉电阻。

当通过 MCU 控制寄存器 MCUCR 的 SRE，外部 SRAM 触发位把 A 口设置为第二功能时，更改的设置会覆盖数据方向存储器。

与 A 口有关的寄存器及输出引脚如表 5－1～表 5－3 所列。

表 5－1　A 口数据寄存器——PORTA

BIT	7	6	5	4	3	2	1	0	
＄1B(＄3B)	PROTA7	PROTA6	PROTA5	PROTA4	PROTA3	PROTA2	PROTA1	PROTA0	PROTA
读/写	R/W	R/W	R/W	R/W	R/W	R/W	R/W	R/W	

注：初始化值为＄00。

表 5－2　A 口数据方向寄存器——DDRA

BIT	7	6	5	4	3	2	1	0	
＄1A(＄3A)	DDRA7	DDRA6	DDRA5	DDRA4	DDRA3	DDRA2	DDRA1	DDRA0	DDRA
读/写	R/W	R/W	R/W	R/W	R/W	R/W	R/W	R/W	

注：初始化值为＄00。

表 5-3　A 口输入脚地址——PINA

BIT	7	6	5	4	3	2	1	0	
$19($39)	PINA7	PINA6	PINA5	PINA4	PINA3	PINA2	PINA1	PINA0	PINA
读/写	R	R	R	R	R	R	R	R	
初始化值	Hi-Z	Hi-Z	Hi-Z	Hi-Z	Hi-Z	Hi-Z	Hi-Z	Hi-Z	

注意：A 口的输入引脚地址 PINA 不是一个寄存器，该地址允许对 A 口的每一个引脚的物理值进行访问。当读 PORTA 时，读到的是 PORTA 的数据锁存器；当读 PINA 时，引脚上的逻辑值被读取。

当作为数字 I/O 口时，A 口所有的 8 位都等效。

PAn 为通用 I/O 引脚，DDRA 寄存器的 DDAn 位选择引脚的方向。如果 DDAn 设为 1，则 PAn 被配置为输出引脚；如果 DDAn 设为 0，则 PAn 被配置为输入引脚；如果 PORTAn 被设置为 1，则 DDAn 被配置为输入引脚，MOS 上拉电阻被触发。为了关断上拉电阻，PORTAn 位必须清除或者引脚配置为输出引脚。

A 口引脚 DDAn 的作用见表 5-4。

表 5-4　A 口引脚的 DDAn 的作用

DDAn	PORTAn	I/O	上　拉	注　释
0	0	输入	否	三态(高阻)
0	1	输入	是	上拉低 PAn 脚输出电流
1	0	输出	否	推挽 0 输出
1	1	输出	否	推挽 1 输出

5.1.2　端口 B

B 口为一个 8 位的双向 I/O 口。

B 口分配有 3 个数据存储地址，分别为数据寄存器 PORTB：$18($38)、数据方向寄存器 DDRB：$17($37)和 B 口的输出引脚 PINB：$16($36)。

B 口的输入引脚地址为只读，而数据寄存器和数据方向寄存器为可读/写。

所有的 B 口引脚均有单独的可选择拉高。B 口输出缓冲器可以吸收 20 mA 的电流以直接驱动 LED 显示。

当 PB0～PB7 引脚被用作输入且被外部拉低时，若内部拉高被触发，这些引脚将成为电流源(I_{IL})。

与 B 口有关的寄存器及端口引脚如表 5-5～表 5-7 所列。

表 5-5　B 口数据寄存器——PORTB

BIT	7	6	5	4	3	2	1	0	
$18($38)	PROTB7	PROTB6	PROTB5	PROTB4	PROTB3	PROTB2	PROTB1	PROTB0	PROTB
读/写	R/W	R/W	R/W	R/W	R/W	R/W	R/W	R/W	

注：初始化值为 $00。

表 5-6 B 口数据方向寄存器——DDRB

BIT	7	6	5	4	3	2	1	0	
\$17(\$37)	DDRB7	DDRB6	DDRB5	DDRB4	DDRB3	DDRB2	DDRB1	DDRB0	DDRB
读/写	R/W	R/W	R/W	R/W	R/W	R/W	R/W	R/W	

注：初始化值为 \$00。

表 5-7 B 口输入引脚地址——PINB

BIT	7	6	5	4	3	2	1	0	
\$16(\$36)	PINB7	PINB6	PINB5	PINB4	PINB3	PINB2	PINB1	PINB0	PINB
读/写	R	R	R	R	R	R	R	R	
初始化值	Hi-Z	Hi-Z	Hi-Z	Hi-Z	Hi-Z	Hi-Z	Hi-Z	Hi-Z	

注意：B 口的输入引脚地址 PINB 不是一个寄存器，该地址允许对 B 口的每一个引脚的物理值进行访问。当读 PORTB 时，读到的是 PORTB 的数据锁存器；当读 PINB 时，引脚上的逻辑值被读取。

当作为数字 I/O 口时，B 口所有的 8 位都等效。

PBn 为通用 I/O 引脚，DDRB 寄存器的 DDBn 位选择引脚的方向。如果 DDBn 设为 1，则 PBn 被配置为输出引脚；如果 DDBn 设为 0，则 PBn 被配置为输入引脚；如果 PORTBn 被设置为 1，则 DDBn 被配置为输入引脚，MOS 上拉电阻被触发。为了关断上拉电阻，PORTBn 位必须清除或者引脚配置为输出引脚。B 口引脚 DDBn 的作用见表 5-8。

表 5-8 B 口引脚的 DDBn 的作用

DDBn	PORTBn	I/O	上 拉	注 释
0	0	输入	否	三态(高阻)
0	1	输入	是	上拉低 PBn 脚输出电流
1	0	输出	否	推挽 0 输出
1	1	输出	否	推挽 1 输出

5.1.3 端口 C

C 口为一个 8 位的双向 I/O 口。

C 口分配有 3 个数据存储地址，分别为数据寄存器 PORTC：\$15(\$35)、数据方向寄存器 DDRC：\$14(\$34)和 C 口的输出引脚 PINC：\$13(\$33)。C 口的输入引脚地址为只读，而数据寄存器和数据方向寄存器为可读/写。

所有 C 口引脚均有单独的可选择拉高。C 口输出缓冲器可以吸收 20 mA 的电流以直接驱动 LED 显示。当 PC0～PC7 引脚被用作输入且被外部拉低时，若内部拉高被触发，这些引脚将成为电流源(I_{IL})。

C 口引脚具有与可选的外部 SRAM 有关的第二功能，C 口在访问外部数据存储器时可以配置为复用的高位地址线，在该模式下，C 口输出 1 时使用内部的上拉功能。

当通过 MCU 控制寄存器 MCUCR 的 SRE，外部 SRAM 触发位把 C 口设置为第二功能，更改的设置会覆盖数据方向存储器。

与 C 口有关的寄存器及端口引脚如表 5－9～表 5－11 所列。

表 5－9 C 口数据寄存器——PORTC

BIT	7	6	5	4	3	2	1	0	
$15($35)	PROTC7	PROTC6	PROTC5	PROTC4	PROTC3	PROTC2	PROTC1	PROTC0	PROTC
读/写	R/W	R/W	R/W	R/W	R/W	R/W	R/W	R/W	

注：初始化值为 $00。

表 5－10 C 口数据方向寄存器——DDRC

BIT	7	6	5	4	3	2	1	0	
$14($34)	DDRC7	DDRC6	DDRC5	DDRC4	DDRC3	DDRC2	DDRC1	DDRC0	DDRC
读/写	R/W	R/W	R/W	R/W	R/W	R/W	R/W	R/W	

注：初始化值为 $00。

表 5－11 C 口输入脚地址——PINC

BIT	7	6	5	4	3	2	1	0	
$13($33)	PINC7	PINC6	PINC5	PINC4	PINC3	PINC2	PINC1	PINC0	PINC
读/写	R	R	R	R	R	R	R	R	
初始化值	Hi-Z	Hi-Z	Hi-Z	Hi-Z	Hi-Z	Hi-Z	Hi-Z	Hi-Z	

注意：C 口的输入引脚地址 PINC 不是一个寄存器，该地址允许对 C 口的每一个引脚的物理值进行访问。当读 PORTC 时，读到的是 PORTC 的数据锁存器；当读 PINC 时，引脚上的逻辑值被读取。

当作为数字 I/O 口时，C 口所有的 8 位都等效。

PCn 为通用 I/O 引脚，DDRC 寄存器的 DDCn 位选择引脚的方向。如果 DDCn 设为 1，则 PCn 被配置为输出引脚；如果 DDCn 设为 0，则 PCn 被配置为输入引脚；如果 PORTCn 被设置为 1，则 DDCn 被配置为输入引脚，MOS 上拉电阻被触发。为了关断上拉电阻，PORTCn 位必须清除或者引脚配置为输出引脚。C 口引脚 DDCn 的作用见表 5－12。

表 5－12 C 口引脚的 DDCn 的作用

DDCn	PORTCn	I/O	上 拉	注 释
0	0	输入	否	三态(高阻)
0	1	输入	是	上拉低 PCn 脚输出电流
1	0	输出	否	推挽 0 输出
1	1	输出	否	推挽 1 输出

5.1.4 端口 D

D 口为一个带内部上拉的 8 位双向 I/O 口。

D 口分配有 3 个数据存储地址，分别为数据寄存器 PORTD：$12($32)、数据方向寄存器 DDRD：$11($31)和 D 口的输出引脚 PIND：$10($30)。D 口的输入引脚地址为只读，而数据寄存器和数据方向寄存器为可读/写。

D 口输出缓冲器可以吸收 20mA 的电流。D 口的引脚在触发内部上拉时，如果外部被拉低就会成为电流源(I_{IL})。

与 D 口有关的寄存器及端口引脚如表 5-13～表 5-15 所列。

表 5-13 D 口数据寄存器——PORTD

BIT	7	6	5	4	3	2	1	0	
$12($32)	PROTD7	PROTD6	PROTD5	PROTD4	PROTD3	PROTD2	PROTD1	PROTD0	PROTD
读/写	R/W	R/W	R/W	R/W	R/W	R/W	R/W	R/W	

注：初始化值为$00。

表 5-14 D 口数据方向寄存器——DDRD

BIT	7	6	5	4	3	2	1	0	
$11($31)	DDRD7	DDRD6	DDRD5	DDRD4	DDRD3	DDRD2	DDRD1	DDRD0	DDRD
读/写	R/W	R/W	R/W	R/W	R/W	R/W	R/W	R/W	

注：初始化值为$00。

表 5-15 D 口输入脚地址——PIND

BIT	7	6	5	4	3	2	1	0	
$10($30)	PIND7	PIND6	PIND5	PIND4	PIND3	PIND2	PIND1	PIND0	PIND
读/写	R	R	R	R	R	R	R	R	
初始化值	Hi-Z	Hi-Z	Hi-Z	Hi-Z	Hi-Z	Hi-Z	Hi-Z	Hi-Z	

注意：D 口的输入引脚地址 PIND 不是一个寄存器，该地址允许对 D 口的每一个引脚的物理值进行访问。当读 PORTD 时，读到的是 PORTD 的数据锁存器；当读 PIND 时，引脚上的逻辑值被读取。

当作为数字 I/O 口时，D 口所有的 8 位都等效。

PDn 为通用 I/O 引脚，DDRD 寄存器的 DDDn 位选择引脚的方向。如果 DDDn 设为 1，则 PDn 被配置为输出引脚；如果 DDDn 设为 0，则 PDn 被配置为输入引脚；如果 PORTDn 被设置为 1，则 DDDn 被配置为输入引脚，MOS 上拉电阻被触发。为了关断上拉电阻，PORTDn 位必须清除或者引脚配置为输出引脚。

D 口引脚 DDDn 的作用见表 5-16。

表 5-16 D 口引脚的 DDDn 的作用

DDCn	PORTCn	I/O	上 拉	注 释
0	0	输入	否	三态(高阻)
0	1	输入	是	上拉低 PDn 脚输出电流
1	0	输出	否	推挽 0 输出
1	1	输出	否	推挽 1 输出

5.2 各 I/O 端口第二功能

5.2.1 端口 A 第二功能

当端口 A 被用作第二功能时，为 ADC 的模拟输入口。如果 A 口的一些引脚用作数字输出口，则在 ADC 转换过程中不要改变其状态，否则会破坏转换结果。在掉电模式时，数字输入的施密特触发器与引脚断开，这样接近 $V_{CC}/2$ 的模拟输入就不会造成大的功耗。

5.2.2 端口 B 第二功能

端口 B 引脚的第二功能如表 5－17 所列。当引脚被用作第二功能时，DDRB 和 PORTB 寄存器必须根据第二功能说明来设置。

表 5－17 端口 B 引脚第二功能

B 口引脚	第二功能
PB0	T0(定时器/技术器 0 外部计数器输入)
PB1	T1(定时器/技术器 1 外部计数器输入)
PB2	AIN0(模拟比较器正输入)
PB3	AIN1(模拟比较器负输入)
PB4	$\overline{SS}$(SPI 从选择输入)
PB5	MOSI(SPI 总线主输出/从输入)
PB6	MISO(SPI 总线主输出/从输入)
PB7	SCK(SPI 总线串行时钟)

SCK(PB7)——SCK、SPI 的主时钟输出、从时钟输入。当 SPI 被触发为从机时，该引脚被作为输入而不管 DDB7 的设置；当 SPI 被触发为主机时，该引脚的数据方向由 DDB7 来控制；当该引脚被强制作为输入时，内部的上拉仍可以被 PORTB7 位来控制。

MISO(PB6)——MISO、SPI 的主数据输入、从时的数据输出。当 SPI 被触发为主机时，该引脚被作为输入而不管 DDB6 的设置；当 SPI 被触发为从机时，该引脚的数据方向由 DDB6 来控制；当该引脚被强制作为输入时，内部的上拉仍可以被 PORTB6 位来控制。

MOSI(PB5)——MOSI、SPI 的主数据输出、从时的数据输入。当 SPI 被触发为从机时，该引脚被作为输入而不管 DDB5 的设置；当 SPI 被触发为主机时，该引脚的数据方向由 DDB5 来控制；当该引脚被强制作为输入时，内部的上拉仍可以被 PORTB5 位来控制。

$\overline{SS}$(PB4)——$\overline{SS}$为从机端口选择信号输入端。当 SPI 被触发为从机时，该引脚被作为输入而不管 DDB5 的设置；作为从机时，当该引脚被置低时，SPI 被触发。当 SPI 被触发为主机时，该引脚的数据方向由 DDB5 来控制；当该引脚被强制作为输入时，内部的上拉仍可以被 PORTB4 位来控制。

AIN1(PB3)——AIN1 为模拟比较器负极输入。当被设置为输入(DDB3 被清为 0)，且内部 MOS 拉高电阻关闭(PB3 被清为 0)时，该引脚用作片内模拟比较器的负极输入。

AIN0(PB2)——AIN0 为模拟比较器正极输入。当被设置为输入(DDB2 被清为 0),且内部 MOS 拉高电阻关闭(PB2 被清为 0)时,该引脚用作片内模拟比较器的正极输入。

T1(PB1)——T1 为定时器/计数器 1 的计数输入源。

T0(PB0)——T0 为定时器/计数器 0 的计数输入源。

5.2.3 端口 C 第二功能

TOSC1(PC6)、TOSC2(PC7)为 T/C2 的时钟输入、输出端口。

5.2.4 端口 D 第二功能

端口 D 引脚的第二功能如表 5-18 所列。

表 5-18 端口 D 引脚第二功能

D 口引脚	第二功能
PD0	RDX(UART 输入线)
PD1	TDX(UART 输出线)
PD2	INT0(外部中断 0 输入)
PD3	INT1(外部中断 1 输入)
PD4	—
PD5	OC1A(T/C1 输出比较 A 匹配输出)
PD6	$\overline{WR}$(写选通)
PD7	$\overline{RD}$(读选通)

RXD(PD0)——接收数据(UART 的数据输入引脚)。当 UART 数据输入允许时,该引脚被作为输出而不管 DDRD0 的值。当 UART 强制该引脚为输入时,PORTD0 的一个逻辑 1 将开启内部的上拉。

TXD(PD1)——发送数据(UART 的数据输出引脚)。当 UART 数据输出允许时,该引脚被作为输出而不管 DDRD0 的值。

INT0(PD2)——INT0 为外部中断源 0。PD2 引脚可作为 MCU 的外部中断源。

INT1(PD3)——INT1 为外部中断源 1。PD3 引脚可作为 MCU 的外部中断源。

OC1A(PD5)——OC1A 表示比较匹配的输出。PD5 可以作为定时器/计数器 1 的比较匹配的外部输出。为了实现该功能,PD5 应被配置为输出(DDD5 设置为 1)。OC1A 引脚还可以作为 PWM 模式下定时功能的输出。

$\overline{WR}$(PD6)——WR 是外部数据存储器写选通。

$\overline{RD}$(PD7)——RD 是外部数据存储器读选通。

第 6 章

AT90S8535 单片机中断系统

6.1 AT90S8535 单片机中断源

AT90S8535 有 16 个中断源，每个中断源在程序空间都有一个独立的中断向量，所有的中断事件都有自己的触发位。当触发位置位且 I 也置位的情况下，中断可以发生。器件复位后，程序空间的最低位置自动定义为复位及中断向量。

完整的复位与中断向量表如表 6-1 所列。

表 6-1 复位与中断向量

向量号	程序地址	来 源	定 义
1	$000	RESET	硬件引脚上电复位和看门狗复位
2	$001	INT0	外部中断 0
3	$002	INT1	外部中断 1
4	$003	TIMER2 COMP	T/C2 比较匹配
5	$004	TIMER2 OVF	T/C2 溢出
6	$005	TIMER1 CAPT	T/C1 捕捉事件
7	$006	TIMER1 COMPA	T/C1 比较匹配 A
8	$007	TIMER1 COMPB	T/C1 比较匹配 B
9	$008	TIMER1 OVF	T/C1 溢出
10	$009	TIMER0 OVF	T/C0 溢出
11	$00A	SPI,STC	串行传输结束
12	$00B	UART,RX	UART 接收结束
13	$00C	UART,UDRE	UART 数据寄存器空
14	$00D	UART,TX	UART 发送结束
15	$00E	ADC	ADC 转换结束
16	$00F	EE_RDY	EEPROM 准备好
17	$010	ANA_COMP	模拟比较器

设置中断向量地址最典型的方法如下：

```
地址    标号     代码                          注释
$000            RJMP    RESET                ;复位
$001            RJMP    EXT_INT0             ;IRQ0
$002            RJMP    EXT_INT1             ;IRQ1
$003            RJMP    TIM2_COMP            ;T2 比较匹配
$004            RJMP    TIM2_OVF             ;T2 溢出
$005            RJMP    TIM1_CAPT            ;T1 捕捉
$006            RJMP    TIM1_COMPA           ;T1 比较 A 匹配
$007            RJMP    TIM1_COMPB           ;T1 比较 B 匹配
$008            RJMP    TIM1_OVF             ;T1 溢出
$009            RJMP    TIM0_OVF             ;T0 溢出
$00a            RJMP    SPI_STC              ;SPI 传输结束
$00b            RJMP    UART_RXC             ;UART 接收结束
$00c            RJMP    UART_DRE             ;UART 数据空
$00d            RJMP    UART_TXC             ;UART 发送结束
$00e            RJMP    ADC                  ;AD 转换结束
$00f            RJMP    EE_RDY               ;EEP 准备好
$010            RJMP    ANA_COMP             ;模拟比较器
$011    MAIN:   LDI     R16,HIGH(REMEND)     ;主程序开始
$012            OUT     SPH, R16
$013            LDI     R16,LOW(REMEND)
$014            RJMP
$015            <指令>   XXX
```

注意：在中断向量表中，处于较低地址的中断具有较高的优先级，所以 RESET 具有最高的优先级。

6.2 中断处理

AT90S8535 有 2 个中断屏蔽寄存器：

- GIMSK——通用中断屏蔽寄存器；
- TIMSK——T/C 中断屏蔽寄存器。

一个中断产生后，全局中断使能位 I 将清零，后续中断被屏蔽。

用户可以在中断例程里对 I 置位，从而开放中断。

执行 RETI 后，I 重新置位。

当程序计数器指向实际中断向量开始执行相应的中断例程时，硬件清除对应的中断标志。一些中断标志位也可以通过软件写 1 清除。

当一个符合条件的中断发生后，如果相应的中断使能位为 0，则中断标志位挂起，并一直保持到中断执行，或者被软件清除。

如果全局中断标志被清零，则所有的中断都不会被执行，直到 I 置位；然后，被挂起的各个中断按中断优先级依次执行。

注意：外部电平中断没有中断标志位，因此当电平变为非中断电平后，中断条件即终止。

6.3 相关 I/O 寄存器

6.3.1 通用中断屏蔽寄存器——GIMSK

通用中断屏蔽寄存器——GIMSK 的定义如下：

BIT	7	6	5	4	3	2	1	0	
$3B($5B)	INT1	INT0	—	—	—	—	—	—	GIMSK
读/写	R/W	R/W	R	R	R	R	R	R	

注：初始化值为$00。

位 7——INT1：外部中断 1 请求使能。当 INT1 和 I 都为 1 时，外部引脚中断使能。MCU 通用控制寄存器(MCUCR)中的中断检测控制位 I/O(ISC11 和 ISC10)定义中断 1 是上升沿中断还是下降沿中断，或是低电平中断。即使引脚被定义为输出，中断仍可产生。

位 6——INT0：外部中断 0 请求使能。当 INT1 和 I 都为 1 时，外部引脚中断使能。MCU 通用控制寄存器(MCUCR)中的中断检测控制位 I/O(ISC01 和 ISC00)定义中断 0 是上升沿中断还是下降沿中断，或是低电平中断。即使引脚被定义为输出，中断仍可产生。

位 5～位 0——Res：保留。

6.3.2 通用中断标志寄存器——GIFR

通用中断标志寄存器——GIFR 的定义如下：

BIT	7	6	5	4	3	2	1	0	
$3A($5A)	INTF1	INTF0	—	—	—	—	—	—	GIFR
读/写	R/W	R/W	R	R	R	R	R	R	

注：初始化值为$00。

位 7——INTF1：外部中断标志 1。当 INTF1 引脚有事件触发中断请求时，INTF1 置位(即置 1)。如果 SREG 中的 I 及 GIMSK 中的 INT1 都为 1，则 MCU 将跳转到中断地址$002。中断例程执行后，此标志位被清除。另外，标志也可以通过对其写 1 来清除。

位 6——INTF0：外部中断标志 0。当 INTF0 引脚有事件触发中断请求时，INTF0 置位(即置 1)。如果 SREG 中的 I 及 GIMSK 中的 INT1 都为 1，则 MCU 将跳转到中断地址$001。中断例程执行后，此标志位被清除。另外，标志也可以通过对其写 1 来清除。

位 5～位 0——Res：保留。

6.3.3 T/C 中断屏蔽寄存器——TIMSK

T/C 中断屏蔽寄存器——TIMSK 的定义如下：

BIT	7	6	5	4	3	2	1	0	
$39($59)	OCIE2	TOIE2	TIOIE1	OCIE1A	OCIE1B	TOIE1	—	TOIE0	TIMSK
读/写	R/W	R/W	R/W	R/W	R/W	R/W	R	R/W	

注：初始化值为$00。

位 7——OCIE2：T/C2 输出比较匹配中断使能。当 OCIE2 和 I 都为 1 时，输出比较匹配中断使能；当 T/C2 的比较匹配发生或 TIFR 中的 OCF2 置位时，中断例程（$003）将执行。

位 6——TOIE2：T/C2 溢出中断使能。当 TOIE2 和 I 都为 1 时，T/C2 溢出中断使能；当 T/C2 溢出或 TIFR 中的 TOV2 位置位时，中断例程（$004）得到执行。

位 5——TIOIE1：T/C1 输入捕捉中断使能。当 TIOIE1 和 I 都为 1 时，输入捕捉中断使能；当 T/C1 的输入捕捉事件发生(ICP)或 TIFR 中的 ICFI 置位时，中断例程（$005）将执行。

位 4——OCIE1A：T/C1 输出比较 A 匹配中断使能。当 TOIE1A 和 I 都为 1 时，输出比较 A 匹配中断使能；当 T/C1 的比较 A 匹配发生或 TIFR 中的 OCF1A 置位时，中断例程（$006）将执行。

位 3——OCIE1B：T/C1 输出比较 B 匹配中断使能。当 TOIE1B 和 I 都为 1 时，输出比较 B 匹配中断使能；当 T/C1 的比较 B 匹配发生或 TIFR 中的 OCF1B 置位时，中断例程（$007）将执行。

位 2——TOIE1：T/C1 溢出中断使能。当 TOIE1 和 I 都为 1 时，T/C1 溢出中断使能；当 T/C1 溢出或 TIFR 中的 TOV1 位置位时，中断例程（$008）得到执行。

位 1——Res：保留位。

位 0——TOIE0：T/C0 溢出中断使能。当 TOIE0 和 I 都为 1 时，T/C0 溢出中断使能；当 T/C0 溢出或 TIFR 中的 TOV0 位置位时，中断例程（$009）得到执行。

6.3.4 T/C 中断标志寄存器——TIFR

T/C 中断标志寄存器——TIFR 的定义如下：

BIT	7	6	5	4	3	2	1	0	
$38($58)	OCF2	TOV2	ICF1	OCF1A	OCF1B	TOV1	—	TOV0	TIFR
读/写	R/W	R/W	R/W	R/W	R/W	R/W	R	R/W	

注：初始化值为 $00。

位 7——OCF2：T/C2 输出比较标志位。当 T/C2 和 OCR2 的值匹配时，OCF2 置位。此位在中断例程里硬件清零，或者通过对其写 1 来清零。当 SREG 中的位 I、OCIE2 及 TIFR 中的 OCF2 一同置位时，中断例程得到执行。

位 6——TOV2：T/C2 溢出中断标志位。当 T/C2 溢出时，TOV2 置位。执行相应的中断例程后，此位硬件清零；此外，TOV2 也可以通过写 1 来清零。当 SREG 中的位 I、OCIE2 及 TIFR 中的 TOV2 一同置位时，中断例程得到执行。在 PWM 模式中，当 T/C2 在 $00 改变计数方向时，TOV2 置位。

位 5——ICF1：输入捕获标志位。当输入捕获事件发生时，ICF1 置位，表明 T/C1 的值已经送到输入捕获寄存器 ICR1。此位在中断例程里硬件清零，或者通过对其写 1 来清零。当 SREG 中的位 I、TICIE1A 及 ICF1 一同置位时，中断例程得到执行。

位 4——OCF1A：输出比较标志 1A。当 T/C1 与 OCR1A 的值匹配时，OCF1A 置位。此位在中断例程里硬件清零，或者通过对其写 1 来清零。当 SREG 中的位 I、TICIE1A 及 ICF1A 一同置位时，中断例程得到执行。

位 3——OCF1B：输出比较标志 1B。当 T/C1 与 OCR1B 的值匹配时，OCF1B 置位。此

位在中断例程里硬件清零，或者通过对其写 1 来清零。当 SREG 中的位 I、TICIE1B 及 ICF1B 一同置位时，中断例程得到执行。

位 2——TOV1：T/C1 溢出中断标志位。当 T/C1 溢出时，TOV1 置位。执行相应的中断例程后，此位硬件清零。此外，TOV1 也可以通过对其写 1 来清零。当 SREG 中的位 I、TOIE1 及 TOV1 一同置位时，中断例程得到执行。在 PWM 模式中，当 T/C1 在 $0000 改变计数方向时，TOV1 置位。

位 1——Res：保留位。

位 0——TOV0：T/C0 溢出中断标志位。当 T/C0 溢出时，TOV0 置位。执行相应的中断例程后，此位硬件清零。此外，TOV0 也可以通过对其写 1 来清零。当 SREG 中的位 I、TOIE1 及 TOV1 一同置位时，中断例程得到执行。

6.4 外部中断

外部中断由 INT0 和 INT1 引脚触发。应当注意：如果中断使能，则即使 INT0/INT1 配置为输出，中断照样会被触发。此特点提供了一个产生软件中断的方法。触发方式可以为上升沿、下降沿或低电平。这些设置由 MCU 控制寄存器 MCUCR 决定。当设置为低电平触发时，只要电平为低，中断就一直触发。

6.5 中断响应时间

AVR 中断响应时间最少为 4 个时钟周期。在这 4 个时钟周期中，PC（2 个字节）自动入栈，而 SP 减 2。通常情况下，中断向量处为一个相对跳转指令，此跳转需要占用 2 个时钟周期。如果中断在一个多周期指令执行期间发生，则在此一个多周期指令执行完后，MCU 才会执行中断程序。

中断返回亦需 4 个时钟周期。在此期间，PC 将被弹出栈，SREG 的位 I 被置位。如果在中断期间发生了其他中断，则 AVR 在退出中断程序后，需要执行一条主程序指令之后，才能再响应被挂起的中断。

需要注意：AVR 硬件在中断或子程序中并不操作状态寄存器——SREG。SREG 的存储由用户软件完成。对于由可以保持为静态的事件（如输出比较寄存器 1 与 T/C1 值相匹配）驱动的中断，事件发生后中断标志将置位。如果中断标志被清除而中断条件仍然存在，则标志只有在新事件发生后才会置位。外部电平中断会一直保持到中断条件结束。

6.6 MCU 控制寄存器——MCUCR

MCU 控制寄存器——MCUCR 的定义如下：

BIT	7	6	5	4	3	2	1	0	
$35($55)	—	SE	SM1	SM0	ISC11	ISC10	ISC01	ISC00	MCUCR
读/写	R	R/W	R/W	R/W	R/W	R/W	R	R/W	

注：初始化值为 $00。

位 7——Res:保留位。

位 6——SE:休眠使能。执行 SLEEP 指令时,SE 必须置位,才能使 MCU 进入休眠模式。为了防止无意间使 MUC 进入休眠,建议与 SLEEP 指令一起使用。

位 5、位 4——SM1、SM0:休眠模式。这两位用于选择休眠模式,如表 6-2 所列。

位 3、位 2——ISC11、ISC10:中断 1 检测控制。选择 INT1 中断的边沿或电平,如表 6-3 所列。

表 6-2 休眠模式选择

SM1	SM0	休眠模式
0	0	空闲
0	1	保留
1	0	掉电
1	1	省电

表 6-3 中断 1 检测控制

ISC11	ISC10	描 述
0	0	低电平中断
0	1	保留
1	0	下降沿中断
1	1	上升沿中断

注: 改变 ISC11/ISC10 时,首先要禁止 INT1(清除 GIMSK 的 INT1 位),否则可能引发不必要的中断。

位 1、位 0——ISC01、ISC00:中断 0 检测控制。选择 INT0 中断的边沿或电平,如表 6-4 所列。

表 6-4 中断 0 检测控制

ISC01	ISC00	描 述
0	0	低电平中断
0	1	保留
1	0	下降沿中断
1	1	上升沿中断

注: 改变 ISC01/ISC00 时,首先要禁止 INT0(清除 GIMSK 的 INT0 位),否则可能会引发不必要的中断。

INTn 引脚的电平在检测边沿之前采样,如果边沿中断使能,则大于 1 个 MCU 时钟的脉冲将触发中断。如果选择了低电平触发,则此电平必须保持到当前执行的指令结束。

第 7 章

AT90S8535 单片机定时器/计数器及其应用

AT90S8535 单片机有 3 个通用定时器/计数器，即 2 个 8 位的定时器/计数器（T/C0 和 T/C2）以及 1 个 16 位的定时器/计数器（T/C1）。

定时器/计数器 0（T/C0）和定时器/计数器 1（T/C1）从同一个 10 位的预分频定时器取得预分频时钟；定时器/计数器 2（T/C2）用自己独立的预分频器。

定时器/计数器 2（T/C2）可以选择异步外部时钟。

定时器/计数器常用作带内部时钟的时基定时器或用作外部引脚上的脉冲计数器，其中有些还具有输入捕获、比较匹配、PWM 脉宽调制输出等功能。

AT90S8535 单片机还有一个看门狗定时器 WDT，用于程序抗干扰。

7.1 T/C0、T/C1 的预定比例器

图 7-1 所示为通用定时器/计数器的预定比例器。

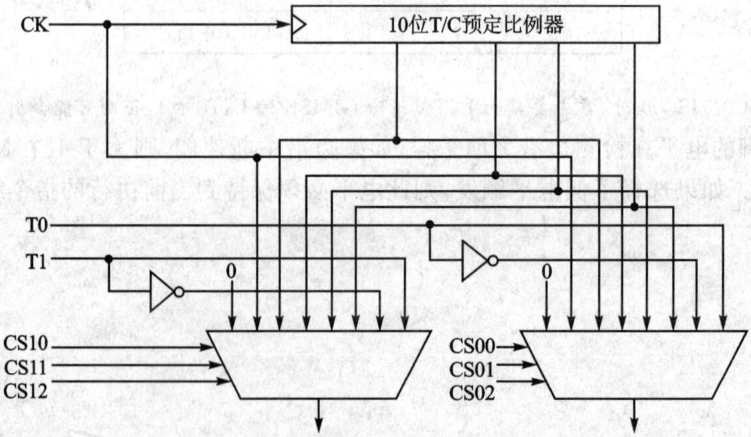

图 7-1 T/C0 和 T/C1 的预定比例器

T/C0、T/C1 的时钟可选 CK 或 4 种不同的预定比例（CK/8、CK/64、CK/256 和 CK/1 024），还可选外部时钟和定时器/计数器停止不用。

7.2 定时器/计数器 0(T/C0)

7.2.1 T/C0 的结构、特点及作用

图 7-2 所示为定时器/计数器 0(T/C0)的结构方框图。

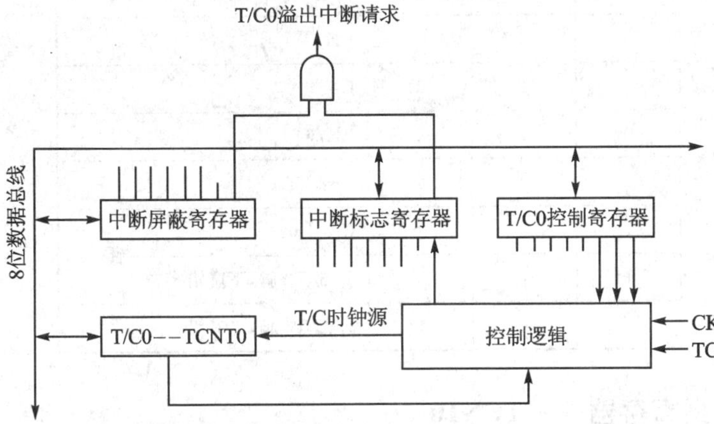

图 7-2 T/C0 结构方框图

定时器/计数器 0 为 8 位加 1 计数器,由 $00 开始计数,计到 $FF 后再来一个时钟则溢出,计数器清 0。可用作定时和计数:用作定时时,时钟来自晶振时钟 CK 或其 4 种分频,由于时钟频率准确,溢出的时间间隔是准确的;用作外计数时,外部引脚 T0 输入信号,可选上升沿或下降沿计数。另外,定时器/计数器 0 还可以停止不用。定时器/计数器 0 的控制寄存器 TCCR0 控制定时器/计数器 0 的工作方式。溢出状态标志位在定时器/计数器中断标志寄存器 TIFR 中。定时器/计数器 0 的中断使能/禁止位设置在定时器/计数器中断的控制屏蔽寄存器 TIMSK 中。

当定时器/计数器 0 用 T0 引脚外计数时,为了确保 CPU 对外部信号获取正确的采样,外部信号两种电平转换之间的最短时间必须维持一个内部 CPU 的时钟周期。外部时钟信号是在内部 CPU 时钟的上升沿被采样的,所以外部信号高、低电平时间均应大于一个 CPU 时钟周期。若外部信号是对称方波,则其信号最高频率也应低于时钟频率的一半。

7.2.2 T/C0 相关的 I/O 寄存器

1. T/C0 控制寄存器——TCCR0

T/C0 控制寄存器——TCCR0 的定义如下:

BIT	7	6	5	4	3	2	1	0	
$33($53)	—	—	—	—	—	CS02	CS01	CS00	TCCR0
读/写	R	R	R	R	R	R/W	R	R/W	

注:初始化值为 $00。

位 7～位 3——Res：保留位。这些位为保留位，总读为 0。

位 2～位 0——CS02、CS01、CS00：T/C0 时钟选择位 2、位 1 和位 0。T/C0 时钟选择的位 2、位 1 和位 0 定义 T/C0 的预定比例源，如表 7-1 所列。

表 7-1　T/C0 时钟预定选择

CS02	CS01	CS00	说　明
0	0	0	停止，T/C0 被停止
0	0	1	CK
0	1	0	CK/8
0	1	1	CK/64
1	0	0	CK/256
1	0	1	CK/1 024
1	1	0	外部 T0 脚，下降沿
1	1	1	外部 T0 脚，上升沿

2. T/C0 数据寄存器——TCNT0

T/C0 数据寄存器——TCNT0 的定义如下：

BIT	7	6	5	4	3	2	1	0	
$32($52)	MSB							LSB	TCNT0
读/写	R/W	R/W	R/W	R/W	R/W	R/W	R	R/W	

注：初始化值为 $00。

定时器/计数器 0 是带读/写访问的向上计数器。若定时器/计数器 0 被写入，同时时钟源正被执行，则定时器/计数器 0 在写入操作之后继续计数。定时器/计数器 0 是 8 位计数器，由 $00 开始计数，计到 $FF 后再来一个时钟则将发生溢出，计数器清 0。定时器/计数器 0 溢出后，定时器/计数器中断标志寄存器 TIFR 中的 TOV0 位置 1。若定时器/计数器中断屏蔽寄存器 TIMSK 中的定时器/计数器 0 溢出中断使能位 TOIE0 为 1，且 SREG 中的 I 位为 1，则可产生定时器/计数器 0 溢出中断。

7.3　T/C0 应用 1——作计数器

T/C0 用作计数器：脉冲信号从 PB0(T0)引脚输入，计数结果由 PC 口输出，数码管显示计数结果。

7.3.1　硬件电路

T/C0 作计数器系统硬件电路图如图 7-3 所示。

其中，AT90S8535 设置如图 7-4 所示。

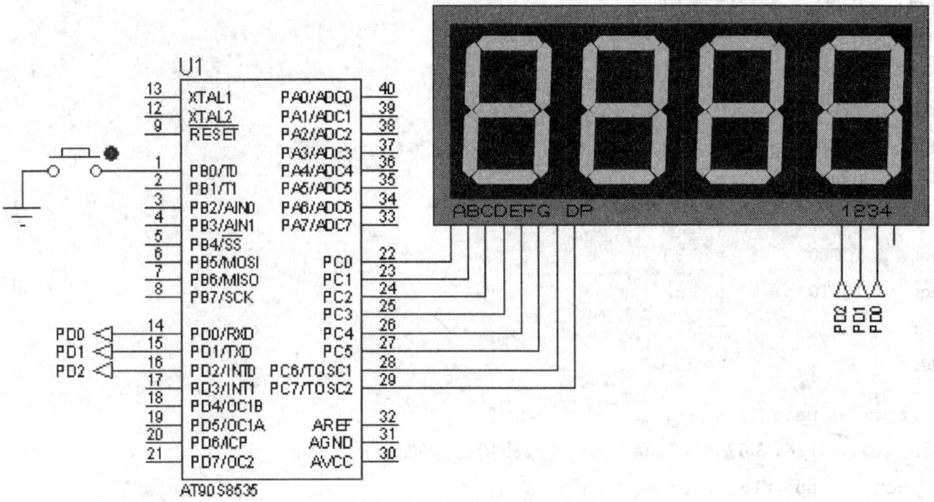

图 7-3　16 位 T/C0 作计数器系统硬件电路图

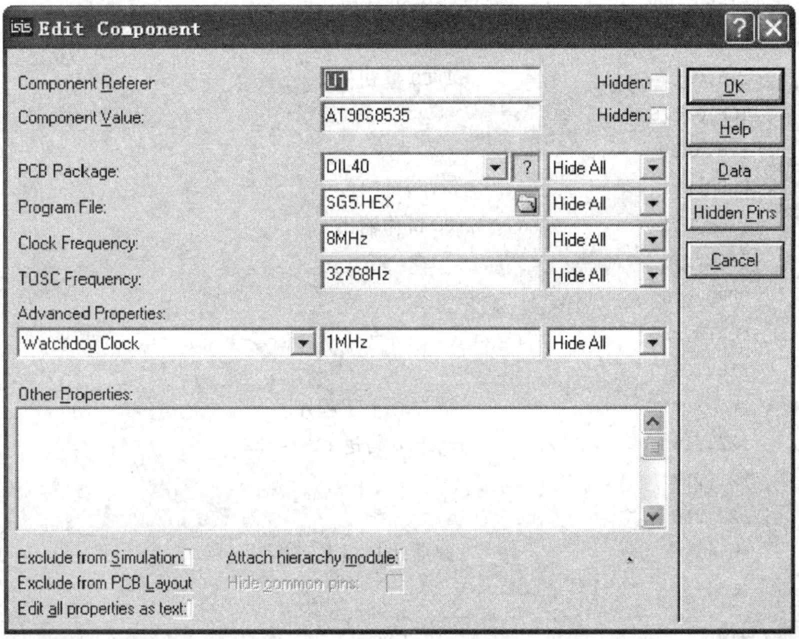

图 7-4　AT90S8535 设置

7.3.2　软件编程

系统软件程序如下：

```
.device AT90S8535
.equ    sph         = $3E
.equ    spl         = $3D
.equ    PORTB       = $18
.equ    DDRB        = $17
```

```
.equ    PINB      = $16
.equ    PORTC     = $15
.equ    DDRC      = $14
.equ    PINC      = $13
.equ    PORTD     = $12
.equ    DDRD      = $11
.equ    PIND      = $10
.equ    TCCR0     = $33
.equ    TCNT0     = $32
.def     ZH       = r31
.def     ZL       = r30
    rjmp    main
main: ldi   r16,$02                  ;栈指针置初值
    out     sph,r16
    ldi     r16,$5f
    out     spl,r16
    ldi     r16,$07                  ;上升沿计数
    out     TCCR0,r16
    ldi     r16,0                    ;T/C0 置初值 0
    out     TCNT0,r16
    ldi     r16,$00
    out     DDRB,r16
    ldi     r16,$ff                  ;PC 口作输出
    out     DDRC,r16
    out     DDRD,r16
    out     PORTB,r16
loop: in    r16,TCNT0
    rcall   btd                      ;调二转十子程序
    mov     r22,r18                  ;将 BCD 码送 r18～r22
    mov     r21,r17
    mov     r20,r16
    rcall   smiao                    ;调动态扫描子程序
    rjmp    loop
btd: ser    r18                      ;r18 先送 -1
btd_1: inc  r18
    subi    r16,100                  ;(r16) - 100
    brcc    btd_1                    ;够减则返回 btd_1
    subi    r16,-100                 ;不够减则 +100,恢复余数
    ser     r17                      ;r17 先送 -1
btd_2: inc  r17                      ;r17 增 1
    subi    r16,10                   ;(r16) - 10
    brcc    btd_2                    ;够减则返回 btd_2
    subi    r16,-10                  ;不够减则 +10,恢复余数
    ret
```

```
smiao: ldi    r16, $ fe                  ;送个位位线
       out    PORTD,r16
       mov    r23,r20                    ;将个位的 BCD 码送 r23
       rcall  cqb                        ;查 7 段码,送 B 口输出
       rcall  t1ms                       ;延时 1 ms
       ldi    r16, $ fd                  ;送十位位线
       out    PORTD,r16
       mov    r23,r21                    ;将十位的 BCD 码送 r23
       rcall  cqb                        ;查 7 段码,送 B 口输出
       rcall  t1ms                       ;延时 1 ms
       ldi    r16, $ fb                  ;送百位位线
       out    PORTD,r16
       mov    r23,r22                    ;将百位的 BCD 码送 r23
       rcall  cqb                        ;查 7 段码,送 B 口输出
       rcall  t1ms                       ;延时 1 ms
       ret
cqb:   ldi    ZH,high(tab * 2)           ;7 段码的首址给 Z
       ldi    ZL,low(tab * 2)
       add    ZL,r23                     ;首地址 + 偏移量
       lpm                               ;查表送 C 口输出
       out    PORTC,r0
       ret
t1ms:  ldi    r24,101                    ;延时 1 ms 子程序
       push   r24
del2:  push   r24
del3:  dec    r24
       brne   del3
       pop    r24
       dec    r24
       brne   del2
       pop    r24
       ret
tab:   .db    $ 3f, $ 06, $ 5b, $ 4f, $ 66, $ 6d, $ 7d, $ 07, $ 7f, $ 6f
```

7.3.3 系统调试与仿真

对电路进行仿真,系统的初始参数设置如图 7-5 所示。

当 PB0/T0 端口出现上升沿时,TCNT0计数值加 1,如图 7-6 所示。同时,数码管输出计数值,如图 7-7 所示。

当 PB0/T0 端口再次出现上升沿时,TCNT0 累计计数,如图 7-8 所示。同时,系统将计数结果实时显示在数码管上,如图 7-9 所示。

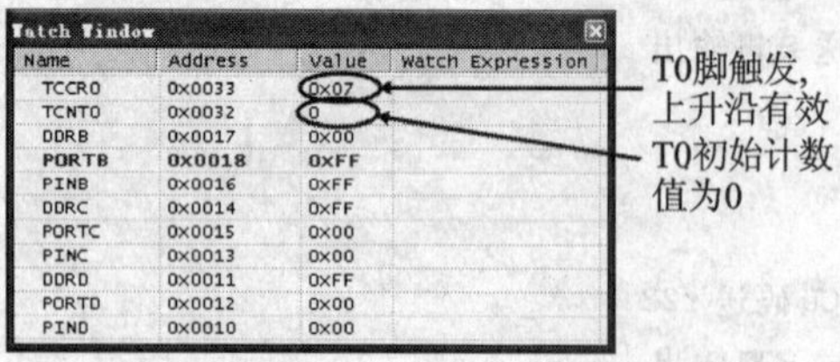

Name	Address	Value	Watch Expression
TCCR0	0x0033	0x07	
TCNT0	0x0032	0	
DDRB	0x0017	0x00	
PORTB	0x0018	0xFF	
PINB	0x0016	0xFF	
DDRC	0x0014	0xFF	
PORTC	0x0015	0x00	
PINC	0x0013	0x00	
DDRD	0x0011	0xFF	
PORTD	0x0012	0x00	
PIND	0x0010	0x00	

图 7-5　系统初始参数设置

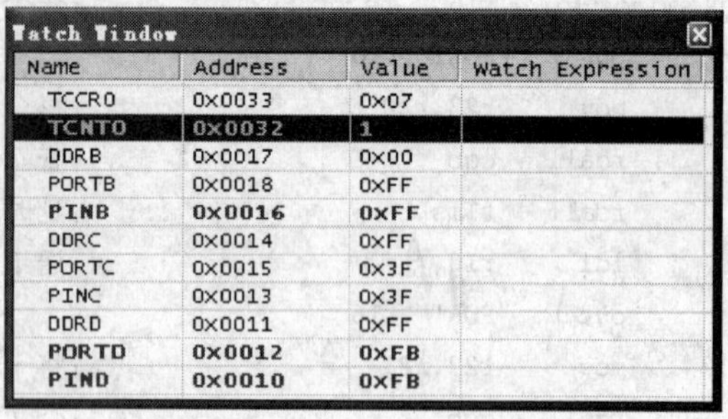

Name	Address	Value	Watch Expression
TCCR0	0x0033	0x07	
TCNT0	0x0032	1	
DDRB	0x0017	0x00	
PORTB	0x0018	0xFF	
PINB	0x0016	0xFF	
DDRC	0x0014	0xFF	
PORTC	0x0015	0x3F	
PINC	0x0013	0x3F	
DDRD	0x0011	0xFF	
PORTD	0x0012	0xFB	
PIND	0x0010	0xFB	

图 7-6　PB0/T0 端口出现上升沿,TCNT0 计数值加 1

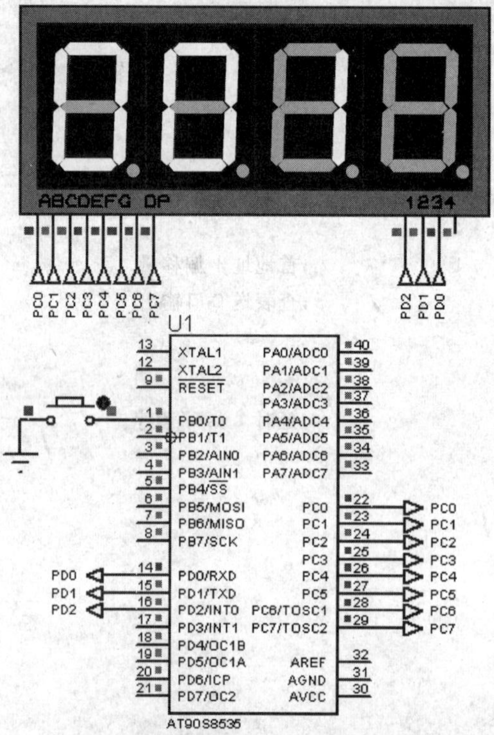

图 7-7　数码管输出计数值

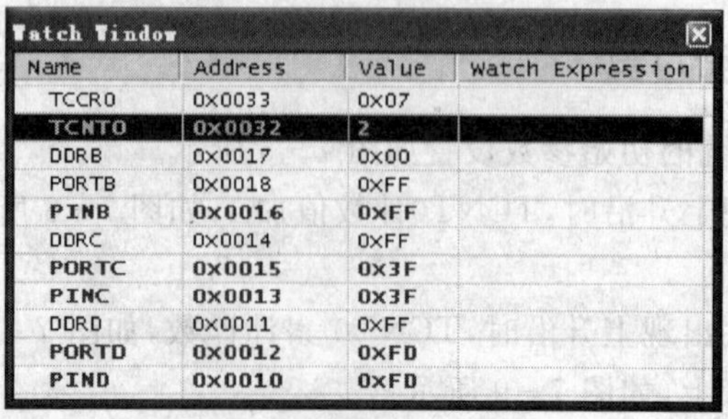

Name	Address	Value	Watch Expression
TCCR0	0x0033	0x07	
TCNT0	0x0032	2	
DDRB	0x0017	0x00	
PORTB	0x0018	0xFF	
PINB	0x0016	0xFF	
DDRC	0x0014	0xFF	
PORTC	0x0015	0x3F	
PINC	0x0013	0x3F	
DDRD	0x0011	0xFF	
PORTD	0x0012	0xFD	
PIND	0x0010	0xFD	

图 7-8　当 PB0/T0 端口再次出现上升沿,TCNT0 累加计数

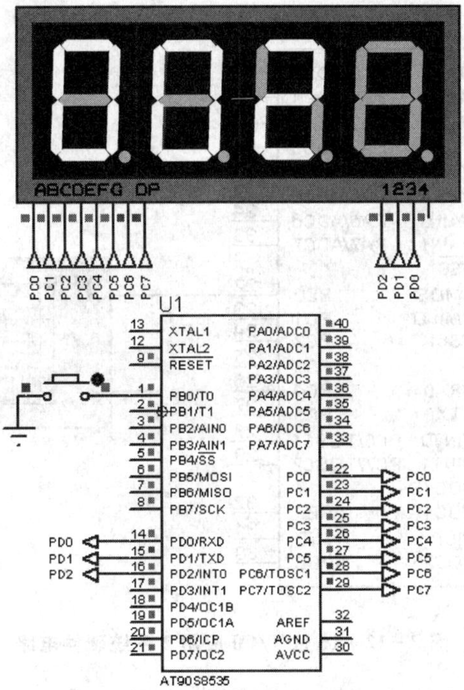

图 7-9　系统实时显示计数值

当系统计数值为 255 时,如图 7-10 所示。当 T0 端口再次出现上升沿时,T0 计数器从 0 重新计数,如图 7-11 所示。因此,本系统的计数范围为 0～255。

Watch Window

Name	Address	Value	Watch Expression
TCCR0	0x0033	0x07	
TCNT0	**0x0032**	**255**	**= 255**
DDRB	0x0017	0x00	
PORTB	0x0018	0xFF	
PINB	0x0016	0xFF	
DDRC	0x0014	0xFF	
PORTC	**0x0015**	**0x6D**	
PINC	**0x0013**	**0x6D**	
DDRD	0x0011	0xFF	
PORTD	**0x0012**	**0xFD**	
PIND	**0x0010**	**0xFD**	

图 7-10　系统计数值到达 255

Watch Window

Name	Address	Value	Watch Expression
TCCR0	0x0033	0x07	
TCNT0	**0x0032**	**0**	**= 0**
DDRB	0x0017	0x00	
PORTB	0x0018	0xFF	
PINB	0x0016	0xFF	
DDRC	0x0014	0xFF	
PORTC	0x0015	0x6D	
PINC	0x0013	0x6D	
DDRD	0x0011	0xFF	
PORTD	**0x0012**	**0xFE**	
PIND	**0x0010**	**0xFE**	

图 7-11　T0 计数器从 0 重新计数

7.4　T/C0 应用 2——作定时器

T/C0 作为定时器：晶振频率 8 MHz,1 024 分频,128 μs 计 1 次数,T/C0 初值为 131,每计 125 次数(16 ms),T/C0 溢出一次,其中断服务子程序使 PC0 改变方向,产生 32 ms 的对称方波。

7.4.1　硬件电路

T/C0 应用 2 硬件电路如图 7-12 所示。其中,AT90S8535 的设置如图 7-13 所示。

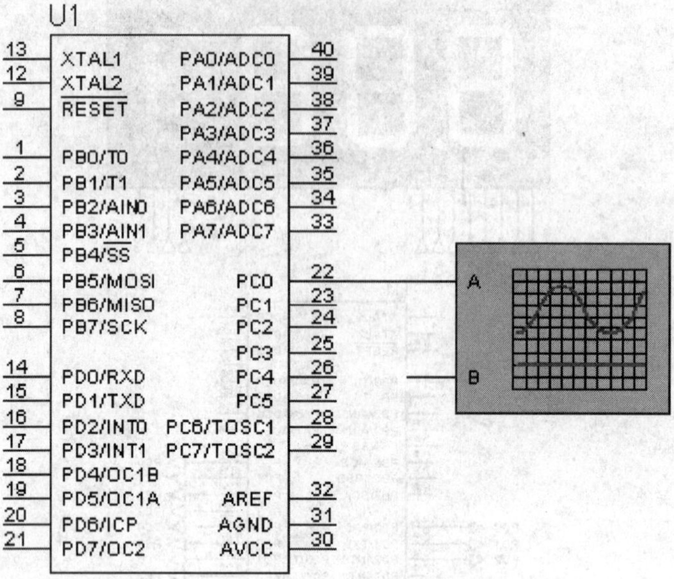

图 7-12　16 位 T/C0 应用 2 系统硬件电路

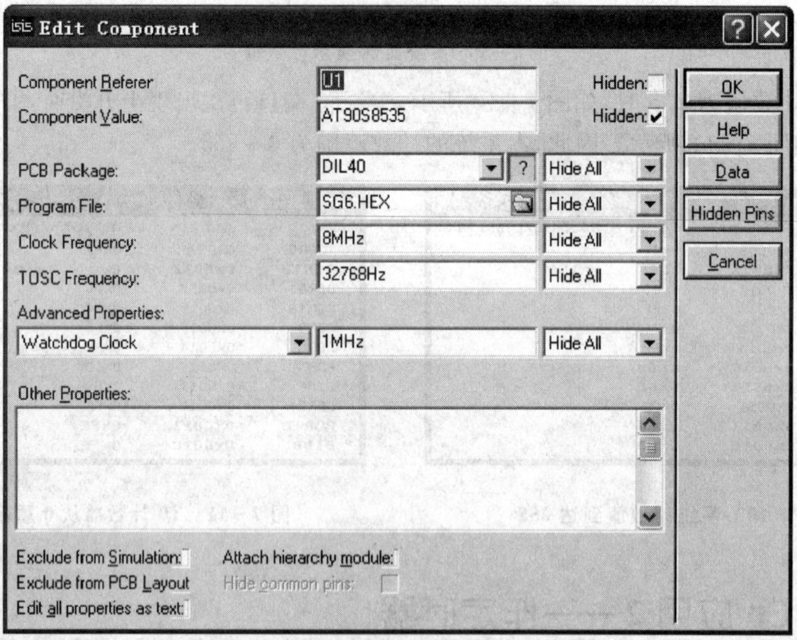

图 7-13　AT90S8535 设置

7.4.2　软件编程

系统软件程序如下：

```
.device AT90S8535
.equ    sph     = $3E
```

```
.equ    spl          = $ 3D
.equ    PORTC        = $ 15
.equ    DDRC         = $ 14
.equ    PINC         = $ 13
.equ    TCCR0        = $ 33
.equ    TCNT0        = $ 32
.equ    TIMSK        = $ 39
.equ    TIFR         = $ 38
.equ    SREG         = $ 3F
.def     ZH          = r31
.def     ZL          = r30

    .org     $ 0000
    rjmp    main
    .org     $ 009
    rjmp    t0_ovf
main: ldi   r16, $ 02                   ;栈指针置初值
    out     sph,r16
    ldi     r16, $ 5f
    out     spl,r16
    ldi     r16, $ 01                   ;允许 T0 溢出中断
    out     TIMSK,r16
    ldi     r16, $ 05                   ;1024 分频
    out     TCCR0,r16
    ldi     r17,131                     ;T/C0 置初值 131
    out     TCNT0,r17
    ldi     r16, $ 01
    out     TIFR,r16
    ldi     r16, $ ff                   ;PC 口作输出
    out     DDRC,r16
    sei
here: rjmp  here

t0_ovf: in  r1,sreg                     ;保存 sreg
    ldi     r17,131
    out     TCCR0,r17
    in      r18,PORTC                   ;读 C 口数据寄存器
    com     r18                         ;取反
    out     PORTC,r18                   ;送 C 口数据寄存器
    out     SREG,r1                     ;恢复 sreg
    reti
```

7.4.3 系统调试与仿真

对系统进行仿真，系统初始参数设置如图 7－14 所示。

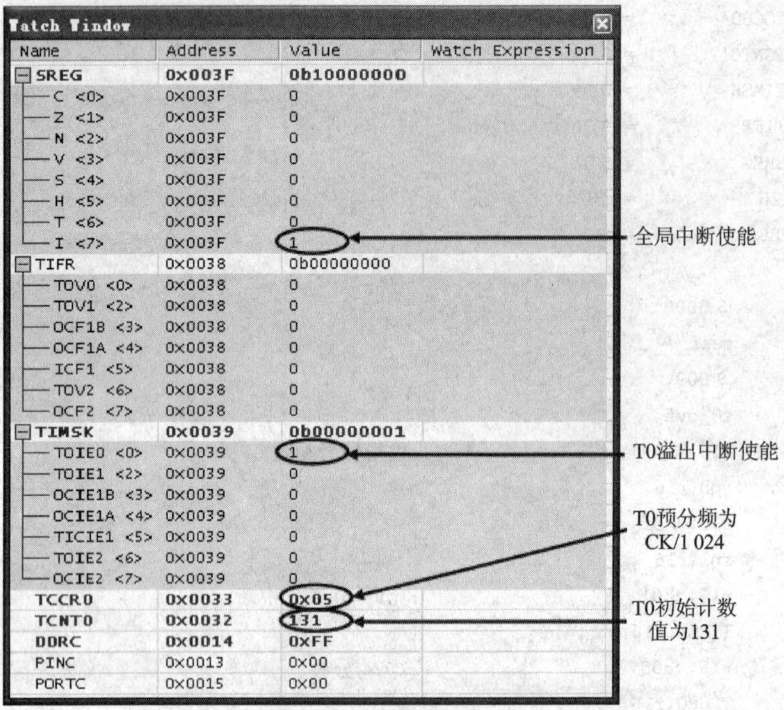

图 7－14　系统初始参数设置

当 TCNT0 计数值达到 255 时，如图 7－15 所示。

当再次发出 TCNT0 计数时，T0 溢出中断，如图 7－16 所示。

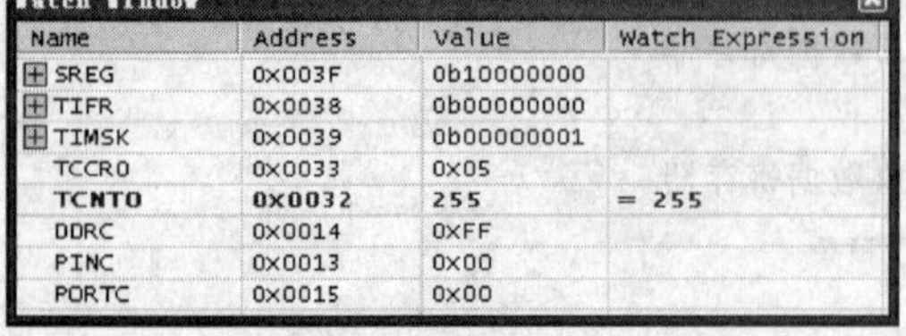

图 7－15　TCNT0 计数值达到 255

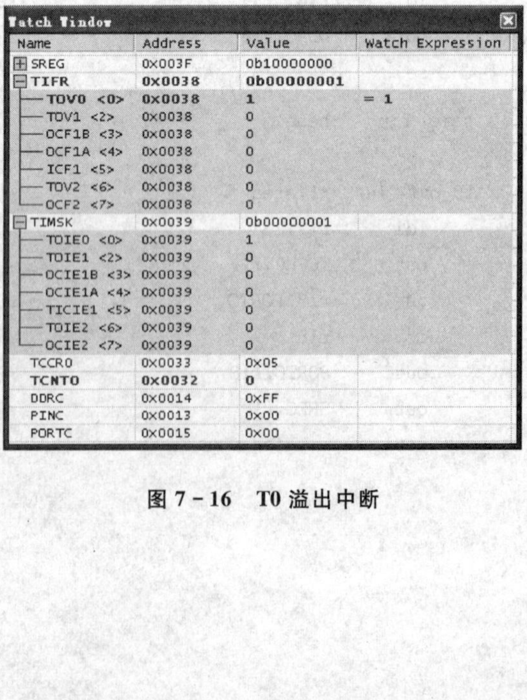

图 7－16　T0 溢出中断

此时，TCNT0 值清 0，程序进入中断服务程序，如图 7－17 所示。

同时，清 T0 溢出标志位，如图 7－18 所示。

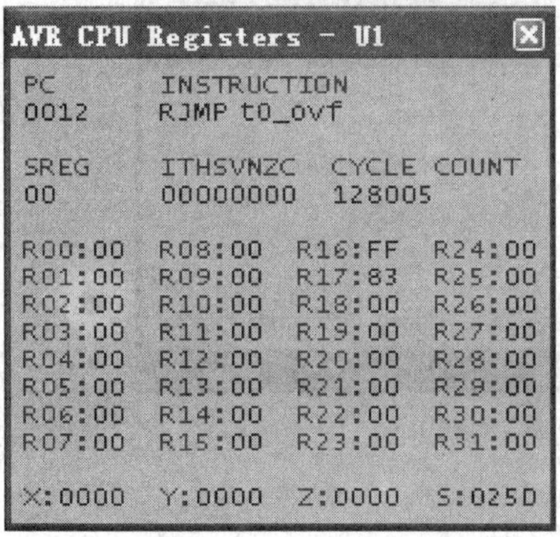
AVR CPU Registers - U1
PC INSTRUCTION
0012 RJMP t0_ovf
SREG ITHSVNZC CYCLE COUNT
00 00000000 128005
R00:00 R08:00 R16:FF R24:00
R01:00 R09:00 R17:83 R25:00
R02:00 R10:00 R18:00 R26:00
R03:00 R11:00 R19:00 R27:00
R04:00 R12:00 R20:00 R28:00
R05:00 R13:00 R21:00 R29:00
R06:00 R14:00 R22:00 R30:00
R07:00 R15:00 R23:00 R31:00
X:0000 Y:0000 Z:0000 S:025D

图 7－17　程序执行中断服务程序

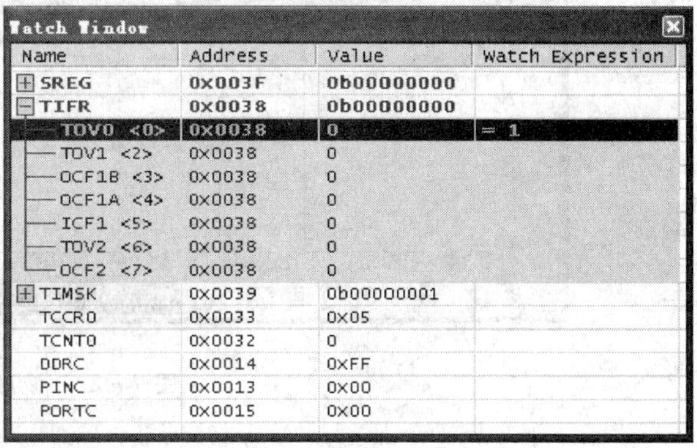
Watch Window
Name Address Value Watch Expression
SREG 0x003F 0b00000000
TIFR 0x0038 0b00000000
TOV0 <0> 0x0038 0 = 1
TOV1 <2> 0x0038 0
OCF1B <3> 0x0038 0
OCF1A <4> 0x0038 0
ICF1 <5> 0x0038 0
TOV2 <6> 0x0038 0
OCF2 <7> 0x0038 0
TIMSK 0x0039 0b00000001
TCCR0 0x0033 0x05
TCNT0 0x0032 0
DDRC 0x0014 0xFF
PINC 0x0013 0x00
PORTC 0x0015 0x00

图 7－18　清 T0 溢出标志位

在中断服务程序中，系统首先重置 TCNT0 初始计数值，如图 7－19 所示。

同时，PC 口数据取反，如图 7－20 所示。

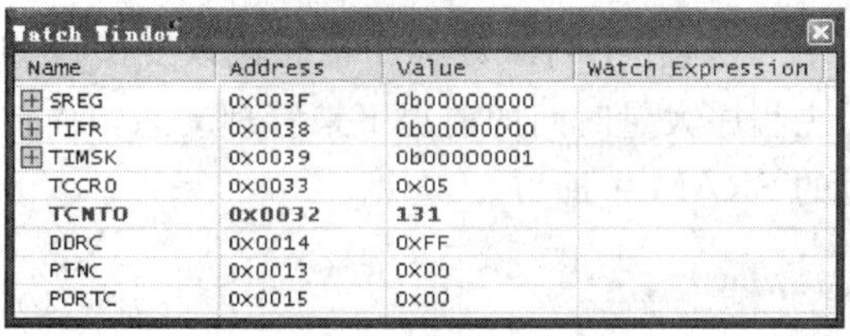
Watch Window
Name Address Value Watch Expression
SREG 0x003F 0b00000000
TIFR 0x0038 0b00000000
TIMSK 0x0039 0b00000001
TCCR0 0x0033 0x05
TCNT0 0x0032 131
DDRC 0x0014 0xFF
PINC 0x0013 0x00
PORTC 0x0015 0x00

图 7－19　程序重置 TCNT0 初始计数值

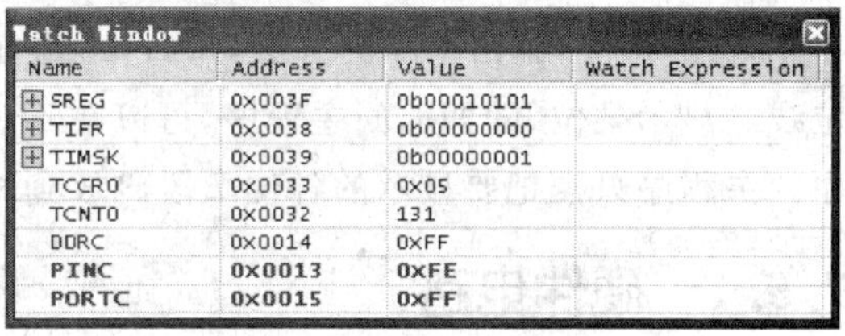
Watch Window
Name Address Value Watch Expression
SREG 0x003F 0b00010101
TIFR 0x0038 0b00000000
TIMSK 0x0039 0b00000001
TCCR0 0x0033 0x05
TCNT0 0x0032 131
DDRC 0x0014 0xFF
PINC 0x0013 0xFE
PORTC 0x0015 0xFF

图 7－20　PC 口数据取反

如此往复，在 PC 口输出方波。

用示波器查看 PC 口输出波形，结果如图 7－21 所示。

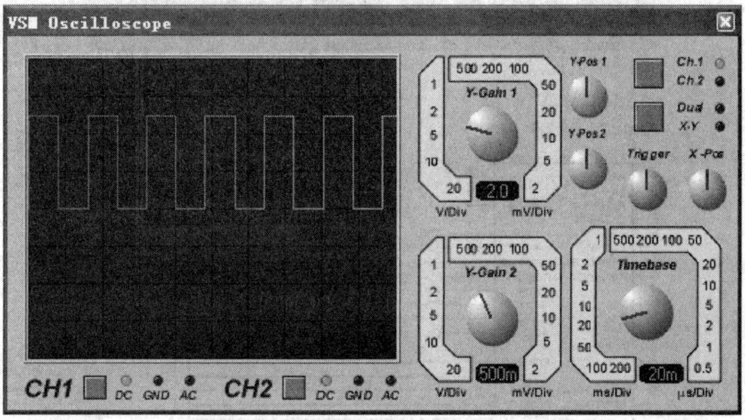

图 7－21　PC 口输出波形

用交互式仿真图标查看波形周期,结果如图 7-22 所示。

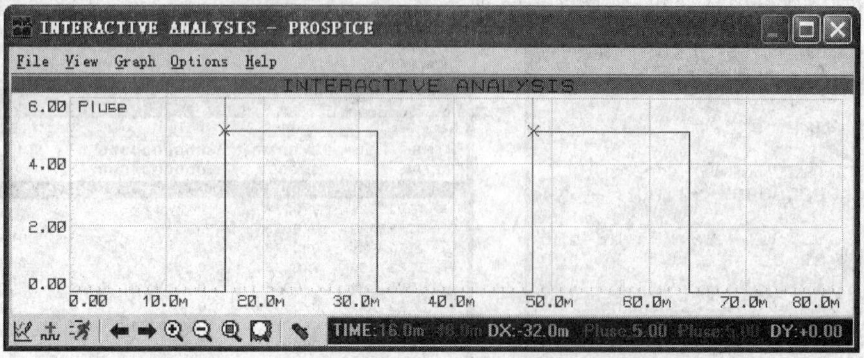

图 7-22 波形周期

图中 DX=32 ms 即为信号周期。

7.5 T/C0 应用 3——溢出中断动态扫描 5 位数码管显示

采用 T/C0 溢出中断的方法,每 2 ms 溢出中断一次,在中断服务程序中轮流改变字线和位线。显示某位,随即返回主程序,可以在不占用主程序大量时间的前提下来管理动态扫描程序。主程序只需把要显示的各位 7 段码放到相应的 SRAM 中即可。

7.5.1 硬件电路

T/C0 应用 3 硬件电路如图 7-23 所示。

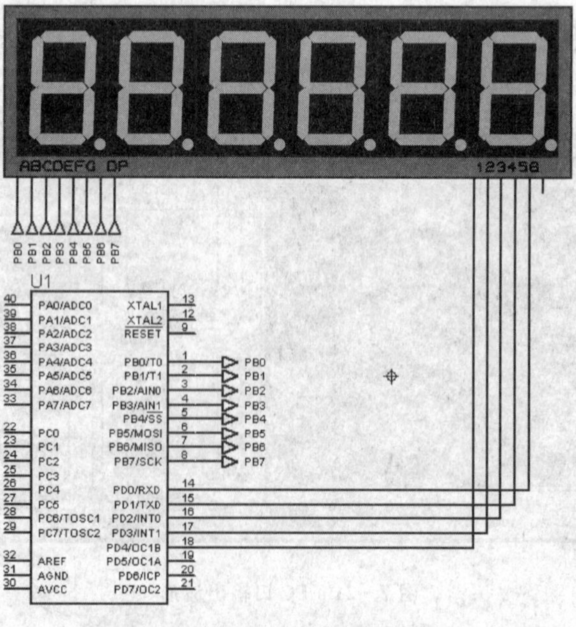

图 7-23 T/C0 应用 3 硬件电路

其中,AT90S8535 设置如图 7-24 所示。

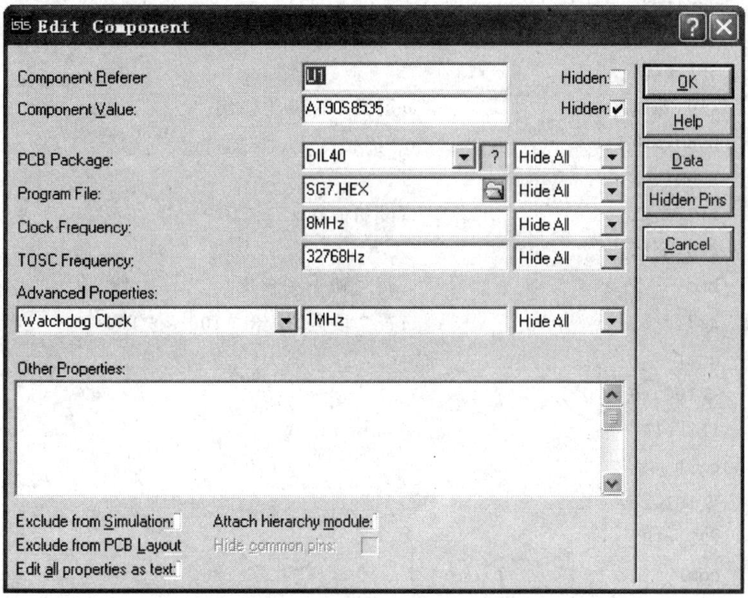

图 7-24　AT90S8535 设置

7.5.2　软件编程

系统软件程序如下:

```
.device AT90S8535
.equ    sph      = $ 3E
.equ    spl      = $ 3D
.equ    PORTB    = $ 18
.equ    DDRB     = $ 17
.equ    PINB     = $ 16
.equ    PORTD    = $ 12
.equ    DDRD     = $ 11
.equ    PIND     = $ 10
.equ    TIMSK    = $ 39
.equ    TIFR     = $ 38
.equ    SREG     = $ 3F
.equ    TCCR0    = $ 33
.equ    TCNT0    = $ 32
.def    ZH       = r31
.def    ZL       = r30

    .org    $ 0000
    rjmp    reset
    .org    $ 009
    rjmp    t0_ovf
```

```
reset: ldi  r16,$02            ;栈指针置初值
       out  sph,r16
       ldi  r16,$5f
       out  spl,r16
       ldi  r16,$ff            ;定义 PB、PD 为输出
       out  DDRB,r16
       out  DDRD,r16
       ldi  r17,$ff            ;设初值在 r17、r16
       ldi  r16,$ff
       rcall btd               ;调二转十子程序
       mov  r23,r16            ;查 7 段码,送给 $100～$104
       rcall cqml
       sts  $100,r0
       mov  r23,r17
       rcall cqml
       sts  $101,r0
       mov  r23,r18
       rcall cqml
       sts  $102,r0
       mov  r23,r19
       rcall cqml
       sts  $103,r0
       mov  r23,r20
       rcall cqml
       sts  $104,r0
       ldi  r16,$01            ;允许 T/C0 溢出中断
       out  TIMSK,r16
       ldi  r16,$03            ;64 分频,2 ms 1 位
       out  TCCR0,R16
       ldi  r16,$00            ;T/C0 置初值 0
       out  TCNT0,r16
       out  TIFR,r16
       ldi  r21,$fe            ;位线置初值
       sei
here:  rjmp here
t0_ovf: in  r1,SREG            ;保存 SREG
       cpi  r21,$fe            ;该显示个位?
       brne t21                ;否则转 t21
       lds  r20,$100           ;送个位 7 段码给字线
       out  PORTB,r20
       out  PORTD,r21          ;送个位位线
       ldi  r21,$fd            ;修改位线(下次显示十位)
       rjmp t25
t21:   cpi  r21,$fd            ;该显示十位?
       brne t22                ;否则转 t22
```

```
        lds     r20,$101            ;送十位 7 段码给字线
        out     PORTB,r20
        out     PORTD,r21           ;送十位位线
        ldi     r21,$fb             ;修改位线(下次显示百位)
        rjmp    t25
t22:    cpi     r21,$fb             ;该显示百位?
        brne    t23                 ;否则转 t23
        lds     r20,$102            ;送百位 7 段码给字线
        out     PORTB,r20
        out     PORTD,r21           ;送百位位线
        ldi     r21,$f7             ;修改位线(下次显示千位)
        rjmp    t25
t23:    cpi     r21,$f7             ;该显示千位?
        brne    t24                 ;否则转 t23
        lds     r20,$103            ;送千位 7 段码给字线
        out     PORTB,r20
        out     PORTD,r21           ;送千位位线
        ldi     r21,$ef             ;修改位线(下次显示万位)
        rjmp    t25
t24:    lds     r20,$104            ;送万位 7 段码给字线
        out     PORTB,r20
        out     PORTD,r21           ;送万位位线
        ldi     r21,$fe             ;修改位线(下次显示个位)
t25:    out     SREG,r1             ;恢复 sreg'
        reti
btd:    ser     r20                 ;r20 先送 - 1
btd_1:  inc     r20                 ;r20 增 1
        subi    r16,low(10000)      ;(r17:r16) - 10000
        sbci    r17,high(10000)
        brcc    btd_1               ;够减则返回 btd_1
        subi    r16,low( - 10000)   ;不够减则 + 10000,恢复余数
        sbci    r17,high( - 10000)
        ser     r19                 ;r19 先送 - 1
btd_2:  inc     r19                 ;r19 增 1
        subi    r16,low(1000)       ;(r17:r16) - 1000
        sbci    r17,high(1000)
        brcc    btd_2               ;够减则返回 btd_2
        subi    r16,low( - 1000)    ;不够减则 + 1000,恢复余数
        sbci    r17,high( - 1000)
        ser     r18                 ;r18 先送 - 1
btd_3:  inc     r18                 ;r18 增 1
        subi    r16,low(100)        ;(r17:r16) - 100
        sbci    r17,high(100)
        brcc    btd_3               ;够减则返回 btd_3
        subi    r16,low(-100)       ;不够减则 + 100,恢复余数
```

```
        sbci    r17,high(-100)
        ser     r17                     ;r17 先送 - 1
btd_4: inc      r17                     ;r17 增 1
        subi    r16,10                  ;(r17:r16) - 10
        brcc    btd_4                   ;够减则返回 btd_4
        subi    r16, - 10               ;不够减则 + 10,恢复余数
        ret

cqml: ldi       ZH,high(tab * 2)        ;查个位 7 段码
        ldi     ZL,low(tab * 2)
        add     ZL,r23
        lpm
        ret

tab: .db        $ 3f, $ 06, $ 5b, $ 4f, $ 66, $ 6d, $ 7d, $ 07, $ 7f, $ 6f
```

7.5.3 系统调试与仿真

对系统进行仿真,系统初始设置如图 7 - 25 所示。

系统各相关寄存器的值如图 7 - 26 所示。

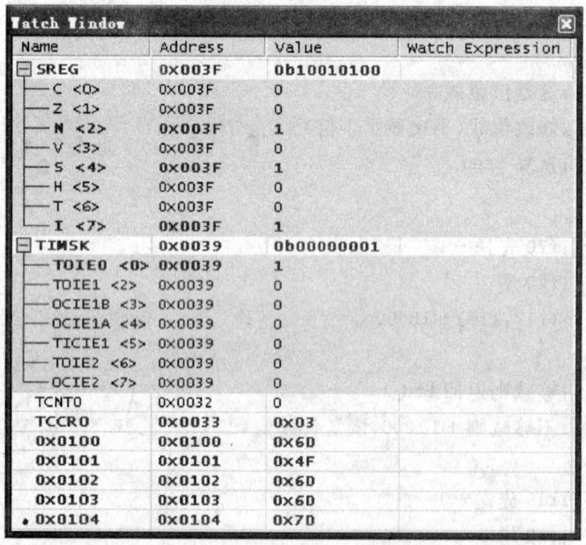

图 7 - 25 系统初始参数设置

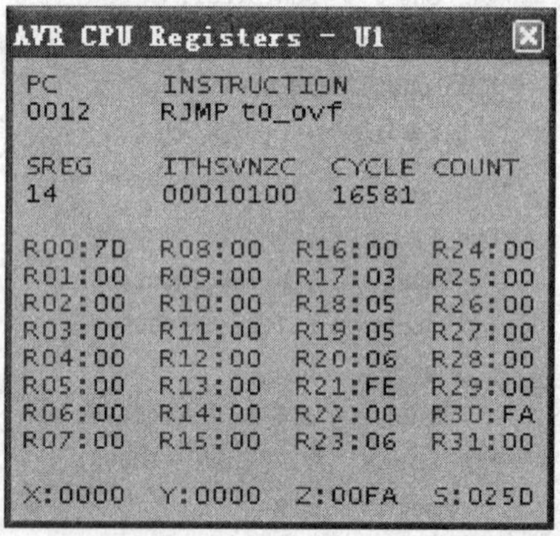

图 7 - 26 系统各相关寄存器值

当 TCNT0 计数值计满 255 时,如图 7 - 27 所示。

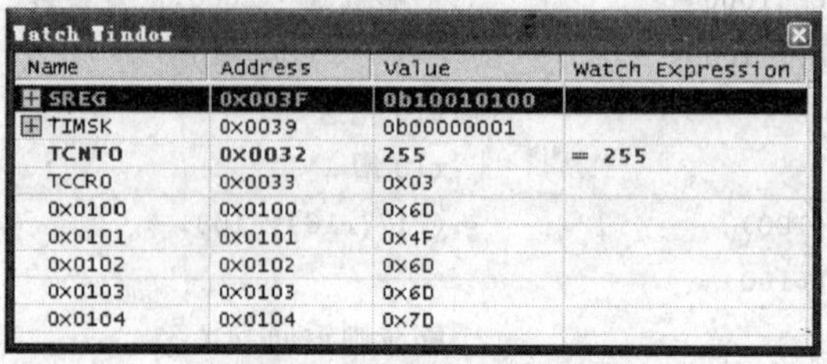

图 7 - 27 TCNT0 计数值计满 255

当下一个计数脉冲到达时，T0 溢出，程序执行 T/C0 溢出中断服务程序，如图 7－28 所示。

程序首先扫描各位，将各位字线数据、位线数据传送到端口，如图 7－29 所示。

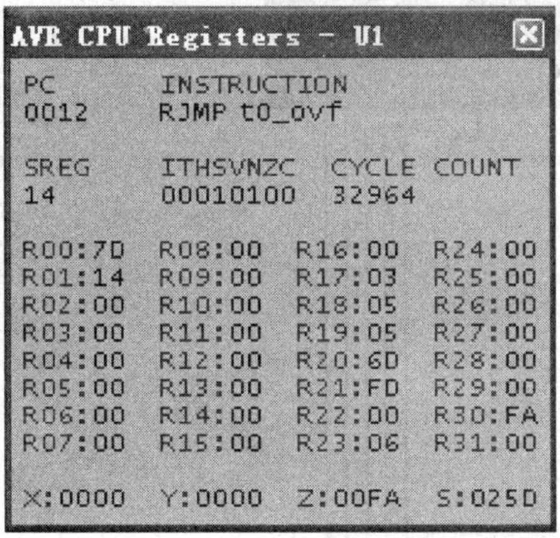
AVR CPU Registers - U1
PC 0012
INSTRUCTION RJMP t0_ovf
SREG 14
ITHSVNZC 00010100
CYCLE COUNT 32964
R00:7D R08:00 R16:00 R24:00
R01:14 R09:00 R17:03 R25:00
R02:00 R10:00 R18:05 R26:00
R03:00 R11:00 R19:05 R27:00
R04:00 R12:00 R20:6D R28:00
R05:00 R13:00 R21:FD R29:00
R06:00 R14:00 R22:00 R30:FA
R07:00 R15:00 R23:06 R31:00
X:0000 Y:0000 Z:00FA S:025D

图 7－28　程序执行 T/C0 溢出中断服务程序

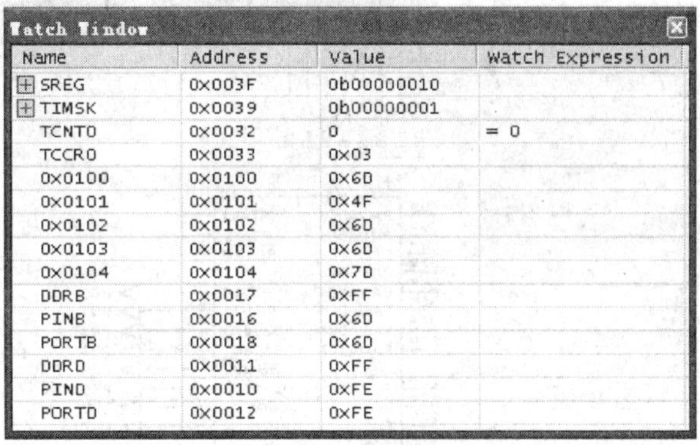
Watch Window
Name | Address | Value | Watch Expression
SREG | 0x003F | 0b00000010
TIMSK | 0x0039 | 0b00000001
TCNT0 | 0x0032 | 0 | = 0
TCCR0 | 0x0033 | 0x03
0x0100 | 0x0100 | 0x6D
0x0101 | 0x0101 | 0x4F
0x0102 | 0x0102 | 0x6D
0x0103 | 0x0103 | 0x6D
0x0104 | 0x0104 | 0x7D
DDRB | 0x0017 | 0xFF
PINB | 0x0016 | 0x6D
PORTB | 0x0018 | 0x6D
DDRD | 0x0011 | 0xFF
PIND | 0x0010 | 0xFE
PORTD | 0x0012 | 0xFE

图 7－29　字线数据、位线数据传送到端口 B 及端口 D

此时，数码管显示结果如图 7－30 所示。

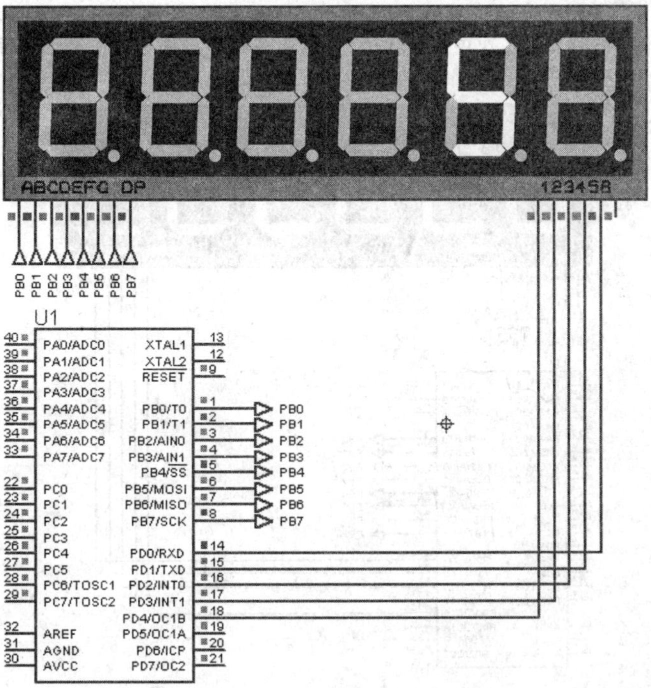

图 7－30　系统扫描各位时的数码管状态

当第二次中断发生时，中断服务程序扫描十位，系统显示十位数据，如图 7－31 所示。

如此周而复始，实现数据的动态显示，仿真结果如图 7－32 所示。

注：主程序把要显示的 16 位二进制数放在 r17、r16 中，经二转十、查 7 段码放在 $100～$104 中，位线码送初值 $FE，并对 T/C0 溢出中断初始化。在中断服务程序中判位线码，该显示哪位就送相应的字线和位

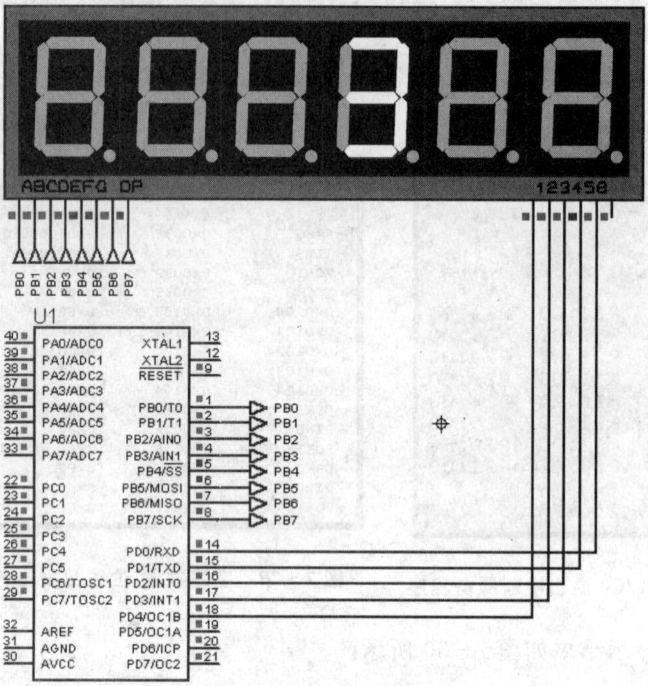

图 7-31　第二次中断发生时，中断服务程序扫描十位仿真结果图

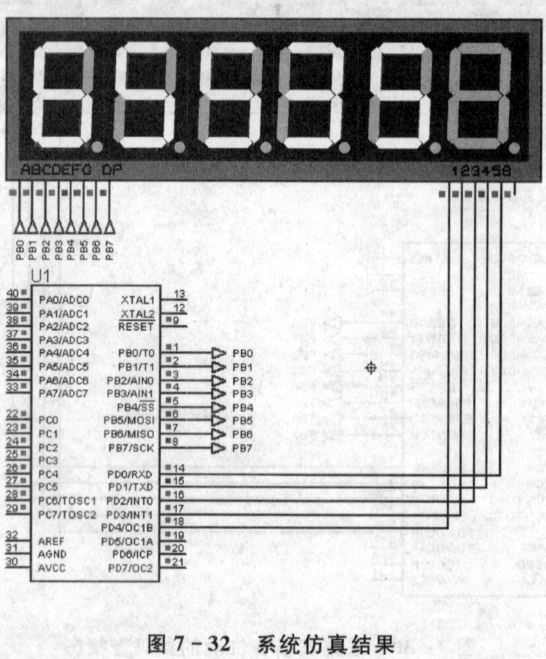

图 7-32　系统仿真结果

线，再修改位线码，为下次中断做好准备，然后立刻返回主程序。2 ms 以后，T/C0 又溢出中断，送字线和位线，开始显示下一位，并修改位线码，中断返回。这样个、十、百、千及万位循环反复显示，每位显示 2 ms，10 ms显示 1 遍(5 位)，每秒显示 100 遍。这样，可以看到 5 位稳定的数码显示。T/C0 溢出中断占用的时间只是几微秒(μs)，绝大多数时间都可以给主程序使用。

7.6 定时器/计数器 1(T/C1)

7.6.1 T/C1 的结构、特点及作用

定时器/计数器 1 是 16 位加 1 计数器,它可用于定时(时钟源选择 CK 或其分频),也可用于外部引脚 T1 脉冲信号计数,还可以停止不用。这些与定时器/计数器 0 功能一样,只不过定时器/计数器 1 是 16 位计数器,计数值为 $0000～$FFFF,再加 1 则溢出,且计数器清 0。由定时器/计数器 1 控制寄存器 TCCR1B 中的低 3 位确定是外计数还是定时,及其对主频的分频系数。

溢出状态标志位在定时器/计数器中断标志寄存器 TIFR 中。

定时器/计数器 1 的中断使能/禁止位设置在定时器/计数器中断的控制屏蔽寄存器 TIMSK 中。

当定时器/计数器 1 外计数时,为了确保 CPU 对外部信号获取正确的采样,外部信号两种电平转换之间的最短时间至少为 1 个内部 CPU 的时钟周期。由于外部时钟信号是在内部 CPU 时钟的上升沿被采样的,所以外部信号高、低电平时间均应大于 1 个 CPU 时钟周期。若外部信号是对称方波,则其信号频率也应低于时钟频率的 1/2。

此外,定时器/计数器 1 还具有比较匹配输出功能,其内部带有 2 个输出比较寄存器——OCR1A 和 OCR1B。当 T/C1 的值与其中一个相等时,相应比较输出引脚自动产生跳变,还可清除 T/C1。这种比较匹配输出功能可使引脚在事先预定的时刻发生跳变或中断,而不用 CPU 随时关照,以节省 CPU 的时间。

定时器/计数器 1 可用作 8 位、9 位或 10 位 PWM 脉冲调制器。在此模式下,定时器和 OCR1A/OCR1B 寄存器用于 2 个无尖峰干扰的中心对称的 PWM。PWM 脉冲经滤波,可得到模拟电压信号。改变 PWM 脉冲的占空比,即可改变模拟电压的大小。这种 PWM 脉冲还有利于隔离抗干扰,只用 1 个光耦隔离即可。

定时器/计数器 1 还具有输入捕获功能。其内部带有输入捕获寄存器——ICR1,当输入引脚发生规定的跳变时,T/C1 的值被传送到输入捕获寄存器中。这样,不用 CPU 随时关照,即可自动记录事件发生的时间,以节省 CPU 的时间。捕获事件设置由定时器/计数器 1 的控制寄存器 TCCR1B 来定义。

另外,模拟比较器也可触发输入捕获。

ICP 引脚逻辑如图 7-33 所示。

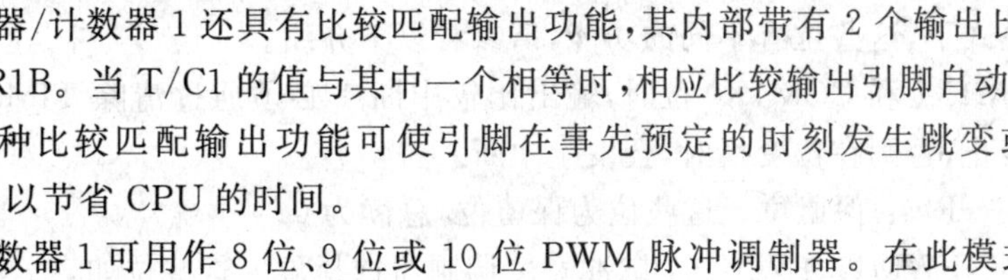

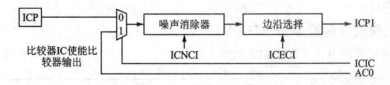

图 7-33 ICP 引脚逻辑图

如果噪音清除器使能,则触发信号要进行 4 次采样。只有当 4 个采样值都相等时,才会触发捕获标志。输入引脚信号以 XTAL 的时钟频率被采样。

7.6.2 T/C1 相关的 I/O 寄存器

1. T/C1 控制寄存器 A——TCCR1A

T/C1 控制寄存器 A——TCCR1A 的定义如下：

BIT	7	6	5	4	3	2	1	0	
$2F($4F)	COM1A1	COM1A0	COM1B1	COM1B0	—	—	PWM11	PWM10	TCCR1A
读/写	R/W	R/W	R/W	R/W	R	R	R/W	R/W	

注：初始化值为$00。

位 7、位 6——COM1A1、COM1A0：比较输出模式 1A。COM1A1 和 COM1A0 控制位决定了在 T/C1 中比较匹配之后的输出引脚事件。输出引脚事件影响 OC1A，即输出比较 A 引脚 1。由于这是对 I/O 口的可替换功能，相应的方向控制位必须设为 1，以便对输出引脚进行控制。控制设置如表 7-5 所列。

位 5、位 4——COM1B1、COM1B0：比较输出模式 1B。COM1B1 和 COM1B0 控制位决定了在 T/C1 中比较匹配之后的输出引脚事件。输出引脚事件影响 OC1B，即输出比较 B 引脚 1。由于这是对 I/O 口的可替换功能，相应的方向控制位必须设为 1，以便对输出引脚进行控制。控制设置如表 7-2 所列。

在 PWM 模式下，这些位有不同的功能，请参看以下介绍。

当变换 COM1X1 和 COM1X0 位时，输出比较中断 1 必须通过清除 TIMSK 寄存器中的中断使能位来禁止；否则在位变换时，会发生中断。

位 3、位 2——Res：保留位。这些位为保留位，总读为 0。

位 1、位 0——PWM11、PWM10：脉冲宽度调制器选择位。这些位如表 7-3 中指明的、选择 T/C1 的 PWM 操作。

表 7-2 比较 1 模式选择

COM1A1	COM1A0	说 明
0	0	定时器/计数器 1 与输出脚 OC1X 不连接
0	1	触发 OC1X 输出线
1	0	清除 OC1X 输出线(为 0)
1	1	设置 OC1X 输出线(为 1)

注：X=A 或 B。

表 7-3 PWM 模式选择

PWM11	PWM10	说 明
0	0	禁止定时器/计数器 1 的 PWM 操作
0	1	定时器/计数器 1 为 8 位 PWM
1	0	定时器/计数器 1 为 9 位 PWM
1	1	定时器/计数器 1 为 10 位 PWM

2. T/C1 控制寄存器 B——TCCR1B

T/C1 控制寄存器 B——TCCR1B 的定义如下：

BIT	7	6	5	4	3	2	1	0	
$2E($4E)	ICNE1	ICES1	—	—	CTC1	CS12	CS11	CS10	TCCR1B
读/写	R/W	R/W	R	R	R/W	R/W	R/W	R/W	

注：初始化值为$00。

位 7——ICNE1：输入捕获噪音清除器(4CKs)。当 ICNE1 位清 0 时，输入捕获噪音清除器功能被禁止。输入捕获在指定的 ICP(即输入捕获引脚)上被采样的第一个上升/下降沿处被激活。当 ICNE1 被设为 1 时，4 个延续的采样成为 ICP(即输入捕获引脚)上的测量值，所有的采样需为高/低电平，取决于 ICNE1 位的输入捕获触发特性。实际的采样频率为 XTAL 时钟频率。

位 6——ICES1：输入捕获 1 边沿选择。当 ICES1 位清 0 时，定时器/计数器 1 的内容被传输到输入捕获寄存器 ICR1 中，即在输入捕获引脚 ICP 的下降边沿。当 ICES1 位被设为 1 时，定时器/计数器 1 的内容被传输到输入捕获寄存器 ICR1 中，即在输入捕获引脚 ICP 的上升边沿。

位 5、位 4——Res：保留位。这些位为保留位，总读 0。

位 3——CTC1：在比较匹配上清除定时器/计数器 1。当 CTC1 控制位被设为 1 时，在比较匹配之后，定时器/计数器被复位到时钟周期中的 $0000。若 CTC1 控制位被清除，则定时器/计数器 1 继续计算，直到它被停止、清除、溢出或改变方向。在 PWM 模式下，该位无效。

位 2～位 0——CS12、CS11、CS10：时钟选择 1。时钟选择 1 的位 2、位 1、位 0 定义了定时器/计数器 1 的预定比例源，如表 7-4 所列。

表 7-4 T/C1 的预定比例源

CS12	CS11	CS10	说 明	CS12	CS11	CS10	说 明
0	0	0	停止 T/C1 被停止	1	0	0	CK/256
0	0	1	CK	1	0	1	CK/1024
0	1	0	CK/8	1	1	0	外部 T1 脚，下降沿
0	1	1	CK/64	1	1	1	外部 T1 脚，上升沿

3. T/C1 数据寄存器——TCNT1H 和 TCNT1L

T/C1 数据寄存器——TCNT1H 和 TCNT1L 的定义如下：

BIT	15	14	13	12	11	10	9	8	
$2D($4D)	MSB								TCNT1H
读/写	R/W	R/W	R/W	R/W	R/W	R/W	R/W	R/W	
BIT	7	6	5	4	3	2	1	0	
$2C($4C)								LSB	TCNT1L
读/写	R/W	R/W	R/W	R/W	R/W	R/W	R/W	R/W	

注：初始化值为 $0000。

这个 16 位的寄存器包括 16 位 T/C1 的预定比例值。为确保 CPU 访问这些寄存器时，高、低字节被同时读/写，故使用一个 8 位的暂存寄存器(TEMP)来完成访问。

(1) TCNT1 定时器/计数器 1 写入

当 CPU 向高字节 TCNT1H 写入时，写入的数据被放入 TEMP 寄存器中。然后，当 CPU 向低字节 TCNT1L 写入时，数据的字节与 TEMP 寄存器中的字节数据组合，且全部的 16 位同步地向 TCNT1 定时器/计数器 1 寄存器写入。作为结果，高字节的 TCNT1H 必须被先访问，以便完成全 16 位寄存器的写入操作。

(2) TCNT1 定时器/计数器 1 读取

当 CPU 读低字节 TCNT1L 时，低字节 TCNT1L 的数据被传送到 CPU，并且高字节 TCNT1H的数据被放置于 TEMP 寄存器中；当 CPU 读高位字节 TCNT1H 时，CPU 接收 TEMP 寄存器中的数据。作为结果，低字节的 TCNT1L 必须先被访问，以便完成全 16 位寄存器的读取操作。定时器/计数器 1 随着读/写访问，实行向上计数或向上/向下计数（在 PWM 方式）。

如果定时器/计数器 1 已被写入且时钟源已被选择，则定时器/计数器 1 在被设置后的定时时钟周期内连续计数。

4. T/C1 输出比较寄存器——OCR1AH 和 OCR1AL

T/C1 输出比较寄存器——OCR1AH 和 OCR1AL 的定义如下：

BIT	15	14	13	12	11	10	9	8	
$2B($4B)	MSB								OCR1AH
读/写	R/W	R/W	R/W	R/W	R/W	R/W	R/W	R/W	
BIT	7	6	5	4	3	2	1	0	
$2A($4A)								LSB	OCR1AL
读/写	R/W	R/W	R/W	R/W	R/W	R/W	R/W	R/W	

注：初始化值为 $0000。

5. T/C1 输出比较寄存器——OCR1BH 和 OCR1BL

T/C1 输出比较寄存器——OCR1BH 和 OCR1BL 的定义如下：

BIT	15	14	13	12	11	10	9	8	
$29($49)	MSB								OCR1BH
读/写	R/W	R/W	R/W	R/W	R/W	R/W	R/W	R/W	
BIT	7	6	5	4	3	2	1	0	
$28($48)								LSB	OCR1BL
读/写	R/W	R/W	R/W	R/W	R/W	R/W	R/W	R/W	

注：初始化值为 $0000。

输出比较寄存器为一个 16 位的读/写寄存器。定时器/计数器 1 输出比较寄存器包括了将要连续地与定时器/计数器 1 相比较的数据。比较匹配的操作在定时器/计数器 1 的控制和状态寄存器中被区分。

由于输出比较寄存器——OCR1A 和 OCR1B 为一个 16 位的寄存器，当 OCR1A/B 被写入时，须使用临时寄存器 TEMP，以确保全部的字节被同时写入。当 CPU 写高位字节时，OCR1AH 或 OCR1BH 数据临时存储在寄存器 TEMP 中；当 CPU 写低字节时，OCR1AL、OCR1BH 或 TEMP 寄存器同步地向 OCR1AH 或 OCR1BH 写入。

作为结果，高位的 OCR1AH 或 OCR1BH 必须被先写入，以便完成全部的 16 位寄存器的写入操作。

6. T/C1 输入捕获寄存器——ICR1H 和 ICR1L

T/C1 输入捕获寄存器——ICR1H 和 ICR1L 的定义如下：

表 7-12

BIT	15	14	13	12	11	10	9	8	
\$27(\$47)	MSB								ICR1H
读/写	R/W	R/W	R/W	R/W	R/W	R/W	R/W	R/W	
BIT	7	6	5	4	3	2	1	0	
\$26(\$46)								LSB	ICR1L
读/写	R/W	R/W	R/W	R/W	R/W	R/W	R/W	R/W	

注：初始化值为\$0000。

输入捕获寄存器为一个 16 位只读寄存器。当在输入捕获引脚 ICP 上信号的上升沿或下降沿(根据输入捕获边沿设置——ICES1)被检测到时，定时器/计数器 1 的当前值被传输到输入捕获寄存器 ICR1，同时，输入捕获标志 ICF1 被设置为 1。

由于输入捕获寄存器 ICR1 为一个 16 位寄存器，当 ICR1 被读出时，使用了一个临时寄存器 TEMP，以确保全部字节被同时读出。当 CPU 读取低位字节 ICR1L 时，数据被送入 CPU，且高位字节 ICR1H 的数据被放置在 TEMP 寄存器中；当 CPU 读取高位字节 ICR1H 中的数据时，CPU 接收 TEMP 寄存器中的数据。作为结果，低位字节 ICR1L 必须先被访问到，以便完成一个全 16 位寄存器的读取操作。

7.6.3 PWM 模式下的 T/C1

当选择 PWM 模式时，定时器/计数器 1 以及输出比较寄存器 OCR1A 和输出比较寄存器 OCR1B 形成一个双 8 位、9 位或 10 位无尖峰、自运行的 PWM。定时器/计数器 1 作为向上/向下的计数器，从\$000 计到顶，然后反向减到\$000，不断循环重复。当计数器中的值和 OCR1A/OCR1B 的值(低 8、9、10 位)相匹配时，OC1A/OC1B 引脚按照定时器/计数器 1 控制寄存器 TCCR1A 中 COM1A1、COM1A0 或 COM1B1、COM1B0 位的设置而动作(被设置或清除)。

定时器 TOP 值和 PWM 频率关系如表 7-5 所列。

PWM 方式时比较 1 方式选择如表 7-6 所列。

表 7-5　定时器 TOP 值和 PWM 频率

PWM 分辨率	定时器 TOP 值	频　率
8 位	\$00FF(255)	$f_{TC1}/510$
9 位	\$01FF(511)	$f_{TC1}/1022$
10 位	\$03FF(1023)	$f_{TC1}/2046$

表 7-6　在 PWM 方式时比较 1 方式选择

COM1X1	COM1X0	在 OCX1 上的作用
0	0	不用作 PWM
0	1	不用作 PWM
1	0	向上计数时匹配清除 OC1，向下计数时匹配置位 OC1(正向 PWM)
1	1	向下计数时匹配清除 OC1，向上计数时匹配置位 OC1(反向 PWM)

注：X=A 或 B。

注意：在 PWM 模式下，当后 10 位 OCR1A/OCR1B 位被写入时，它们被送入临时地址；当定时器/计数器 1 到达 TOP 时，它们被锁存。这就防止了在非同步 OCR1A/OCR1B 写入事件中发生奇数长的 PWM 脉冲（误操作），如图 7－34 所示。

当 OCR1 包含 $0000 或 TOP 时，输出 OC1A/OC1B 根据 COM1A1 和 COM1A0 或 COM1B1 和 COM1B0 的设置保持低或高，如表 7－7 所列。

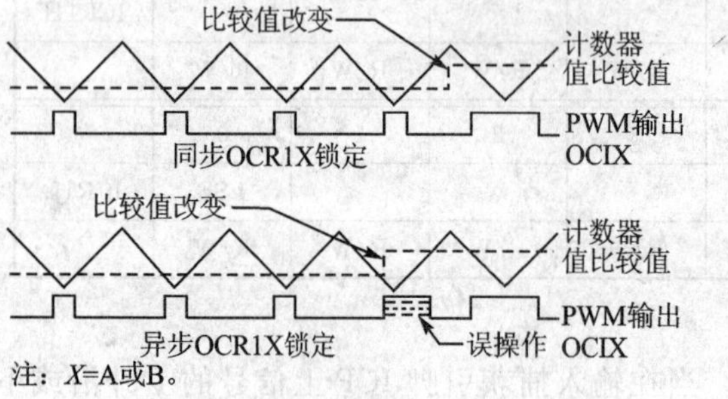

图 7－34　有效的非同步 OCR1 锁存

表 7－7　PWM 输出 OCR1X 等于 $0000 或 TOP

COM1X1	COM1X0	OCR1X	OC1X
1	0	$0000	L
1	0	TOP	H
1	1	$0000	H
1	1	TOP	L

在 PWM 模式下，当计数器在方向 $0000 时，定时器溢出标志 1——TOV1 被设置。定时器溢出中断 1 以正常的定时器/计数器模式工作。比如，当 TOV1 被设置，从而提供了定时器溢出中断 1 和全局中断为使能时，它被执行。这也同样适用于定时器输出比较 1 的标志和中断。

7.7　T/C1 应用 1——测量脉冲频率

脉冲加到 PB1(T1)引脚，5 位数码管动态扫描显示脉冲频率。频率即单位时间的脉冲数。T/C1 用于外计数方式，每上升沿计数 1 次；T/C0 为定时方式，8 MHz 的晶振频率，256 分频，每 32 μs 计一个数。若 T/C0 每次置初值 6，即每计数 250 次溢出 1 次，则溢出时间的间隔为 8 ms。这样，每溢出 125 次即为 1 s。每隔 1 s，求出定时器/计数器 1 的增加量，即为脉冲频率。

7.7.1　硬件电路

T/C1 应用 1 硬件电路图如图 7－35 所示。

其中，AT90S8535 设置如图 7－36 所示。

7.7.2　软件编程

系统软件程序如下：

```
.device AT90S8535
.equ    sph          = $ 3E
.equ    spl          = $ 3D
.equ    PORTB        = $ 18
.equ    DDRB         = $ 17
.equ    PINB         = $ 16
.equ    PORTC        = $ 15
```

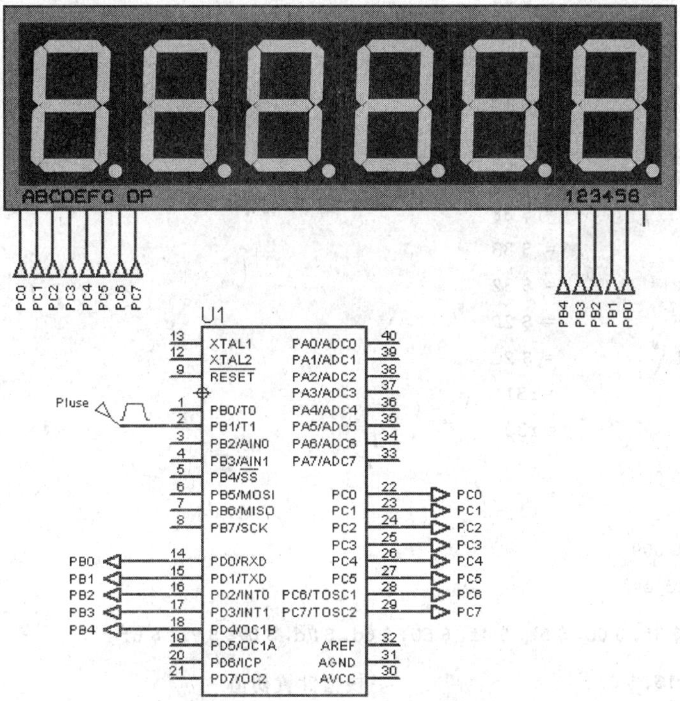

图 7-35　T/C1 应用 1 硬件电路

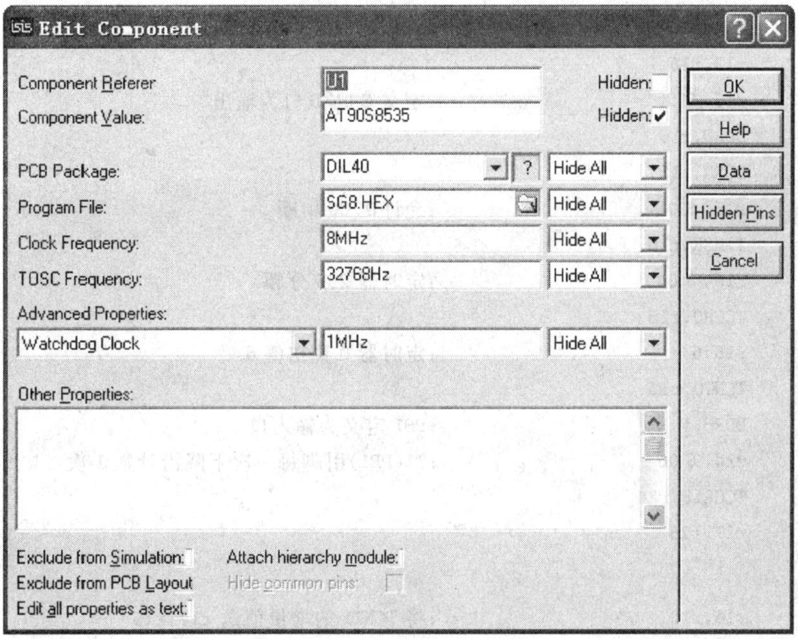

图 7-36　AT90S8535 设置

```
.equ    DDRC        = $ 14
.equ    PINC        = $ 13
.equ    PORTD       = $ 12
.equ    DDRD        = $ 11
.equ    PIND        = $ 10
.equ    TIMSK       = $ 39
.equ    TCCR1B      = $ 2E
.equ    SREG        = $ 3F
.equ    TCCR0       = $ 33
.equ    TCNT0       = $ 32
.equ    TCNT1H      = $ 2D
.equ    TCNT1L      = $ 2C
.def     ZH         = r31
.def     ZL         = r30
    .org     $ 0000
    rjmp    main
    .org     $ 009
    rjmp    t0_ovf
tab: .db     $ 3f, $ 06, $ 5b, $ 4f, $ 66, $ 6d, $ 7d, $ 07, $ 7f, $ 6f
main: ldi    r16, $ 02                    ;栈指针置初值
    out     sph,r16
    ldi     r16, $ 5f
    out     spl,r16
    ldi     r16,0
    mov     r12,r16
    mov     r13,r16
    ldi     r16, $ ff                     ;定义 C 口、D 口为输出
    out     DDRD,r16
    out     DDRC,r16
    ldi     r16, $ 01                     ;允许 T/C0 中断
    out     TIMSK,r16
    ldi     r16, $ 04                     ;定时器 256 分频
    out     TCCR0,r16
    ldi     r16,6                         ;定时器 0 置初值 6
    out     TCNT0,r16
    cbi     DDRB,1                        ;PB1 定义为输入口
    ldi     r24, $ 06                     ;T1(PB1)引脚每一次下降沿计数 1 次
    out     TCCR1B,r24
    ldi     r27,125
    sei
loop: mov    r16,r10                      ;将 TCNT1 的增量值送 r17、r16
    mov     r17,r11
    rcall   btd                           ;调二转十子程序
    mov     r22,r20
```

```
    mov     r21,r19
    mov     r20,r18
    mov     r19,r17
    mov     r18,r16
    rcall   smiao                   ;调动态扫描显示子程序
    rjmp    loop
t0_ovf: in  r1,sreg                 ;保护现场
    ldi     r24,6                   ;T/C0 送初值
    out     TCNT0,r24
    subi    r27,1                   ;中断计数减 1
    brne    tt                      ;不为 0,则返回
    in      r10,TCNT1L              ;读 TCNT1 计数值到 r11、r10
    in      r11,TCNT1H
    push    r10                     ;入栈保存
    push    r11
    sub     r10,r12                 ;求 2 次 T/C1 计数差值
    sbc     r11,r13
    pop     r13                     ;将本次 T/C1 计数值放入 r13、r12 中
    pop     r12                     ;为下次计算计数器差值做准备
    ldi     r27,125
tt: out     sreg,r1                 ;恢复现场
    reti
btd: ser    r20                     ;r20 先送 -1
btd_1: inc  r20                     ;r20 增 1
    subi    r16,low(10000)          ;(r17:r16) - 10000
    sbci    r17,high(10000)
    brcc    btd_1                   ;够减,则返回 btd_1
    subi    r16,low(-10000)         ;不够减,则 +10000,恢复余数
    sbci    r17,high(-10000)
    ser     r19                     ;r19 先送 -1
btd_2: inc  r19                     ;r19 增 1
    subi    r16,low(1000)           ;(r17:r16) - 1000
    sbci    r17,high(1000)
    brcc    btd_2                   ;够减,则返回 btd_2
    subi    r16,low(-1000)          ;不够减,则 +1000,恢复余数
    sbci    r17,high(-1000)
    ser     r18                     ;r18 先送 -1
btd_3: inc  r18                     ;r18 增 1
    subi    r16,low(100)            ;(r17:r16) - 100
    sbci    r17,high(100)
```

```
        brcc    btd_3                   ;够减则返回 btd_3
        subi    r16,low(-100)           ;不够减,则+100,恢复余数
        sbci    r17,high(-100)
        ser     r17                     ;r17 先送-1
btd_4: inc      r17                     ;r17 增 1
        subi    r16,10                  ;(r17:r16)-10
        brcc    btd_4                   ;够减则返回 btd_4
        subi    r16,-10                 ;不够减,则+10,恢复余数
        ret
smiao: ldi      r16,$fe                 ;送个位位线
        out     PORTD,r16
        mov     r23,r18                 ;将个位的 BCD 码送 r23
        rcall   cqb                     ;查 7 段码,送 B 口输出
        rcall   t1ms                    ;延时 1 ms
        ldi     r16,$fd                 ;送十位位线
        out     PORTD,r16
        mov     r23,r19                 ;将十位的 BCD 码送 r23
        rcall   cqb                     ;查 7 段码,送 B 口输出
        rcall   t1ms                    ;延时 1 ms
        ldi     r16,$fb                 ;送百位位线
        out     PORTD,r16
        mov     r23,r20                 ;将百位的 BCD 码送 r23
        rcall   cqb                     ;查 7 段码,送 B 口输出
        rcall   t1ms                    ;延时 1 ms
        ldi     r16,$f7                 ;送千位位线
        out     PORTD,r16
        mov     r23,r21                 ;将千位的 BCD 码送 r23
        rcall   cqb                     ;查 7 段码,送 B 口输出
        rcall   t1ms                    ;延时 1 ms
        ldi     r16,$ef                 ;送万位位线
        out     PORTD,r16
        mov     r23,r22                 ;将万位的 BCD 码送 r23
        rcall   cqb                     ;查 7 段码,送 B 口输出
        rcall   t1ms                    ;延时 1 ms
        ret
t1ms: ldi       r24,101                 ;延时 1 ms 子程序
        push    r24
del2: push      r24
del3: dec       r24
        brne    del3
```

```
      pop     r24
      dec     r24
      brne    del2
      pop     r24
      ret
cqb: ldi     ZH,high(tab * 2)            ;查个位 7 段码
      ldi     ZL,low(tab * 2)
      add     ZL,r23
      lpm
      out     PORTC,r0
      ret
```

7.7.3 系统调试与仿真

对定时器/计数器 1 应用 1 系统进行调试并仿真。系统采用 PROTEUS 软件提供的信号发生器产生脉冲信号。

系统脉冲信号参数的设置如图 7 - 37 所示。

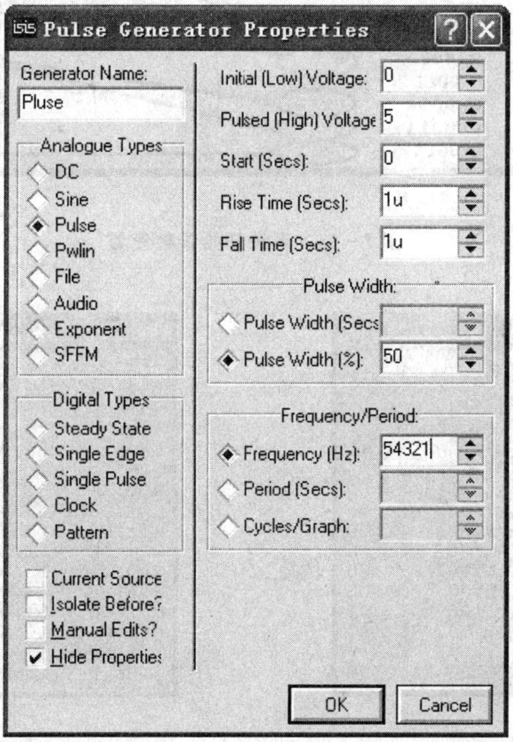

图 7 - 37 脉冲信号参数设置

对系统进行仿真，系统的初始参数设置如图 7 - 38 所示。

各寄存器的初始值如图 7 - 39 所示。

当 1 s 定时到时，r27 即为 0，如图 7－40 所示。

此时，系统各寄存器参数如图 7－41 所示。

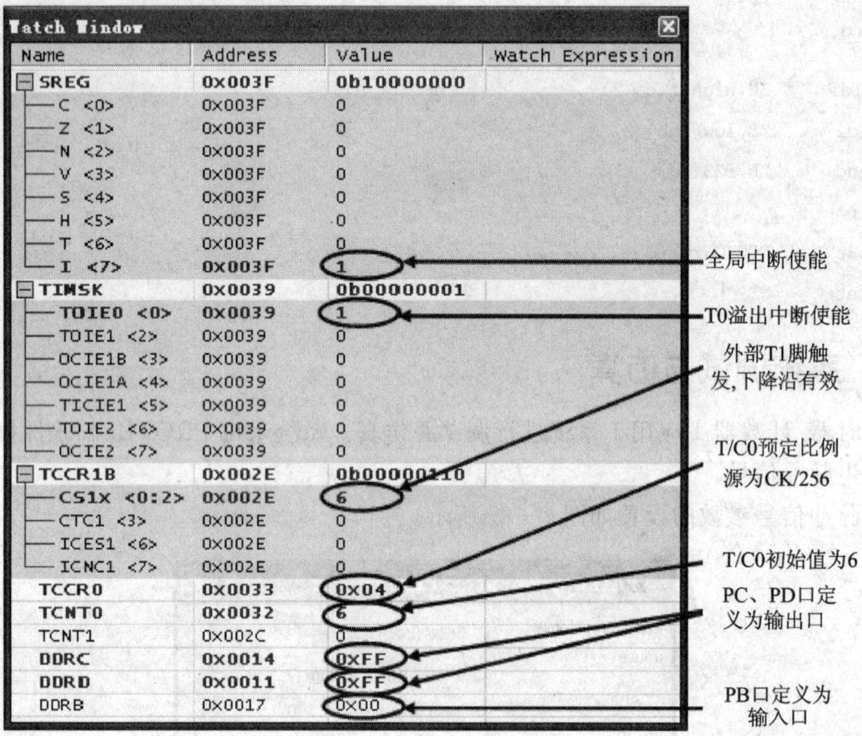

图 7－38　系统初始参数设置

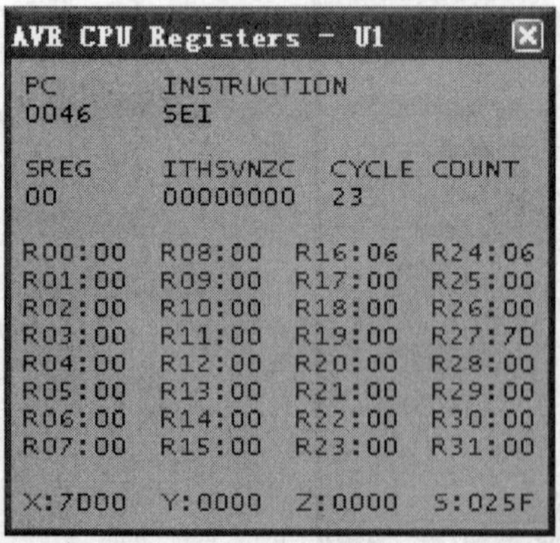

图 7－39　系统各相关寄存器初始值

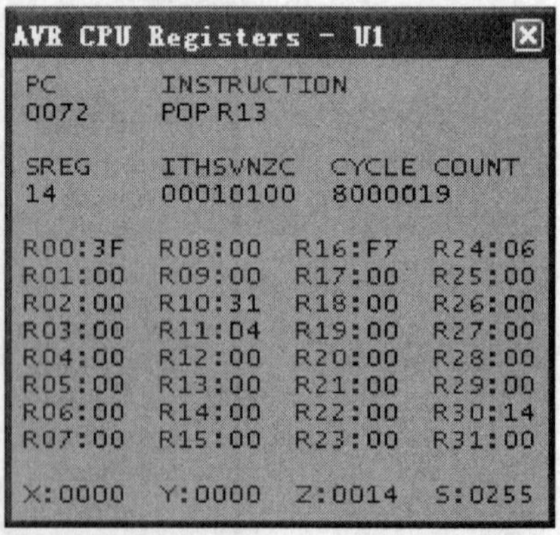

图 7－40　r27＝0

程序计算出输入脉冲的频率后，经数制变换，显示在数码管上，如图 7－42 所示。

当改变输入信号频率时，输入信号设置如图 7－43 所示。

对系统进行仿真，系统仿真结果如图 7－44 所示。

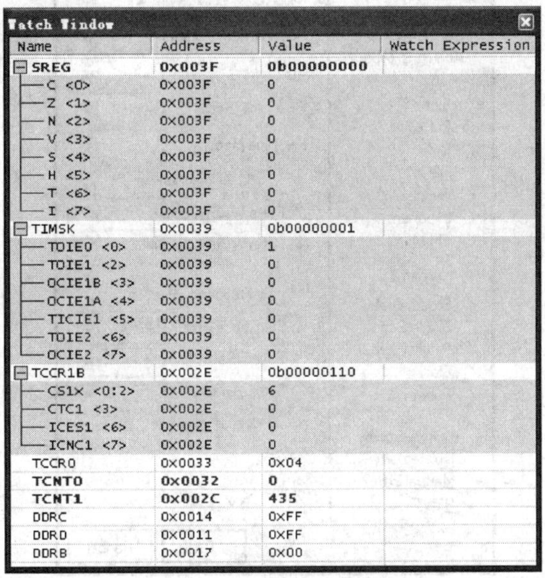

Watch Window

Name	Address	Value	Watch Expression
SREG	0x003F	0b00000000	
C <0>	0x003F	0	
Z <1>	0x003F	0	
N <2>	0x003F	0	
V <3>	0x003F	0	
S <4>	0x003F	0	
H <5>	0x003F	0	
T <6>	0x003F	0	
I <7>	0x003F	0	
TIMSK	0x0039	0b00000001	
TOIE0 <0>	0x0039	1	
TOIE1 <2>	0x0039	0	
OCIE1B <3>	0x0039	0	
OCIE1A <4>	0x0039	0	
TICIE1 <5>	0x0039	0	
TOIE2 <6>	0x0039	0	
OCIE2 <7>	0x0039	0	
TCCR1B	0x002E	0b00000110	
CS1x <0:2>	0x002E	6	
CTC1 <3>	0x002E	0	
ICES1 <6>	0x002E	0	
ICNC1 <7>	0x002E	0	
TCCR0	0x0033	0x04	
TCNT0	0x0032	0	
TCNT1	0x002C	435	
DDRC	0x0014	0xFF	
DDRD	0x0011	0xFF	
DDRB	0x0017	0x00	

图 7-41 1 s 定时时间到，系统各寄存器参数

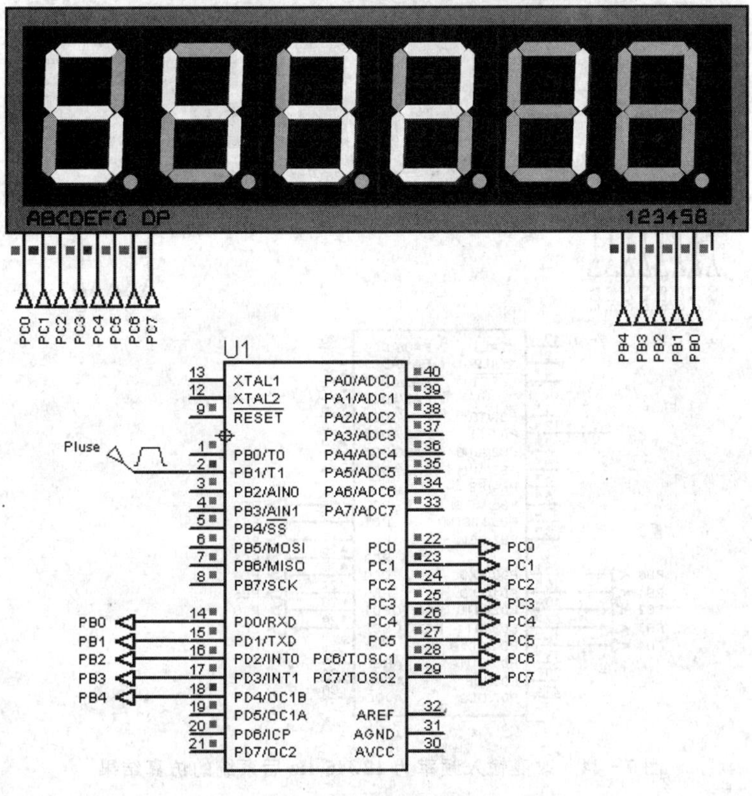

图 7-42 系统仿真结果

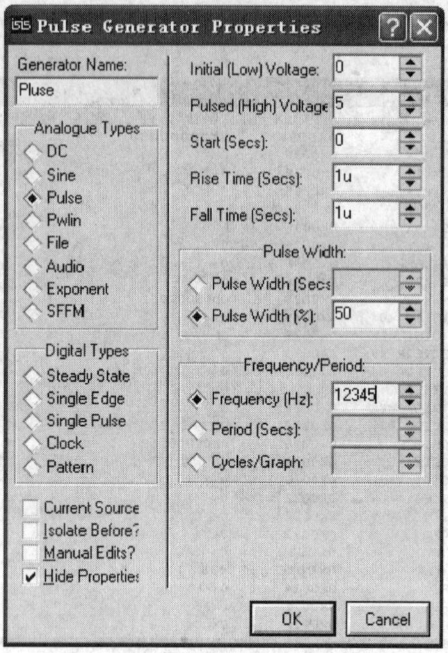

图 7－43　输入信号设置

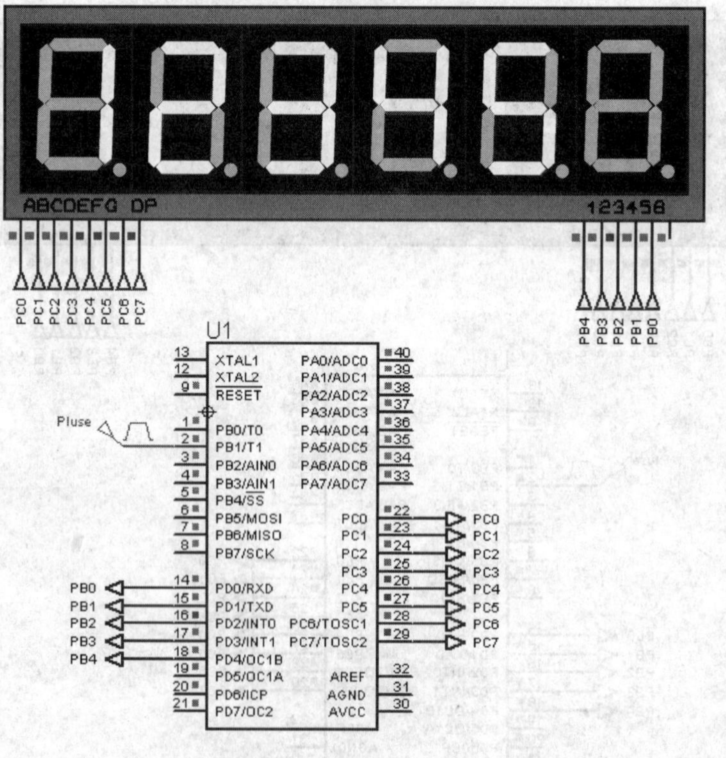

图 7－44　改变输入频率为 12 345 Hz 后系统的仿真结果

7.8 T/C1 应用 2——比较匹配中断

每隔 1 s 使 PC0 取反 1 次，采用 T/C1 比较匹配中断，时钟频率为 8 MHz，256 分频，每 32 μs计数 1 次，1 s 需计数 31250 次，T/C1 比较匹配值取＄7A12(即 31250)。

7.8.1 硬件电路

T/C1 应用 2 硬件电路如图 7-45 所示。

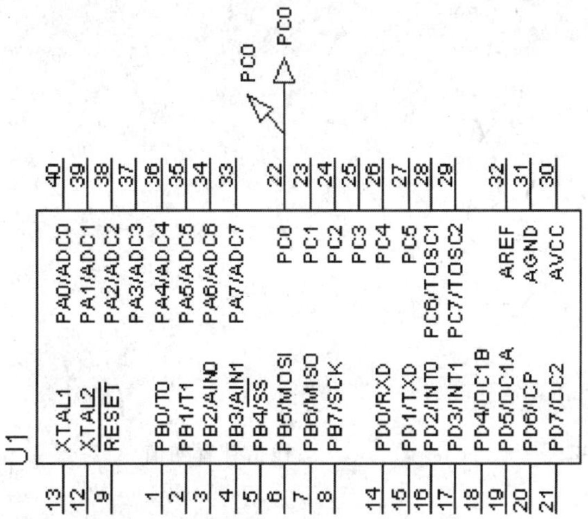

图 7-45 T/C1 应用 2 硬件电路

其中，AT90S8535 设置如图 7-46 所示。

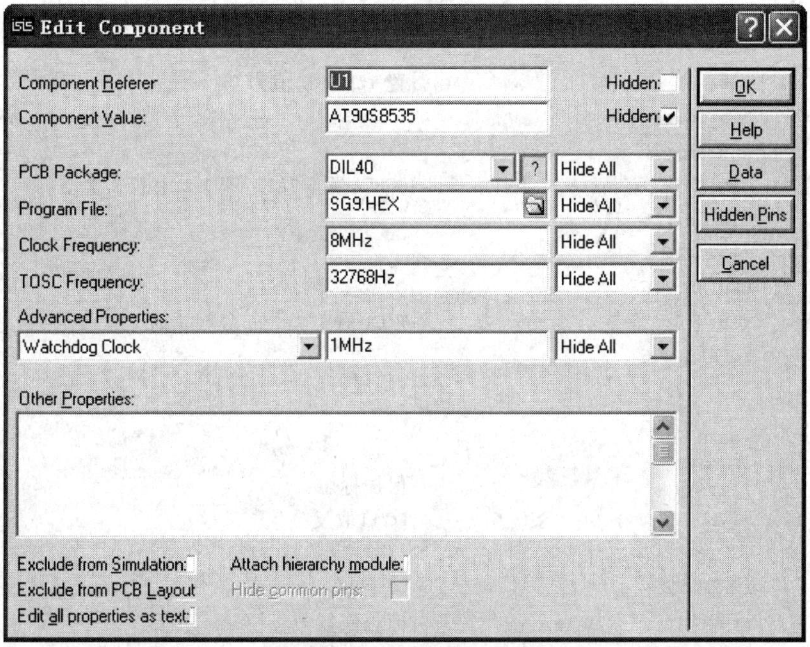

图 7-46 AT90S8535 设置

7.8.2 软件编程

系统软件程序如下：

```
.device AT90S8535
.equ    sph         = $ 3E
.equ    spl         = $ 3D
.equ    PORTC       = $ 15
.equ    DDRC        = $ 14
.equ    PINC        = $ 13
.equ    TIMSK       = $ 39
.equ    OCR1AH      = $ 2B
.equ    OCR1AL      = $ 2A
.equ    TCCR1B      = $ 2E
.equ    SREG        = $ 3F
.equ    TCNT1H      = $ 2D
.equ    TCNT1L      = $ 2C
     .org     $ 0000
     rjmp     main
     .org     $ 006
     rjmp     t1_cp
main: ldi     r16, $ 02                     ;栈指针置初值
     out      sph,r16
     ldi      r16, $ 5f
     out      spl,r16
     ldi      r16, $ 01                     ;PC0 口定义为输出口
     out      DDRC,r16
     ldi      r16, $ 10                     ;允许 T1 比较匹配 A 中断
     out      TIMSK,r16
     clr      r16                           ;置 TCNT1 初值为 0
     out      TCNT1L,r16
     out      TCNT1H,r16
     ldi      r16, $ 7a                     ;OCRLA 置 $ 7A12,即 1 s 中断 1 次
     out      OCR1AH,r16
     ldi      r16, $ 12
     out      OCR1AL,r16
     ldi      r16, $ 0c                     ;T/C1 对主频 256 分频定时
     out      TCCR1B,r16
     sei
here: rjmp     here
t1_cp: in     r1,sreg                       ;保护标志
     in       r2,PORTC                      ;PC 口取反
     com      r2
     out      PORTC,r2
     out      sreg,r1                       ;标志恢复
     reti
```

7.8.3 系统调试与仿真

对系统进行仿真，系统初始设置参数如图 7-47 所示。

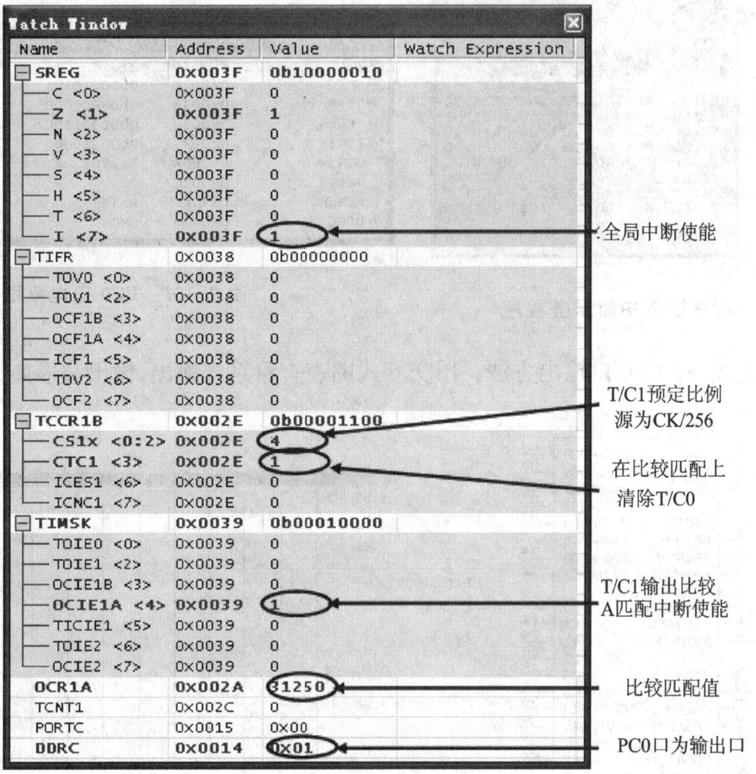

图 7-47 系统初始参数设置

设置当 TCNT1 为 31250 时，程序暂停，观测条件设置方式如图 7-48 所示。

当 TCNT1=31250 时，系统各参数值如图 7-49 所示。

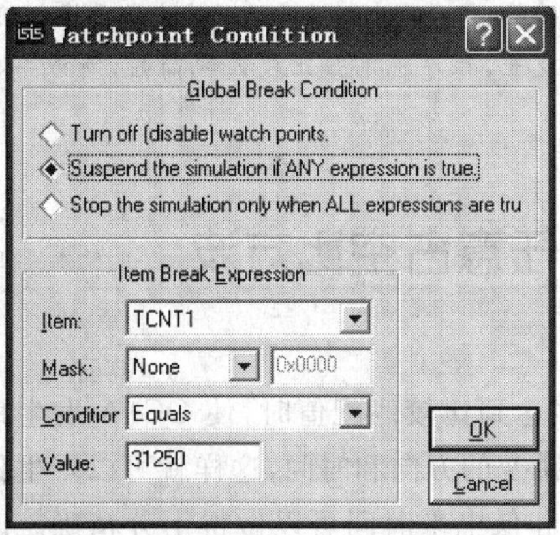

图 7-48 设置观测条件（TCNT1 为 31250 时，程序暂停）

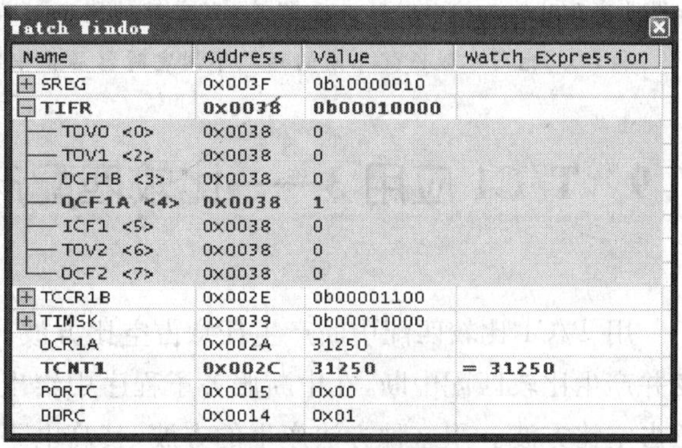

图 7-49 TCNT1=31250 时的系统各参数值

此时，TCNT1 的值与 OCR1A 的值相匹配，程序进入中断服务程序，如图 7－50 所示。在中断服务程序中，使 PC0 端口电平取反，如图 7－51 所示。

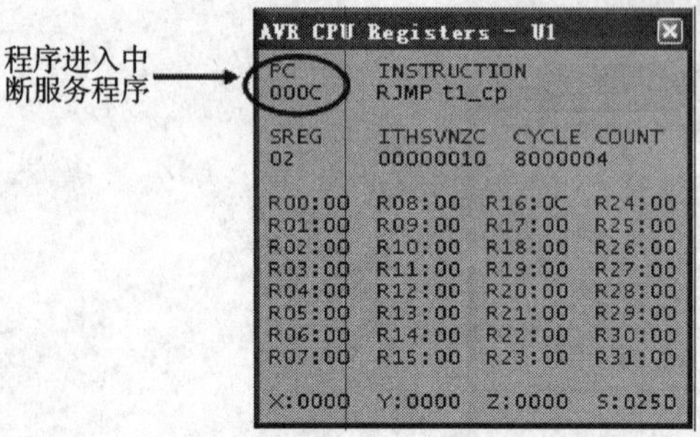

图 7－50　程序进入中断服务程序

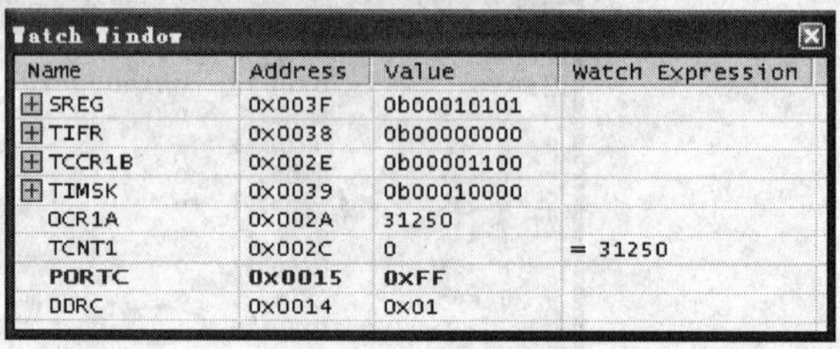
Watch Window

Name	Address	Value	Watch Expression
SREG	0x003F	0b00010101	
TIFR	0x0038	0b00000000	
TCCR1B	0x002E	0b00001100	
TIMSK	0x0039	0b00010000	
OCR1A	0x002A	31250	
TCNT1	0x002C	0	= 31250
PORTC	0x0015	0xFF	
DDRC	0x0014	0x01	

图 7－51　PC0 口电平取反

这样周而复始，在 PC0 口输出方波。用交互式图表查看系统输出，输出波形如图 7－52 所示。

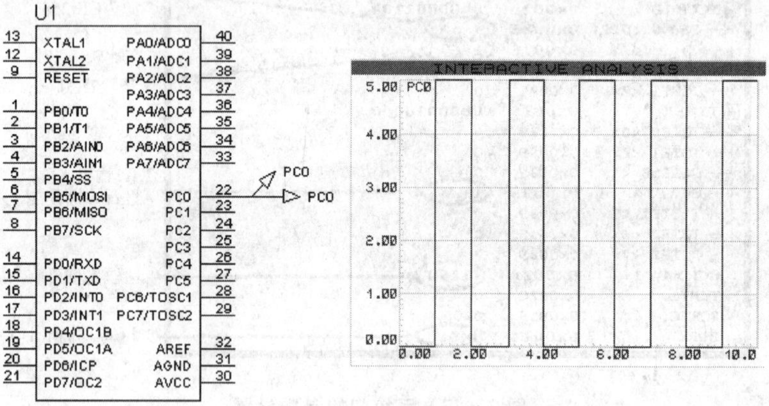

图 7－52　PC0 输出波形

由上图可知，系统输出周期为 2 s 的方波。

注意：采用 T/C1 溢出中断送初值＄85EE，也可以实现上述功能；但每次中断服务子程序中都要送初值。如果没有及时进入该中断服务子程序，则定时的间隔时间就会变长，程序也不如比较匹配简短，所以一般 T/C1 和 T/C2 能用比较匹配中断的话就不用定时器溢出中断。

7.9　T/C1 应用 3——比较匹配产生任意占空比方波

用 T/C1 比较匹配中断产生任意占空比方波。程序达到比较匹配值时，使 OC1A 发生跳变并产生比较匹配中断，在中断服务子程序中给出下次跳变的方向和时间，这样就可以产生任意占空比方波。用这种方法产生的方波，其高电平时间和低电平时间可以做得十分精确。产生高电平时间间隔为 4 992 μs、低电平时间间隔为 9 984 μs 的连续方波。

定时器/计数器初始参数设置依据：系统采用 8 MHz 晶振频率，进行 256 分频，则计数器计数间隔为 32 μs。因此，4 992/32＝156，9 984/32＝312。

7.9.1 硬件电路

T/C1 应用 3 硬件电路如图 7 - 53 所示。

其中,AT90S8535 设置如图 7 - 54 所示。

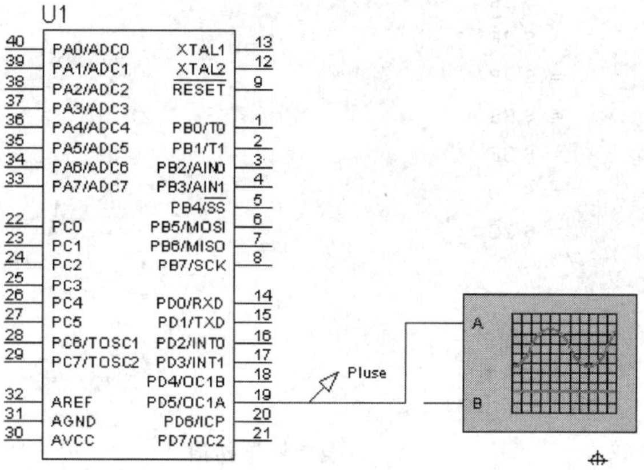

图 7 - 53　T/C1 应用 3 硬件电路

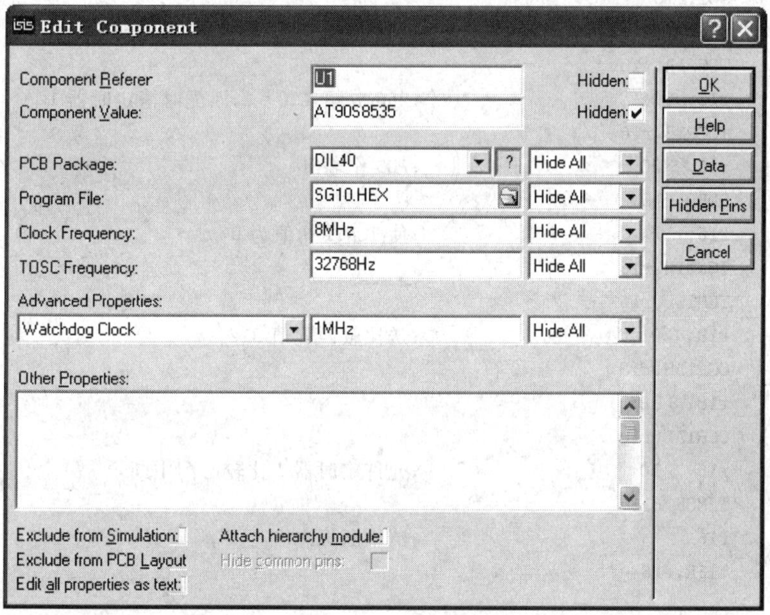

图 7 - 54　AT90S8535 设置

7.9.2 软件编程

系统软件程序如下:

```
.device AT90S8535
.equ    sph         = $ 3E
.equ    spl         = $ 3D
```

```
.equ    PORTD           = $12
.equ    DDRD            = $11
.equ    PIND            = $10
.equ    TIMSK           = $39
.equ    OCR1AH          = $2B
.equ    OCR1AL          = $2A
.equ    TCCR1A          = $2F
.equ    TCCR1B          = $2E
.equ    TIFR            = $38
.equ    SREG            = $3F
.equ    TCNT1H          = $2D
.equ    TCNT1L          = $2C

    .org     $0000
    rjmp     main
    .org     $006
    rjmp     t1_cp

main: ldi    r16,$02              ;栈指针置初值
    out      sph,r16
    ldi      r16,$5f
    out      spl,r16
    ldi      r16,$c0              ;到达比较匹配值时,OC1A 变高
    out      TCCR1A,r16
    ldi      r16,$0c              ;256 分频,CTC = 1,匹配时清定时器 1
    out      TCCR1B,r16
    ldi      r16,$20              ;PD5 作输出
    out      DDRD,r16
    clr      r16                  ;使 TCNT1 初值为 0
    out      TCNT1H,r16
    out      TCNT1L,r16
    ldi      r18,$01              ;送比较匹配值 312
    out      OCR1AH,r18
    ldi      r18,$38
    out      OCR1AL,r18
    ldi      r16,$10              ;允许定时器 1 比较匹配中断
    out      TIMSK,r16
    clr      r16                  ;清中断标志
    out      TIFR,r16
    sei

here: rjmp   here

t1_cp: in    r1,sreg              ;保护标志
    in       r18,TCCR1A           ;读 TCCR1A
    sbrs     r18,6                ;判 COM1A0 是否为 1
    rjmp     aa
    ldi      r18,$00              ;若为 1,送下次比较匹配值 156
    out      OCR1AH,r18
    ldi      r18,156
    out      OCR1AL,r18
```

```
    ldi     r18,$80           ;下次达到比较匹配值 156 时,OC1A 引脚变低
    out     TCCR1A,r18
bc: out     sreg,r1           ;恢复标志
    reti
aa: ldi     r18,$c0           ;若 COM1A0 为 0,下次达到比较匹配值时,OC1A 引脚变高
    out     TCCR1A,r18
    ldi     r18,$01           ;送下次比较匹配值 321
    out     OCR1AH,r18
    ldi     r18,$38
    out     OCR1AL,r18
    rjmp    bc
```

7.9.3 系统调试与仿真

对系统进行仿真,系统的初始参数设置如图 7-55 所示。

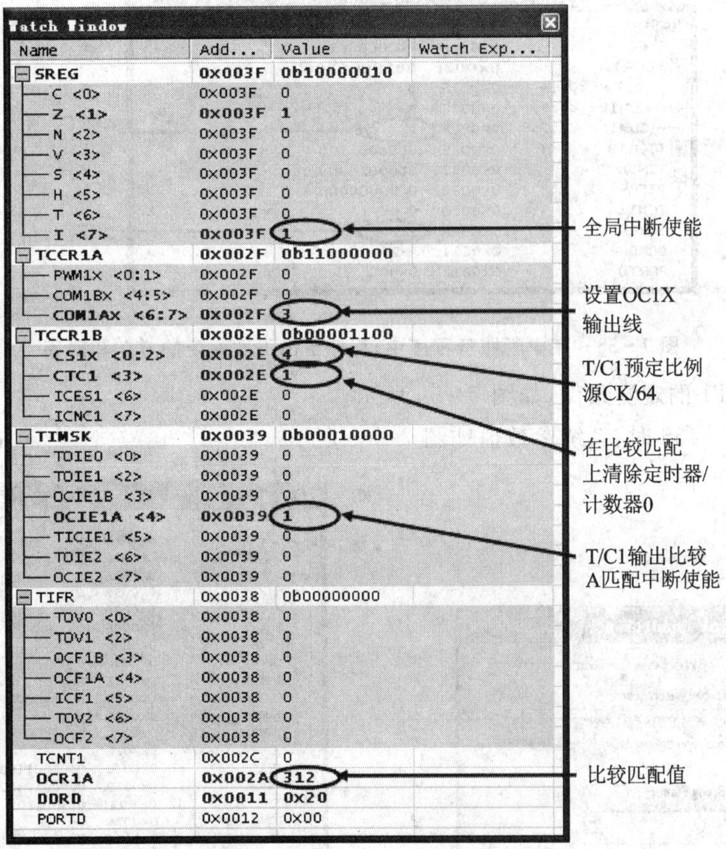

图 7-55 系统初始参数设置

当 TCNT1=312 时,如图 7-56 所示。

此时,程序进入中断服务程序,如图 7-57 所示。

在中断服务程序中,给出下次跳变的方向和时间,如图 7-58 所示。

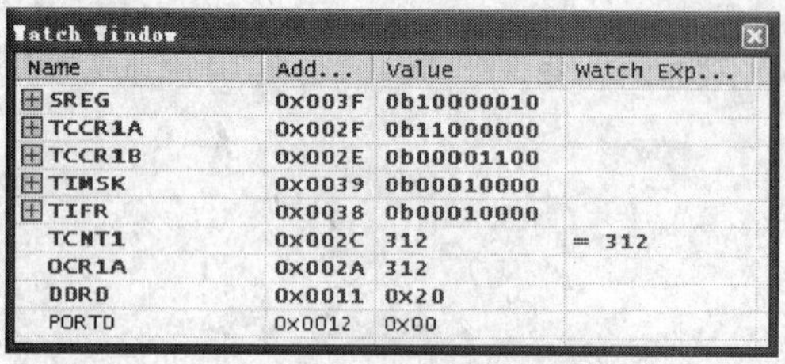

图 7-56　TCNT1=312

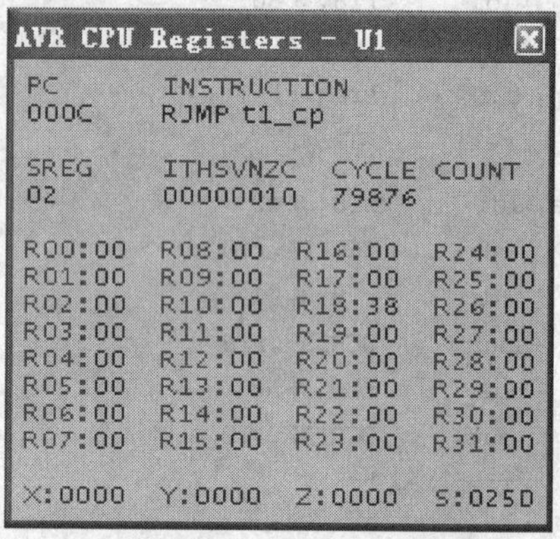

图 7-57　当 TCNT1=312 时程序进入中断服务程序

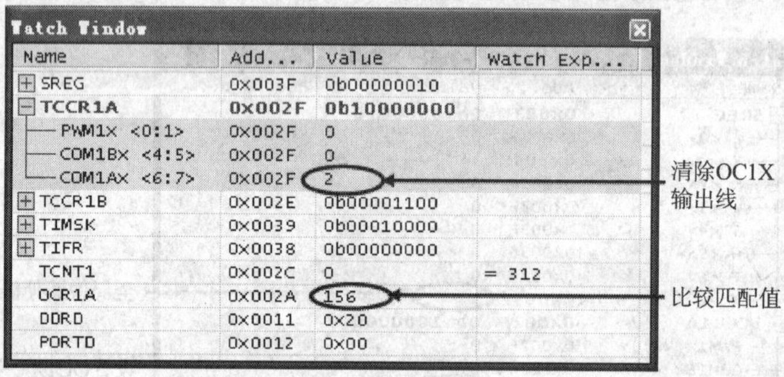

图 7-58　在中断服务程序中,程序给出下次跳变的方向和时间

设置 TCNT1 的观测条件,如图 7-59 所示。

当 TCNT1=156 时,系统参数值如图 7-60 所示。

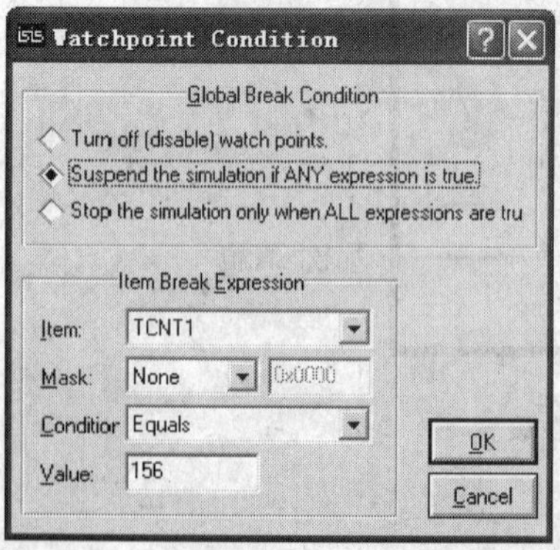

图 7-59　设置 TCNT1 的观测条件为 TCNT1=156

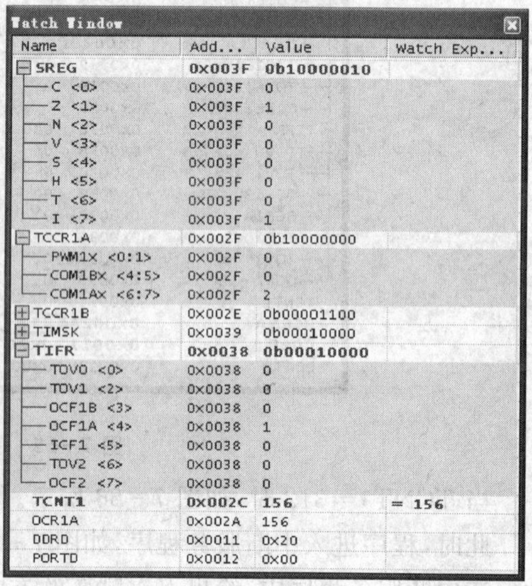

图 7-60　当 TCNT1=156 时的系统参数值

此时，系统进入中断服务程序，并将 OCR1A 修改为 312，同时改变跳变的方向，如图 7-61所示。

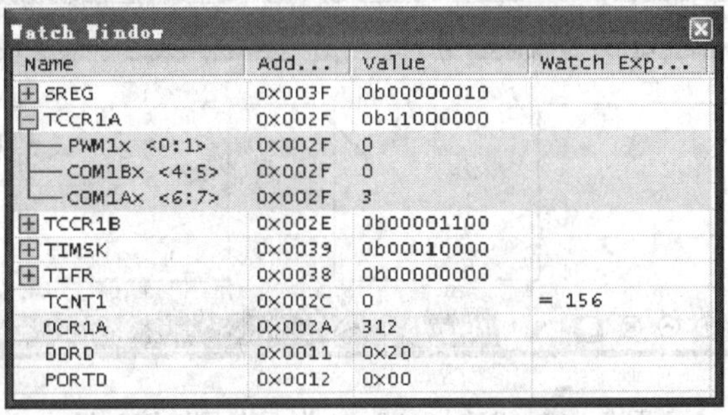

图 7-61　程序将 OCR1A 修改为 312，同时改变跳变的方向

这样周而复始，在 OC1A 端口输出方波。用示波器查看，结果如图 7-62 所示。

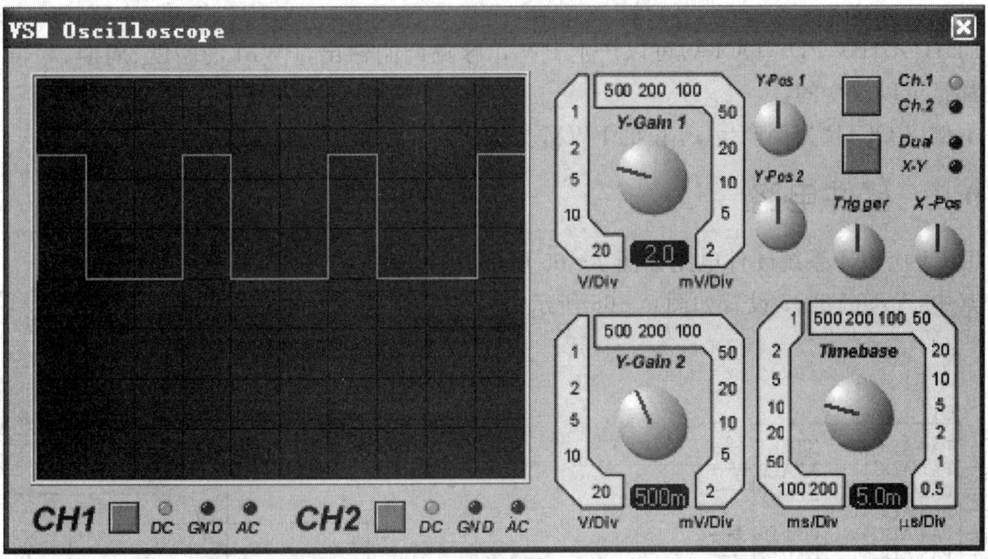

图 7-62　OC1A 端口输出方波

系统设计输出高电平持续时间为 4992 μs、低电平持续时间为 9984 μs 的连续方波。采用交互式图表观测输出波形，高电平持续时间为 4992 μs，如图 7-63 所示。

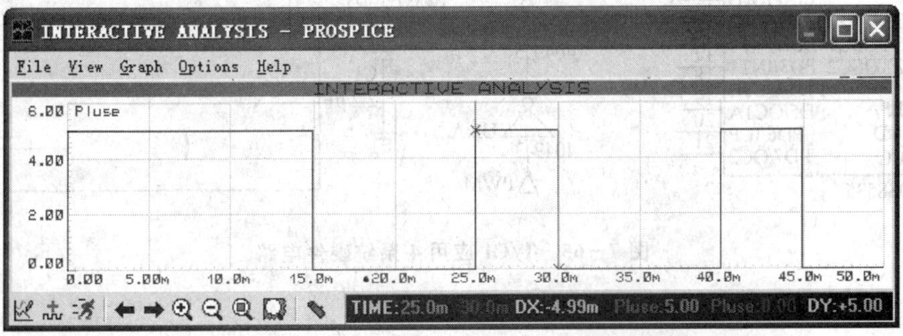

图 7-63　DX=4.99 ms 为高电平持续时间

低电平持续时间为 9984 μs，如图 7-64 所示。

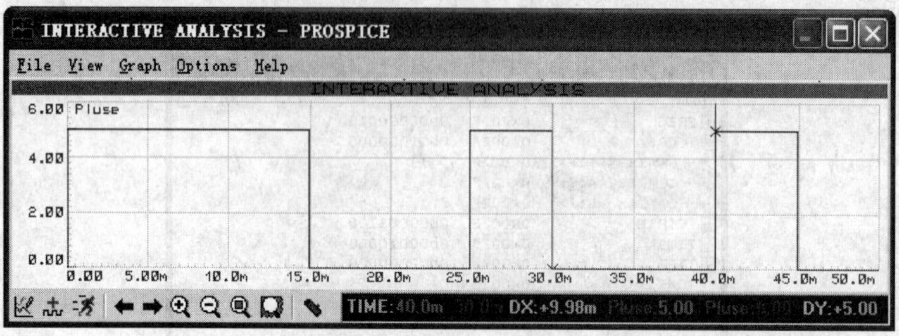

图 7-64　DX=9.98 ms 为低电平持续时间

7.10　T/C1 应用 4——PWM 输出作 D/A 转换器

PD4(OC1B)、PD5(OC1A)可以产生 PWM 脉宽调制输出，PWM 的精度、周期、相位及占空比都是可以改变的。

本例以 OC1B 为例产生 10 位的 PWM 方波，经滤波输出模拟电压。

7.10.1　硬件电路

T/C1 应用 4 系统硬件电路如图 7-65 所示。

其中，AT90S8535 设置如图 7-66 所示。

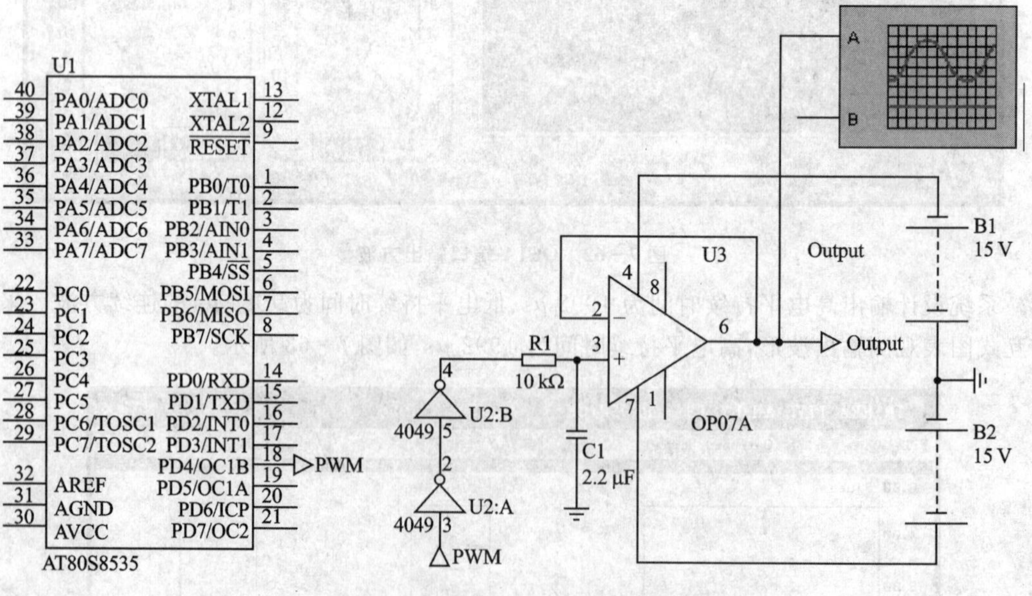

图 7-65　T/C1 应用 4 系统硬件电路

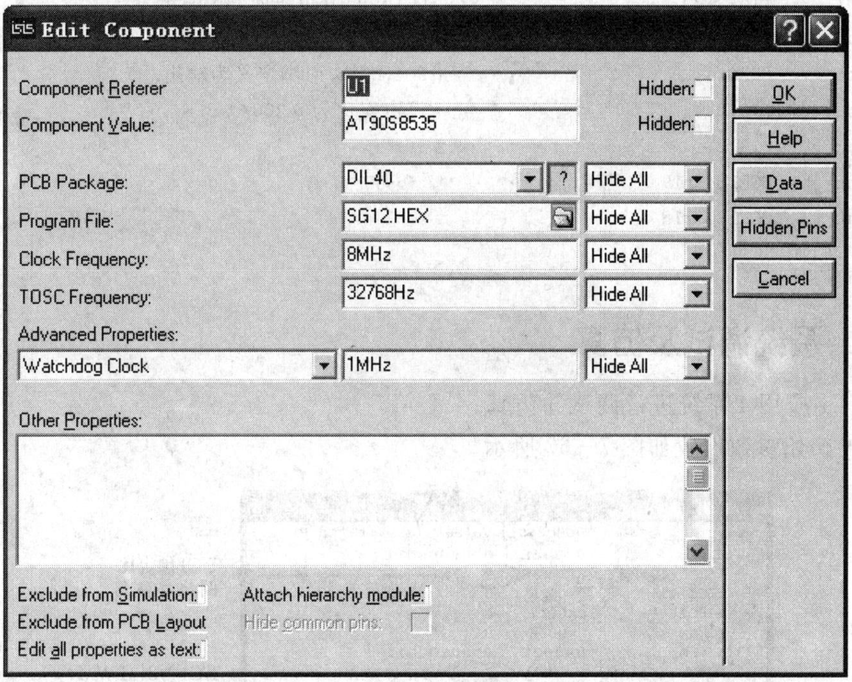

图 7-66 AT90S8535 设置

7.10.2 软件编程

定时器/计数器 1 应用软件程序如下：

```
.device AT90S8535
.equ    sph          = $3E
.equ    spl          = $3D
.equ    PORTD        = $12
.equ    DDRD         = $11
.equ    PIND         = $10
.equ    TIMSK        = $39
.equ    OCR1BH       = $29
.equ    OCR1BL       = $28
.equ    TCCR1A       = $2F
.equ    TCCR1B       = $2E
    .org    $0000
    rjmp    main
main: ldi   r16,$02                 ;栈指针置初值
    out     sph,r16
    ldi     r16,$5f
    out     spl,r16
    ldi     r16,$03                 ;8 分频
    out     TCCR1B,r16
```

```
        ldi     r16,$23                 ;OC1B 口 10 位正向 PWM 输出
        out     TCCR1A,r16
        sbi     DDRD,4                  ;PD4(OC1B)引脚定义为输出
        ldi     r18,0                   ;设占空比为$200/$3FF
        ldi     r19,2
        out     OCR1BH,r19
        out     OCR1BL,r18
here:   rjmp    here
```

7.10.3 系统调试及仿真

对 T/C1 应用 4 系统进行调试并仿真。

系统的初始参数设置如图 7-67 所示。

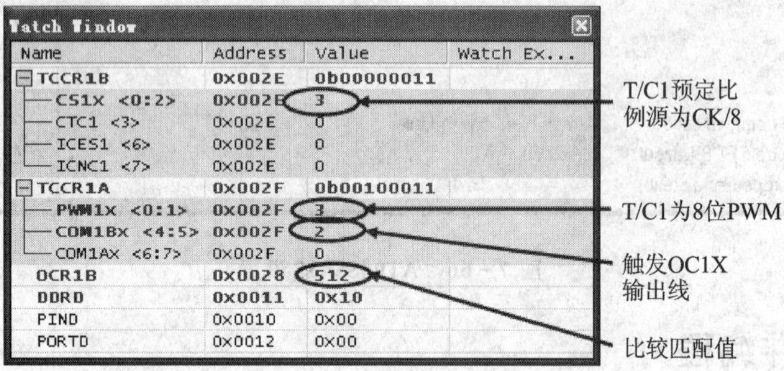

图 7-67 系统初始参数设置

系统各相关寄存器初始值如图 7-68 所示。

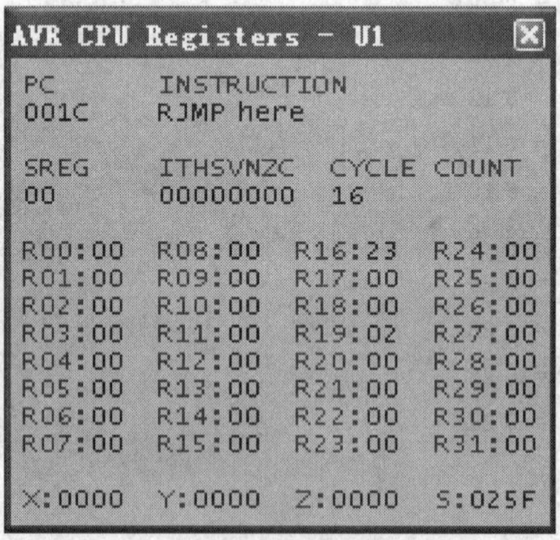

图 7-68 系统各相关寄存器初始值

对系统进行仿真,OC1B 输出波形如图 7-69 所示。

用交互式图表查看波形占空比,高电平持续时间如图 7-70 所示。

脉冲周期如图 7-71 所示。

因此,信号的占空比为 8.2 m/16.4 m。

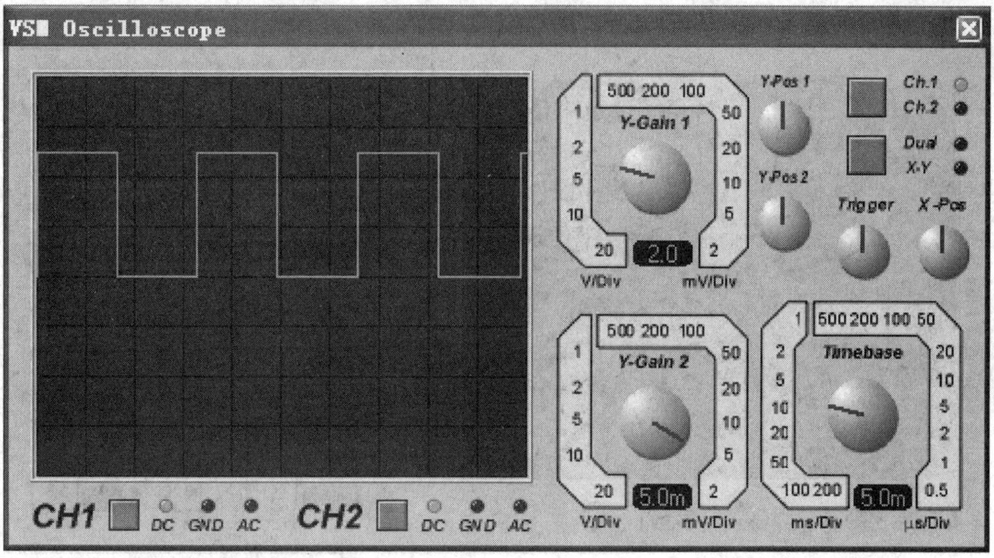

图 7-69　OC1B 输出的 PWM 波形

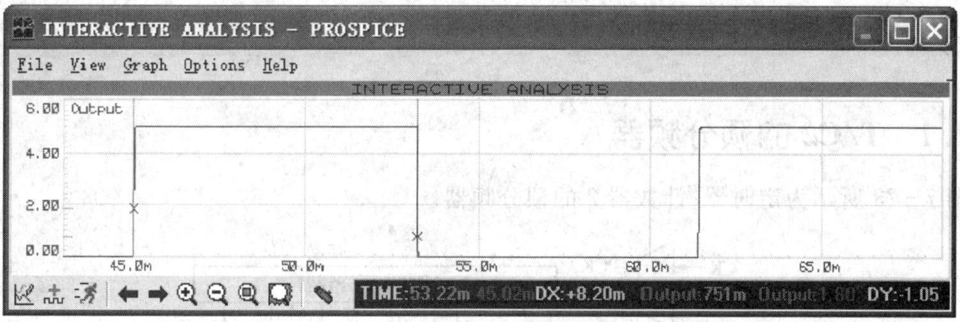

图 7-70　图中 DX=8.2 m 为高电平持续时间

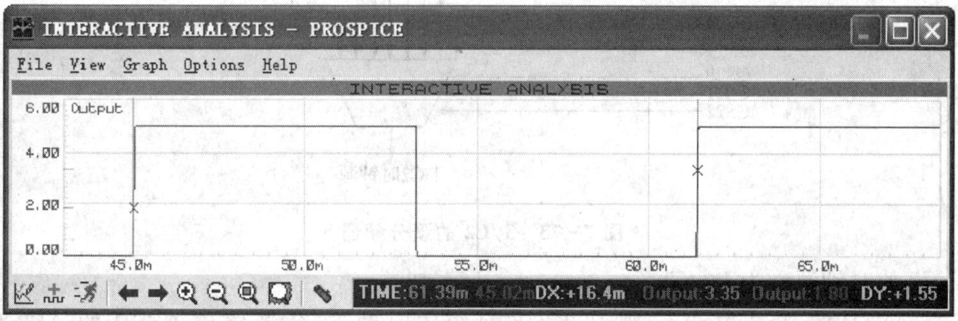

图 7-71　图中 DX=16.4 m 为脉冲周期

注： 正向 PWM 方波的占空比为(r19、r18)/＄3FF，经二级 CMOS 反向器 4049 限幅，其 0 电平为 0 V，1 电平为 V_{CC}，经滤波可产生模拟电压输出。为减少输出阻抗，可加电压跟随器。改变占空比的大小，就成比例地改变了电压的输出 $V_{OUT}=V_{CC}\times$(r19、r18)/1023。

PWM 信号通过滤波器输出模拟信号，波形如图 7-72 所示。

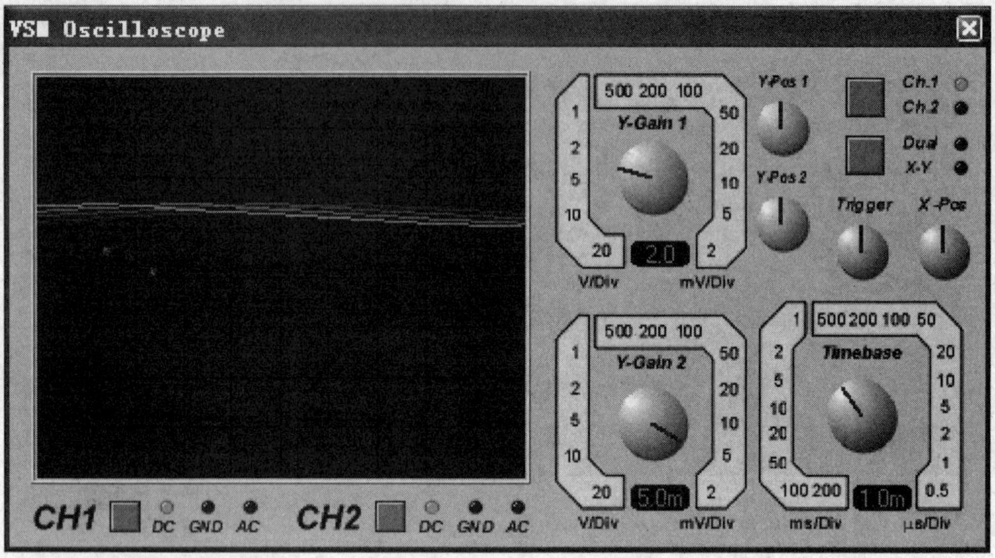

图 7-72 PWM 波形经滤波后

7.11 定时器/计数器 2(T/C2)

7.11.1 T/C2 的预分频器

图 7-73 所示为定时器/计数器 2 的预分频器。

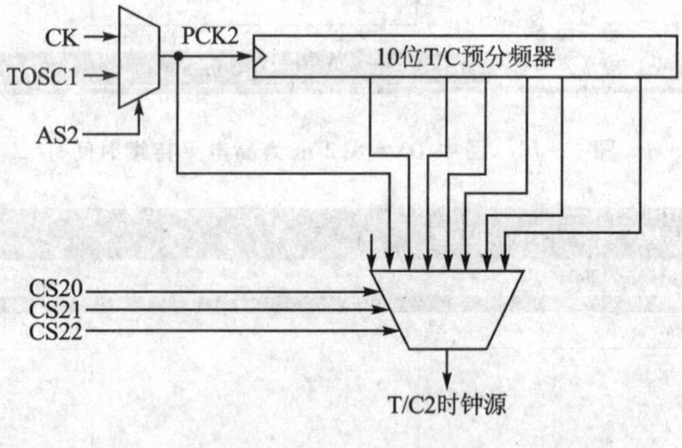

图 7-73 T/C2 的预分频器

T/C2 的时钟源称为 PCK2。

若将 ASSR 的 AS2 位清 0，则 PCK2 与系统主时钟连接；若置位 ASSR 的 AS2 位，则 T/C2将由 PC6(TOSC1)异步驱动，使得 T/C2 可以作为一个实时时钟。

如果 AS2 置位，则 PC6(TOSC1)和 PC7(TOSC2)从 C 口脱离。引脚上既可以外接一个时钟晶振，也可以在 PC6(TOSC1)上直接施加时钟信号。此时钟频率必须低于 MCU 上时钟的 1/4，并且不能高于 256 kHz。

7.11.2 T/C2 的结构、特点及作用

T/C2 的时钟可以选择 PCK2 或 6 种预分频的 PCK2，另外还可以停止不用，这由 T/C2 控制寄存器 TCCR2 来控制。T/C2 可以用来定时、外计数及停止。定时可用主时钟或外接实时时钟，将 32768 Hz 的晶振接在 PC6(TOSC1)和 PC7(TOSC2)引脚上；外计数时上述引脚不接晶振，输入脉冲由 PC6(TOSC1)引脚输入。TIFR 为状态标志寄存器，TCCR2 为控制寄存器，而 TIMSK 控制 T/C2 的中断屏蔽。

T/C2 还可实现比较匹配的输出功能。当 T/C2 的值增加到与比较寄存器 OCR2 相等时，清除 T/C2 和比较输出引脚 PD7(OC2)的跳变。

T/C2 还可用作 8 位 PWM 调制器。在此模式下，计数器和 OCR2 寄存器用于无尖峰干扰的、中心对称的 PWM。

7.11.3 T/C2 相关的 I/O 寄存器

1. T/C2 控制寄存器——TCCR2

T/C2 控制寄存器——TCCR2 的定义如下：

BIT	7	6	5	4	3	2	1	0	
$25($45)	—	PWM2	COM21	COM20	CTC2	CS22	CS21	CS20	TCCR2
读/写	R/W	R/W	R/W	R/W	R/W	R/W	R/W	R/W	

注：初始值为 $00。

位 7——Res：保留位。

位 6——PWM2：PWM 使能。

位 5、位 4——COM21、COM20：比较匹配模式位。表 7－8 所列为比较匹配模式选择。

表 7－8 比较匹配模式选择

COM21	COM20	模 式
0	0	不用作 PWM 功能
0	1	输出变换
1	0	清 0
1	1	置位

位 3——CTC2：比较匹配时清除 T/C2。当 CTC2 为 1 时，比较匹配事件发生后，TCNT2 将复位为 0。若 CTC2 为 0，则 T/C2 将连续计数而不受比较匹配的影响。由于比较匹配事件的检测发生在匹配之后的一个 CPU 时钟，因此，定时器的预分频比率的不同将引起此功能有不同的表现。当预分频为 1、比较匹配寄存器的值设置为 C 时，定时器的计数方式为：…|C－2|C－1|C|0|1|…

而当预分频为 8 时，定时器的计数方式则为：…C－2，C－2，C－2，C－2，C－2，C－2，C－2，C－2|C－1，C－1，C－1，C－1，C－1，C－1，C－1，C－1|C，0，0，0，0，0，0，0，0|…

在 PWM 模式下，该位不起作用。

位 2～位 0——CS22、CS21、CS20：时钟选择。表 7－9 所列为 T/C2 预分频选择。

停止条件提供了定时器使能/禁止的功能。预分频的 PCK2 直接由时钟振荡器分频而来。

表 7－9　T/C2 预分频选择

CS22	CS21	CS20	描　述
0	0	0	停止
0	0	1	PCK2
0	1	0	PCK2/8
0	1	1	PCK2/32
1	0	0	PCK2/64
1	0	1	PCK2/128
1	1	0	PCK2/256
1	1	1	PCK2/1024

2. T/C2 计数器——TCNT2

T/C2 计数器——TCNT2 的定义如下：

BIT	7	6	5	4	3	2	1	0	
$24($44)	MSB							LSB	TCNT2
读/写	R/W	R/W	R/W	R/W	R/W	R/W	R/W	R/W	

注：初始值为 $00。

T/C2 是可以进行读/写访问的 8 位向上计数器。只要有时钟输入，T/C2 就会在写入值的基础上向上计数。

3. T/C2 输出比较寄存器——OCR2

T/C2 输出比较寄存器—OCR2 的定义如下：

BIT	7	6	5	4	3	2	1	0	
$23($43)	MSB							LSB	OCR2
读/写	R/W	R/W	R/W	R/W	R/W	R/W	R/W	R/W	

注：初始值为 $00。

T/C2 输出比较寄存器包含与 T/C2 值连续比较的数据。如果 T/C2 的值与 OCR2 相等，则比较匹配发生，结果由 TCCR2 决定。用软件写操作，将 TCNT2 和 OCR2 设置为相等，不会引发比较匹配。匹配发生后，T/C 中断标志寄存器 TIFR 中的匹配中断标志 OCF2 置位。

7.11.4　PWM 模式下的 T/C2

选择 PWM 模式后，T/C2 和输出比较寄存器 OCR2 共同组成一个 8 位的、无尖峰的、自由运行的 PWM。T/C2 作为上/下计数器，从 0 计数到 TOP，然后反向计数回到 0。当计数器中的数值和 OCR2 的数值一致时，OCR2 引脚按照 COM21、COM20 的设置动作。表 7－10 所列为 PWM 模式下的比较模式选择。

表 7-10 PWM 模式下的比较模式选择

COM21	COM20	OC2
0	0	不用作 PWM 功能
0	1	不用作 PWM 功能
1	0	向上计数时的匹配清除 OC2;而向下计数时的匹配置位 OC2(正向 PWM)
1	1	向下计数时的匹配清除 OC2;而向上计数时的匹配置位 OC2(反向 PWM)

注意:在 PWM 模式下,OCR2 首先存储在一个临时的位置,等到 T/C2 达到 TOP 时,才真正存入 OCR2。这样可以防止在写 OCR2 时,由于失步而出现奇数长度的 PWM 脉冲。图 7-74 所示为失步的 OCR2 锁存。

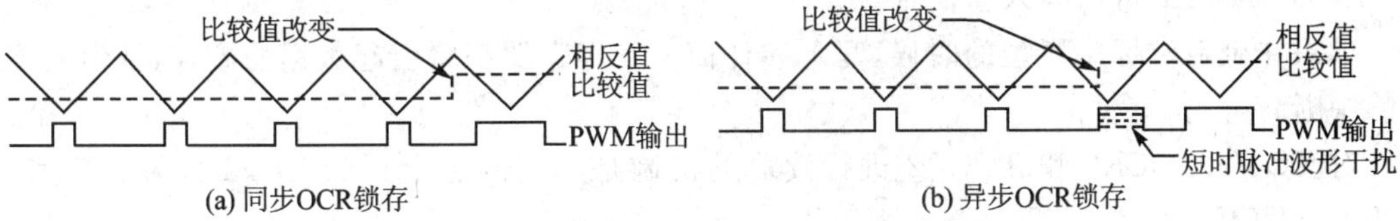

图 7-74 失步的 OCR2 锁存

如果在执行写和锁存操作时读取 OCR2,则读到的是临时位置的数据。当 OCR2 的值为 $0000 或 TOP 时,PWM 的输出如表 7-11 所列。

表 7-11 OCR2= $0000 或 TOP 时的 PWM

COM21	COM20	OCR2	输 出
1	0	$0000	L
1	0	TOP	H
1	1	$0000	H
1	1	TOP	L

在 PWM 模式下,当计数器达到 $00 时,将置位 TOV2。此时发生的中断与正常情况下的中断是完全一样的。

7.11.5 异步时钟信号的驱动

1. 异步状态寄存器——ASSR

异步状态寄存器——ASSR 的定义如下:

BIT	7	6	5	4	3	2	1	0	
$22($42)	—	—	—	—	AS2	TCN2UB	OCR2UB	TCR2UB	ASSR
读/写	R	R	R	R	R/W	R/W	R/W	R/W	

注:初始值为 $00。

位 7~位 4——Res:保留位。

位 3——AS2:异步 T/C2。当 AS2 置位时,T/C2 由 TOSC1 驱动。PC6 和 PC7 连接到

晶体振荡器，不能用作普通 I/O。若 AS2 为 0，则 T/C2 由内部系统时钟驱动。该位变化时有可能使 TCNT2、OCR2 和 TCCR2 中的数据被破坏。

位 2——TCN2UB：T/C2 更新忙。T/C2 工作于异步模式时，写 TCNT2 将引起 TCN2UB 置位。当 TCNT2 从暂存器更新完毕后，TCN2UB 由硬件清 0。TCN2UB 为 0，表明 TCNT2 可以写入新值了。

位 1——OCR2UB：输出比较寄存器 2 更新忙。T/C2 工作于异步模式时，写 OCR2 将引起 OCR2UB 置位。当 OCR2 从暂存器更新完毕后，OCR2UB 由硬件清 0。OCR2UB 为 0，表明 OCR2 可以写入新值了。

位 0——TCR2UB：T/C 控制寄存器 2 更新忙。T/C2 工作于异步模式时，写 TCCR2 将引起 TCR2UB 置位。当 TCCR2 从暂存寄存器更新完毕后，TCR2UB 由硬件清 0。TCR2UB 为 0，表明 TCCR2 可以写入新值了。

如果在更新忙标志置位的时候，写上述任何一个寄存器都将引起数据的破坏，并引发不必要的中断。

对 TCNT2、OCR2 和 TCCR2 进行读取的机制是不同的。读到的 TCNT2 为实际值，而 OCR2 和 TCCR2 则是从暂存器中读取的。

2. T/C2 的异步操作

T/C2 异步工作时需要考虑以下几点：

- 在同步和异步模式之间的转换有可能造成 TCNT2、OCR2 和 TCCR2 数据的损毁。安全的操作步骤如下：
  ① 关闭 T/C2 的中断 OCIE2 和 TOIE2；
  ② 设置 AS2 以选择合适的时钟源；
  ③ TCNT2、OCR2 和 TCCR2 写入新的数值；
  ④ 等待 TCN2UB、OCR2UB 和 TCR2UB 清 0；
  ⑤ 必要的话，开启中断。
- 振荡器对 32768 Hz 的晶振进行了优化，其对外部输入时钟信号的带宽为 256 kHz。因此，对外部输入的时钟信号不能高于 256 kHz。另外，此信号不能高于系统主时钟的 1/4。
- 写 TCNT2、OCR2 和 TCCR2 时，数据首先传到暂存寄存器，2 个 TOSC1 正跳变后才锁存。用户在数据从暂存器写入目的寄存器之前不能写入新的数值。3 个寄存器具有各自独立的暂存寄存器，因此，写 TCNT2 不会干扰写 OCR2。可以通过 ASSR 检查数据是否已经写入目的寄存器。
- 如果要用 T/C2 作为 MCU 的唤醒条件，则在 TCNT2、OCR2 和 TCCR2 更新结束之前不能进入省电模式，否则 MCU 可能会在 T/C2 设置生效之前进入休眠模式。这对于用 T/C2 的比较匹配中断唤醒 MCU 尤其重要。这是因为在更新 OCR2 或 TCNT2 时，比较匹配是禁止的。如果在根新过程中 MCU 进入休眠模式，则比较匹配中断永远不会发生。
- 如果要用 T/C2 作为省电模式的唤醒条件，必须注意重新进入省电模式的过程。中断逻辑需要一个 TOSC1 周期进行复位。如果从唤醒到重新进入休眠的时间小于一个 TOSC1 周期，中断将不再发生，器件再也无法唤醒。如果用户怀疑自己程序是否满足这一条件，则可采取如下方法：

① 对 TCNT2、OCR2 和 TCCR2 写入一个合适的值；

② 等待更新忙标志变低；

③ 进入省电模式。

➢ 若选择了异步工作模式，T/C2 的振荡器将一直工作，除非进入掉电模式。用户需注意，此振荡器的稳定时间可能长达 1 s。因此，建议用户在器件从掉电模式唤醒或上电时至少等待 1 s 后再使用 T/C2。

➢ 省电模式唤醒过程：中断条件满足后，在下一个定时器时钟里唤醒过程启动。在 MCU 时钟启动后的 3 个周期，中断标志置位。在此期间，MCU 执行其他指令，但中断条件仍不可读，中断例程也不会执行。

➢ 在异步模式下，中断标志的同步需要 3 个处理器周期加一个定时器周期。输出比较引脚的变化与定时器时钟同步，而不是处理器时钟。

7.12 T/C2 应用 1——作实时时钟

T/C2 的时钟源来自 PC6(TOSC1)、PC7(TOSC2)频率为 32 768 Hz 的晶振，对其 128 分频，计满 256 溢出一次，刚好为 1 s，允许 T/C2 溢出中断。在中断服务子程序中，每秒加 1，满 60 s 分加 1，秒清 0；满 60 min 时加 1，分清 0；满 24 h 时清 0，将时、分、秒寄存器中的数转换成十进制数，在 6 位数码管中显示出来。

7.12.1 硬件电路

T/C2 应用 1 硬件电路如图 7-75 所示。

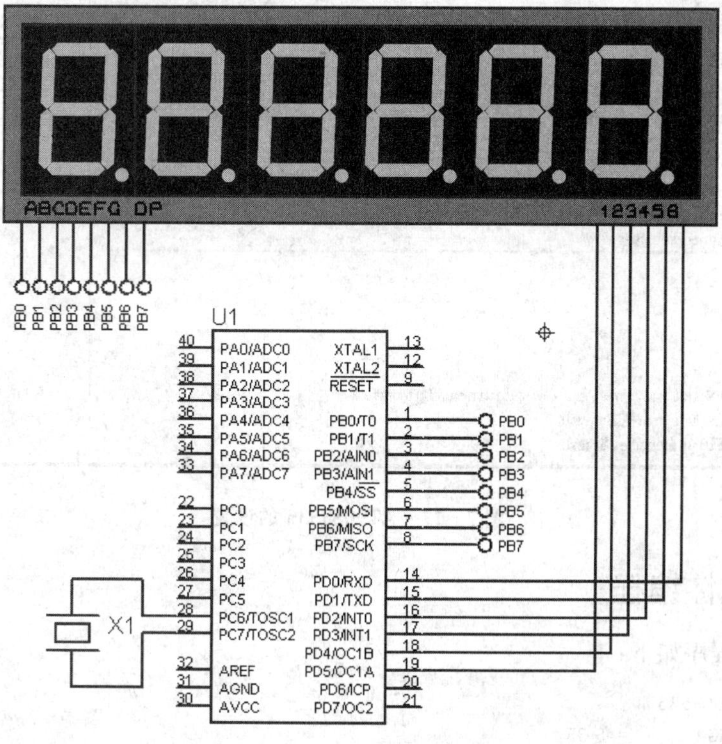

图 7-75 T/C2 应用 1 硬件电路

其中,外接晶振的设置如图 7-76 所示。

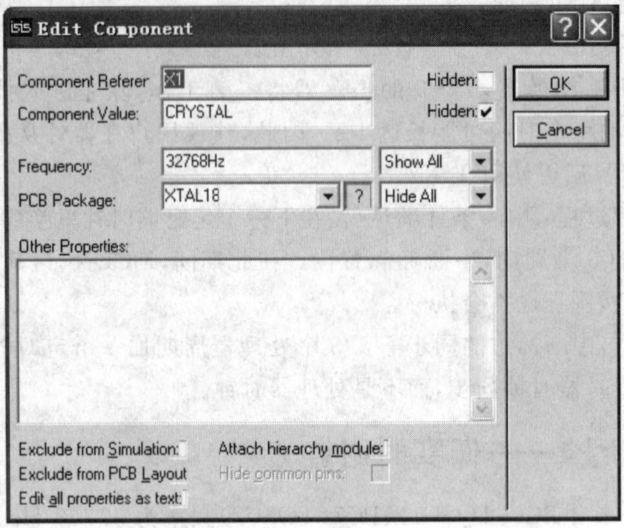

图 7-76　外接晶振的设置

AT90S8535 的设置如图 7-77 所示。

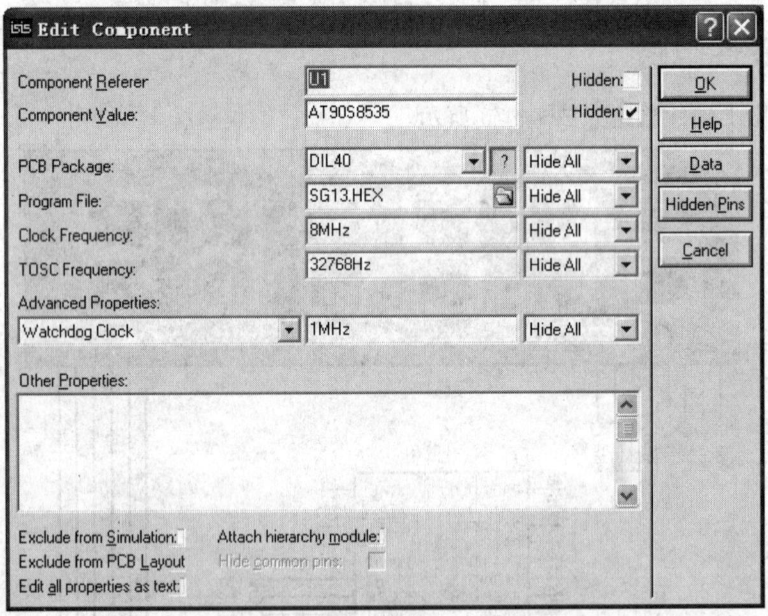

图 7-77　AT90S8535 的设置

7.12.2　软件编程

系统软件程序如下:

```
.device AT90S8535
.equ    SREG        = $3F
.equ    sph         = $3E
```

```
.equ    spl      = $ 3D
.equ    TIMSK    = $ 39
.equ    TIFR     = $ 38
.equ    TCCR2    = $ 25
.equ    ASSR     = $ 22
.equ    PORTB    = $ 18
.equ    DDRB     = $ 17
.equ    PINB     = $ 16
.equ    PORTD    = $ 12
.equ    DDRD     = $ 11
.equ    PIND     = $ 10
.def     ZH      = r31
.def     ZL      = r30
    .org     $ 0000
    rjmp     reset
    .org     $ 004
    rjmp     t2_ovf
tab: .db     $ 3f, $ 06, $ 5b, $ 4f, $ 66, $ 6d, $ 7d, $ 07, $ 7f, $ 6f
reset: ldi     r16, $ 02          ;栈指针置初值
    out       sph,r16
    ldi       r16, $ 5f
    out       spl,r16
    ldi       r16, $ ff          ;定义 PB、PD 为输出口
    out       DDRB,r16
    out       DDRD,r16
    ldi       r26,0              ;设时、分、秒初值为 00: 00: 00
    ldi       r27,0
    ldi       r28,0
    ldi       r16, $ 08          ;使用异步时钟
    out       ASSR,r16
    ldi       r16, $ 40          ;允许 T2 溢出中断
    out       TIMSK,r16
    ldi       r16, $ 05          ;128 分频,1 s 中断 1 次
    out       TCCR2,r16
    ldi       r16, $ 00          ;T/C2 置初值 0
    out       TIFR,r16
    sei
aa: mov       r16,r26            ;秒寄存器中数二转十,送 r19、r18
    rcall     b8td
    mov       r19,r17
    mov       r18,r16
    mov       r16,r27            ;分寄存器中数二转十,送 r21、r20
    rcall     b8td
    mov       r21,r17
    mov       r20,r16
    mov       r16,r28            ;时寄存器中数二转十,送 r25、r22
    rcall     b8td
    mov       r25,r17
    mov       r22,r16
```

```
        rcall    smiao
        rjmp     aa
t2_ovf: in       r1,SREG          ;保护标志
        inc      r26              ;秒增 1
        cpi      r26,60           ;到 60 s?
        brne     tt
        clr      r26              ;到了,则秒清 0
        inc      r27              ;分增 1
        cpi      r27,60           ;到 60 min?
        brne     tt
        clr      r27              ;到了,则分清 0
        inc      r28              ;分增 1
        cpi      r28,24           ;到 24 h?
        brne     tt
        clr      r28              ;到了,则时清 0
tt:     out      sreg,r1
        reti
b8td:   clr      r17              ;将 r16 中的二进制数转换为十进制数,十位、个位分别送 r17、r16
b8td1:  subi     r16,10
        brcs     b8td2
        inc      r17
        rjmp     b8td1
b8td2:  subi     r16,(-10)
        ret
smiao:  ldi      r16,$fe          ;送个位位线
        out      PORTD,r16
        mov      r23,r18          ;将个位的 BCD 码送 r23
        rcall    cqb              ;查 7 段码,送 B 口输出
        rcall    t1ms             ;延时 1 ms
        ldi      r16,$fd          ;送十位位线
        out      PORTD,r16
        mov      r23,r19          ;将十位的 BCD 码送 r23
        rcall    cqb              ;查 7 段码,送 B 口输出
        rcall    t1ms             ;延时 1 ms
        ldi      r16,$fb          ;送百位位线
        out      PORTD,r16
        mov      r23,r20          ;将百位的 BCD 码送 r23
        rcall    cqb              ;查 7 段码,送 B 口输出
        rcall    t1ms             ;延时 1 ms
        ldi      r16,$f7          ;送千位位线
        out      PORTD,r16
        mov      r23,r21          ;将千位的 BCD 码送 r23
        rcall    cqb              ;查 7 段码,送 B 口输出
        rcall    t1ms             ;延时 1 ms
        ldi      r16,$ef          ;送万位位线
        out      PORTD,r16
        mov      r23,r22          ;将万位的 BCD 码送 r23
        rcall    cqb              ;查 7 段码,送 B 口输出
        rcall    t1ms             ;延时 1 ms
        ldi      r16,$df          ;送万位位线
```

```
        out     PORTD,r16
        mov     r23,r25             ;将万位的 BCD 码送 r23
        rcall   cqb                 ;查 7 段码,送 B 口输出
        rcall   t1ms                ;延时 1 ms
        ret
cqb:    ldi     ZH,high(tab * 2)    ;7 段码的首址给 Z
        ldi     ZL,low(tab * 2)
        add     ZL,r23              ;首地址 + 偏移量
        lpm                         ;查表送 B 口输出
        out     PORTB,r0
        ret
t1ms:   ldi     r24,101             ;延时 1 ms 子程序
        push    r24
del2:   push    r24
del3:   dec     r24
        brne    del3
        pop     r24
        dec     r24
        brne    del2
        pop     r24
        ret
```

7.12.3 系统调试与仿真

对电路进行仿真,系统的初始参数设置如图 7-78 所示。

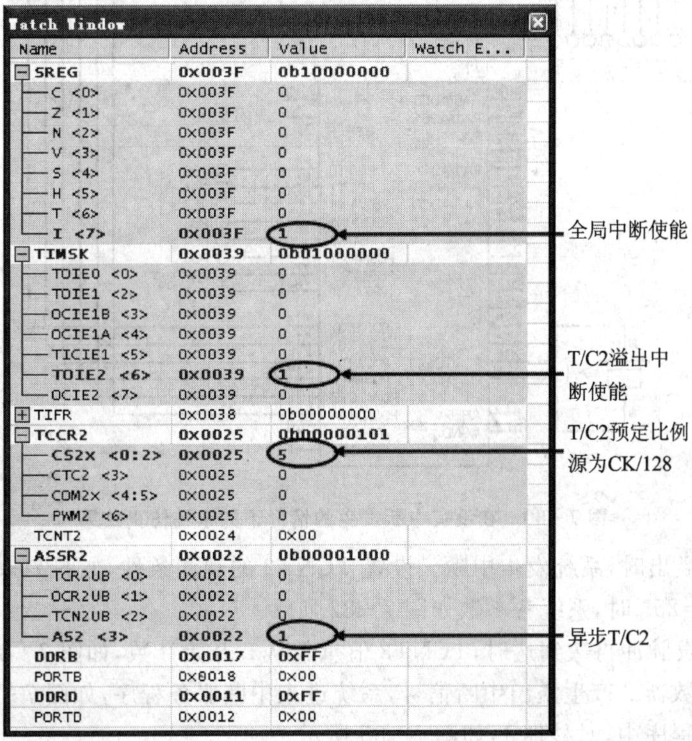
Watch Window

Name	Address	Value	Watch E...
SREG	0x003F	0b10000000	
C <0>	0x003F	0	
Z <1>	0x003F	0	
N <2>	0x003F	0	
V <3>	0x003F	0	
S <4>	0x003F	0	
H <5>	0x003F	0	
T <6>	0x003F	0	
I <7>	0x003F	1	
TIMSK	0x0039	0b01000000	
TOIE0 <0>	0x0039	0	
TOIE1 <2>	0x0039	0	
OCIE1B <3>	0x0039	0	
OCIE1A <4>	0x0039	0	
TICIE1 <5>	0x0039	0	
TOIE2 <6>	0x0039	1	
OCIE2 <7>	0x0039	0	
TIFR	0x0038	0b00000000	
TCCR2	0x0025	0b00000101	
CS2X <0:2>	0x0025	5	
CTC2 <3>	0x0025	0	
COM2X <4:5>	0x0025	0	
PWM2 <6>	0x0025	0	
TCNT2	0x0024	0x00	
ASSR2	0x0022	0b00001000	
TCR2UB <0>	0x0022	0	
OCR2UB <1>	0x0022	0	
TCN2UB <2>	0x0022	0	
AS2 <3>	0x0022	1	
DDRB	0x0017	0xFF	
PORTB	0x0018	0x00	
DDRD	0x0011	0xFF	
PORTD	0x0012	0x00	

图 7-78 系统初始参数设置

各相关寄存器的初始值如图 7-79 所示。

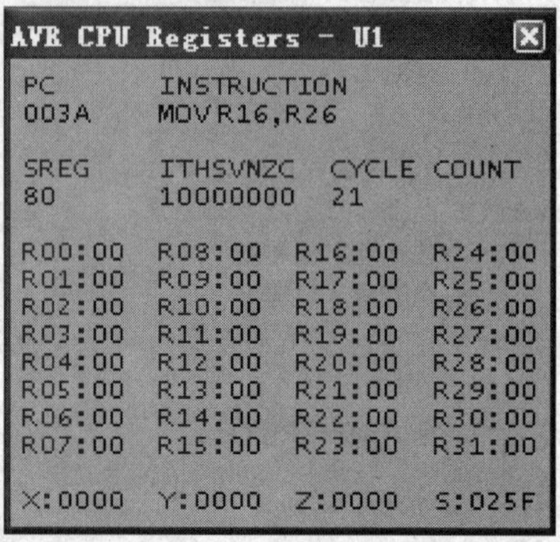

图 7-79 各相关寄存器初始值

在没有中断发生的情况下，程序扫描数码管，显示时、分、秒值，如图 7-80 所示。

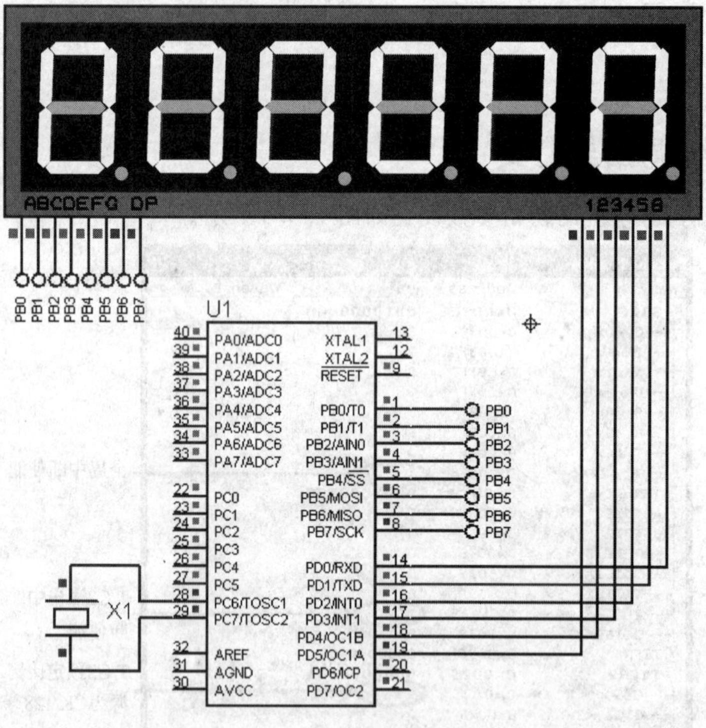

图 7-80 在没有中断发生的情形下的系统仿真结果

当 TCNT2 溢出时，系统发生中断。设置 TCNT2 的观测条件，如图 7-81 所示。

当 TCNT2＝255 时，系统各参数如图 7-82 所示。

当 T/C2 触发脉冲再次到达时，TCNT2 值重新从 0 开始计数，如图 7-83 所示。

同时定时计数器 2 产生溢出中断信号，系统进入中断服务程序，如图 7-84 所示。

在中断服务程序中，对秒加 1，如图 7-85 所示。

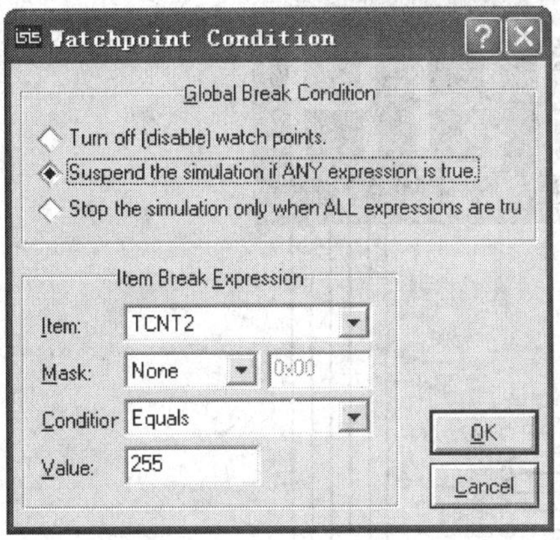

图 7-81 设置 TCNT2 的观测条件

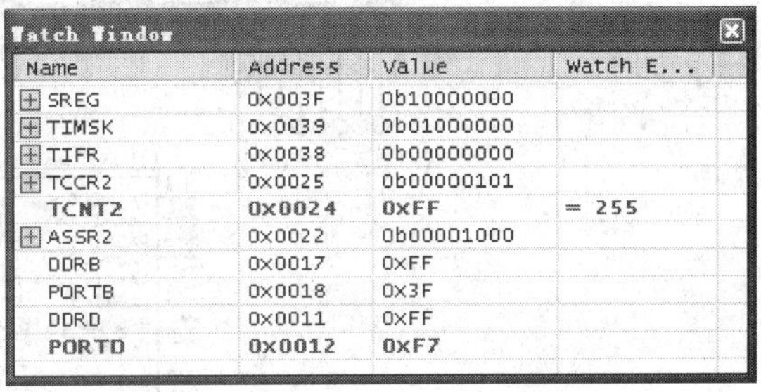

图 7-82 TCNT2=255 时的系统参数

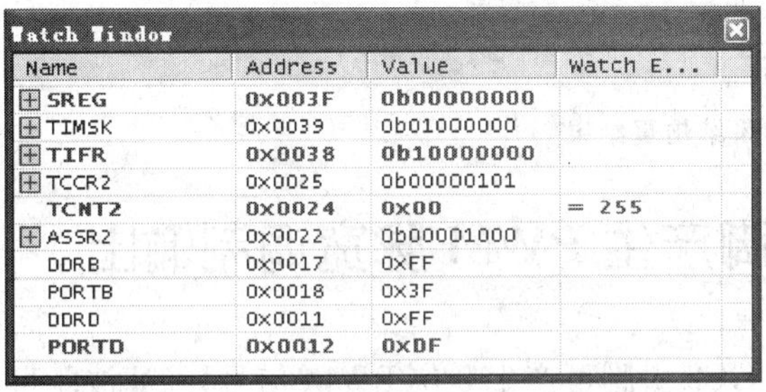

图 7-83 TCNT2 值重新从 0 开始计数

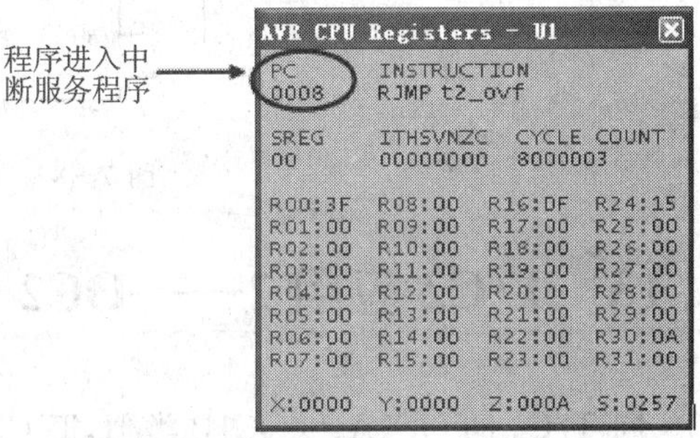

图 7-84 程序进入中断服务程序

当秒计数值等于 60 时,程序对分寄存器加 1,同时清 0 秒寄存器,如图 7-86 所示。

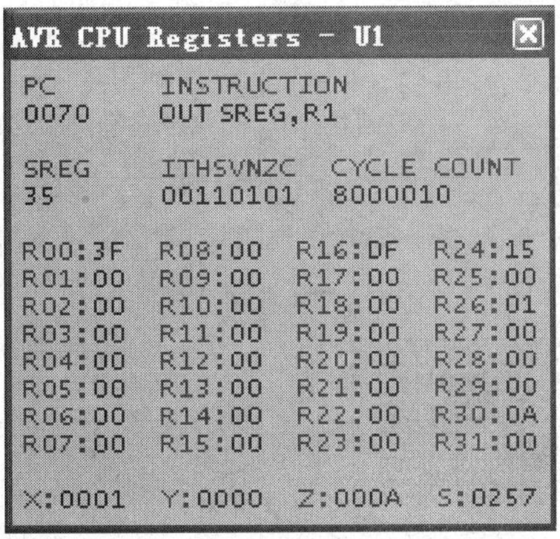

图 7-85 程序对秒加 1

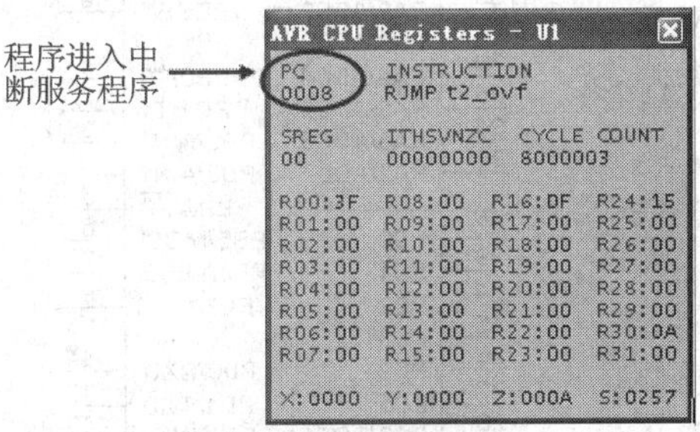

图 7-86 当秒计数值等于 60 时,程序对分加 1

同理,当分计数值等于 60 时,程序对时寄存器加 1,同时清分、秒寄存器;当时寄存器等于 24 时,时、分、秒寄存器同时清 0。程序按照上述方式执行,即可实现实时时钟功能,如图 7-87所示。

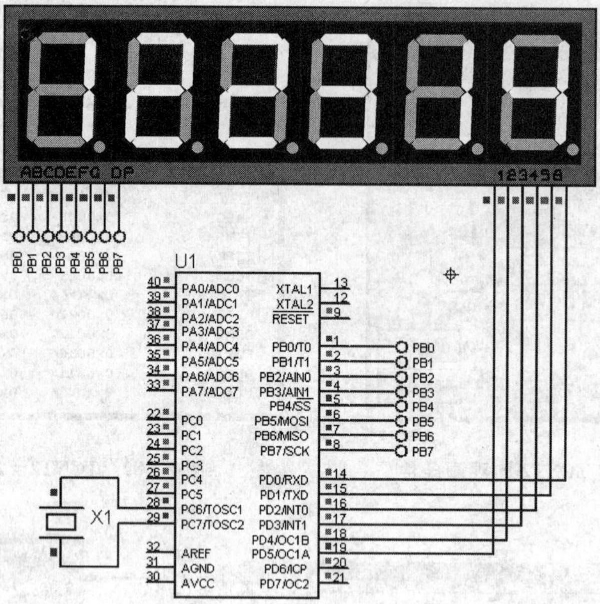

图 7-87 时钟系统仿真结果

7.13 T/C2 应用 2——OC2 引脚产生 PWM 脉宽调制输出

同 T/C1 的 OC1A 和 OC1B 类似,T/C2 的 OC2 引脚可产生 8 位 PWM 信号,经滤波既可作模拟电压信号,也可直接产生方波作为脉冲信号。

7.13.1 硬件电路

T/C2 应用 2 硬件电路如图 7-88 所示。

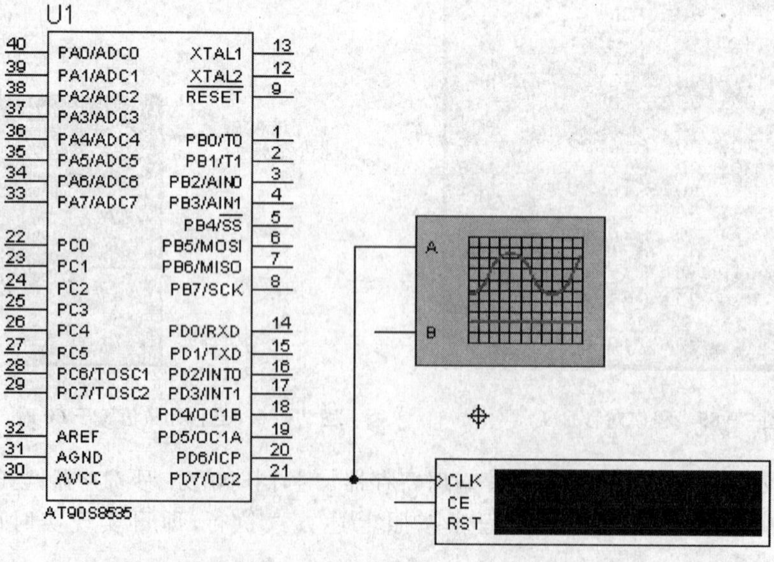

图 7-88 T/C2 应用 2 硬件电路

其中,AT90S8535 的设置如图 7-89 所示。

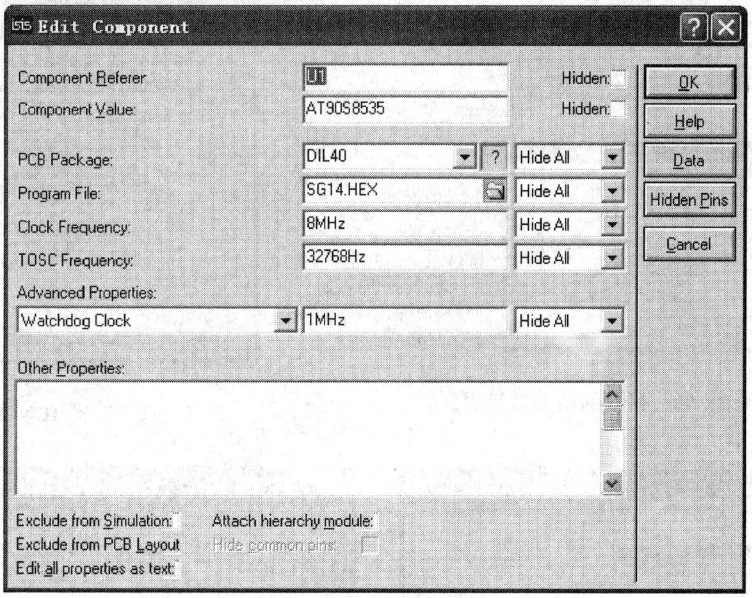

图 7-89 AT90S8535 设置

7.13.2 软件编程

产生频率为 15686 Hz 方波的程序如下:

```
.device AT90S8535
.equ    TCCR2        = $ 25
.equ    OCR2         = $ 23
.equ    PORTD        = $ 12
.equ    DDRD         = $ 11
t2pwm1: sbi   ddrd,7                 ;产生 15686 Hz 的方波
    ldi       r16,$ 71               ;PWM2 使能,向上计数置引脚
    out       TCCR2,r16              ;向下计数清引脚,时钟 1 分频
    ldi       r16,$ 80
    out       OCR2,r16
    ret
```

7.13.3 系统调试与仿真

对系统进行仿真,系统的初始参数设置如图 7-90 所示。

当 TCNT2 与 OCR2 相等时,OC2 端口数据反转。

设置 TCNT2 的观测条件,如图 7-91 所示。

当 TCNT2=0x80,即与 OCR2 值相等时,系统各参数如图 7-92 所示。

由于系统设置为向下计数匹配时清引脚,因此当 TCNT2 向上计数时,OC2(PD7)为高电平。

当 TCNT2 向下计数时,计数值与 OCR2 值相等,程序清 OC2(PD7)引脚,如图 7-93 所示。

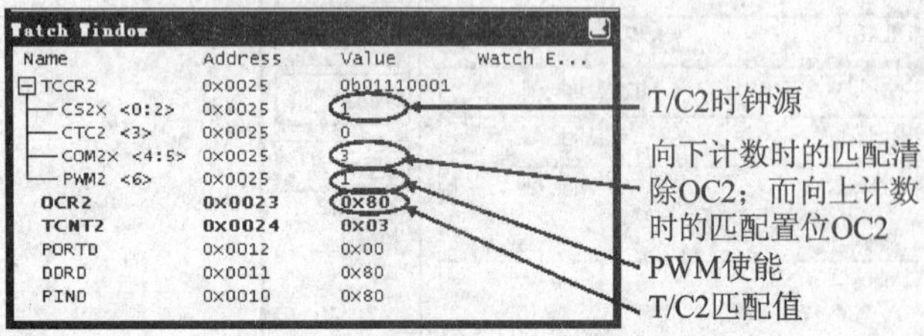

图 7-90 系统初始参数设置

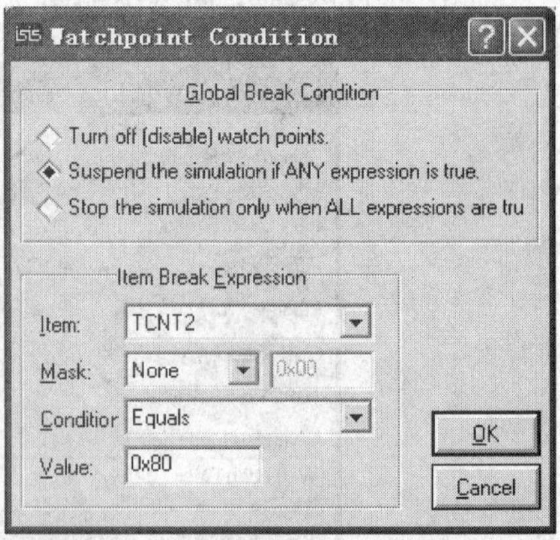

图 7-91 设置 TCNT2 的观测条件

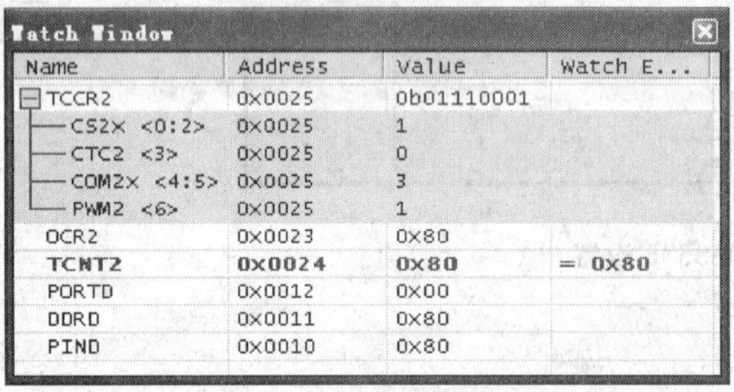

图 7-92 TCNT2=0x80 时的系统参数

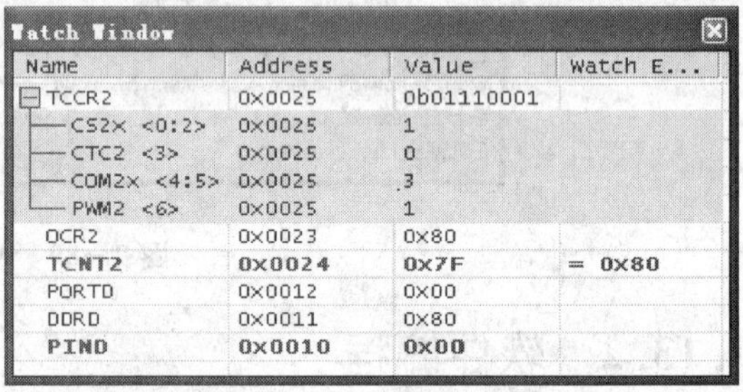

图 7-93 向下匹配时，清 OC2 引脚

系统按上述方式周而复始地运行，即可产生方波。用示波器查看输出波形，如图 7-94 所示。

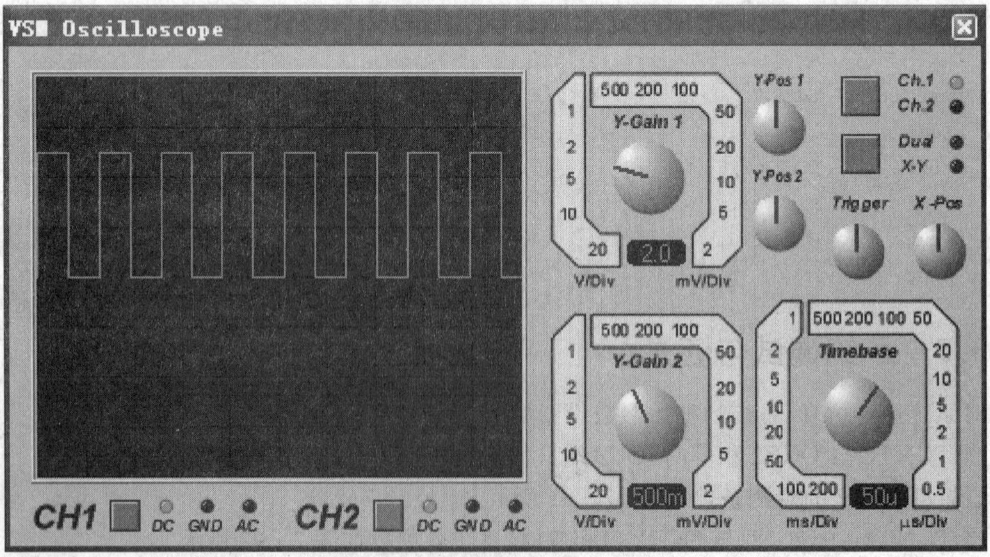

图 7-94 OC2(PD7)脚的输出波形

用频率计测量输出脉冲频率，频率计的设置方式如图 7-95 所示。

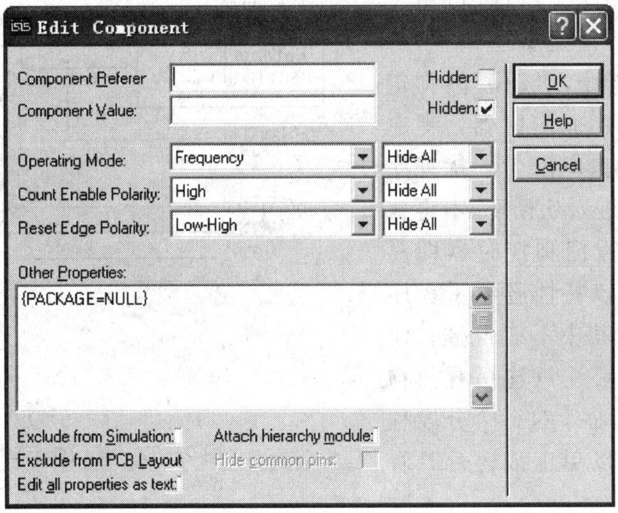

图 7－95　频率计设置

测量结果如图 7－96 所示。

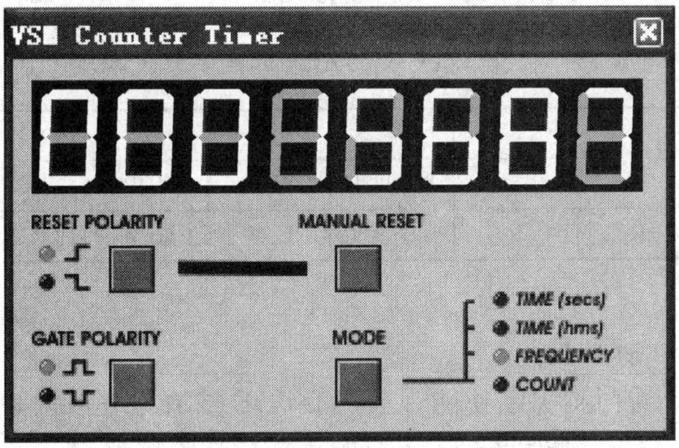

图 7－96　频率计测量频率

7.14　看门狗定时器

7.14.1　看门狗定时器的结构、特点及作用

看门狗定时器由片内一个独立的振荡器驱动。

在 V_{CC}＝5 V 的条件下，典型震荡频率为1 MHz。

通过调整看门狗定时器的预分频器，可以改变看门狗的复位间隔。

WDR 是看门狗复位指令，对看门狗定时器进行清 0。

若定时时间到，而没执行其他的 WDR 指令，则单片机进行复位，并从复位向量执行。

看门狗定时器的结构图如图 7－97 所示。

看门狗定时器的这个特性，可用于程序的抗干扰。在程序运行通道上，每隔一段加上 WDR 指令，启动看门狗定时器，并经常复位看门狗定时器。程序正常运行时不受影响，但由于干扰程序飞离正常路线，可能进入死循环，不再执行 WDR 指令，不久看门狗定时器即复位，程序从头执行。该特性避免了程序进入死循环后，深陷其中不能自拔。使用看门狗定时器时，要注意选择看门狗定时器复位间隔时间小于执行个分段程序执行时间的一半，以免正常运行时看门狗定时器复位。

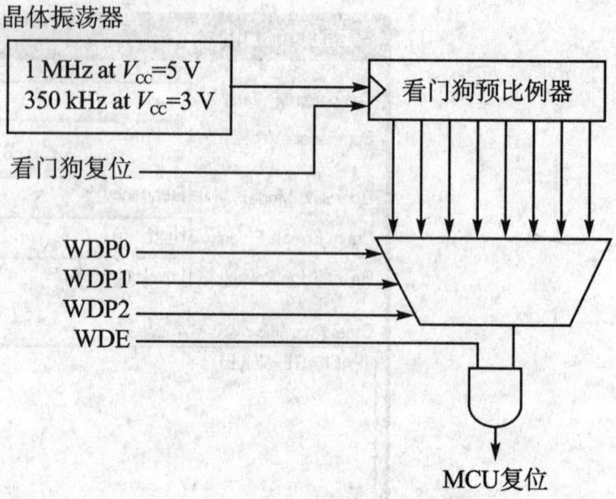

图 7-97　看门狗定时器框图

为了防止意外禁止看门狗定时器，当看门狗被禁止时必须服从一个特定的关断顺序，请详见看门狗的控制寄存器。

7.14.2　与看门狗定时器有关的寄存器

看门狗定时器控制寄存器——WDTCR 的定义如下：

BIT	7	6	5	4	3	2	1	0	
\$21(\$41)	—	—	—	WDTOE	WDE	WDP2	WDP1	WDP0	WDTCR
读/写	R	R	R	R/W	R/W	R/W	R/W	R/W	

注：初始化值为 \$00。

位 7～位 5——Res：保留位。

位 4——WDTOE：看门狗关断使能。当 WDTOE 被清除时该位必须被置 1，否则看门狗将不会被禁止。一旦置位后，硬件将在 4 个时钟周期后清除该位。

位 3——WDE：看门狗触发。当 WDE 位设置为 1 时，看门狗定时器使能。若 WDE 被清 0，则看门狗定时器功能被禁止。WDE 仅在 WDTOE 位设置时被清除，为了禁止被使能的看门狗定时器，必须遵守以下原则：

① 在同一个操作中，把 WDTOE 和 WDE 写成 1，即使在禁止操作开始前 WDE 为 1，也必须把 1 写入 WDE。

② 在随后 4 个机器周期中，把 WDE 写为 0，这将禁止看门狗。

位 2～位 0——WDP2、WDP1、WDP0：看门狗定时器预定比例器。WDP2、WDP1、WDP0 决定了当看门狗定时器使能时，看门狗定时器的预定比例。不同的预定比例值以及它们相应的超时时间，如表 7-12 所列。

注意：看门狗的振荡频率与电压有关。

WDR 应该在看门狗使能之前执行一次。如果看门狗在复位之前使能，则看门狗定时器有可能不是从 0 开始计数的。

表 7-12 看门狗定时器预分频选择

WDP2	WDP1	WDP0	定时器输出周期/ms	典型溢出时间($V_{CC}=3$ V)	典型溢出时间($V_{CC}=5$ V)
0	0	0	16	47 ms	15 ms
0	0	1	32	94 ms	30 ms
0	1	0	64	0.19s	60 ms
0	1	1	128	0.38s	0.12 s
1	0	0	256	0.75s	0.24 s
1	0	1	512	1.5 s	0.49 s
1	1	0	1024	3.0 s	0.97 s
1	1	1	2048	6.0 s	1.9 s

7.14.3 看门狗定时器应用编程

看门狗定时器应用编程格式如下：

```
      ⋮                   ;初始化
      ⋮
      wdr                 ;启动看门狗定时器，看门狗定时器溢出间隔 1.9 s
      ldi    r16, $ 0f
      out    wdtcr,r16
      ⋮
aaa:  ⋮
      ⋮
      wdr
      ⋮
      wdr
      ⋮

      wdr
      rjmp      aaa
```

调试程序时，先不启动看门狗定时器；程序调试好以后，为了抗干扰，再加上看门狗定时器。

看门狗定时器关断步骤如下：

```
      ldi    r16, $ 1f
      out    wdtcr,r16
      cbi    wdtcr,wde
```

第 8 章

AT90S8535 单片机模拟量输入接口

8.1 模/数转换器 ADC

8.1.1 ADC 的特点

模/数转换器 ADC 具有以下特点：

- 10 位精度；
- ±2 LSB 精确度；
- 5 LSB 集成非线性度；
- 65～250 μs 的转换时间；
- 8 通道；
- 具有自由运行模式和单次转换模式两种工作模式；
- ADC 转换结束中断；
- 休眠模式下噪声消除。

AT90S8535 具有 10 位精度的逐次逼近型 A/D 转换器。ADC 与一个 8 通道的模拟多路转换器相连，从而允许 A 口作为 ADC 的输入引脚。ADC 包含一个采样保持器。ADC 结构框图如图 8-1 所示。

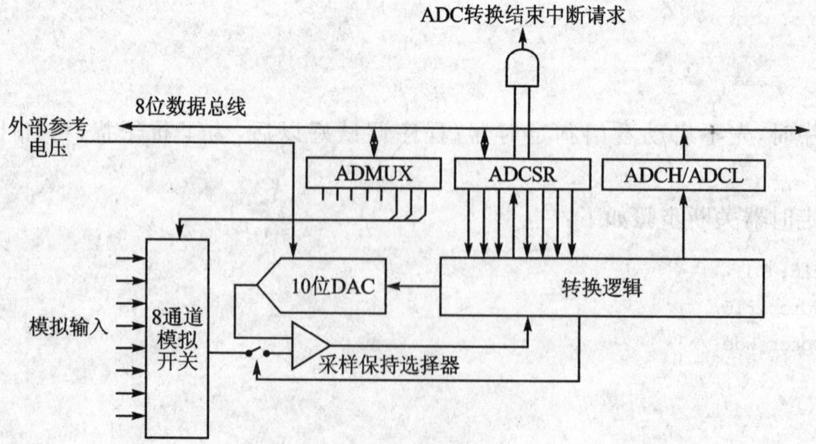

图 8-1 ADC 结构框图

ADC 具有 2 个模拟供电引脚：AVCC 和 AGND。AGND 必须与 GND 相连，且 AVCC 与 VCC 引脚电压之差不能大于±0.3 V。

AREF 为外部参考电压输入端。此电压介于 AGND 与 AVCC 之间。

8.1.2 ADC 的工作方式

ADC 可以工作于两种模式：单次转换模式与自由运行模式。在单次转换模式下，必须启动每一次转换；在自由运行模式下，ADC 会连续采样并更新 ADC 数据寄存器。ADCSR 的 ADFR 位用于选择模式。

ADC 由 ADCSR 的 ADEN 位控制使能。使能 ADC 后，第一次转换将引发一次哑转换过程，以初始化 ADC，然后才真正进行 A/D 转换。对用户而言，此次转换过程比其他转换过程要多占用 12 个 ADC 时钟周期。

ADSC 置位将启动 A/D 转换。在转换过程中，ADSC 一直保持为高；转换结束后，ADSC 硬件清 0。如果在转换过程中通道改变了，则 ADC 首先要完成当前的转换，然后通道才会改变。

ADC 产生 10 位的结果，存放于 ADCH 和 ADCL。为了保证正确读取数据，系统采用了如下保护逻辑：读数据时，首先要读 ADCL。一旦开始读 ADCL 中的数据，ADC 对数据寄存器的访问就被禁止了。也就是说，如果读取了 ADCL，那么即使在读 ADCH 之前另一次 ADC 结束了，2 个寄存器的值也不会被更新，此次转换的数据将丢失。当读完 ADCH 之后，ADC 才能继续对 ADCH 和 ADCL 进行访问。

ADC 结束后会置位 ADIF，即使发生如上所述的情况，由于 ADCH 未被读取而丢失转换数据，ADC 结束中断仍将触发。

8.1.3 ADC 预分频器

ADC 预分频器结构图如图 8-2 所示。

ADC 有一个预分频器，可以将系统时钟调整到可接受的 ADC 时钟频率(50～200 kHz)。过高的频率将导致采样精度降低。

ADSCR 的 ADPS0～ADPS2 用于产生合适的 ADC 时钟。一旦 ADSCR 的 ADEN 置位，预分频器就开始连续不断地计数，直到 ADEN 清 0。ADSC 的作用是对 ADC 进行初始化。A/D 转换在 ADC 时钟的上升沿启动。采样/保持要花费 1.5 倍 ADC 时钟。在第 13 个时钟 ADC 转换结束，数据进入 ADC 数据寄存器。对于单次转换模式，在进行下一次转换时，需要一个额外的 ADC 时钟周期，如图 8-3 所示。

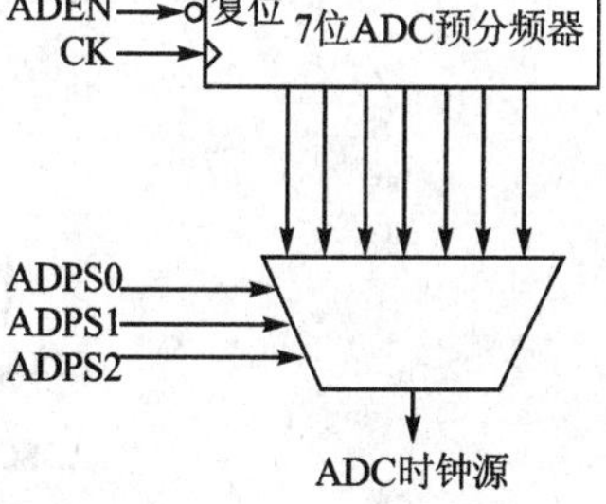

图 8-2　ADC 预分频器结构图

如果此时 ADSC 为 1，转换可继续进行；在自由运行模式下，ADC 结果写入寄存器后，立即进行下一次转换。工作于 200 kHz 的自由运行模式具有最短的转换时间：65 μs，即 15.4 ksps(samplings per second)。

转换时序如表 8-1 所列。

单次转换的时序和自由运行的时序如图 8-4 和图 8-5 所示。

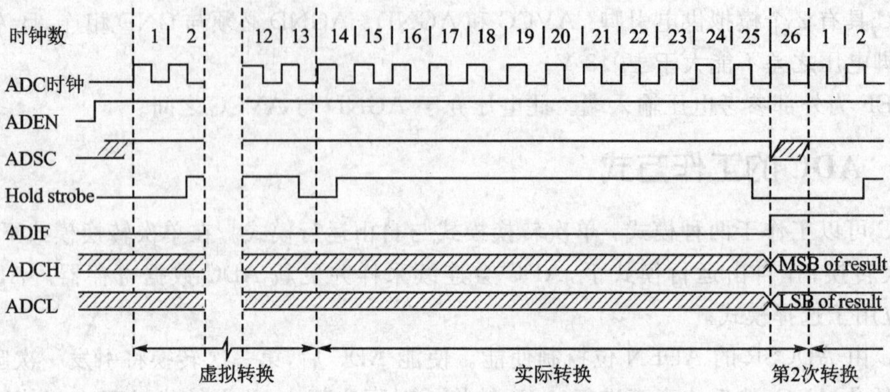

图 8-3　首次转换的时序(单次转换模式)

表 8-1　ADC 时序

条　件	采样周期	得到结果的周期	总的转换周期数	总的转换时间/μs
第 1 次转换,自由运行	14	25	25	125～500
第 2 次转换,单次转换	14	25	26	130～520
自由运行模式	2	13	13	65～260
单次转换模式	2	13	14	70～280

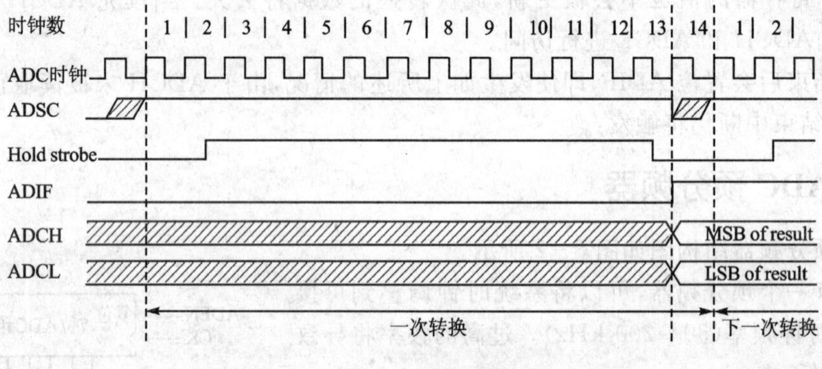

图 8-4　单次转换的时序

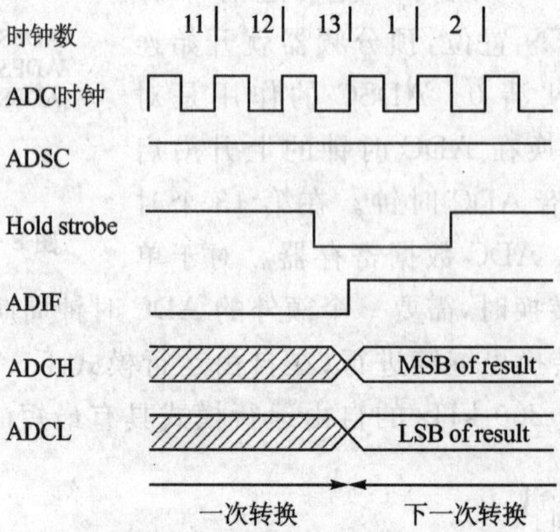

图 8-5　自由运行的时序

8.1.4 ADC 的噪声抑制功能

ADC 具有消除由 CPU 核引入的噪声的功能。实现过程如下:

① 使能 ADC,选择单次转换模式,并使能转换结束中断。ADEN=1;ADSC=0;ADFR=0;ADIE=1。

② 进入空闲状态。一旦 CPU 停止,ADC 将开始转换。

③ 如果在 ADC 转换结束中断之前没有发生其他中断,则 ADC 转换结束中断将唤醒 MCU,并执行中断例程。

8.1.5 与 ADC 有关的 I/O 寄存器

1. ADC 多路选择寄存器——ADMUX

ADC 多路选择寄存器——ADMUX 的定义如下:

BIT	7	6	5	4	3	2	1	0	
$07($27)	—	—	—	—	—	MUX2	MUX1	MUX0	ADMUX
读/写	R	R	R	R	R	R/W	R/W	R/W	

注:初始化值为$00。

位 7~位 3——Res:保留位。

位 2~位 0——MUX2、MUX1、MUX0:模拟通道选择位。用于选择 ADC 的模拟输入通道 0~7。

2. ADC 控制和状态寄存器——ADCSR

ADC 控制和状态寄存器——ADCSR 的定义如下:

BIT	7	6	5	4	3	2	1	0	
$06($26)	ADEN	ADSC	ADFR	ADIF	ADIE	ADPS2	ADPS1	ADPS0	ADCSR
读/写	R/W	R/W	R/W	R/W	R/W	R/W	R/W	R/W	

注:初始化值为$00。

位 7——ADEN:ADC 使能。

位 6——ADSC:ADC 开始转换。当 ADC 工作于单次转换模式时,该位必须设置为 1,而对于自由运行模式,则只需在第一次转换时设置一次。不论设置动作是在 ADEN 置位之后还是同时进行,ADC 都将进行一次哑转换,以初始化 ADC。

转换过程中 ADSC 保持为高。实际转换过程结束后,但在转换结果进入 ADC 数据寄存器之前(差 1 个 ADC 时钟周期),ADSC 变为低。这样就允许在当前转换完成之前(ADSC 变低之时),对下一次转换进行初始化。一旦当前转换彻底完成,立即就可以进行新的一次转换过程。在哑转换过程当中,ADSC 保持为高。对 ADSC 写 0 没有意义。

位 5——ADFR:ADC 自由运行模式选择。该位置位后,ADC 工作于自由运行模式。ADC 将连续不断地进行采样和数据更新。

位 4——ADIF:ADC 中断标志。ADC 完成及数据更新完成后,ADIF 置位。如果 I 和

ADIE 置位，则 ADC 结束中断发生。在中断例程中，ADIF 硬件清 0。写 1 也可以对其清 0；因此，要注意对 ADCSR 执行读——修改——写操作时，会使即将到来的中断无效。

位 3——ADIE：ADC 中断使能。

位 2～位 0——ADPS2、ADPS1、ADPS0：ADC 预分频器选择。详细分频见表 8-2。

表 8-2　ADC 预分频器选择

ADPS2	ADPS1	ADPS0	分频因子
0	0	0	2
0	0	1	2
0	1	0	4
0	1	1	8
1	0	0	16
1	0	1	32
1	1	0	64
1	1	1	128

3. ADC 数据寄存器——ADCL 和 ADCH

ADC 数据寄存器——ADCL 和 ADCH 的定义如下：

BIT	15	14	13	12	11	10	9	8	
$05($25)	—	—	—	—	—	—	ADC9	ADC8	ADCH
读/写	R	R	R	R	R	R	R	R	
BIT	7	6	5	4	3	2	1	0	
$04($24)	ADC7	ADC6	ADC5	ADC4	ADC3	ADC2	ADC1	ADC0	ADCL
读/写	R	R	R	R	R	R	R	R	

注：初始化值为 $0000。

8.1.6　扫描多个通道

由于模拟通道的转换总是要延迟到转换结束，因此，自由运行模式可以用来扫描多个通道而不中断转换器。一般情况下，ADC 转换结束中断用于修改通道。但需注意，中断在转换结果可读时触发。在自由运行模式下，下一次转换在中断触发的同时启动。ADC 中断触发，即新一次转换开始后，改变 ADMUX 将不起作用。

8.1.7　ADC 噪声消除技术

AT90S8535 的内外部数字电路会产生 EMI 电磁干扰，从而影响模拟测量精度。如果转换精度要求很高，则需要应用以下技术，以减少噪声：

- AT90S8535 的模拟部分及其他模拟器件在 PCB 上要有独立的地线层。模拟地线与数字地线单点相连。
- 使模拟信号通路尽量短。要使模拟走线在模拟地上通过，并尽量远离高速数字通路。

➢ AVCC 要通过一个 RC 网络连接到 VCC。
➢ 利用 ADC 的噪声消除技术减少 CPU 引入的噪声。
➢ 如果 A 口的一些引脚用作数字输出口，则在 ADC 转换过程中不要改变其状态。

注意：由于 AVCC 同时也为 A 口输出驱动提供电源，因此，如果 A 口有输出引脚，则 RC 网络不要使用。

8.1.8 ADC 特性

ADC 特性如表 8-3 所列。

表 8-3 ADC 特性

符 号	参 数	条 件	Min	典型值	Max
	精度/bit			10	
	绝对精度/LSB	V_{REF}=4 V，ADC 时钟=200 kHz		1	2
	绝对精度/LSB	V_{REF}=4 V，ADC 时钟=1 MHz		4	
	绝对精度/LSB	V_{REF}=4 V，ADC 时钟=2 MHz		16	
	整体非线性/LSB	V_{REF}>2 V		0.5	
	差分非线性/LSB	V_{REF}>2 V		0.5	
	零误差偏移/LSB			1	
	转换时间/μs		65		260
	时钟频率/kHz		50		200
AVCC/V	模拟电源		2.7 V		6 V
V_{REF}	参考电源		AGND		AVCC
R_{REF}/kΩ	参考输入电阻		6	10	13
R_{AIN}/MΩ	模拟输入电阻			100	

注：t=−40～85℃。

由表 8-3 中数据可知，ADC 时钟频率对其精度影响很大。

8.2 A/D 转换应用

测量 AT90S8535 单片机的 ACH6 和 ACH6 2 路模拟电压信号。PB 口 8 位线动态扫描数码管字线、PD 口低 5 位作动态扫描数码管位线，数码管用共阴极。5 位数码管最左边显示测量的路号，右边的 4 位显示 A/D 转换的数字量。每隔 1 s 轮换显示 1 次。本例中 ADC 采用自由模式，每秒换路 1 次(读完 ADC 结果改变多路开关)，ADC 不断进行，读的结果总是最新结果。

在本例中，初始信号 AN7=2 V、AN6=4 V，参考电压 AREF=5 V，则第 7 路模拟量对应的数字输出为：3FFH/5×2=409。同理，第 6 路模拟量对应的数字输出为：818。

8.2.1 硬件电路

A/D 转换应用硬件电路图如图 8-6 所示。

其中，AT90S8535 的设置如图 8-7 所示。

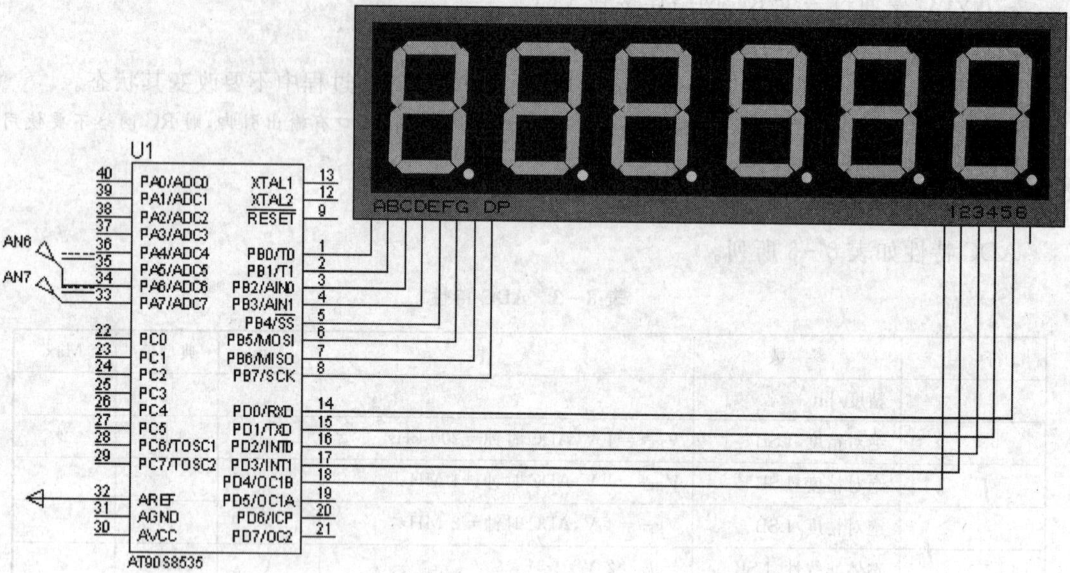

图 8-6 A/D 转换应用硬件电路

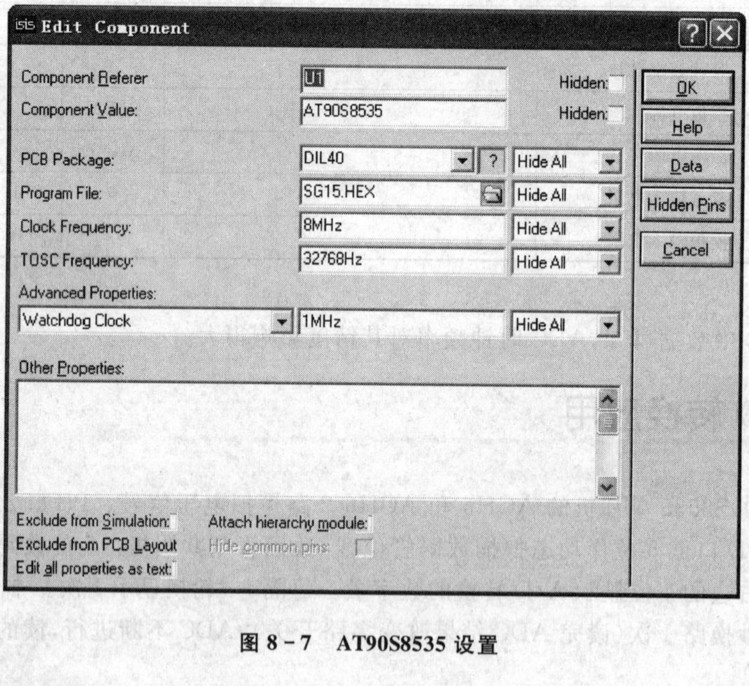

图 8-7 AT90S8535 设置

8.2.2 软件编程

系统软件程序如下：

```
.device AT90S8535
.equ    sph         = $3E
.equ    spl         = $3D
.equ    PORTA       = $1B
```

```
.equ    DDRA        = $ 1A
.equ    PINA        = $ 19
.equ    PORTB       = $ 18
.equ    DDRB        = $ 17
.equ    PINB        = $ 16
.equ    PORTD       = $ 12
.equ    DDRD        = $ 11
.equ    PIND        = $ 10
.equ    ADMUX       = $ 07
.equ    ADCSR       = $ 06
.equ    ADCH        = $ 05
.equ    ADCL        = $ 04
.def    ZH          = r31
.def    ZL          = r30

    .org     $ 0000
    rjmp     reset

tab: .db     $ 3f, $ 06, $ 5b, $ 4f, $ 66, $ 6d, $ 7d, $ 07, $ 7f, $ 6f

reset: ldi    r16, $ 02                 ;栈指针置初值
    out      sph,r16
    ldi      r16, $ 5f
    out      spl,r16
    ldi      r16, $ ff                  ;定义 PB、PD 为输出口
    out      DDRB,r16
    out      DDRD,r16
    ldi      r16, $ 00                  ;定义 PA 口为输入口,不带内部上拉电阻
    out      DDRA,r16
    ldi      r16, $ 00
    out      PORTA,r16
    ldi      r16, $ 07                  ;选第 7 路 ADC
    out      ADMUX,r16
    ldi      r18, $ e5                  ;允许 ADC,启动 ADC,自由模式
    out      ADCSR,r18                  ;64 分频作 A/D 时钟
    rcall    t1ms
aa: in       r16,ADCL                   ;读 A/D 结果放入 r17、r16 中
    in       r17,ADCH
    ldi      r18, $ 06                  ;改变 ADMUX 为第 6 路
    out      ADMUX,r18
    rcall    btd                        ;调二转十子程序
    ldi      r22,7                      ;万位显示路号 7
    mov      r21,r19                    ;4 位 ADC 结果送显示缓冲区
    mov      r20,r18
    mov      r19,r17
    mov      r18,r16
    ldi      r17,200                    ;每一路 A/D 扫描 200 次,恰好 1 s
```

```
bb: rcall   smiao               ;调动态扫描子程序
    dec     r17
    brne    bb
    in      r16,ADCL            ;读 A/D 结果放入 r17、r16 中
    in      r17,ADCH
    ldi     r18,$07             ;改变 ADMUX 为第 7 路
    out     ADMUX,r18
    rcall   btd
    ldi     r22,6               ;万位显示路号 6
    mov     r21,r19             ;4 位 ADC 结果送显示缓冲区
    mov     r20,r18
    mov     r19,r17
    mov     r18,r16
    ldi     r17,200             ;每一路 A/D 扫描 200 次,恰好 1 s
cc: rcall   smiao               ;调动态扫描子程序
    dec     r17
    brne    cc
    rjmp    aa
btd: serr20 ;r20 先送 - 1
btd_1: inc  r20                 ;r20 增 1
    subi    r16,low(10000)      ;(r17:r16) - 10000
    sbci    r17,high(10000)
    brcc    btd_1               ;够减则返回 btd_1
    subi    r16,low(-10000)     ;不够减则 + 10000,恢复余数
    sbci    r17,high(-10000)
    ser     r19                 ;r19 先送 - 1
btd_2: inc  r19                 ;r19 增 1
    subi    r16,low(1000)       ;(r17:r16) - 1000
    sbci    r17,high(1000)
    brcc    btd_2               ;够减则返回 btd_2
    subi    r16,low(-1000)      ;不够减则 + 1000,恢复余数
    sbci    r17,high(-1000)
    ser     r18                 ;r18 先送 - 1
btd_3: inc  r18                 ;r18 增 1
    subi    r16,low(100)        ;(r17:r16) - 100
    sbci    r17,high(100)
    brcc    btd_3               ;够减则返回 btd_3
    subi    r16,low(-100)       ;不够减则 + 100,恢复余数
    sbci    r17,high(-100)
    ser     r17                 ;r17 先送 - 1
btd_4: inc  r17                 ;r17 增 1
    subi    r16,10              ;(r17:r16) - 10
    brcc    btd_4               ;够减则返回 btd_4
    subi    r16,-10             ;不够减则 + 10,恢复余数
    ret
```

```
smiao: ldi    r16,$fe            ;送个位位线
       out    PORTD,r16
       mov    r23,r18            ;将个位的 BCD 码送 r23
       rcall  cqb                ;查 7 段码,送 B 口输出
       rcall  t1ms               ;延时 1 ms
       ldi    r16,$fd            ;送十位位线
       out    PORTD,r16
       mov    r23,r19            ;将十位的 BCD 码送 r23
       rcall  cqb                ;查 7 段码,送 B 口输出
       rcall  t1ms               ;延时 1 ms
       ldi    r16,$fb            ;送百位位线
       out    PORTD,r16
       mov    r23,r20            ;将百位的 BCD 码送 r23
       rcall  cqb                ;查 7 段码,送 B 口输出
       rcall  t1ms               ;延时 1 ms
       ldi    r16,$f7            ;送千位位线
       out    PORTD,r16
       mov    r23,r21            ;将千位的 BCD 码送 r23
       rcall  cqb                ;查 7 段码,送 B 口输出
       rcall  t1ms               ;延时 1 ms
       ldi    r16,$ef            ;送万位位线
       out    PORTD,r16
       mov    r23,r22            ;将万位的 BCD 码送 r23
       rcall  cqb                ;查 7 段码,送 B 口输出
       rcall  t1ms               ;延时 1 ms
       ret
cqb:   ldi    ZH,high(tab*2)     ;7 段码的首址给 Z
       ldi    ZL,low(tab*2)
       add    ZL,r23             ;首地址 + 偏移量
       lpm                       ;查表送 B 口输出
       out    PORTB,r0
       ret
t1ms:  ldi    r24,101            ;延时 1 ms 子程序
       push   r24
del2:  push   r24
del3:  dec    r24
       brne   del3
       pop    r24
       dec    r24
       brne   del2
       pop    r24
       ret
```

8.2.3 系统调试与仿真

对系统进行调试并仿真，其中第 7 路输入模拟量设置如图 8－8 所示。

第 6 路输入模拟量设置如图 8－9 所示。

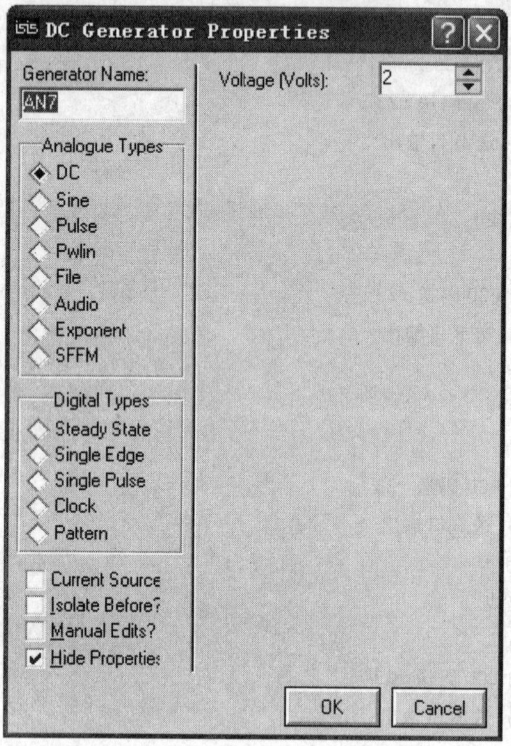

图 8－8　第 7 路输入模拟量设置

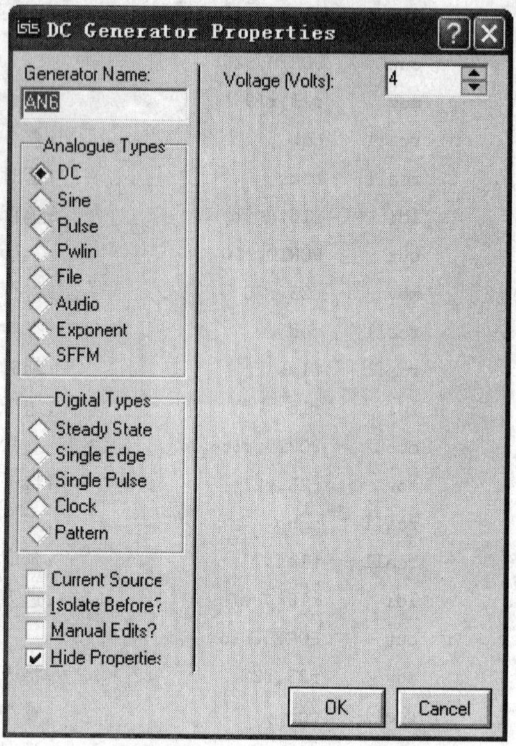

图 8－9　第 6 路输入模拟量设置

系统的初始参数设置如图 8－10 所示。

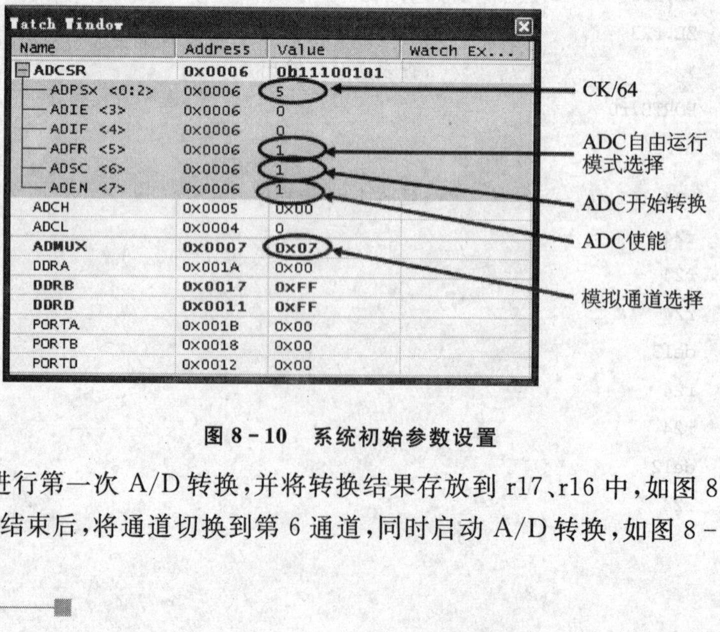

图 8－10　系统初始参数设置

接着，系统进行第一次 A/D 转换，并将转换结果存放到 r17、r16 中，如图 8－11 所示。

第一次转换结束后，将通道切换到第 6 通道，同时启动 A/D 转换，如图 8－12 所示。

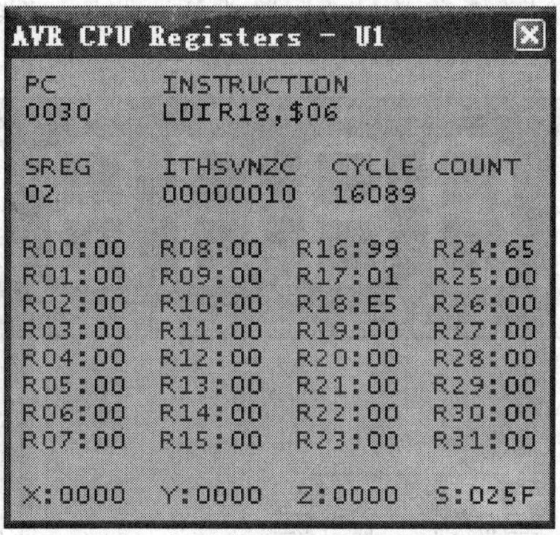

图 8-11　系统进行第一次 A/D 转换,并将转换结果存放到 r17、r16

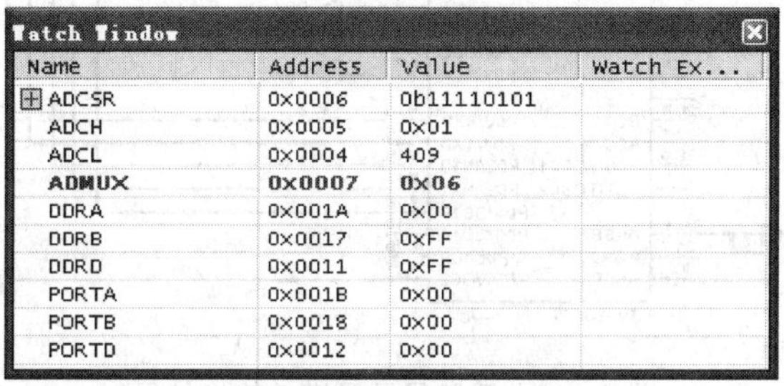
Watch Window

Name	Address	Value	Watch Ex...
ADCSR	0x0006	0b11110101	
ADCH	0x0005	0x01	
ADCL	0x0004	409	
ADMUX	**0x0007**	**0x06**	
DDRA	0x001A	0x00	
DDRB	0x0017	0xFF	
DDRD	0x0011	0xFF	
PORTA	0x001B	0x00	
PORTB	0x0018	0x00	
PORTD	0x0012	0x00	

图 8-12　第一次转换结束后,将通道切换到第 6 通道

此时,系统显示上一次 A/D 转换的通道号及转换结果,如图 8-13 所示。

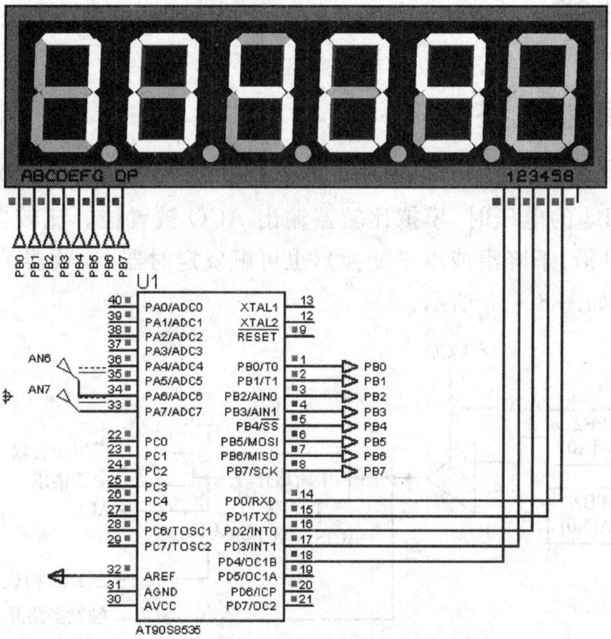

图 8-13　系统显示上一次 A/D 转换的通道号及转换结果

第 6 通道完成 A/D 转换后，系统又自动切换到第 7 通道。系统显示上次 A/D 转换结果，如图 8－14 所示。

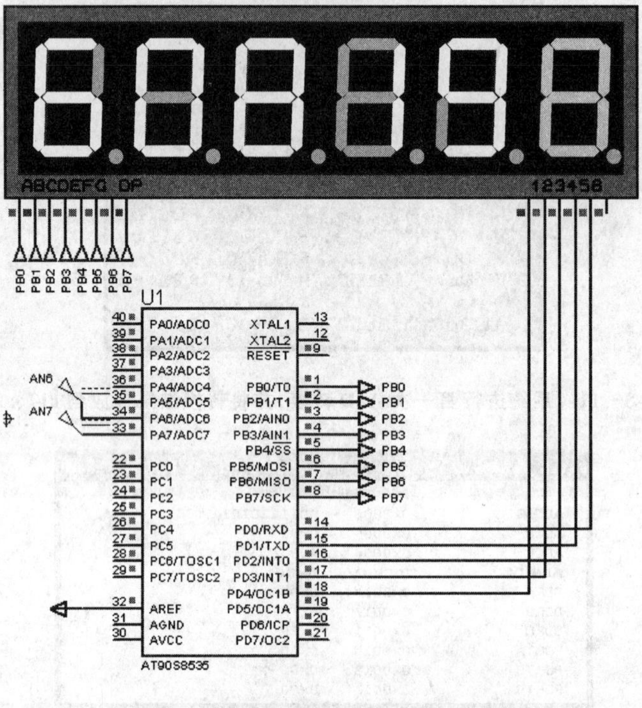

图 8－14　系统显示通道 6 转换结果

这样周而复始地运行，反复显示通道 7、通道 6 的转换结果。

8.3　模拟比较器

8.3.1　模拟比较器概述

模拟比较器对正极 PB2(AIN0)引脚和负极 PB3(AIN1)引脚之上的输入值进行比较。当 PB2 上的电压高于 PB3 的电压时，模拟比较器输出 ACO 被置位。比较器的输出可用来触发模拟比较器中断（上升沿、下降沿或电平变换），也可触发定时器/计数器 1 的输入捕获功能，其结构框图及周围电路如图 8－15 所示。

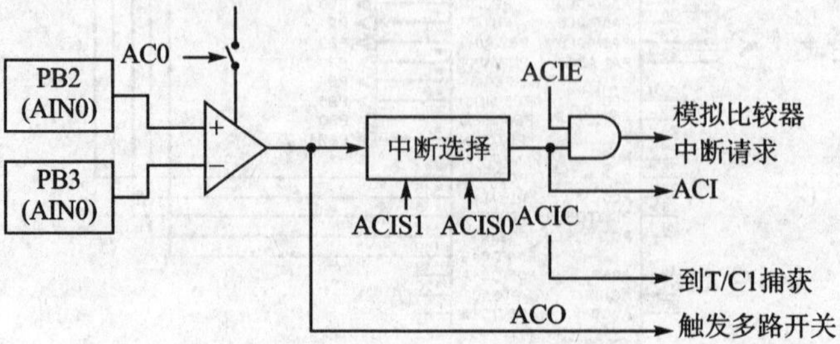

图 8－15　模拟比较器框图

8.3.2 模拟比较器控制和状态寄存器——ACSR

模拟比较器控制和状态寄存器——ACSR 的定义如下：

BIT	7	6	5	4	3	2	1	0	
\$08(\$28)	ACD	—	ACO	ACI	ACIE	ACIC	ACIS1	ACIS0	ACSR
读/写	R/W	R	R	R/W	R/W	R/W	R/W	R/W	

注：初始值为 \$00。

位 7——ACD：模拟比较器禁止位。当该位设为 1 时，模拟比较器的电源关闭。可以在任何时候对其置位，以便关闭模拟比较器，这样可以减少器件功耗。常用于休闲模式下又无须从模拟比较器中断唤醒的情况。改变 ACD 位时，模拟比较器中断必须通过清空 ACSR 中的 ACIE 位来禁止；否则，在该位改变时会产生中断。

位 6——Res：保留位。90 系列单片机的该位为保留位，总读为 0。

位 5——ACO：模拟比较器输出。ACO 直接与模拟比较器的输出相连。

位 4——ACI：模拟比较器中断标志位。当比较器输出触发中断时，ACI 将置位。中断方式由 ACIS1 和 ACIS0 决定。若 ACIE 位设为 1 且 SREG 中的 I 位设为 1 时，执行模拟比较器的中断程序。当执行相应的中断处理向量时，ACI 被硬件清 0。另外，ACI 也可以通过对此位写入逻辑 1 来清 0。

注意：如果 ACSR 的另一些位被 SBI 或 CBI 指令修改时，ACI 亦被清 0。

位 3——ACIE：模拟比较器中断使能。当 ACIE 位设为 1 且状态寄存器中的 I 位设为 1 时，模拟比较器中断被触发。当清 0 时，中断被禁止。

位 2——ACIC：模拟比较器输入捕获使能。当设置为 1 时，该位触发定时器/计数器 1 的输入捕获功能，由模拟比较器来触发。在这种情况下，模拟比较器的输出直接连接到输入捕获前端逻辑，使比较器能利用定时器/计数器 1 输入捕获中断的噪声消除和边缘选择的特性。当该位被清除时，模拟比较器和输入捕获功能之间没有联系。为了使比较器触发定时器/计数器 1 的输入捕获中断，定时器中断屏蔽寄存器(TIMSK)的 TICIE1 位必须被设置。

位 1、位 0——ACIS1、ACIS0：模拟比较器中断模式选择。这两位决定了由哪个比较器事件触发模拟比较器中断。表 8-4 中列出不同的设置。

表 8-4 ACIS1、ACIS0 设置

ACIS1	ACIS0	中断模式	ACIS1	ACIS0	中断模式
0	0	电平变换引发中断	1	0	ACO 下降沿中断
0	1	保留	1	1	ACO 上升沿中断

注意：改变 ACIS1、ACIS0 时，要禁止模拟比较器的中断，否则有可能引发不必要的中断。

8.4 模拟比较器应用

在 AIN1(PB3)引脚上加 2.5 V 的电压，而在 AIN0(PB2)引脚加电压为 2.5 V 的正弦波。当 AIN0 的输入电压向下穿越 AIN1 上的电压时，I/O 寄存器的 ACSR 中的 ACO 位由 1 变 0，程序可检测到 ACO 的变化；当 AIN0 的输入电压向上穿越时，I/O 寄存器的 ACSR 中的 ACO 位由 0 变 1，程序可检测到 ACO 变 1 后，使能模拟比较器上升沿中断；当 AIN0 的输入电压再次向上穿越 AIN1 的电压时，将产生新的模拟比较器中断标志 ACI，程序清 ACI 标志，开模拟比较器中断和全局中断。此后，AIN0 每次向上穿越 AIN1 时，均产生模拟比较器中断，使 16 位计数寄存器 r18、r17 增 1，r18、r17 的计数值由数码管实时显示。

8.4.1 硬件电路

模拟比较器应用硬件电路图如图 8－16 所示。

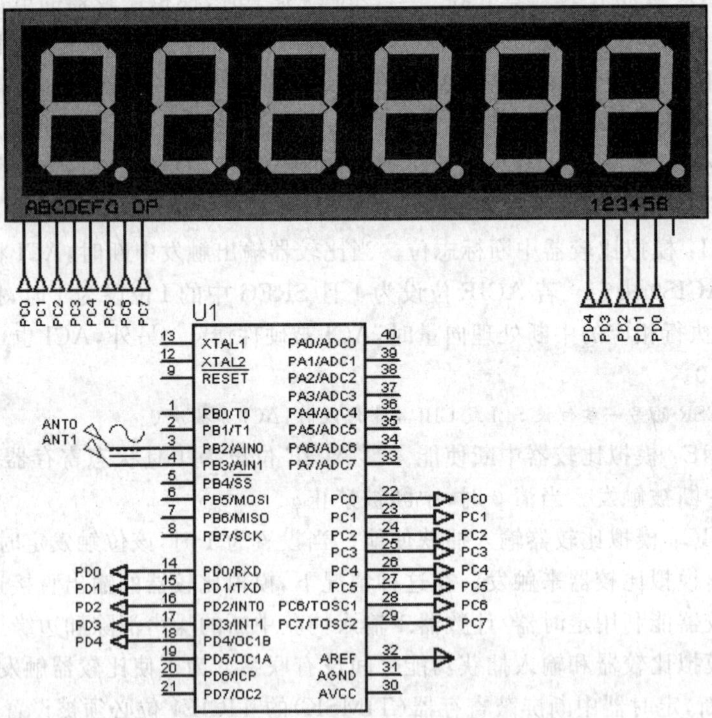

图 8－16　模拟比较器应用硬件电路

其中，AT90S8535 设置如图 8－17 所示。

8.4.2 软件编程

系统软件程序如下：

```
.device AT90S8535
.equ    SREG        = $3F
.equ    sph         = $3E
.equ    spl         = $3D
.equ    ACSR        = $08
.equ    PORTB       = $18
.equ    DDRB        = $17
.equ    PINB        = $16
```

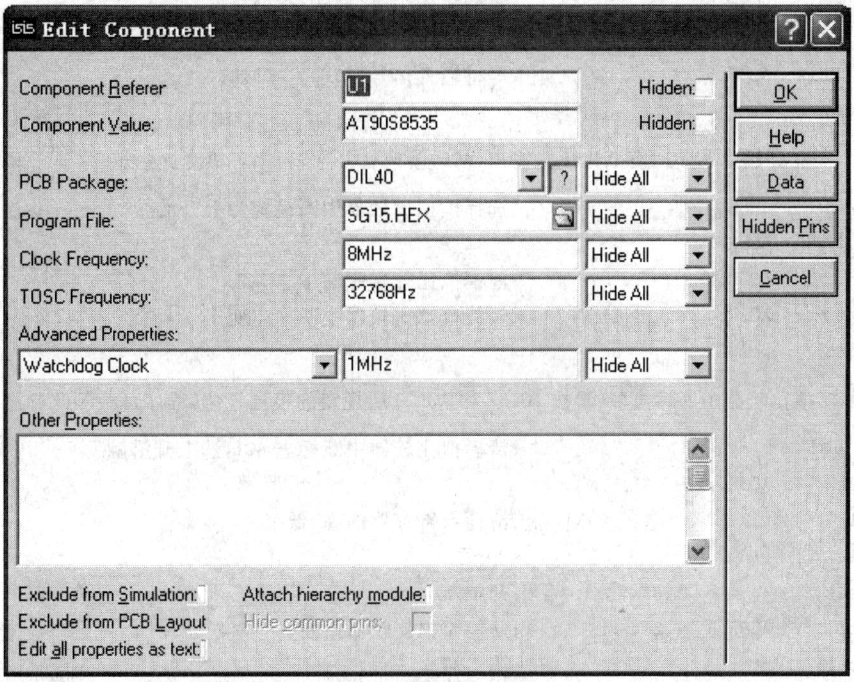

图 8－17　AT90S8535 设置

```
.equ    PORTC       = $ 15
.equ    DDRC        = $ 14
.equ    PINC        = $ 13
.equ    PORTD       = $ 12
.equ    DDRD        = $ 11
.equ    PIND        = $ 10
.def    ZH          = r31
.def    ZL          = r30

    .org    $ 000
    rjmp    reset
    .org    $ 010
    rjmp    ana_cp

reset: ldi  r16, $ 02           ;栈指针置初值
    out     sph,r16
    ldi     r16, $ 5f
    out     spl,r16
    ldi     r16, $ 00           ;定义 PB 为输入口
    out     DDRB,r16
    out     PORTB,r16
    ldi     r16, $ ff           ;定义 PD、PC 为输出口
    out     DDRC,r16
    out     DDRD,r16
    cbi     ACSR,7
```

```
wt_e1: sbic   ACSR,5              ;等待输入信号(AIN0)<(AIN1)
    rjmp      wt_e1
wel_1: sbis   ACSR,5              ;等待输入信号(AIN0)>(AIN1)
    rjmp      wel_1
;说明：AIN0 穿越 AIN1 时,模拟比较器输出(ACO)就改变一次,程序可检测此标志
wt_e2: sbi    ACSR,0              ;选择模拟比较器中断模式为上升沿
    sbi       ACSR,1
    sbi       ACSR,4              ;清模拟比较器中断标志 ACI
wel_2: sbis   ACSR,4              ;等待模拟比较器中断标志变 1
    rjmp      wel_2
;说明：模拟比较器中断标志(ACI)按 ACIS1 和 ACIS0 所规定的模式置位,程序可检测此标志
ana_i: ldi    r16,$13             ;清模拟比较器中断标志 ACI,选上升沿触发
    out       ACSR,r16
    clr       r17                 ;清计数寄存器的高、低字节
    clr       r18
    sei                           ;开中断
    sbi       ACSR,3              ;使能模拟比较器中断
    rcall     btd                 ;调二转十子程序
bb: rcall     smiao               ;调动态扫描子程序
    rjmp      bb
ana_cp: in    r1,SREG             ;保护标志寄存器
    subi      r17,low(-1)         ;计数器加 1
    sbci      r18,high(-1)
    push      r17
    push      r18
    rcall     btd                 ;调二转十子程序
    mov       r25,r21             ;将 BCD 码送 r18～r22
    mov       r22,r20
    mov       r21,r19
    mov       r20,r18
    mov       r19,r17
    out       SREG,r1             ;恢复标志寄存器
    pop       r18
    pop       r17
    reti
;说明：在模拟比较器中断使能位(ACIE)置 1 和全局中断使能后,就进入模拟比较器中断
btd: ser      r21                 ;r21 先送 -1
btd_1: inc    r21                 ;r21 增 1
    subi      r17,low(10000)      ;(r18:r17) - 10000
    sbci      r18,high(10000)
    brcc      btd_1               ;够减则返回 btd_1
    subi      r17,low(-10000)     ;不够减则 +10000,恢复余数
    sbci      r18,high(-10000)
```

```
        ser     r20              ;r20 先送 - 1
btd_2: inc     r20              ;r20 增 1
        subi    r17,low(1000)    ;(r17:r16) - 1000
        sbci    r18,high(1000)
        brcc    btd_2            ;够减则返回 btd_2
        subi    r17,low( - 1000) ;不够减则 + 1000,恢复余数
        sbci    r18,high( - 1000)
        ser     r19              ;r19 先送 - 1
btd_3: inc     r19              ;r19 增 1
        subi    r17,low(100)     ;(r18:r17) - 100
        sbci    r18,high(100)
        brcc    btd_3            ;够减则返回 btd_3
        subi    r17,low(-100)    ;不够减则 + 100,恢复余数
        sbci    r18,high(-100)
        ser     r18              ;r18 先送 - 1
btd_4: inc     r18              ;r18 增 1
        subi    r17,10           ;(r18:r17) - 10
        brcc    btd_4            ;够减则返回 btd_4
        subi    r17,-10          ;不够减则 + 10,恢复余数
        ret

smiao: ldi     r16, $ fe        ;送个位位线
        out     PORTD,r16
        mov     r23,r19          ;将个位的 BCD 码送 r23
        rcall   cqb              ;查 7 段码,送 B 口输出
        rcall   t1ms             ;延时 1 ms
        ldi     r16, $ fd        ;送十位位线
        out     PORTD,r16
        mov     r23,r20          ;将十位的 BCD 码送 r23
        rcall   cqb              ;查 7 段码,送 B 口输出
        rcall   t1ms             ;延时 1 ms
        ldi     r16, $ fb        ;送百位位线
        out     PORTD,r16
        mov     r23,r21          ;将百位的 BCD 码送 r23
        rcall   cqb              ;查 7 段码,送 B 口输出
        rcall   t1ms             ;延时 1 ms
        ldi     r16, $ f7        ;送千位位线
        out     PORTD,r16
        mov     r23,r22          ;将千位的 BCD 码送 r23
        rcall   cqb              ;查 7 段码,送 B 口输出
        rcall   t1ms             ;延时 1 ms
        ldi     r16, $ ef        ;送万位位线
        out     PORTD,r16
        mov     r23,r25          ;将万位的 BCD 码送 r23
        rcall   cqb              ;查 7 段码,送 B 口输出
        rcall   t1ms             ;延时 1 ms
```

```
    ret

cqb: ldi     ZH,high(tab*2)        ;7 段码的首址给 Z
    ldi     ZL,low(tab*2)
    add     ZL,r23                ;首地址 + 偏移量
    lpm                           ;查表送 B 口输出
    out     PORTC,r0
    ret

t1ms: ldi    r24,101               ;延时 1 ms 子程序
    push    r24
del2: push   r24
del3: dec    r24
     brne   del3
     pop    r24
     dec    r24
     brne   del2
     pop    r24
     ret

tab:  .db    $3f,$06,$5b,$4f,$66,$6d,$7d,$07,$7f,$6f
```

8.4.3 系统调试与仿真

系统输入信号由信号发生器提供。ANT0 设置如图 8-18 所示。

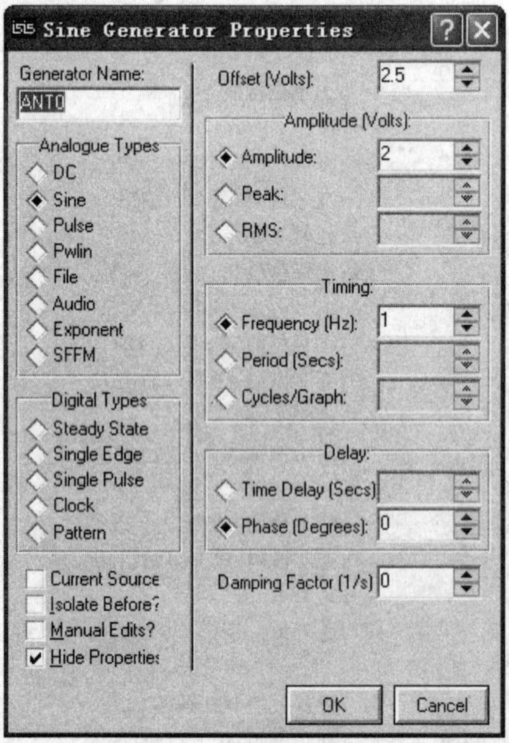

图 8-18 ANT0 设置

用模拟分析图表查看输入信号,信号波形如图 8-19 所示。

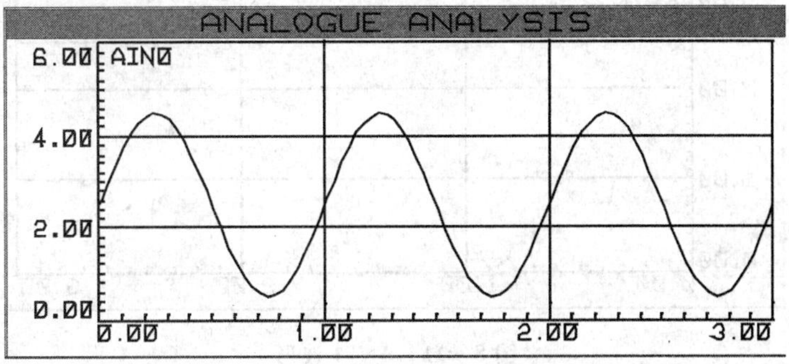

图 8-19 ANT0 波形

ANT1 设置如图 8-20 所示。

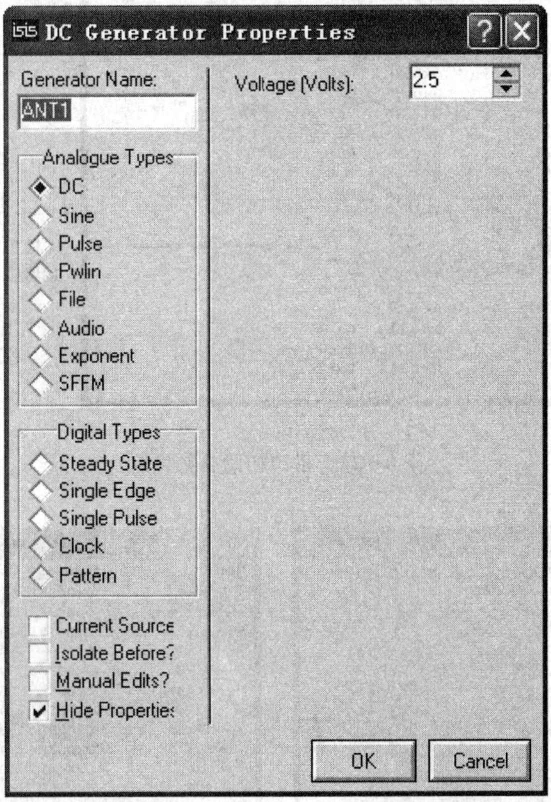

图 8-20 ANT1 设置

用模拟分析图表查看输入信号,信号波形如图 8-21 所示。

对系统进行仿真,系统的初始参数设置如图 8-22 所示。

当 AIN0 的输入电压向下穿越 AIN1 上的电压时,I/O 寄存器的 ACSR 中的 ACO 位由 1 变 0,如图 8-23 所示。

当 AIN0 的输入电压向上穿越时,I/O 寄存器的 ACSR 中的 ACO 位由 0 变 1,如图 8-24 所示。

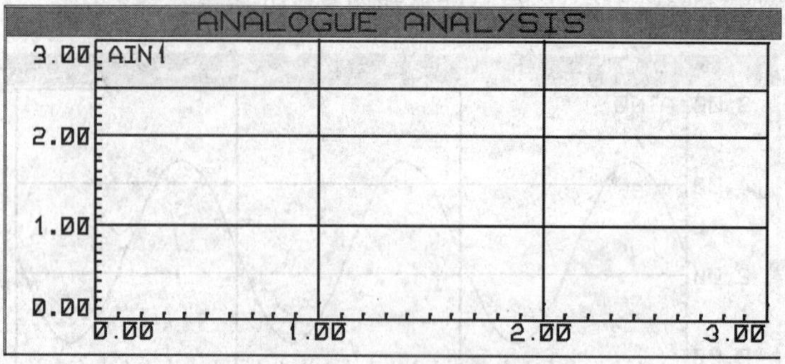

图 8-21　ANT1 波形

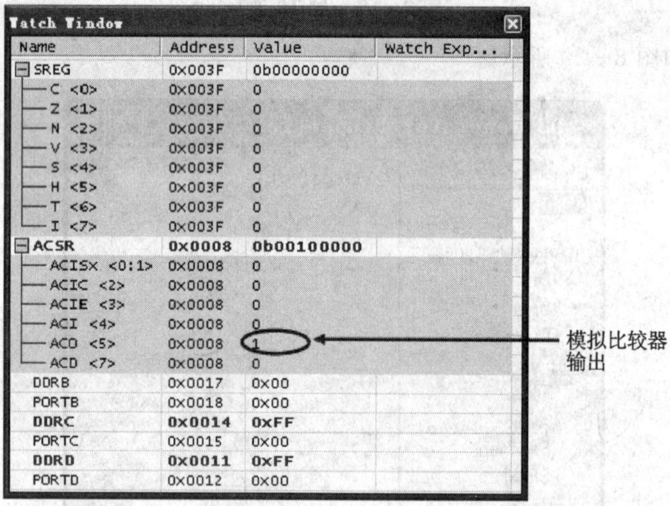

Name	Address	Value	Watch Exp...
SREG	0x003F	0b00000000	
C <0>	0x003F	0	
Z <1>	0x003F	0	
N <2>	0x003F	0	
V <3>	0x003F	0	
S <4>	0x003F	0	
H <5>	0x003F	0	
T <6>	0x003F	0	
I <7>	0x003F	0	
ACSR	0x0008	0b00100000	
ACISx <0:1>	0x0008	0	
ACIC <2>	0x0008	0	
ACIE <3>	0x0008	0	
ACI <4>	0x0008	0	
ACO <5>	0x0008	1	
ACD <7>	0x0008	0	
DDRB	0x0017	0x00	
PORTB	0x0018	0x00	
DDRC	0x0014	0xFF	
PORTC	0x0015	0x00	
DDRD	0x0011	0xFF	
PORTD	0x0012	0x00	

图 8-22　系统初始参数设置

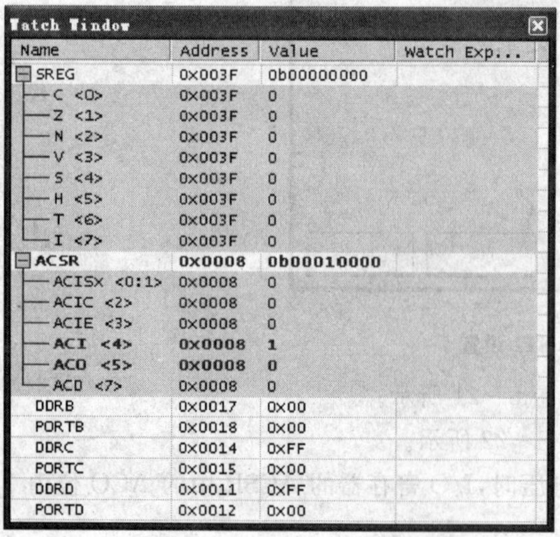

Name	Address	Value	Watch Exp...
SREG	0x003F	0b00000000	
C <0>	0x003F	0	
Z <1>	0x003F	0	
N <2>	0x003F	0	
V <3>	0x003F	0	
S <4>	0x003F	0	
H <5>	0x003F	0	
T <6>	0x003F	0	
I <7>	0x003F	0	
ACSR	0x0008	0b00010000	
ACISx <0:1>	0x0008	0	
ACIC <2>	0x0008	0	
ACIE <3>	0x0008	0	
ACI <4>	0x0008	1	
ACO <5>	0x0008	0	
ACD <7>	0x0008	0	
DDRB	0x0017	0x00	
PORTB	0x0018	0x00	
DDRC	0x0014	0xFF	
PORTC	0x0015	0x00	
DDRD	0x0011	0xFF	
PORTD	0x0012	0x00	

图 8-23　ACO 位由 1 变 0

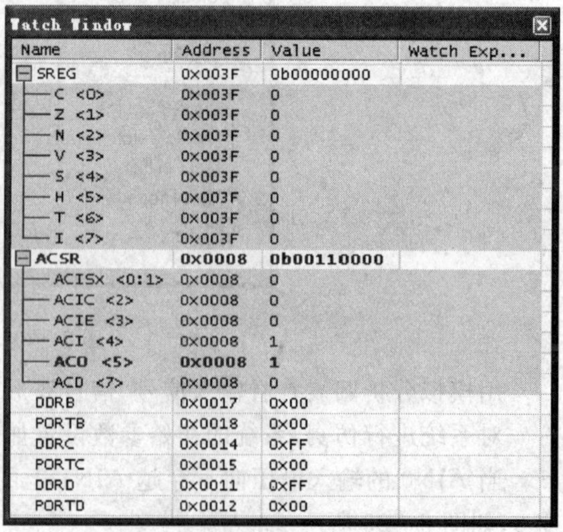

Name	Address	Value	Watch Exp...
SREG	0x003F	0b00000000	
C <0>	0x003F	0	
Z <1>	0x003F	0	
N <2>	0x003F	0	
V <3>	0x003F	0	
S <4>	0x003F	0	
H <5>	0x003F	0	
T <6>	0x003F	0	
I <7>	0x003F	0	
ACSR	0x0008	0b00110000	
ACISx <0:1>	0x0008	0	
ACIC <2>	0x0008	0	
ACIE <3>	0x0008	0	
ACI <4>	0x0008	1	
ACO <5>	0x0008	1	
ACD <7>	0x0008	0	
DDRB	0x0017	0x00	
PORTB	0x0018	0x00	
DDRC	0x0014	0xFF	
PORTC	0x0015	0x00	
DDRD	0x0011	0xFF	
PORTD	0x0012	0x00	

图 8-24　ACO 位由 0 变 1

程序可在检测到 ACO 变 1 后，使能模拟比较器上升沿中断。程序清 ACI 标志，开模拟比较器中断和全局中断，如图 8－25 所示。

此后，AIN0 每次向上穿越 AIN1 时，均产生模拟比较器中断，使 16 位计数寄存器 r18、r17 增 1，如图 8－26 所示。

r18、r17 的计数值由数码管实时显示，如图 8－27 所示。

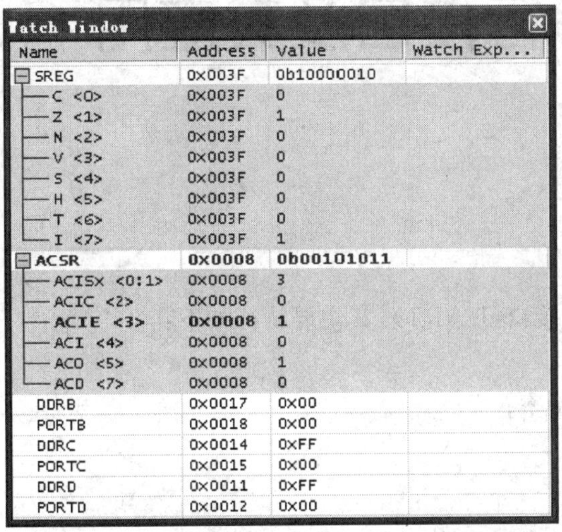

图 8－25　开模拟比较器中断和全局中断

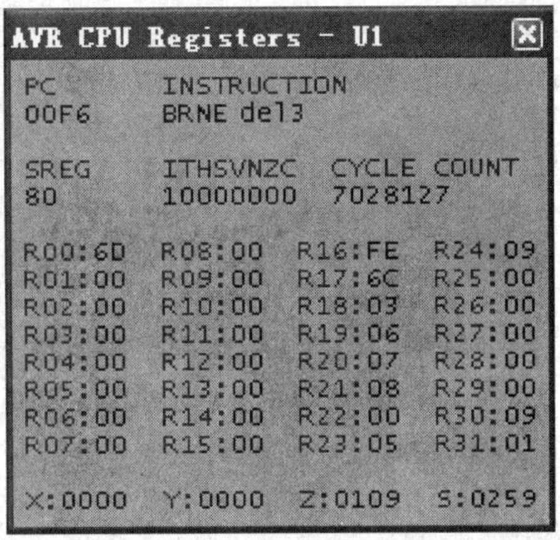

图 8－26　16 位计数寄存器 r18、r17 增 1

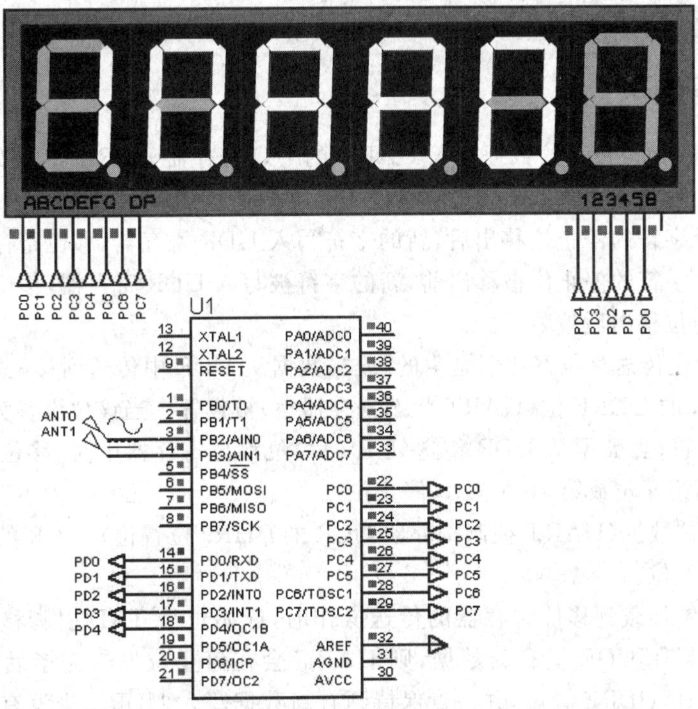

图 8－27　数码管实时显示计数值

第9章

AT90S8535 单片机串行接口及其应用

9.1 通用串行接口 UART

90 系列单片机带有一个全双工的通用串行接口(UART),其主要特征如下:

- 波特率发生器可以生成多种波特率;
- 在 XTAL 低频率下,仍可产生较高的波特率;
- 8 位和 9 位数据;
- 噪声滤波;
- 过速检测;
- 帧错误检测;
- 错误起始位检测;
- 3 个独立的中断,即发送(TX)完成、发送数据寄存器空和接收(RX)完成。

9.1.1 数据传送

数据传送通过把被传送的数据写入 UART 的 I/O 寄存器 UDR 进行初始化。

在以下情况下,数据从 UDR 传送到移位寄存器中:

① 当前一个字符的停止位移出后,新的字符写入 UDR 寄存器,移位寄存器立即再装入。

② 当前一个字符的停止位被移出前,新的字符被写入 UDR 寄存器,移位寄存器在当前字符的停止位移出后被装入。

如果 10(11)位传送移位寄存器是空的,或当数据从 UDR 中传送到移位寄存器时,UART 状态寄存器 USR 的 UDRE 位(UART 状态寄存器空)被设置。当该位设置为 1 时,UART 准备接收下一个字符;当数据从 UDR 传送到 10(11)位移位寄存器中时,移位寄存器的第 0 位(起始位)清 0,而第 9 位或第 10 位置 1(停止位)。

如果选择 9 位数据(UART 控制寄存器 UCR 的 CHR9 位置位),UCR 的 TXB8 位传送到移位寄存器的第 9 位。

在波特率时钟加载到移位寄存器的传送操作时,起始位从 TXD 引脚移出,然后是数据,最低位在前。如果在 UDR 里有新数据,则 UART 会在停止位发送完毕后,自动加载数据。在加载数据的同时,UDRE 置位,并一直保持到有新数据写入 UDR。当没有新的数据写入且停止位在 TXD 上保持了 1 位的长度时,USR 的 TX 完成的标志位 TXC 被置位。

当 UCR 中的 TXEN 设置为 1 时，使能 UART 发送器。通过清除该位，PD1 引脚可以被用于通用的 I/O。当 TXEN 被设置时，UART 输出将被连到 PD1 引脚作输出，而不管方向寄存器的设置。

UART 传送器示意图如图 9-1 所示。

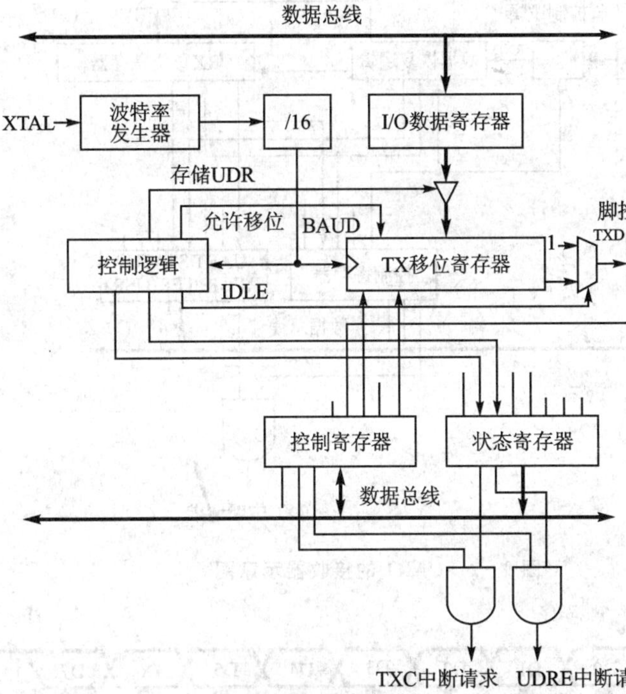

图 9-1　UART 传送器示意图

9.1.2　数据接收

图 9-2 所示为 UART 接收器示意图。

接收器前端的逻辑以 16 倍波特率对 RXD 引脚采样。当线路闲置时，一个逻辑 0 的采样将被认为是起始位的下降沿，并且起始位的探测序列开始。设采样 1 为第 1 个 0 采样，接收器在第 8、9、10 个采样点处采样 RXD 引脚。如果 3 个采样中有 2 个或 2 个以上是逻辑 1，则认为该"起始位"是噪声尖峰引起的，是假的，所以丢弃；接收器继续检测下一个 1 到 0 的转换。

如果一个有效的起始位被发现，即开始起始位之后的数据位的采样。这些位也在第 8、9、10 个采样点处采样，3 取 2 作为该位的逻辑值。在采样的同时，这些位被移入传送移位寄存器。采样输入的字符如图 9-3 所示。

当停止位到来时，3 个采样结果中的大多数应为 1，才能接收该停止位。如果 2 个或更多为逻辑 0，UART 状态寄存器(USR)的帧错误(FE)标志设置为 1。在读 UDR 寄存器之前，应检查 FE 帧错误标志。一旦无效的停止位在字符接收周期结束时被收到，数据即被传送到 UDR 寄存器，而 USR 的 RXC 标志位被设置。UDR 实际是 2 个物理上分离的寄存器，一个用于发送数据，一个用于接收数据。当读 UDR 时，接收数据寄存器被访问；当写 UDR 寄存器时，发送数据寄存器被访问。如果选择了 9 位数据(UART 控制寄存器 UCR 中的 CHR9 位被

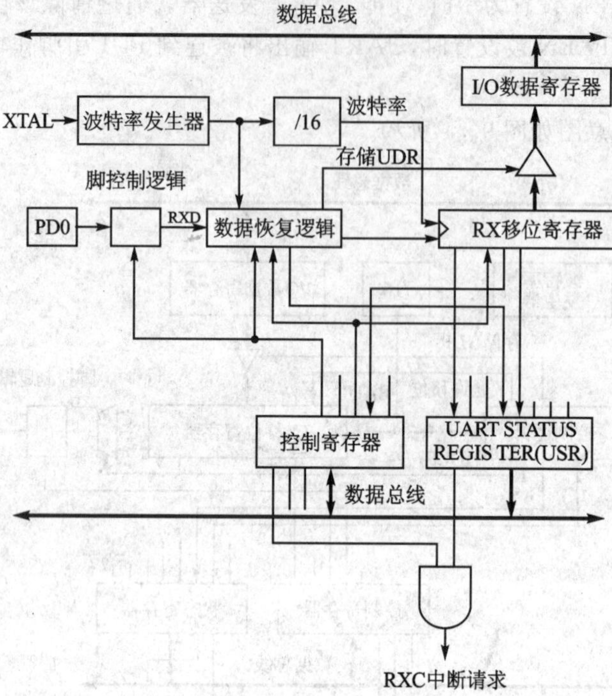

图 9-2　UART 的接收器示意图

图 9-3　接收器数据采样

设置)，当数据被传送到 UDR 时，传送移位寄存器的第 9 位被装入到 UCR 的 RXB8 位。

如果在读取 UDR 寄存器之前，UART 又收到 1 个字符，则 UCR 中的过速标志(OR)被设置。这意味着移入移位寄存器的最后的数据字节不能被送到 UDR 中而丢失。OR 位一直保留到 UDR 被读取；因此，在读 UDR 后应检查 OR 位。

通过清除 UCR 寄存器中的 RXEN 位，使接收器禁止。这意味着 PD0 可以被用作通用的 I/O 引脚。当 RXEN 被设置时，UART 接收器连到 PD0 引脚而不管方向寄存器的设置。

9.1.3　UART 控制

1. UART I/O 数据寄存器——UDR

UART I/O 数据寄存器——UDR 的定义如下：

BIT	7	6	5	4	3	2	1	0	
$0C($2C)	MSB							LSB	UDR
读/写	R/W	R/W	R/W	R/W	R/W	R/W	R/W	R/W	

注：初始值为 $00。

UDR 寄存器是 2 个物理上分离的寄存器，分享同一个 I/O 地址。

当写入寄存器时，UART 的发送数据寄存器被写入；当读 UDR 时，读的是 UART 接收寄存器。

2. UART 状态寄存器——USR

UART 状态寄存器——USR 的定义如下：

BIT	7	6	5	4	3	2	1	0	
$0B($2B)	RXC	TXC	UDRE	FE	OR	—	—	—	USR
读/写	R	R	R	R	R	R	R	R	
初始值	0	0	1	0	0	0	0	0	

USR 寄存器是一个只读的寄存器，提供 UART 的状态信息。

位 7——RXC：UART 接收完成。当收到的字符从接收移位寄存器传到 UDR 中时，该位被设置。不论探测到任何帧错误，该位均被设置。

当 UCR 中的 RXCIE 位被设置后，UART 接收完成中断将被执行(如当 RXC 被设置时)，RXC 在读 UDR 时被清除。

当使用中断数据接收时，接收完成中断子程序必须读 UDR，而清除 RXC；否则，在中断完成后，会引起新的中断。

位 6——TXC：UART 发送完成。当发送移位寄存器的数据全部移出，且没有新的数据写入 UDR 时，该位被设置。这个标志位在半双工的通信接口中很有用。

当发送完成后，立即释放通信总线，且必须进入接收模式。

当 UCR 中的 TXCIE 位被设置后，设置 TXC 将导致 UART 发送完成中断被执行，TXC 在执行相应的中断向量时，被硬件清除；或者 TXC 也可以通过在该位写入一个逻辑 1 而被清除。

位 5——UDRE：UART 数据寄存器空。当写入 UDR 的字符被传送到发送移位寄存器中时，该位被设置。设置该位指示发送器准备新的数据发送。

当 UCR 中的 UDRIE 位被设置时，UART 发送完成中断将被执行。只要 UDRE 被设置，UDRE 即可以通过写 UDR 而清除。

当使用中断驱动的数据发送时，UART 数据寄存器空的中断服务程序应该写 UDR 清除 UDRE；否则，在中断子程序完成时，将发生新的中断。在复位时，UDRE 被设置为 1，指示准备传送。

位 4——FE：UART 帧出错。在帧出错条件被检测到时，该位被设置(如当收到数据的停止位为 0 时)，FE 在收到数据的停止位为 1 时，被清除。

位 3——OR：UART 过速(超越出错)。如果 UDR 寄存器中旧的数据还没被读走，新的数据又进入接收移位寄存器，则 OR 位被置 1。

位 2～位 0——Res：保留位。

在 AT90S8535 中这些位被保留，读出为 0。

3. UART 控制寄存器——UCR

UART 控制寄存器——UCR 的定义如下：

BIT	7	6	5	4	3	2	1	0	
\$0A(\$2A)	RXCIE	TXCIE	UDRIE	RXEN	TXEN	CHR9	RXB8	TXB8	UCR
读/写	R/W	R/W	R/W	R/W	R/W	R/W	R/W	R/W	

注：初始值为\$00。

位 7——RXCIE：RX 完成中断使能。当该位置 1 时，如果全局中断被使能，则在 USR 中设置 RXC 位将导致接收完成中断被执行。

位 6——TXCIE：TX 完成中断使能。当该位置 1 时，如果全局中断被使能，则在 USR 中设置 TXC 位将导致发送完成中断被执行。

位 5——UDRIE：UART 数据寄存器空中断使能。当该位置 1 时，如果全局中断被使能，则在 USR 中设置 UDRE 位将导致 UART 数据寄存器空中断被执行。

位 4——RXEN：接收使能。当该位被设置时，允许 UART 接收。

当接收器被设置为 1 时，允许 UART 发送。

当接收器被禁止时，TXC、OR 及 FE 无法置位。如果这些位被设置，则在把 RXEN 关闭时，不能清除它们。

位 3——TXEN：发送使能。当该位被设置时，允许 UART 发送。

如果在发送数据时禁止发送器，则在移位寄存器的数据和后续 UDR 中的数据被全部发送完成之前，发送器不会被禁止。

位 2——CHR9：9 位字符。当设置该位时，发送和接收的数据是 9 位，再加上起始位和停止位。

第 9 位通过 UCR 中的 RXB8 和 TXB8 位分别读和写。第 9 位可以作为额外的停止位和奇偶位。

位 1——RXB8：收到数据的第 8 位。当 CHR9 被设置时，RXB8 是收到数据的第 9 个数据位。

位 0——TXB8：发送数据的第 8 位。当 CHR9 被设置时，TXB8 是发送数据的第 9 个数据位。

4. 波特率发生器

波特率发生器依据以下等式的分频器产生波特率：$BAUD = f_{CK}/[16(UBRR-1)]$。其中：

BAUD 表示波特率；

f_{CK}表示晶振频率；

UBRR 表示 UART 波特率寄存器的值，为0～255。

对于标准的晶振频率，可以通过表 9-1 设置 UBRR 而产生常用的波特率，生成与实际波特率相差小于 2%的 UBRR 值。

表 9-1 不同晶振频率的 UBRR 设置

波特率	1 MHz	误 差	1.843 MHz	误 差	2 MHz	误 差	2.4576 MHz	误 差
2400	UBRR=25	0.2%	UBRR=17	0.0%	UBRR=51	0.2%	UBRR=63	0.0%
4800	UBRR=12	0.2%	UBRR=23	0.0%	UBRR=25	0.2%	UBRR=31	0.0%
9600	UBRR=6	7.5%	UBRR=11	0.0%	UBRR=12	0.2%	UBRR=15	0.0%
14400	UBRR=3	7.8%	UBRR=7	0.0%	UBRR=8	3.7%	UBRR=10	3.1%
19200	UBRR=2	7.8%	UBRR=5	0.0%	UBRR=6	7.5%	UBRR=7	0.0%
26800	UBRR=1	7.8%	UBRR=3	0.0%	UBRR=3	7.8%	UBRR=4	6.3%
38400	UBRR=1	22.9%	UBRR=2	0.0%	UBRR=2	7.8%	UBRR=3	0.0%
57600	UBRR=0	7.8%	UBRR=1	0.0%	UBRR=1	7.8%	UBRR=2	12.5%
76800	UBRR=0	22.9%	UBRR=1	33.3%	UBRR=1	22.9%	UBRR=1	0.0%
115200	UBRR=0	84.3%	UBRR=0	0.0%	UBRR=0	7.8%	UBRR=0	25.0%
波特率	3.2768 MHz	误 差	3.6864 MHz	误 差	4 MHz	误 差	4.608 MHz	误 差
2400	UBRR=84	0.1%	UBRR=95	0.0%	UBRR=103	0.2%	UBRR=119	0.0%
4800	UBRR=42	0.8%	UBRR=47	0.0%	UBRR=51	0.2%	UBRR=59	0.0%
9600	UBRR=20	1.6%	UBRR=23	0.0%	UBRR=25	0.2%	UBRR=29	0.0%
14400	UBRR=18	1.6%	UBRR=15	0.0%	UBRR=16	2.1%	UBRR=19	0.0%
19200	UBRR=10	3.1%	UBRR=11	0.0%	UBRR=12	0.2%	UBRR=14	0.0%
26800	UBRR=6	1.5%	UBRR=7	0.0%	UBRR=8	3.7%	UBRR=9	0.0%
38400	UBRR=4	6.3%	UBRR=5	0.0%	UBRR=6	7.5%	UBRR=7	6.7%
57600	UBRR=3	12.5%	UBRR=3	0.0%	UBRR=3	7.8%	UBRR=4	0.0%
76800	UBRR=2	12.5%	UBRR=2	0.0%	UBRR=2	7.8%	UBRR=3	6.7%
115200	UBRR=1	12.5%	UBRR=1	0.0%	UBRR=1	7.8%	UBRR=2	20.0%
波特率	7.3278 MHz	误 差	8 MHz	误 差	9.216 MHz	误 差	11.059 MHz	误 差
2400	UBRR=191	0.0%	UBRR=207	0.2%	UBRR=239	0.0%	UBRR=287	—
4800	UBRR=95	0.0%	UBRR=103	0.2%	UBRR=119	0.0%	UBRR=143	0.0%
9600	UBRR=47	0.0%	UBRR=51	0.2%	UBRR=59	0.0%	UBRR=71	0.0%
14400	UBRR=31	0.0%	UBRR=34	0.8%	UBRR=39	0.0%	UBRR=47	0.0%
19200	UBRR=23	0.0%	UBRR=25	0.2%	UBRR=29	0.0%	UBRR=35	0.0%
26800	UBRR=15	0.0%	UBRR=16	2.1%	UBRR=19	0.0%	UBRR=23	0.0%
38400	UBRR=11	0.0%	UBRR=12	0.2%	UBRR=14	0.0%	UBRR=17	0.0%
57600	UBRR=7	0.0%	UBRR=8	3.7%	UBRR=9	0.0%	UBRR=11	0.0%
76800	UBRR=5	0.0%	UBRR=6	7.5%	UBRR=7	6.7%	UBRR=8	0.0%
115200	UBRR=3	0.0%	UBRR=3	7.8%	UBRR=4	0.0%	UBRR=5	0.0%

5. 波特率寄存器——UBRR

波特率寄存器——UBRR 的定义如下：

BIT	7	6	5	4	3	2	1	0	
\$09(\$29)	MSB							LSB	UBRR
读/写	R/W	R/W	R/W	R/W	R/W	R/W	R/W	R/W	

注：初始值为＄00。

UBRR 是 8 位可以读/写的寄存器，用来确定波特率。

9.2 通用串行接口 UART 应用 1——单片机间数据通信

UART 异步串行口可直接用于机内传送数据。在一个智能仪器和控制设备内采用串行接口传送数据，可用 TTL 电平直接传送。在室内两个智能仪表或设备之间传送数据时，可以采用 RS-232C 标准，将单片机的串行口经 MAX232 芯片转换成 RS-232C 标准电平，传送距离可达 15 m。例如 PC 机与 8535 单片机间传送数据。

RS-232C 电气特性如下：逻辑 0——＋5 V，＋15 V；逻辑 1——－5 V，－15 V；波特率——20000 之内；传送距离——15 m 之内。

MAX232 芯片可完成 TTL 电平与 RS-232C 电平之间的转换。其供电为单－5 V 电源，片内有升压电路。这样不必增加电源品种，简单可靠。通过 RS-232C 使用 MODEM 还可通过电话线传输。

工厂内的智能仪表或控制设备与上位机的通信，常采用 RS－485 或 RS－422 标准。其中 RS－422 是全双工 4 线传输，RS－485 是半双工 2 线传输。其逻辑电平均为：逻辑 0：－0.2～－6 V；逻辑 1：＋0.2～＋6 V。波特率可达 10 Mbps，传送距离为 1.2 km，降低波特率还可增加传送距离。

单片机的 UART 接口经 MAX488、MAX490 等芯片驱动，可实现 RS－422 接口；经 MAX481、MAX483、MAX485 及 MAX487 等芯片驱动，可实现 RS－485 接口。串行接口的很多标准都可由单片机的 UART 接口经驱动器实现。

9.2.1 串行口编程需注意的问题

在串行口的编程中，需注意以下问题：

① 定义 TXD、RXD 引脚(对 UCR 中的 RXEN 和 TXEN 位置 1)；

② 定义波特率，给 UBRR 送一个适当的值，注意应使互相通信的设备和仪表的波特率一致；

③ 启动串行发送是通过指令“OUT　UDR，Rn”实现的；

④ 由于串行发送过程较慢，发送 1 个字节需要较长时间，故连续发送数据时，可采用查询(查 USR 的 TXC 位或 UDRE 位为 1)、延时(延时时间略大于发送总位数/波特率)的方法；也可采用中断(UART 数据寄存器空中断或 UART 发送结束中断)的方法，在中断服务子程序中再发送下一个字节。

⑤ 使用 UART 中断发送数据时，注意中断初始化。把 UCR 中的 TXC 或 UDR 位置 1 使能中断和用 SEI 指令使能全局中断。

⑥ 用指令“IN　Rn，UDR”将接收到的串行数据读到寄存器中。

⑦ 何时读串行数据，可采用查询方法，查询 USR 中的 RX 位为 1；但用此法的话，MCU 就不能再执行其他操作了，所以很少使用。中断法采用 UART 接收中断，在中断服务子程序中读 UDR 中的串行接收数据。

⑧ UART 接收中断应注意中断初始化，即把 UCR 中的 RXCIE 位(UART 接收中断允许位)置 1 和用 SEI 指令使能全局中断。

异步串行接口 UART 的应用：2 个单片机各自进行动态扫描显示 0、1、2、3 这 4 个数字。甲机键按下后，甲机向乙机通过串行口发送 5、6、7、8 这 4 个数字，乙机收到后，将收到的数字 5、6、7、8 显示出来。乙机键按下后，也同样向甲机发送 5、6、7、8 这 4 个数字，甲机收到后，显示此 4 个数字。

9.2.2 硬件电路

异步串行接口 UART 应用硬件电路图如图 9-4 所示。

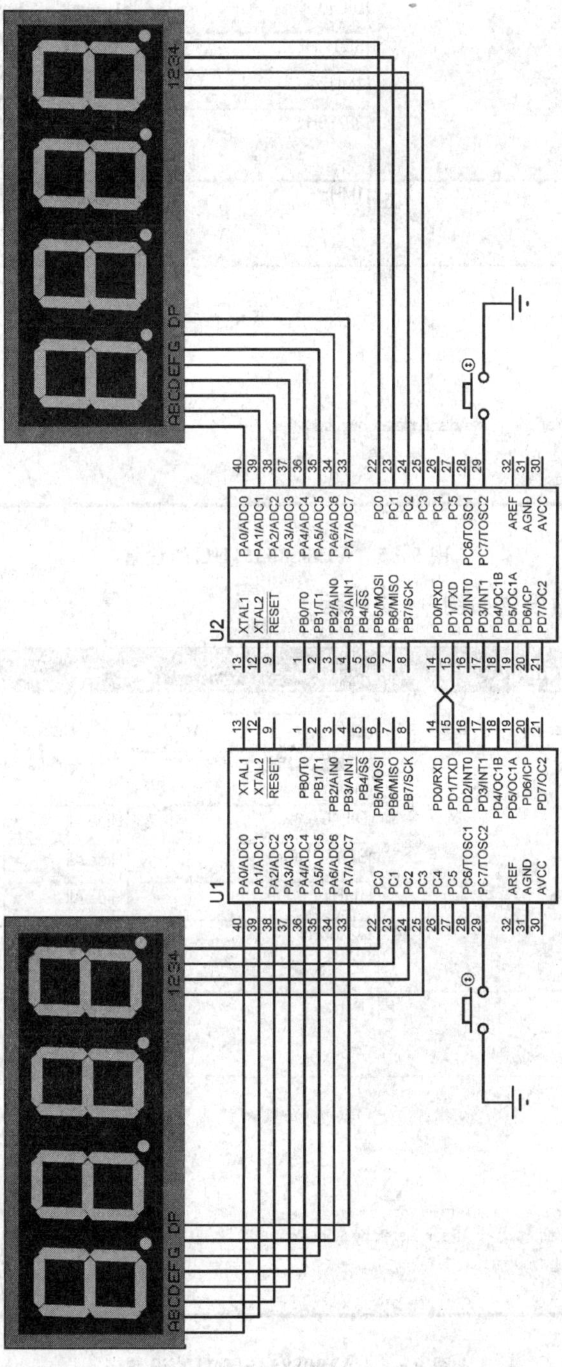

图 9-4 异步串行接口 UART 应用硬件电路

其中，AT90S8535(U1)的设置如图 9-5 所示。

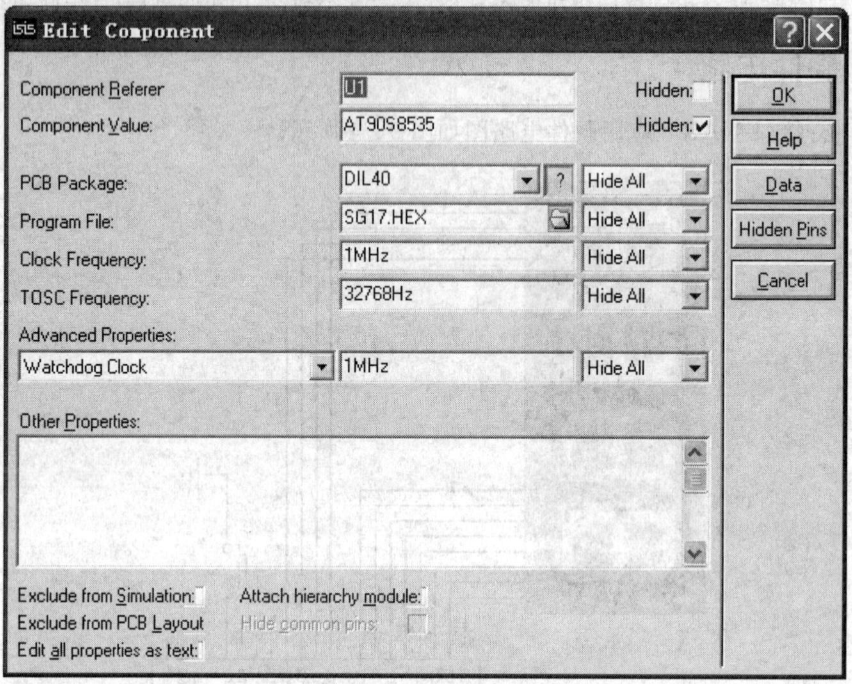

图 9-5　AT90S8535(U1)的设置

AT90S8535(U2)的设置如图 9-6 所示。

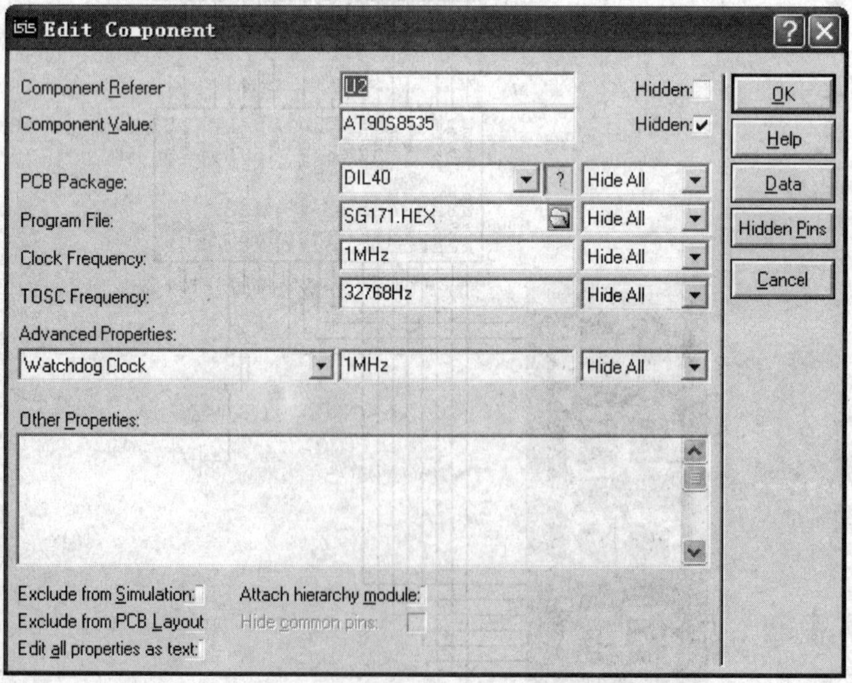

图 9-6　AT90S8535(U2)的设置

9.2.3 软件编程

系统串行发送软件程序如下：

```
.device AT90S8535
.equ    SREG        = $ 3F
.equ    sph         = $ 3E
.equ    spl         = $ 3D
.equ    PORTA       = $ 1B
.equ    DDRA        = $ 1A
.equ    PINA        = $ 19
.equ    PORTC       = $ 15
.equ    DDRC        = $ 14
.equ    PINC        = $ 13
.equ    PORTD       = $ 12
.equ    DDRD        = $ 11
.equ    PIND        = $ 10
.equ    UDR         = $ 0C
.equ    USR         = $ 0B
.equ    UCR         = $ 0A
.equ    UBRR        = $ 09
.def    XL          = r26
.def    XH          = r27
.def    YL          = r28
.def    YH          = r29
.def    ZH          = r31
.def    ZL          = r30
    .org     $ 000
    rjmp     reset
    .org     $ 00b
    rjmp     U_RXC
tab: .db     $ 3f, $ 06, $ 5b, $ 4f, $ 66, $ 6d, $ 7d, $ 07, $ 7f, $ 6f
reset: ldi   r16, $ 02              ;栈指针置初值
    out      sph,r16
    ldi      r16, $ 5f
    out      spl,r16
    ldi      r16, $ ff              ;定义 PA 口为输出口
    out      DDRA,r16
    ldi      r16, $ 0f              ;定义 PC 口低 4 位为输出,高 4 位为输入口
    out      DDRC,r16
    sbi      PORTC,7                ;定义 PD7 带口上拉输入
    ldi      r16, $ ff              ;定义 PD 口为输出口
    out      DDRD,r16
    ldi      r16, $ 98              ;定义串收、串发,且允许中断
```

```
        out     UCR,r16
        sei
        ldi     r16,51              ;定义波特率为 9600
        out     UBRR,r16
        ldi     r18,0
        ldi     r19,1
        ldi     r20,2
        ldi     r21,3
        ldi     XL,$10              ;发送缓冲区指针 X 置初值
        ldi     XH,$01
        ldi     YL,$12              ;接收缓冲区指针 Y 置初值
        ldi     YH,$00
        ldi     r16,5               ;SRAM $110～$113 送 5、6、7、8
        sts     $110,r16
        ldi     r16,6
        sts     $111,r16
        ldi     r16,7
        sts     $112,r16
        ldi     r16,8
        sts     $113,r16
aa: rcall       smiao               ;动态扫描
        in      r16,PINC            ;读 PC7,有键按下就转异步发送
        sbrs    r16,7
        rjmp    bb
        rjmp    aa                  ;否则,继续动态扫描
bb: ldi         r17,4               ;共发 4 个字节
cc: ld          r16,X+              ;发 1 个字节
        out     UDR,r16
dd: sbis        USR,5
        rjmp    dd
        dec     r17                 ;没发完 4 个,继续发
        brne    cc
ee: rcall       smiao               ;动态扫描
        rjmp    ee
smiao: ldi      r16,$fe             ;选中 PC0,先显示个位
        out     PORTC,r16
        mov     r23,r18             ;将待显示的数放在 r23 中
        rcall   cqb                 ;查 7 段码送字线
        rcall   t1ms                ;延时 1 ms
        ldi     r16,$fd             ;选中 PC1,先显示十位
        out     PORTC,r16
        mov     r23,r19             ;将待显示的数放在 r23 中
        rcall   cqb                 ;查 7 段码送字线
        rcall   t1ms                ;延时 1 ms
        ldi     r16,$fb             ;选中 PC2,先显示百位
```

```
    out     PORTC,r16
    mov     r23,r20             ;将待显示的数放在 r23 中
    rcall   cqb                 ;查 7 段码送字线
    rcall   t1ms                ;延时 1 ms
    ldi     r16,$f7             ;选中 PC3,先显示千位
    out     PORTC,r16
    mov     r23,r21             ;将待显示的数放在 r23 中
    rcall   cqb                 ;查 7 段码送字线
    rcall   t1ms                ;延时 1 ms
    ret
cqb: ldi    ZH,high(tab*2)      ;7 段码的首址给 Z
    ldi     ZL,low(tab*2)
    add     ZL,r23              ;首地址 + 偏移量
    lpm                         ;查表送 A 口输出
    out     PORTA,r0
    ret
t1ms: ldi   r24,101             ;延时 1 ms 子程序
    push    r24
del2: push  r24
del3: dec   r24
    brne    del3
    pop     r24
    dec     r24
    brne    del2
    pop     r24
    ret
U_RXC: in   r1,SREG             ;保护标志寄存器
    in      r22,UDR             ;读 UART 数据寄存器
    st      Y+,r22              ;送 r18～r21 中的 1 个寄存器
    out     SREG,r1             ;恢复标志寄存器
    reti
```

系统串行接收软件程序如下：

```
.device AT90S8535
.equ    SREG        = $3F
.equ    sph         = $3E
.equ    spl         = $3D
.equ    PORTA       = $1B
.equ    DDRA        = $1A
.equ    PINA        = $19
.equ    PORTC       = $15
.equ    DDRC        = $14
.equ    PINC        = $13
.equ    PORTD       = $12
```

```
.equ    DDRD        = $11
.equ    PIND        = $10
.equ    UDR         = $0C
.equ    USR         = $0B
.equ    UCR         = $0A
.equ    UBRR        = $09
.def    XL          = r26
.def    XH          = r27
.def    YL          = r28
.def    YH          = r29
.def    ZH          = r31
.def    ZL          = r30

    .org    $000
    rjmp    reset
    .org    $00b
    rjmp    U_RXC

tab: .db    $3f,$06,$5b,$4f,$66,$6d,$7d,$07,$7f,$6f

reset: ldi  r16,$02             ;栈指针置初值
    out     sph,r16
    ldi     r16,$5f
    out     spl,r16
    ldi     r16,$ff             ;定义 PA 口为输出口
    out     DDRA,r16
    ldi     r16,$0f             ;定义 PC 口低 4 位为输出,高 4 位为输入口
    out     DDRC,r16
    sbi     PORTC,7             ;定义 PD7 带口上拉输入
    ldi     r16,$ff             ;定义 PD 口为输出口
    out     DDRD,r16
    ldi     r16,$98             ;定义串收、串发,且允许中断
    out     UCR,r16
    sei
    ldi     r16,51              ;定义波特率为 9600
    out     UBRR,r16
    ldi     r18,0
    ldi     r19,1
    ldi     r20,2
    ldi     r21,3
    ldi     XL,$10              ;发送缓冲区指针 X 置初值
    ldi     XH,$01
    ldi     YL,$12              ;接收缓冲区指针 Y 置初值
    ldi     YH,$00
    ldi     r16,5               ;SRAM $110～$113 送 5、6、7、8
    sts     $110,r16
    ldi     r16,6
```

```
      sts     $111,r16
      ldi     r16,7
      sts     $112,r16
      ldi     r16,8
      sts     $113,r16
aa: rcall     smiao                  ;动态扫描
      in      r16,PINC               ;读 PC7,有键按下就转异步发送
      sbrs    r16,7
      rjmp    bb
      rjmp    aa                     ;否则,继续动态扫描
bb: ldi       r17,4                  ;共发 4 个字节
cc: ld        r16,X+                 ;发 1 个字节
      out     UDR,r16
dd: sbis      USR,5
      rjmp    dd
      dec     r17                    ;没发完 4 个,继续发
      brne    cc
ee: rcall     smiao                  ;动态扫描
      rjmp    ee
smiao: ldi    r16,$fe                ;选中 PC0,先显示个位
      out     PORTC,r16
      mov     r23,r18                ;将待显示的数放在 r23 中
      rcall   cqb                    ;查 7 段码送字线
      rcall   t1ms                   ;延时 1 ms
      ldi     r16,$fd                ;选中 PC1,先显示十位
      out     PORTC,r16
      mov     r23,r19                ;将待显示的数放在 r23 中
      rcall   cqb                    ;查 7 段码送字线
      rcall   t1ms                   ;延时 1 ms
      ldi     r16,$fb                ;选中 PC2,先显示百位
      out     PORTC,r16
      mov     r23,r20                ;将待显示的数放在 r23 中
      rcall   cqb                    ;查 7 段码送字线
      rcall   t1ms                   ;延时 1 ms
      ldi     r16,$f7                ;选中 PC3,先显示千位
      out     PORTC,r16
      mov     r23,r21                ;将待显示的数放在 r23 中
      rcall   cqb                    ;查 7 段码送字线
      rcall   t1ms                   ;延时 1 ms
      ret
cqb: ldi      ZH,high(tab*2)         ;7 段码的首址给 Z
      ldi     ZL,low(tab*2)
      add     ZL,r23                 ;首地址 + 偏移量
      lpm                            ;查表送 A 口输出
      out     PORTA,r0
```

```
    ret

t1ms: ldi    r24,101              ;延时 1 ms 子程序
    push     r24
del2: push   r24
del3: dec    r24
    brne     del3
    pop      r24
    dec      r24
    brne     del2
    pop      r24
    ret

U_RXC: in    r1,SREG              ;保护标志寄存器
    in       r22,UDR              ;读 UART 数据寄存器
    st       Y+,r22               ;送 r18～r21 中的 1 个寄存器
    out      SREG,r1              ;恢复标志寄存器
    reti
```

注意：发送采用查询 USR 中的 UDRE 位，接收采用中断方式。

9.2.4 系统调试与仿真

对系统进行仿真。系统 U1：AT90S8535 初始参数设置如图 9-7 所示。

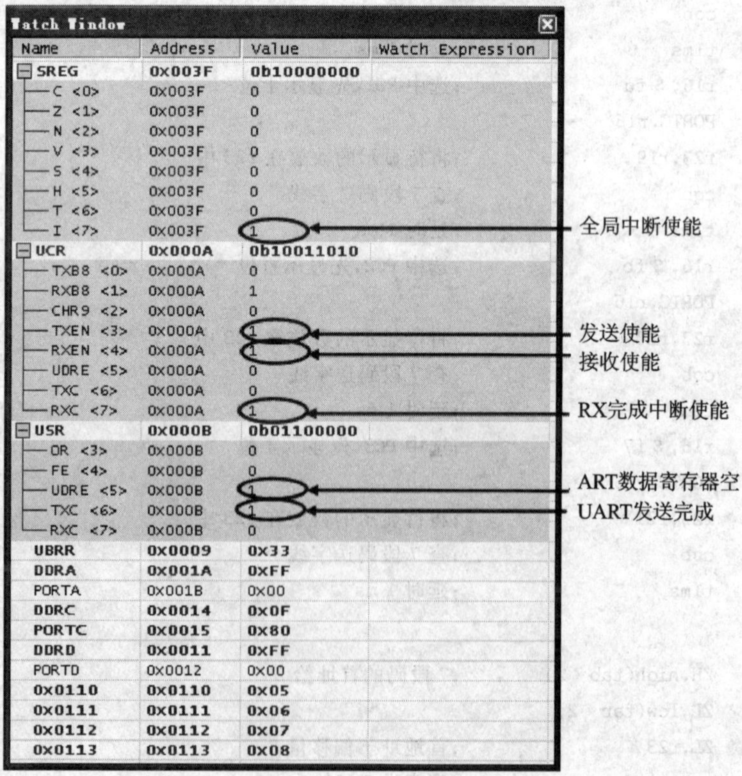

Name	Address	Value	Watch Expression
SREG	0x003F	0b10000000	
C <0>	0x003F	0	
Z <1>	0x003F	0	
N <2>	0x003F	0	
V <3>	0x003F	0	
S <4>	0x003F	0	
H <5>	0x003F	0	
T <6>	0x003F	0	
I <7>	0x003F	1	
UCR	0x000A	0b10011010	
TXB8 <0>	0x000A	0	
RXB8 <1>	0x000A	1	
CHR9 <2>	0x000A	0	
TXEN <3>	0x000A	1	
RXEN <4>	0x000A	1	
UDRE <5>	0x000A	0	
TXC <6>	0x000A	0	
RXC <7>	0x000A	1	
USR	0x000B	0b01100000	
OR <3>	0x000B	0	
FE <4>	0x000B	0	
UDRE <5>	0x000B	1	
TXC <6>	0x000B	1	
RXC <7>	0x000B	0	
UBRR	0x0009	0x33	
DDRA	0x001A	0xFF	
PORTA	0x001B	0x00	
DDRC	0x0014	0x0F	
PORTC	0x0015	0x80	
DDRD	0x0011	0xFF	
PORTD	0x0012	0x00	
0x0110	0x0110	0x05	
0x0111	0x0111	0x06	
0x0112	0x0112	0x07	
0x0113	0x0113	0x08	

图 9-7　U1：AT90S8535 初始参数设置

U1：AT90S8535 各寄存器初值如图 9－8 所示。

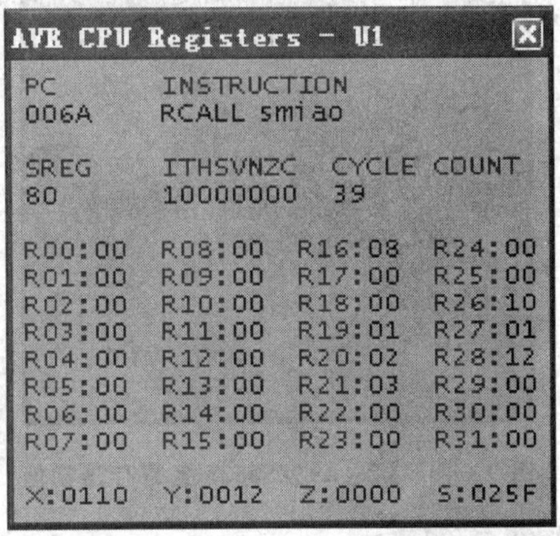

图 9－8　U1：AT90S8535 各寄存器初值

系统 U2：AT90S8535 初始参数设置如图 9－9 所示。

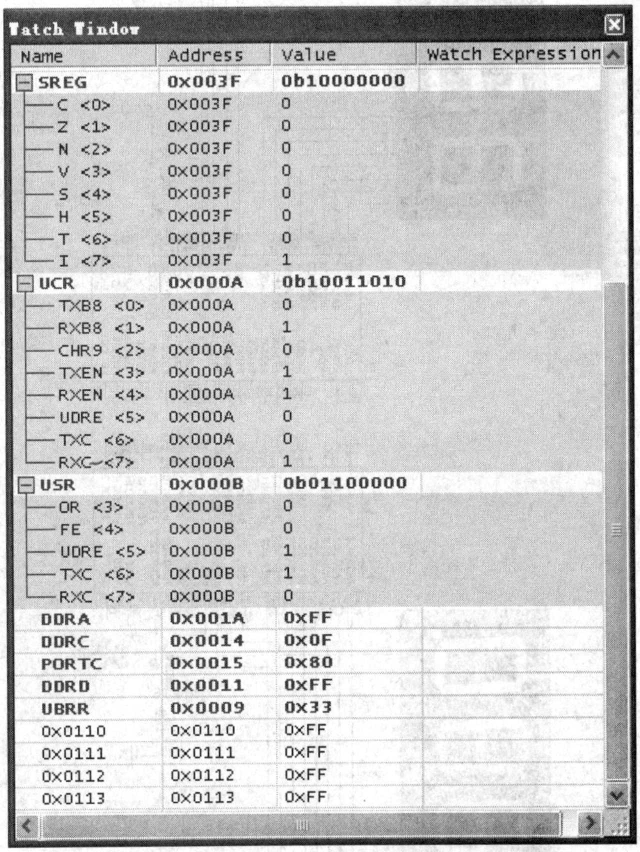

图 9－9　U2：AT90S8535 初始参数设置

U2：AT90S8535 各寄存器初值如图 9－10 所示。

在未按动按钮的情况下，系统显示 r18～r21 中的内容，如图 9－11 所示。

```
AVR CPU Registers - U2
PC        INSTRUCTION
006A      RCALL smiao

SREG      ITHSVNZC   CYCLE COUNT
80        10000000   39

R00:00    R08:00     R16:08    R24:00
R01:00    R09:00     R17:00    R25:00
R02:00    R10:00     R18:00    R26:10
R03:00    R11:00     R19:01    R27:01
R04:00    R12:00     R20:02    R28:12
R05:00    R13:00     R21:03    R29:00
R06:00    R14:00     R22:00    R30:00
R07:00    R15:00     R23:00    R31:00

X:0110    Y:0012     Z:0000    S:025F
```

图 9-10　U2：AT90S8535 各寄存器初值

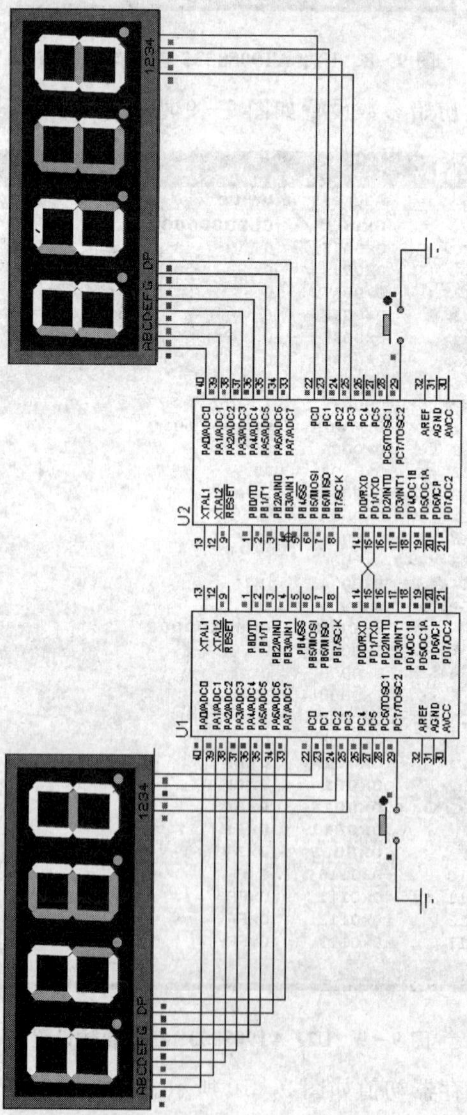

图 9-11　在未按动按钮的情况下，系统显示 r18～r21 中的内容

当按下 U1 单片机的按钮时，U1 向 U2 发送数据，U2 进入接收中断服务程序，此时，U2 各参数值如图 9－12 所示。

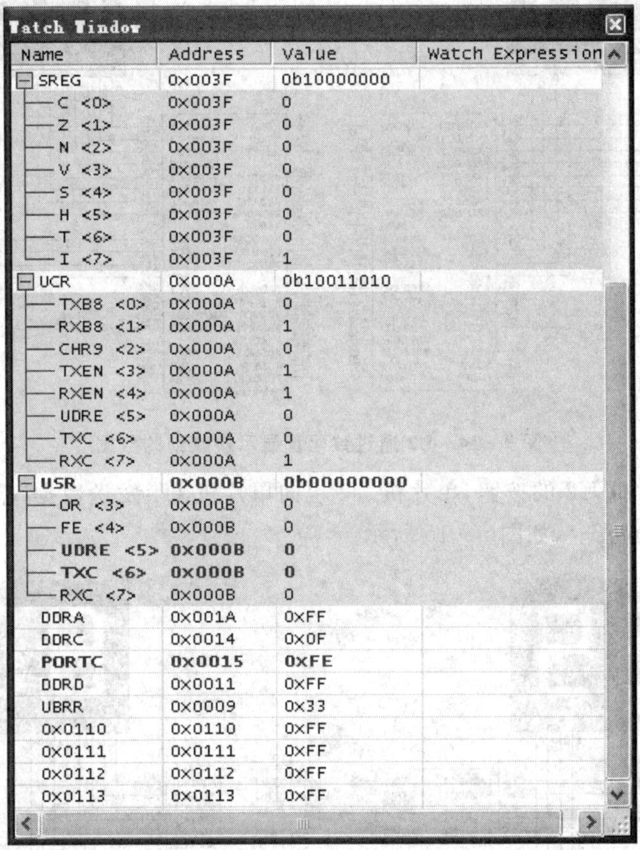

Watch Window

Name	Address	Value	Watch Expression
SREG	0x003F	0b10000000	
C <0>	0x003F	0	
Z <1>	0x003F	0	
N <2>	0x003F	0	
V <3>	0x003F	0	
S <4>	0x003F	0	
H <5>	0x003F	0	
T <6>	0x003F	0	
I <7>	0x003F	1	
UCR	0x000A	0b10011010	
TXB8 <0>	0x000A	0	
RXB8 <1>	0x000A	1	
CHR9 <2>	0x000A	0	
TXEN <3>	0x000A	1	
RXEN <4>	0x000A	1	
UDRE <5>	0x000A	0	
TXC <6>	0x000A	0	
RXC <7>	0x000A	1	
USR	0x000B	0b00000000	
OR <3>	0x000B	0	
FE <4>	0x000B	0	
UDRE <5>	0x000B	0	
TXC <6>	0x000B	0	
RXC <7>	0x000B	0	
DDRA	0x001A	0xFF	
DDRC	0x0014	0x0F	
PORTC	0x0015	0xFE	
DDRD	0x0011	0xFF	
UBRR	0x0009	0x33	
0x0110	0x0110	0xFF	
0x0111	0x0111	0xFF	
0x0112	0x0112	0xFF	
0x0113	0x0113	0xFF	

图 9－12　U2 进入接收中断服务程序时各参数值

U2 接收到来自 U1 的数据，并将数据存储到寄存器 r18～r21，如图 9－13 所示。

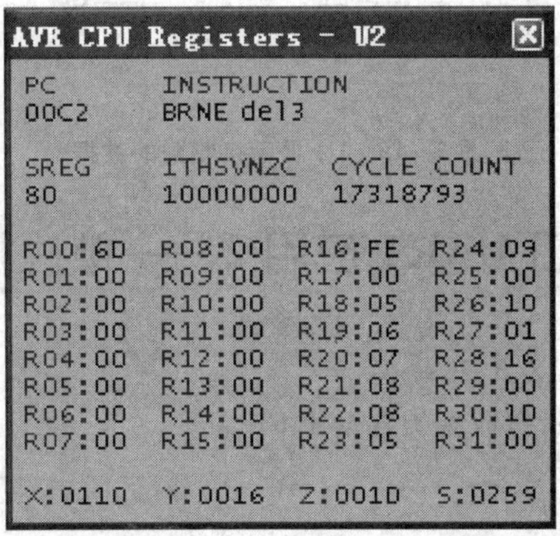

图 9－13　U2 接收到来自 U1 的数据，并将数据存储到寄存器 r18～r21

同时，U2 通过数码管显示接收到的数据，如图 9－14 所示。

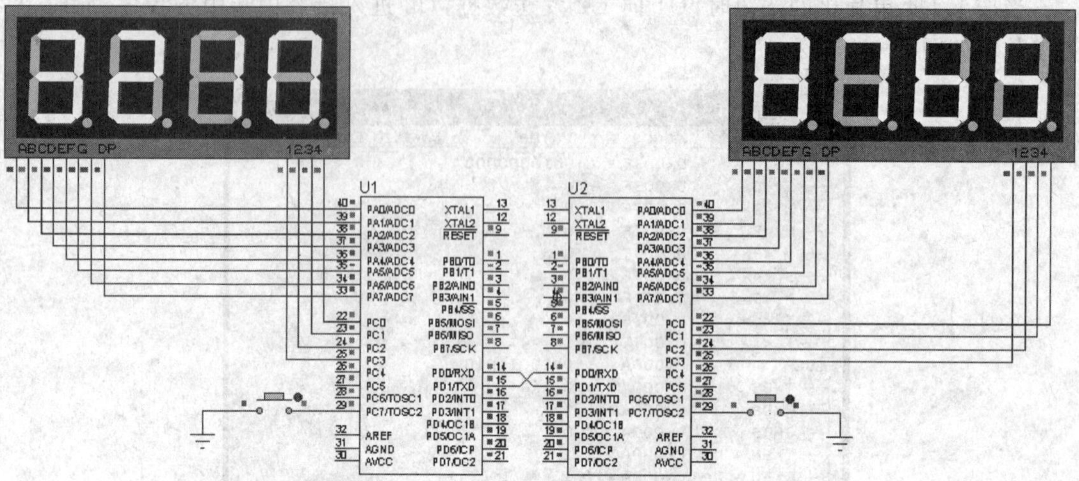

图 9-14　U2 通过数码管显示接收到的数据

同理，按下单片机 U2 的按钮，单片机 U2 也向单片机 U1 发送数据，单片机 U1 也将接收到的数据显示在数码管上，如图 9-15 所示。

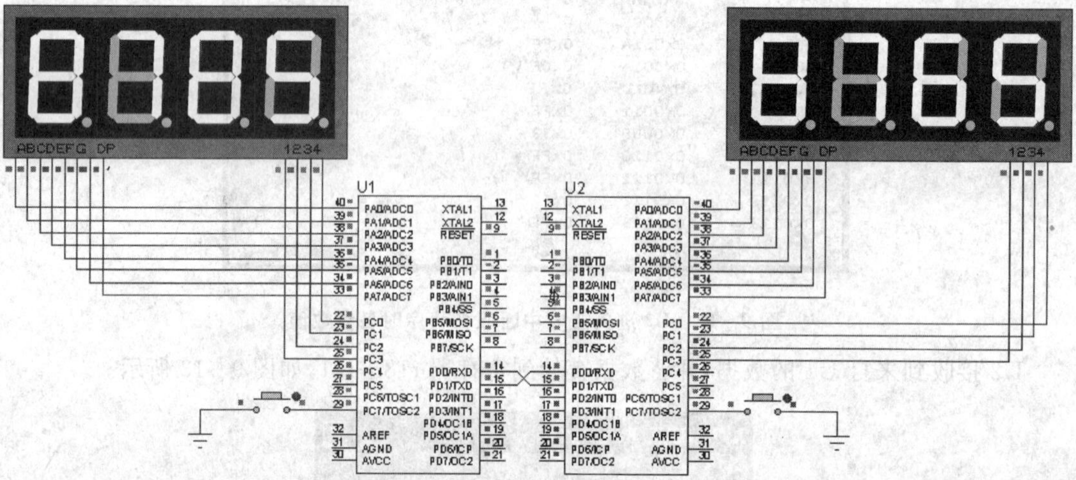

图 9-15　U1 显示接收到的数据

9.3　通用串行接口 UART 应用 2——单片机自发自收数据

程序初始时显示数据 1、2、3、4。

当按下按钮后，程序显示接收到的数据 4、5、6、7。

9.3.1　硬件电路

串行接口 UART 应用 2 硬件电路如图 9-16 所示。

其中，AT90S8535 设置如图 9-17 所示。

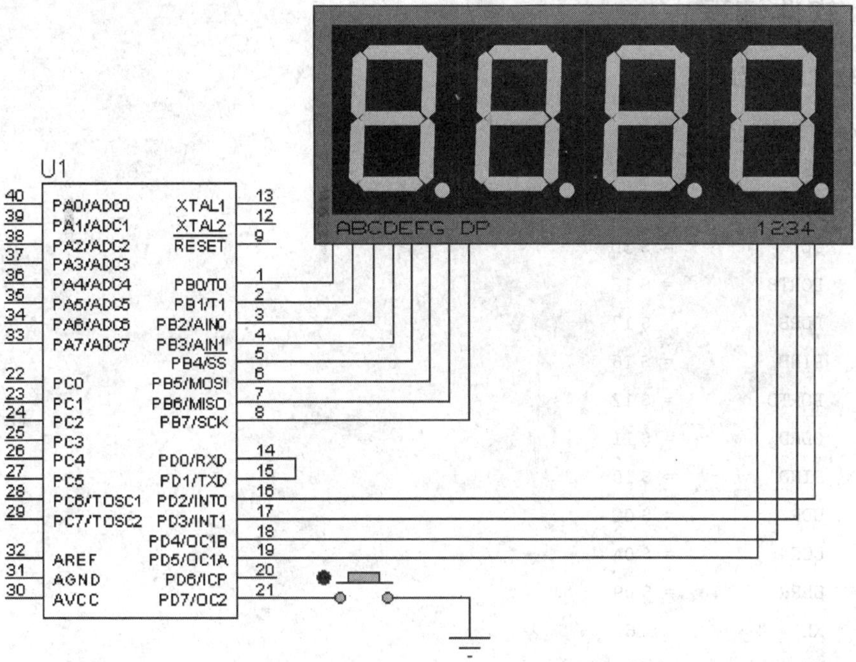

图 9-16　串行接口 UART 应用 2 硬件电路

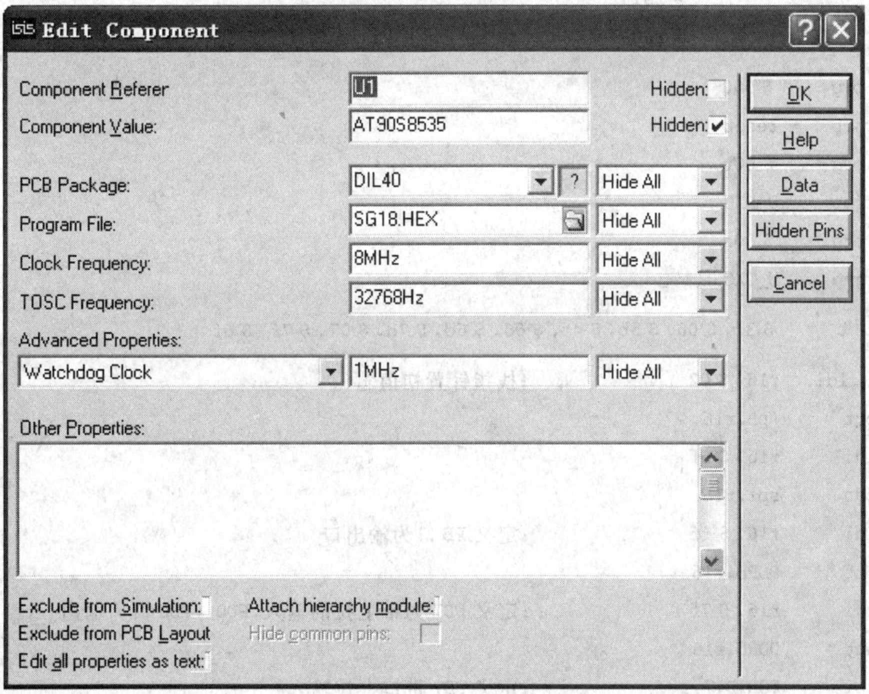

图 9-17　AT90S8535 设置

9.3.2 软件编程

系统软件程序如下：

```
.device AT90S8535
.equ    SREG        = $ 3F
.equ    sph         = $ 3E
.equ    spl         = $ 3D
.equ    PORTB       = $ 18
.equ    DDRB        = $ 17
.equ    PINB        = $ 16
.equ    PORTD       = $ 12
.equ    DDRD        = $ 11
.equ    PIND        = $ 10
.equ    UDR         = $ 0C
.equ    UCR         = $ 0A
.equ    UBRR        = $ 09
.def    XL          = r26
.def    XH          = r27
.def    YL          = r28
.def    YH          = r29
.def    ZH          = r31
.def    ZL          = r30
    .org     $ 000
    rjmp     reset
    .org     $ 00b
    rjmp     U_RXC
    .org     $ 00d
    rjmp     U_TXC
tab: .db    $ 3f, $ 06, $ 5b, $ 4f, $ 66, $ 6d, $ 7d, $ 07, $ 7f, $ 6f
reset: ldi  r16, $ 02            ;栈指针置初值
    out      sph,r16
    ldi      r16, $ 5f
    out      spl,r16
    ldi      r16, $ ff           ;定义 PB 口为输出口
    out      DDRB,r16
    ldi      r16, $ 7f           ;定义 PD7 为带上拉的输入,PD0～PD6 口为输出
    out      DDRD,r16
    sbi      PORTD,7             ;定义 PD7 带口上拉输入
    ldi      r16, $ 98           ;定义串收、串发及相应中断
    out      UCR,r16
    ldi      r16,51              ;定义波特率为 9600
```

```
    out     UBRR,r16
    sei
    ldi     r18,0           ;4 位显示送初值 BCD 码
    ldi     r19,1
    ldi     r20,2
    ldi     r21,3
    ldi     XL,$10          ;发送缓冲区指针 X 置初值
    ldi     XH,$01
    ldi     YL,$12          ;接收缓冲区指针 Y 置初值
    ldi     YH,$00
    ldi     r16,5           ;SRAM $110～$113 送 5、6、7、8
    sts     $110,r16
    ldi     r16,6
    sts     $111,r16
    ldi     r16,7
    sts     $112,r16
    ldi     r16,8
    sts     $113,r16
aa: rcall   smiao           ;动态扫描
    in      r16,PIND        ;读 PD7,有键按下就转异步发送
    sbrs    r16,7
    rjmp    bb
    rjmp    aa              ;否则,继续动态扫描
bb: ldi     r17,$04         ;共发 4 个字节
    sbi     UCR,6
cc: rcall   smiao
    rjmp    cc
U_RXC: in   r1,SREG         ;保护标志寄存器
    in      r22,UDR         ;读 UART 数据寄存器
    st      Y+,r22          ;送 r18～r21 中的 1 个寄存器
    out     SREG,r1         ;恢复标志寄存器
    reti
U_TXC: in   r1,SREG         ;保护标志寄存器
    ld      r16,X+          ;串发 1 个字节
    out     UDR,r16
    dec     r17
    brne    ee              ;没发完,中断返回,下次中断再发
    cbi     UCR,6           ;发完规定的字节数,清发送中断使能位
ee: out     SREG,r1         ;恢复标志寄存器
    reti
smiao: ldi  r16,$fb         ;选中 PD2,先显示个位
    out     PORTD,r16
```

```
        mov     r23,r18             ;将待显示的数放在 r23 中
        rcall   cqb                 ;查 7 段码送字线
        rcall   t1ms                ;延时 1 ms
        ldi     r16,$f7             ;选中 PD3,先显示十位
        out     PORTD,r16
        mov     r23,r19             ;将待显示的数放在 r23 中
        rcall   cqb                 ;查 7 段码送字线
        rcall   t1ms                ;延时 1 ms
        ldi     r16,$ef             ;选中 PD4,先显示百位
        out     PORTD,r16
        mov     r23,r20             ;将待显示的数放在 r23 中
        rcall   cqb                 ;查 7 段码送字线
        rcall   t1ms                ;延时 1 ms
        ldi     r16,$df             ;选中 PD5,先显示千位
        out     PORTD,r16
        mov     r23,r21             ;将待显示的数放在 r23 中
        rcall   cqb                 ;查 7 段码送字线
        rcall   t1ms                ;延时 1 ms
        ret
cqb:    ldi     ZH,high(tab*2)      ;7 段码的首址给 Z
        ldi     ZL,low(tab*2)
        add     ZL,r23              ;首地址+偏移量
        lpm                         ;查表送 B 口输出
        out     PORTB,r0
        ret
t1ms:   ldi     r24,101             ;延时 1 ms 子程序
        push    r24
del2:   push    r24
del3:   dec     r24
        brne    del3
        pop     r24
        dec     r24
        brne    del2
        pop     r24
        ret
```

注意：数据接收与发送均采用中断方式。在采用中断方式进行数据传输时，可采用 UART 数据寄存器空中断和 UART 发送完成中断二者之一。在本例中，采用 UART 发送完成中断和接收完成中断实现。

9.3.3 系统调试与仿真

对系统进行调试并仿真。系统的初始参数设置如图 9-18 所示。

系统各寄存器初始参数如图 9-19 所示。

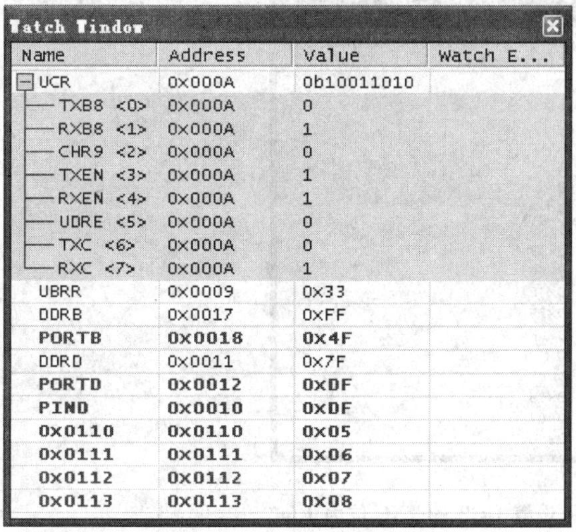

Watch Window
Name | Address | Value | Watch E...
UCR | 0x000A | 0b10011010
TXB8 <0> | 0x000A | 0
RXB8 <1> | 0x000A | 1
CHR9 <2> | 0x000A | 0
TXEN <3> | 0x000A | 1
RXEN <4> | 0x000A | 1
UDRE <5> | 0x000A | 0
TXC <6> | 0x000A | 0
RXC <7> | 0x000A | 1
UBRR | 0x0009 | 0x33
DDRB | 0x0017 | 0xFF
PORTB | 0x0018 | 0x4F
DDRD | 0x0011 | 0x7F
PORTD | 0x0012 | 0xDF
PIND | 0x0010 | 0xDF
0x0110 | 0x0110 | 0x05
0x0111 | 0x0111 | 0x06
0x0112 | 0x0112 | 0x07
0x0113 | 0x0113 | 0x08

图 9-18 系统初始参数设置

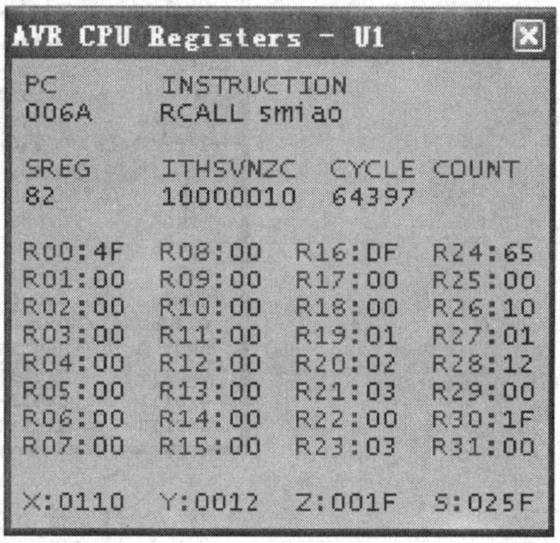

图 9-19 系统各寄存器初始参数

在未按下按钮的情况下，系统显示 r18～r21 中的内容，如图 9-20 所示。

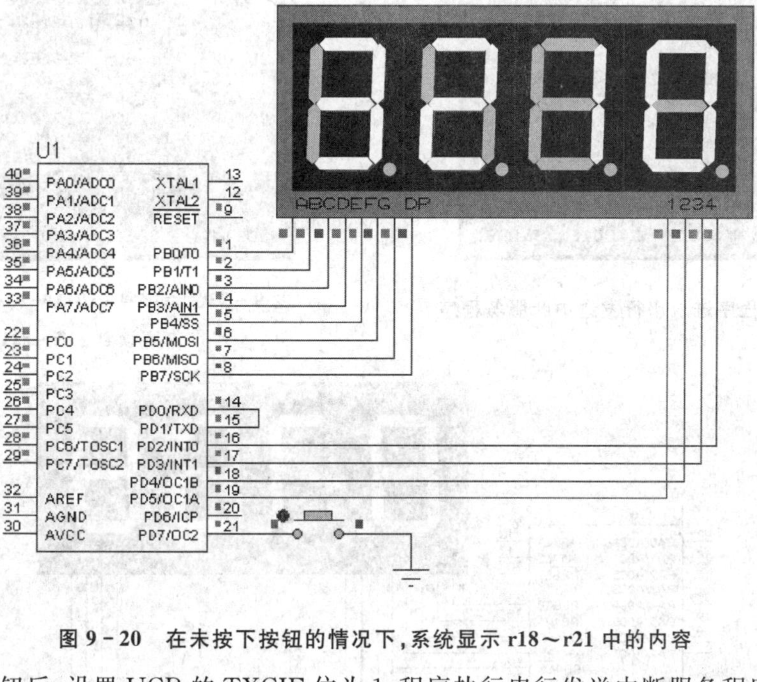

图 9-20 在未按下按钮的情况下，系统显示 r18～r21 中的内容

当按下按钮后，设置 UCR 的 TXCIE 位为 1，程序执行串行发送中断服务程序，如图 9-21 所示。

程序进入串行发送中断服务程序，如图 9-22 所示。

串行发送中断服务程序即将 0x0110～0x013 中的内容读到 r18～r21 中，如图 9-23 所示；并将接收到的数据显示在数码管上，如图 9-24 所示。

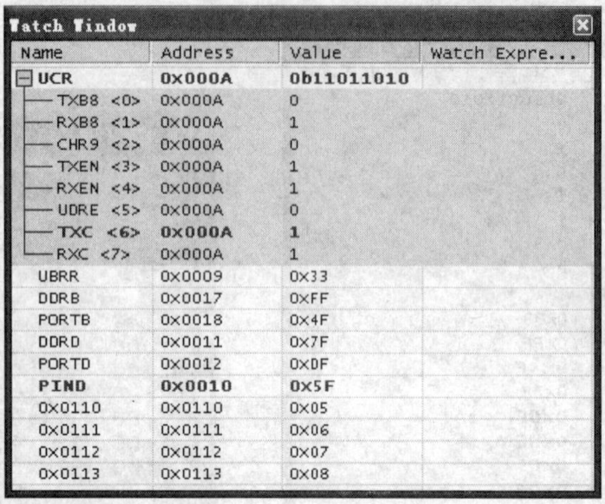
Watch Window
Name Address Value Watch Expre...
UCR 0x000A 0b11011010
TXB8 <0> 0x000A 0
RXB8 <1> 0x000A 1
CHR9 <2> 0x000A 0
TXEN <3> 0x000A 1
RXEN <4> 0x000A 1
UDRE <5> 0x000A 0
TXC <6> 0x000A 1
RXC <7> 0x000A 1
UBRR 0x0009 0x33
DDRB 0x0017 0xFF
PORTB 0x0018 0x4F
DDRD 0x0011 0x7F
PORTD 0x0012 0xDF
PIND 0x0010 0x5F
0x0110 0x0110 0x05
0x0111 0x0111 0x06
0x0112 0x0112 0x07
0x0113 0x0113 0x08

图 9-21　按下按钮后，设置 UCR 的 TXC 位为 1

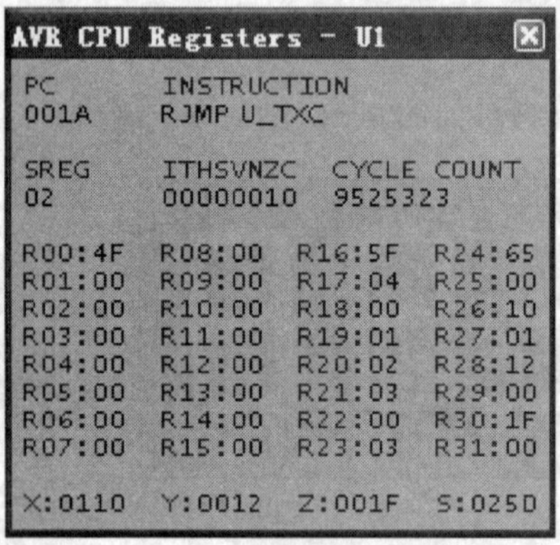
AVR CPU Registers - U1
PC INSTRUCTION
001A RJMP U_TXC
SREG ITHSVNZC CYCLE COUNT
02 00000010 9525323
R00:4F R08:00 R16:5F R24:65
R01:00 R09:00 R17:04 R25:00
R02:00 R10:00 R18:00 R26:10
R03:00 R11:00 R19:01 R27:01
R04:00 R12:00 R20:02 R28:12
R05:00 R13:00 R21:03 R29:00
R06:00 R14:00 R22:00 R30:1F
R07:00 R15:00 R23:03 R31:00
X:0110 Y:0012 Z:001F S:025D

图 9-22　程序进入串行发送中断服务程序

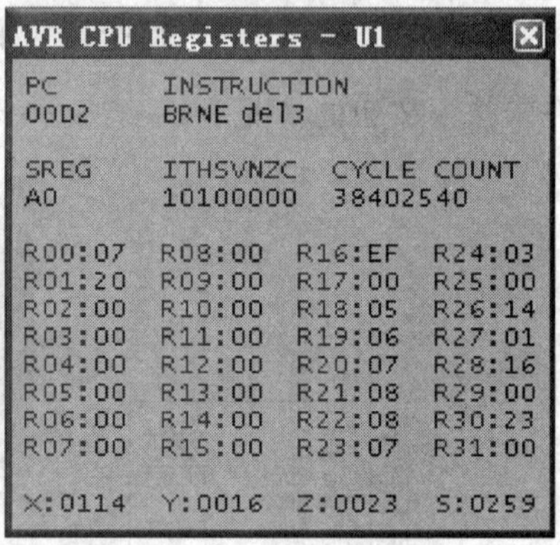
AVR CPU Registers - U1
PC INSTRUCTION
00D2 BRNE del3
SREG ITHSVNZC CYCLE COUNT
A0 10100000 38402540
R00:07 R08:00 R16:EF R24:03
R01:20 R09:00 R17:00 R25:00
R02:00 R10:00 R18:05 R26:14
R03:00 R11:00 R19:06 R27:01
R04:00 R12:00 R20:07 R28:16
R05:00 R13:00 R21:08 R29:00
R06:00 R14:00 R22:08 R30:23
R07:00 R15:00 R23:07 R31:00
X:0114 Y:0016 Z:0023 S:0259

图 9-23　程序将 0x0110～0x013 中的内容读到 r18～r21 中

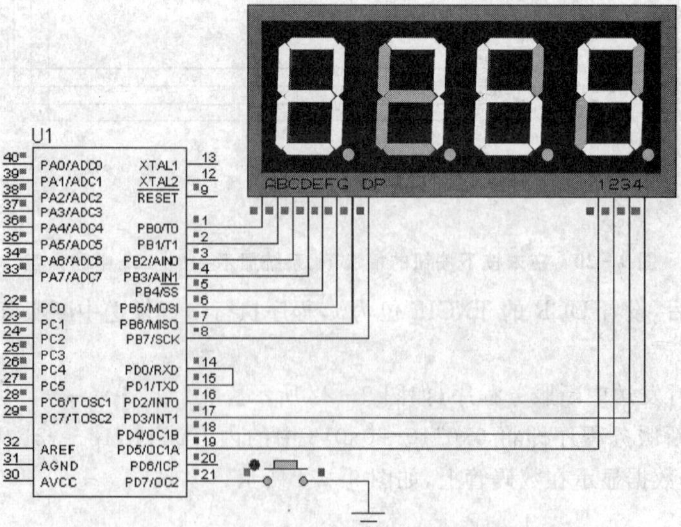

图 9-24　程序将接收到的数据显示在数码管上

9.4 同步串行接口 SPI

9.4.1 SPI 的特性

同步串行接口 SPI 允许在 AT90 系列单片机与外设或几个 AT90 系列单片机之间高速同步进行数据传送，如图 9－25 所示。

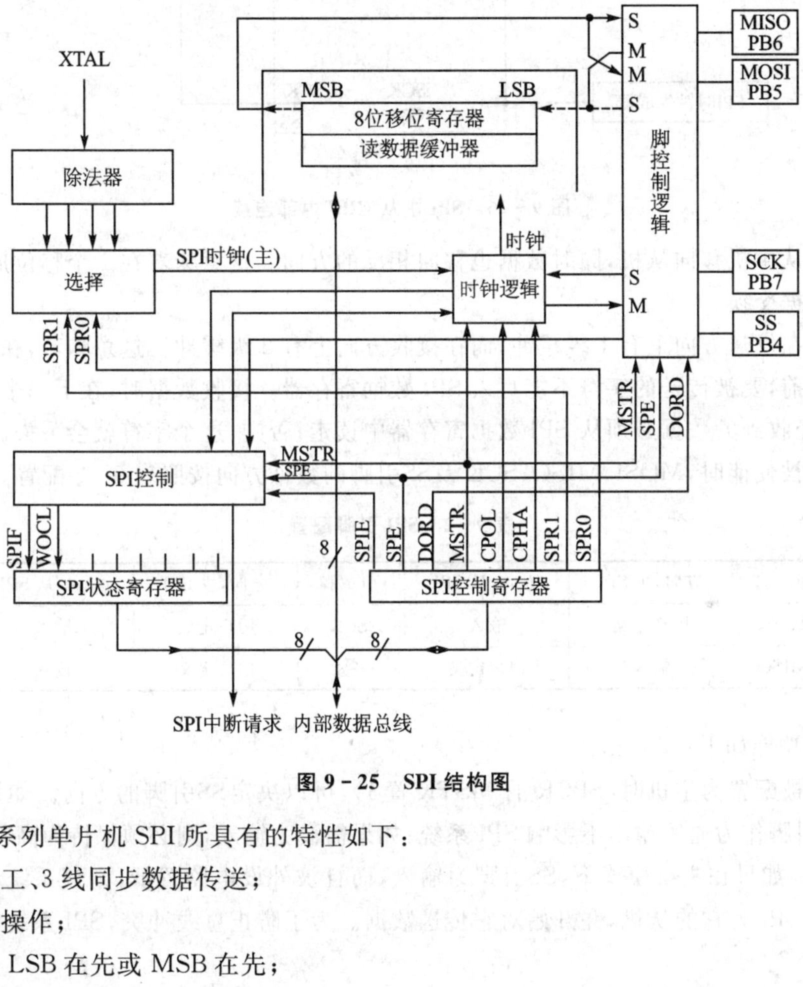

图 9－25　SPI 结构图

AT90 系列单片机 SPI 所具有的特性如下：

- 全双工、3 线同步数据传送；
- 主从操作；
- 可选 LSB 在先或 MSB 在先；
- 4 种可编程的位速率；
- 传送结束中断标志；
- 写冲突标志保护；
- 可从闲置模式下唤醒（仅从机模式）。

9.4.2 SPI 的工作模式

PB7(SCK)引脚是主机模式的时钟输出和从机模式的时钟输入，把数据写入主 CPU 的 SPI 数据寄存器会启动 SPI 的时钟发生器，而数据从 PB5(MOSI)引脚移出和移入。在一个字节移出后，SPI 时钟发生器停止，设置传送停止标志位(SPIF)。如果 SPCR 寄存器中的中断使能位(SPIE)被设置，则生成一个中断请求，从机选择输入 PB4($\overline{SS}$)，被设置为低来选择单独的 SPI 器件作为从机。主机和从机的 2 个移位寄存器可以被认为是一个分开的 16 位环形寄存器，如图 9－26 所示。

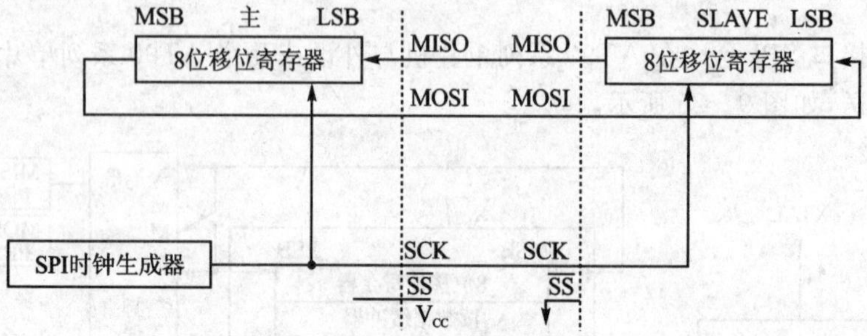

图 9－26　SPI 主从 CPU 内部连接

当数据从主机移向从机，同时数据也移向相反的方向。这意味着在 1 个移位周期内，主机和从机的数据交换。

该系统在发送方向上有 1 级缓冲，而在接收方向上有 2 级缓冲。这意味着，在全部的移位周期完成之前，要被传送的字符不能写入 SPI 数据寄存器。接收数据时，在下一个字符完全移入之前，已经收到的数据必须从 SPI 数据寄存器中读走；否则，这个字符就会丢失。

当 SPI 被使能时，MOSI、MISO、SCK 及$\overline{SS}$引脚的数据方向按照表 9－2 配置。

表 9－2　SPI 引脚配置

引　脚	方向，主 SPI	方向，从 SPI	引　脚	方向，主 SPI	方向，从 SPI
MOSI	用户定义	输入	SCK	用户定义	输入
MISO	输入	用户定义	$\overline{SS}$	用户定义	输入

$\overline{SS}$引脚功能如下：

当 SPI 被配置为主机时(SPCR 的 MSTR 置 1)，可以决定$\overline{SS}$引脚的方向。如果$\overline{SS}$引脚设为输出，该引脚作为通用输出不影响 SPI 系统；如果需设为输入，则必须保持为高，以保证主机 SPI 的操作。如果在主机模式下，$\overline{SS}$引脚为输入，而且被外设电路置低，则该系统认为另外的主机选择该 SPI 为它的从机，并开始对它传送数据。为了防止总线冲突，SPI 系统将遵循以下原则：

① SPCR 的 MSTR 位被清除，则 SPI 系统变成从机，结果是 MOSI 和 SCK 引脚变成输入。

② SPSR 中的 SPIF 位被设置，使能 SPI 中断，执行中断程序。

因此，在主机模式下使用中断驱动的 SPI 发送时，存在$\overline{SS}$被拉低的可能。中断应检查 MSTR 位是否被设置，一旦发现 MSTR 位清 0，则必须被用户再置位，以便进入主机模式。

当 SPI 被配置为从机时，$\overline{SS}$脚应为输入。当$\overline{SS}$引脚置低时，SPI 功能激活，MISO 变为输出引脚，而其他引脚变为输入。如果$\overline{SS}$引脚为高，则所有相关引脚都为输入，SPI 不接收任何数据。需注意的是：若$\overline{SS}$引脚拉高，则 SPI 逻辑将复位。如果在发送过程中$\overline{SS}$被拉高，则数据传输立刻中断,数据丢失。

9.4.3 SPI 的数据模式

SCK 相位、极性与串行数据有 4 种组合,由控制位 CPHA 和 CPOL 来决定。SPI 的传输格式如图 9-27 和图 9-28 所示。

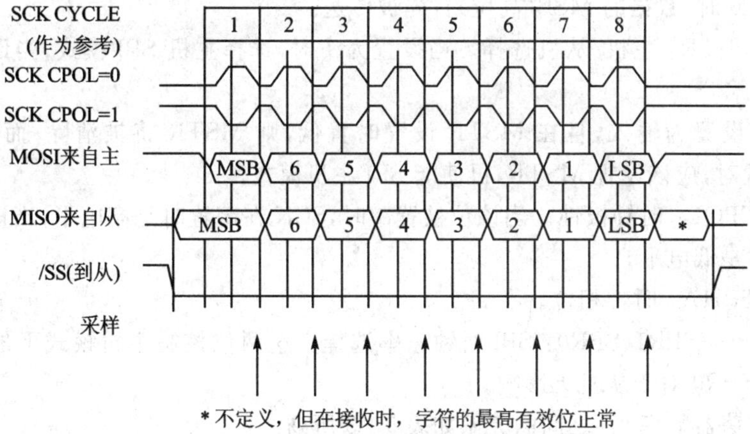

图 9-27 CPHA=0 时的 SPI 传送格式

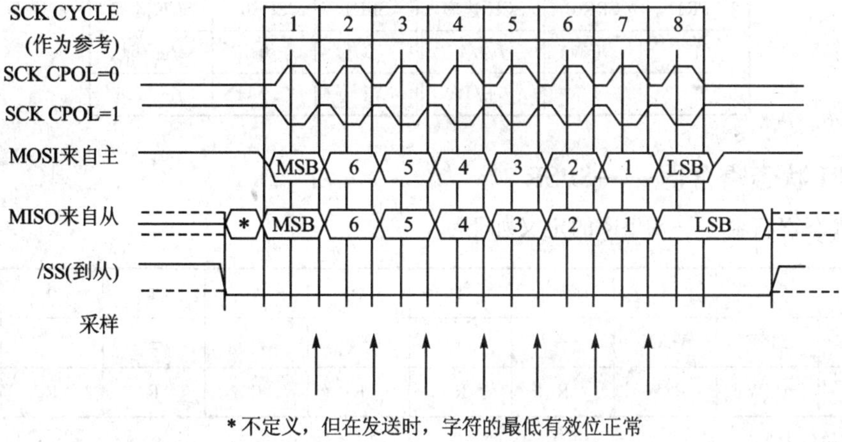

图 9-28 CPHA=1 时的 SPI 传送格式

9.4.4 与 SPI 有关的寄存器

1. SPI 控制寄存器——SPCR

SPI 控制寄存器——SPCR 的定义如下:

BIT	7	6	5	4	3	2	1	0	
$0D($2D)	SPIE	SPE	DORD	MSTR	CPOL	CPHA	SPR1	SPR0	SPCR
读/写	R/W	R/W	R/W	R/W	R/W	R/W	R/W	R/W	

注:初始值为 $00。

位 7——SPIE：SPI 中断使能。如果全局中断使能，则该位导致 SPSR 寄存器的 SPIF 位来执行 SPI 中断。

位 6——SPE：SPI 使能。当该位设置时，SPI 使能。要使能 SPI 任何操作，必须设置该位。

位 5——DORD：数据的顺序。当 DORD 位被置 1 时，数据的 LSB(低位)首先被传送；当 DORD 位被置 0 时，数据的 MSB(高位)首先被传送。

位 4——MSTR：主机/从机选择。当设置为 1 时，选择主机 SPI 模式；当设置为 0 时，选择从机 SPI 模式。

如果$\overline{SS}$被设置为输入，且在 MSTR 设置时置低，则 MSTR 将被清除；而当 SPSR 中的 SPIF 位被设置时，应该设置 MSTR，再使能 SPI 主机模式。

位 3——CPOL：时钟极性。当该位被置 1 时，SCK 在闲置时是高电平；当该位被清 0 时，SCK 在闲置时是低电平。

位 2——CPHA：时钟相位。

位 1、位 0——SPR1、SPR0：SPI 时钟速率选择。这两位控制主机模式下器件 SCK 的速率。SPR1 和 SPR0 对于从机无影响。

SCK 和振荡器频率 f_{CL}之间的关系如表 9-3 所列。

表 9-3 SCK 和时钟频率之间的关系

SPR1	SPR0	SCK 速率	SPR1	SPR0	SCK 速率
0	0	$f_{CL}/4$	1	0	$f_{CL}/64$
0	1	$f_{CL}/16$	1	1	$f_{CL}/128$

2. SPI 状态寄存器——SPSR

SPI 状态寄存器——SPSR 的定义如下：

BIT	7	6	5	4	3	2	1	0	
\$0E(\$2E)	SPIF	WCOL	—	—	—	—	—	—	SPSR
读/写	R/W	R/W	R	R	R	R	R	R	

注：初始值为\$00。

位 7——SPIF：SPI 中断标志位。当串行传送完成时，SPIF 位被设置为 1，且若 SPCR 中的 SPIE 被设置为 1 和全局中断使能，则生成中断。

如果$\overline{SS}$被设置为输入，且在 SPI 是主机模式时被置低，这将设置 SPIF 标志。SPIF 位在执行相应中断向量时被硬件清除；或者可以通过先读 SPI 状态寄存器(SPSR)，再读 SPI 数据寄存器(SPDR)，对 SPIF 清 0。

位 6——WCOL：写冲突位。如果在数据传送中 SPI 数据寄存器(SPDR)被写入，则 WCOL 被置位。可以通过先读 SPI 状态寄存器(SPSR)，再读 SPI 数据寄存器(SPDR)，对 WCOL 清 0。

位 5～位 0——Res：保留位。

AT90 系列单片机的 SPI 接口也被用于程序存储器和数据 EEPROM 的编程下载和上载。

3. SPI 数据寄存器——SPDR

SPI 数据寄存器——SPDR 的定义如下：

BIT	7	6	5	4	3	2	1	0	
$0F($2F)	MSB							LSB	SPDR
读/写	R/W	R/W	R/W	R/W	R/W	R/W	R/W	R/W	

注：初始值为$00。

SPI 数据寄存器可以读/写，用于在寄存器文件和 SPI 移位寄存器之间传送数据。写入该寄存器时，初始化数据传送；读该寄存器时，读到的是移位寄存器接收缓冲区的值。

9.5 同步串行接口 SPI 的应用

两单片机之间采用 SPI 同步通信交换数据。

要求实现以下功能：把各自 SRAM $100、$101、$102、$103 中的 4 个字节传送给对方，而把从对方传来的 4 个字节的数据送 SRAM $110、$111、$112、$113 中。两机均采用 SPI 中断方式。

甲机为主方式，主程序把$100 中的数送给 SPDR，启动 SPI 发送。在 SPI 中断子程序中，把从乙机传来的数送到接收缓冲区，再把下一个数从发送缓冲区取来送给 SPDR，启动下一次发送。直到第 4 次 SPI 中断，甲机只接收对方发来的数据，不再给 SPDR 送数，启动 SPI 同步串行通信。

乙机为从方式，主程序把$100 中的数送给 SPDR，等待甲机启动 SPI。在 SPI 中断服务子程序中，把从甲机传来的数送接收缓冲区，再把下一个数从发送缓冲区取来送 SPDR，等待甲机启动 SPI。直到第 4 次 SPI 中断，乙机只接收对方发来的数据，不再给 SPDR 送数。

9.5.1 硬件电路

同步串行接口 SPI 应用硬件电路图如图 9-29 所示。

U1：AT90S8535 设置如图 9-30 所示。

U2：AT90S8535 设置如图 9-31 所示。

9.5.2 软件编程

U1：AT90S8535 系统软件程序如下：

```
.device AT90S8535
.equ    SREG        = $3F
.equ    sph         = $3E
.equ    spl         = $3D
.equ    PORTA       = $1B
.equ    DDRA        = $1A
.equ    PINA        = $19
.equ    PORTC       = $15
```

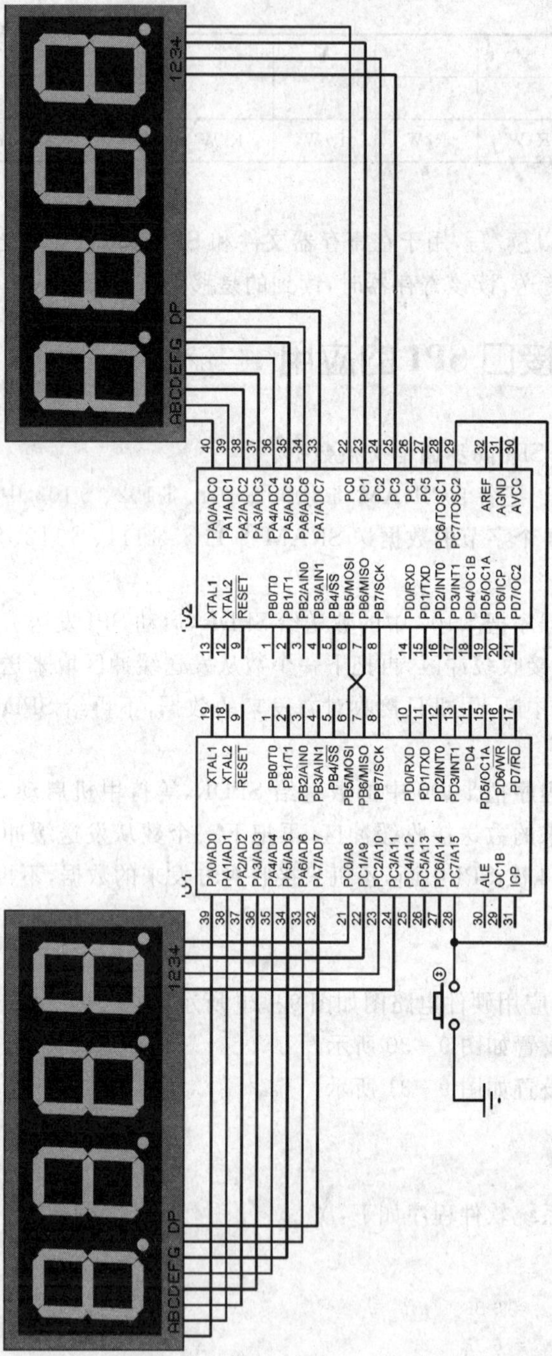

图 9－29　同步串行接口 SPI 应用硬件电路

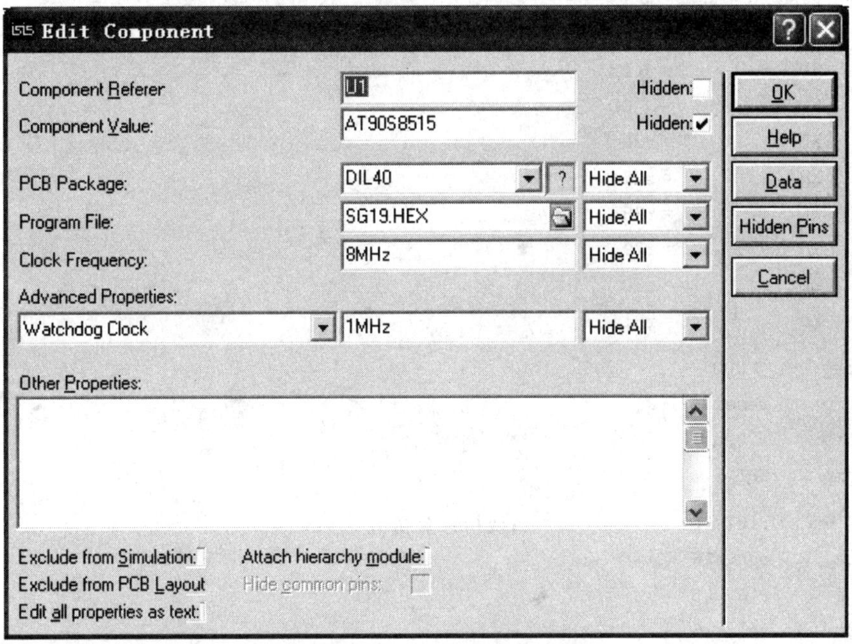

图 9－30　U1：AT90S8535 设置

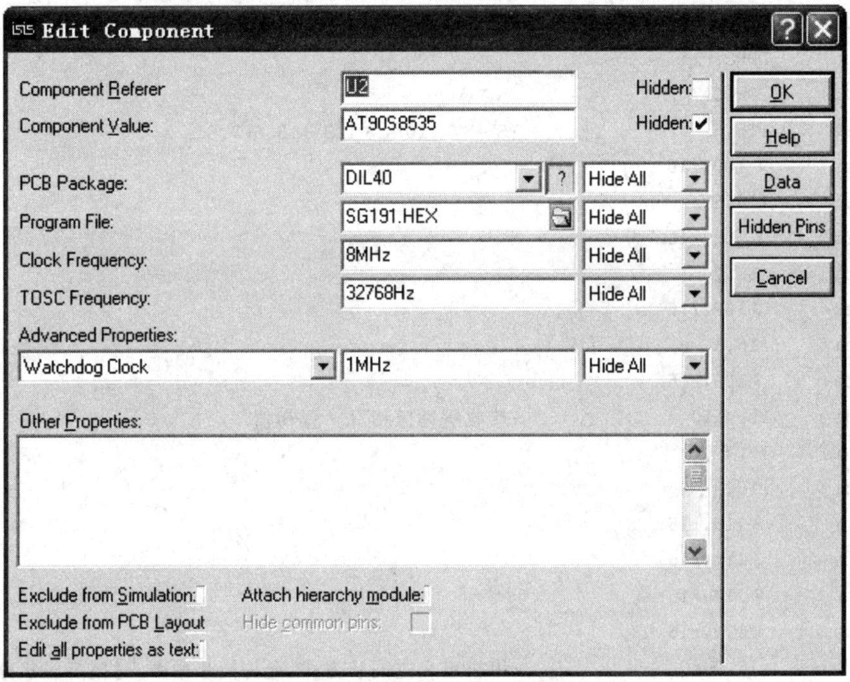

图 9－31　U2：AT90S8535 设置

```
.equ    DDRC        = $14
.equ    PINC        = $13
.equ    SPDR        = $0F
.equ    SPSR        = $0E
.equ    SPCR        = $0D
.def    XL          = r26
.def    XH          = r27
.def    YL          = r28
.def    YH          = r29
.def    ZL          = r30
.def    ZH          = r31
        .org    $000
        rjmp    reset
        .org    $00a
        rjmp    SPI_S
reset:  ldi     r16,$02             ;栈指针置初值
        out     sph,r16
        ldi     r16,$5f
        out     spl,r16
        ldi     XL,$00              ;发送缓冲区指针 X 置初值
        ldi     XH,$01
        ldi     r16,$ff             ;定义 PA 口为输出口
        out     DDRA,r16
        ldi     r16,$0f             ;定义 PC 口低 4 位为输出,高 4 位为输入口
        out     DDRC,r16
        sbi     PORTC,7
        ldi     r16,5               ;SRAM $110~ $113 送 5、6、7、8
        sts     $100,r16
        ldi     r16,6
        sts     $101,r16
        ldi     r16,7
        sts     $102,r16
        ldi     r16,8
        sts     $103,r16
        ldi     YL,$10              ;接收缓冲区指针 Y 置初值
        ldi     YH,$01
        ldi     r16,0
        sts     $110,r16
        sts     $111,r16
        sts     $112,r16
        sts     $113,r16
        ldi     r16,$f0             ;甲机定义主同步方式,允许同步中断,对振荡器 4 分频
        out     SPCR,r16
        ldi     r16,80              ;清中断标志
        out     SPSR,r16
```

```
    ldi     r17, $ 04           ;发 4 个字节
bb: sei
aa: push    YH
    push    YL
    ld      r18,Y +
    ld      r19,Y +
    ld      r20,Y +
    ld      r21,Y
    pop     YL
    pop     YH
    rcall   smiao               ;动态扫描
    in      r16,PINC            ;读 PC7,有键按下就转发送程序
    sbrs    r16,7
    rjmp    ff
    rjmp    aa
ff: ldi     r16, $ 80           ;置中断标志
    out     SPSR,r16
cc: rjmp    cc
SPI_S: in   r1,SREG             ;保护标志寄存器
    in      r22,SPDR            ;读 SPI 数据寄存器
    st      Y + ,r22            ;送 $ 110～ $ 113
    dec     r17
    brne    dd
    rjmp    ee
dd: ld      r22,X +             ;读 $ 101～ $ 103
    out     SPDR,r22            ;送 SPI 数据寄存器
ee: out     SREG,r1             ;恢复标志寄存器
    reti
smiao: ldi  r16, $ fe           ;选中 PC0,先显示个位
    out     PORTC,r16
    mov     r23,r18             ;将待显示的数放在 r23 中
    rcall   cqb                 ;查 7 段码送字线
    rcall   t1ms                ;延时 1 ms
    ldi     r16, $ fd           ;选中 PC1,先显示十位
    out     PORTC,r16
    mov     r23,r19             ;将待显示的数放在 r23 中
    rcall   cqb                 ;查 7 段码送字线
    rcall   t1ms                ;延时 1 ms
    ldi     r16, $ fb           ;选中 PC2,先显示百位
    out     PORTC,r16
    mov     r23,r20             ;将待显示的数放在 r23 中
    rcall   cqb                 ;查 7 段码送字线
    rcall   t1ms                ;延时 1 ms
    ldi     r16, $ f7           ;选中 PC3,先显示千位
    out     PORTC,r16
```

```
    mov     r23,r21              ;将待显示的数放在 r23 中
    rcall   cqb                  ;查 7 段码送字线
    rcall   t1ms                 ;延时 1 ms
    ret
cqb: ldi    ZH,high(tab * 2)     ;7 段码的首址给 Z
    ldi     ZL,low(tab * 2)
    add     ZL,r23               ;首地址 + 偏移量
    lpm                          ;查表送 A 口输出
    out     PORTA,r0
    ret
t1ms: ldi   r24,101              ;延时 1 ms 子程序
    push    r24
del2: push  r24
del3: dec   r24
    brne    del3
    pop     r24
    dec     r24
    brne    del2
    pop     r24
    ret
tab: .db    $3f,$06,$5b,$4f,$66,$6d,$7d,$07,$7f,$6f
```

U2：AT90S8535 系统软件程序如下：

```
.device AT90S8535
.equ    SREG    = $3F
.equ    sph     = $3E
.equ    spl     = $3D
.equ    PORTA   = $1B
.equ    DDRA    = $1A
.equ    PINA    = $19
.equ    PORTC   = $15
.equ    DDRC    = $14
.equ    PINC    = $13
.equ    SPDR    = $0F
.equ    SPSR    = $0E
.equ    SPCR    = $0D
.def    XL      = r26
.def    XH      = r27
.def    YL      = r28
.def    YH      = r29
.def    ZH      = r31
.def    ZL      = r30
    .org    $000
    rjmp    reset
```

```
    .org      $ 00a
    rjmp      SPI_S
reset: ldi    r16, $ 02              ;栈指针置初值
    out       sph,r16
    ldi       r16, $ 5f
    out       spl,r16
    ldi       r16, $ ff              ;定义 PA 口为输出口
    out       DDRA,r16
    ldi       r16, $ 0f              ;定义 PC 口低 4 位为输出,高 4 位为输入口
    out       DDRC,r16
    sbi       PORTC,7
    ldi       XL, $ 00               ;发送缓冲区指针 X 置初值
    ldi       XH, $ 01
    ldi       r16,1                  ;SRAM $ 110～ $ 113 送 5、6、7、8
    sts        $ 100,r16
    ldi       r16,2
    sts        $ 101,r16
    ldi       r16,3
    sts        $ 102,r16
    ldi       r16,4
    sts        $ 103,r16
    ldi       YL, $ 10               ;接收缓冲区指针 Y 置初值
    ldi       YH, $ 01
    ldi       r16,0
    sts        $ 110,r16
    sts        $ 111,r16
    sts        $ 112,r16
    sts        $ 113,r16
    ldi       r16, $ e0              ;乙机定义从同步方式,允许同步中断,对振荡器 4 分频
    out       SPCR,r16
    ldi       r16,0                  ;清中断标志
    out       SPSR,r16
    ldi       r17, $ 04              ;发 4 个字节
bb: sei
aa: push      YH
    push      YL
    ld        r18,Y+
    ld        r19,Y+
    ld        r20,Y+
    ld        r21,Y
    pop       YL
    pop       YH
    rcall     smiao                  ;动态扫描
    in        r16,PINC               ;读 PC7,有键按下就转发送程序
    sbrs      r16,7
```

```
    rjmp    ff
    rjmp    aa
ff: ldi     r16,$80                ;置中断标志
    out     SPSR,r16
cc: rjmp    cc
SPI_S: in   r1,SREG                ;保护标志寄存器
    in      r22,SPDR               ;读 SPI 数据寄存器
    st      Y+,r22                 ;送 $110～$113
    dec     r17
    brne    dd
    rjmp    ee
dd: ld      r22,X+                 ;读 $101～$103
    out     SPDR,r22               ;送 SPI 数据寄存器
ee: out     SREG,r1                ;恢复标志寄存器
    reti
smiao: ldi  r16,$fe                ;选中 PC0,先显示个位
    out     PORTC,r16
    mov     r23,r18                ;将待显示的数放在 r23 中
    rcall   cqb                    ;查 7 段码送字线
    rcall   t1ms                   ;延时 1 ms
    ldi     r16,$fd                ;选中 PC1,先显示十位
    out     PORTC,r16
    mov     r23,r19                ;将待显示的数放在 r23 中
    rcall   cqb                    ;查 7 段码送字线
    rcall   t1ms                   ;延时 1 ms
    ldi     r16,$fb                ;选中 PC2,先显示百位
    out     PORTC,r16
    mov     r23,r20                ;将待显示的数放在 r23 中
    rcall   cqb                    ;查 7 段码送字线
    rcall   t1ms                   ;延时 1 ms
    ldi     r16,$f7                ;选中 PC3,先显示千位
    out     PORTC,r16
    mov     r23,r21                ;将待显示的数放在 r23 中
    rcall   cqb                    ;查 7 段码送字线
    rcall   t1ms                   ;延时 1 ms
    ret
cqb: ldi    ZH,high(tab*2)         ;7 段码的首址给 Z
    ldi     ZL,low(tab*2)
    add     ZL,r23                 ;首地址 + 偏移量
    lpm                            ;查表送 A 口输出
    out     PORTA,r0
    ret
t1ms: ldi   r24,101                ;延时 1 ms 子程序
    push    r24
```

```
del2: push   r24
del3: dec    r24
      brne   del3
      pop    r24
      dec    r24
      brne   del2
      pop    r24
      ret
tab: .db     $3f,$06,$5b,$4f,$66,$6d,$7d,$07,$7f,$6f
```

注意：由于软件中 SPSR 的 SPIF 位不可写，因此程序无法调试。

第 10 章

AT90S8535 单片机综合应用

10.1 电子琴模拟设计

设计要求：由 16 个按键组成 4×4 键盘矩阵，设计成 16 个音，可随意弹奏出想要表达的音乐；按下键的同时，显示键号。

10.1.1 硬件电路

电子琴硬件电路如图 10-1 所示。

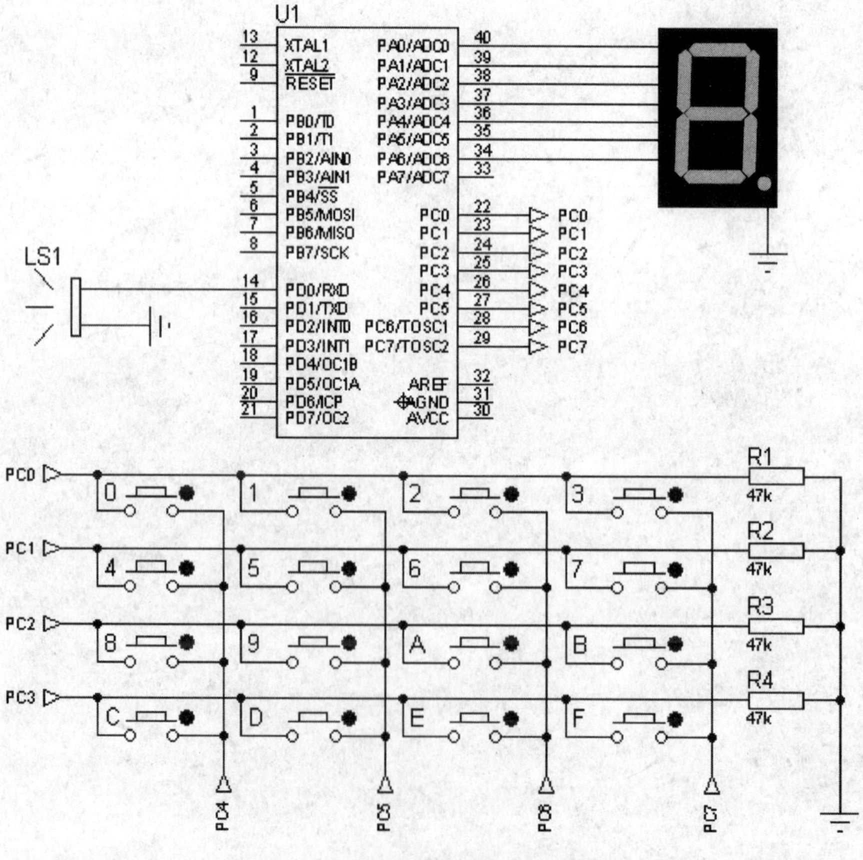

图 10-1 电子琴硬件电路图

10.1.2 软件编程

音乐产生的方法：一首音乐是许多不同的音阶组成的，而每个音阶对应着不同的频率，这样就可以利用不同频率的组合，构成想要的音乐了。对于单片机来说，产生不同的频率非常方便，可以利用单片机定时器/计数器 T1 的比较匹配输出功能来产生不同频率的信号，因此，只要准确把握一首歌曲的音阶对应频率关系即可。

采用单片机产生音频脉冲：

- 计算某一音频的周期，然后将此周期除以 2，即为半周期的时间；再利用定时器计时此半周期。当计时时间到时，就将脉冲输出 I/O 口反相。重复计时此半周期时间，再对 I/O口反相，如此就可在 I/O 口引脚上得到此频率的脉冲(程序驱动 I/O 口反相，即正、负各半周期为一个周期)。
- 利用 AVR 内部定时器 T1，让其工作于比较匹配模式，根据输入数据查表得到相应的比较匹配值，即可产生相应的频率。
- 以 8 MHz 晶振为例，定时器/计数器 1 的预定分频系数为 1：要产生频率 523 Hz，其周期 $T=1/523$ Hz=1912 μs，其半周期为 956 μs，因此只要令计数器计时 956 μs/1 μs=956(为半周期)。所以每次计数 956 次将 I/O 口反相，即可得到中音 DO(523 Hz)。

现在以单片机 8 MHz 晶振、定时器/计数器 1 的预定分频系数为 1 为例，列出高、中、低音符与单片机计数 T0 相关的计数值如表 10-1 所列。

表 10-1 C 调各音符频率与计数器 1 比较匹配值对照表

音　符	频　率/Hz	简谱码(比较匹配值)	音　符	频　率/Hz	简谱码(比较匹配值)
低 1　DO	262	1908	#4　FA#	740	676
#1　DO#	277	1805	中 5　SO	784	638
低 2　RE	294	1701	#5　SO#	831	602
#2　RE#	311	1608	中 6　LA	880	568
低 3　M	330	1515	#6	932	536
低 4　FA	349	1433	中 7　SI	988	506
#4　FA#	370	1351	高 1　DO	1046	478
低 5　SO	392	1276	#1　DO#	1109	451
#5　SO#	415	1205	高 2　RE	1175	426
低 6　LA	440	1136	#2　RE#	1245	402
#6	466	1073	高 3　M	1318	379
低 7　SI	494	1012	高 4　FA	1397	358
中 1　DO	523	956	#4　FA#	1480	338
#1　DO#	554	903	高 5　SO	1568	319
中 2　RE	587	852	#5　SO#	1661	301
#2　RE#	622	804	高 6　LA	1760	284
中 3　M	659	759	#6	1865	268
中 4　FA	698	716	高 7　SI	1967	254

本例中，键值、音符、频率及简谱码对应表见表 10-2。

软件程序流程图如图 10-2 所示。

表 10-2　键值、音符、频率及简谱码对应表

键　值	音　符	频　率/Hz	简谱码(比较匹配值)
0	低 3 M	330	1515
1	低 4 FA	349	1433
2	低 5 SO	392	1276
3	低 6 LA	440	1136
4	低 7 SI	494	1012
5	中 1 DO	523	956
6	中 2 RE	587	852
7	中 3 M	659	759
8	中 4 FA	698	716
9	中 5 SO	784	638
A	中 6 LA	880	568
B	中 7 SI	988	506
C	高 1 DO	1046	478
D	高 2 RE	1175	426
E	高 3 M	1318	379
F	高 4 FA	1397	358

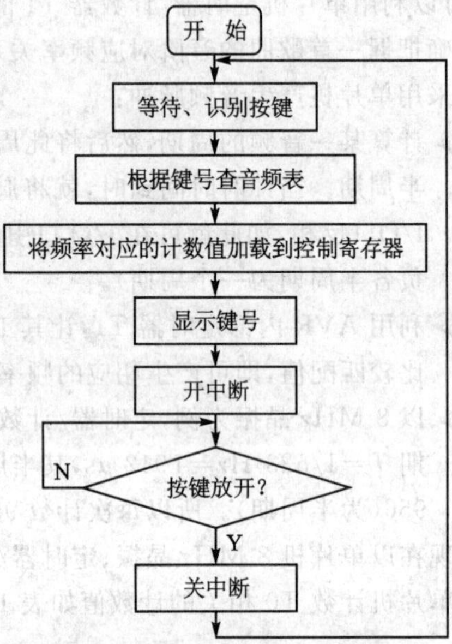

图 10-2　电子琴程序流程图

系统软件程序如下：

```
.device AT90S8535
.equ    sph       = $3E
.equ    spl       = $3D
.equ    TIMSK     = $39
.equ    OCR1AH    = $2B
.equ    OCR1AL    = $2A
.equ    TCCR1B    = $2E
.equ    SREG      = $3F
.equ    TCNT1H    = $2D
.equ    TCNT1L    = $2C
.equ    PORTA     = $1B
.equ    DDRA      = $1A
.equ    PINA      = $19
.equ    PORTC     = $15
.equ    DDRC      = $14
.equ    PINC      = $13
.equ    PORTD     = $12
```

```
.equ    DDRD          = $ 11
.equ    PIND          = $ 10
.def    ZL            = r30
.def    ZH            = r31
    .org      $ 0000
    rjmp      main
    .org      $ 006
    rjmp      t1_cp
tab1: .db     $ 3f, $ 06, $ 5b, $ 4f, $ 66, $ 6d, $ 7d, $ 07, $ 7f, $ 6f, $ 77, $ 7c, $ 39, $ 5e,
              $ 79, $ 71
tab2: .db     $ 05, $ eb, $ 05, $ 99, $ 04, $ fc, $ 04, $ 70, $ 03, $ f4, $ 03, $ bc, $ 03, $ 54, $ 02,
              $ f7, $ 02, $ cc, $ 02, $ 7e, $ 02, $ 38, $ 01, $ fa, $ 01, $ df, $ 01, $ aa, $ 01, $ 7b,
              $ 01, $ 66
main: ldi     r16, $ 02               ;栈指针置初值
    out       sph,r16
    ldi       r16, $ 5f
    out       spl,r16
    ldi       r16, $ ff               ;PA 口定义为输出口
    out       DDRA,r16
    ldi       r16, $ 01               ;PD0 口定义为输出口
    out       DDRD,r16
    ldi       r16, $ 10               ;允许 T1 比较匹配 A 中断
    out       TIMSK,r16
    clr       r16                     ;置 TCNT1 初值为 0
    out       TCNT1L,r16
    out       TCNT1H,r16
    ldi       r16, $ 0a               ;设置 T/C1 频率
    out       TCCR1B,r16
lscan: ldi    r16, $ f0
    out       DDRC,r16
    out       PORTC,r16
l1: in        r16,PINC
    cpi       r16, $ f1
    brne      l2
    rcall     t1ms
    in        r16,PINC
    cpi       r16, $ f1
    brne      l2
    ldi       r17, $ 00
    rjmp      rscan
l2: cpi       r16, $ f2
    brne      l3
    rcall     t1ms
    cpi       r16, $ f2
```

```
        brne    l3
        ldi     r17,$01
        rjmp    rscan
l3: cpi     r16,$f4
        brne    l4
        rcall   t1ms
        cpi     r16,$f4
        brne    l4
        ldi     r17,$02
        rjmp    rscan
l4: cpi     r16,$f8
        brne    lscan
        rcall   t1ms
        cpi     r16,$f8
        brne    lscan
        ldi     r17,$03
rscan: ldi  r16,$0f
        out     DDRC,r16
        out     PORTC,r16
c1: in      r16,PINC
        cpi     r16,$e0
        brne    c2
        ldi     r18,$00
        rjmp    calcu
c2: cpi     r16,$d0
        brne    c3
        ldi     r18,$01
        rjmp    calcu
c3: cpi     r16,$b0
        brne    c4
        ldi     r18,$02
        rjmp    calcu
c4: cpi     r16,$70
        brne    lscan
        ldi     r18,$03
calcu: cpi  r17,$00                             ;计算键号
        brne    calcu1
        ldi     r17,$00
        rjmp    cb
calcu1: cpi r17,$01
        brne    calcu2
        ldi     r17,$04
        rjmp    cb
calcu2: cpi r17,$02
        brne    calcu3
```

```
      ldi      r17,$08
      rjmp     cb
calcu3: ldi    r17,$0C
cb: add        r17,r18
      mov      r20,r17
      lsl      r20
      ldi      ZH,high(tab2*2)
      ldi      ZL,low(tab2*2)
      add      ZL,r20
      lpm
      out      OCR1AH,r0
      inc      ZL
      lpm
      out      OCR1AL,r0
      sei
      rcall    cqb
w0: ldi        r16,$f0                   ;等待按键被释放
      out      PORTC,r16
w1: in         r16,PINC
      andi     r16,$ff
      cpi      r16,$f0
      brne     w2
      cli
      ldi      r16,$00
      out      PORTA,r16
      rjmp     lscan
w2: rjmp       w0
cqb: ldi       ZH,high(tab1*2)           ;7 段码的首址给 Z
      ldi      ZL,low(tab1*2)
      add      ZL,r17                    ;首地址+偏移量
      lpm                                ;查表送 B 口输出
      out      PORTA,r0
      ret
t1_cp: in      r1,sreg                   ;保护标志
      in       r2,PORTD                  ;PD 口取反
      com      r2
      out      PORTD,r2
      out      sreg,r1                   ;标志恢复
      reti
t1ms: ldi      r24,6                     ;延时子程序
      push     r24
del2: push     r24
del3: dec      r24
      brne     del3
```

```
pop     r24
dec     r24
brne    del2
pop     r24
ret
```

10.1.3 系统调试与仿真

系统初始参数设置如图 10－3 所示。

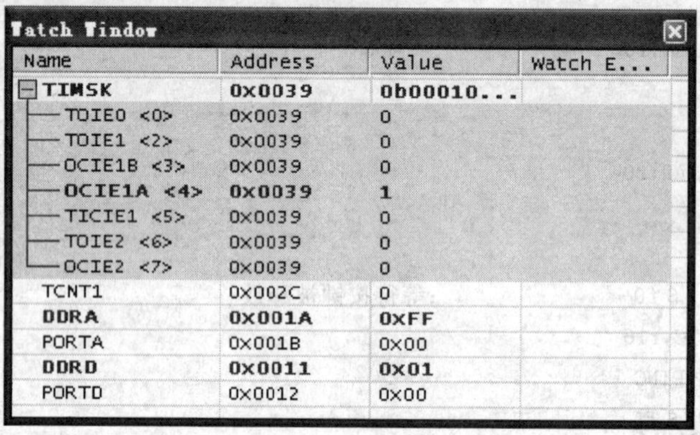

图 10－3　系统初始参数设置

从系统初始参数设置可知：AT90S8535 单片机 A 口为输出口；PD0 口为输出口；系统允许定时计数器 1 比较匹配中断；定时计数器计数初值为 0。

对键盘进行扫描。首先，设置 PC 口高 4 位为输出、低 4 位为输入，扫描键盘行值，如图 10－4所示；再将行值写入 r17。以按下“5”键为例，“5”键行值如图 10－5 所示。

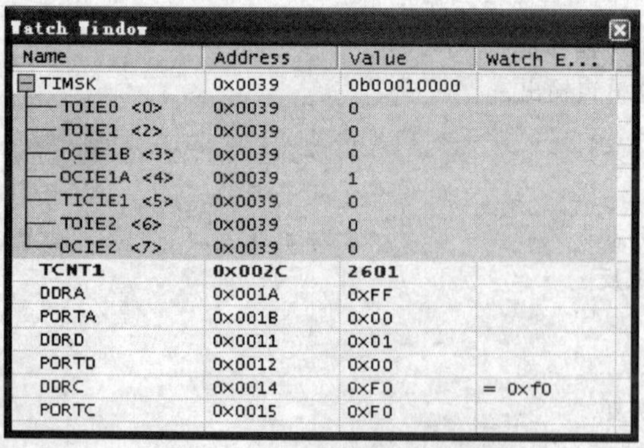

图 10－4　对键盘行进行扫描

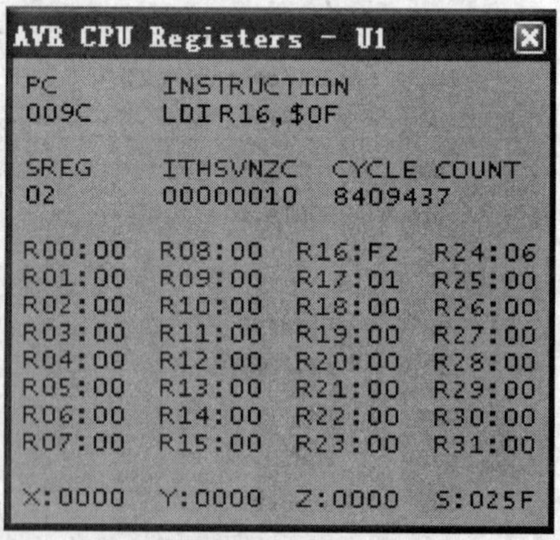

图 10－5　“5”键行值(r17)

然后，设置 PC 口高 4 位为输入、低 4 位为输出，扫描键盘列值，如图 10－6 所示；再将列值写入 r18。

以按下“5”键为例，“5”键列值如图 10－7 所示。

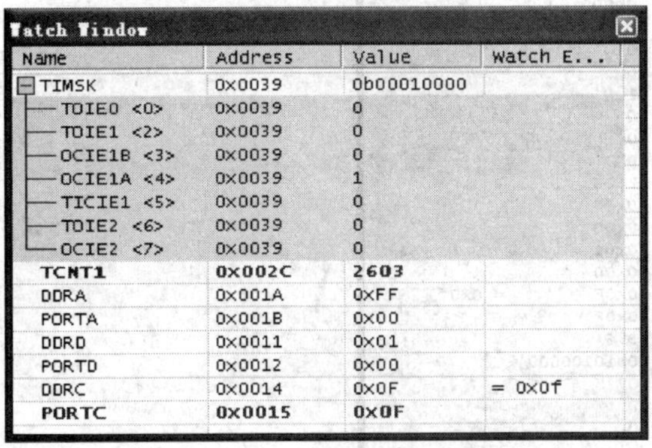

图 10-6　对键盘列进行扫描

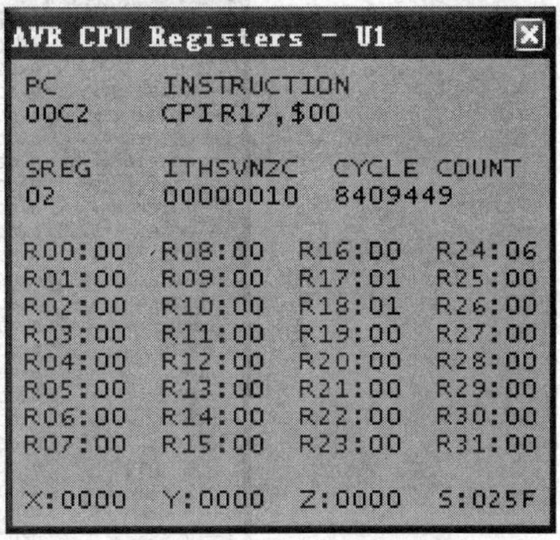

图 10-7　"5"键列值(r18)

系统得到键盘相应的行值与列值后,计算键值,并将键值写入 r17。以"5"键为例,程序将键值写入 r17,如图 10-8 所示。

程序根据键入的键值查表,并将相应音符对应的简谱码写入 OCR1A,如图 10-9 所示。

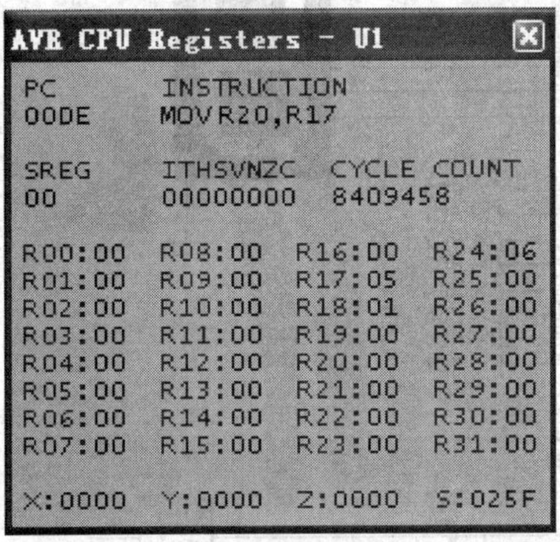

图 10-8　"5"键值(r17)

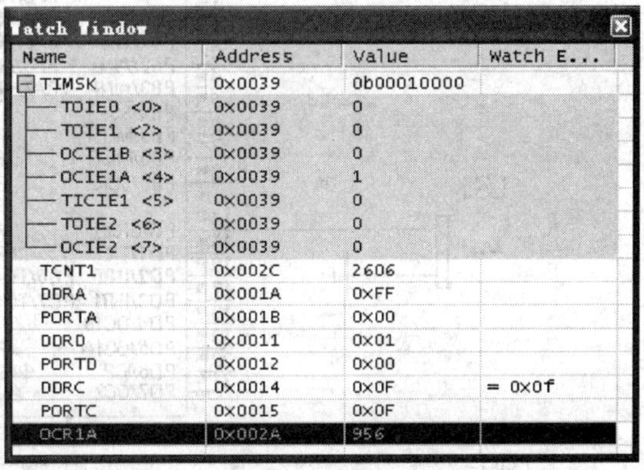

图 10-9　将相应音符对应的简谱码写入 OCR1A

此时系统开中断,如图 10-10 所示。

查表,将键值显示在数码管上,如图 10-11 所示。

此时,在 PD0 口输出方波脉冲,用示波器查看其波形(如图 10-12 所示)。

用定时器/计数器测量脉冲频率,测量结果如图 10-13 所示。

信号驱动扬声器产生声音信息。

当按下其他键时,程序会产生其他频率的信号,同时扬声器发出相应频率的声音信号。信号的持续时间由按键闭合时间决定。

当按下"A"键时,电路仿真结果如图 10-14 所示。

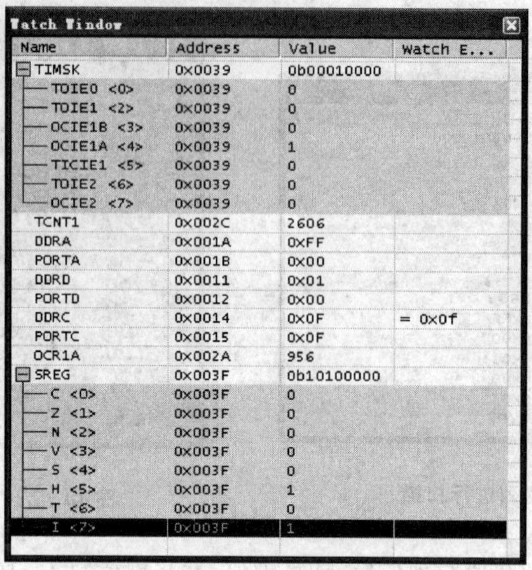
Watch Window
Name | Address | Value | Watch E...
TIMSK | 0x0039 | 0b00010000
TOIE0 <0> | 0x0039 | 0
TOIE1 <2> | 0x0039 | 0
OCIE1B <3> | 0x0039 | 0
OCIE1A <4> | 0x0039 | 1
TICIE1 <5> | 0x0039 | 0
TOIE2 <6> | 0x0039 | 0
OCIE2 <7> | 0x0039 | 0
TCNT1 | 0x002C | 2606
DDRA | 0x001A | 0xFF
PORTA | 0x001B | 0x00
DDRD | 0x0011 | 0x01
PORTD | 0x0012 | 0x00
DDRC | 0x0014 | 0x0F | = 0x0f
PORTC | 0x0015 | 0x0F
OCR1A | 0x002A | 956
SREG | 0x003F | 0b10100000
C <0> | 0x003F | 0
Z <1> | 0x003F | 0
N <2> | 0x003F | 0
V <3> | 0x003F | 0
S <4> | 0x003F | 0
H <5> | 0x003F | 1
T <6> | 0x003F | 0
I <7> | 0x003F | 1

图 10-10　系统开中断

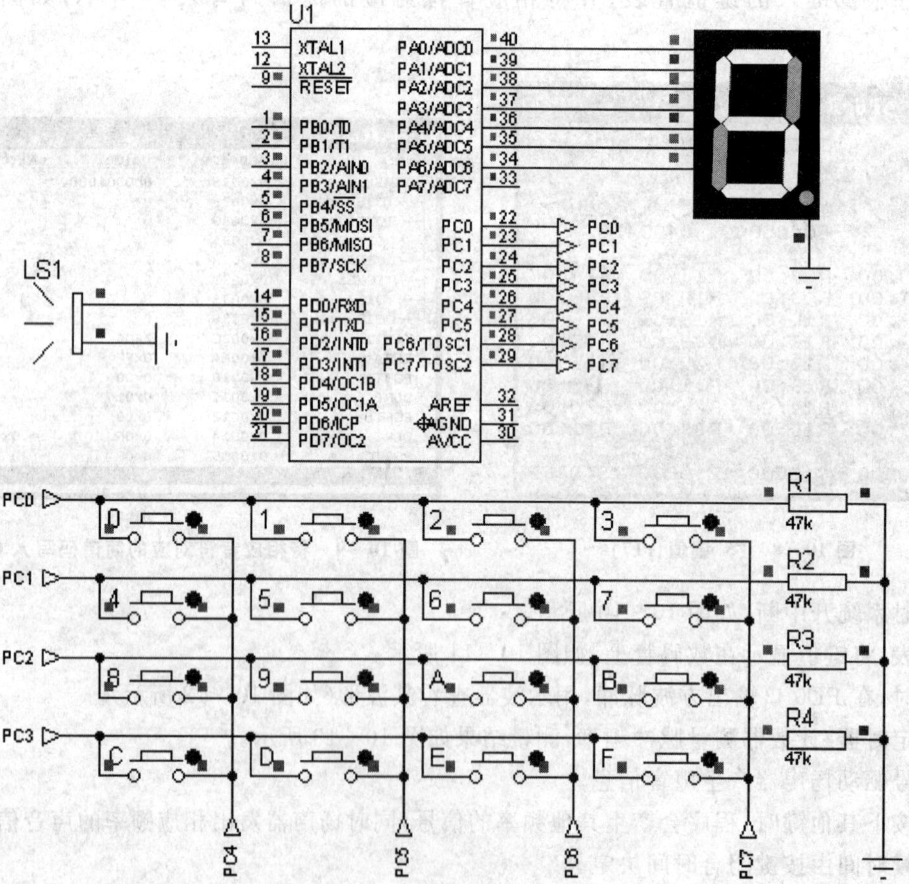

图 10-11　数码管显示键值

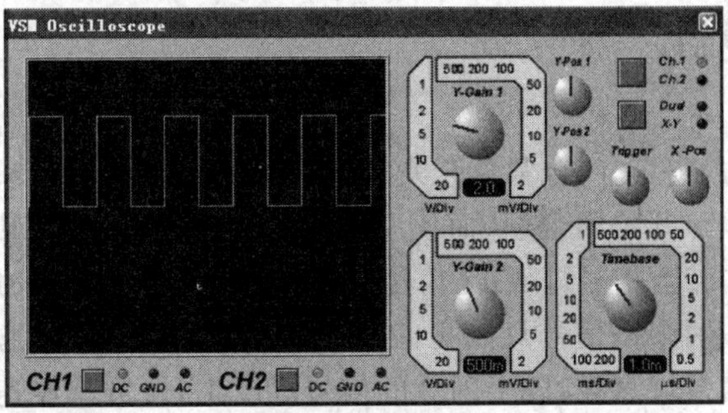

图 10-12　PD0 口输出波形

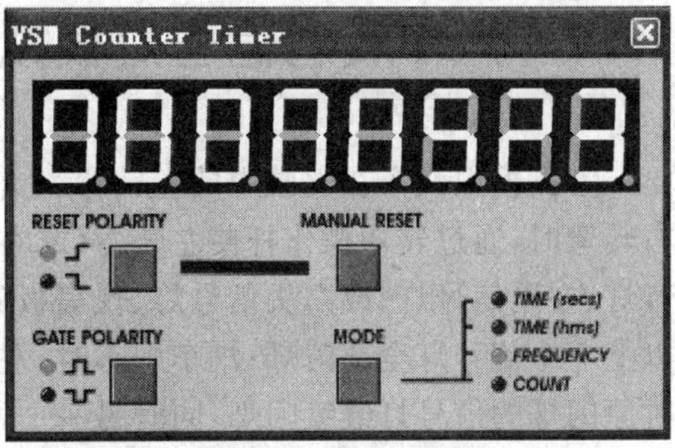

图 10-13　"5"键按下后，单片机所产生的信号频率

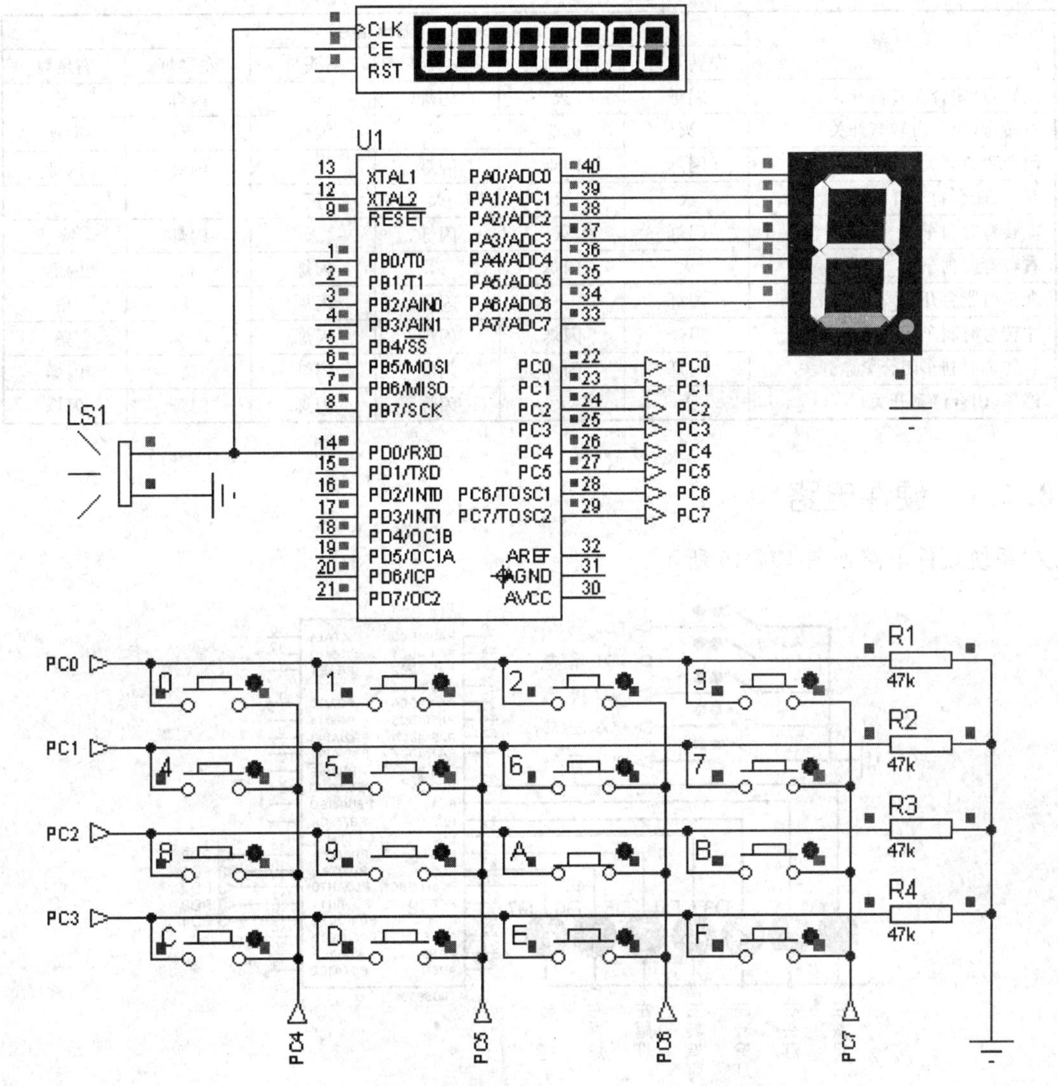

图 10-14　按下"A"键时的电路仿真结果

10.2 汽车转弯信号灯模拟设计

本例模拟汽车在驾驶中的左转弯、右转弯、刹车、闭合紧急开关、停靠等操作。在左转弯或右转弯时，通过转弯操作杆使左转弯（或右转弯）开关闭合，从而使左头信号灯、仪表板的左转弯灯、左尾信号灯（或右头信号灯、仪表板的右转弯信号灯、右尾信号灯）闪烁；闭合紧急开关时以上 6 个信号灯全部闪烁；汽车刹车时，左、右两个尾信号灯点亮；若正当转弯时刹车，则转弯时原闪烁的信号灯继续闪烁，同时另一个尾信号灯点亮，以上闪烁的信号灯以 1 Hz 频率慢速闪烁。任何在表 10－3 中未出现的组合，都将出现故障指示灯闪烁，闪烁频率为 10 Hz。

各种模拟驾驶开关操作时，信号灯输出的信号如表 10－3 所列。

表 10－3　各种操作对应的信号灯输出

操　作	输出信号					
	左转弯灯	右转弯灯	左头灯	右头灯	左尾灯	右尾灯
左转弯（闭合左转弯开关）	闪烁	灭	闪烁	灭	闪烁	灭
右转弯（闭合右转弯开关）	灭	闪烁	灭	闪烁	灭	闪烁
闭合紧急开关	闪烁	闪烁	闪烁	闪烁	闪烁	闪烁
刹车（闭合刹车开关）	灭	灭	灭	灭	亮	亮
左转弯时刹车	闪烁	灭	闪烁	灭	闪烁	亮
右转弯时刹车	灭	闪烁	灭	闪烁	亮	闪烁
刹车时紧急开关	闪烁	闪烁	闪烁	闪烁	亮	亮
左转弯时刹车闭合紧急开关	闪烁	闪烁	闪烁	闪烁	闪烁	亮
右转弯时刹车闭合紧急开关	闪烁	闪烁	闪烁	闪烁	亮	闪烁
停靠（闭合停靠开关）	灭	灭	闪烁	闪烁	闪烁	闪烁

10.2.1 硬件电路

系统硬件电路如图 10－15 所示。

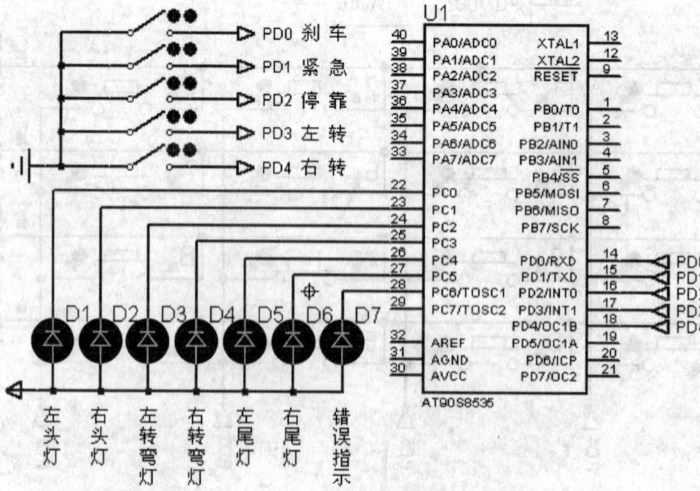

图 10－15　汽车转弯信号灯模拟电路

10.2.2 软件编程

采用分支结构编写程序，对于不同的开关状态，为其分配相应的入口，从而对不同的开关状态作出响应。程序流程图如图 10－16 所示。

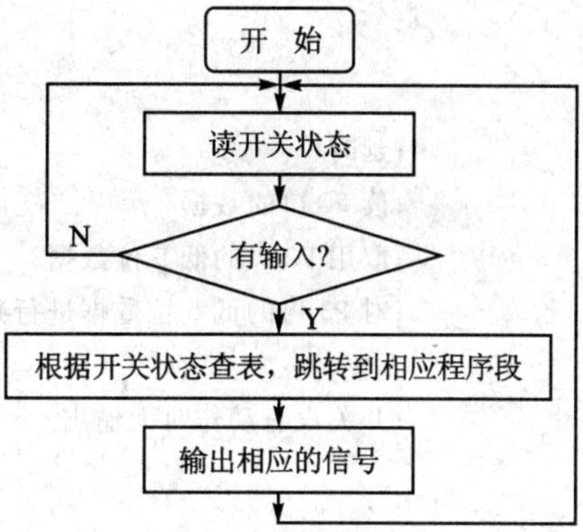

图 10－16 汽车转弯信号灯软件流程图

系统软件程序如下：

```
.device AT90S8535
.equ     sph          = $ 3E
.equ     spl          = $ 3D
.equ     SREG         = $ 3F
.equ     PORTC        = $ 15
.equ     DDRC         = $ 14
.equ     PINC         = $ 13
.equ     PORTD        = $ 12
.equ     DDRD         = $ 11
.equ     PIND         = $ 10
.def     ZL           = r30
.def     ZH           = r31

    .org      $ 0000
    rjmp      main

main: ldi     r16, $ 02                ;栈指针置初值
    out       sph,r16
    ldi       r16, $ 5f
    out       spl,r16
    ldi       r16, $ ff                ;PC 口定义为输出口
    out       DDRC,r16
    out       PORTD,r16
    ldi       r16, $ 00                ;PD 口定义为输入口
    out       DDRD,r16
start1: ldi   r16, $ ff                ;定义无输入时无输出
```

```
    out     PORTC,r16
start: in   r16,PIND              ;读 PC 口数据
    andi    r16,$1f               ;取用 PC 口的低 5 位数据
    cpi     r16,$1f
    brne    shiy
    rjmp    start1
shiy: mov   r17,r16
    rcall   de                    ;延时
    in      r16,PIND              ;读 PC 口的数据
    andi    r16,$1f               ;取用 PC 口的低 5 位数据
    cpi     r16,$1f               ;对 P3 口的低 5 位数据进行判断
    brne    shiy1
    rjmp    start1                ;开关没有动作时无输出
shiy1: cp   r16,r17
    brne    start1
    cpi     r16,$17               ;PC3 = 0 时进入左转分支
    brne    next1
    rjmp    left
next1: cpi  r16,$0f               ;PC4 = 0 时进入右转分支
    brne    next2
    rjmp    right
next2: cpi  r16,$1d               ;PC1 = 0 时进入紧急分支
    brne    next3
    rjmp    earge
next3: cpi  r16,$1e               ;PC0 = 0 时进入刹车分支
    brne    next4
    rjmp    brake
next4: cpi  r16,$16               ;PC3 = 0,PC0 = 0 时进入左转刹车分支
    brne    next5
    rjmp    lebr
next5: cpi  r16,$0e               ;PC4 = 0,PC0 = 0 时进入右转刹车分支
    brne    next6
    rjmp    ribr
next6: cpi  r16,$1c               ;PC1 = 0,PC0 = 0 时进入紧急刹车分支
    brne    next7
    rjmp    brer
next7: cpi  r16,$14               ;PC3 = 0,PC1 = 0,PC0 = 0 时进入左转紧急刹车分支
    brne    next8
    rjmp    lbe
next8: cpi  r16,$0c               ;PC4 = 0,PC1 = 0,PC0 = 0 时进入右转紧急刹车分支
```

```
        brne     next9
        rjmp     rbe
next9：cpi       r16,$1b            ;PC2 = 0 时进入停靠分支
        brne     next10
        rjmp     stop
next10：rjmp error                   ;其他情况进入错误分支
left：ldi        r16,$6a            ;左转分支
        out      PORTC,r16
        rcall    dels
        ldi      r16,$ff
        out      PORTC,r16
        rcall    dels
        rjmp     start
right：ldi       r16,$55            ;右转分支
        out      PORTC,r16
        rcall    dels
        ldi      r16,$ff
        out      PORTC,r16
        rcall    dels
        rjmp     start
earge：ldi       r16,$40            ;紧急分支
        out      PORTC,r16
        rcall    dels
        ldi      r16,$ff
        out      PORTC,r16
        rcall    dels
        rjmp     start
brake：ldi       r16,$4f            ;刹车分支
        out      PORTC,r16
        rjmp     start
lebr：ldi        r16,$4a            ;左转刹车分支
        out      PORTC,r16
        rcall    dels
        ldi      r16,$5f
        out      PORTC,r16
        rcall    dels
        rjmp     start
ribr：ldi        r16,$45            ;右转刹车分支
        out      PORTC,r16
        rcall    dels
```

```
        ldi     r16, $ 6f
        out     PORTC,r16
        rcall   de1s
        rjmp    start
brer: ldi       r16, $ 40               ;紧急刹车分支
        out     PORTC,r16
        rcall   de1s
        ldi     r16, $ 4f
        out     PORTC,r16
        rcall   de1s
        rjmp    start
lbe: ldi        r16, $ 40               ;左转紧急刹车分支
        out     PORTC,r16
        rcall   de1s
        ldi     r16, $ 5f
        out     PORTC,r16
        rcall   de1s
        rjmp    start
rbe: ldi        r16, $ 40               ;右转紧急刹车分支
        out     PORTC,r16
        rcall   de1s
        ldi     r16, $ 6f
        out     PORTC,r16
        rcall   de1s
        rjmp    start
stop: ldi       r16, $ 43               ;停靠分支
        out     PORTC,r16
        rcall   de100ms
        ldi     r16, $ 7f
        out     PORTC,r16
        rcall   de100ms
        rjmp    start
error: ldi      r16, $ 3f               ;错误分支
        out     PORTC,r16
        rcall   de1s
        ldi     r16, $ ff
        out     PORTC,r16
        rcall   de1s
        rjmp    start
de: ldi         r24,6                   ;延时子程序
        push    r24
```

```
del2: push   r24
del3: dec    r24
    brne     del3
    pop      r24
    dec      r24
    brne     del2
    pop      r24
    ret
dels: ldi    r24,249
             push    r24
desl1: push  r24
desl2: push  r24
desl3: dec   r24
    brne     desl3
    pop      r24
    dec      r24
    brne     desl2
    pop      r24
    dec      r24
    brne     desl1
    pop      r24
    ret
de100ms:ldi  r24,114
    push     r24
demsl1: push r24
demsl2: push r24
demsl3: dec  r24
    brne     demsl3
    pop      r24
    dec      r24
    brne     demsl2
    pop      r24
    dec      r24
    brne     demsl1
    pop      r24
    ret
```

10.2.3 系统调试与仿真

本汽车转弯信号灯模拟系统用到了 AT90S8535 单片机的 PC 口和 PD 口，系统对 PC 口和 PD 口的初始参数设置如图 10－17 所示。

当无输入信号的状态下，PC 口输出高电平，如图 10－18 所示。

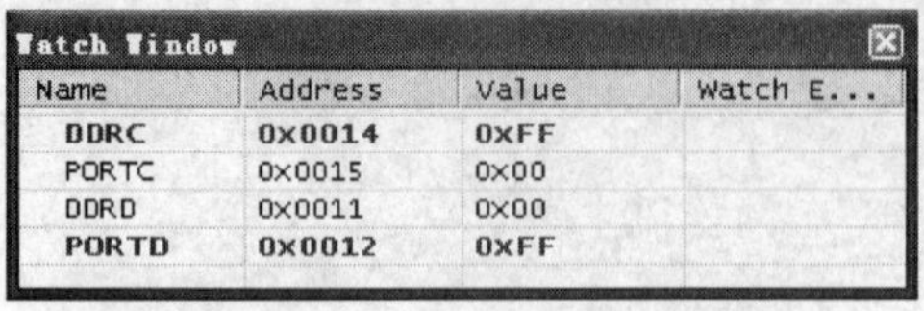

Watch Window

Name	Address	Value	Watch E...
DDRC	0x0014	0xFF	
PORTC	0x0015	0x00	
DDRD	0x0011	0x00	
PORTD	0x0012	0xFF	

图 10-17　PC 口、PD 口初始参数设置

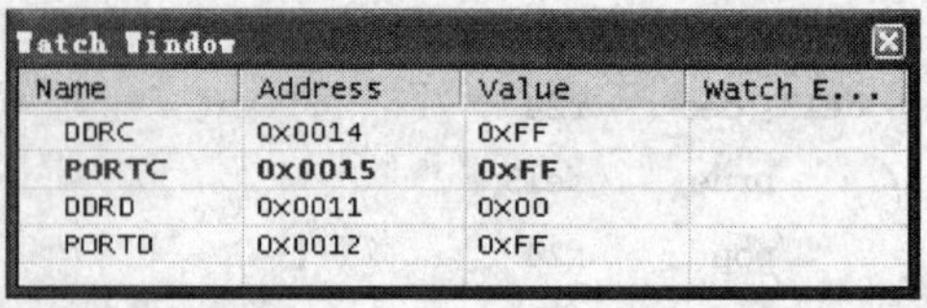

Watch Window

Name	Address	Value	Watch E...
DDRC	0x0014	0xFF	
PORTC	0x0015	0xFF	
DDRD	0x0011	0x00	
PORTD	0x0012	0xFF	

图 10-18　无输入信号时，PC 口状态

此时，LED 信号灯全灭，如图 10-19 所示。

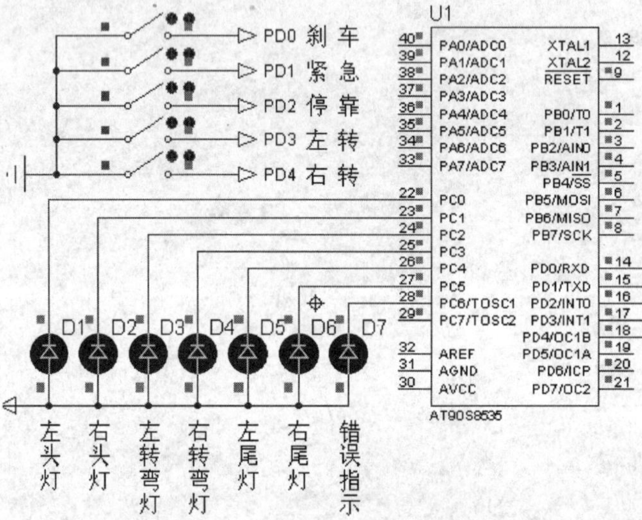

图 10-19　无输入信号时，电路状态图

当系统有输入信号时，端口输出相应的数据，点亮对应的信号灯。以“左转弯时刹车”为例，当“左转”及“刹车”按钮按下时，程序将 PD 端口数据取回，并将数据存放到 r16。“左转”及“刹车”按钮按下时，r16 的数据结果如图 10-20 所示。

程序检测到“左转”及“刹车”按钮按下后，跳转到“左转弯时刹车”分支执行程序，为 PC 端口赋值，首先为 PC 端口赋值 0x4A，如图 10-21 所示。

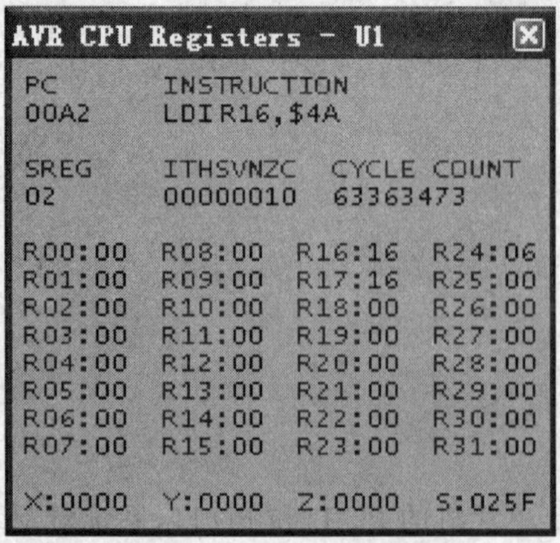

```
AVR CPU Registers - U1
PC      INSTRUCTION
00A2    LDI R16,$4A

SREG    ITHSVNZC    CYCLE COUNT
02      00000010    63363473

R00:00  R08:00  R16:16  R24:06
R01:00  R09:00  R17:16  R25:00
R02:00  R10:00  R18:00  R26:00
R03:00  R11:00  R19:00  R27:00
R04:00  R12:00  R20:00  R28:00
R05:00  R13:00  R21:00  R29:00
R06:00  R14:00  R22:00  R30:00
R07:00  R15:00  R23:00  R31:00

X:0000  Y:0000  Z:0000  S:025F
```

图 10-20　“左转”及“刹车”按钮按下时，r16 中的数据

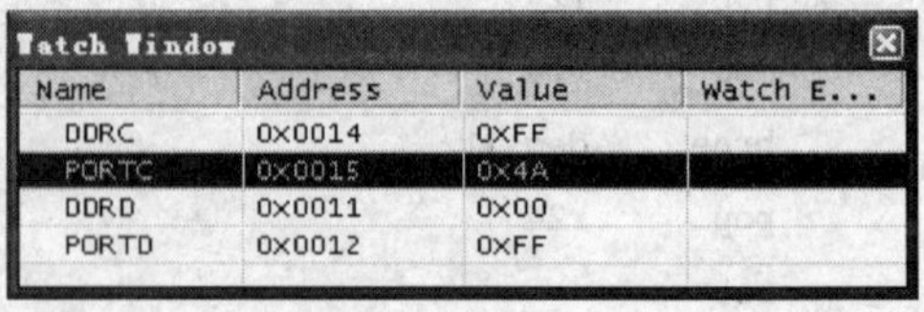

Watch Window

Name	Address	Value	Watch E...
DDRC	0x0014	0xFF	
PORTC	0x0015	0x4A	
DDRD	0x0011	0x00	
PORTD	0x0012	0xFF	

图 10-21　首先为 PC 端口赋 0x4A

这一操作将点亮“左转弯灯”、“左头灯”、“左尾灯”及“右尾灯”，如图 10－22 所示。

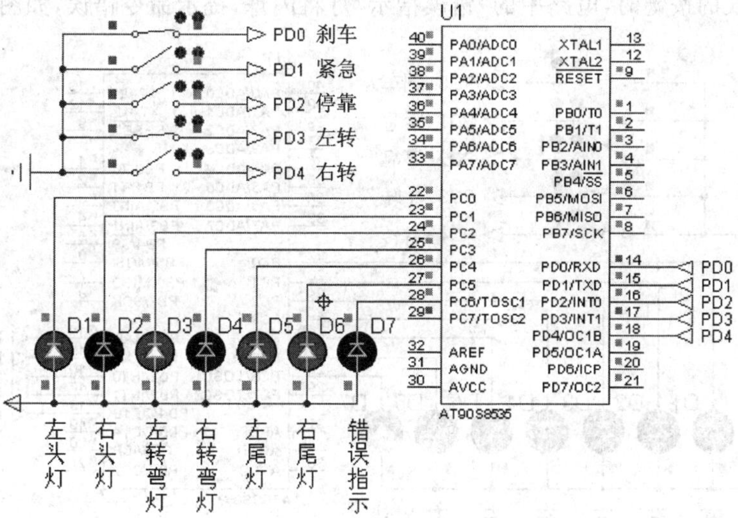

图 10－22 点亮“左转弯灯”、“左头灯”、“左尾灯”及“右尾灯”

程序延时 1 s 后，为 PC 端口赋值 0x5F，如图 10－23 所示。

Watch Window

Name	Address	Value	Watch E...
DDRC	0x0014	0xFF	
PORTC	0x0015	0x5F	
DDRD	0x0011	0x00	
PORTD	0x0012	0xFF	

图 10－23 中为 PC 端口赋值 0x5F

这一操作将熄灭“左转弯灯”、“左头灯”及“左尾灯”，如图 10－24 所示。

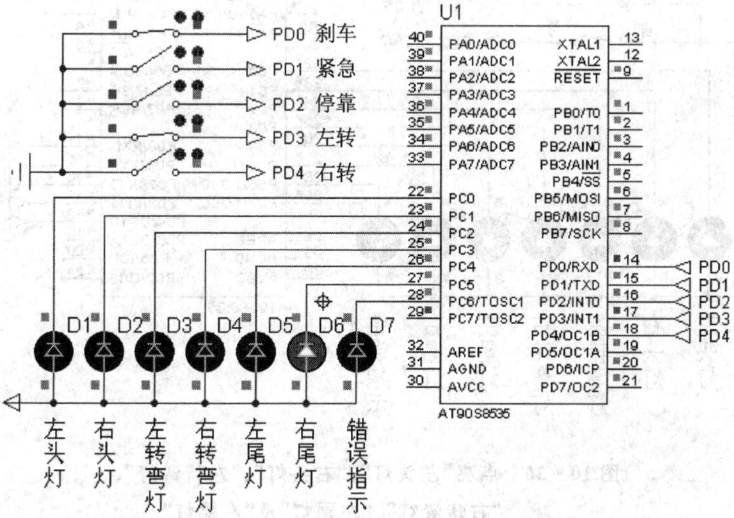

图 10－24 熄灭“左转弯灯”、“左头灯”及“左尾灯”

如此周而复始，实现了“左转弯灯”、“左头灯”及“左尾灯”闪烁，及“右尾灯”常亮的状态。当按下错误的按键时，电路中的“错误指示”灯将闪烁，提示命令错误，如图 10－25 所示。

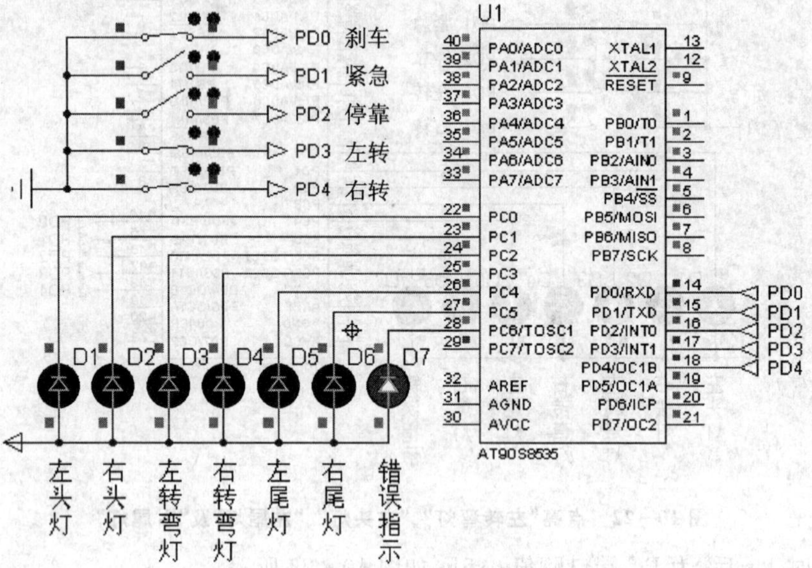

图 10－25　出错时，“错误指示”灯闪烁

按下相应的键，系统将按照表 10－3“各种操作对应的信号灯输出表”输出对应的状态。以“右转弯时刹车合紧急开关”为例，电路状态如图 10－26、图 10－27 所示。

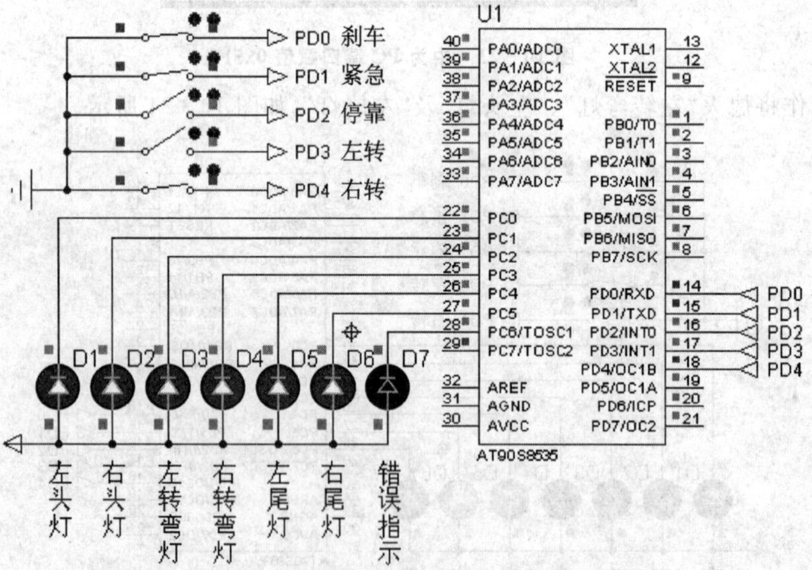

图 10－26　点亮“左头灯”、“右头灯”、“左转弯灯”、
“右转弯灯”、“左尾灯”及“右尾灯”

如此周而复始，实现信号灯的闪烁输出要求。

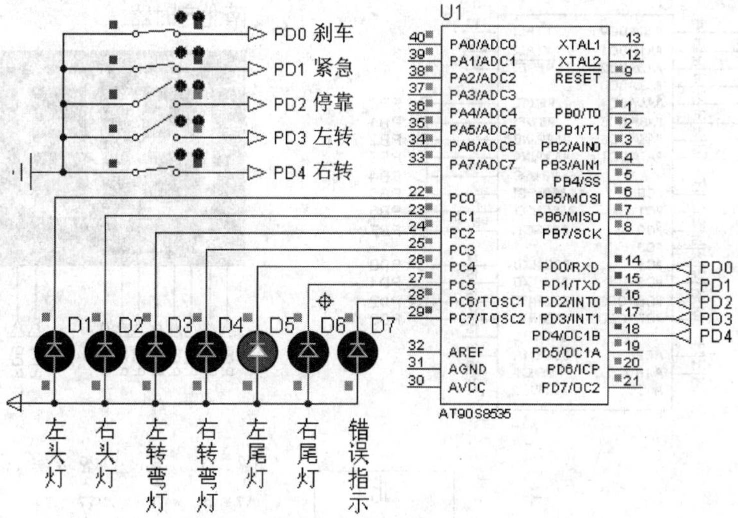

图 10-27 熄灭"左头灯"、"右头灯"、"左转弯灯"、"右转弯灯"及"右尾灯"，点亮"左尾灯"

10.3 交通灯模拟设计

AT90S8535 单片机的并行口接发光二极管，模拟交通灯的变化规律。

设计要求：首先，东西路口红灯亮，南北路口绿灯亮，同时开始 25 s 倒计时，以 7 段数码管显示时间。计时到最后 5 s 时，南北路口的绿灯闪烁，计时到最后 2 s 时，南北路口黄灯亮。25 s结束后，南北路口红灯亮，东西路口绿灯亮，并重新 25 s 倒计时，如此循环。

10.3.1 硬件电路

系统硬件电路如图 10-28 所示。

10.3.2 软件编程

本系统采用 T/C1 比较匹配中断，时钟频率为 8 MHz，256 分频，每 32 μs 计数 1 次，100 ms需计数 31250 次，T/C1 比较匹配值取 $0C35（即 3125）；绿灯每 200 ms 闪烁 1 次。

程序软件流程图如图 10-29 所示。

系统软件程序如下：

```
.device AT90S8535
.equ    SREG        = $ 3F
.equ    sph         = $ 3E
.equ    spl         = $ 3D
.equ    TIMSK       = $ 39
.equ    TIFR        = $ 38
.equ    OCR1AH      = $ 2B
.equ    OCR1AL      = $ 2A
```

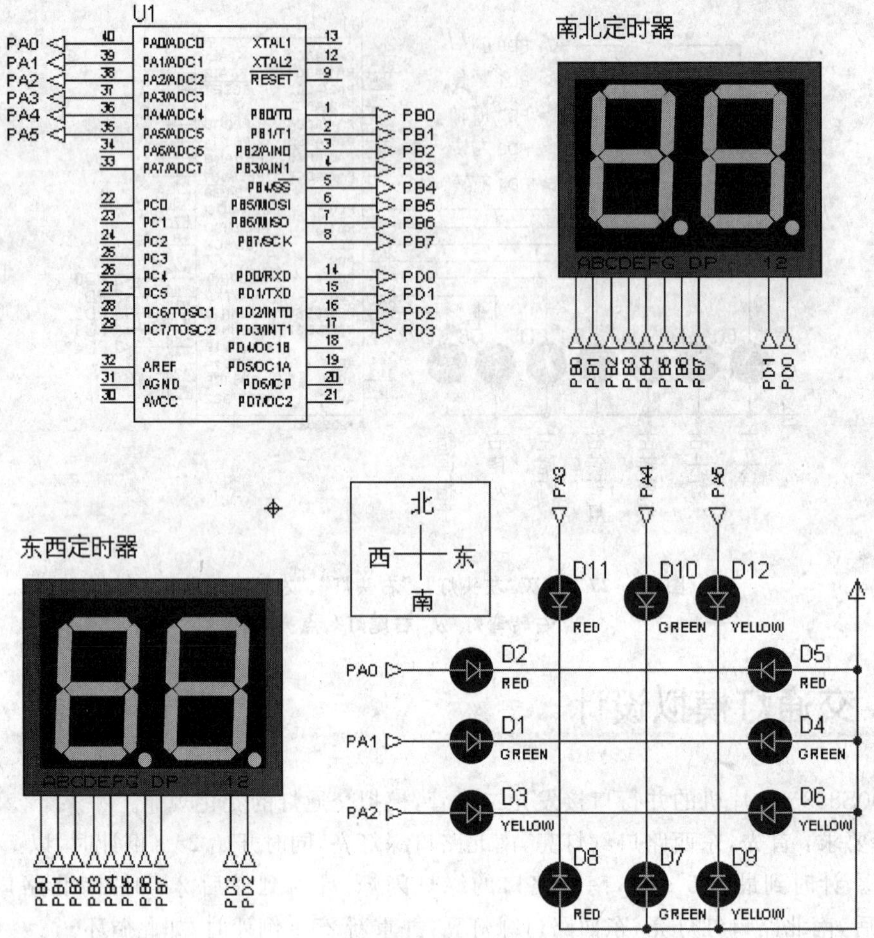

图 10-28 模拟交通灯系统硬件电路图

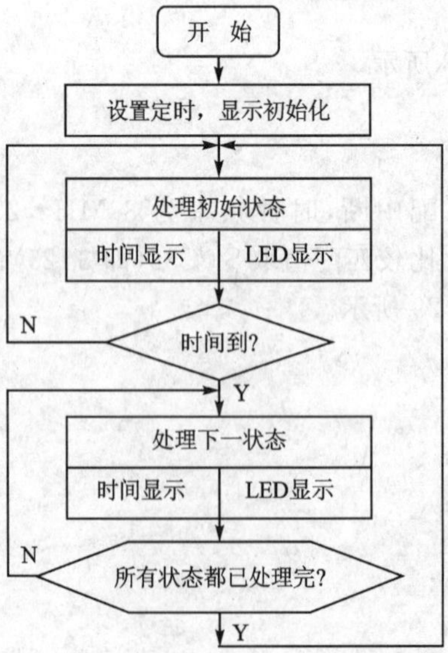

图 10-29 模拟交通灯系统软件流程图

```
.equ    TCCR1B      = $ 2E
.equ    TCNT1H      = $ 2D
.equ    TCNT1L      = $ 2C
.equ    PORTA       = $ 1B
.equ    DDRA        = $ 1A
.equ    PINA        = $ 19
.equ    PORTB       = $ 18
.equ    DDRB        = $ 17
.equ    PINB        = $ 16
.equ        PORTC   = $ 15
.equ        DDRC    = $ 14
.equ    PINC        = $ 13
.equ    PORTD       = $ 12
.equ    DDRD        = $ 11
.equ    PIND        = $ 10
.def    ZH          = r31
.def    ZL          = r30
    .org    $ 0000
    rjmp    main
main: ldi   r16, $ 02                   ;栈指针置初值
    out     sph,r16
    ldi     r16, $ 5f
    out     spl,r16
    ldi     r28, $ 00                   ;定义标志
    ldi     r16, $ ff                   ;定义 PA、PB、PD 为输出口
    out     DDRA,r16
    out     PORTA,r16
    out     DDRB,r16
    out     DDRD,r16
    out     TIMSK,r16
    clr     r16                         ;置 TCNT1 初值为 0
    out     TCNT1L,r16
    out     TCNT1H,r16
    ldi     r16, $ 0c                   ;OCRLA 置 $ 0c35,即 1 s 中断 1 次
    out     OCR1AH,r16
    ldi     r16, $ 35
    out     OCR1AL,r16
    ldi     r16, $ 0c                   ;T/C1 对主频 256 分频定时
    out     TCCR1B,r16
here: ldi   r16,10                      ;置 1 s 计数初值,100 ms * 10 = 1 s
    mov     r2,r16
    ldi     r16,20                      ;红灯亮 20 s
    mov     r3,r16
    ldi     r26,25                      ;东西路口计时显示初值 25 s
```

```
    ldi     r27,25              ;南北路口计时显示初值 25 s
    rcall   state1
wait1: rcall play
    in      r16,TIFR
    sbrs    r16,4               ;查询 100 ms 到否
    rjmp    wait1
    ldi     r16,$10
    out     TIFR,r16
    dec     r2
    brne    wait1               ;判断 1 s 到否？未到则继续状态 1
    ldi     r16,10              ;置 100 ms 计数初值
    mov     r2,r16
    dec     r26                 ;东西路口显示时间减 1 s
    dec     r27                 ;南北路口显示时间减 1 s
    rcall   play
    dec     r3
    brne    wait1               ;状态 1 维持 20 s
;*******************************************************
    ldi     r16,5               ;置 100 ms 计数初值 5 * 2 = 10
    mov     r2,r16
    ldi     r16,3               ;绿灯闪 3 s
    mov     r3,r16
    ldi     r16,2               ;闪烁间隔 200 ms
    mov     r4,r16
    ldi     r26,5
    ldi     r27,5
wait2: rcall play
    in      r16,TIFR
    sbrs    r16,4               ;查询 100 ms 到否
    rjmp    wait2
    ldi     r16,$10
    out     TIFR,r16
    dec     r4                  ;判断 200 ms 到否？未到则继续状态 2
    brne    wait2
    cpi     r28,$00             ;东西绿灯闪
    brne    cl
    sbi     PORTA,1
    com     r28
    rjmp    dd
cl: cbi     PORTA,1
    com     r28
dd: ldi     r16,4               ;判断 200 ms 到否？未到则继续状态 2
    mov     r4,r16
    dec     r2
    brne    wait2
```

```
    ldi     r16,5               ;置 50 ms 计数初值
    mov     r2,r16
    dec     r26                 ;东西路口显示时间减 1 s
    dec     r27                 ;南北路口显示时间减 1 s
    rcall   play
    dec     r3
    brne    wait2
;**************************************************************
    ldi     r16,10              ;置 100 ms 计数初值
    mov     r2,r16
    ldi     r16,2               ;黄灯亮 2 s
    mov     r3,r16
    ldi     r26,2               ;东西路口计时显示初值 2 s
    ldi     r27,2               ;南北路口计时显示初值 2 s
wait3: rcall    play
    rcall   state3              ;调用状态 3
    in      r16,TIFR
    sbrs    r16,4               ;查询 100 ms 到否
    rjmp    wait3
    ldi     r16,$10
    out     TIFR,r16
    dec     r2
    brne    wait3               ;判断 1 s 到否？未到则继续状态 3
    ldi     r16,10              ;置 100 ms 计数初值
    mov     r2,r16
    dec     r26                 ;东西路口显示时间减 1 s
    dec     r27                 ;南北路口显示时间减 1 s
    rcall   play
    dec     r3
    brne    wait3
;**************************************************************
    ldi     r16,10              ;置 1 s 计数初值,100 ms * 10 = 1 s
    mov     r2,r16
    ldi     r16,20              ;红灯亮 20 s
    mov     r3,r16
    ldi     r26,25              ;东西路口计时显示初值 25 s
    ldi     r27,25              ;南北路口计时显示初值 25 s
wait4: rcall play
    rcall   state4              ;调用状态 4
    in      r16,TIFR
    sbrs    r16,4               ;查询 100 ms 到否
    rjmp    wait4
    ldi     r16,$10
    out     TIFR,r16
    dec     r2
```

```
    brne    wait4                   ;判断 1 s 到否？未到则继续状态 4
    ldi     r16,10
    mov     r2,r16
    dec     r26
    dec     r27
    rcall   play
    dec     r3
    brne    wait4
;*********************************************************
    ldi     r16,5                   ;置 100 ms 计数初值 5 * 2 = 10
    mov     r2,r16
    ldi     r16,3                   ;绿灯闪 3 s
    mov     r3,r16
    ldi     r16,2                   ;闪烁间隔 200 ms
    mov     r4,r16
    ldi     r26,5
    ldi     r27,5
wait5: rcall play
    in      r16,TIFR
    sbrs    r16,4                   ;查询 100 ms 到否
    rjmp    wait5
    ldi     r16,$10
    out     TIFR,r16
    dec     r4                      ;判断 200 ms 到否？未到则继续状态 2
    brne    wait5
    cpi     r28,$ff                 ;南北绿灯闪
    brne    cll
    sbi     PORTA,4
    com     r28
    rjmp    ddd
cll: cbi    PORTA,4
    com     r28
ddd: ldi    r16,4                   ;判断 200 ms 到否？未到则继续状态 2
    mov     r4,r16
    dec     r2
    brne    wait5
    ldi     r16,5                   ;置 50 ms 计数初值
    mov     r2,r16
    dec     r26                     ;东西路口显示时间减 1 s
    dec     r27                     ;南北路口显示时间减 1 s
    rcall   play
    dec     r3
    brne    wait5
;*********************************************************
    ldi     r16,10                  ;置 100 ms 计数初值
```

```
    mov     r2,r16
    ldi     r16,2                    ;黄灯亮 2 s
    mov     r3,r16
    ldi     r26,2                    ;东西路口计时显示初值 2 s
    ldi     r27,2                    ;南北路口计时显示初值 2 s
wait6: rcall play
    rcall   state6                   ;调用状态 3
    in      r16,TIFR
    sbrs    r16,4                    ;查询 100ms 到否
    rjmp    wait6
    ldi     r16,$10
    out     TIFR,r16
    dec     r2
    brne    wait6                    ;判断 1 s 到否？未到则继续状态 3
    ldi     r16,10                   ;置 100 ms 计数初值
    mov     r2,r16
    dec     r26                      ;东西路口显示时间减 1 s
    dec     r27                      ;南北路口显示时间减 1 s
    rcall   play
    dec     r3
    brne    wait6
    rjmp    here                     ;大循环
;*****************************************************
state1: ldi r16,$35                  ;东西路口绿灯亮,南北路口红灯亮
    out     PORTA,r16
    ret
;*****************************************************
state3: ldi r16,$33                  ;东西路口黄灯亮,南北路口红灯亮
    out     PORTA,r16
    ret
;*****************************************************
state4: ldi r16,$2e                  ;东西路口红灯亮,南北路口绿灯亮
    out     PORTA,r16
    ret
;*****************************************************
state6: ldi r16,$1e                  ;东西路口红灯亮,南北路口黄灯亮
    out     PORTA,r16
    ret
;*****************************************************
play: mov   r16,r26                  ;东西寄存器中数二转十,送 r19、r18
    rcall   b8td
    mov     r19,r17
    mov     r18,r16
    mov     r16,r27                  ;南北寄存器中数二转十,送 r21、r20
    rcall   b8td
```

```
    mov     r21,r17
    mov     r20,r16
    rcall   smiao
    ret
b8td: clr   r17                 ;将 r16 中的二进制数转换为十进制数,十位、个位分别送
                                ;r17、r16
b8td1: subi r16,10
    brcs    b8td2
    inc     r17
    rjmp    b8td1
b8td2: subi r16,(-10)
    ret
smiao: ldi  r16,$fe             ;送东西个位位线
    out     PORTD,r16
    mov     r23,r18             ;将东西个位的 BCD 码送 r23
    rcall   cqb                 ;查 7 段码,送 B 口输出
    rcall   t1ms                ;延时 1 ms
    ldi     r16,$fd             ;送东西十位位线
    out     PORTD,r16
    mov     r23,r19             ;将东西十位的 BCD 码送 r23
    rcall   cqb                 ;查 7 段码,送 B 口输出
    rcall   t1ms                ;延时 1 ms
    ldi     r16,$fb             ;送南北个位位线
    out     PORTD,r16
    mov     r23,r20             ;将南北个位的 BCD 码送 r23
    rcall   cqb                 ;查 7 段码,送 B 口输出
    rcall   t1ms                ;延时 1 ms
    ldi     r16,$f7             ;送南北十位位线
    out     PORTD,r16
    mov     r23,r21             ;将南北十位的 BCD 码送 r23
    rcall   cqb                 ;查 7 段码,送 B 口输出
    rcall   t1ms                ;延时 1 ms
    ret
cqb: ldi    ZH,high(tab*2)      ;7 段码的首址给 Z
    ldi     ZL,low(tab*2)
    add     ZL,r23              ;首地址+偏移量
    lpm                         ;查表送 B 口输出
    out     PORTB,r0
    ret
t1ms: ldi   r24,101             ;延时 1 ms 子程序
    push    r24
del2: push  r24
del3: dec   r24
    brne    del3
```

```
    pop     r24
    dec     r24
    brne    del2
    pop     r24
    ret
tab：.db    $3f,$06,$5b,$4f,$66,$6d,$7d,$07,$7f,$6f
```

10.3.3 系统调试与仿真

对系统进行调试。系统相关 I/O 端口初始参数设置如图 10－30 所示。

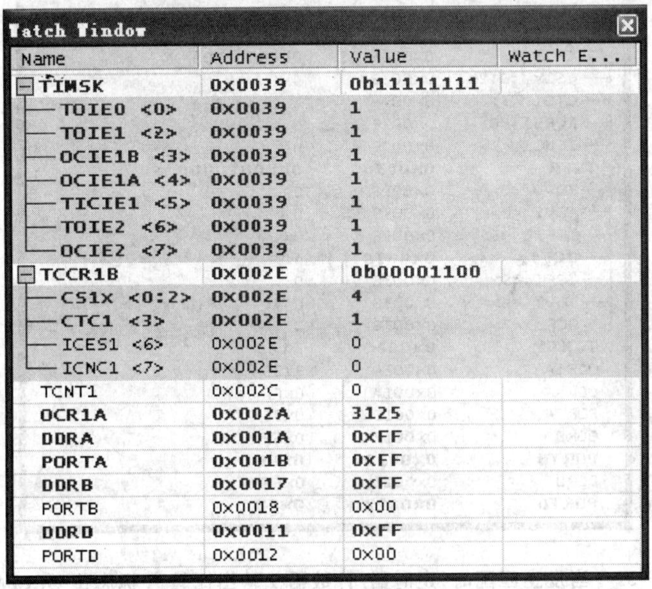

图 10－30 系统相关 I/O 端口初始参数设置

系统相关寄存器初始参数设置如图 10－31 所示。

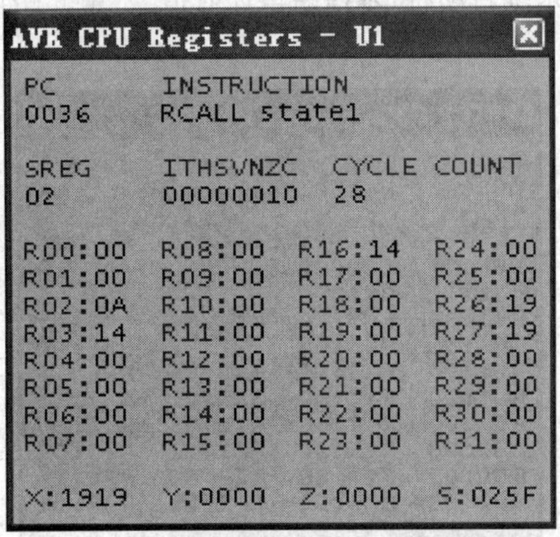

图 10－31 系统相关寄存器初始参数设置

系统采用 T/C1 比较匹配功能定时 100 ms。设置 r2 初始值为 10，当定时器/计数器 1 输出比较 A 标志置位时，对 r2 进行减 1 操作，10×100 ms 实现 1 s 定时。当 T/C1 的 TCNT1 与 OCR1A 中的值匹配时，定时器/计数器 1 输出比较 A 标志位 OCF1A 置位，如图 10－32 所示。

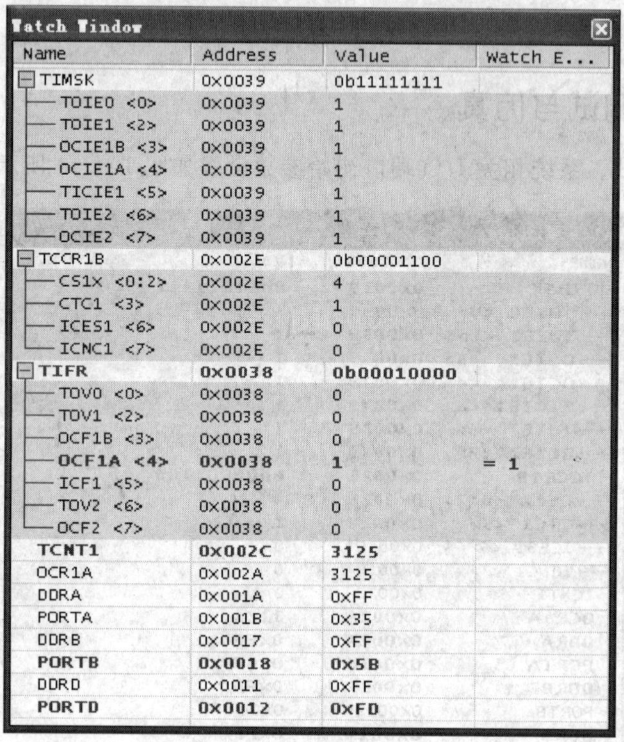
Watch Window
Name Address Value Watch E...
TIMSK 0x0039 0b11111111
TOIE0 <0> 0x0039 1
TOIE1 <2> 0x0039 1
OCIE1B <3> 0x0039 1
OCIE1A <4> 0x0039 1
TICIE1 <5> 0x0039 1
TOIE2 <6> 0x0039 1
OCIE2 <7> 0x0039 1
TCCR1B 0x002E 0b00001100
CS1x <0:2> 0x002E 4
CTC1 <3> 0x002E 1
ICES1 <6> 0x002E 0
ICNC1 <7> 0x002E 0
TIFR 0x0038 0b00010000
TOV0 <0> 0x0038 0
TOV1 <2> 0x0038 0
OCF1B <3> 0x0038 0
OCF1A <4> 0x0038 1 = 1
ICF1 <5> 0x0038 0
TOV2 <6> 0x0038 0
OCF2 <7> 0x0038 0
TCNT1 0x002C 3125
OCR1A 0x002A 3125
DDRA 0x001A 0xFF
PORTA 0x001B 0x35
DDRB 0x0017 0xFF
PORTB 0x0018 0x5B
DDRD 0x0011 0xFF
PORTD 0x0012 0xFD

图 10－32　当发生匹配时，定时器/计数器 1 输出比较 A 标志位 OCF1A 置位

当 T/C1 与 OCR1A 的值匹配时，OCF1A 置位。此位在中断例程中由硬件清零，或者通过对其写 1 来清零。本例中使用软件清零，并等待下一次匹配。这样周而复始，从而实现了定时功能。

当 1 s 定时时间到时，系统自动将“东西路口计时值”、“南北路口计时值”减 1，如图 10－33 所示。

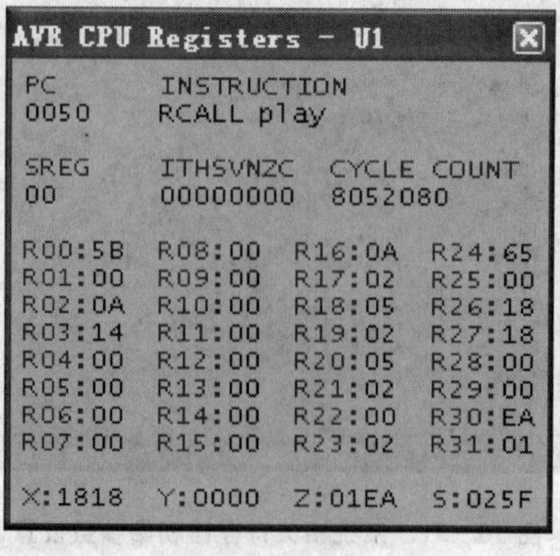
AVR CPU Registers - U1
PC INSTRUCTION
0050 RCALL play
SREG ITHSVNZC CYCLE COUNT
00 00000000 8052080
R00:5B R08:00 R16:0A R24:65
R01:00 R09:00 R17:02 R25:00
R02:0A R10:00 R18:05 R26:18
R03:14 R11:00 R19:02 R27:18
R04:00 R12:00 R20:05 R28:00
R05:00 R13:00 R21:02 R29:00
R06:00 R14:00 R22:00 R30:EA
R07:00 R15:00 R23:02 R31:01
X:1818 Y:0000 Z:01EA S:025F

图 10－33　当 1 s 定时时间到时，系统自动将“东西路口计时值”、“南北路口计时值”减 1

同时，将计时值显示在数码管上。以“东西路口绿灯亮、南北路口红灯亮”为例，图 10－34 所示为“东西路口绿灯亮、南北路口红灯亮”时的系统状态。

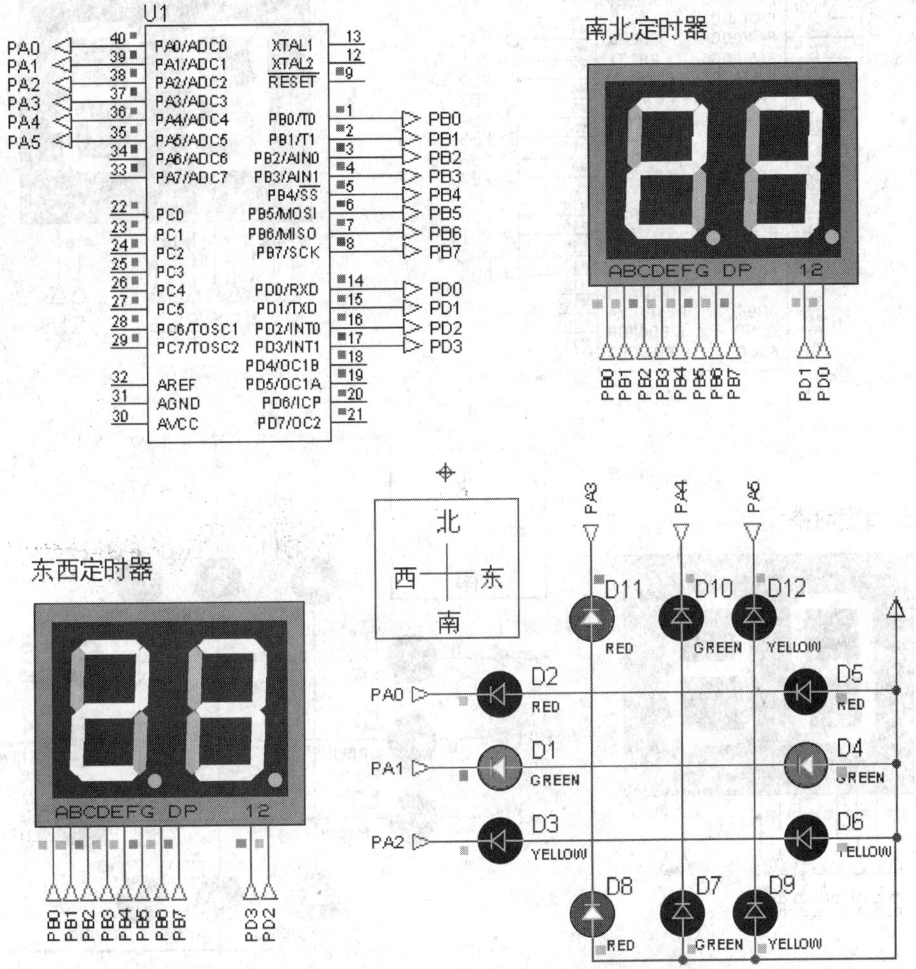

图 10－34 “东西路口绿灯亮、南北路口红灯亮”时的系统状态

当计时到最后 5 s 时，东西路口绿灯闪烁。通过设置状态标志位，来实现绿灯的闪烁。状态标志位 r28＝$00，如图 10－35所示。

此时，系统熄灭东西路口绿灯，如图 10－36 所示。

同时，r28 中的数据取反，如图 10－37 所示。

当 200 ms 到后，系统检测到 r28＝$FF，再次将东西路口绿灯点亮，如图 10－38所示。

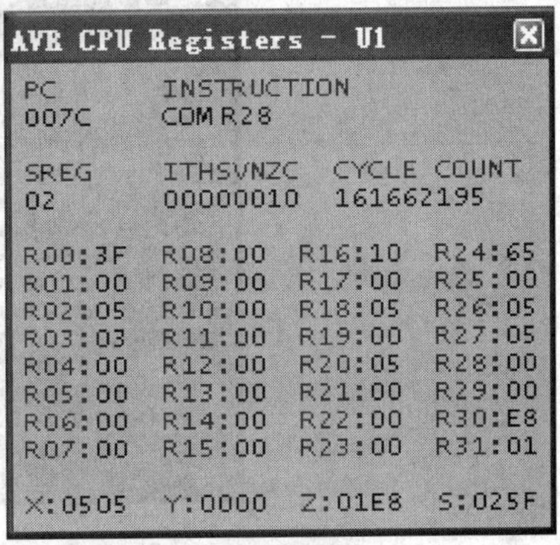

图 10－35 当计时到最后 5 s 时，状态标志位 r28 的值

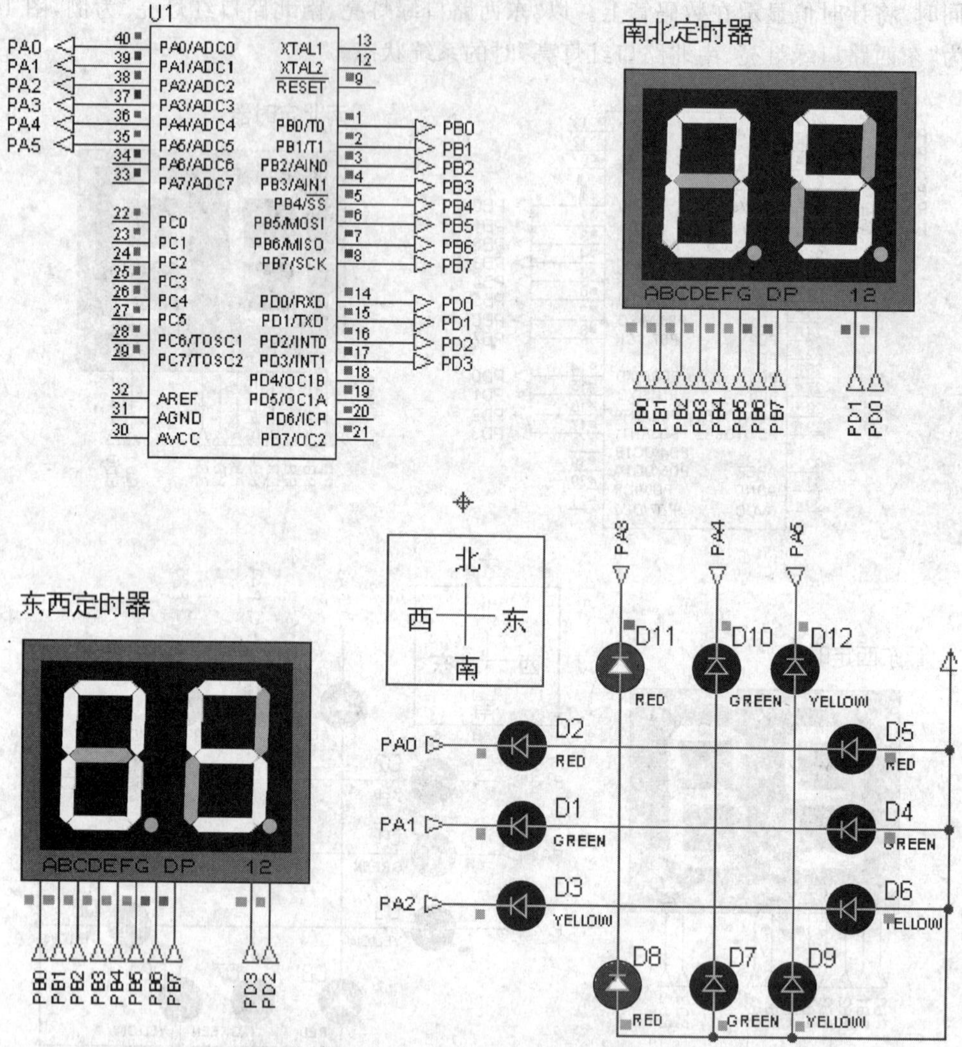

图 10-36　r28＝$00 时，东西路口绿灯熄灭

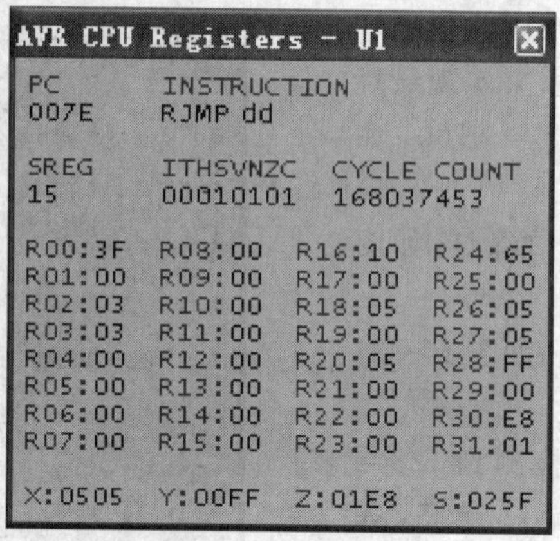

图 10-37　r28 中的数据取反

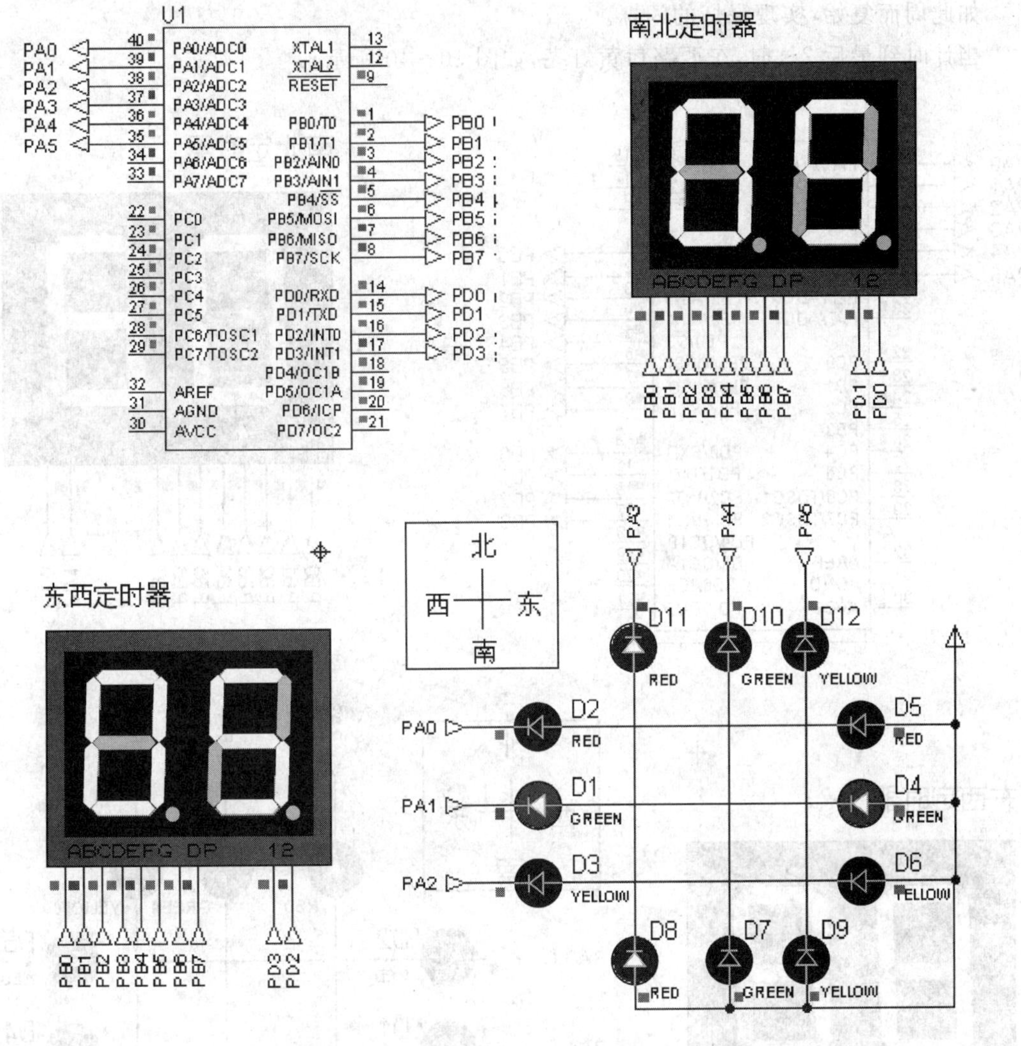

图 10-38 r28＝$ FF 时，东西路口绿灯点亮

同时，r28 中的数据取反，如图 10-39 所示。

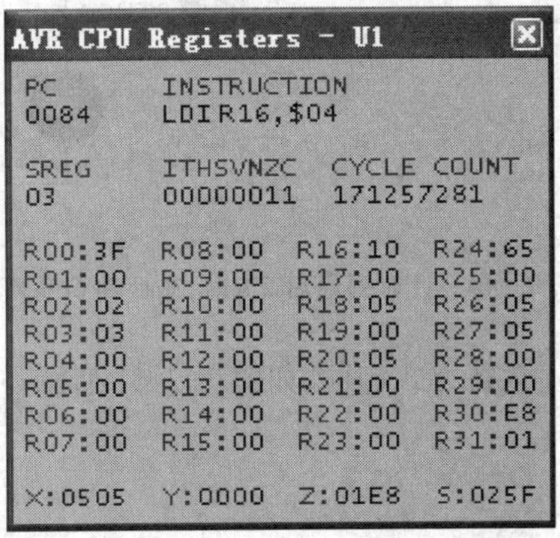

图 10-39 点亮东西路口绿灯后，r28 中的数据取反

如此周而复始,实现绿灯的闪烁。

当计时到最后 2 s 时,东西路口黄灯亮,如图 10－40 所示。

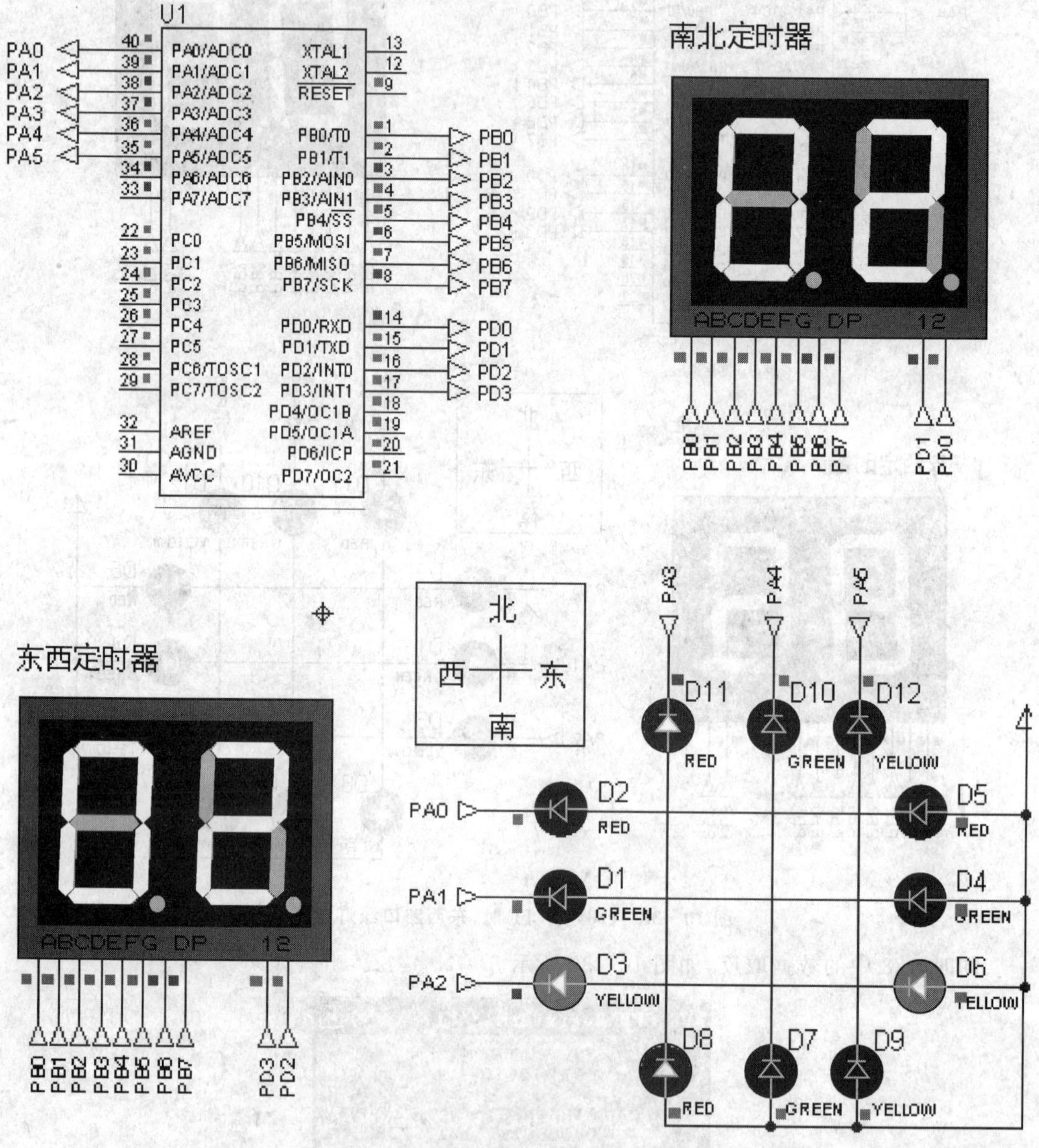

图 10－40　计时到最后 2 s 时,东西路口黄灯亮

南北路口与东西路口程序运行方式相同,如图 10－41 所示。

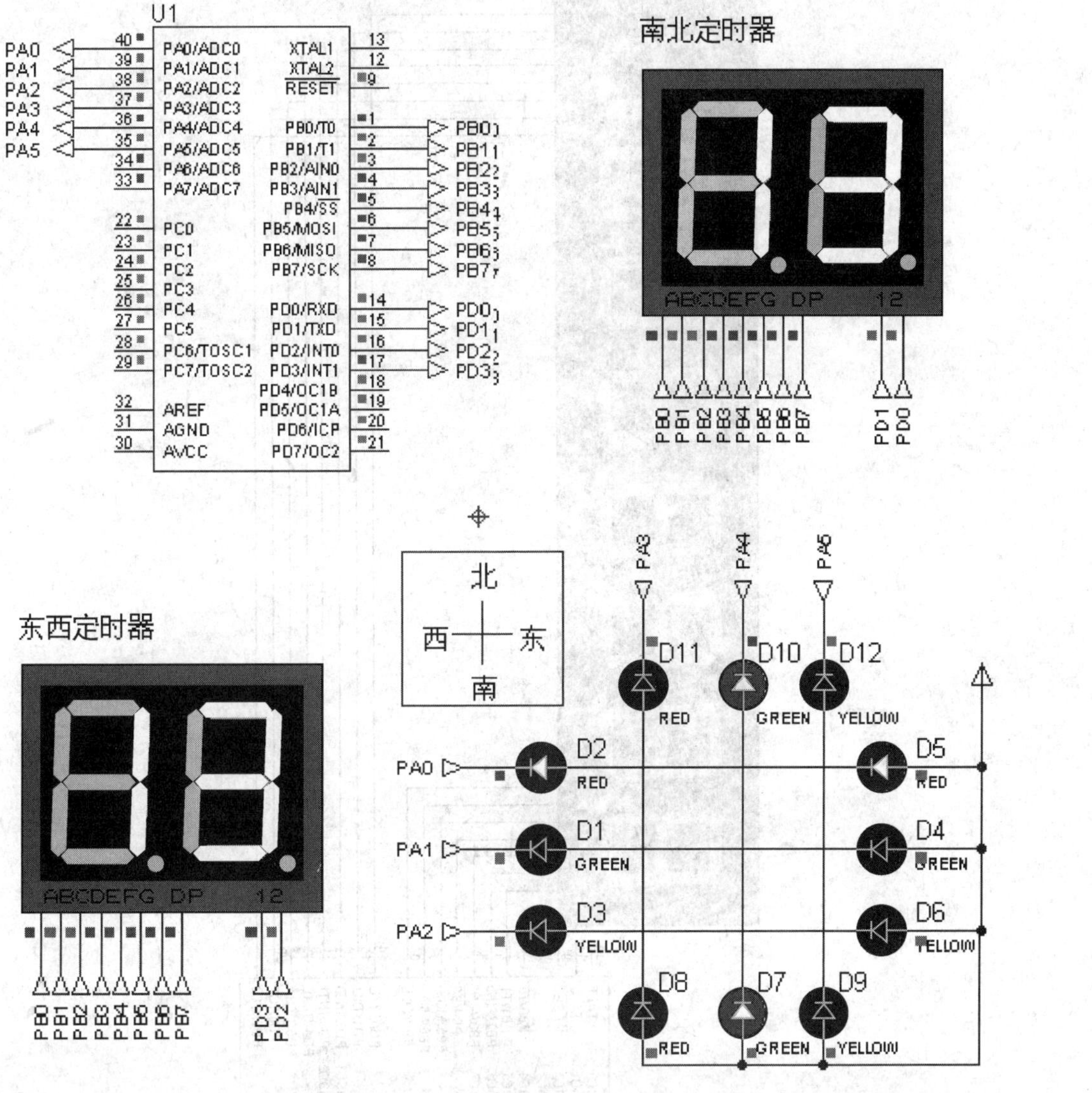

图 10-41 南北路口仿真图

10.4 数字钟模拟设计

设计要求：开机时，显示 00：00：00 的时间开始计时；PA0 控制“秒”的调整，每按一次加 1 s；PA1 控制“分”的调整，每按一次加 1 min；PA2 控制“时”的调整，每按一次加 1 h；计时满 23：59：59 时，返回 00：00：00 重新计时。

10.4.1 硬件电路

系统由 T/C2 外接晶振定时，系统的硬件电路如图 10-42 所示。

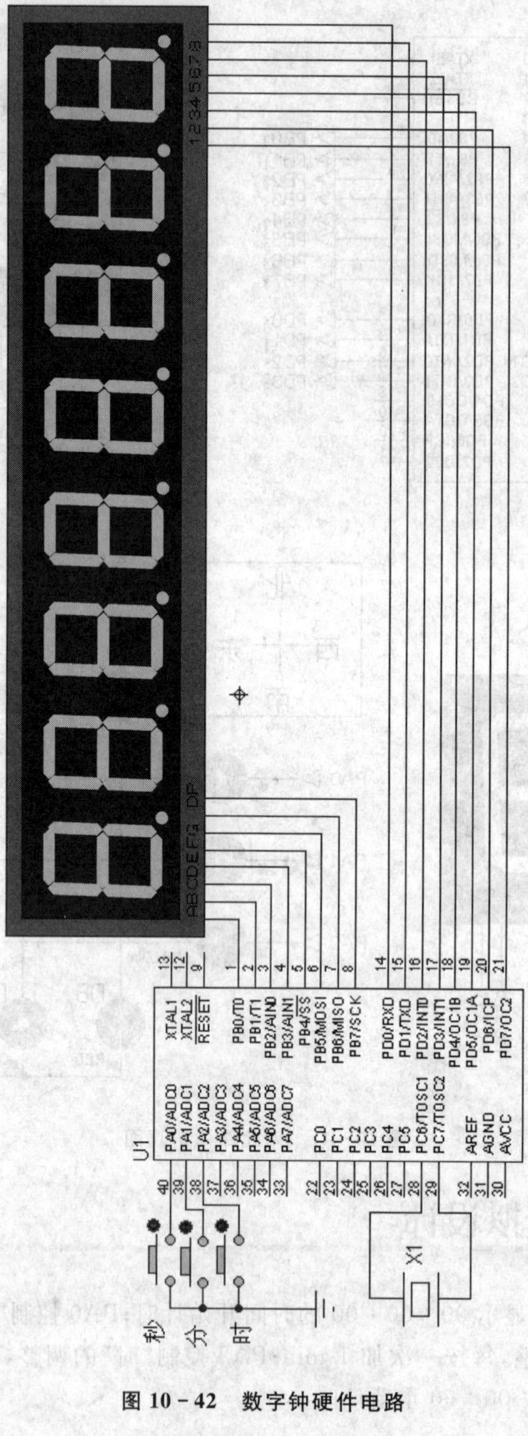

图 10－42　数字钟硬件电路

10.4.2　软件编程

T/C2 的时钟源来自 PC6(TOSC1)、PC7(TOSC2)的 32 768 Hz 的晶振，对其 128 分频，计满 256 溢出 1 次，刚好为 1 s，允许 T/C2 溢出中断，在中断服务子程序中，每秒加 1，满 60 s 分加 1,秒清 0;满 60 min 时加 1,分清 0;满 24 h 时清 0,将时、分、秒寄存器中的数转换成十进制数,在 6 位数码管中显示出来;当出现调整时钟信号时,PA0 调整秒,PA1 调整分,PA2 调整小时。计时满 23∶59∶59 后,返回 00∶00∶00 重新计时。

程序软件流程图如图 10-43 所示。

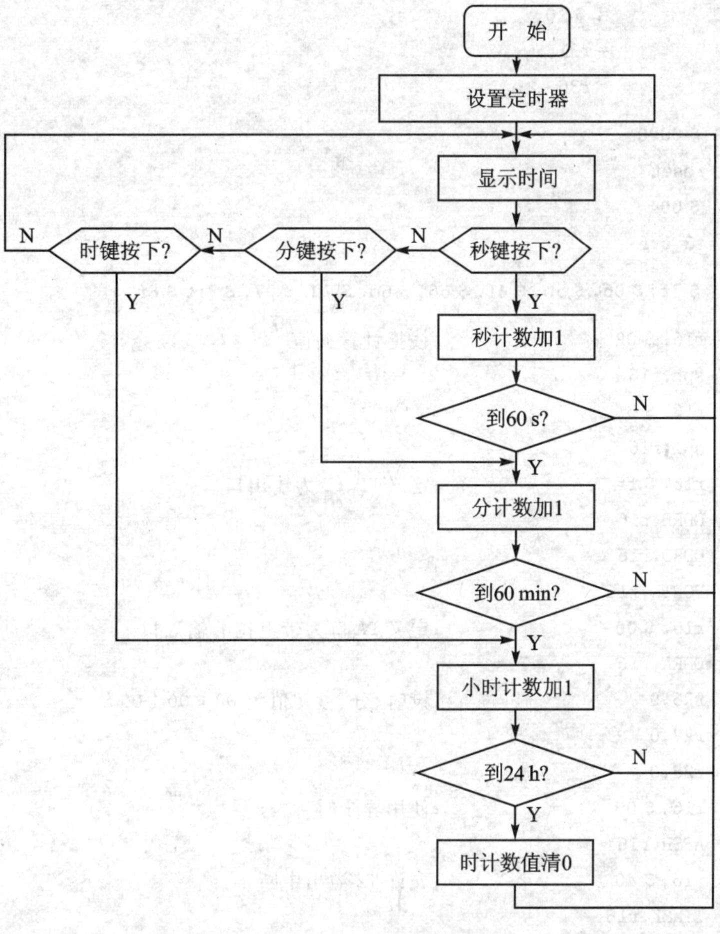

图 10-43 数字钟软件流程图

系统源程序如下：

```
.device AT90S8535
.equ    SREG        = $ 3F
.equ    sph         = $ 3E
.equ    spl         = $ 3D
.equ    TIMSK       = $ 39
.equ    TIFR        = $ 38
.equ    TCCR2       = $ 25
.equ    ASSR        = $ 22
.equ    PORTA       = $ 1B
.equ    DDRA        = $ 1A
.equ    PINA        = $ 19
```

```
.equ    PORTB      = $18
.equ    DDRB       = $17
.equ    PINB       = $16
.equ    PORTD      = $12
.equ    DDRD       = $11
.equ    PIND       = $10
.def    ZH         = r31
.def    ZL         = r30
    .org    $0000
    rjmp    reset
    .org    $004
    rjmp    t2_ovf
tab: .db    $3f, $06, $5b, $4f, $66, $6d, $7d, $07, $7f, $6f
reset: ldi  r16, $02                ;栈指针置初值
    out     sph,r16
    ldi     r16, $5f
    out     spl,r16
    ldi     r16, $ff                ;定义 PB、PD 为输出口
    out     DDRB,r16
    out     DDRD,r16
    out     PORTA,r16
    ldi     r16, $00                ;定义 PA 口为带上拉的输入口
    out     DDRA,r16
    ldi     r26,0                   ;设时、分、秒初值为 00:00:00
    ldi     r27,0
    ldi     r28,0
    ldi     r16, $08                ;使用异步时钟
    out     ASSR,r16
    ldi     r16, $40                ;允许 T2 溢出中断
    out     TIMSK,r16
    ldi     r16, $05                ;128 分频,1 s 中断 1 次
    out     TCCR2,r16
    ldi     r16, $00                ;T/C2 置初值 0
    out     TIFR,r16
    sei
;*************************************************************
                                    ;判断是否有控制键按下,是哪一个键按下
a1: rcall   aa
    rcall   smiao
    in      r16,PINA
    sbrs    r16,0
    rjmp    s1                      ;去抖动,秒值加 1
    sbrs    r16,1
    rjmp    s2                      ;去抖动,分值加 1
```

```
    sbrs    r16,2
    rjmp    s3                          ;去抖动,小时值加 1
    rjmp    a1

s1: rcall   t1ms
    in      r16,PINA
    sbrc    r16,0
    rjmp    a1
    inc     r26
    cpi     r26,60                      ;判断是否加到 60 s
    brne    j0
    ldi     r26,$00
    rjmp    k1

s2: rcall   t1ms
    in      r16,PINA
    sbrc    r16,1
    rjmp    a1
k1: inc     r27
    cpi     r27,60                      ;判断是否加到 60 min
    brne    j1
    ldi     r27,$00
    rjmp    k2

s3: rcall   t1ms
    in      r16,PINA
    sbrc    r16,2
    rjmp    a1
k2: inc     r28
    cpi     r28,24                      ;判断是否加到 24 h
    brne    j2
    ldi     r28,$00
    rjmp    j2
;*****************************************************************
j0:                                     ;等待按键抬起
    in      r16,PINA
    sbrc    r16,0
    rjmp    a1
    rcall   aa
    rcall   smiao
    rjmp    j0

j1: in      r16,PINA
    sbrc    r16,1
    rjmp    a1
    rcall   aa
    rcall   smiao
```

```
    rjmp     j1
j2: in       r16,PINA
    sbrc     r16,2
    rjmp     a1
    rcall    aa
    rcall    smiao
    rjmp     j2
t2_ovf: in   r1,SREG                ;保护标志
    inc      r26                    ;秒增 1
    cpi      r26,60                 ;到 60 s?
    brne     tt
    clr      r26                    ;到了,则秒清 0
    inc      r27                    ;分增 1
    cpi      r27,60                 ;到 60 min?
    brne     tt
    clr      r27                    ;到了,则分清 0
    inc      r28                    ;分增 1
    cpi      r28,24                 ;到 24 h?
    brne     tt
    clr      r28                    ;到了,则时清 0
tt: out      sreg,r1
    reti
aa: mov      r16,r26                ;秒寄存器中数二转十,送 r19、r18
    rcall    b8td
    mov      r19,r17
    mov      r18,r16
    mov      r16,r27                ;分寄存器中数二转十,送 r21、r20
    rcall    b8td
    mov      r21,r17
    mov      r20,r16
    mov      r16,r28                ;时寄存器中数二转十,送 r25、r22
    rcall    b8td
    mov      r25,r17
    mov      r22,r16
    ret
b8td: clr    r17                    ;将 r16 中的二进制数转换为十进制数,十位、个位分别送
                                    ;r17、r16
b8td1: subi  r16,10
    brcs     b8td2
    inc      r17
    rjmp     b8td1
b8td2: subi  r16,(-10)
    ret
smiao: ldi   r16,$fe                ;送秒个位位线
```

```
    out     PORTD,r16
    mov     r23,r18                 ;将秒个位的 BCD 码送 r23
    rcall   cqb                     ;查 7 段码,送 B 口输出
    rcall   t1ms                    ;延时 1 ms
    ldi     r16,$fd                 ;送秒十位位线
    out     PORTD,r16
    mov     r23,r19                 ;将秒十位的 BCD 码送 r23
    rcall   cqb                     ;查 7 段码,送 B 口输出
    rcall   t1ms                    ;延时 1 ms
    ldi     r16,$fb                 ;送间隔位线
    out     PORTD,r16
    ldi     r16,$40
    mov     r0,r16
    out     PORTB,r0
    rcall   t1ms
    ldi     r16,$f7                 ;送分个位位线
    out     PORTD,r16
    mov     r23,r20                 ;将分个位的 BCD 码送 r23
    rcall   cqb                     ;查 7 段码,送 B 口输出
    rcall   t1ms                    ;延时 1 ms
    ldi     r16,$ef                 ;送分十位位线
    out     PORTD,r16
    mov     r23,r21                 ;将分十位的 BCD 码送 r23
    rcall   cqb                     ;查 7 段码,送 B 口输出
    rcall   t1ms                    ;延时 1 ms
    ldi     r16,$df                 ;送间隔位线
    out     PORTD,r16
    ldi     r16,$40
    mov     r0,r16
    out     PORTB,r0
    rcall   t1ms
    ldi     r16,$bf                 ;送时个位位线
    out     PORTD,r16
    mov     r23,r22                 ;将时个位的 BCD 码送 r23
    rcall   cqb                     ;查 7 段码,送 B 口输出
    rcall   t1ms                    ;延时 1 ms
    ldi     r16,$7f                 ;送时十位位线
    out     PORTD,r16
    mov     r23,r25                 ;将时十位的 BCD 码送 r23
    rcall   cqb                     ;查 7 段码,送 B 口输出
    rcall   t1ms                    ;延时 1 ms
    ret
cqb:ldi     ZH,high(tab*2)          ;7 段码的首址给 Z
    ldi     ZL,low(tab*2)
    add     ZL,r23                  ;首地址+偏移量
```

```
        lpm                             ;查表送 B 口输出
        out     PORTB,r0
        ret

t1ms: ldi       r24,71                  ;延时 1 ms 子程序
        push    r24
del2: push      r24
del3: dec       r24
        brne    del3
        pop     r24
        dec     r24
        brne    del2
        pop     r24
        ret
```

10.4.3 系统调试与仿真

对系统进行仿真,系统的初始参数设置如图 10-44 所示。

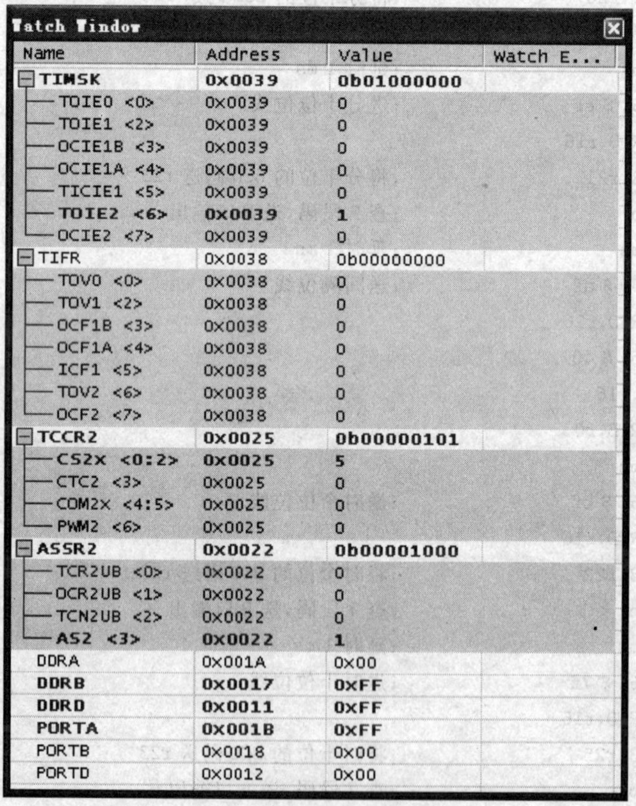

Watch Window

Name	Address	Value	Watch E...
TIMSK	0x0039	0b01000000	
TOIE0 <0>	0x0039	0	
TOIE1 <2>	0x0039	0	
OCIE1B <3>	0x0039	0	
OCIE1A <4>	0x0039	0	
TICIE1 <5>	0x0039	0	
TOIE2 <6>	0x0039	1	
OCIE2 <7>	0x0039	0	
TIFR	0x0038	0b00000000	
TOV0 <0>	0x0038	0	
TOV1 <2>	0x0038	0	
OCF1B <3>	0x0038	0	
OCF1A <4>	0x0038	0	
ICF1 <5>	0x0038	0	
TOV2 <6>	0x0038	0	
OCF2 <7>	0x0038	0	
TCCR2	0x0025	0b00000101	
CS2X <0:2>	0x0025	5	
CTC2 <3>	0x0025	0	
COM2X <4:5>	0x0025	0	
PWM2 <6>	0x0025	0	
ASSR2	0x0022	0b00001000	
TCR2UB <0>	0x0022	0	
OCR2UB <1>	0x0022	0	
TCN2UB <2>	0x0022	0	
AS2 <3>	0x0022	1	
DDRA	0x001A	0x00	
DDRB	0x0017	0xFF	
DDRD	0x0011	0xFF	
PORTA	0x001B	0xFF	
PORTB	0x0018	0x00	
PORTD	0x0012	0x00	

图 10-44 数字钟初始参数设置

系统相关寄存器参数设置如图 10-45 所示。

开机后,系统从 00:00:00 的时间开始计时,如图 10-46 所示。

当无时间调整时,系统自动对时、分、秒计数,如图 10-47 所示。

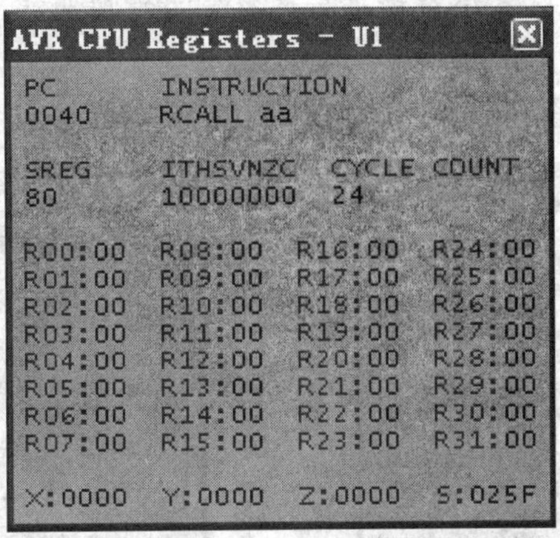

图 10-45　数字钟寄存器初始参数设置

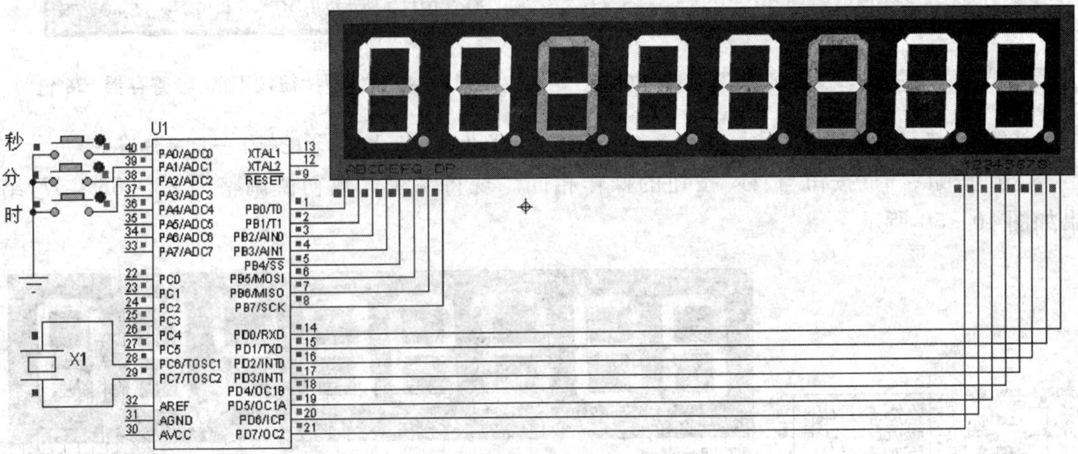

图 10-46　开机后，系统从 00：00：00 的时间开始计时

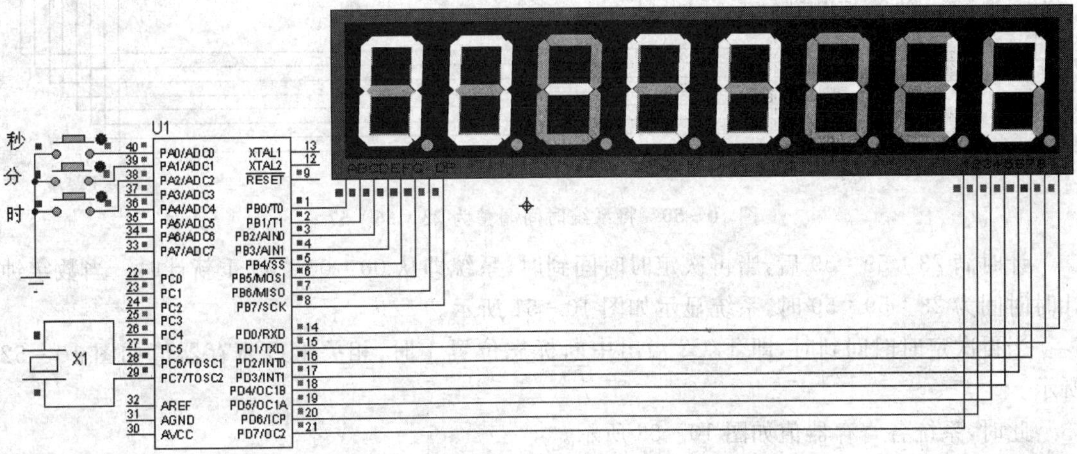

图 10-47　无时间调整时，系统自动对时、分、秒计数

当"秒"调整按钮按动时，系统对秒进行调整。"秒"按钮按下前，秒寄存器 r26 的值如图 10－48所示。

当"秒"按钮按下后，秒寄存器 r26 的值如图 10－49 所示。

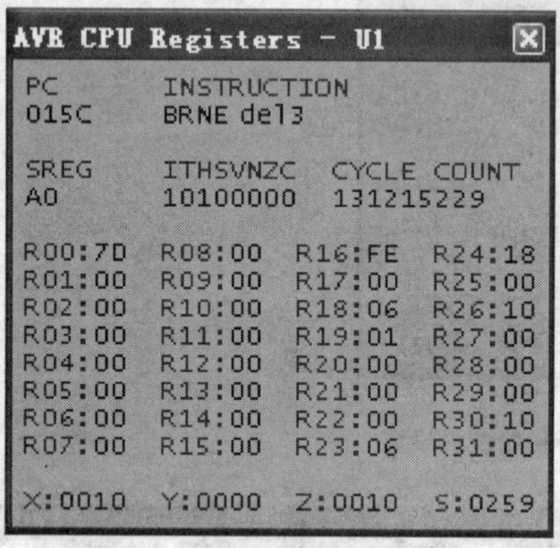

图 10－48 "秒"按钮按下前，秒寄存器 r26 值

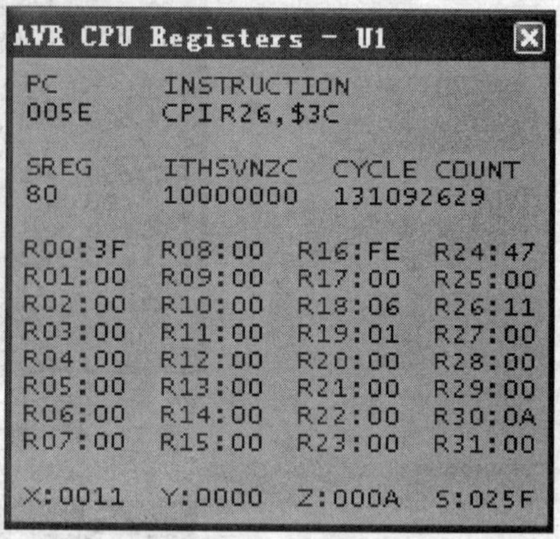

图 10－49 "秒"按钮按下前，秒寄存器 r26 值

注意：为保证按钮每按下一次，寄存器加 1，系统直到此次按钮抬起后，才进行下一次时钟调整。

"分"按钮、"时"按钮与"秒"按钮的操作相同。现将系统计数初值调整为 23：56：57，结果如图 10－50 所示。

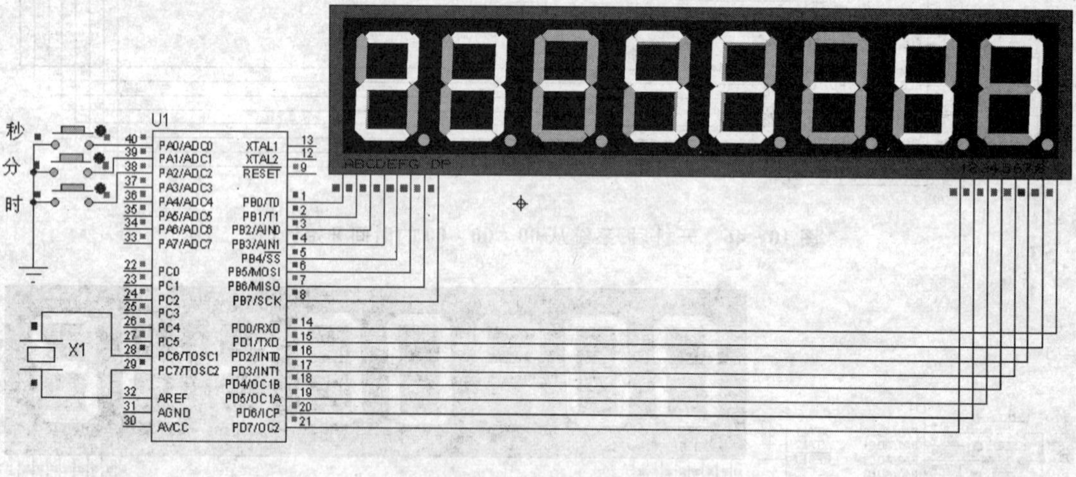

图 10－50 将系统时间调整为 23：56：57

计时满 23：59：59 后，当再次定时时间到时，系统即从 00：00：00 重新计时。当数字钟计时时间为 23：59：59 时，系统显示如图 10－51 所示。

当再次定时时间到时，即 T/C2 溢出中断标志位置 1 时，相关 I/O 寄存器值如图 10－52 所示。

此时，系统各寄存器值如图 10－53 所示。

此后，程序进入中断服务程序，将秒、分、时寄存器 r26、r27、r28 清 0，如图 10－54 所示。

此时，系统显示如图 10－55 所示。

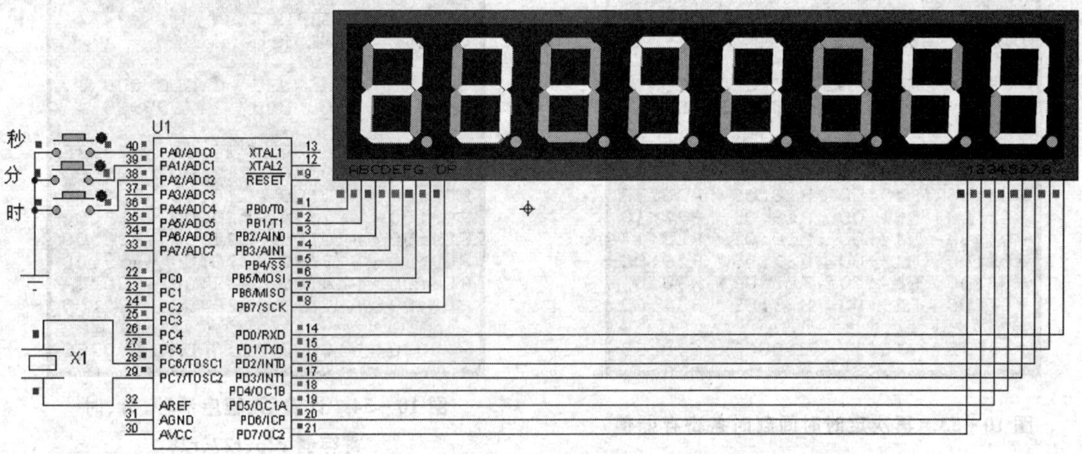

图 10－51　数字钟计时时间为 23：59：59

Watch Window

Name	Address	Value	Watch E...
TIMSK	0x0039	0b01000000	
TOIE0 <0>	0x0039	0	
TOIE1 <2>	0x0039	0	
OCIE1B <3>	0x0039	0	
OCIE1A <4>	0x0039	0	
TICIE1 <5>	0x0039	0	
TOIE2 <6>	0x0039	1	
OCIE2 <7>	0x0039	0	
TIFR	**0x0038**	**0b11100000**	
TOV0 <0>	0x0038	0	
TOV1 <2>	0x0038	0	
OCF1B <3>	0x0038	0	
OCF1A <4>	0x0038	0	
ICF1 <5>	0x0038	1	
TOV2 <6>	0x0038	1	= 1
OCF2 <7>	0x0038	1	
TCCR2	0x0025	0b00000101	
CS2x <0:2>	0x0025	5	
CTC2 <3>	0x0025	0	
COM2x <4:5>	0x0025	0	
PWM2 <6>	0x0025	0	
ASSR2	0x0022	0b00001000	
TCR2UB <0>	0x0022	0	
OCR2UB <1>	0x0022	0	
TCN2UB <2>	0x0022	0	
AS2 <3>	0x0022	1	
DDRA	0x001A	0x00	
DDRB	0x0017	0xFF	
DDRD	0x0011	0xFF	
PORTA	0x001B	0xFF	
PORTB	**0x0018**	**0x6D**	
PORTD	**0x0012**	**0xEF**	

图 10－52　再次定时时间到时相关 I/O 寄存器值

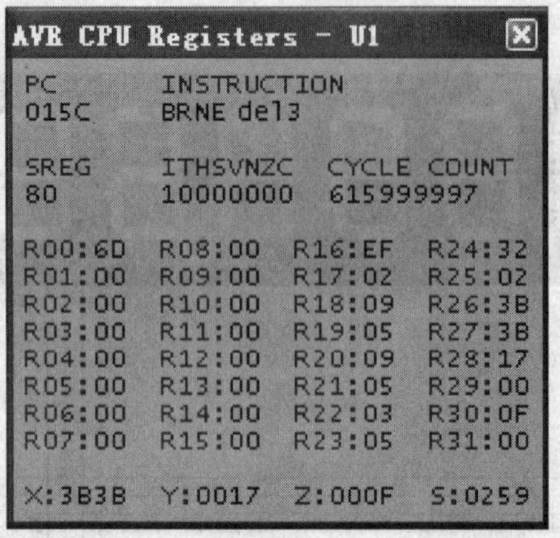

图 10-53　再次定时时间到时各寄存器值

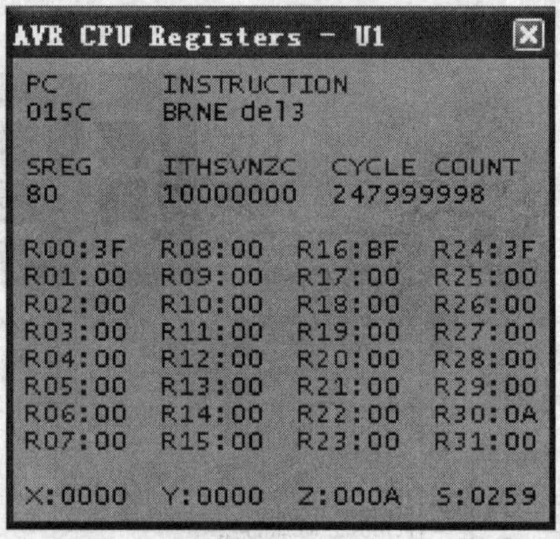

图 10-54　计满后，程序清秒、分、时寄存器 r26、r27、r28

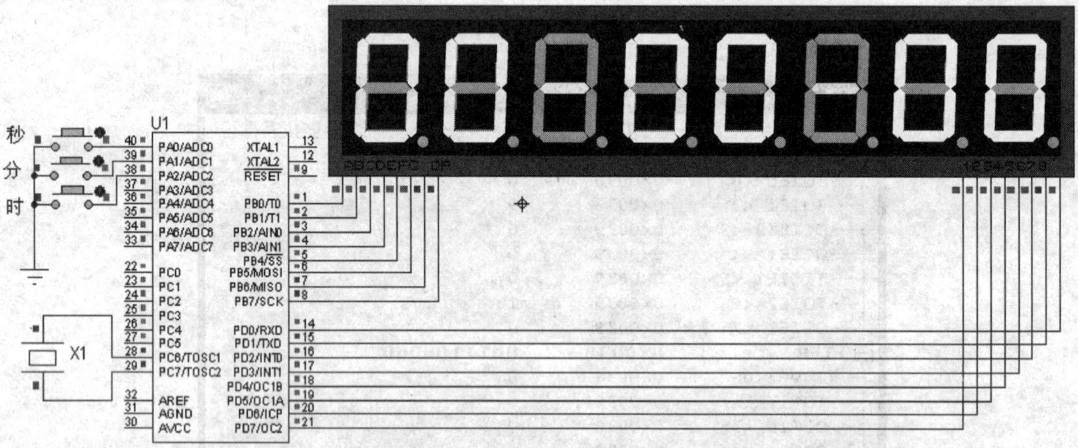

图 10-55　秒、分、时寄存器清 0，系统显示 00：00：00

10.5　计算器数字输入显示模拟设计

设计要求如下：开机时，显示“0”；

第一次按下数字键时，显示“D1”；

第二次按下时，显示“D1D2”；

第三次按下时，显示“D1D2D3”；

8 个数字全显示完，再按下按键时，给出“嘀”提示音，并返回初始显示状态。

10.5.1　硬件电路

系统硬件电路图如图 10-56 所示。

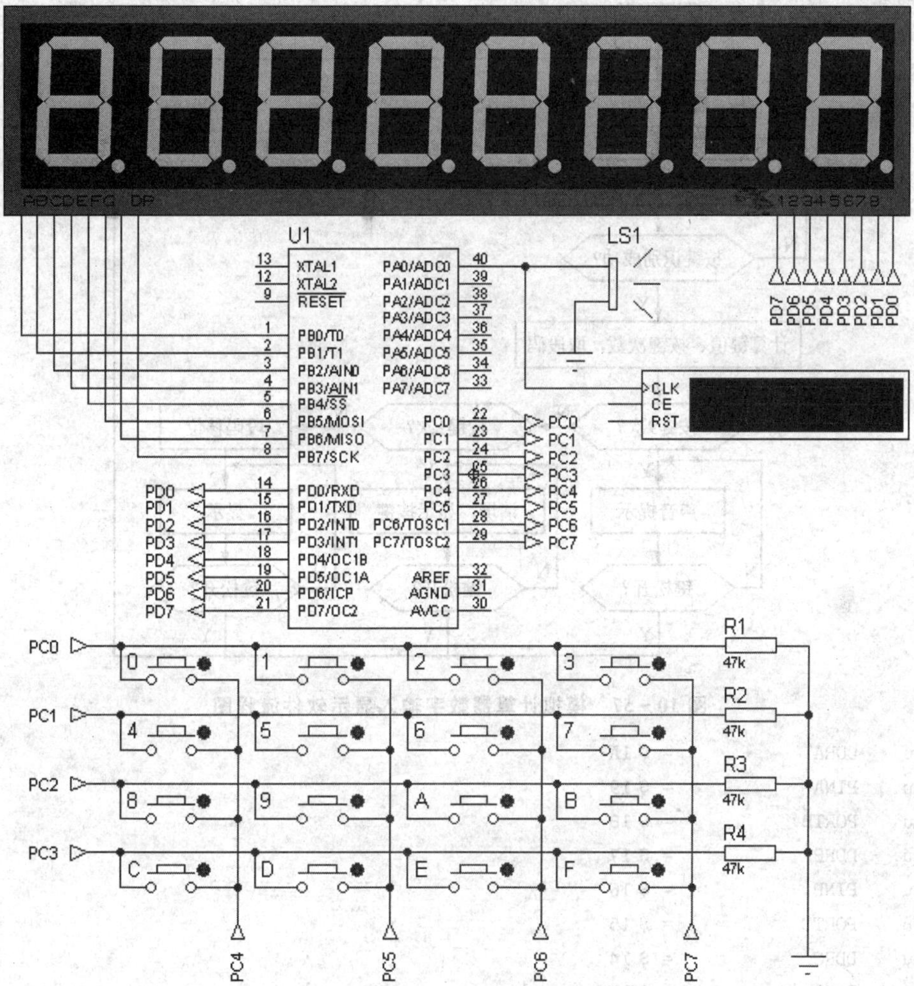

图 10－56　模拟计算器数字输入显示硬件电路

10.5.2　软件编程

系统软件流程图如图 10－57 所示。

软件源程序如下：

```
.device AT90S8535
.equu   sph         = $3E
.equ    spl         = $3D
.equ    TIMSK       = $39
.equ    OCR1AH      = $2B
.equ    OCR1AL      = $2A
.equ    TCCR1B      = $2E
.equ    SREG        = $3F
.equ    TCNT1H      = $2D
.equ    TCNT1L      = $2C
.equ    PORTA       = $1B
```

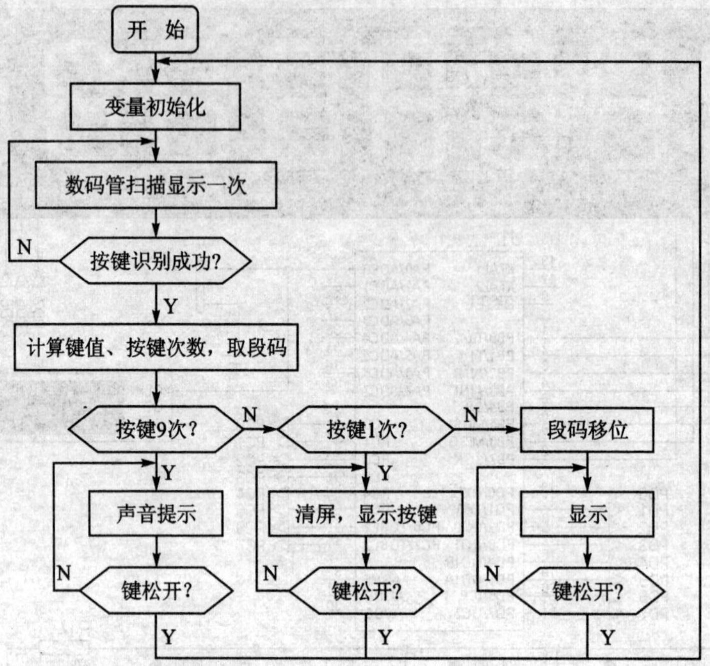

图 10-57 模拟计算器数字输入显示软件流程图

```
.equ    DDRA        = $1A
.equ    PINA        = $19
.equ    PORTB       = $18
.equ    DDRB        = $17
.equ    PINB        = $16
.equ    PORTC       = $15
.equ    DDRC        = $14
.equ    PINC        = $13
.equ    PORTD       = $12
.equ    DDRD        = $11
.equ    PIND        = $10
.def    ZH          = r31
.def    ZL          = r30

    .org    $0000
    rjmp    main
    .org    $006
    rjmp    t1_cp

main: ldi   r16,$02             ;栈指针置初值
    out     sph,r16
    ldi     r16,$5f
    out     spl,r16
    ldi     r19,$00             ;清计数寄存器
    ldi     r21,$00             ;清数码管显示数据寄存器
    ldi     r22,$00
    ldi     r23,$00
```

```
    ldi     r25,$00
    ldi     r26,$00
    ldi     r27,$00
    ldi     r28,$00
    ldi     r29,$00
    ldi     r16,$ff             ;PD、PB 口定义为输出口
    out     DDRD,r16
    out     DDRB,r16
    ldi     r16,$01             ;PA0 口定义为输出口
    out     DDRA,r16
    ldi     r16,$10             ;允许 T1 比较匹配 A 中断
    out     TIMSK,r16
    clr     r16                 ;置 TCNT1 初值为 0
    out     TCNT1L,r16
    out     TCNT1H,r16
    ldi     r16,$05             ;OCRLA 置 $5eb,即产生频率为 330 Hz 的方波信号
    out     OCR1AH,r16
    ldi     r16,$eb
    out     OCR1AL,r16
    ldi     r16,$0a             ;T/C1 对主频 1 分频定时
    out     TCCR1B,r16
a0: rcall   disp
;*********************************************************
                                ;按键扫描
lscan: ldi  r16,$f0
    out     DDRC,r16
    out     PORTC,r16
l1: in      r16,PINC
    cpi     r16,$f1
    brne    l2
    rcall   t1ms
    in      r16,PINC
    cpi     r16,$f1
    brne    l2
    ldi     r17,$00
    rjmp    rscan
l2: cpi     r16,$f2
    brne    l3
    rcall   t1ms
    cpi     r16,$f2
    brne    l3
    ldi     r17,$01
    rjmp    rscan
l3: cpi     r16,$f4
    brne    l4
    rcall   t1ms
    cpi     r16,$f4
    brne    l4
```

```
    ldi     r17,$02
    rjmp    rscan
l4: cpi     r16,$f8
    brne    a0
    rcall   t1ms
    cpi     r16,$f8
    brne    a0
    ldi     r17,$03
rscan: ldi  r16,$0f
    out     DDRC,r16
    out     PORTC,r16
c1: in      r16,PINC
    cpi     r16,$e0
    brne    c2
    ldi     r18,$00
    rjmp    calcu
c2: cpi     r16,$d0
    brne    c3
    ldi     r18,$01
    rjmp    calcu
c3: cpi     r16,$b0
    brne    c4
    ldi     r18,$02
    rjmp    calcu
c4: cpi     r16,$70
    brne    a0
    ldi     r18,$03
;*****************************************************************
                                        ;统计按键次数
calcu: inc  r19
    cpi     r19,$09
    brne    k1                          ;如果按键 9 次,发声提示
    sei
;*****************************************************************
                                        ;等待按键抬起
w0: ldi     r16,$f0
    out     PORTC,r16
w1: in      r16,PINC
    andi    r16,$ff
    cpi     r16,$f0
    brne    w2
    cli
    rjmp    main
w2: rjmp    w0
;*****************************************************************
                                        ;第 1 次按键,清除已显示的 0,显示按下的数字
k1: cpi     r19,$01
```

```
    brne     k2
    cpi      r17, $ 00                ;计算键号
    brne     calcu1
    ldi      r17, $ 00
    rjmp     cb
calcu1: cpi  r17, $ 01
    brne     calcu2
    ldi      r17, $ 04
    rjmp     cb
calcu2: cpi  r17, $ 02
    brne     calcu3
    ldi      r17, $ 08
    rjmp     cb
calcu3: ldi  r17, $ 0C
cb: add      r17,r18
    rcall    cqb
    mov      r21,r0
disp1: rcall disp
w01: ldi     r16, $ f0                ;等待按键抬起
    out      PORTC,r16
w11: in      r16,PINC
    andi     r16, $ ff
    cpi      r16, $ f0
    brne     w21
    rjmp     a0
w21: rjmp    disp1

; *************************************************************
                                      ;第 2~8 次按键,移位显示按下的数字
k2: cpi      r17, $ 00                ;计算键号
    brne     calc1
    ldi      r17, $ 00
    rjmp     cb2
calc1: cpi   r17, $ 01
    brne     calc2
    ldi      r17, $ 04
    rjmp     cb2
calc2: cpi   r17, $ 02
    brne     calc3
    ldi      r17, $ 08
    rjmp     cb2
calc3: ldi   r17, $ 0C
cb2: add     r17,r18
    rcall    cqb
    rcall    shift
disp2: rcall disp
w02: ldi     r16, $ f0                ;等待按键抬起
    out      PORTC,r16
w12: in      r16,PINC
```

```
        andi    r16, $ ff
        cpi     r16, $ f0
        brne    w22
        rjmp    a0
w22: rjmp       disp2
;***********************************************************************
                                        ;定时器中断服务程序,驱动扬声器发声
t1_cp: in       r1,sreg                 ;保护标志
        in      r2,PORTA                ;PC 口取反
        com     r2
        out     PORTA,r2
        out     sreg,r1                 ;标志恢复
        reti
;***********************************************************************
                                        ;段码移位子程序
shift: mov      r29,r28
        mov     r28,r27
        mov     r27,r26
        mov     r26,r25
        mov     r25,r23
        mov     r23,r22
        mov     r22,r21
        mov     r21,r0
        ret
;***********************************************************************
                                        ;显示控制子程序
disp: ldi       r16, $ fe               ;送个位位线
        out     PORTD,r16
        out     PORTB,r21               ;查 7 段码,送 B 口输出
        rcall   t1ms                    ;延时 1 ms
        ldi     r16, $ fd               ;送十位位线
        out     PORTD,r16
        out     PORTB,r22               ;查 7 段码,送 B 口输出
        rcall   t1ms                    ;延时 1 ms
        ldi     r16, $ fb               ;送百位位线
        out     PORTD,r16
        out     PORTB,r23
        rcall   t1ms
        ldi     r16, $ f7               ;送千位位线
        out     PORTD,r16
        out     PORTB,r25               ;查 7 段码,送 B 口输出
        rcall   t1ms                    ;延时 1 ms
        ldi     r16, $ ef               ;送万位位线
        out     PORTD,r16
        out     PORTB,r26               ;查 7 段码,送 B 口输出
        rcall   t1ms                    ;延时 1 ms
        ldi     r16, $ df               ;送十万位位线
```

```
        out     PORTD,r16
        out     PORTB,r27
        rcall   t1ms
        ldi     r16,$bf             ;送百万位位线
        out     PORTD,r16
        out     PORTB,r28           ;查 7 段码,送 B 口输出
        rcall   t1ms                ;延时 1 ms
        ldi     r16,$7f             ;送千万位位线
        out     PORTD,r16
        out     PORTB,r29           ;查 7 段码,送 B 口输出
        rcall   t1ms                ;延时 1 ms
        ret
;*******************************************************
                                    ;查 7 段码
cqb:    ldi     ZH,high(tab1*2)     ;7 段码的首址给 Z
        ldi     ZL,low(tab1*2)
        add     ZL,r17              ;首地址 + 偏移量
        lpm                         ;查表送 B 口输出
        ret
;*******************************************************
                                    ;延时
t1ms:   ldi     r24,71              ;延时 1 ms 子程序
        push    r24
del2:   push    r24
del3:   dec     r24
        brne    del3
        pop     r24
        dec     r24
        brne    del2
        pop     r24
        ret
tab1:   .db     $3f,$06,$5b,$4f,$66,$6d,$7d,$07,$7f,$6f,$77,$7c,$39,$5e,
                $79,$71
```

10.5.3 系统调试与仿真

对系统进行仿真,系统的初始参数设置如图 10-58 所示。

各相关寄存器的初始值如图 10-59 所示。

运行程序,当无按键按下时,系统处于等待状态,如图 10-60 所示。

当按下数字键后,屏幕显示相应的字符。以"5"键为例,当第一次按下此按键后,屏幕显示"5",如图 10-61 所示。

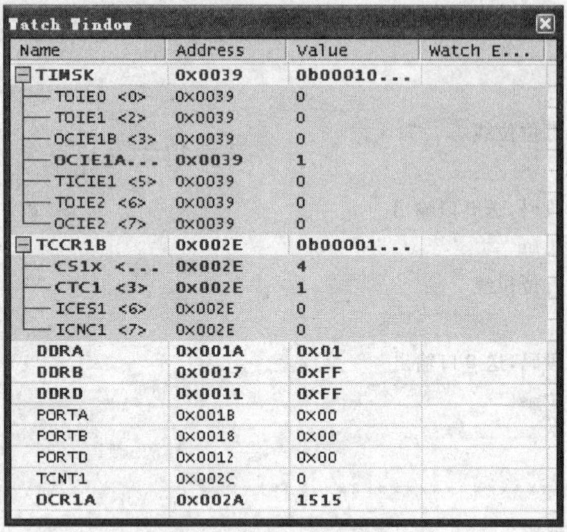
Watch Window
Name | Address | Value | Watch E...
TIMSK 0x0039 0b00010...
TOIE0 <0> 0x0039 0
TOIE1 <2> 0x0039 0
OCIE1B <3> 0x0039 0
OCIE1A... 0x0039 1
TICIE1 <5> 0x0039 0
TOIE2 <6> 0x0039 0
OCIE2 <7> 0x0039 0
TCCR1B 0x002E 0b00001...
CS1x <... 0x002E 4
CTC1 <3> 0x002E 1
ICES1 <6> 0x002E 0
ICNC1 <7> 0x002E 0
DDRA 0x001A 0x01
DDRB 0x0017 0xFF
DDRD 0x0011 0xFF
PORTA 0x001B 0x00
PORTB 0x0018 0x00
PORTD 0x0012 0x00
TCNT1 0x002C 0
OCR1A 0x002A 1515

图 10-58 模拟计算器数字输入显示系统初始参数设置

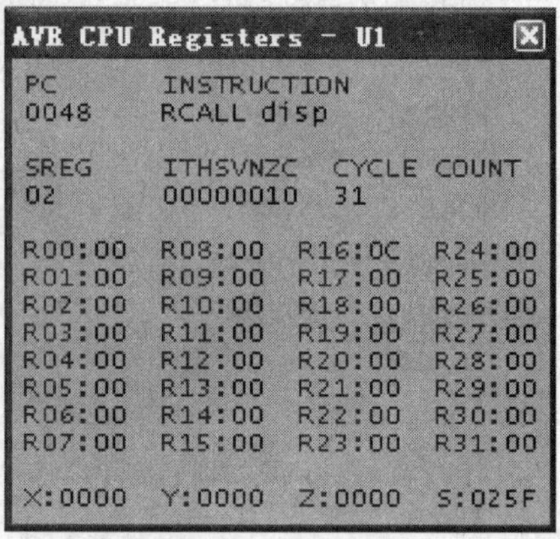
AVR CPU Registers - U1
PC INSTRUCTION
0048 RCALL disp
SREG ITHSVNZC CYCLE COUNT
02 00000010 31
R00:00 R08:00 R16:0C R24:00
R01:00 R09:00 R17:00 R25:00
R02:00 R10:00 R18:00 R26:00
R03:00 R11:00 R19:00 R27:00
R04:00 R12:00 R20:00 R28:00
R05:00 R13:00 R21:00 R29:00
R06:00 R14:00 R22:00 R30:00
R07:00 R15:00 R23:00 R31:00
X:0000 Y:0000 Z:0000 S:025F

图 10-59 模拟计算器数字输入显示系统各相关寄存器初值

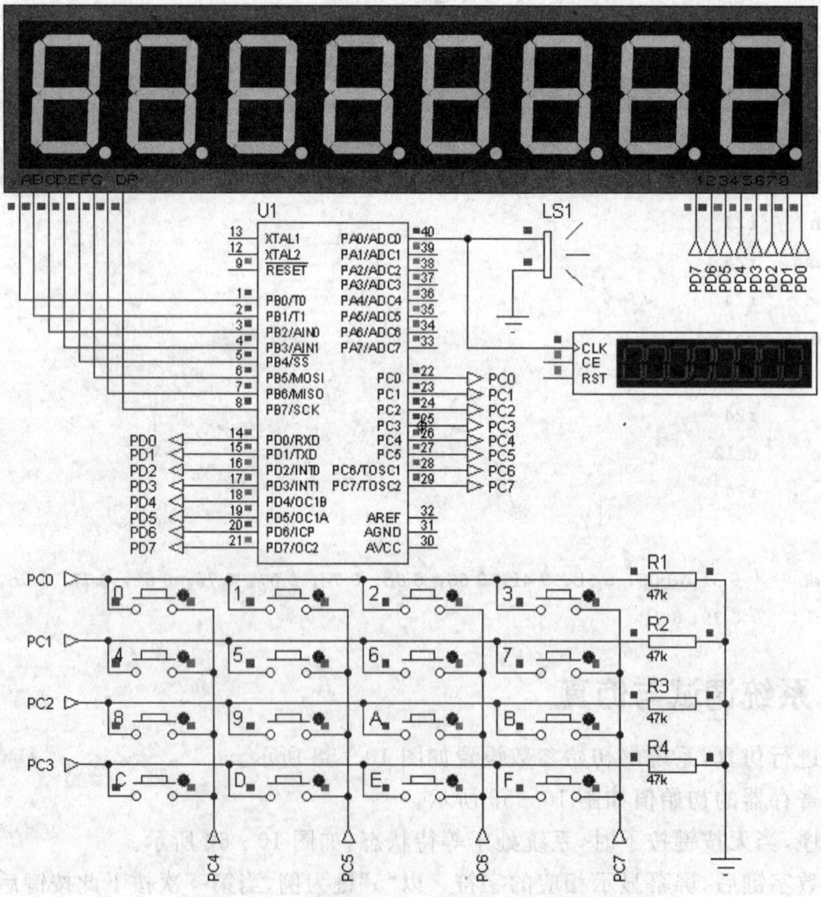

图 10-60 当无按键按下时,系统处于等待状态

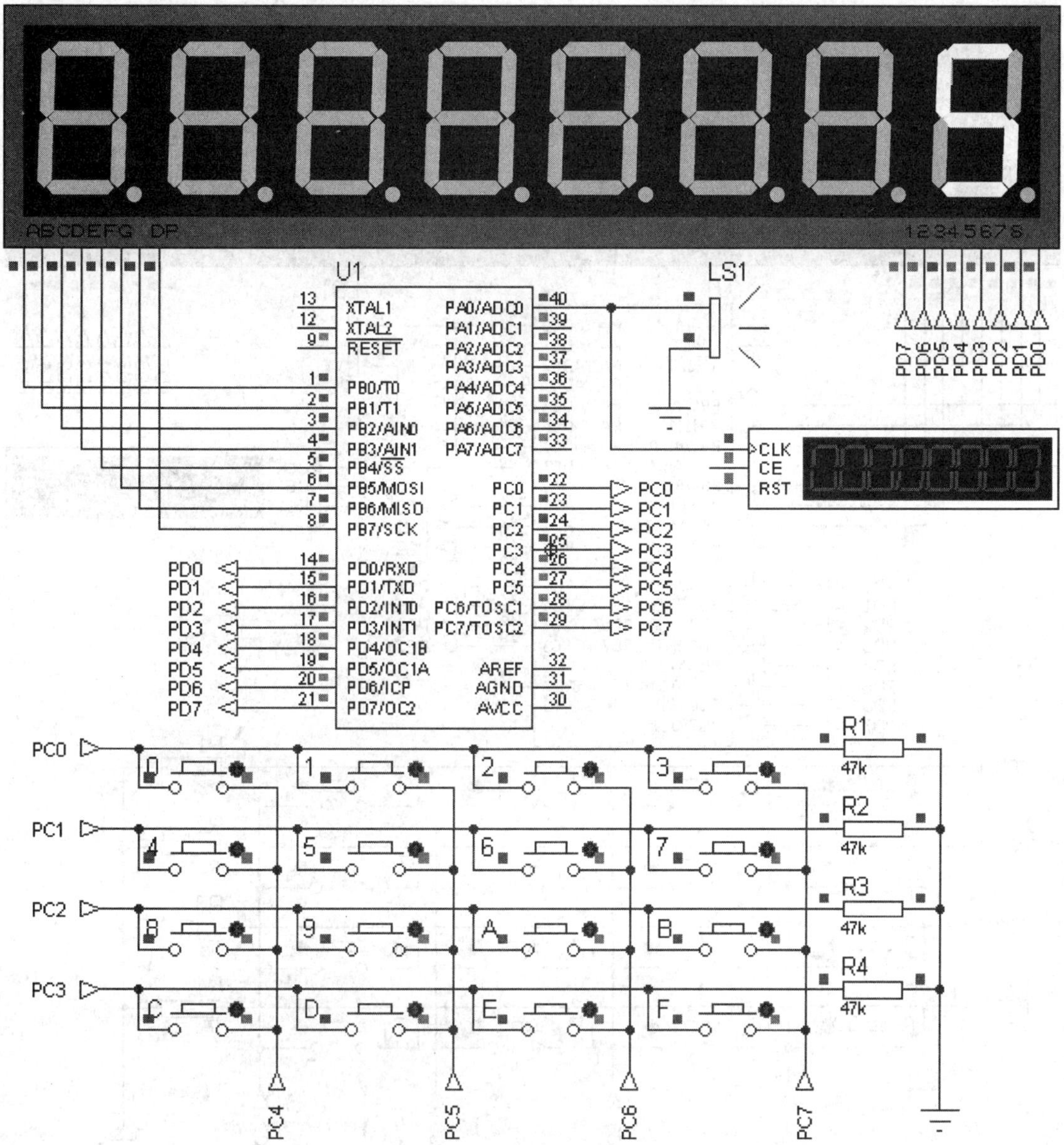

图 10－61　按下“5”键，屏幕显示“5”

当再次按下输入键后，上次输入的数据左移。

以按下“A、B、C、D、8”为例，当按下“5”键后，再相继按下“A”、“B”、“C”、“D”和“8”，系统输出显示如图 10－62 所示。

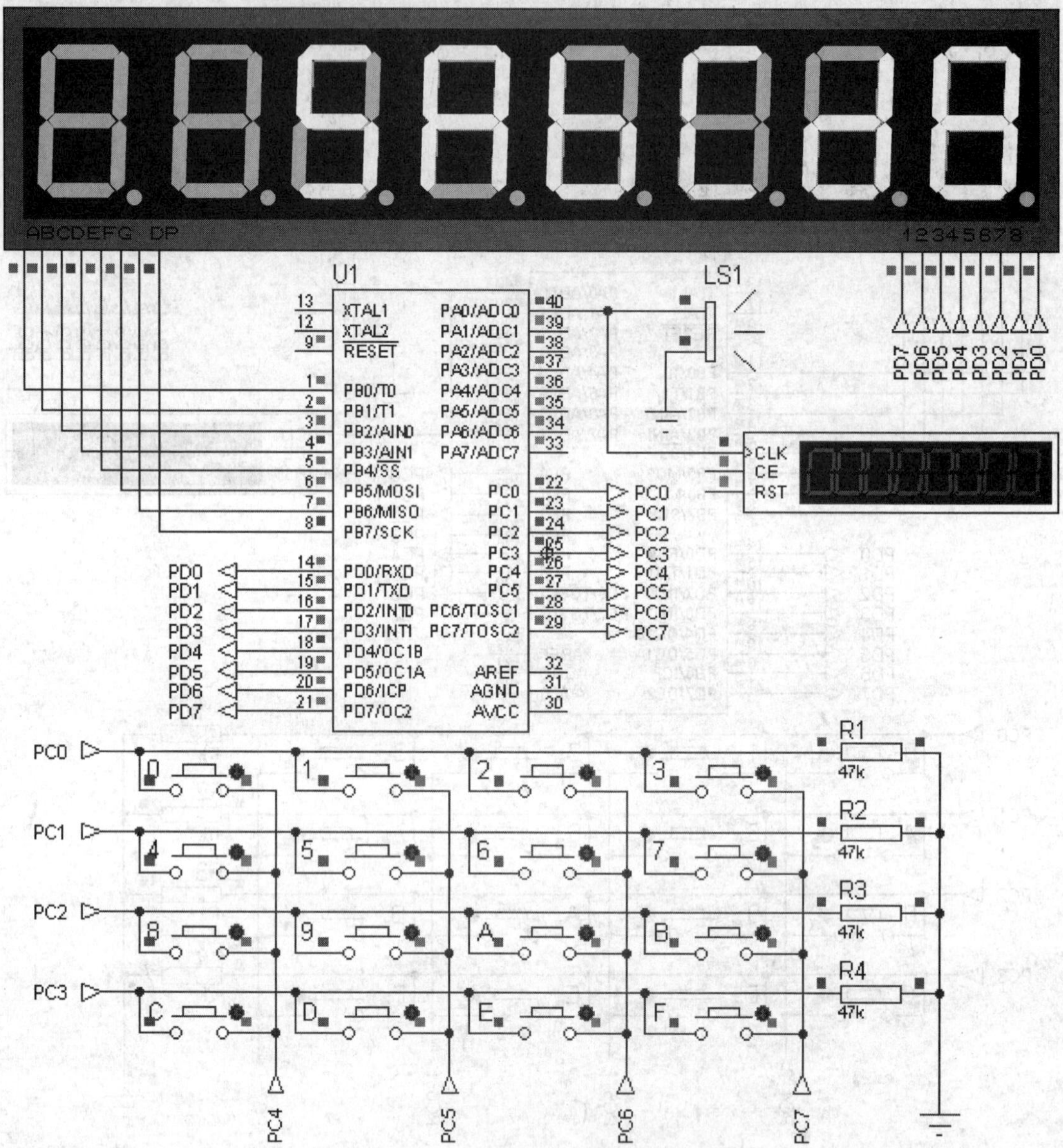

图 10-62　继按下"5"键后，再相继按下"A"、"B"、"C"、"D"和"8"

当键入数据量大于 8 时，系统给出提示音。本例中，系统在 PA0 端口输出频率为 330 Hz 的信号，驱动扬声器发声。

图 10-63 所示为 PA0 端口输出频率为 330 Hz 的信号。

当按键被释放，系统清屏，等待下一个数据的输入。

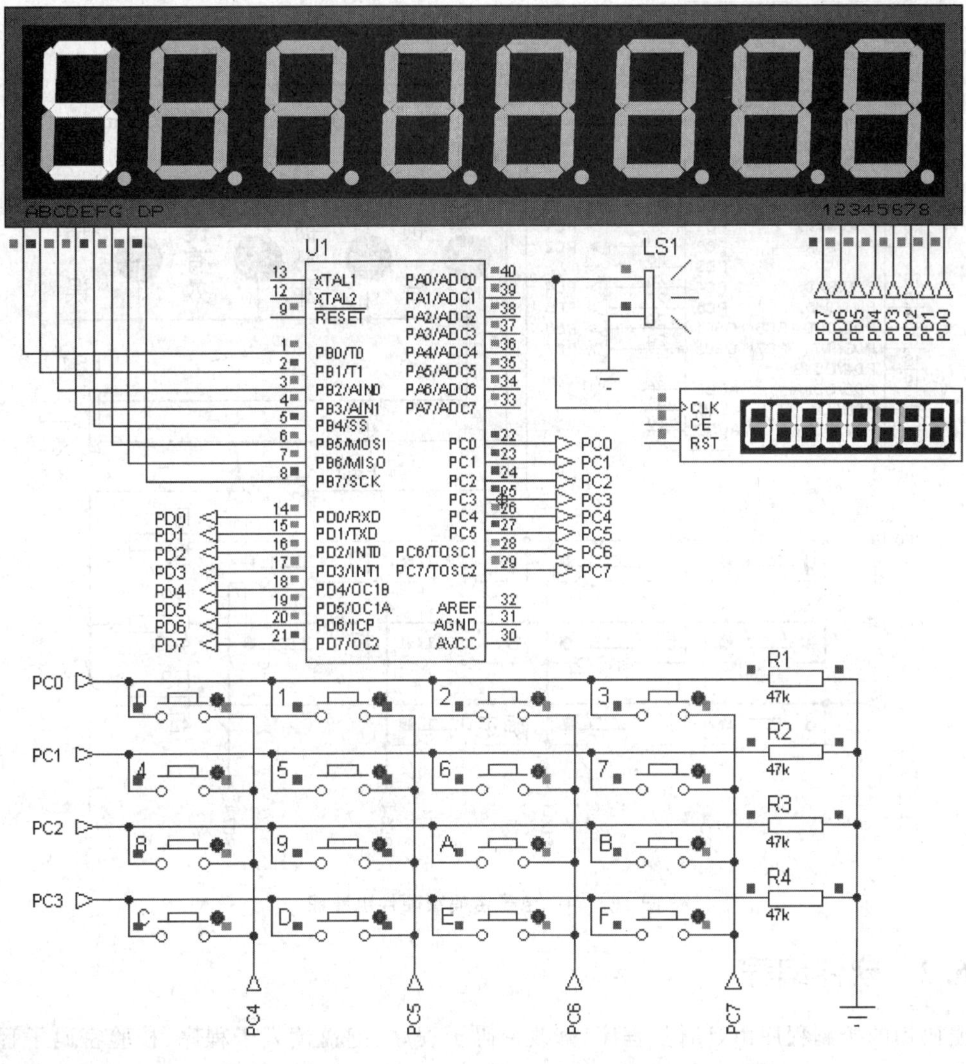

图 10-63 PA0 端口输出频率为 330 Hz 的信号

10.6 电子密码锁设计 1

设计要求：设计一种单片机控制的密码锁，具有按键有效指示、解码有效指示、控制开锁电平、控制报警及密码修改等功能。

10.6.1 硬件电路

系统硬件电路如图 10-64 所示。

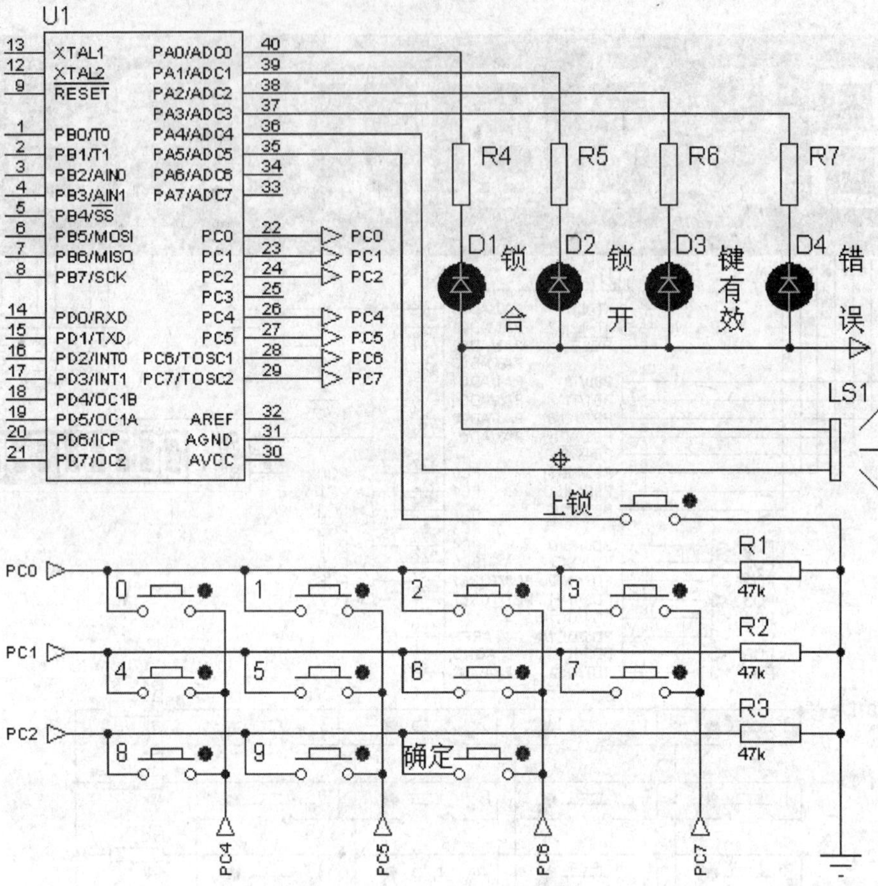

图 10－64　电子密码锁硬件电路图

10.6.2　软件编程

密码锁的控制程序由延时子程序、修改密码子程序、键盘读入子程序、校验密码子程序及主程序组成。

锁的初始状态为“锁合”指示灯亮。输入初始密码“0、1、2、3、4、5、6、7”，每输入一位，“按键有效”指示灯亮约 0.5 s，输完 8 位按“确认”键，锁打开，“锁开”指示灯亮；按“上锁”键，锁又重新上锁，“锁合”指示灯亮。

“锁开”状态下，可输入新密码，按“确认”键后更改密码。可重复修改密码。

如果输入密码错误，“错误”指示灯亮 0.5 s。可重新输入密码。

输入密码错误超过 3 次，蜂鸣器启动发出报警，同时“错误”指示灯常亮。

注意： 密码必须是 8 位，如需改变密码位数，需修改寄存器 R4 的值。

软件流程图如图 10－65 所示。

软件源程序如下：

```
.device AT90S8535
.equ    sph         = $3E
.equ    spl         = $3D
```

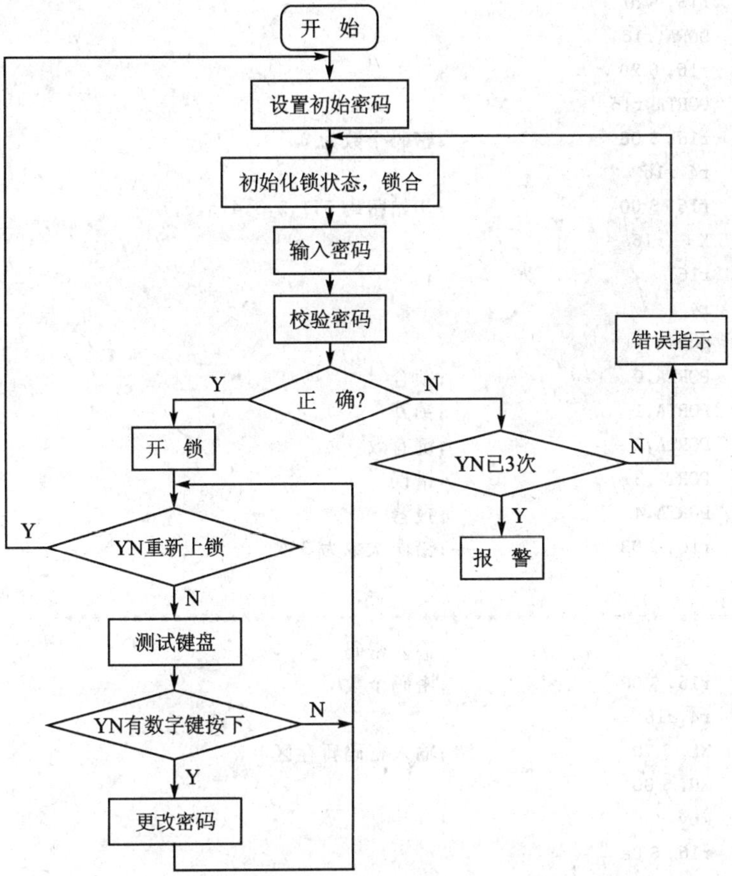

图 10-65 电子密码锁软件流程图

```
.equ    PORTA       = $1B
.equ    DDRA        = $1A
.equ    PINA        = $19
.equ    PORTC       = $15
.equ    DDRC        = $14
.equ    PINC        = $13
.def    XL          = r26
.def    XH          = r27
.def    ZL          = r30
.def    ZH          = r31

    .org    $0000
    rjmp    main

tab: .db    $00, $01, $02, $03, $04, $05, $06, $07, $08, $09, $0a

main: ldi   r16, $02            ;栈指针置初值
    out     sph,r16
    ldi     r16, $5f
    out     spl,r16
    ldi     XL, $60
    ldi     XH, $00
```

```
        ldi     r16,$df
        out     DDRA,r16
        ldi     r16,$20
        out     PORTA,r16
        ldi     r16,$08                 ;密码个数为 8
        mov     r4,r16
        ldi     r16,$00                 ;初始密码 0,1,2,3,4,5,6,7
pnext: st       X+,r16
        inc     r16
        dec     r4
        brne    pnext
mloop: cbi      PORTA,0                 ;锁合
        sbi     PORTA,1                 ;锁开
        sbi     PORTA,2                 ;键有效
        sbi     PORTA,3                 ;错误
        sbi     PORTA,4                 ;报警
        ldi     r16,$03                 ;错误次数为 3 次
        mov     r3,r16
;****************************************************************
                                        ;输入密码
getpw: ldi      r16,$08                 ;密码个数
        mov     r4,r16
        ldi     XL,$70                  ;输入密码暂存区
        ldi     XH,$00
again: rcall    key
        cpi     r16,$0a
        brne    con                     ;按确认键无效
        rjmp    again
con: st         X+,r16
        rcall   disp                    ;按键有效显示
        dec     r4
        brne    again
again1: rcallkey                        ;按确认键
        cpi     r16,$0a
        brne    again1
        rcall   disp                    ;按确认键有效显示
        rcall   com                     ;比较密码
        sbi     PORTA,0                 ;熄锁合指示灯
        cbi     PORTA,1                 ;开锁
wait: in        r16,PINA                ;是否重新上锁
        sbrs    r16,5
        rjmp    mloop                   ;主循环
        rcall   testk                   ;是否有键按下,是否修改密码
        cpi     r16,$f0
        breq    wait
        rcall   chpsw                   ;修改密码子程序
        rjmp    wait
;****************************************************************
```

```
com: ldi      r16,$08
    mov      r4,r16
    ldi      XL,$70                  ;输入密码暂存区
    ldi      XH,$00
agai: ld      r16,X
    mov      r19,r16
    ldi      r16,$10
    sub      XL,r16
    ld       r16,X+
    cpse     r16,r19                 ;比较
    rjmp     oncem
    ldi      r16,$10
    add      XL,r16
    dec      r4
    brne     agai
    ret                              ;正确返回
;***********************************************************
oncem: cbi    PORTA,3
    rcall    delay
    sbi      PORTA,3
    dec      r3                      ;3 次错误输入
    brne     getpw
    cbi      PORTA,4                 ;声报警
    cbi      PORTA,3                 ;光报警
w: rjmp      w
;***********************************************************
chpsw: ldi    r16,$07                ;修改密码子程序
    mov      r4,r16
    ldi      XL,$68                  ;输入密码暂存区
    ldi      XH,$00
    rcall    key
    cpi      r16,$0a
    brne     con2                    ;按确认键无效
    rjmp     again
;***********************************************************
con2: st      X+,r16
    rcall    disp                    ;按键有效显示
ano: rcall    key
    cpi      r16,$0a
    brne     con3                    ;按确认键无效
    rjmp     ano
con3: st      X+,r16
    rcall    disp                    ;按键有效显示
    dec      r4
    brne     ano
again2: rcallkey                     ;按确认键
    cpi      r16,$0a
    brne     con2
```

```
    rcall    disp                      ;按键有效显示
    ldi      r16, $ 08
    mov      r4,r16
    ldi      XL, $ 68
    ldi      XH, $ 00
change: ld   r16,X                     ;确认后修改密码
    mov      r19,r16
    ldi      r16, $ 08
    sub      XL,r16
    st       X + ,r19
    add      XL,r16
    dec      r4
    brne     change
    ret
; ***********************************************************
disp: cbi    PORTA,2                   ;按键有效显示
    rcall    delay
    sbi      PORTA,2
    ret
; ***********************************************************
testk: ldi   r16, $ f0                 ;判断是否有键按下
    out      DDRC,r16
    out      PORTC,r16
    in       r16,PINC
    andi     r16, $ ff
    ret
; ***********************************************************
key: ldi     r16, $ f0                 ;取键值子程序,阵列式键盘
    out      DDRC,r16
    out      PORTC,r16
l1: in       r16,PINC
    cpi      r16, $ f1
    brne     l2
    rcall    t1ms
    in       r16,PINC
    cpi      r16, $ f1
    brne     l2
    ldi      r17, $ 00
    rjmp     rscan
l2: cpi      r16, $ f2
    brne     l3
    rcall    t1ms
    cpi      r16, $ f2
    brne     l3
    ldi      r17, $ 01
    rjmp     rscan
l3: cpi      r16, $ f4
    brne     key
```

```
    rcall     t1ms
    cpi       r16, $ f4
    brne      key
    ldi       r17, $ 02
rscan: ldi    r16, $ 0f
    out       DDRC,r16
    out       PORTC,r16
c1: in        r16,PINC
    cpi       r16, $ e0
    brne      c2
    ldi       r18, $ 00
    rjmp      calcu
c2: cpi       r16, $ d0
    brne      c3
    ldi       r18, $ 01
    rjmp      calcu
c3: cpi       r16, $ b0
    brne      c4
    ldi       r18, $ 02
    rjmp      calcu
c4: cpi       r16, $ 70
    brne      key
    ldi       r18, $ 03
;************************************************************
calcu: cpi    r17, $ 00                   ;计算键号
    brne      calcu1
    ldi       r17, $ 00
    rjmp      cb
calcu1: cpi   r17, $ 01
    brne      calcu2
    ldi       r17, $ 04
    rjmp      cb
calcu2: cpi   r17, $ 02
    brne      calcu3
    ldi       r17, $ 08
    rjmp      cb
calcu3: ldi   r17, $ 0C
cb: add       r17,r18
    rcall     cqb
    rcall     w0
    ret
;************************************************************
cqb: ldi      ZH,high(tab * 2)            ;7 段码的首址给 Z
    ldi       ZL,low(tab * 2)
    add       ZL,r17                      ;首地址 + 偏移量
    lpm                                   ;查表送 B 口输出
    mov       r16,r0
    ret
```

```
;*************************************************************
                                        ;等待按键抬起
w0: ldi     r20,$f0
    out     PORTC,r20
w1: in      r20,PINC
    andi    r20,$ff
    cpi     r20,$f0
    brne    w2
    ret
w2: rjmp    w0
;*************************************************************
t1ms: ldi   r24,6                       ;延时子程序
    push    r24
del2: push  r24
del3: dec   r24
    brne    del3
    pop     r24
    dec     r24
    brne    del2
    pop     r24
    ret
;*************************************************************
                                        ;延时 500 ms
delay: ldi  r16,197
    push    r16                         ;进栈需 2t
de0: push   r16                         ;进栈需 2t
de1: push   r16                         ;进栈需 2t
de2: dec    r16                         ;-1 需 1t
    brne    de2                         ;不为 0 转,为 0 顺序执行,需 1t/2t
    pop     r16                         ;出栈需 2t
    dec     r16                         ;-1 需 1t
    brne    de1                         ;不为 0 转,为 0 顺序执行,需 1t/2t
    pop     r16                         ;出栈需 2t
    dec     r16                         ;-1 需 1t
    brne    de0                         ;不为 0 转,为 0 顺序执行,需 1t/2t
    pop     r16                         ;出栈需 2t
    ret                                 ;子程序返回需 4t
```

注: R3——输入错误次数;

R4——密码个数;

0x0060～0x0067——密码寄存单元;

0x0070～0x0077——输入密码暂存单元;

0x0068～0x006F——修改密码暂存单元。

10.6.3 系统调试与仿真

对系统进行仿真,系统相关端口初始设置如图 10-66 所示。

系统相关寄存器初始设置如图 10-67 所示。

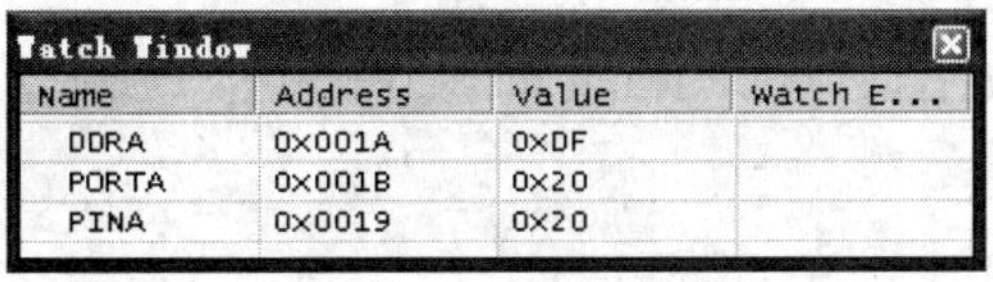

图 10-66　电子密码锁相关端口初始设置

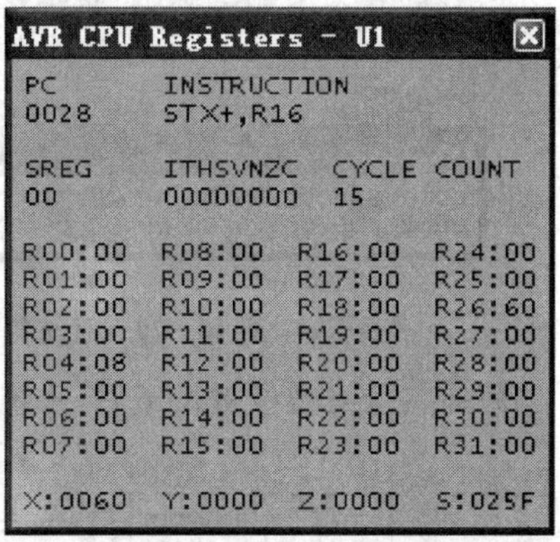

图 10-67　电子密码锁相关寄存器初始设置

程序首先设置初始密码，并将密码存放于 0x0060 起始的 SRAM 中，初始密码为 01234567，如图 10-68 所示。

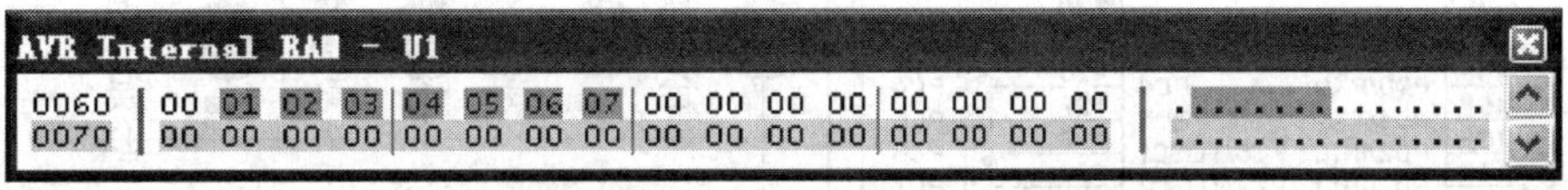

图 10-68　系统初始密码

系统首先处于“锁合”状态，此时“锁合”指示灯亮，如图 10-69 所示。

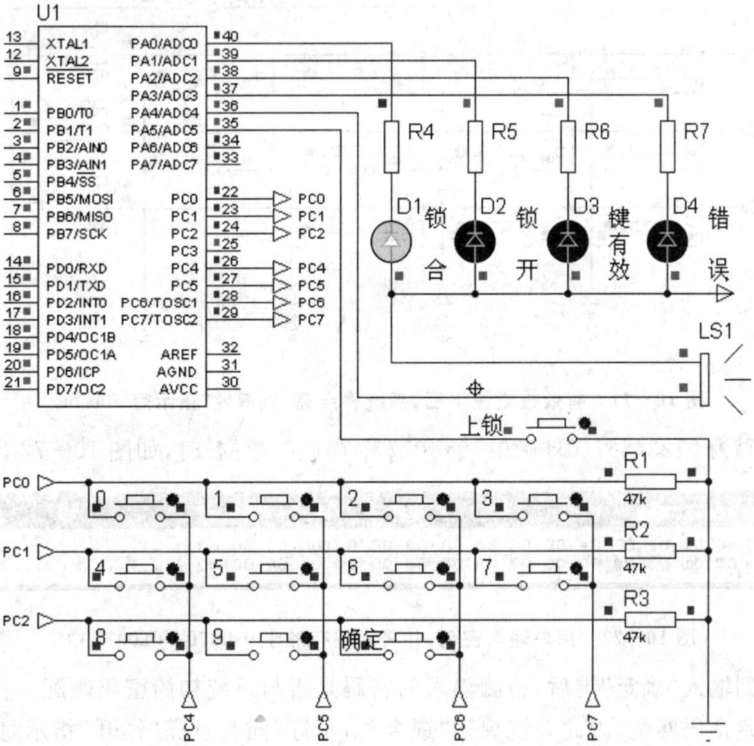

图 10-69　系统处于锁合状态

在“锁合”状态下输入密码，系统将输入密码存放于 0x0070 起始的 SRAM 中，如图 10－70 所示。

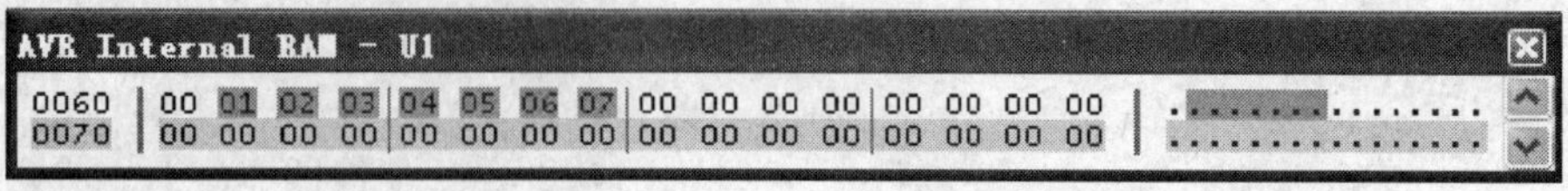

图 10－70　系统将输入密码存放于 0070 起始的 SRAM 中

当每有一个有效按键按下后，系统将点亮“键有效”指示灯 500 ms，如图 10－71 所示。

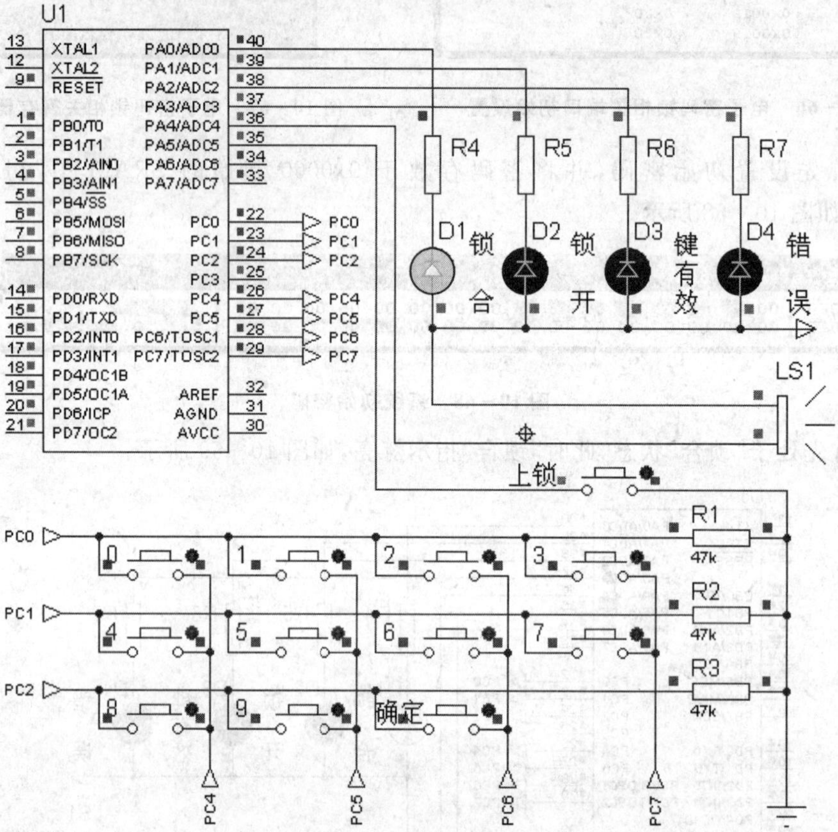

图 10－71　有效按键按下后，系统将点亮“键有效”指示灯 500 ms

当输入密码为 01234567(0x0070～0x0077 中存放的数据)时，如图 10－72 所示。

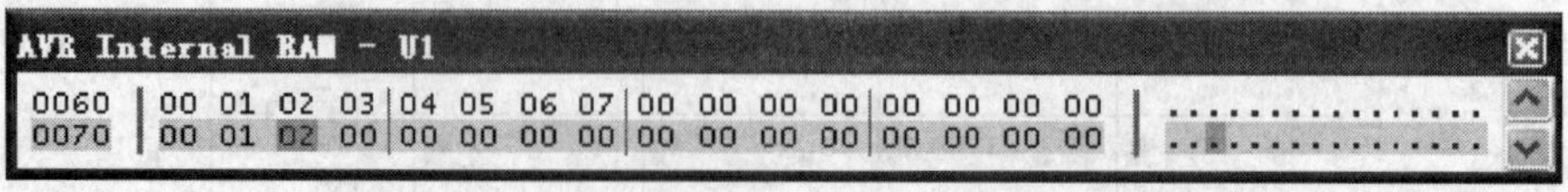

图 10－72　用户输入密码，并将密码存放于 0x0070～0x0077 中

系统检测到输入“确定”键后，检测输入的密码是否与系统初始密码匹配。在本例中，输入密码与系统初始密码匹配，因此系统熄灭“锁合”指示灯，同时点亮“锁开”指示灯，如图 10－73 所示。

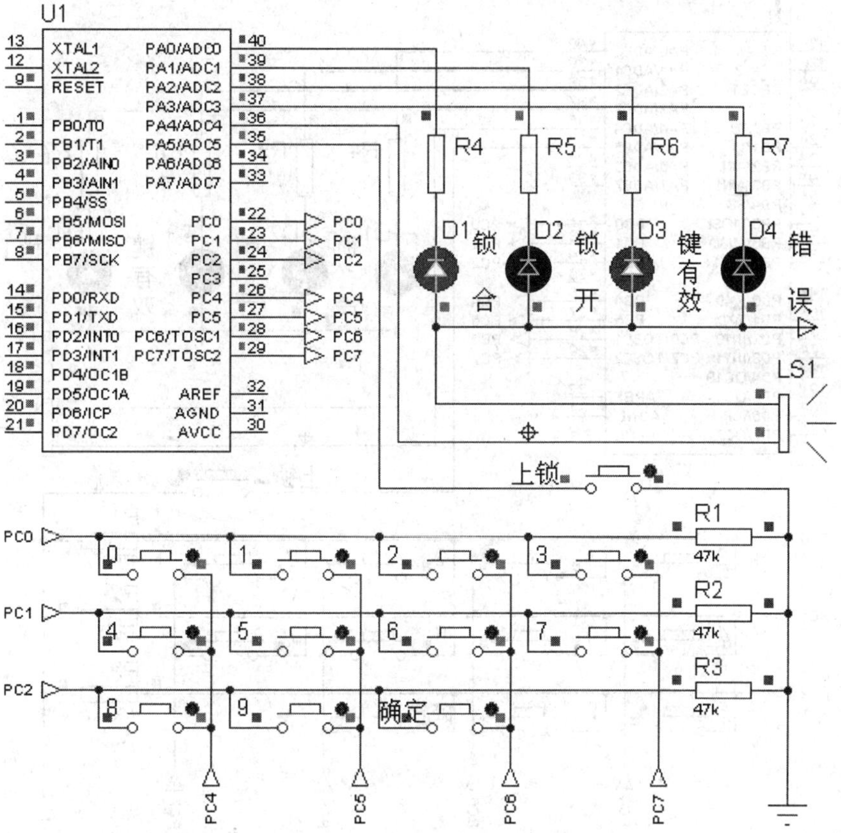

图 10－73　当输入密码与系统初始密码匹配时的系统状态

在此状态按下“上锁”键后，系统重新进入“锁合”状态。

在“开锁”状态下，用户也可更改系统密码。系统将用户新键入的密码存放到以 0x0068 起始的 SRAM 中。设新设置的密码为 12345678，如图 10－74 所示。

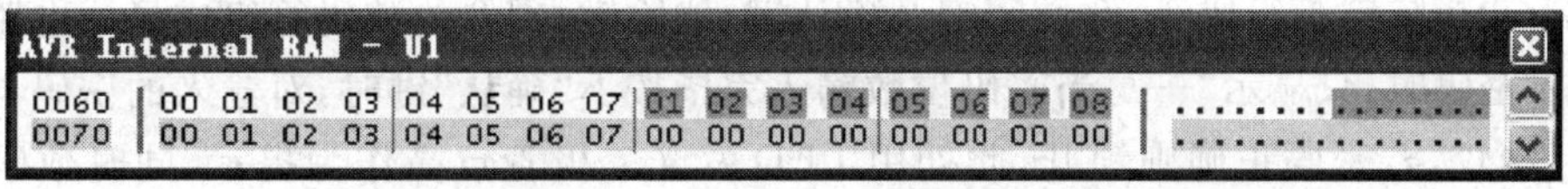

图 10－74　存放于以 0x0068 起始的 SRAM 中的新密码

系统检测到“确定”键后，将输入的新密码替换系统原密码，如图 10－75 所示。

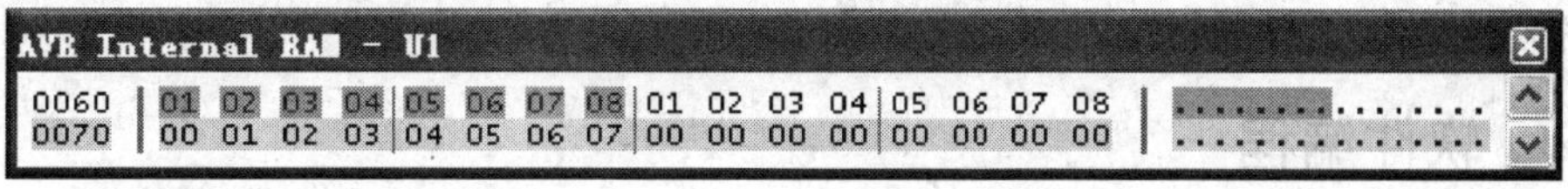

图 10－75　用户输入的新密码替换系统原密码

当用户键入的密码与系统密码不匹配时，系统“错误”指示灯点亮，如图 10－76 所示。

当输入密码错误超过 3 次，蜂鸣器启动发出报警，同时“错误”指示灯常亮。

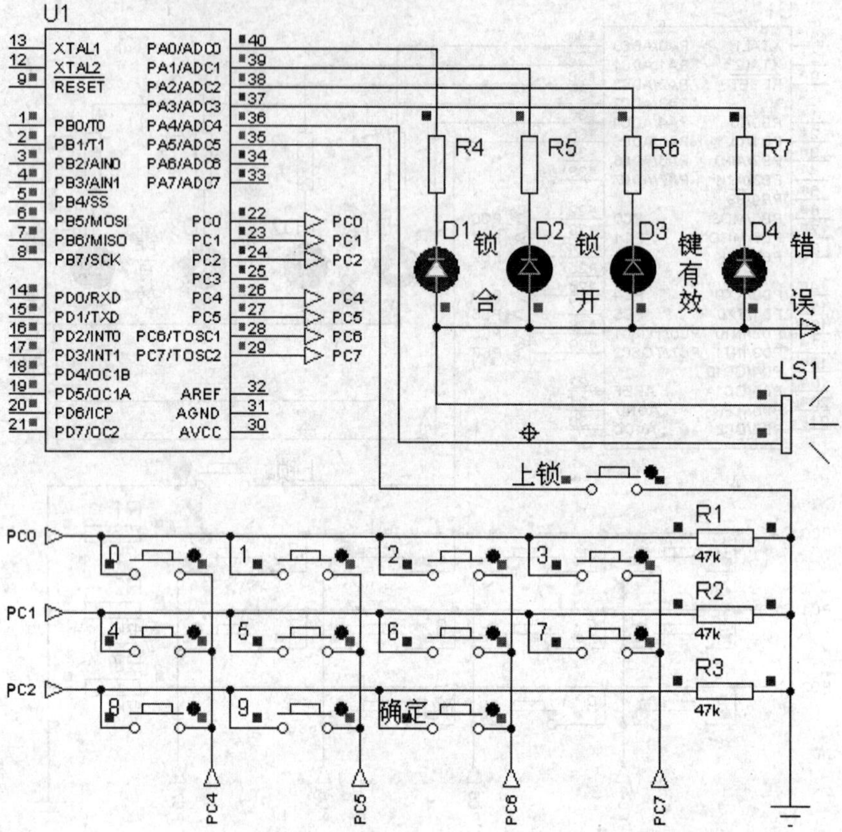

图 10－76　当用户键入的密码与系统密码不匹配时系统“错误”指示灯点亮

10.7　电子密码锁设计 2

用 4×3 矩阵键盘组成 0～9 数字键及确认键、删除键；用 8 位数码管组成显示电路提示信息，当输入密码时，只显示“—”，当密码位数输入完毕按下“确认”键时，对输入的密码与设定的密码进行比较，若密码正确则锁开，此处用 LED 发光二极管点亮作为提示，同时数码管显示“HELLO---”；若密码不正确，系统发出持续 3 s“嘀、嘀”报警声。

10.7.1　硬件电路

系统硬件电路如图 10－77 所示。

10.7.2　软件编程

8 位数码管显示，初始化时显示“PE”；接着输入最多 6 位数的密码，当密码输入完后，按下“确认”键，进行密码比较，然后给出相应的信息。在输入密码过程中，显示器只显示“—”；当输入数字超过 6 个时，给出报警信息。在密码输入过程中，若输入错误，可以利用 DEL 键删除所输入的错误的数字。

系统软件流程图如图 10－78 所示。

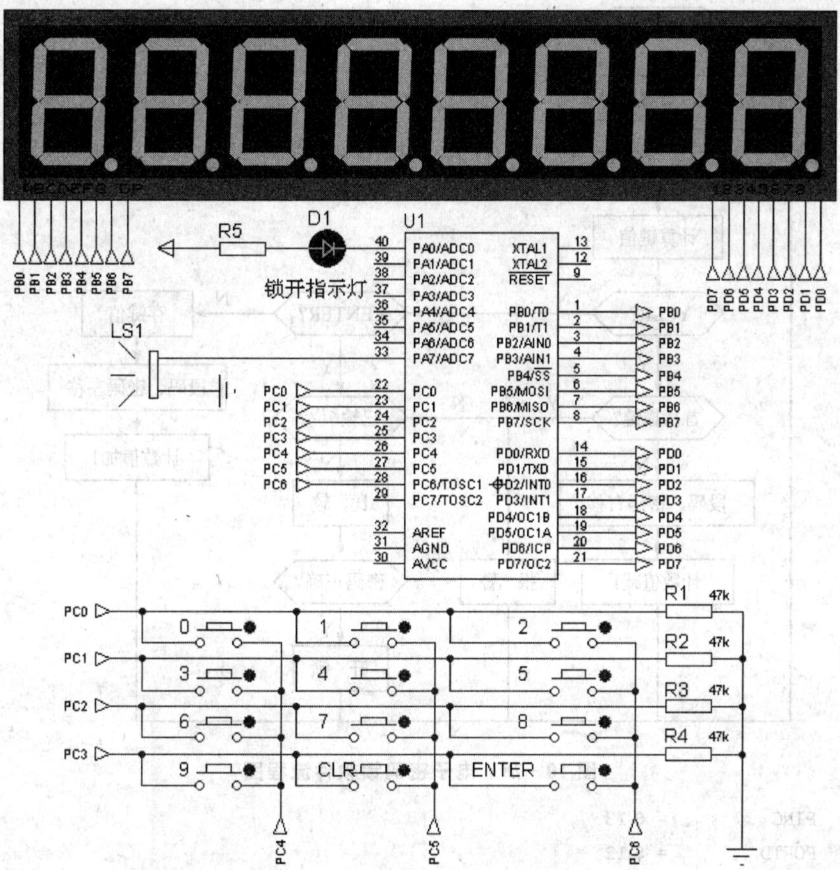

图 10－77　电子密码锁硬件电路图

系统源程序如下：

```
.device AT90S8535
.equ     sph          = $ 3E
.equ     spl          = $ 3D
.equ     TIMSK        = $ 39
.equ     OCR1AH       = $ 2B
.equ     OCR1AL       = $ 2A
.equ     TCCR1B       = $ 2E
.equ     SREG         = $ 3F
.equ     TCNT1H       = $ 2D
.equ     TCNT1L       = $ 2C
.equ     PORTA        = $ 1B
.equ     DDRA         = $ 1A
.equ     PINA         = $ 19
.equ     PORTB        = $ 18
.equ     DDRB         = $ 17
.equ     PINB         = $ 16
.equ     PORTC        = $ 15
.equ     DDRC         = $ 14
```

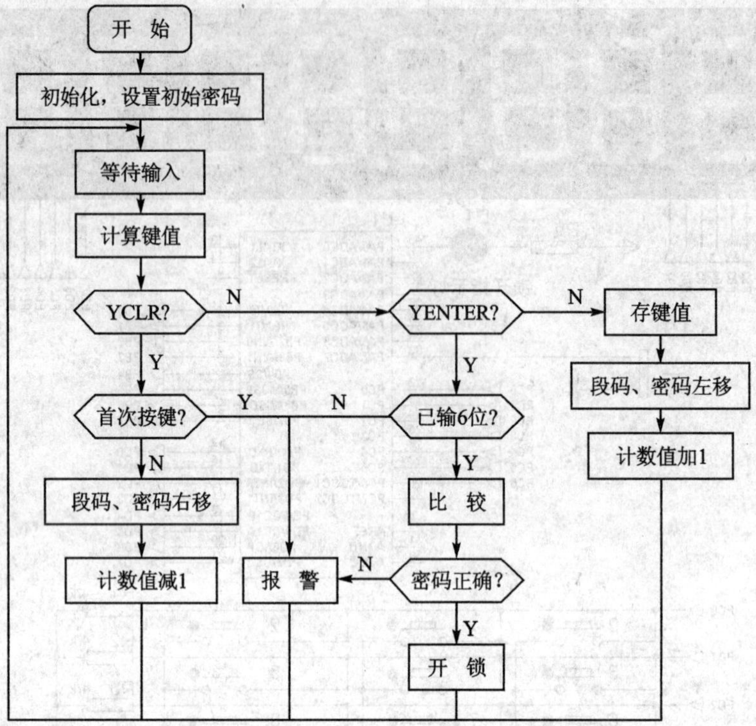

图 10-78 电子密码锁软件流程图

```
.equ    PINC        = $13
.equ    PORTD       = $12
.equ    DDRD        = $11
.equ    PIND        = $10
.def    XL          = r26
.def    XH          = r27

    .org    $0000
    rjmp    main
    .org    $006
    rjmp    t1_cp

main: ldi   r16,$02             ;栈指针置初值
    out     sph,r16
    ldi     r16,$5f
    out     spl,r16
    ldi     r16,$ff             ;PA、PB、PD 口定义为输出口
    out     DDRA,r16
    out     DDRB,r16
    out     DDRD,r16
    ldi     r16,$00             ;PC 口定义为输入口
    out     DDRC,r16
    ldi     r22,$00
    sbi     PORTA,0
    ldi     r16,$10             ;允许 T1 比较匹配 A 中断
```

```
    out     TIMSK,r16
    clr     r16                         ;置 TCNT1 初值为 0
    out     TCNT1L,r16
    out     TCNT1H,r16
    ldi     r16, $ 7a                   ;OCRLA 置 $ 7A12,即 1 s 中断 1 次
    out     OCR1AH,r16
    ldi     r16, $ 12
    out     OCR1AL,r16
    ldi     r16, $ 0c                   ;T/C1 对主频 256 分频定时
    out     TCCR1B,r16
    ldi     XL, $ 60
    ldi     XH, $ 00
    ldi     r16, $ 00                   ;段码存储区清 0
    st      X + ,r16
    st      X + ,r16
    st      X + ,r16
    st      X + ,r16
    st      X + ,r16
    st      X + ,r16
    ldi     r16, $ 79
    st      X + ,r16
    ldi     r16, $ 73
    st      X + ,r16
    ldi     r16, $ 06                   ;设置初始密码为"123456"
    st      X + ,r16
    dec     r16
    st      X + ,r16
    dec     r16
    st      X + ,r16
    dec     r16
    st      X + ,r16
    dec     r16
    st      X + ,r16
    dec     r16
    st      X + ,r16
    ldi     r16, $ 00                   ;输入密码存储区清 0
    st      X + ,r16
    st      X + ,r16
    st      X + ,r16
    st      X + ,r16
    st      X + ,r16
    st      X + ,r16
a0: rcall   disp
; ***********************************************************
lscan: ldi  r16, $ f0                   ;键盘扫描程序
    out     DDRC,r16
    out     PORTC,r16
l1: in      r16,PINC
```

```
        cpi     r16,$f1
        brne    l2
        rcall   t1ms
        in      r16,PINC
        cpi     r16,$f1
        brne    l2
        ldi     r17,$00
        rjmp    rscan
l2:     cpi     r16,$f2
        brne    l3
        rcall   t1ms
        cpi     r16,$f2
        brne    l3
        ldi     r17,$01
        rjmp    rscan
l3:     cpi     r16,$f4
        brne    l4
        rcall   t1ms
        cpi     r16,$f4
        brne    l4
        ldi     r17,$02
        rjmp    rscan
l4:     cpi     r16,$f8
        brne    a0
        rcall   t1ms
        cpi     r16,$f8
        brne    a0
        ldi     r17,$03
rscan:  ldi     r16,$0f
        out     DDRC,r16
        out     PORTC,r16
c1:     in      r16,PINC
        cpi     r16,$e0
        brne    c2
        ldi     r18,$00
        rjmp    calcu
c2:     cpi     r16,$d0
        brne    c3
        ldi     r18,$01
        rjmp    calcu
c3:     cpi     r16,$b0
        brne    lscan
        ldi     r18,$02
;************************************************************
calcu:  cpi     r17,$00                         ;计算键号
        brne    calcu1
        ldi     r17,$00
        rjmp    cb
```

```
calcu1: cpi   r17, $ 01
    brne     calcu2
    ldi      r17, $ 03
    rjmp     cb
calcu2: cpi   r17, $ 02
    brne     calcu3
    ldi      r17, $ 06
    rjmp     cb
calcu3: ldi   r17, $ 09
cb: add      r17,r18
; ***********************************************************
    cpi      r17, $ 0a                ;判断是否为 CLR 键
    brne     j1
    cpi      r22, $ 00
    brne     j2
    rcall    alarm1
    rjmp     main
; ***********************************************************
j2: rcall    shiftr
    dec      r22
    rcall    w0
    rjmp     a0
; ***********************************************************
j1: cpi      r17, $ 0b                ;判断是否为 ENTER 键
    brne     j3
    cpi      r22, $ 06
    brne     j4
; ***********************************************************
com: ldi     r16, $ 06                ;比较密码
    mov      r4,r16
    ldi      XL, $ 6e                 ;输入密码暂存区
    ldi      XH, $ 00
agai: ld     r16,X
    mov      r19,r16
    ldi      r16, $ 06
    sub      XL,r16
    ld       r16,X+
    cpse     r16,r19                  ;比较
    rjmp     j5
    ldi      r16, $ 06
    add      XL,r16
    dec      r4
    brne     agai
    cbi      PORTA,0
    rjmp     fini
; ***********************************************************
j5: rcall    alarm2
    rjmp     main
```

```
;************************************************************
j4: rcall   alarm1
    rjmp    main
;************************************************************
j3: inc     r22                          ;按下数字键
    cpi     r22,$07
    brne    k1
    rcall   alarm1
    rcall   w0                           ;等待按键抬起
    rjmp    main
;************************************************************
k1: rcall   shiftl
    rcall   w0
    rjmp    a0
;************************************************************
alarm1: sbi PORTA,7                      ;操作错误报警
    ldi     r21,$01
    sei
    ret
;************************************************************
alarm2: sbi PORTA,7                      ;密码错误报警
    ldi     r21,$03
    sei
    ret
;************************************************************
                                         ;等待按键抬起
w0: rcall   disp
    ldi     r20,$f0
    out     PORTC,r20
w1: in      r20,PINC
    andi    r20,$ff
    cpi     r20,$f0
    brne    w2
    ret
w2: rjmp    w0
;************************************************************
shiftl: ldi r16,$05                      ;段码,输入密码右移子程序
    mov     r3,r16
    ldi     XL,$64
    ldi     XH,$00
l: ld       r16,x+
    st      x,r16
    dec     XL
    dec     XL
    dec     r3
    brne    l
    inc     XL
    ldi     r16,$40
```

```
    st      x,r16
    ldi     r16,$05
    mov     r3,r16
    ldi     XL,$72
    ldi     XH,$00
left2: ld   r16,x+
    st      x,r16
    dec     XL
    dec     XL
    dec     r3
    brne    left2
    inc     XL
    st      x,r17
    ret
;*******************************************************************
shiftr: ldi r16,$05                    ;段码,输入密码右移子程序
    mov     r3,r16
    ldi     XL,$61
    ldi     XH,$00
r: ld       r16,x
    dec     XL
    st      x+,r16
    inc     XL
    dec     r3
    brne    r
    dec     XL
    ldi     r16,$00
    st      x,r16
    ldi     XL,$6e
    ldi     XH,$00
    ldi     r16,$05
    mov     r3,r16
rr: ld      r16,x
    dec     XL
    st      x+,r16
    inc     XL
    dec     r3
    brne    rr
    dec     XL
    ldi     r16,$00
    st      x,r16
    ret
;*******************************************************************
disp:                                  ;显示控制子程序
    ldi     XL,$60
    ldi     XH,$00
    ldi     r16,$fe                    ;送个位位线
    out     PORTD,r16
```

```
        ld      r16,x+
        out     PORTB,r16               ;查 7 段码,送 B 口输出
        rcall   t1ms                    ;延时 1 ms
        ldi     r16,$fd                 ;送十位位线
        out     PORTD,r16
        ld      r16,x+
        out     PORTB,r16               ;查 7 段码,送 B 口输出
        rcall   t1ms                    ;延时 1 ms
        ldi     r16,$fb                 ;送百位位线
        out     PORTD,r16
        ld      r16,x+
        out     PORTB,r16
        rcall   t1ms
        ldi     r16,$f7                 ;送千位位线
        out     PORTD,r16
        ld      r16,x+
        out     PORTB,r16               ;查 7 段码,送 B 口输出
        rcall   t1ms                    ;延时 1 ms
        ldi     r16,$ef                 ;送万位位线
        out     PORTD,r16
        ld      r16,x+
        out     PORTB,r16               ;查 7 段码,送 B 口输出
        rcall   t1ms                    ;延时 1 ms
        ldi     r16,$df                 ;送十万位位线
        out     PORTD,r16
        ld      r16,x+
        out     PORTB,r16
        rcall   t1ms
        ldi     r16,$bf                 ;送百万位位线
        out     PORTD,r16
        ld      r16,x+
        out     PORTB,r16               ;查 7 段码,送 B 口输出
        rcall   t1ms                    ;延时 1 ms
        ldi     r16,$7f                 ;送千万位位线
        out     PORTD,r16
        ld      r16,x
        out     PORTB,r16               ;查 7 段码,送 B 口输出
        rcall   t1ms                    ;延时 1 ms
        ret
;***********************************************************
                                        ;延时
t1ms:   ldi     r24,71                  ;延时 1 ms 子程序
        push    r24
del2:   push    r24
del3:   dec     r24
        brne    del3
        pop     r24
        dec     r24
```

```
    brne     del2
    pop      r24
    ret
;*******************************************************
t1_cp: dec   r21
    brne     cp
    cbi      PORTA,7
    cli
cp: reti
;*******************************************************
fini: ldi    XL, $60
    ldi      XH, $00
    ldi      r16, $40                 ;段码存储区设置为 HELLO---
    st       X+,r16
    ldi      r16, $40
    st       X+,r16
    ldi      r16, $40
    st       X+,r16
    ldi      r16, $5c
    st       X+,r16
    ldi      r16, $38
    st       X+,r16
    ldi      r16, $38
    st       X+,r16
    ldi      r16, $79
    st       X+,r16
    ldi      r16, $76
    st       X+,r16
fin: rcall   disp
    rjmp     fin
```

注: 0x0060～0x0067——存放 8 位数码管的段码;

0x0068～0x006D——存放初始密码;

0x006E～0x0073——存放用户输入的 6 位密码。

10.7.3 系统调试与仿真

对系统进行仿真,系统初始参数设置如图 10-79 所示。

设置 T/C1 比较匹配中断方式,同时定义 AT90S8535 单片机各端口数据方向。

存放 8 位数码管的段码、初始密码及用户输入的 6 位密码的 SRAM 的初始设置如图 10-80所示。

当系统无输入数据时,系统处于等待状态,如图 10-81 所示。

当用户键入密码时,显示器将每位输入的数据以“-”标记显示,如图 10-82 所示。

当数字输入超过 6 个时,给出报警信息;在密码输入过程中,若输入错误,可以利用 DEL 键删除所输入的错误的数字。

当输入密码与系统初始密码不同时,系统发出持续 3 s 的“嘀、嘀”报警声。

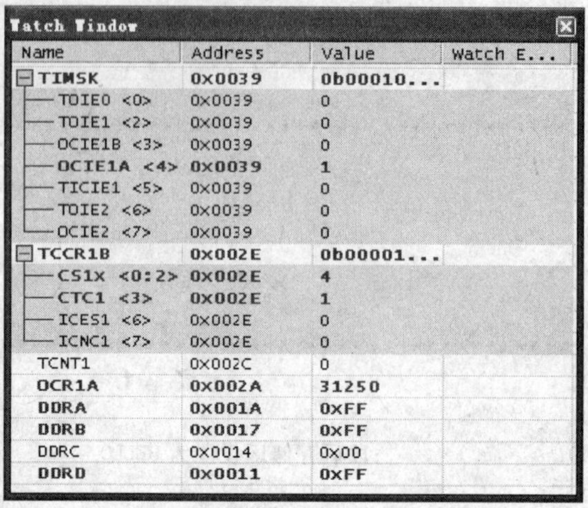

Watch Window

Name	Address	Value	Watch E...
TIMSK	0x0039	0b00010...	
TOIE0 <0>	0x0039	0	
TOIE1 <2>	0x0039	0	
OCIE1B <3>	0x0039	0	
OCIE1A <4>	0x0039	1	
TICIE1 <5>	0x0039	0	
TOIE2 <6>	0x0039	0	
OCIE2 <7>	0x0039	0	
TCCR1B	0x002E	0b00001...	
CS1x <0:2>	0x002E	4	
CTC1 <3>	0x002E	1	
ICES1 <6>	0x002E	0	
ICNC1 <7>	0x002E	0	
TCNT1	0x002C	0	
OCR1A	0x002A	31250	
DDRA	0x001A	0xFF	
DDRB	0x0017	0xFF	
DDRC	0x0014	0x00	
DDRD	0x0011	0xFF	

图 10－79　电子密码锁初始参数设置

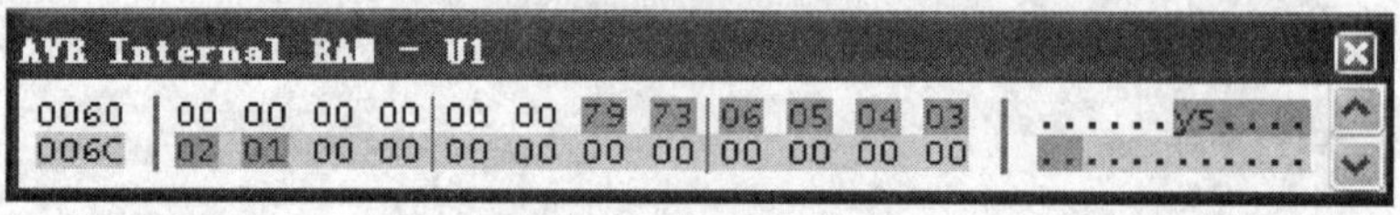

图 10－80　存放 8 位数码管的段码、初始密码及用户输入的 6 位密码的 SRAM

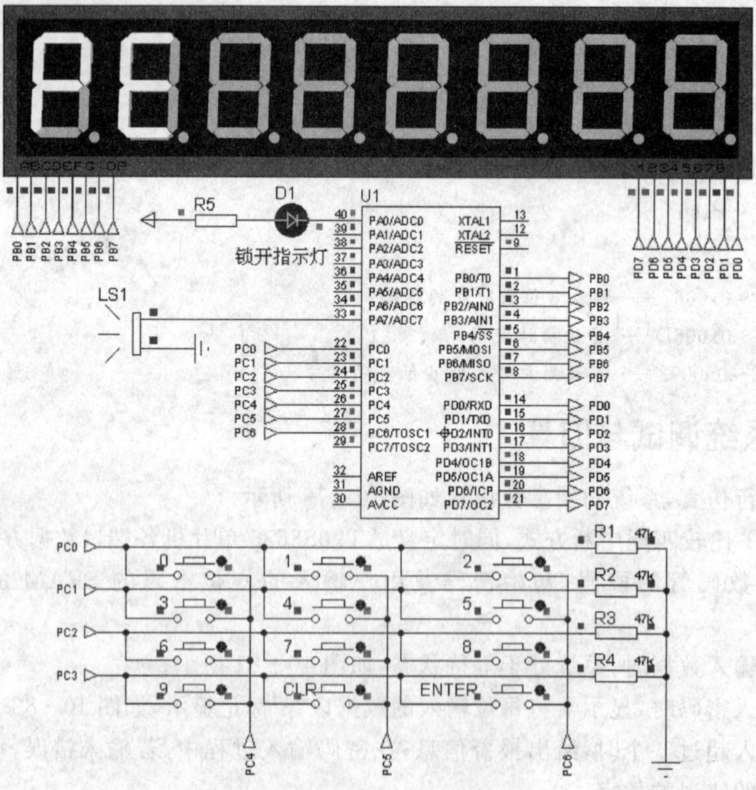

图 10－81　系统等待数据输入

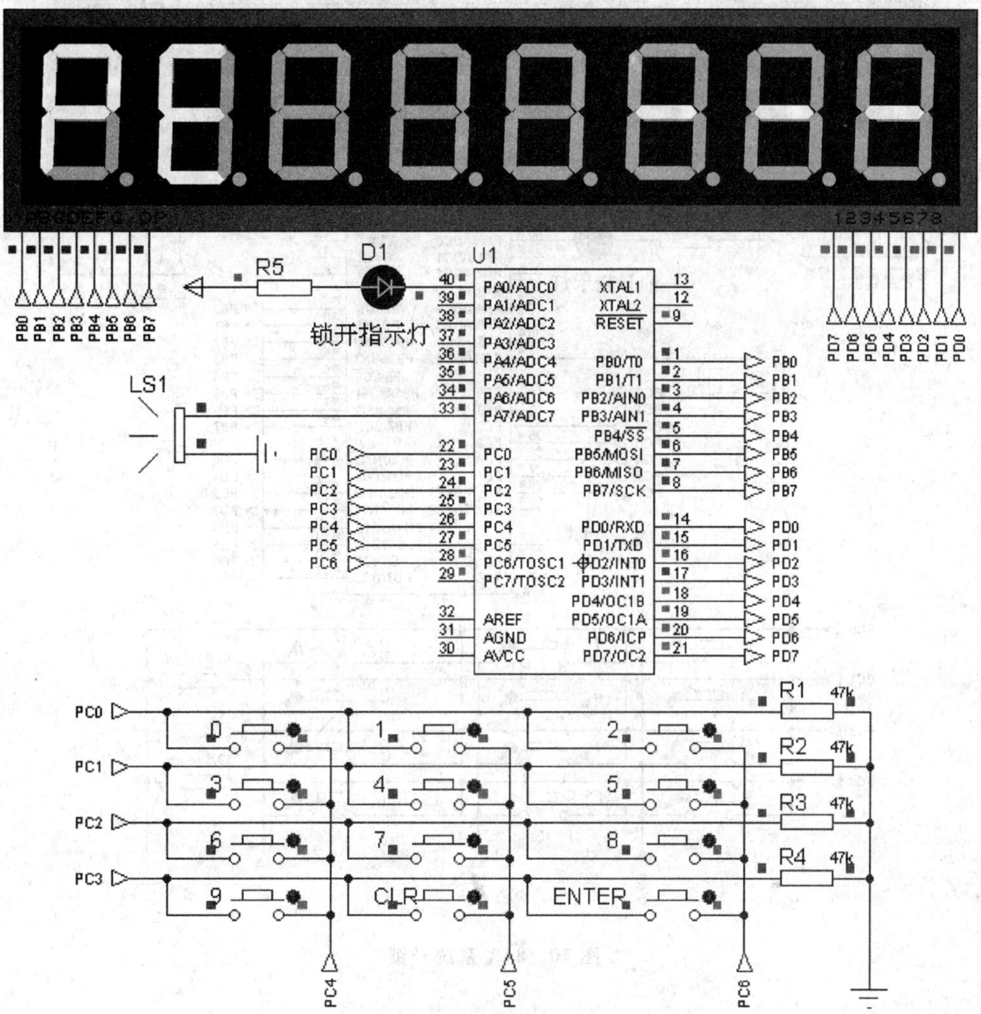

图 10－82　显示器以“-”标记显示每位输入的数据

当输入数据与系统初始密码匹配时，如图 10－83 所示。

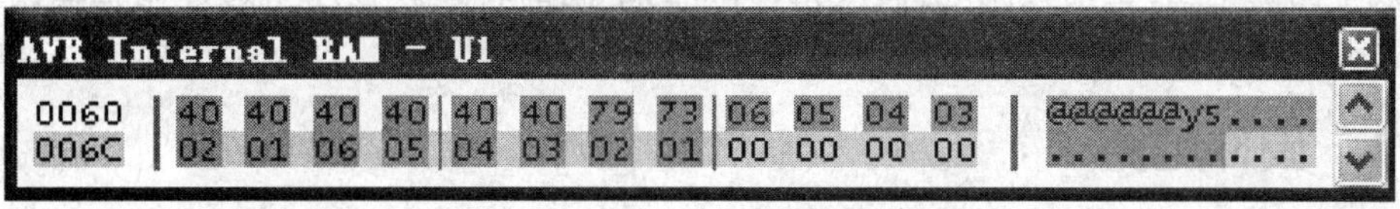

图 10－83　用户输入密码

按下 ENTER 键，显示器将显示“HELLO---”，同时“锁开”指示灯点亮，如图 10－84 所示。

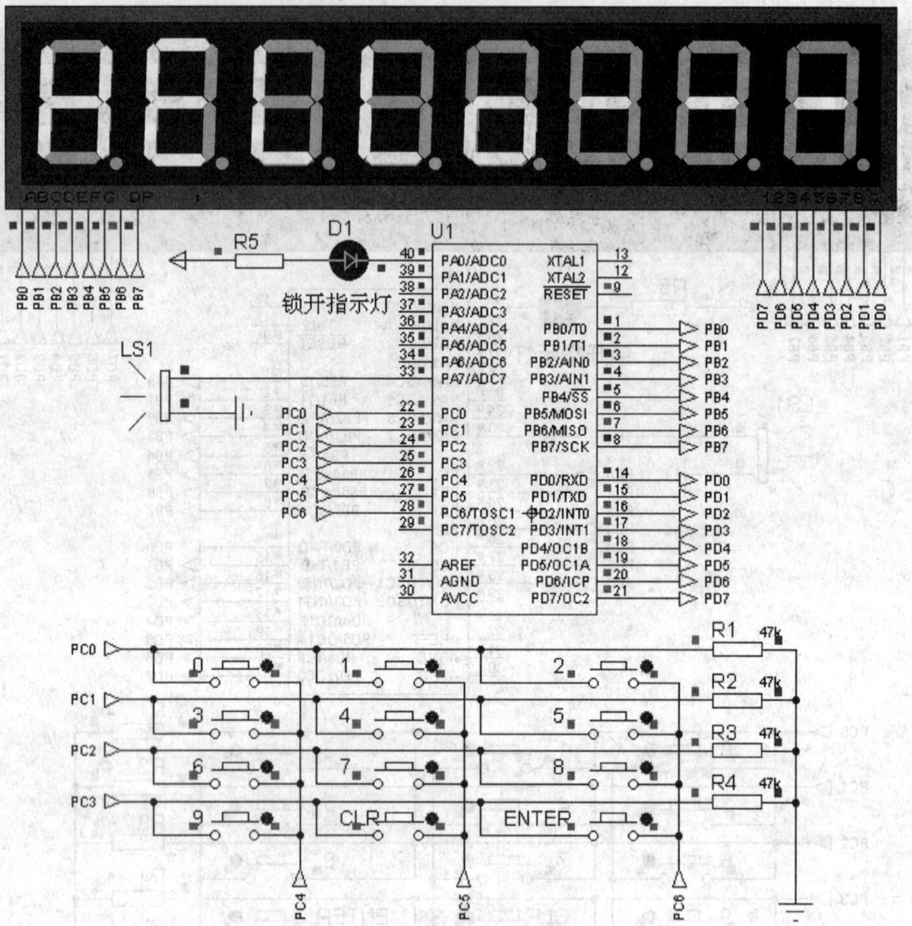

图 10-84　系统开锁

10.8　直流电机驱动设计

PWM 是单片机上常用的模拟量输出方法，通过外接的转换电路可以将占空比不同的脉冲转变成不同的电压，驱动直流电机转动从而得到不同的转速。程序中通过调整输出脉冲的占空比来调节输出模拟电压。

10.8.1　硬件电路

直流电机驱动硬件电路图如图 10-85 所示。

其中，电机驱动电路 DRIVER 如图 10-86 所示。

10.8.2　软件编程

用电位器调节输入 AT90S8535 电压，ADC 将输入电压转换为 10 的数字量，用于设置 PWM 输出占空比。当电位器阻值发生变化时，ADC 转换值也会发生变化，进而调节单片机输出的 PWM 占空比，控制直流电机的转速。

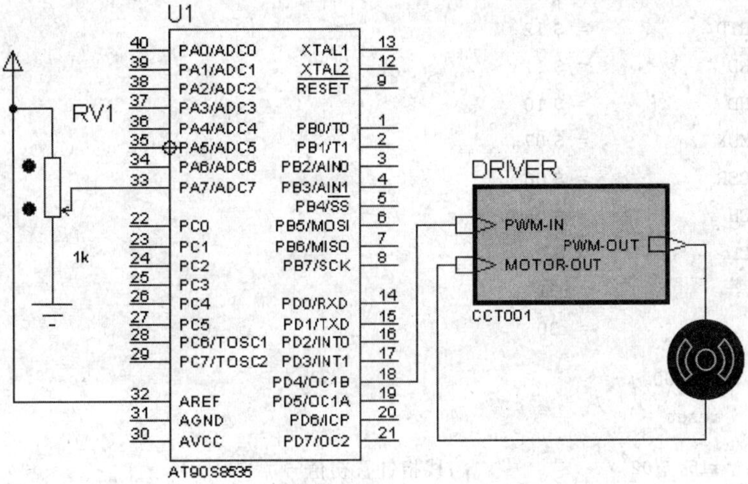

图 10-85 直流电机驱动硬件电路

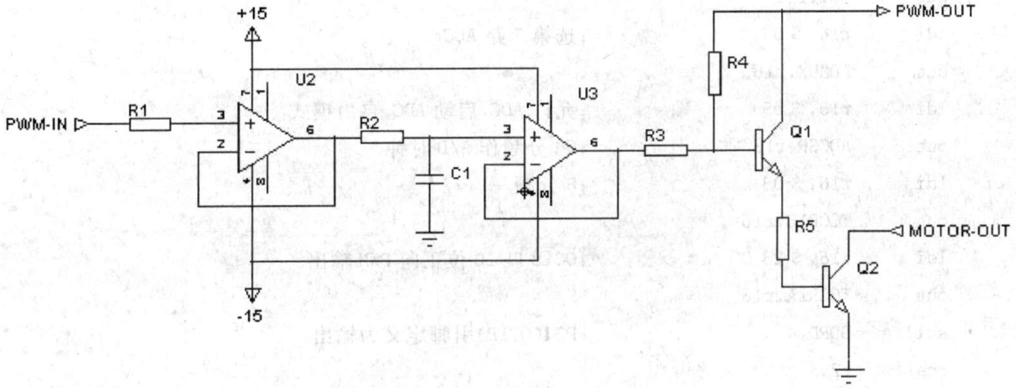

图 10-86 电机驱动电路

直流电机驱动软件流程图如图 10-87 所示。

直流电机软件源程序如下：

```
.device AT90S8535
.equ    sph          = $ 3E
.equ    spl          = $ 3D
.equ    OCR1BH       = $ 29
.equ    OCR1BL       = $ 28
.equ    TCCR1A       = $ 2F
.equ    TCCR1B       = $ 2E
.equ    PORTA        = $ 1B
.equ    DDRA         = $ 1A
.equ    PINA         = $ 19
.equ    PORTB        = $ 18
.equ    DDRB         = $ 17
```

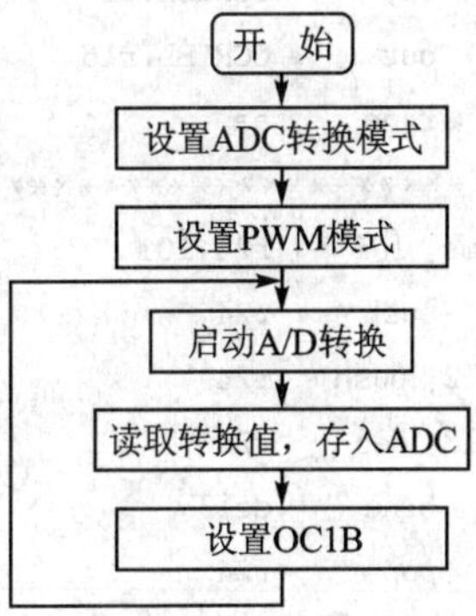

图 10-87 直流电机软件流程图

```
.equ    PINB            = $ 16
.equ    PORTD           = $ 12
.equ    DDRD            = $ 11
.equ    PIND            = $ 10
.equ    ADMUX           = $ 07
.equ    ADCSR           = $ 06
.equ    ADCH            = $ 05
.equ    ADCL            = $ 04
.def    ZH              = r31
.def    ZL              = r30

    .org      $ 0000
    rjmp     reset

reset: ldi   r16, $ 02                ;栈指针置初值
    out      sph,r16
    ldi      r16, $ 5f
    out      spl,r16
    ldi      r16, $ 07                ;选第 7 路 ADC
    out      ADMUX,r16
    ldi      r18, $ e5                ;允许 ADC,启动 ADC,自由模式
    out      ADCSR,r18                ;64 分频作 A/D 时钟
    ldi      r16, $ 03                ;8 分频
    out      TCCR1B,r16
    ldi      r16, $ 23                ;OC1B 口 10 位正向 PWM 输出
    out      TCCR1A,r16
    sbi      DDRD,4                   ;PD4(OC1B)引脚定义为输出
    rcall    t2ms
;****************************************************************
aa: in       r16,ADCL                 ;读 A/D 结果放入 r17、r16 中
    in       r17,ADCH
    out      OCR1BH,r17               ;设占空比为 $ 200/ $ 3FF
    out      OCR1BL,r16
    rjmp     aa
;****************************************************************
t2ms: ldi    r24,101                  ;延时 2 ms 子程序
    push     r24
del2: push   r24
del3: dec    r24
    brne     del3
    pop      r24
    dec      r24
    brne     del2
    pop      r24
    ret
```

10.8.3 系统调试与仿真

对直流电机驱动系统进行仿真，系统初始参数设置如图 10－88 所示。

Watch Window

Name	Address	Value	Watch E...
ADCSR	0x0006	0b11100...	
ADPSX <0:2>	0x0006	5	
ADIE <3>	0x0006	0	
ADIF <4>	0x0006	0	
ADFR <5>	0x0006	1	
ADSC <6>	0x0006	1	
ADEN <7>	0x0006	1	
ADMUX	0x0007	0x07	
TCCR1B	0x002E	0b00000...	
CS1x <0:2>	0x002E	3	
CTC1 <3>	0x002E	0	
ICES1 <6>	0x002E	0	
ICNC1 <7>	0x002E	0	
DDRD	0x0011	0x10	
PORTD	0x0012	0x00	

图 10－88　直流电机驱动初始参数设置

当模拟输入端输入如图 10－89 所示信号时，系统对输入量进行 A/D 转换。

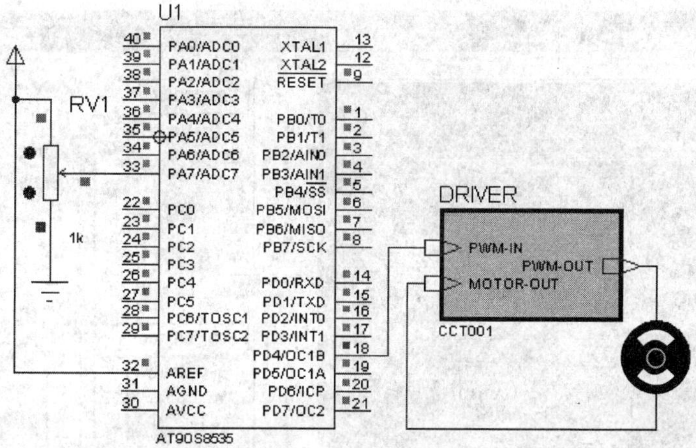

图 10－89　系统输入信号

当转换结束后，将转换值存放到 ADCL、ADCH 中，如图 10－90 所示。

同时，将转换值赋予 OCR1B，作为 T/C1 的匹配值，以产生不同的占空比，如图 10－91 所示。

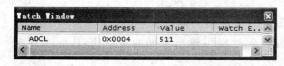

Watch Window

Name	Address	Value	Watch E..
ADCL	0x0004	511	

图 10－90　系统将 A/D 转换值存放于 ADCL、ADCH 中

Watch Window

Name	Address	Value	Watch E..
ADCL	0x0004	511	
OCR1B	0x0028	511	

图 10－91　系统将转换值赋予 OCR1B

用示波器查看单片机输出的 PWM 波及通过驱动电路加载到直流电机的电压。

示波器的连接如图 10－92 所示。

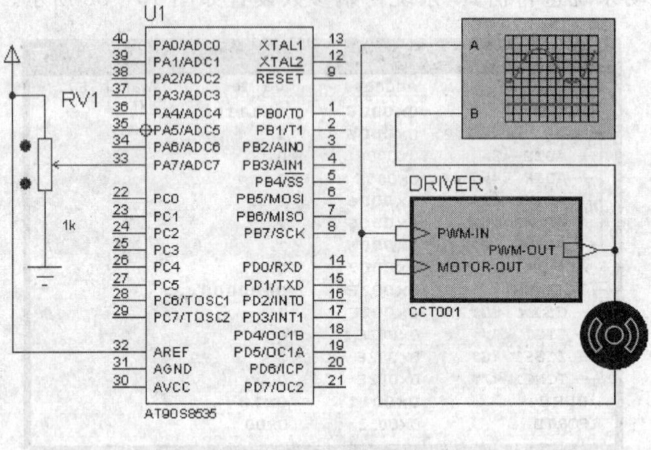

图 10－92 示波器的连接

在上述输入条件下，单片机输出的 PWM 波及通过驱动电路加载到直流电机的电压波形如图 10－93 所示。

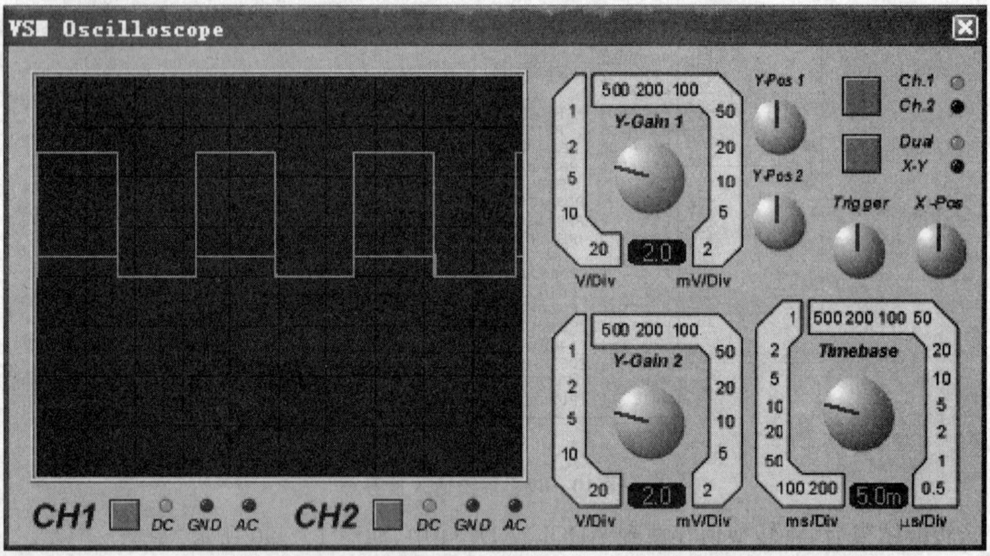

图 10－93 单片机输出的 PWM 波及通过驱动电路加载到直流电机的电压波形

改变输入值为图 10－94 所示状态。

单片机输出的 PWM 波及通过驱动电路加载到直流电机的电压波形如图 10－95 所示。

由仿真结果可知，当系统输入不同的模拟量时，单片机可输出不同的占空比，从而实现对电机转速的控制。

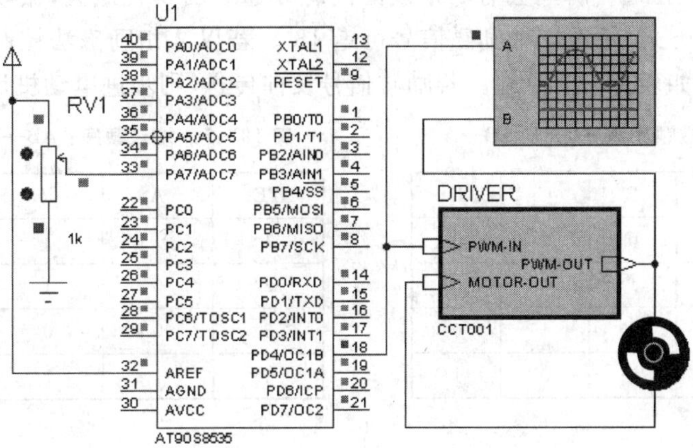

图 10-94　改变输入值

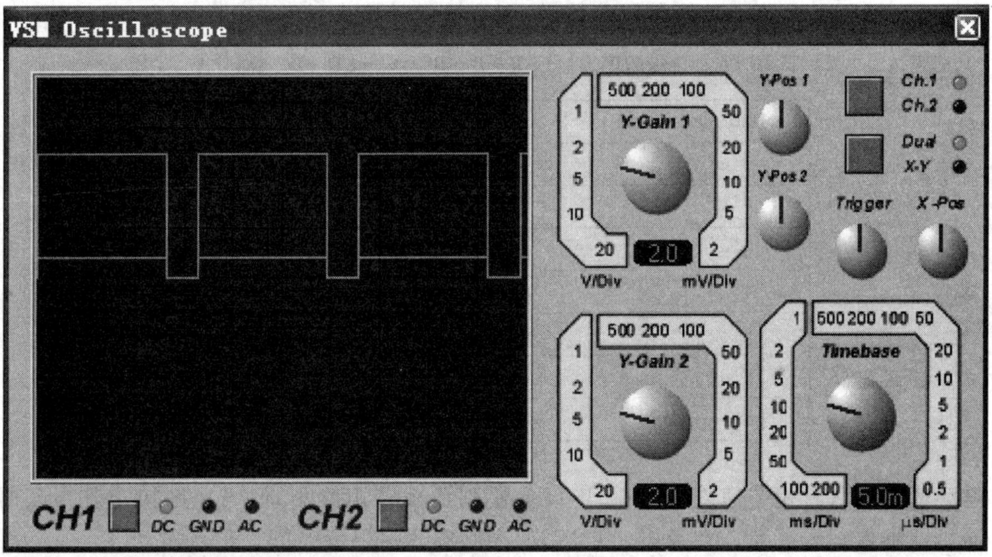

图 10-95　改变输入值后，单片机输出的 PWM 波及通过驱动电路加载到直流电机的电压波形

10.9　步进电机驱动设计

步进电动机有三线式、五线式、六线式 3 种，但其控制方式均相同，必须以脉冲电流来驱动。若每旋转一圈以 20 个励磁信号来计算，则每个励磁信号前进 18°，其旋转角度与脉冲数成正比，正、反转可由脉冲顺序来控制。

步进电机的励磁方式可分为全部励磁及半步励磁，其中全部励磁又有 1 相励磁及 2 相励磁之分，而半步励磁又称 1～2 相励磁。

- 1 相励磁法：在每一瞬间只有一个线圈导通。消耗电能少，精确度良好，但转矩小，振动较大，每送一个励磁信号可走 18°。若欲以 1 相励磁法控制步进电动机正转，其励磁顺序如表 10-4 所列。若励磁信号反向传送，则步进电动机反转。

➢ 2 相励磁法：在每一瞬间会有 2 个线圈同时导通。因其转矩大，振动小，故为目前使用最多的励磁方式，每送一个励磁信号可走 18°。若以 2 相励磁法控制步进电动机正转，其励磁顺序如表 10-5 所列。若励磁信号反向传送，则步进电动机反转。

表 10-4　励磁顺序 A→B→C→D→A

STEP	A	B	C	D
1	1	0	0	0
2	0	1	0	0
3	0	0	1	0
4	0	0	0	1

表 10-5　励磁顺序：AB→BC→CD→DA→AB

STEP	A	B	C	D
1	1	1	0	0
2	0	1	1	0
3	0	0	1	1
4	1	0	0	1

➢ 1～2 相励磁法：为 1 相与 2 相轮流交替导通。因分辨率提高，且运转平滑，每送一励磁信号可走 9°，故亦被广泛采用。若以 1 相励磁法控制步进电动机正转，其励磁顺序如表 10-6所列。若励磁信号反向传送，则步进电动机反转。

表 10-6　励磁顺序：A→AB→B→BC→C→CD→D→DA→A

STEP	A	B	C	D
1	1	0	0	0
2	1	1	0	0
3	0	1	0	0
4	0	1	1	0
6	0	0	1	1
7	0	0	0	1
8	1	0	0	1

电动机的负载转矩与速度成反比，速度愈快则负载转矩愈小，但当速度快至其极限时，步进电动机即不再运转。所以在每走一步后，程序必须延迟一段时间。

10.9.1　硬件电路

步进电机驱动硬件电路如图 10-96 所示。

10.9.2　软件编程

本程序以 1～2 相励磁法驱动步进电机。系统源程序如下：

```
.device AT90S8535
.equ    sph        = $ 3E
.equ    spl        = $ 3D
.equ    PORTA      = $ 1B
.equ    DDRA       = $ 1A
.equ    PINA       = $ 19
.equ    PORTD      = $ 12
```

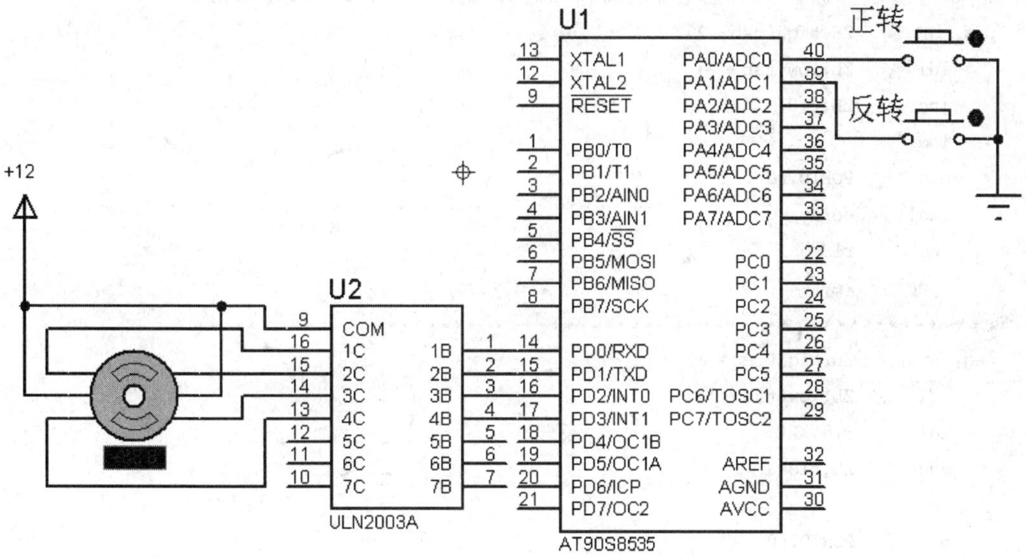

图 10－96　步进电机硬件电路

```
.equ    DDRD        = $11
.equ    PIND        = $10
.def    ZH          = r31
.def    ZL          = r30

    .org    $0000
    rjmp    reset

reset: ldi   r16,$02                ;栈指针置初值
    out     sph,r16
    ldi     r16,$5f
    out     spl,r16
    ldi     r16,$00
    out     DDRA,r16
    ldi     r16,$ff
    out     DDRD,r16
    out     PORTA,r16
    ldi     r17,$03
    ldi     r18,$00
;*******************************************************************
wait: out    PORTD,r17              ;初始角度,0°
    in      r16,PINA
    sbrc    r16,0
    rjmp    a0
    rjmp    pos
a0: sbrc     r16,1
    rjmp    wait
    rjmp    neg
```

```
;*****************************************************
pos: ldi    ZH,high(tab*2)
     ldi    ZL,low(tab*2)
     inc    ZL,r18
     lpm
     out    PORTD,r0
     rcall  delay
     inc    r18
     rjmp   key
;*****************************************************
neg: ldi    ZH,high(tab*2)
     ldi    ZL,low(tab*2)
     ldi    r18,$06              ;反转 9°
     add    ZL,r18
     lpm
     out    PORTD,r0
     rcall  delay
     rjmp   key
;*****************************************************
key: in     r16,PINA             ;读键盘情况
     sbrs   r16,0
     rjmp   a1
     rjmp   fz1
a1:  cpi    r18,$08
     brne   loopz                ;是结束标志
     ldi    r18,$00
;*****************************************************
loopz: ldi  ZH,high(tab*2)
     ldi    ZL,low(tab*2)
     add    ZL,r18
     lpm
     out    PORTD,r0             ;输出控制脉冲
     rcall  delay                ;程序延时
     inc    r18                  ;地址加 1
     rjmp   key
;*****************************************************
fz1: sbrs   r16,1
     rjmp   a2
     rjmp   key
a2:  dec    r18
     cpi    r18,$ff
     brne   loopf
     ldi    r18,$07
;*****************************************************
loopf: ldi  ZH,high(tab*2)
```

```
    ldi     ZL,low(tab * 2)
    add     ZL,r18
    lpm
    out     PORTD,r0            ;输出控制脉冲
    rcall   delay               ;程序延时
    rjmp    key
;*****************************************************
                                ;延时 100 ms
delay: ldi  r16,114
    push    r16                 ;进栈需 2t
de0: push   r16                 ;进栈需 2t
de1: push   r16                 ;进栈需 2t
de2: dec    r16                 ;-1 需 1t
    brne    de2                 ;不为 0 转,为 0 顺序执行,需 1t/2t
    pop     r16                 ;出栈需 2t
    dec     r16                 ;-1 需 1t
    brne    de1                 ;不为 0 转,为 0 顺序执行,需 1t/2t
    pop     r16                 ;出栈需 2t
    dec     r16                 ;-1 需 1t
    brne    de0                 ;不为 0 转,为 0 顺序执行,需 1t/2t
    pop     r16                 ;出栈需 2t
    ret
;*****************************************************
                                ;正转模型
tab: .db     $02,$06,$04,$0C,$08,$09,$01,$03
```

10.9.3 系统调试与仿真

对步进电机驱动系统进行仿真,系统端口初始设置如图 10-97 所示。

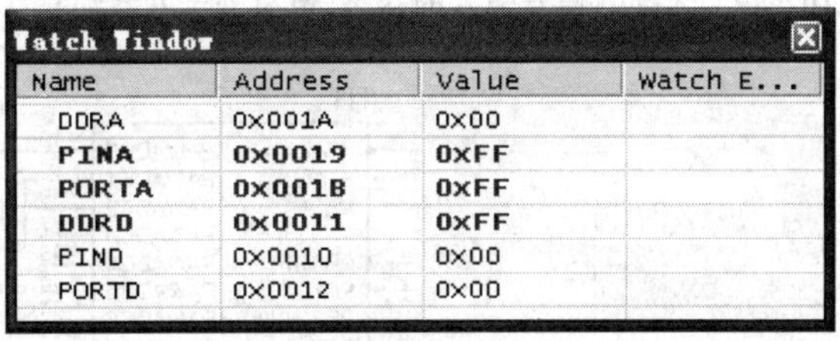
Watch Window

Name	Address	Value	Watch E...
DDRA	0x001A	0x00	
PINA	0x0019	0xFF	
PORTA	0x001B	0xFF	
DDRD	0x0011	0xFF	
PIND	0x0010	0x00	
PORTD	0x0012	0x00	

图 10-97　步进电机驱动初始端口设置

各寄存器的初始设置如图 10-98 所示。

在无控制信号输入的状态下,电机处于 0 转动角状态,如图 10-99 所示。

当"正转"按钮按下时,单片机按照正转励磁顺序产生相应的控制信号,控制电机转动。电机正转仿真结果如图 10-100 所示。

当"反转"按钮按下时,单片机按照反转励磁顺序产生相应的控制信号,控制电机转动。电机反转仿真结果如图 10-101 所示。

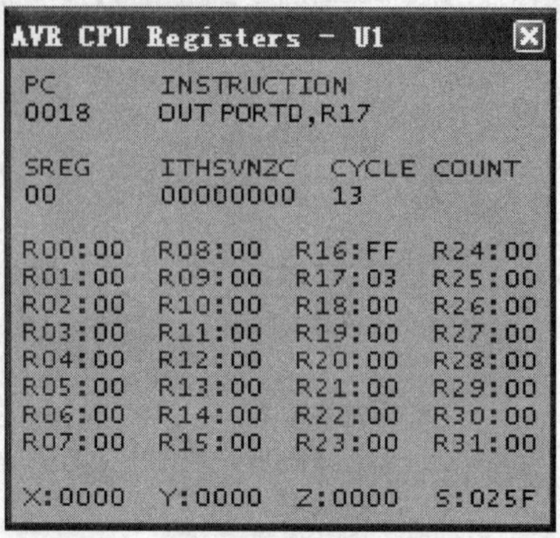

图 10-98　各寄存器的初始设置

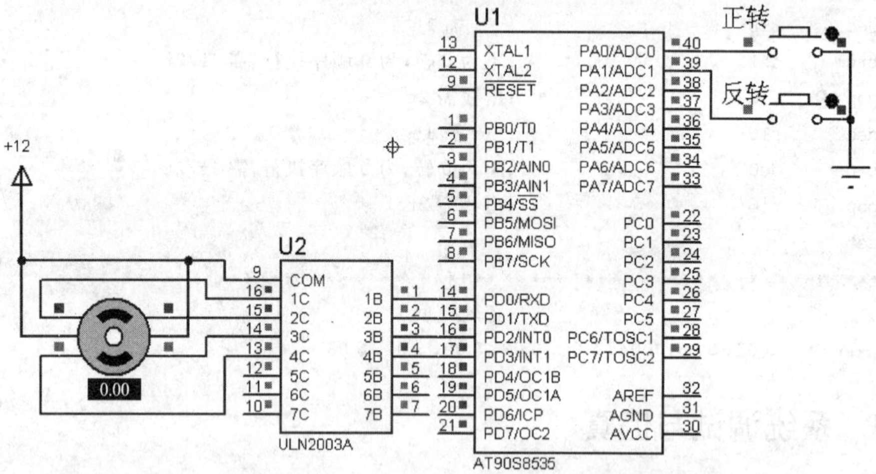

图 10-99　无控制信号输入的状态,电机处于 0 转动角状态

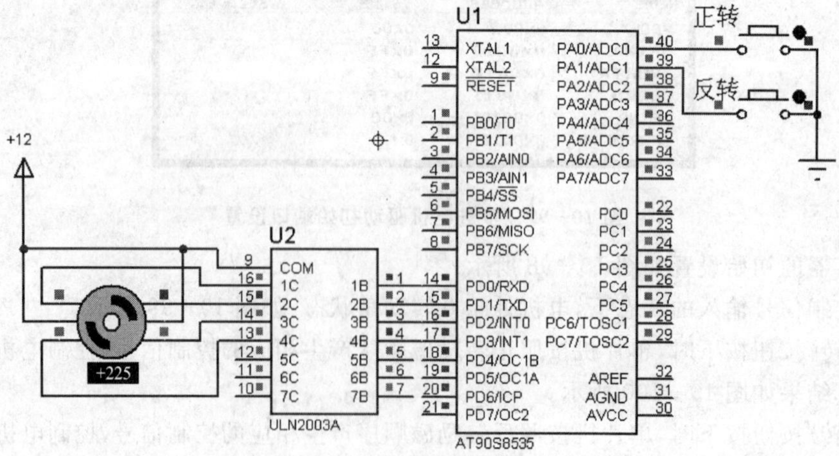

图 10-100　电机正转(+225℃)

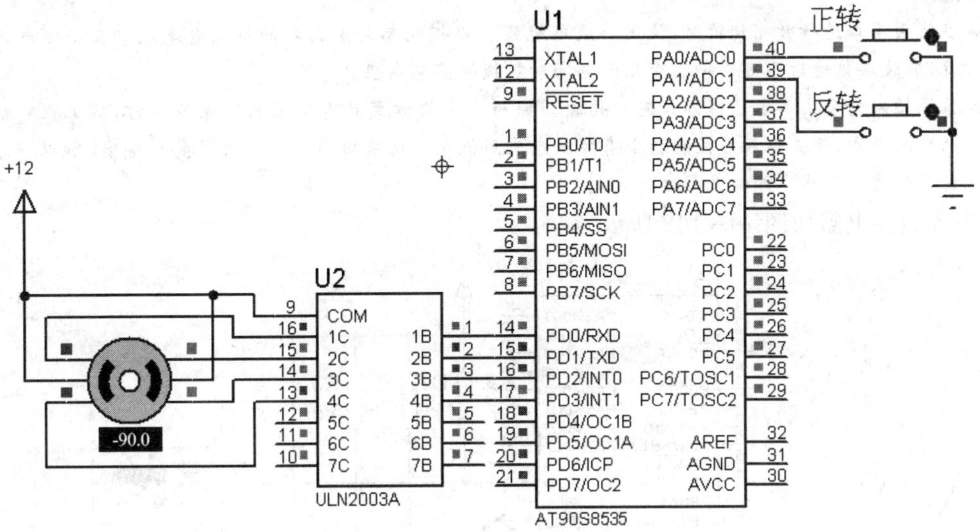

图 10-101　电机反转(-90℃)

10.10　数据采集系统设计

对系统温度进行多点测量,并将检测到的信号通过计算机串行通信口传输到上位机;上位机根据系统控制要求给出系统控制信号,并将控制信号通过串口通信口传输到 AT90S8535 单片机,单片机输出控制信号,分别控制三组加热器和一个风扇。要求温度测量精度为±0.1 ℃。

10.10.1　硬件电路

鉴于加热温度场分布的不均匀性及系统对温度的高精度要求,系统采用多点测量方法对培养箱内的温度进行测量。本设计采用 Dallas 公司 1-Wire 系列数字传感器 DS18B20 测温。采用数字温度传感器的好处是与 CPU 接口连接方便,可不必过多考虑前向通道中诸如信号放大、零点漂移、传感器供电和干扰等因素,可以在满足系统要求的前提下最大限度地降低系统开发成本和技术难度。

DS18B20 加电后,处于空闲状态。处理器向其发出 Convert T[44h]命令,启动温度测量和 A/D 转换;转换完成后,DS18B20 回到空闲状态。温度数据是以带符号位的 16 位补码的形式存储在温度寄存器中的。处理器发出读温度命令,在读时隙读出系统温度,实现对温度的测量。系统采用多传感器器技术(3 个 DS18B20)进行测温。

注意: 系统使用 DS18B20 进行温度测量,而所有 1-Wire 总线的基本要求为:微处理器的通信端口必须是双向的,其输出为漏极开路,且线上具有弱上拉;微处理器必须能产生标准速度 1-Wire 通信所需的精确 1 μs延时;通信过程不能被中断。DS18B20 简介参见附录 L。

系统为温度测量,对系统的测控频率要求不高,因此采用 AT90S8515 单片机接收温度数据,并由 RS-232 口将数据传输到计算机。即采用串行通信方式进行数据传输。

系统采用继电器构成输出控制电路。

注意：

➢ 在使用串口进行数据传输时，使用屏蔽电缆线。以铜或铝为屏蔽层的屏蔽电缆能抑制高频电磁场干扰，屏蔽层接地后还可以抑制变化的电场对芯线的静电感应。

➢ 系统控制信号采用负逻辑方式进行传输。因为负逻辑方式具有较强的耐噪声能力，从工程实践积累的经验来看，开关输入的控制指令有效状态采用低电平比采用高电平的效果要好得多，所以一般微型计算机接口电路中经常采用这种方式。

系统硬件电路如图 10－102 所示。

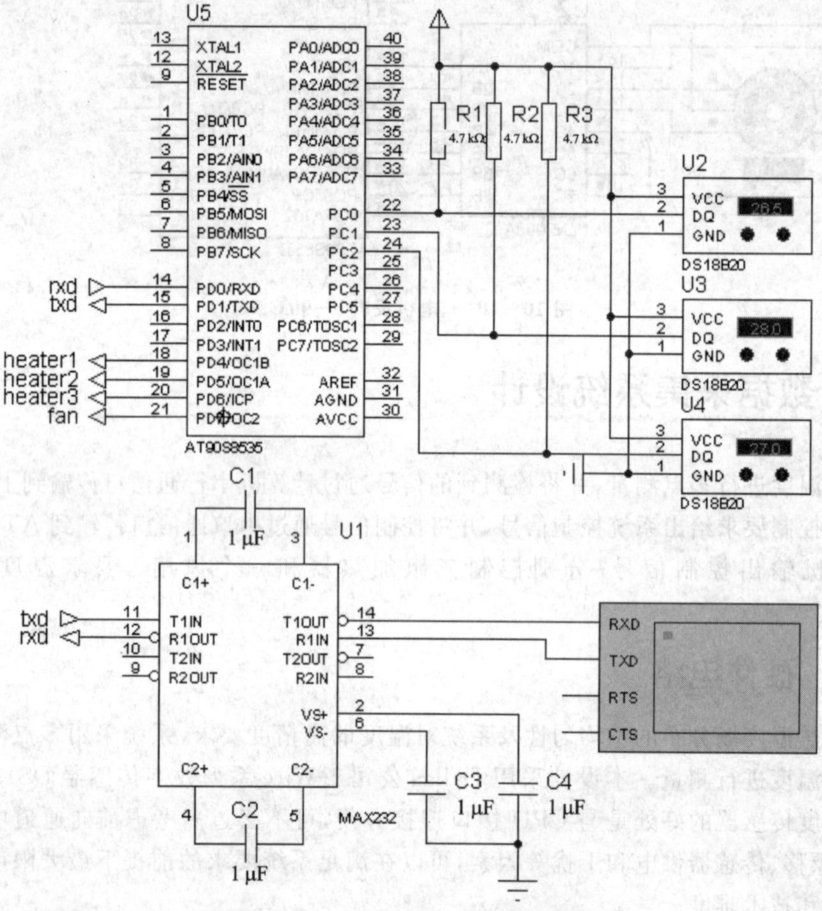

图 10－102　系统数据采集及串行数据传输

可采用继电器构成输出控制电路，如图 10－103 所示。

继电器由晶体管 2N3019 驱动，使用光电耦合器隔离。二极管 D1 的作用是保护晶体管 2N3019，防止 2N3019 关断时继电器线圈产生的感应电势所造成的损坏。

10.10.2　软件编程

DS18B20 数据采集软件流程图如图 10－104 所示。

串行数据发送软件流程图如图 10－105 所示。

串行数据发送软件流程图如图 10－106 所示。

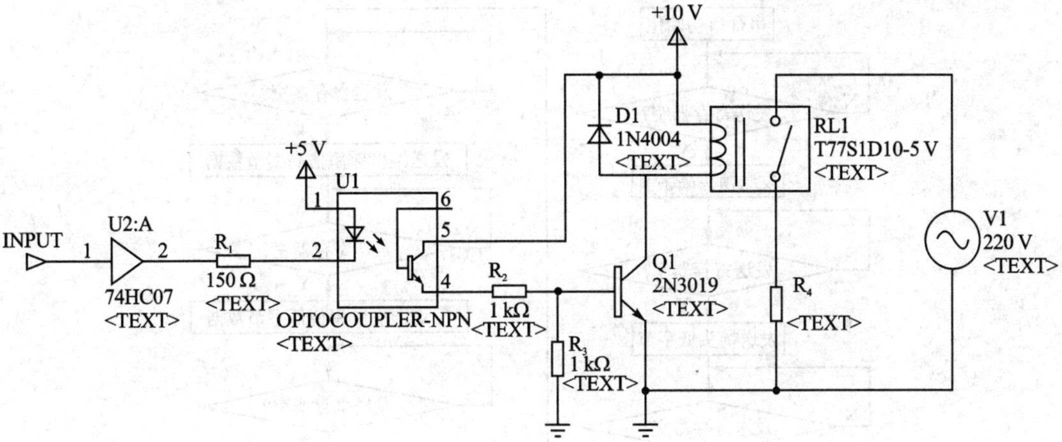

图 10－103　控制信号输出电路

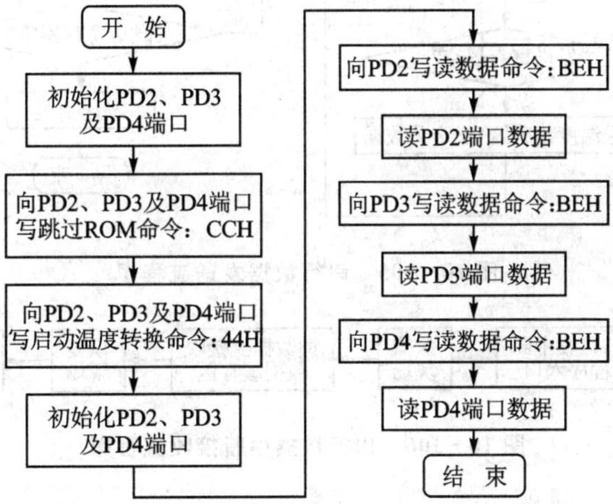

图 10－104　DS18B20 数据采集流程图

系统软件源程序如下：

```
.device AT90S8535
.equ    SREG        = $ 3F
.equ    sph         = $ 3E
.equ    spl         = $ 3D
.equ    TIMSK       = $ 39
.equ    PORTC       = $ 15
.equ    DDRC        = $ 14
.equ    PINC        = $ 13
.equ    PORTD       = $ 12
.equ    DDRD        = $ 11
.equ    PIND        = $ 10
.EQU    UBRR        = $ 09
.EQU    UCR         = $ 0A
.EQU    USR         = $ 0B
```

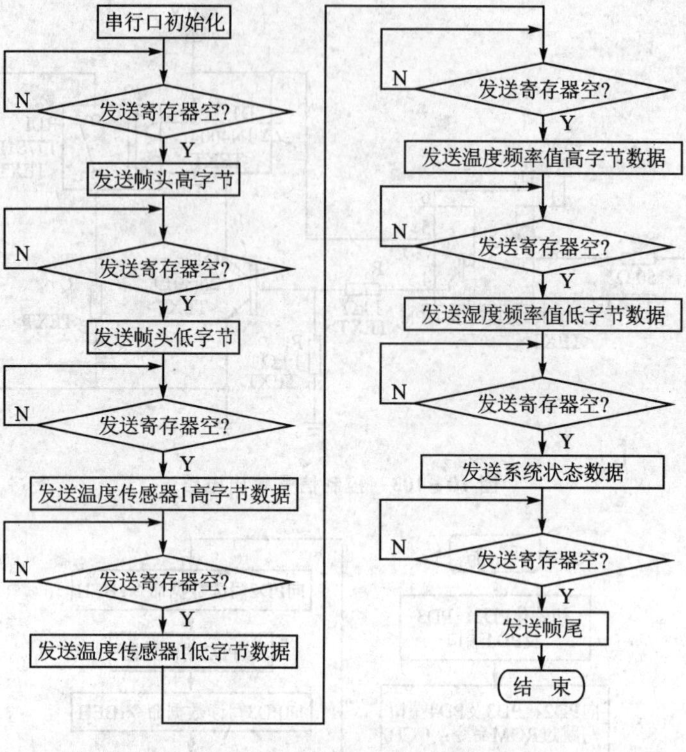

图 10-105 串行数据发送流程图

图 10-106 串行数据中断接收流程图

```
.EQU    UDR          = $ 0C
.EQU    B20D         = 0
.EQU    B21D         = 1
.EQU    B22D         = 2
.DEF    YL           = R28
.DEF    YH           = R29
.CSEG
     .org    $ 0000
     rjmp    main
     .org    0x00b
     rjmp    uart_rx                  ;接收完成中断
main: ldi    r16, $ 02                ;栈指针置初值
     out     sph,r16
     ldi     r16, $ 5f
     out     spl,r16
     ldi     Yl, $ 60                 ;Y 接收缓冲区显示指针置初值
     ldi     Yh, $ 00
     ldi     r16, $ 00
```

```
    out     DDRC,r16
    out     PORTC,r16
    ldi     r16,$fe
    out     DDRD,r16
    ldi     r16,$ff
    out     PORTD,r16
    ldi     r16,51
    out     UBRR,r16                    ;波特率确定为 9600
    ldi     r16,$98
    out     UCR,r16                     ;UART 设置为发送、接收使能
    sei
wait: rcall ds18b20
    rcall   dsent
    ldi     r17,8
        lds r2,$0060
        lds r4,$0061
        lds r0,$0062
        mov r9,r0
        mov r3,r2
        lsr r3
        mov r1,r2
        mov r5,r4
data: lsr   r1
    brcc    ms
    sbi     PORTD,04
    sbi     PORTD,06
    rcall   ts10ms
    rjmp    ms1
ms: cbi     PORTD,04
    cbi     PORTD,06
    rcall   ts10ms
ms1: lsr    r3
    brcc    ms2
    sbi     PORTD,05
    rcall   ts10ms
    rjmp    ms3
ms2: cbi    PORTD,05
    rcall   ts10ms
    rcall   ts10ms
ms3: lsr    r5
    brcc    ms4
    sbi     PORTD,07
    rcall   ts10ms
    rjmp    ms7
ms4: cbi    PORTD,07
```

```
    rcall    ts10ms
ms7: dec     r17
    brne     data
    rjmp     wait
;**************************************************************
DS18B20:
    RCALL    RES0                    ;初始化 18B20
    LDI      R18,$CC                 ;跳过内部 ROM 命令
    RCALL    W18B20
    LDI      R18,$44                 ;启动 A/D 转换命令
    RCALL    W18B20
    RCALL    RES0                    ;18B20 初始化
    LDI      R18,$CC                 ;跳过内部 ROM 命令
    RCALL    W18B20
    LDI      R18,$BE                 ;读 RAM 命令
    RCALL    W18B21
    RCALL    R18B20                  ;读出温度的低字节并暂存
    MOV      R10,R19
    RCALL    R18B20                  ;读出温度的高字节并暂存
    MOV      R11,R19
    LDI      R18,$BE                 ;读 RAM 命令
    RCALL    W18B22
    RCALL    R18B21                  ;读出温度的低字节并暂存
    MOV      R12,R19
    RCALL    R18B21                  ;读出温度的高字节并暂存
    MOV      R13,R19
    LDI      R18,$BE                 ;读 RAM 命令
    RCALL    W18B23
    RCALL    R18B22                  ;读出温度的低字节并暂存
    MOV      R14,R19
    RCALL    R18B22                  ;读出温度的高字节并暂存
    MOV      R15,R19
    RET
;**************************************************************
RES0: SBI    DDRC,B20D               ;初始化子程序,将数据线 B20D 拉低
    SBI      DDRC,B21D
    SBI      DDRC,B22D
    LDI      R16,240                 ;并延时约 480 μs
DELAY: NOP
    NOP
    NOP
    NOP
    NOP
    NOP
    DEC      R16
```

```
    BRNE    DELAY
    LDI     R16,239
DELAY1: NOP
    NOP
    NOP
    NOP
    NOP
    NOP
    DEC     R16
    BRNE    DELAY1
    CBI     DDRC,B20D               ;释放 B20D 信号(即将 PINB7 引脚拉高)
    CBI     DDRC,B21D
    CBI     DDRC,B22D
    LDI     R16,240                 ;并延时约 480 μs
DELAY2: NOP
    NOP
    NOP
    NOP
    NOP
    NOP
    DEC     R16
    BRNE    DELAY2
    LDI     R16,239
DELAY3: NOP
    NOP
    NOP
    NOP
    NOP
    NOP
    DEC     R16
    BRNE    DELAY3
    RET
;**************************************************************
W18B20: LDI  R19,8                  ;写 18B20 子程序
    CLC
WB201 : CBI  DDRC,B20D              ;将数据线拉高
    CBI     DDRC,B21D
    CBI     DDRC,B22D
    LDI     R16,1                   ;约 1 μs
DELAY4: NOP
    NOP
    NOP
    NOP
    NOP
    NOP
```

```
    DEC     R16
    BRNE    DELAY4
    SBI     DDRC,B20D              ;将数据线拉低产生写信号下降沿
    SBI     DDRC,B21D
    SBI     DDRC,B22D
    LDI     R16,6                  ;拉低约 6 * 1 = 6 μs
DELAY5: NOP
    NOP
    NOP
    NOP
    NOP
    NOP
    DEC     R16
    BRNE    DELAY5
    ROR     R18                    ;将发送数据低位移到进位位发送
    BRCC    WB202
    CBI     DDRC,B20D              ;将数据线拉高
    CBI     DDRC,B21D
    CBI     DDRC,B22D
WB202 : LDI  R16,64                ;发送位延时约 64 μs
DELAY6: NOP
    NOP
    NOP
    NOP
    NOP
    NOP
    DEC     R16
    BRNE    DELAY6
    DEC     R19
    BRNE    WB201
    CBI     DDRC,B20D              ;将数据线拉高
    CBI     DDRC,B21D
    CBI     DDRC,B22D
    RET
;*****************************************************************
W18B21: LDI  R19,8                 ;写 18B20 子程序
    CLC
WB2011: CBI  DDRC,B20D             ;将数据线拉高
    LDI     R16,1                  ;约 1 μs
DELAY19:NOP
    NOP
    NOP
    NOP
    NOP
    NOP
```

```
    DEC     R16
    BRNE    DELAY19
    SBI     DDRC,B20D               ;将数据线拉低产生写信号下降沿
    LDI     R16,6                   ;拉低约 1 * 6  =  6 μs
DELAY20:NOP
    NOP
    NOP
    NOP
    NOP
    NOP
    DEC     R16
    BRNE    DELAY20
    ROR     R18                     ;将发送数据低位移到进位位发送
    BRCC    WB2021
    CBI     DDRC,B20D               ;将数据线拉高
WB2021 :LDI R16,64                  ;发送位延时约 64 μs
DELAY21:NOP
    NOP
    NOP
    NOP
    NOP
    NOP
    DEC     R16
    BRNE    DELAY21
    DEC     R19
    BRNE    WB2011
    CBI     DDRC,B20D               ;将数据线拉高
    RET
;*******************************************************************
W18B22: LDI R19,8                   ;写 18B20 子程序
    CLC
WB2012: CBI DDRC,B21D               ;将数据线拉高
    LDI     R16,1                   ;约 1 μs
DELAY22:NOP
    NOP
    NOP
    NOP
    NOP
    NOP
    DEC     R16
    BRNE    DELAY22
    SBI     DDRC,B21D               ;将数据线拉低产生写信号下降沿
    LDI     R16,6                   ;拉低约 1 * 6  =  6 μs
DELAY23:NOP
    NOP
```

```
    NOP
    NOP
    NOP
    NOP
    DEC     R16
    BRNE    DELAY23
    ROR     R18                         ;将发送数据低位移到进位位发送
    BRCC    WB2022
    CBI     DDRC,B21D                   ;将数据线拉高
WB2022 :LDI R16,64                      ;发送位延时约 64 μs
DELAY24:NOP
    NOP
    NOP
    NOP
    NOP
    NOP
    DEC     R16
    BRNE    DELAY24
    DEC     R19
    BRNE    WB2012
    CBI     DDRC,B21D                   ;将数据线拉高
    RET
;**********************************************************
W18B23: LDI R19,8                       ;写 18B20 子程序
    CLC
WB2013: CBI DDRC,B22D                   ;将数据线拉高
    LDI     R16,1                       ;约 1 μs
DELAY25:NOP
    NOP
    NOP
    NOP
    NOP
    NOP
    DEC     R16
    BRNE    DELAY25
    SBI     DDRC,B22D                   ;将数据线拉低产生写信号下降沿
    LDI     R16,6                       ;拉低约 1 * 6 = 6 μs
DELAY26:NOP
    NOP
    NOP
    NOP
    NOP
    NOP
    DEC     R16
    BRNE    DELAY26
```

```
    ROR     R18                 ;将发送数据低位移到进位位发送
    BRCC    WB2023
    CBI     DDRC,B22D           ;将数据线拉高
WB2023: LDI R16,64              ;发送位延时约 64 μs
DELAY27:NOP
    NOP
    NOP
    NOP
    NOP
    NOP
    DEC     R16
    BRNE    DELAY27
    DEC     R19
    BRNE    WB2013
    CBI     DDRC,B22D           ;将数据线拉高
    RET
;**********************************************************
R18B20: LDI R19, $80            ;读 18B20 子程序
RB201 : CBI DDRC,B20D           ;将数据线拉高
    LDI     R16,1               ;拉高约 1 μs
DELAY7: NOP
    NOP
    NOP
    NOP
    NOP
    NOP
    DEC     R16
    BRNE    DELAY7
    SBI     DDRC,B20D           ;将数据线拉低产生读信号下降沿
    LDI     R16,6
DELAY8: NOP
    NOP
    NOP
    NOP
    NOP
    NOP
    DEC     R16
    BRNE    DELAY8
    CBI     DDRC,B20D           ;将数据线拉高
    LDI     R16,8
DELAY9: NOP
    NOP
    NOP
    NOP
    NOP
```

```
    NOP
    DEC     R16
    BRNE    DELAY9
    SEC
    SBIS    PINC,B20D
    CLC
    ROR     R19
    LDI     R16,56
DELAY10:NOP
    NOP
    NOP
    NOP
    NOP
    NOP
    DEC     R16
    BRNE    DELAY10
    BRCC    RB201
    CBI     DDRC,B20D                ;将数据线拉高
    RET
;*************************************************************
R18B21: LDI  R19,$80                 ;读 18B20 子程序
RB211 : CBI  DDRC,B21D               ;将数据线拉高
    LDI     R16,1                    ;拉高约 1 μs
DELAY11:NOP
    NOP
    NOP
    NOP
    NOP
    NOP
    DEC     R16
    BRNE    DELAY11
    SBI     DDRC,B21D                ;将数据线拉低产生读信号下降沿
    LDI     R16,6
DELAY12:NOP
    NOP
    NOP
    NOP
    NOP
    NOP
    DEC     R16
    BRNE    DELAY12
    CBI     DDRC,B21D                ;将数据线拉高
    LDI     R16,8
DELAY13:NOP
    NOP
```

```
    NOP
    NOP
    NOP
    NOP
    DEC     R16
    BRNE    DELAY13
    SEC
    SBIS    PINC,B21D
    CLC
    ROR     R19
    LDI     R16,56
DELAY14:NOP
    NOP
    NOP
    NOP
    NOP
    NOP
    DEC     R16
    BRNE    DELAY14
    BRCC    RB211
    CBI     DDRC,B21D                   ;将数据线拉高
    RET
;*************************************************************
R18B22: LDI R19,$80                     ;读 18B20 子程序
RB221 : CBI DDRC,B22D                   ;将数据线拉高
    LDI     R16,1                       ;拉高约 1 μs
DELAY15:NOP
    NOP
    NOP
    NOP
    NOP
    NOP
    DEC     R16
    BRNE    DELAY15
    SBI     DDRC,B22D                   ;将数据线拉低产生读信号下降沿
    LDI     R16,6
DELAY16:NOP
    NOP
    NOP
    NOP
    NOP
    NOP
    DEC     R16
    BRNE    DELAY16
    CBI     DDRC,B22D                   ;将数据线拉高
```

```
    LDI     R16,8
DELAY17:NOP
    NOP
    NOP
    NOP
    NOP
    NOP
    DEC     R16
    BRNE    DELAY17
    SEC
    SBIS    PINC,B22D
    CLC
    ROR     R19
    LDI     R16,56
DELAY18:NOP
    NOP
    NOP
    NOP
    NOP
    NOP
    DEC     R16
    BRNE    DELAY18
    BRCC    RB221
    CBI     DDRC,B22D                   ;将数据线拉高
    RET
;************************************************************
dsent:
Txcx: sbis  USR,5
    rjmp    Txcx                        ;UART 数据寄存器空则发送帧头
    ldi     R16,$7f
    out     UDR,R16
Txck: sbis  USR,5
    rjmp    Txck
    ldi     R16,$00
    out     UDR,R16
Txca: sbis  USR,5
    rjmp    Txca                        ;UART 数据寄存器空则发送数据帧
    out     UDR,r15
Txcb: sbis  USR,5
    rjmp    Txcb
    out     UDR,R14
Txcc: sbis  USR,5
    rjmp    Txcc                        ;UART 数据寄存器空则发送数据帧
    out     UDR,r13
Txcd: sbis  USR,5
```

```
    rjmp    Txcd
    out     UDR,R12
Txce: sbis  USR,5
    rjmp    Txce                      ;UART 数据寄存器空则发送数据帧
    out     UDR,r11
Txcf: sbis  USR,5
    rjmp    Txcf
    out     UDR,R10
Txci: sbis  USR,5
    rjmp    Txci                      ;UART 数据寄存器空则发送帧尾
    ldi     R16,$f7
    out     UDR,R16
Sendend:ret
;**********************************************************
ts10ms: ldi  r25,228                  ;延时 2 ms 子程序
    push    r25
del2: push  r25
del3: dec   r25
    brne    del3
    pop     r25
    dec     r25
    brne    del2
    pop     r25
    ret
;**********************************************************
uart_rx:
    in r0,sreg                        ;保护标志寄存器
    in r16,udr                        ;读串收数据寄存器
    st Y+,r16                         ;送接收缓冲区
    out sreg,r0                       ;恢复标志寄存器
    reti
;**********************************************************
```

10.10.3 系统调试与仿真

对系统进行仿真。

设置 DS18B20。DS18B20 的属性对话框如图 10-107 所示。

本系统中,温度测量精度为±0.1 ℃,因此,设置 Granularity 为 0.1,设 U2 的 Current Value 为 26.1,其他 DS18B20 的 Current Value 分别为 28.0 和 27.0。

设置串行终端。串行终端的属性对话框如图 10-108 所示。

本设计中,串行传输的波特率为 9 600、数据位为 8、无奇偶校验位、停止位为 1,同时设置 RX/TX Polarity 为 Inverted。

系统相关参数设置如图 10-109 所示。

各相关寄存器设置如图 10-110 所示。

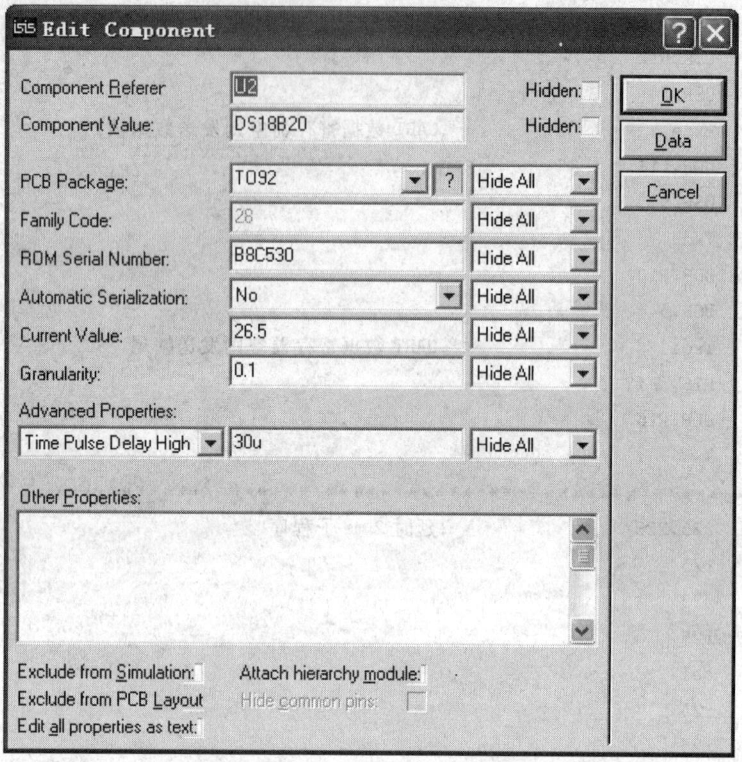
Edit Component
Component Referer
U2
Hidden:
Component Value:
DS18B20
Hidden:
OK
Data
Cancel
PCB Package:
TO92
Hide All
Family Code:
28
ROM Serial Number:
B8C530
Automatic Serialization:
No
Current Value:
26.5
Granularity:
0.1
Advanced Properties:
Time Pulse Delay High
30u
Other Properties:
Exclude from Simulation:
Exclude from PCB Layout
Edit all properties as text:
Attach hierarchy module:
Hide common pins:

图 10-107　DS18B20 属性对话框

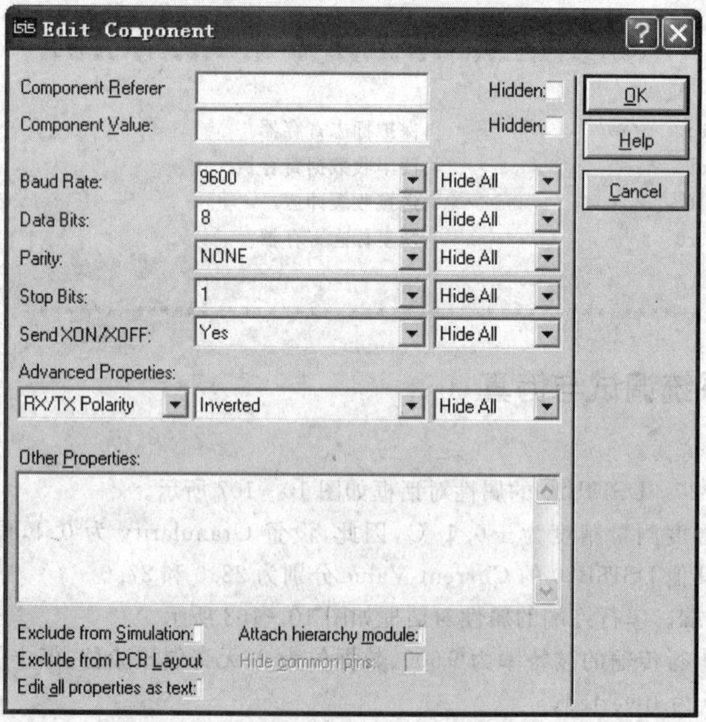
Edit Component
Component Referer
Hidden:
Component Value:
Hidden:
OK
Help
Cancel
Baud Rate:
9600
Hide All
Data Bits:
8
Parity:
NONE
Stop Bits:
1
Send XON/XOFF:
Yes
Advanced Properties:
RX/TX Polarity
Inverted
Other Properties:
Exclude from Simulation:
Exclude from PCB Layout
Edit all properties as text:
Attach hierarchy module:
Hide common pins:

图 10-108　串行终端属性对话框

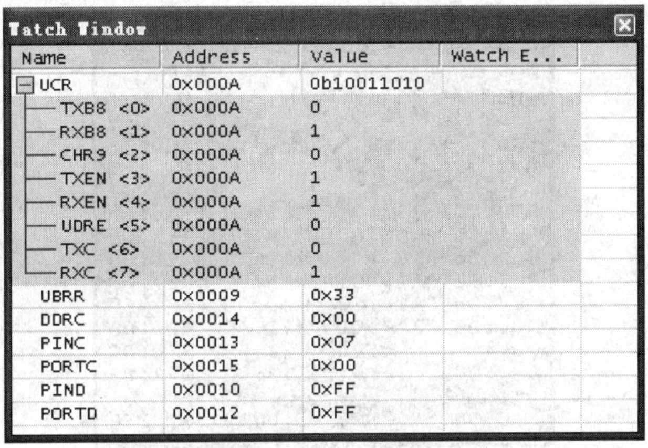

图 10-109　系统相关参数设置

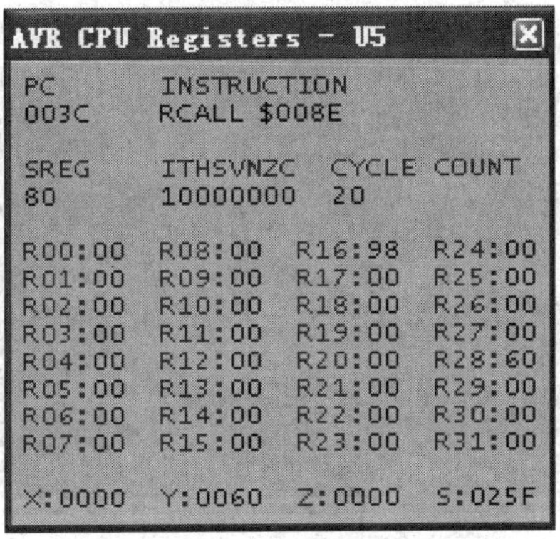

图 10-110　各相关寄存器设置

系统在 SRAM 的 0x0060 起始地址存放来自上位机的控制信号。SRAM 的 0x0060 起始地址初始内容如图 10-111 所示。

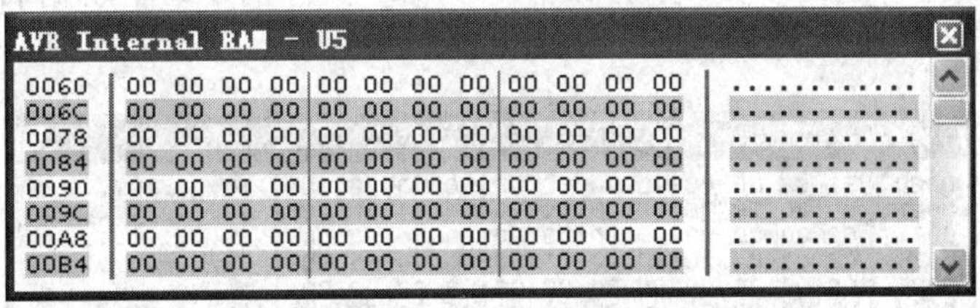

图 10-111　SRAM 的 0x0060 起始地址初始内容

系统首先读 3 个 DS18B20 的温度数据，并将其存放到 r10～r15 寄存器中，如图 10-112 所示。

然后，将数据通过串行口传送给上位机，如图 10-113 所示。

图 10-112 中，"7F 00"为串行数据的帧头，F7 为串行数据的帧尾，"01 B"(27℃)为 DS18B20 的温度整数部分，"0"为 DS18B20 的温度小数部分，"01C0"为 28.0℃，"01A8"为 26.5℃。

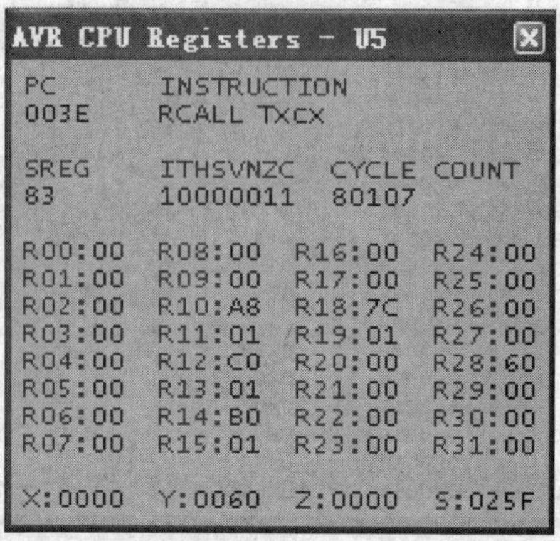

图 10-112　系统将测量结果存放到 r10～r15 寄存器中

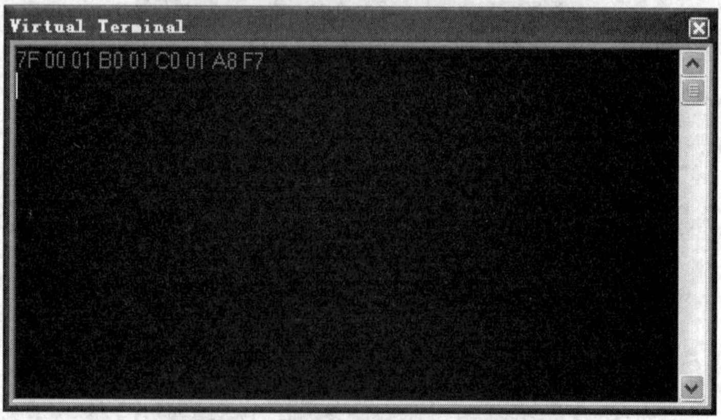

图 10-113　系统将数据通过串行口传送给上位机

由上述仿真结果可知，系统可实现数据的测量和串行传输。

当上位机将控制信号通过串行口传输到单片机时，单片机采用中断方式接收数据，并将数据存放到 0x0060 起始的 SRAM 中。以“31H、32H”为例，查看数据传输结果，结果如图 10-114所示。

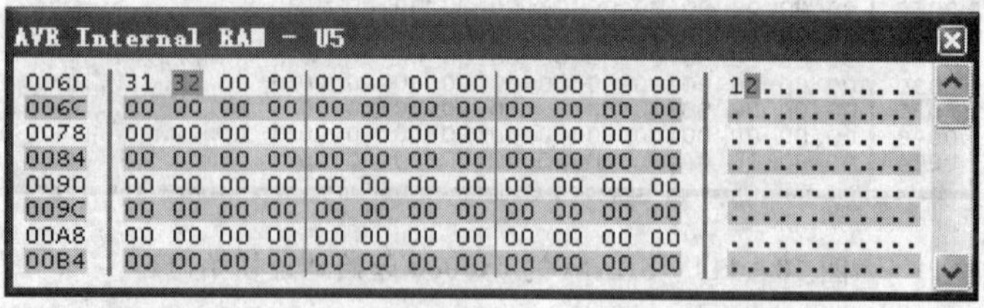

图 10-114　上位机传输数据“31H、32H”，AT90S8535 将其存放到 0x0060 起始的 SRAM 中

同时，在 PD4～PD7 端口数据 PWM 信号，如图 10-115 所示。

在继电器驱动电路输入端给出不同的调试信号，可得到如图 10-116 和图 10-117 所示的调试结果。

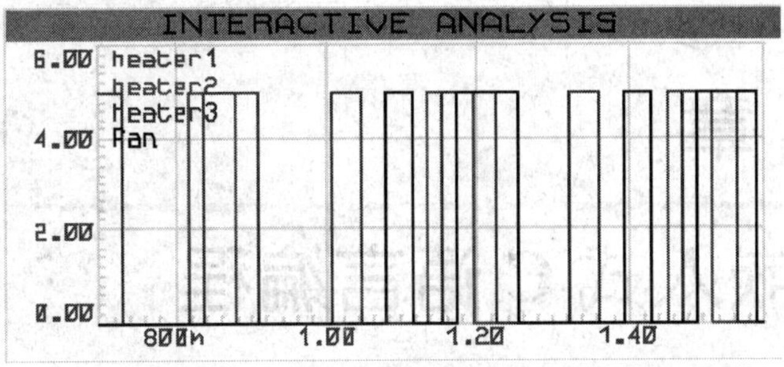

图 10-115 在 PD4～PD7 端口数据 PWM 信号

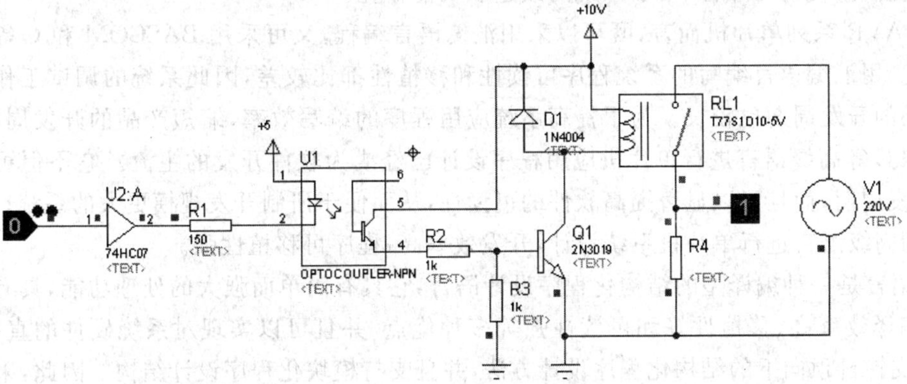

图 10-116 当 INPUT=0 时，控制信号输出电路调试结果图

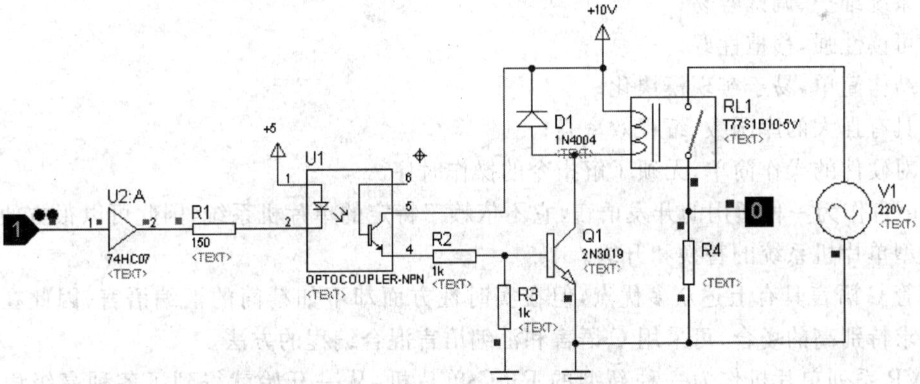

图 10-117 当 INPUT=1 时，控制信号输出电路调试结果图

由电路的调试结果可知，当单片机输入不同占空比的 PWM 信号时，系统可输出不同的功率，从而实现控制功能。

第 11 章

AVR 与嵌入式 C 语言编程

软件编程是开发单片机应用系统的一个重要环节。好的程序不仅能扩充单片机的功能，而且能提高系统的可靠性，便于系统的改进和功能扩充。

对 AVR 系列单片机而言，既可以采用汇编语言编程，又可采用 BASCOM 和 C 等高级语言编程。用汇编语言编写的系统程序可读性和移植性都比较差，因此系统的调试工作比较困难，产品的开发周期也较长。为了提高系统应用程序的编写效率，缩短产品的开发周期，采用 Basic 和 C 等高级语言进行单片机应用程序设计已经成为软件开发的主流。它不但可以大大缩短开发周期，而且可以显著提高软件的可读性，从而便于研制开发规模更大的系统。实践证明，采用高级语言进行单片机系统设计，开发效率高，程序可移植性强。

C 语言是一种编译型的结构化程序设计语言，它具有简单而强大的处理功能，具有运行速度快、编译效率高、移植性好和可读性强等多种优点，并且可以实现对系统硬件的直接操作。C 语言支持自顶向下的结构化程序设计方法，并且支持模块化程序设计结构。因此，采用 C 语言开发单片机系统是单片机软件开发的首选。相对于其他编程语言，C 语言具有以下优点：

- 编译效率高，运行速度快；
- 系统维护、调试容易；
- 可读性强，移植性好；
- 结构简单，易于实现模块化；
- 具有强大的库函数，编程效率高；
- 对硬件的操作简单，无须了解指令的操作时序。

C 语言作为一种通用的开发语言，它不依赖于特定的单片机系统，因此可以很方便地实现不同类型单片机系统的替换和升级。

尽管 C 语言具有上述众多优点，但在实时性方面却不如精简的汇编语言，因此在一些对速度要求特别高的场合，可采用 C 语言和汇编语言混合编程的方法。

AVR 系列单片机作为一种新型的 RISC 单片机，从一开始就得到了各种高级语言的支持。其中，ICC AVR C 是 ImageCraft 公司针对 AVR 单片机开发的一种 C 语言编译器，它支持不带 SRAM 的单片机器件、带嵌入式的应用程序编译器、带全局优化器、支持在线编程；GNU C 编译器是一个免费使用的编译器，因此厂家并不提供技术支持，并且只有下一代的 AVR Studio 才支持 GNU 编译器的输出格式。

此外，IAR C 编译器嵌入在 IAR Embedded Workbench 中，IAR Embedded Workbench 的 C 编译器不仅适用于 AVR 单片机的开发，而且还可开发 ARM、PIC 等器件，它同时支持 C 和 C++两种编程方式、具备状态可视工具和 IAR 应用程序编译器。本书主要采用 IAR C 编译器来开发 AVR 系列单片机的应用系统。

11.1 中断与复位

中断与复位

➢ 在 AVR 系列处理器中,所有中断的优先级都是一样的。因此,不允许任何中断打断正在执行的中断程序,即一条中断都不可能优先于其他中断。

➢ 当两个中断同时发生时,拥有较小编号向量的中断会优先执行。

➢ 设置位于处理器状态寄存器(Status Register, SREG)中的全局中断支持位方式为:__enable_interrupt(),该语言指令的作用是设置全局中断支持位为 1。

中断示例——外部中断控制 LED 灯:应用外部中断 0 来触发连接在 PortA 上 0 位的 LED 灯。每当连接在 INT0 引脚的按钮被单击时,PortA 上 0 位 LED 灯的状态就会改变一次。

11.1.1 硬件电路

系统硬件电路如图 11-1 所示。

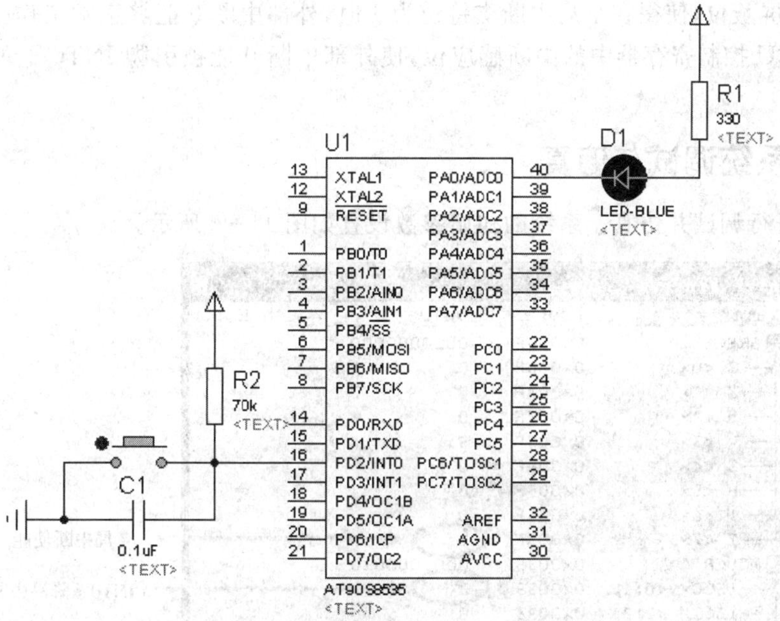

图 11-1 外部中断控制 LED 灯的硬件电路

11.1.2 软件编程

系统软件源程序如下:

```
#include <io8535.h>
#include <intrinsics.h>

#pragma vector = 0x02
__interrupt void ext_int0_isr(void)
```

```
{
  PORTA = PORTA^0x1;                              //反复 port A 端口的最低位
}

void  main(void)
{
  DDRA = 0x01;                                    //将 port A 最低位设置为输出
  GIMSK = 0x40;                                   //使能 INT0 中断
  MCUCR = 0x02;                                   //设置 ISC01 下降沿触发
  __enable_interrupt();                           //使能全局中断位
  while(1)
  ;                                               //等待
}
```

注意：该程序的第 1、2 行是＃include 语句，用于定义 AT90S8535 微控制器的寄存器、中断向量和系统固有函数；＃pragma vector 语句用于指定 pragma 下面所声明的中断函数向量；第 8 行是外部中断 0 的中断服务程序。

在 main()函数的第 1 行，PortA 的最低位被设置作为输出，接下来的一行代码是设置 GIMSK 中的屏蔽位，使得在全局中断支持位为 1 时，外部中断 0 能够正常工作。下面一行代码是设置 MCU 控制寄存器中的中断感应位，使外部中断 0 能被引脚 INT0 上的下降沿脉冲触发。

11.1.3 系统调试与仿真

对系统进行调试并仿真。系统的初始参数设置如图 11－2 所示。

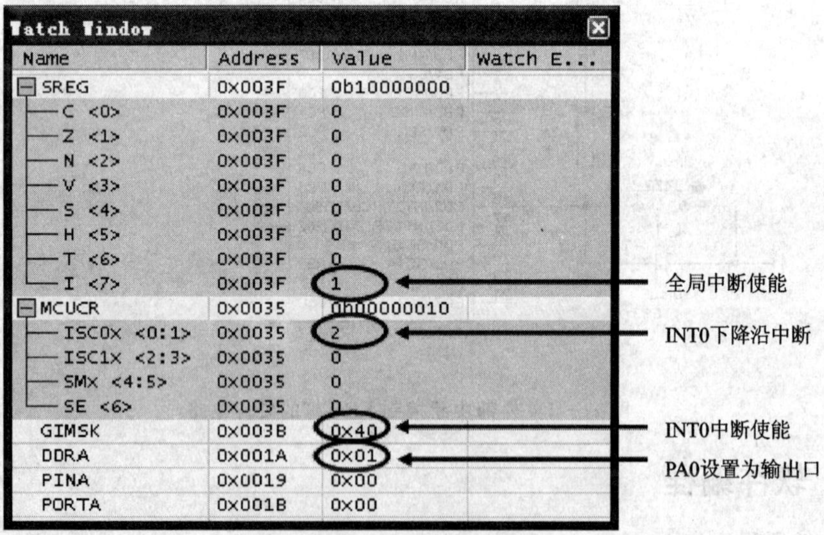

图 11－2　外部中断控制 LED 灯系统初始参数设置

在初始状态，AVR 各相关变量参数值如图 11－3 所示。

此时，系统的状态如图 11－4 所示。

当有按钮按下时，全局中断使能位 I 将被清 0，如图 11－5 所示。

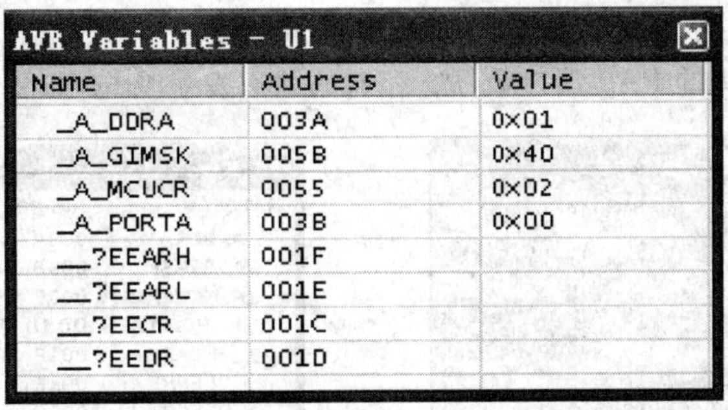
AVR Variables - U1

Name	Address	Value
_A_DDRA	003A	0x01
_A_GIMSK	005B	0x40
_A_MCUCR	0055	0x02
_A_PORTA	003B	0x00
__?EEARH	001F	
__?EEARL	001E	
__?EECR	001C	
__?EEDR	001D	

图 11-3　AVR 各相关变量参数值

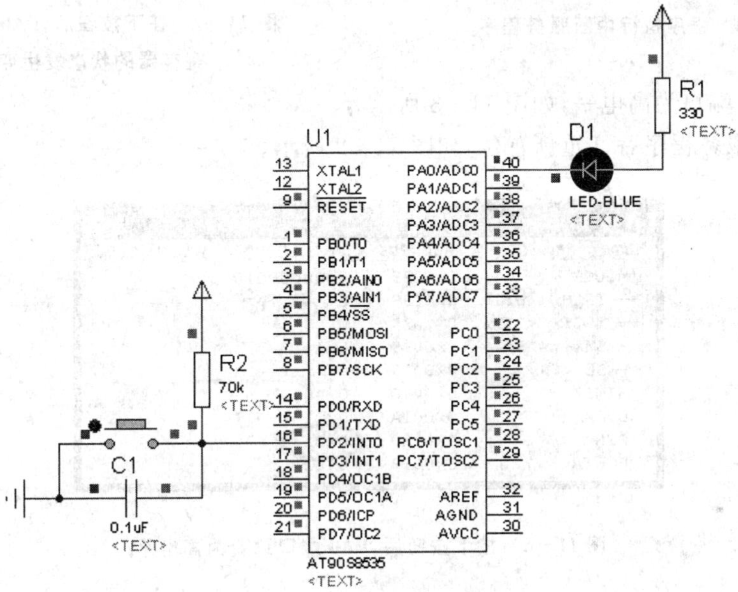

图 11-4　系统初始状态

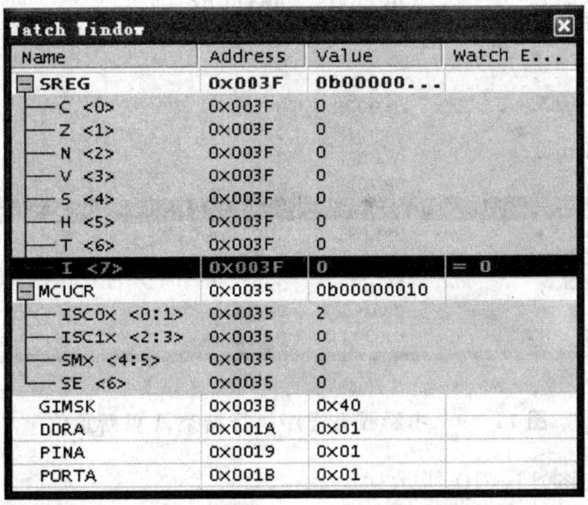
Watch Window

Name	Address	Value	Watch E...
SREG	0x003F	0b00000...	
C <0>	0x003F	0	
Z <1>	0x003F	0	
N <2>	0x003F	0	
V <3>	0x003F	0	
S <4>	0x003F	0	
H <5>	0x003F	0	
T <6>	0x003F	0	
I <7>	0x003F	0	= 0
MCUCR	0x0035	0b00000010	
ISC0x <0:1>	0x0035	2	
ISC1x <2:3>	0x0035	0	
SMx <4:5>	0x0035	0	
SE <6>	0x0035	0	
GIMSK	0x003B	0x40	
DDRA	0x001A	0x01	
PINA	0x0019	0x01	
PORTA	0x001B	0x01	

图 11-5　当有按钮按下时，全局中断使能位 I 将被清 0

程序计数器指向实际中断向量，程序执行中断服务程序，如图 11－6 所示。

AT90S8535 单片机的 PA0 端口数据寄存器的状态发生变化，如图 11－7 所示。

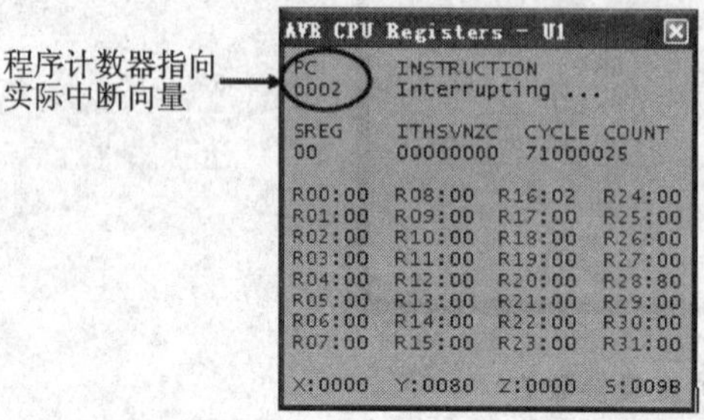

图 11－6　程序执行中断服务程序

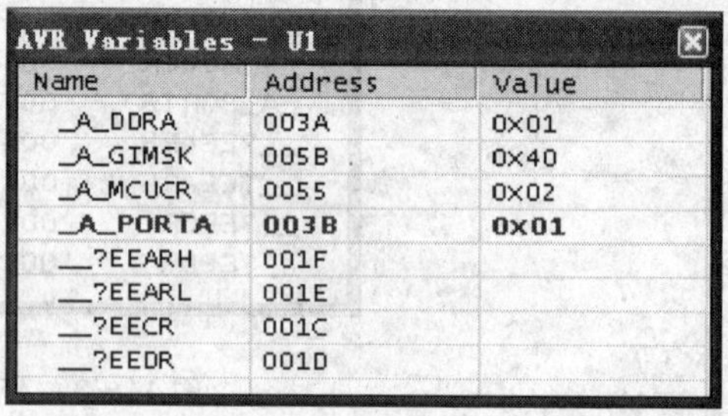

图 11－7　按下按钮后，PA0 端口数据寄存器的状态发生变化

此时，PA0 端口为高电平，如图 11－8 所示。

执行中断服务程序后，I 重新置位，如图 11－9 所示。

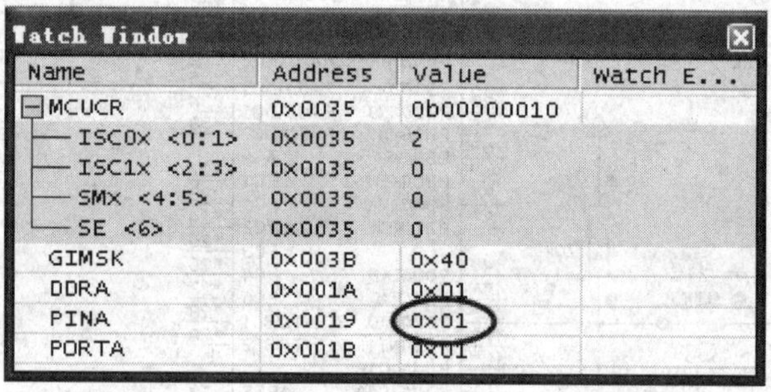

图 11－8　按下按钮后，PA0 端口跳变为高电平

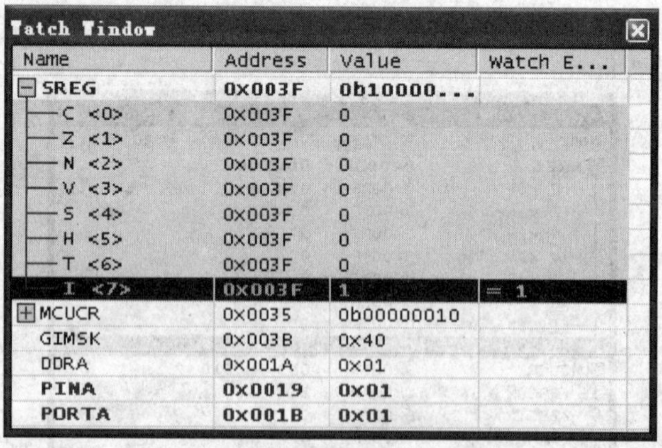

图 11－9　中断服务程序执行结束，I 重新置位

此时，系统的状态如图 11－10 所示。

当再次按下按钮后，PA0 端口数据寄存器的状态变化如图 11－11 所示。

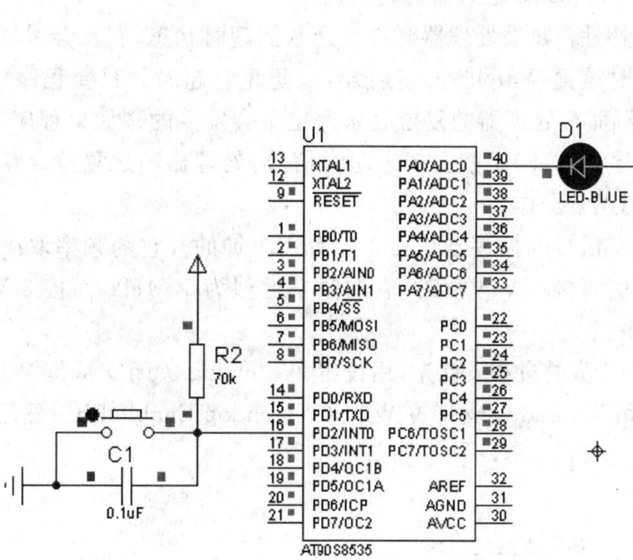

图 11-10　按下按钮后的系统状态

此时，PA0 端口电平发生变化，如图 11-12 所示。

AVR Variables - U1

Name	Address	Value
_A_DDRA	003A	0x01
_A_GIMSK	005B	0x40
_A_MCUCR	0055	0x02
_A_PORTA	**003B**	**0x00**
__?EEARH	001F	
__?EEARL	001E	
__?EECR	001C	
__?EEDR	001D	

图 11-11　再次按下按钮后，PA0 端口数据寄存器的状态

Watch Window

Name	Address	Value	Watch E...
MCUCR	0x0035	0b00000010	
ISC0X <0:1>	0x0035	2	
ISC1X <2:3>	0x0035	0	
SMX <4:5>	0x0035	0	
SE <6>	0x0035	0	
GIMSK	0x003B	0x40	
DDRA	0x001A	0x01	
PINA	0x0019	0x00	
PORTA	0x001B	0x00	

图 11-12　再次按下按钮后，PA0 端口输出低电平

由系统仿真结果可知，外部中断 0 可实现对 PortA 上 0 位 LED 灯状态的控制。

复位（Reset）是编号最低的中断。同时它也是一个特殊的中断，因为它优先于任何中断和正在运行的代码。有 3 个原因可以引起复位：外部复位引脚上超过 50 ns 的逻辑低信号；微控

制器的上电复位操作；Watchdog 定时器的超时信号。

Watchdog 定时器特性：如果处理器允许它计数到超时状态，它就会引发系统复位。程序正常执行时，程序会计时重置 Watchdog 定时器，以防止它超时。只要程序正常运行，并且重置 Watchdog 的定时器，那么处理器的复位是永远也不会发生的。如果程序一旦迷失了，或被困在某个地方(例如程序死循环)了就会产生超时信号，处理器随之复位。复位操作的原理就是它可以把程序带回到正常操作。

Watchdog 时钟触发信号的振荡器是独立于系统时钟的。它的频率取决于加在处理器上的工作电压。当 VCC 引脚接 5 V 电压时，它的频率近似为 1 MHz，而接 3 V 电压时，它的频率近似为 350 kHz。

禁用 WDT 是一个两步的过程：首先，用设置 Watchdog 关闭支持位 WDTOE(Watchdog Turn Off Enable Bit)和 Watchdog 支持位 WDE(Watchdog Enable Bit)；然后，马上清除 WDE 位。其方式如下：

```
//禁用看门狗定时器
if(expression)        //如果表达式为真
{
  WDTCR = 0x18;
  WDTCR = 0x00;
}
```

禁用 Watchdog 定时器是一个故意的复合操作，主要是为了保护处理器正常处理程序，而不受错误和失常的程序影响。

11.2 定时器/计数器 0

定时器/计数器(Timer/counter)可能是微控制器中最常用的复杂外设。它们的用途非常广泛，能够用来测量时间、检测脉冲宽度、测量速度、测量频率以及提供输出信号等。定时器/计数器应用实例：程序每 0.5 s 就要触发一次 LED。LED 连接到 PortA 的最高位。

11.2.1 硬件电路

系统的硬件电路如图 11-13 所示。

11.2.2 软件编程

系统软件源程序如下：

```
#include <io8535.h>
#include <intrinsics.h>
unsigned  int timecount = 0;                    //定义全局定时器
//定时器 0 溢出中断服务程序
#pragma vector = 0x12
__interrupt void timer0_ovf_isr(void)
{
```

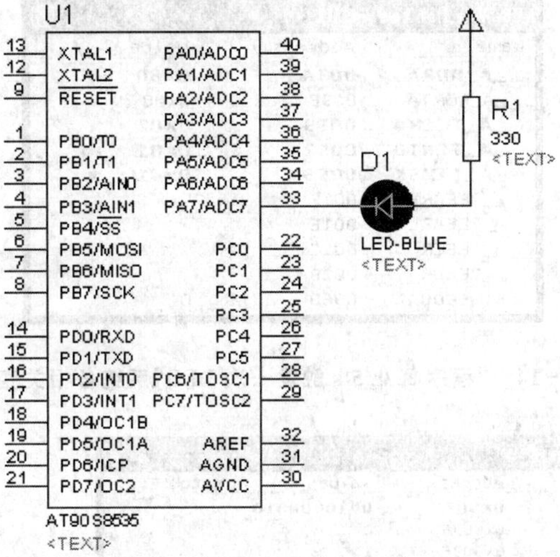

图 11-13　程序每 0.5 s 触发一次 LED 硬件电路

```
  TCNT0 = 6;                                  //重新加载 500 μs 的间隔
  if( ++ timecount == 1000)
  {
    PORTA = PORTA^0x80;
    timecount = 0;                            //清 0,等待下一个 0.5 s 的到来
  }
}
void  main(void)
{
  DDRA = 0x80;                                //设置 A 端口最低位为输出
  TCCR0 = 0x02;                               //设置计数器的时钟为 clock/8
  TCNT0 = 0x00;                               //定时器启动时间为 0 时刻
  //定时器 0 中断初始化
  TIMSK = 0x01;                               //设置定时器 0 溢出中断
  //全局中断使能
  __enable_interrupt();
  while(1)
  ;
}
```

11.2.3　系统调试与仿真

对系统进行调试与仿真。系统各相关变量值如图 11-14 所示。

系统的初始参数设置如图 11-15 所示。

此时，端口 A 的最高位输出低电平。系统的仿真结果如图 11-16 所示。

当定时器/计数器 0 溢出(即 TCCNT0 为 0)时，如图 11-17 所示。

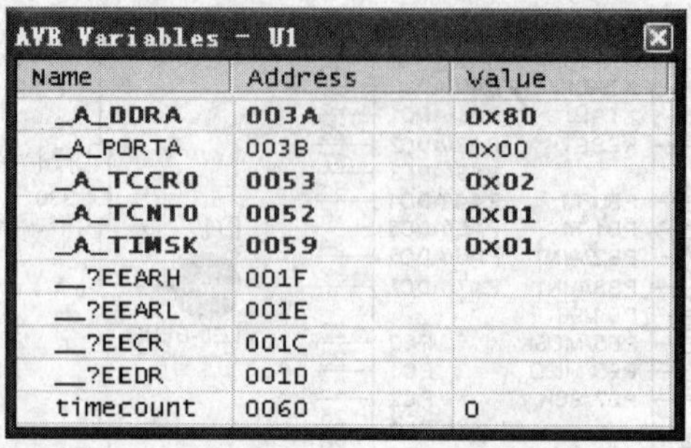

图 11-14 “程序每 0.5 s 触发一次 LED”系统各相关变量值

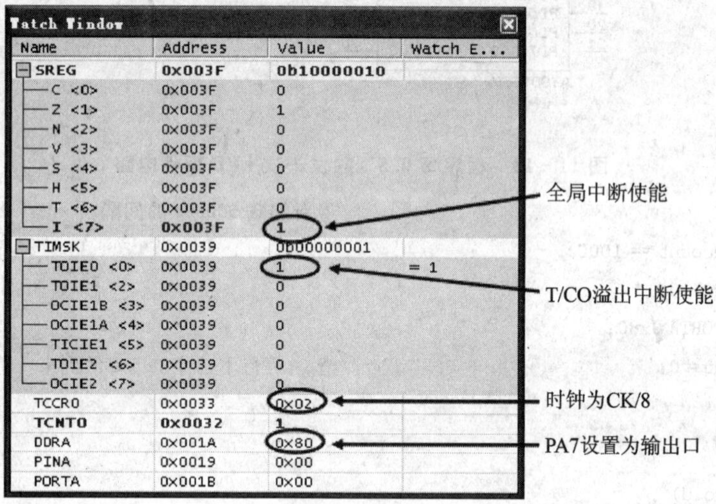

图 11-15 “程序每 0.5 s 触发一次 LED”系统初始参数设置

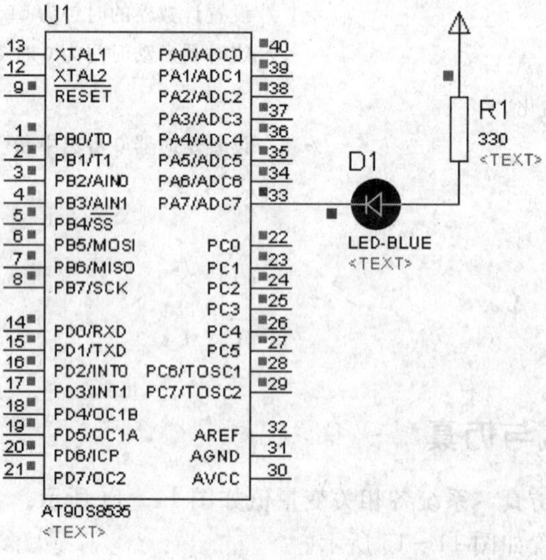

图 11-16 系统的初始状态

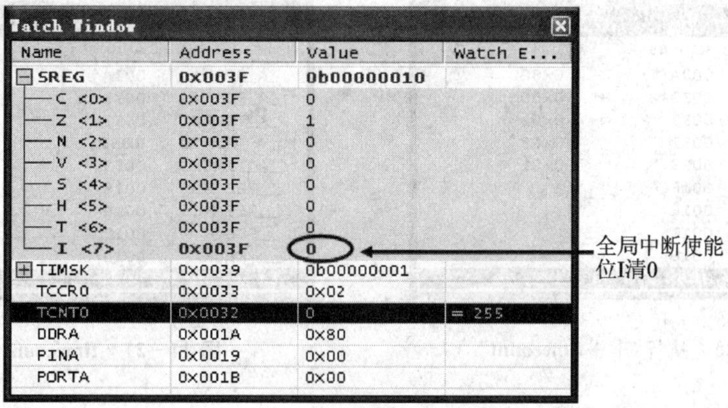

图 11-17　定时器/计数器 0 溢出

系统进入中断服务程序，如图 11-18 所示。

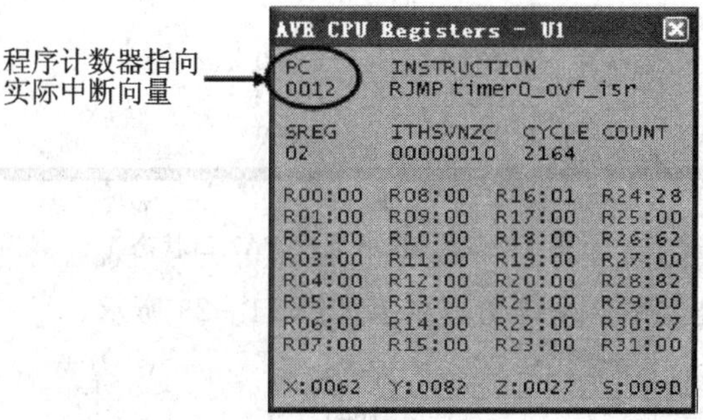

图 11-18　系统进入中断服务程序

程序执行中断服务程序，首先初始化 TCNT0 为 6，如图 11-19 所示。

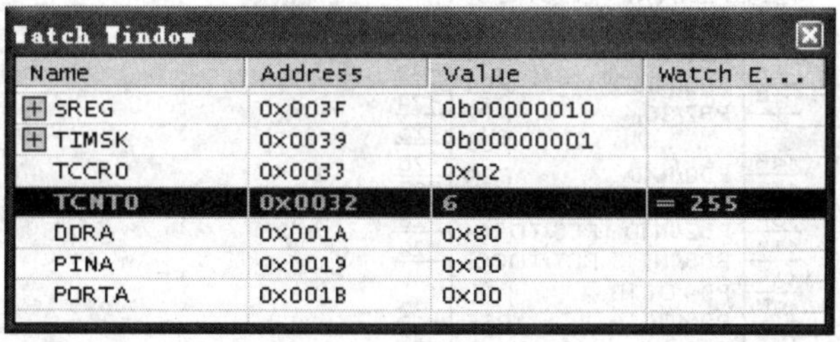

图 11-19　程序执行中断服务程序(初始化 TCNT0 为 6)

然后，程序自加“timecount”，如图 11-20 所示。

程序判断 timecount 是否等于 1000。若不相等，则程序等待下次中断；而当 timecount 等于 1 000 时，其结果如图 11-21 所示。

此时，程序取反 PA7 口状态，如图 11-22 所示。

AVR Variables - U1

Name	Address	Value
_A_DDRA	003A	0x80
_A_PORTA	003B	0x00
_A_TCCR0	0053	0x02
_A_TCNT0	0052	0x08
_A_TIMSK	0059	0x01
__?EEARH	001F	
__?EEARL	001E	
__?EECR	001C	
__?EEDR	001D	
timecount	0060	1

图 11-20　执行“++timecount”

AVR Variables - U1

Name	Address	Value
_A_DDRA	003A	0x80
_A_PORTA	003B	0x00
_A_TCCR0	0053	0x02
_A_TCNT0	**0052**	**0x08**
_A_TIMSK	0059	0x01
__?EEARH	001F	
__?EEARL	001E	
__?EECR	001C	
__?EEDR	001D	
timecount	0060	1000

图 11-21　timecount=1000

Watch Window

Name	Address	Value	Watch E...
⊞ SREG	0x003F	0b00010100	
⊞ TIMSK	0x0039	0b00000001	
TCCR0	0x0033	0x02	
TCNT0	0x0032	9	
DDRA	0x001A	0x80	
PINA	**0x0019**	**0x80**	
PORTA	0x001B	0x80	

图 11-22　程序取反 PA7 口状态

此时，PA7 口输出高电平。系统仿真结果如图 11-23 所示。

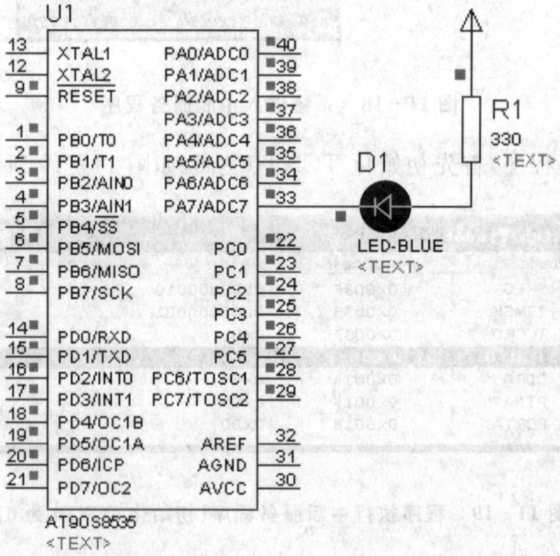

图 11-23　程序取反 PA7 口状态，系统仿真结果

用数字图标查看 PA7 口输出波形，如图 11-24 所示。

图 11-24 中，DX=500 ms 即为两次触发之间的时间间隔。由系统仿真结果可知，系统达到设计要求。

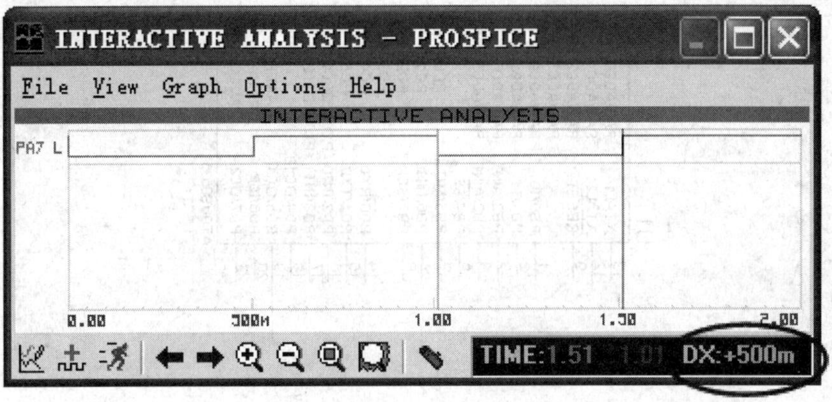

图 11-24 PA7 口输出波形

11.3 定时器/计数器 1 应用 1——产生 20 kHz 的方波信号

注意：输出比较模式是微控制器用来产生输出信号的。输出可以是对称或不对称的方波，并且可以调节它们的频率或波形占空比。例如，当要用一个微控制器来播放歌曲时，用户就可以用输出比较模式。在这种情况下，输出比较模式用于产生组成歌曲的音符。

输出比较模式和输入捕捉模式在一定程度上是对立的。在输入捕捉模式中，由外部信号来触发输入捕捉寄存器去捕捉或保存当前的时间。在输出比较模式中，程序加载一个输出比较寄存器 OCR(Output Compare Register)。

输出比较寄存器中的数值将会和定时器/计数器中的值进行比较。两个值相匹配时，就会产生一个中断。

除了能够产生中断外，输出比较模式还能自动设置、清除或触发指定的输出引脚。以产生一个 20 kHz 的方波信号为例。

产生 20 kHz 的方波信号的步骤如下：

① 当第一个匹配出现时，输出位被触发，同时产生中断；

② 在中断服务程序中，程序会计算下一个匹配出现的时间，并把相应的数值加载到比较寄存器中。本例中，20 kHz 的方波应该有 50 μs 的长度，每半个波形有 25 μs。所以，从一个触发到下一个触发的时间间隔应该是 25 μs。程序利用连接到计算机的时钟频率，就可以计算出 25 μs 内所需要的时钟数。

③ 这个数值会和比较寄存器中的数值相加，再把结果重新加载到比较寄存器，以引发下一次的触发。并重复进行计算和重新加载循环。

11.3.1 硬件电路

“产生 20 kHz 的方波信号”系统硬件电路图如图 11-25 所示。

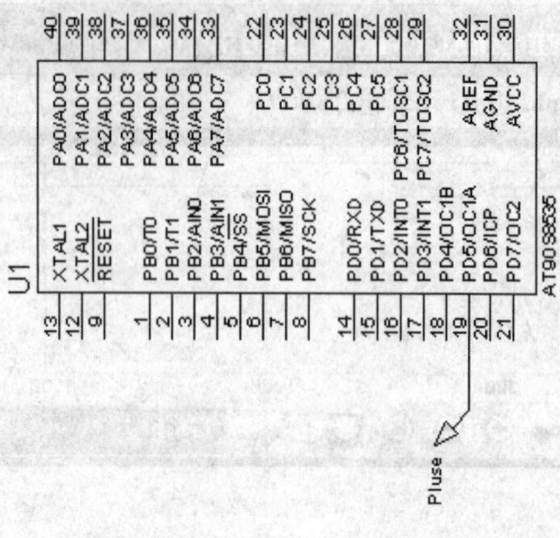

图 11-25 “产生 20 kHz 的方波信号”系统硬件电路

11.3.2 软件编程

系统软件源程序如下：

```
#include <io8535.h>
#include <intrinsics.h>

#pragma vector = TIMER1_COMPA_vect
__interrupt void timer1_compa_isr(void)          //定义计数器 1 输出比较器 A 中断服务
                                                 //程序
{
  OCR1A = OCR1A + 25;                            //设置下一个触发点
}

void  main(void)
{
  DDRD = 0x20;                                   //设置 OCR1A 位为输出
  TCCR1A = 0x40;                                 //设置定时器 1 的时钟为 clock/8
  TCCR1B = 0x02;                                 //使能输出比较模式,当匹配时触发 OC1A
  TIMSK = 0x10;                                  //定义寄存器 A 的输出比较匹配中断

  __enable_interrupt();
  while(1)
  ;
}
```

注意：上述程序最先的初始化是在 main()函数中进行的。寄存器 DDRD 设置为 0x20，以便输出比较位(OC1A)和输出比较寄存器 A(OCR1A)相关联。同时该位还被设置为输出模式，使输出信号能够出现在该位上。TCCR1A 和 TCCR1B 把预定标器设为时钟的 1/8(该例中，时钟＝8 MHz，时钟的 1/8＝1 MHz)，并把输出比较寄存器 A 设为输出比较模式，这样匹配时，比较寄存器 A 就会触发输出位 OC1A。最后通过在定时器中断屏蔽寄存器(Timer Interrupt Mask Register，TIMSK)设置 OCIE1A 来取消比较中断的屏蔽。

由于计数器的时钟频率是 1 MHz，则两个匹配点(波形触发点)之间的时钟周期计算公式如下：

两个触发点之间的时间长度/时钟周期＝间隔数目

在上述情况下：

25 μs/1 μs 每时钟周期＝每触发点 25 个时钟周期

因此，在这个例子里每次发生匹配中断时，比较寄存器的值就会增加 25，以确定下一次匹配的时间，从而在输出端输出相应的波形。

另外，存在一个关于比较寄存器的非常重要的问题，特别是和计算下一个匹配数值密切相关。这个问题就是：该数值和比较寄存器的数值相加以后的结果大于 16 位可以表示的范围。例如，输出比较寄存器中的数值是 65000，而下一个的间隔是 1000，那么 65000＋1000＝66000（一个大于 65535 的数）。

只要这个计算采用的是无符号的整形数，那么那些超出 16 位的位就会被截断，真正的结果会是：65000＋1000＝464。即只要在相关的数学运算中应用了无符号的整形数，就算定时器/计数器和比较寄存器同时发生溢出，也不会有问题。

11.3.3 系统调试与仿真

对系统进行仿真。系统初始参数设置如图 11－26 所示。

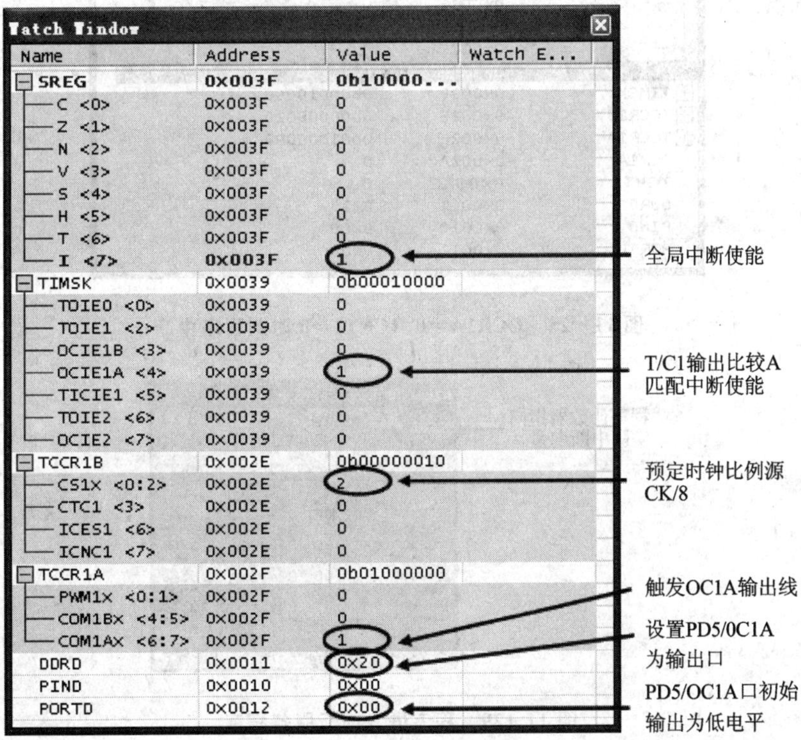

图 11－26　系统初始参数设置

系统相关变量值如图 11－27 所示。

OCR1A 和 TCNT1 的初始值均为 0，因此，程序的第一次匹配发生在 OCR1A＝0、TCNT1＝0 时刻，如图 11－28 所示。

程序触发 T/C1 匹配中断。程序进入中断服务程序，如图 11－29 所示。

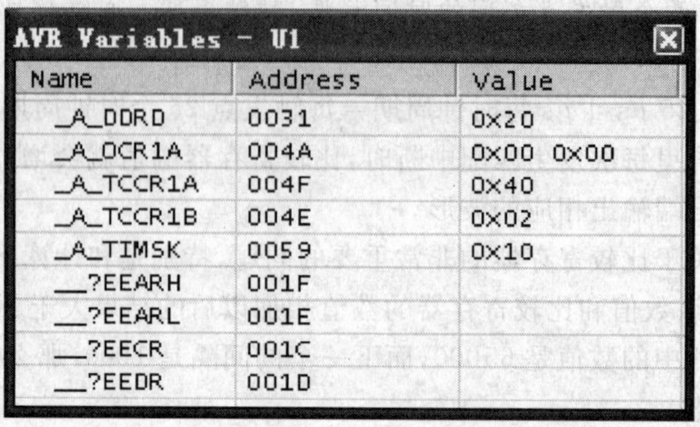

图 11-27　系统相关变量值

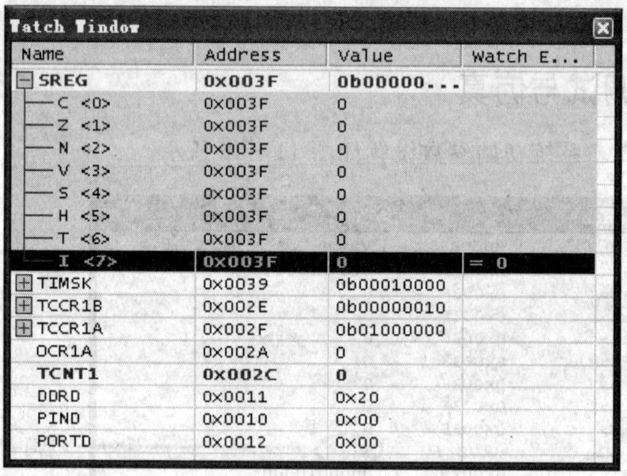

图 11-28　OCR1A=0、TCNT1=0 时刻程序中断

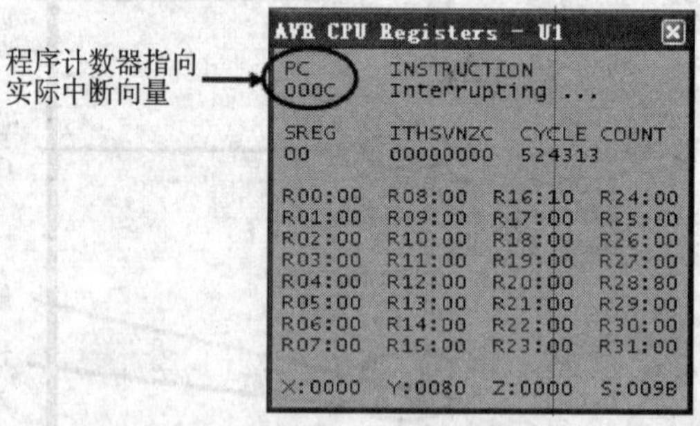

图 11-29　程序进入中断服务程序

反转 PD5/OC1A 引脚，如图 11-30 所示。

然后，执行中断服务程序。

执行 OCR1A=OCR1A+25 语句，如图 11-31 所示。

同时中断返回，开中断，如图 11-32 所示。

程序第二次中断发生在 TCNT1 与 OCR1A 再次匹配时，即 TCNT1=25 时，如图 11-33 所示。

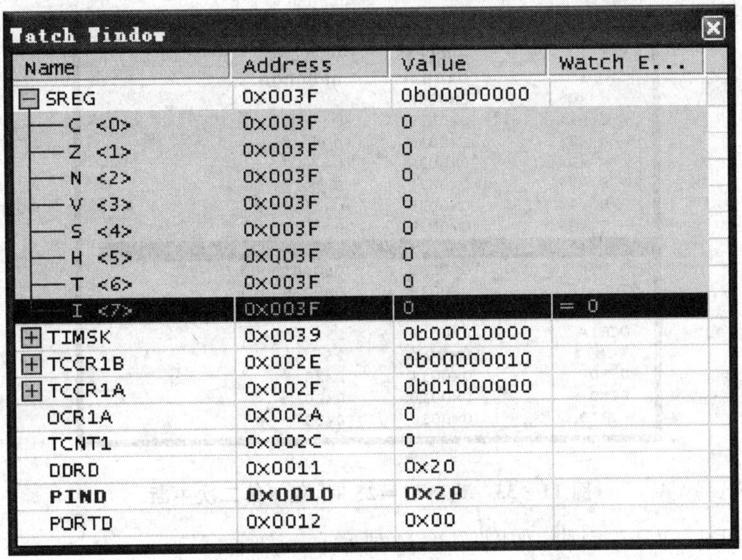

Watch Window

Name	Address	Value	Watch E...
SREG	0x003F	0b00000000	
C <0>	0x003F	0	
Z <1>	0x003F	0	
N <2>	0x003F	0	
V <3>	0x003F	0	
S <4>	0x003F	0	
H <5>	0x003F	0	
T <6>	0x003F	0	
I <7>	0x003F	0	= 0
TIMSK	0x0039	0b00010000	
TCCR1B	0x002E	0b00000010	
TCCR1A	0x002F	0b01000000	
OCR1A	0x002A	0	
TCNT1	0x002C	0	
DDRD	0x0011	0x20	
PIND	0x0010	0x20	
PORTD	0x0012	0x00	

图 11-30　程序反转 PD5/OC1A 引脚

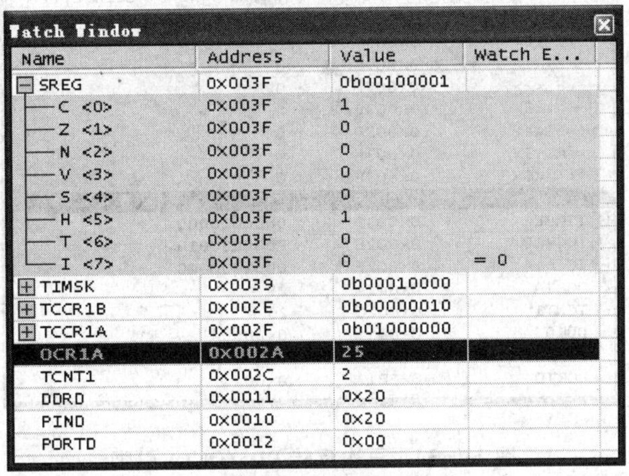

Watch Window

Name	Address	Value	Watch E...
SREG	0x003F	0b00100001	
C <0>	0x003F	1	
Z <1>	0x003F	0	
N <2>	0x003F	0	
V <3>	0x003F	0	
S <4>	0x003F	0	
H <5>	0x003F	1	
T <6>	0x003F	0	
I <7>	0x003F	0	= 0
TIMSK	0x0039	0b00010000	
TCCR1B	0x002E	0b00000010	
TCCR1A	0x002F	0b01000000	
OCR1A	0x002A	25	
TCNT1	0x002C	2	
DDRD	0x0011	0x20	
PIND	0x0010	0x20	
PORTD	0x0012	0x00	

图 11-31　程序执行 OCR1A＝OCR1A＋25 语句

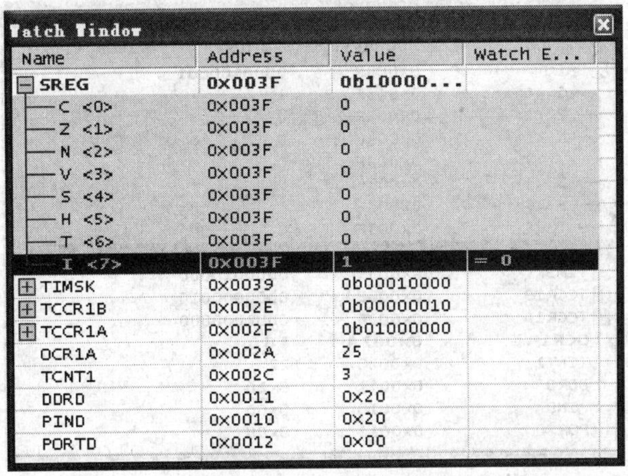

Watch Window

Name	Address	Value	Watch E...
SREG	0x003F	0b10000...	
C <0>	0x003F	0	
Z <1>	0x003F	0	
N <2>	0x003F	0	
V <3>	0x003F	0	
S <4>	0x003F	0	
H <5>	0x003F	0	
T <6>	0x003F	0	
I <7>	0x003F	1	= 0
TIMSK	0x0039	0b00010000	
TCCR1B	0x002E	0b00000010	
TCCR1A	0x002F	0b01000000	
OCR1A	0x002A	25	
TCNT1	0x002C	3	
DDRD	0x0011	0x20	
PIND	0x0010	0x20	
PORTD	0x0012	0x00	

图 11-32　中断返回

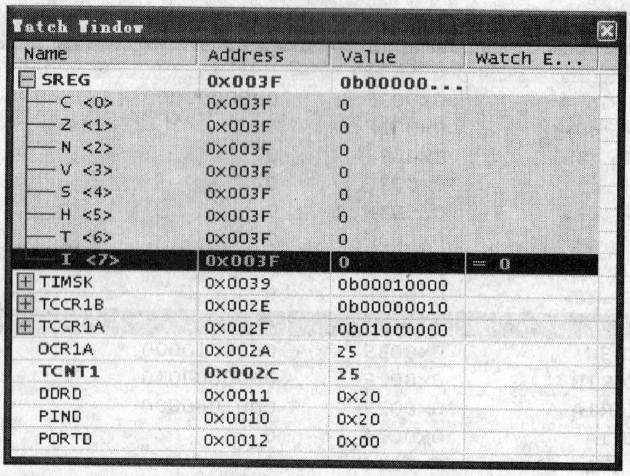

Watch Window

Name	Address	Value	Watch E...
SREG	0x003F	0b00000...	
C <0>	0x003F	0	
Z <1>	0x003F	0	
N <2>	0x003F	0	
V <3>	0x003F	0	
S <4>	0x003F	0	
H <5>	0x003F	0	
T <6>	0x003F	0	
I <7>	0x003F	0	= 0
TIMSK	0x0039	0b00010000	
TCCR1B	0x002E	0b00000010	
TCCR1A	0x002F	0b01000000	
OCR1A	0x002A	25	
TCNT1	0x002C	25	
DDRD	0x0011	0x20	
PIND	0x0010	0x20	
PORTD	0x0012	0x00	

图 11-33　TCNT1=25 时,程序第二次中断

同时反转 PD5/OC1A 引脚,如图 11-34 所示。

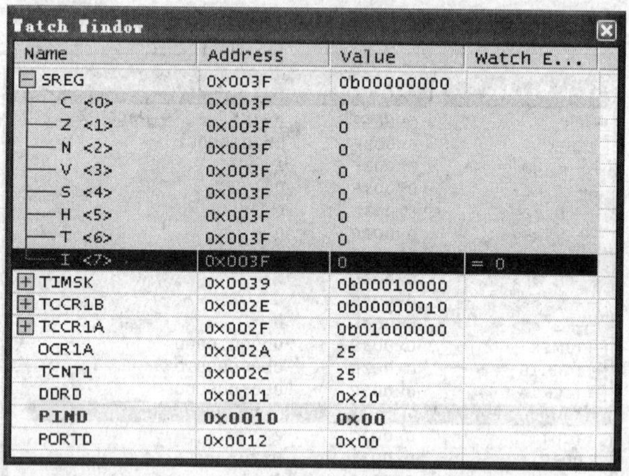

Watch Window

Name	Address	Value	Watch E...
SREG	0x003F	0b00000000	
C <0>	0x003F	0	
Z <1>	0x003F	0	
N <2>	0x003F	0	
V <3>	0x003F	0	
S <4>	0x003F	0	
H <5>	0x003F	0	
T <6>	0x003F	0	
I <7>	0x003F	0	= 0
TIMSK	0x0039	0b00010000	
TCCR1B	0x002E	0b00000010	
TCCR1A	0x002F	0b01000000	
OCR1A	0x002A	25	
TCNT1	0x002C	25	
DDRD	0x0011	0x20	
PIND	0x0010	0x00	
PORTD	0x0012	0x00	

图 11-34　再次反转 PD5/OC1A 引脚

OCR1A 值再次递增 25,如图 11-35 所示。

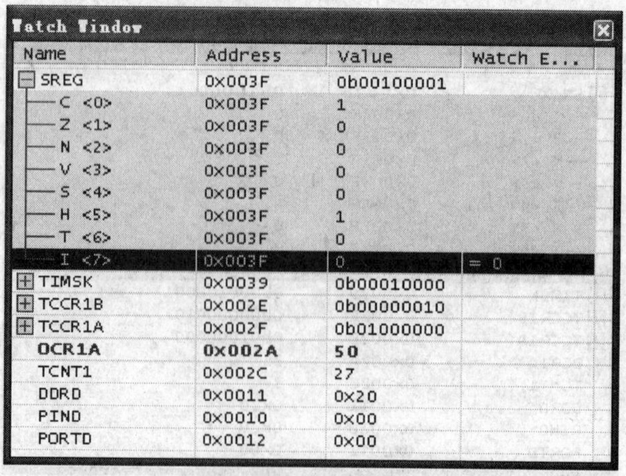

Watch Window

Name	Address	Value	Watch E...
SREG	0x003F	0b00100001	
C <0>	0x003F	1	
Z <1>	0x003F	0	
N <2>	0x003F	0	
V <3>	0x003F	0	
S <4>	0x003F	0	
H <5>	0x003F	1	
T <6>	0x003F	0	
I <7>	0x003F	0	= 0
TIMSK	0x0039	0b00010000	
TCCR1B	0x002E	0b00000010	
TCCR1A	0x002F	0b01000000	
OCR1A	0x002A	50	
TCNT1	0x002C	27	
DDRD	0x0011	0x20	
PIND	0x0010	0x00	
PORTD	0x0012	0x00	

图 11-35　OCR1A=50

程序如此周而复始，从而在 PD5/OC1A 端口输出方波信号。用示波器查看波形，结果如图 11－36 所示。

用频率计测量输出波形频率，结果如图 11－37 所示。

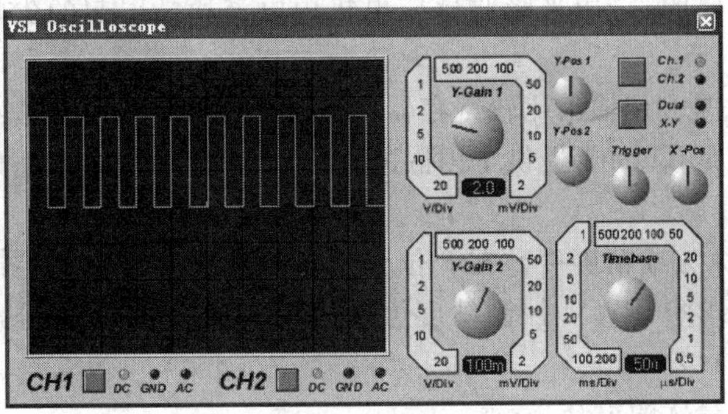

图 11－36 PD5/OC1A 端口输出方波信号

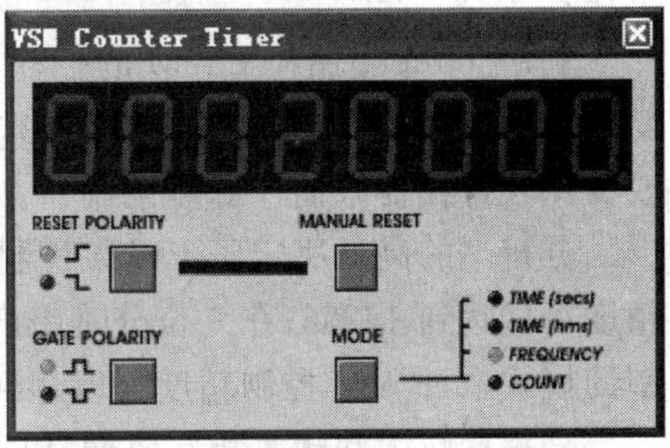

图 11－37 频率计测量输出波形频率

11.4 定时器/计数器 1 应用 2——脉宽调制器模式

注：脉宽调制 PWM(Pulse Width Modulation)模式是许多 D/A 转换方式中的一种。PWM 模式就是：微控制器的方波循环输出，通过过滤实际的输出波形，就可以得到一个可调节的平均直流输出信号，从而提供不同的直流输出信号。图 11－38 给出了一些 PWM 控制模式的示例。

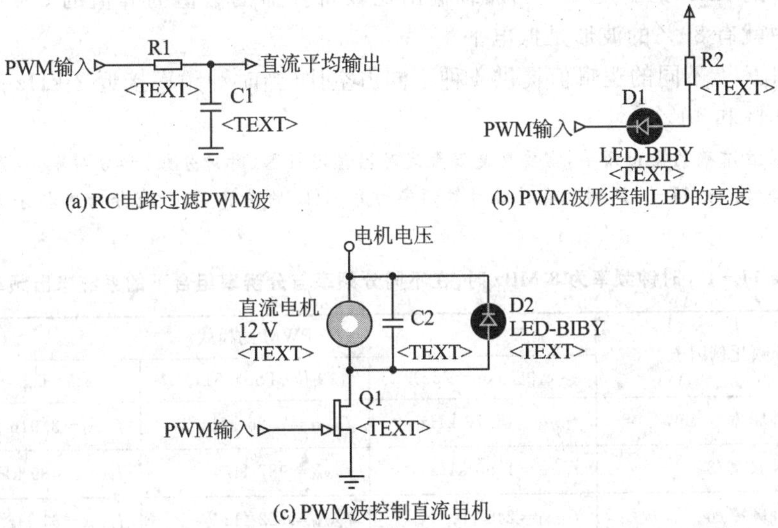

图 11－38 PWM 控制模式示例

图 11－38(a)中，RC 电路提供过滤功能。RC 电路的时间常数(振荡周期)必须明显大于 PWM 波形的周期。

图 11－38(b)中，LED 的亮度是由 PWM 波形控制的。本例中逻辑 0 是点亮 LED 的，所以它的亮度应该和 PWM 成反比。过滤功能是人眼提供的，因为人的眼睛不能分辨高于 42 Hz的频率(即闪烁频率)，所以在这种情况下，PWM 波形的频率必须高于 42 Hz，否则将会

看到 LED 闪烁。

图 11-38(c)是用 PWM 来控制直流电机的。该电路的过滤功能大部分是由直流电机的机械惯性和线圈自感系数提供的，这使电机速度的改变无法跟上波形的改变。当然，电机也提供了额外的过滤。二极管的存在是很重要的，它用来吸收感应电机内电流通断引起的尖峰电压。

利用 Timer1 制作 PWM 的一种方法是利用输出比较寄存器，每次发生匹配时，改变被重新加载的递增值，以产生 PWM 波形。但是 Timer1 提供了内嵌的方法，而不需要程序不断地改变比较寄存器来制作脉宽调制器。

分辨率的高低决定了 PWM 控制的优劣或精确度。在 8 位分辨率的模式中，PWM 控制精度可以达到 1/256；在 9 位分辨率的模式中，PWM 控制精度可以达到 1/512；在 10 位分辨率的模式中，PWM 控制精度可以达到 1/1024。

分辨率必须和频率相互协调，以取得最优的组合。

PWM 模式输出波形的实际占空比是由加载到定时器/计数器的输出比较寄存器的数值决定的。

在正常的 PWM 模式下，计数器向下计数时遇到匹配，就把输出位设置为高电平；如果是在向上计数时遇到匹配，就将输出位的值清除，即设置为低电平。

在这些方式下，如果加载到输出比较寄存器的数值等于峰值的 20%，那么就可以产生占空比 20%的波形。

同样可以为应用程序提供反向的 PWM 波形，以控制直接连接到 PWM 输出引脚，以吸收电流方式工作的 LED 的亮度——当加载输出比较寄存器的数值为峰值的 80%时，输出的方波波形比例中就有 80%的波形是低电平。

根据端口 C 上不同的逻辑值提供 4 种不同占空比（当时钟频率接近 2 kHz 的时候分别为 10%、20%、30%和 40%）。

注意：要设置准确的输出频率，需要反复设置定时器预定标器（时钟分频）和分辨率，以取得尽可能与期望频率一样的输出。表 11-1 所列为在系统时钟频率为 8 MHz 的情况下，所有分频率和分辨率的组合下的输出频率。

表 11-1　时钟频率为 8 MHz 时，在不同分频率与分辨率组合下的系统输出频率

分频比例因子	PWM 的模式		
	8 位(Top=255)	9 位(Top=511)	10 位(Top=1023)
系统时钟频率	f_{PWM}=15.76 kHz	f_{PWM}=7.86 kHz	f_{PWM}=3.916 kHz
系统时钟频率/8	f_{PWM}=1.96 kHz	f_{PWM}=987 Hz	f_{PWM}=489 kHz
系统时钟频率/64	f_{PWM}=245 Hz	f_{PWM}=122 Hz	f_{PWM}=61 Hz
系统时钟频率/256	f_{PWM}=61 Hz	f_{PWM}=31 Hz	f_{PWM}=15 Hz
系统时钟频率/1024	f_{PWM}=15 Hz	f_{PWM}=8 Hz	f_{PWM}=4 Hz

注：$f_{PWM}=f_{系统时钟}$/(比例因子×2×峰值)。

表 11-1 中给出的 8 位分辨率和 8 分频系统时钟的组合可以产生 1.96 kHz 的频率，与期望的频率 2 kHz 很接近。

同时，表 11-1 中也给出了其他组合的频率，但是 PWM 的分辨率是相当有限的。

如果项目需要一个特殊的 PWM 频率，那么很可能就要改变系统时钟的晶体振荡器，以产生期望的精度。

11.4.1 硬件电路

"根据端口 C 上不同的逻辑值提供 4 种不同占空比"系统硬件电路如图 11－39 所示。

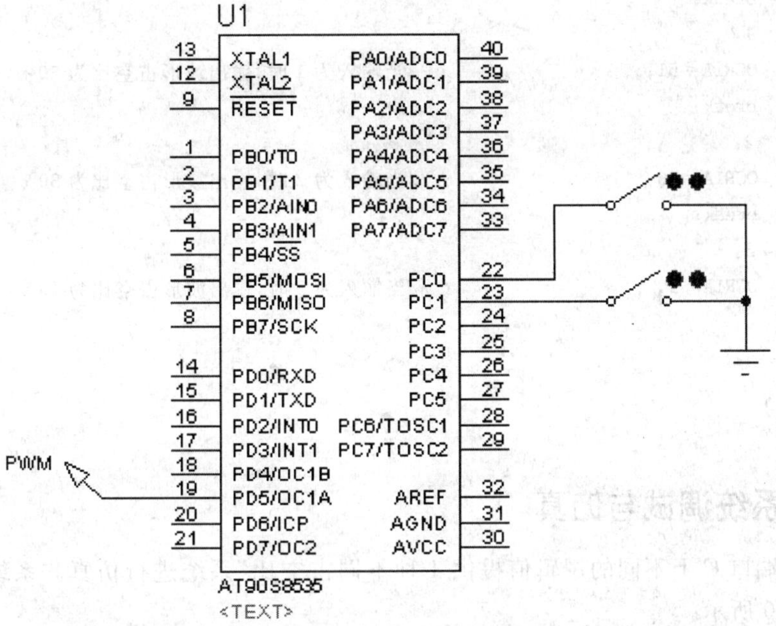

图 11－39 "根据端口 C 上不同的逻辑值提供 4 种不同占空比"系统硬件电路图

11.4.2 软件编程

"根据端口 C 上不同的逻辑值提供 4 种不同占空比"系统软件源程序如下：

```
#include <io8535.h>
#define PWM_select   (PINC&3)            //定义端口 C 的最低两位为控制输入

void  main(void)
{
  unsigned  int oldtogs;                 //存储输入数据
  DDRD = 0x20;                           //设置 OCR1A 位为输出
  PORTC = 0x03;                          //设置输入端口支持内部上拉功能
  TCCR1A = 0x91;                         //设置比较器 A 为非反向 PWM,且为 8 位分辨率
  TCCR1B = 0x02;                         //定时器预定标为 clock/8
  while(1)
  {
    if(PWM_select! = oldtogs)
```

```
        {
          oldtogs = PWM_select;                //保存输入端口数据
          switch(PWM_select)
          {
        case   0:
              OCR1A = 25;                      //当输入为 0 时,输出波形占空比为 10 %
              break;
        case   1:
              OCR1A = 51;                      //当输入为 1 时,输出波形占空比为 20 %
              break;
        case   2:
              OCR1A = 76;                      //当输入为 2 时,输出波形占空比为 30 %
              break;
        case   3:
              OCR1A = 102;                     //当输入为 3 时,输出波形占空比为 40 %
          }
        }
    }
}
```

11.4.3 系统调试与仿真

对“根据端口 C 上不同的逻辑值提供 4 种不同占空比”系统进行仿真。系统初始参数设置如图 11-40 所示。

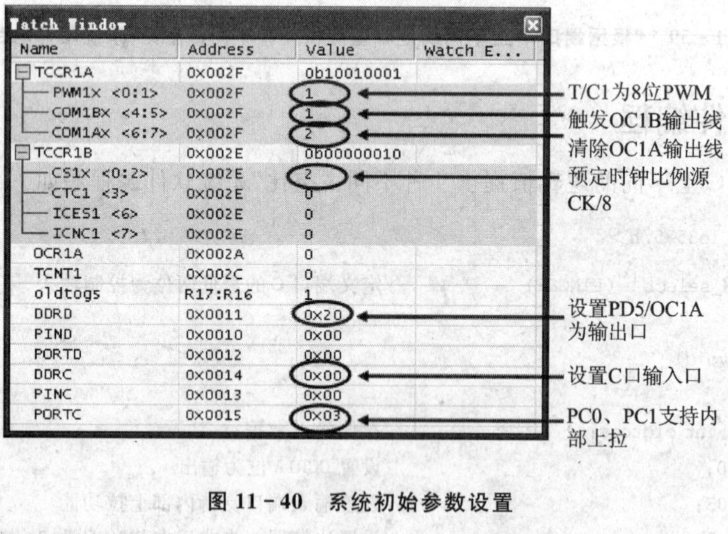

图 11-40　系统初始参数设置

系统各相关变量值如图 11-41 所示。

当系统按键全部按下时,如图 11-42 所示。

此时系统输入为 00,即 oldtogs=0 时,则 OCR1A=25,如图 11-43 所示。

此时,系统输出 PWM 波形,用频率计测量信号频率,测量结果如图 11-44 所示。

用示交互式仿真图表查看波形,波形如图 11-45 所示。

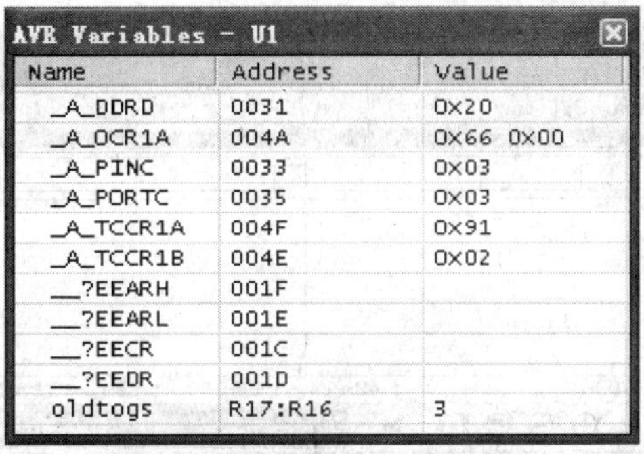

AVR Variables - U1

Name	Address	Value
_A_DDRD	0031	0x20
_A_OCR1A	004A	0x66 0x00
_A_PINC	0033	0x03
_A_PORTC	0035	0x03
_A_TCCR1A	004F	0x91
_A_TCCR1B	004E	0x02
__?EEARH	001F	
__?EEARL	001E	
__?EECR	001C	
__?EEDR	001D	
oldtogs	R17:R16	3

图 11 - 41　系统各相关变量值

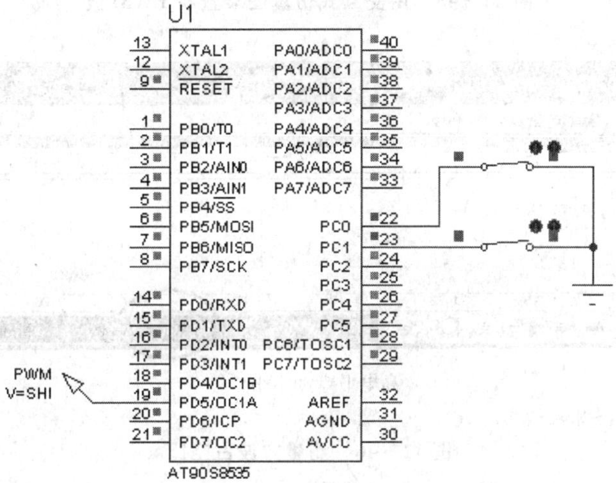

图 11 - 42　系统按键全部按下

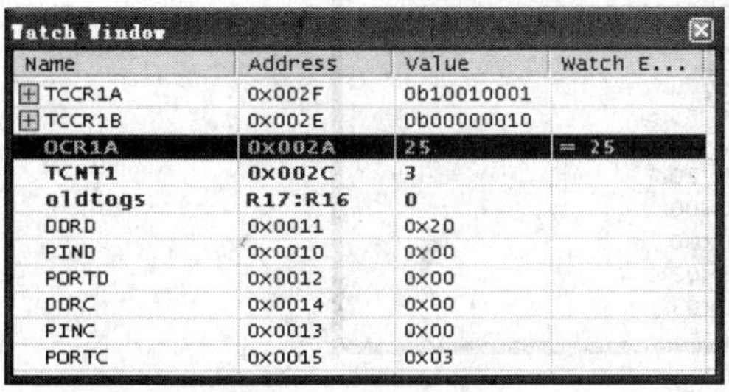

Watch Window

Name	Address	Value	Watch E...
TCCR1A	0x002F	0b10010001	
TCCR1B	0x002E	0b00000010	
OCR1A	0x002A	25	= 25
TCNT1	0x002C	3	
oldtogs	R17:R16	0	
DDRD	0x0011	0x20	
PIND	0x0010	0x00	
PORTD	0x0012	0x00	
DDRC	0x0014	0x00	
PINC	0x0013	0x00	
PORTC	0x0015	0x03	

图 11 - 43　oldtogs=0 时,OCR1A=25

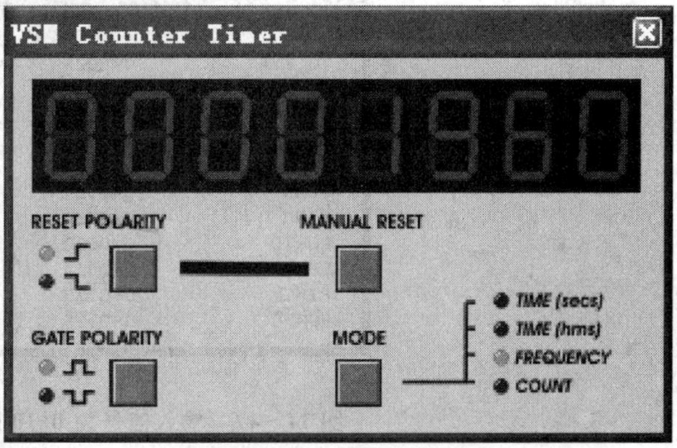

图 11 - 44　系统输出信号频率

在此输入状态下,程序输出方波的占空比应为 10%。测量波形占空比,结果如图 11 - 46 所示。

占空比=高电平持续时间/信号周期=50.9/510=10%,即在输入为 00 状态,系统输出占空比为 10%的 PWM 信号。

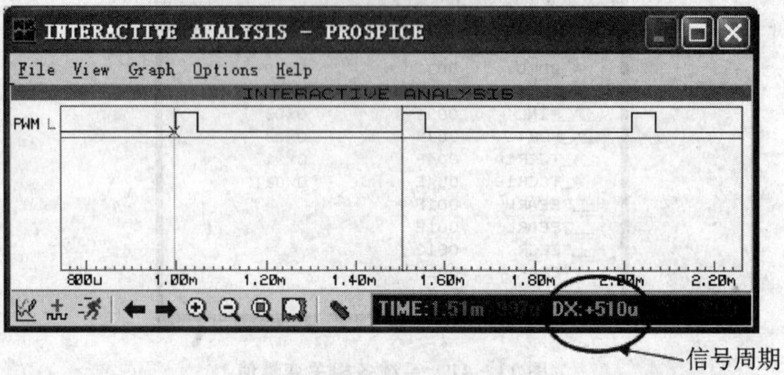

图 11-45　用交互式仿真图表查看 PWM 波

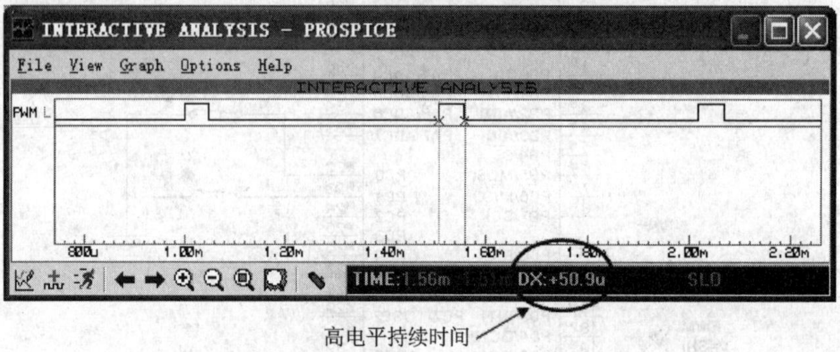

图 11-46　测量方波占空比

当输入信号为 0x10 时,oldtogs=2,OCR1A=76(如图 11-47 所示)。

Watch Window

Name	Address	Value	Watch E...
⊞ TCCR1A	0x002F	0b10010001	
⊞ TCCR1B	0x002E	0b00000010	
OCR1A	0x002A	76	
TCNT1	0x002C	17	
oldtogs	R17:R16	2	
DDRD	0x0011	0x20	
PIND	0x0010	0x20	
PORTD	0x0012	0x00	
DDRC	0x0014	0x00	
PINC	0x0013	0x02	
PORTC	0x0015	0x03	

图 11-47　输入信号为 0x10 时,oldtogs=2、OCR1A=76

系统输出波形如图 11-48 所示。

此状态下,信号占空比为:152/510=30%。即输入为 2 时,输出波形占空比为 30%。其他状态下同理。

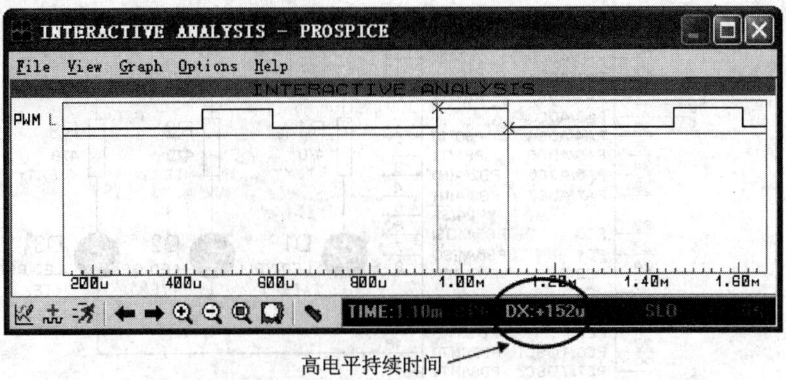

图 11-48 当输入信号为 0x10 时,系统输出波形

11.5 模拟接口——A/D 转换

- 当 ADC 以最高精度操作时,要求使用 50 Hz～200 kHz 之间的频率。当然在更高的频率下也能工作,但会降低精度。ADC 的时钟是从系统时钟中通过分频得到的,与定时器的方式相似。
- 在确定分频比例因子时,最直接的方法是用系统时钟除以 200 kHz,然后选择紧接着的稍大一点的比例因子。这样就确保 ADC 的时钟频率仅低于 200 kHz。
- ADC 的初始化步骤通常如下:设置 ADCSR 的最低 3 位,确定分频比例因子;设置 ADIE 为高电平,打开中断模式;设置 ADEN 为高电平,使 ADC 有效;设置 ADSC,以立即开始转换。

基于 ADC 的 3 号通道的模拟输入电压限制检测系统。当输入电压超过 3 V 时,系统点亮红色的 LED;当输入电压低于 2 V 时,点亮黄色的 LED;当输入在 2～3 V 之间时,点亮绿色的 LED。

11.5.1 硬件电路

模拟输入电压限制检测系统硬件电路图如图 11-49 所示。

11.5.2 软件编程

模拟输入电压限制检测系统软件源程序如下:

```
#include <io8535.h>
#include <intrinsics.h>

#define LEDs   PORTD                          //定义输出端口及灯的类型
#define red    0x03
#define green 0x05
#define yellow 0x06

#pragma vector = 0x1C
__interrupt void adc_isr(void)                //定义 A/D 转换中断服务程序
```

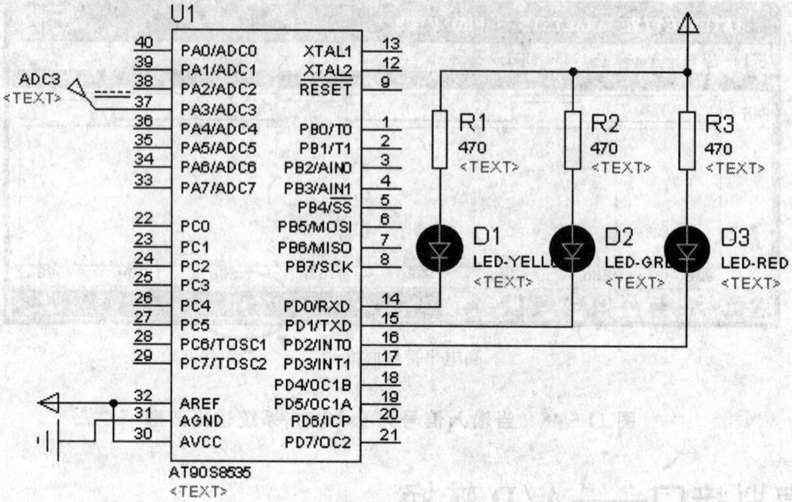

图 11-49 模拟输入电压限制检测系统硬件电路图

```
{
  unsigned  int adc_data;                    //A/D 转换结果变量
  adc_data = ADC;                            //将 10 位全部读入变量

  if(adc_data>(3 * 1023)/5)
    LEDs = red;                              //>3 V
  else if(adc_data<(2 * 1023)/5)
    LEDs = yellow;                           //<2 V
  else
    LEDs = green;
  ADCSR = ADCSR|0x40;                        //启动下一次转换
}

void  main(void)
{
  DDRD = 0x07;                               //指定第 3 位为输出
  ADMUX = 0x03;                              //选择读通道 3 数据
  ADCSR = 0xCE;                              //启动 A/D 转换,比例因子 64,中断使能
  __enable_interrupt();
  while(1)
  ;
}
```

11.5.3 系统调试与仿真

对模拟输入电压限制检测系统进行仿真。

在对系统进行调试时,输入信号采用直流信号发生器提供。直流信号发生器编辑对话框如图 11-50 所示。

首先,在输入信号大于 3 V 的状态下仿真电路(Voltage 设置为 3.5 V)。

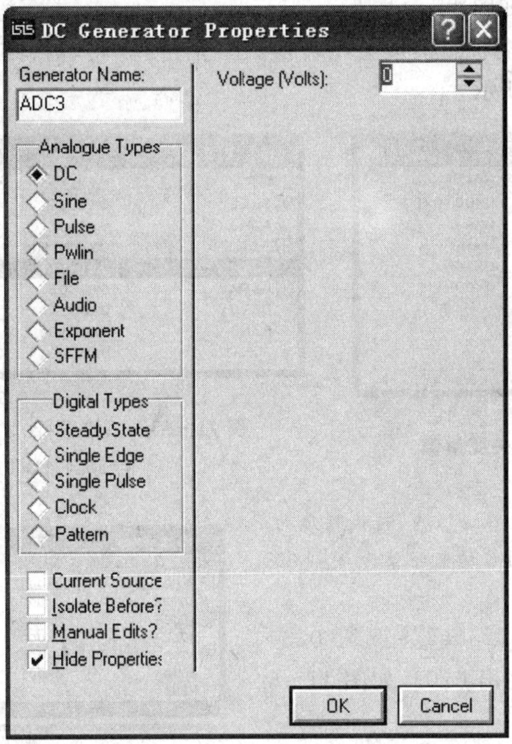

图 11－50 直流信号发生器参数编辑对话框

系统初始参数设置如图 11－51 所示。

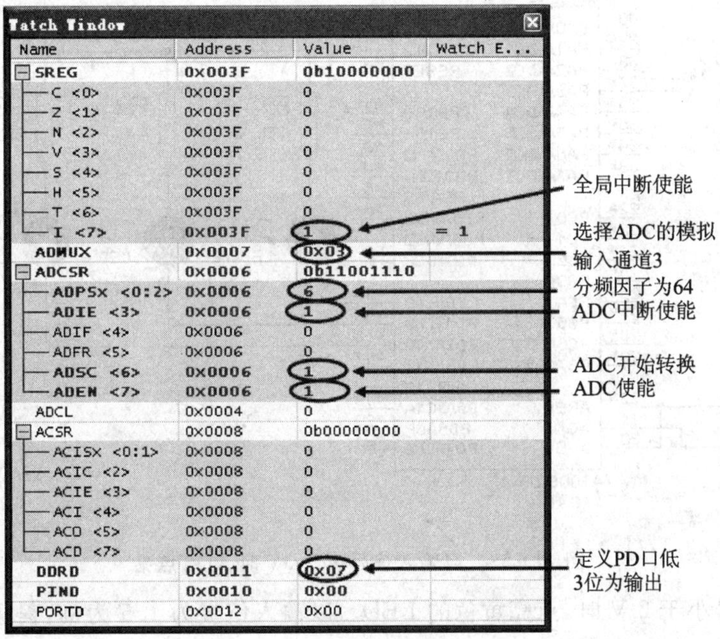

图 11－51 系统初始参数设置

系统各相关变量值如图 11－52 所示。

系统首先将 ADC3 端口的模拟电压转换数字信号，并将转换结果放置到 ADCH、ADCL 寄存器中，如图 11－53 所示。

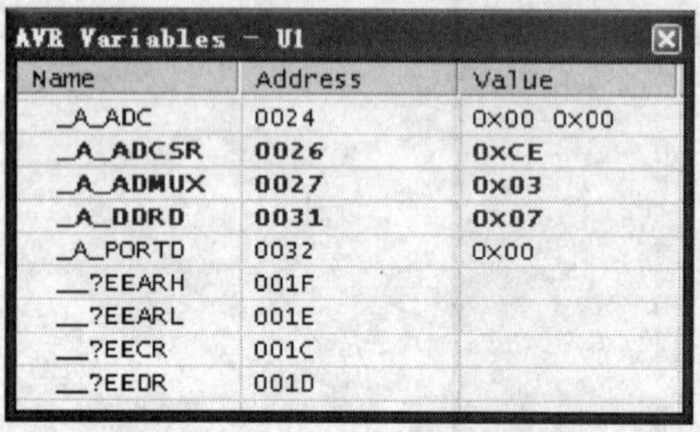

AVR Variables - U1

Name	Address	Value
_A_ADC	0024	0x00 0x00
_A_ADCSR	0026	0xCE
_A_ADMUX	0027	0x03
_A_DDRD	0031	0x07
_A_PORTD	0032	0x00
__?EEARH	001F	
__?EEARL	001E	
__?EECR	001C	
__?EEDR	001D	

图 11－52　系统各相关变量值

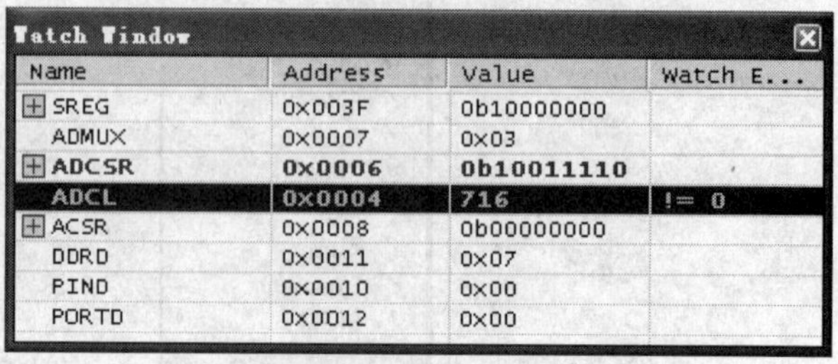

Watch Window

Name	Address	Value	Watch E...
SREG	0x003F	0b10000000	
ADMUX	0x0007	0x03	
ADCSR	0x0006	0b10011110	
ADCL	0x0004	716	!= 0
ACSR	0x0008	0b00000000	
DDRD	0x0011	0x07	
PIND	0x0010	0x00	
PORTD	0x0012	0x00	

图 11－53　系统进行 A/D 转换，并将转换结果存放到 ADCH、ADCL 中

注意：A/D 转换参考电压为 5 V，转换精度为 8 位，因此，模拟电压 0～5 V 对应的数字量为 0～1023，3.5 V对应的数字量为 1023×3.5/5≈716。

由于 3.5 V＞3 V(1023×3.5/5＞1023×3/5)，故系统在端口 D 输出 0x03，如图 11－54 所示。

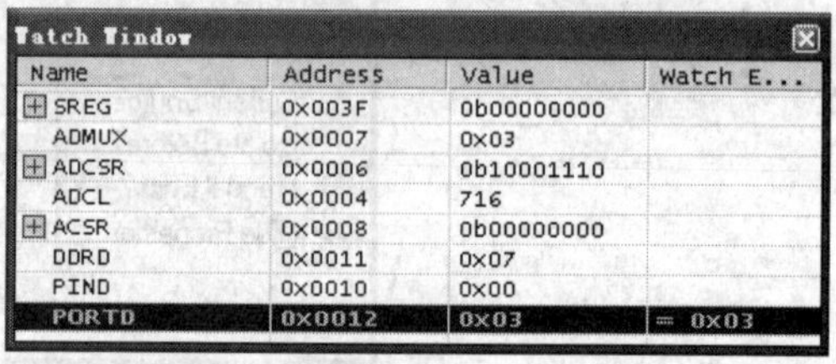

Watch Window

Name	Address	Value	Watch E...
SREG	0x003F	0b00000000	
ADMUX	0x0007	0x03	
ADCSR	0x0006	0b10001110	
ADCL	0x0004	716	
ACSR	0x0008	0b00000000	
DDRD	0x0011	0x07	
PIND	0x0010	0x00	
PORTD	0x0012	0x03	= 0x03

图 11－54　系统在端口 D 输出 0x03

此时红灯点亮，如图 11－55 所示。

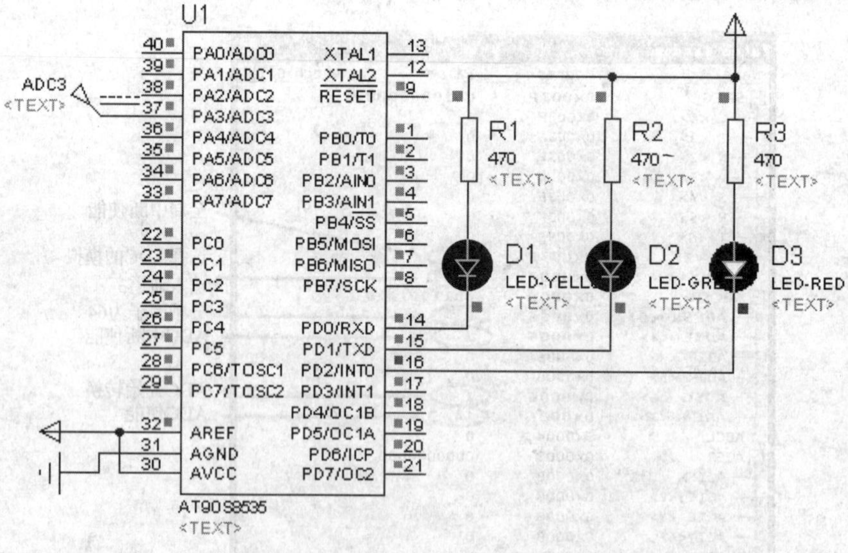

图 11－55　当输入信号大于 3V 时，红灯点亮

当输入信号小于 2 V 时，点亮黄色的 LED。以输入信号为 1.5 为例，程序首先进行 A/D 转换，并将转换结果存放到 ADCH、ADCL 中，如图 11－56 所示。

因为 1.5 V＜2 V(1023×1.5/5＜1023×2/5)，故系统在端口 D 输出 0x06，如图 11－57 所示。

Watch Window

Name	Address	Value	Watch E...
⊞ SREG	0x003F	0b10000000	
ADMUX	0x0007	0x03	
⊞ ADCSR	0x0006	0b10011110	
ADCL	0x0004	307	!= 0
⊞ ACSR	0x0008	0b00000000	
DDRD	0x0011	0x07	
PIND	0x0010	0x00	
PORTD	0x0012	0x00	

图 11－56　将 1.5 V 的数字量存放到 ADCH、ADCL 中

Watch Window

Name	Address	Value	Watch E...
⊞ SREG	0x003F	0b00110101	
ADMUX	0x0007	0x03	
⊞ ADCSR	0x0006	0b10001110	
ADCL	0x0004	307	
⊞ ACSR	0x0008	0b00000000	
DDRD	0x0011	0x07	
PIND	0x0010	0x00	
PORTD	0x0012	0x06	= 0x06

图 11－57　系统在端口 D 输出 0x06

此时黄灯点亮，如图 11－58 所示。

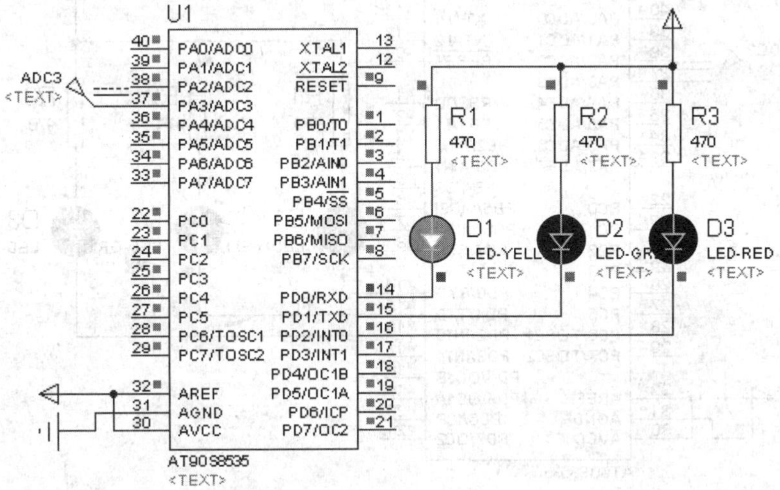

图 11－58　当输入信号小于 2 V 时，黄灯点亮

同理，当输入信号大于 2 V、小于 3 V 时，点亮绿色的 LED。

以输入信号为 2.5 为例，程序首先进行 A/D 转换，并将转换结果存放到 ADCH、ADCL 中，如图 11－59 所示。

因为 2 V<2.5 V<3 V(1023×2/5<1023×2.5/5<1023×3/5)，故系统在端口 D 输出 0x05，如图 11－60 所示。

此时绿灯点亮，如图 11－61 所示。

Watch Window

Name	Address	Value	Watch E...
⊞ SREG	0x003F	0b10000000	
ADMUX	0x0007	0x03	
⊞ ADCSR	0x0006	0b10011110	
ADCL	0x0004	512	!= 0
⊞ ACSR	0x0008	0b00000000	
DDRD	0x0011	0x07	
PIND	0x0010	0x00	
PORTD	0x0012	0x00	

图 11-59　将 2.5 V 的数字量存放到 ADCH、ADCL 中

Watch Window

Name	Address	Value	Watch E...
⊞ SREG	0x003F	0b00000000	
ADMUX	0x0007	0x03	
⊞ ADCSR	0x0006	0b10001110	
ADCL	0x0004	512	
⊞ ACSR	0x0008	0b00000000	
DDRD	0x0011	0x07	
PIND	0x0010	0x00	
PORTD	0x0012	0x05	= 0x05

图 11-60　系统在端口 D 输出 0x05

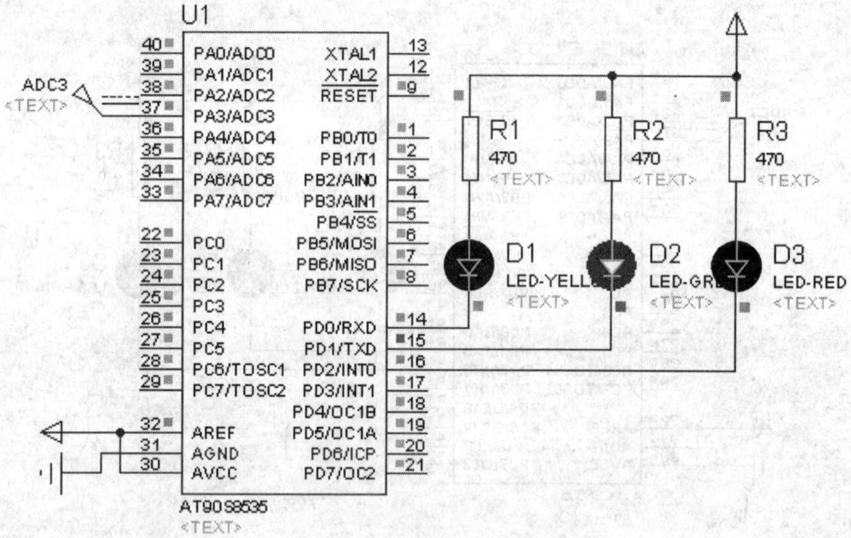

图 11-61　当输入信号大于 2 V、小于 3 V 时，绿灯点亮

系统采用正弦信号发生器作为系统信号输入。

正弦发生器设置如图 11-62 所示。

可知信号频率为 1 Hz，峰峰值为 5 V，偏移量为 2.5 V。用交互式仿真图表查看输入信号波形，结果如图 11-63 所示。

在输入状态下，可观测到 3 种颜色的灯交替闪烁。

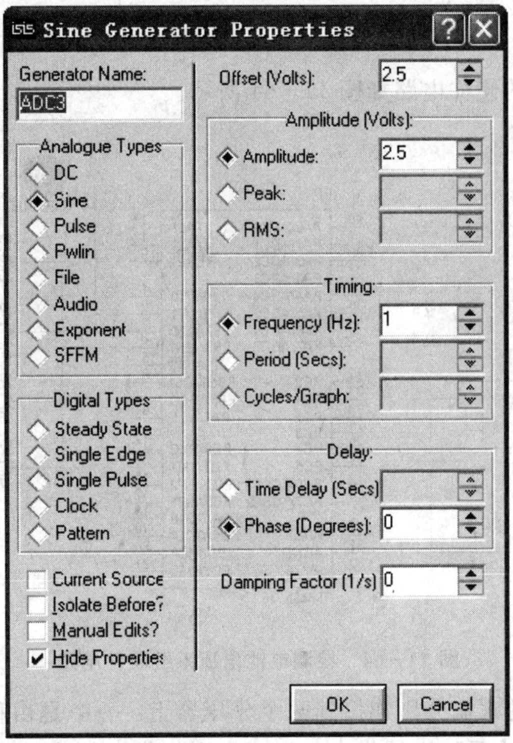

图 11-62　正弦发生器设置

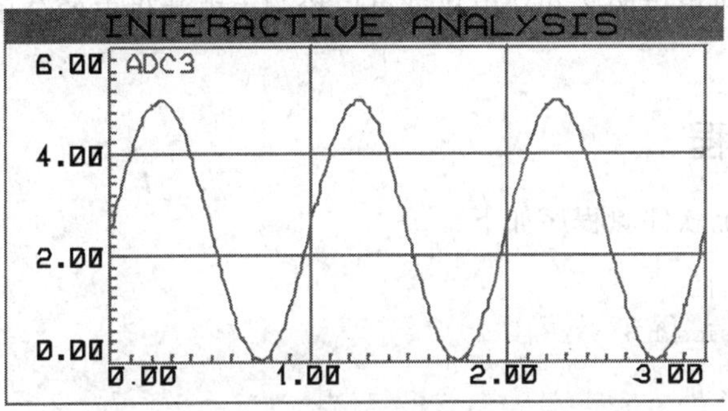

图 11-63　输入信号波形

11.6　模拟接口——模拟比较器

注意：模拟比较器是用来比较两个模拟输入的设备。AIN0 是模拟比较器正输入端；AIN1 是模拟比较器负输入端。如果 AIN0＞AIN1，则会设置模拟比较器输出位(Analog Comparator Output Bit，ACO)，即将该位设置为 1。当 ACO 状态发生改变(正方向、负方向改变，或者二者同时改变)，如果输入比较中断没有被屏蔽，则会产生中断；否则，Timer1 定时器/计数器产生一次输入捕获。

监测以电池供电的系统何时电池的电压过低。系统不断地监测着电池电压，而不需要任何的处理器时间，因为它完全由模拟比较器控制。当电池的电压过低时，LED 就会发亮。

11.6.1 硬件电路

检测电池电压系统的硬件电路如图 11-64 所示。

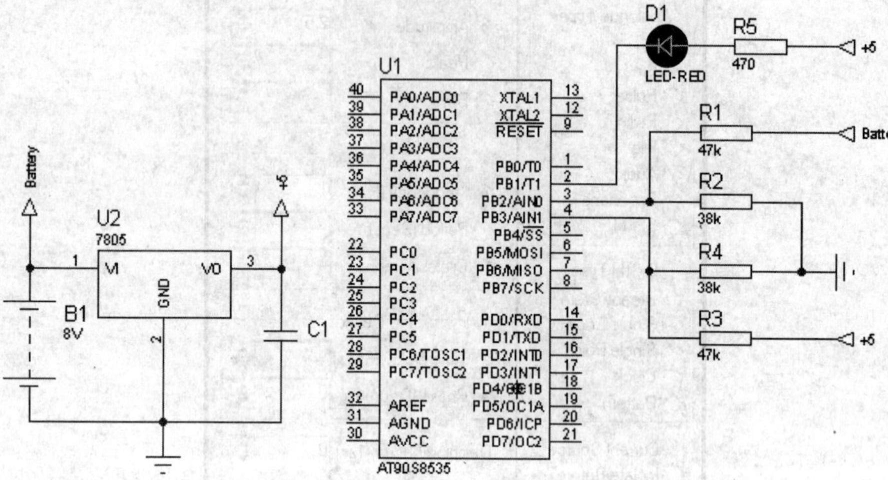

图 11-64 检测电池电压系统硬件电路

两个模拟转换器的输入端分别连接到两个分压器上：一个是由稳定的 5 V 电压供电，作为参考电压；另一个直接由系统电池供电。由 5 V 电压供电的分压器提供的电压在中心点约为 2.2 V；而由电池直接供电的分压器的电池电压降到 5 V 时，提供的电压也是 2.2 V。模拟比较器利用由参考电压提供的 2.2 V 电压就可以检测由电池供电的分压器上的电压何时低于既定电压值。

11.6.2 软件编程

检测电池电压系统软件源程序如下：

```
#include <io8535.h>
#include <intrinsics.h>
#pragma vector = 0x20
__interrupt void ana_comp_isr(void)                    //定义模拟比较中断服务程序
{
  PORTB_Bit1 = 0;                                       //点亮 LED
}
void  main(void)
{
  PORTB = 0x02;                                         //设置 LED 为熄灭状态
  DDRB = 0x02;                                          //设置 1 位为输出
  ACSR = 0x0A;                                          //使能模拟比较中断，下降沿有效
  __enable_interrupt();
  while(1)
  ;
}
```

11.6.3 系统调试与仿真

对系统进行调试与仿真(将系统硬件电路图中由电池供电的部分用直流信号激励源DC替代),调试电路图如图11-65所示。

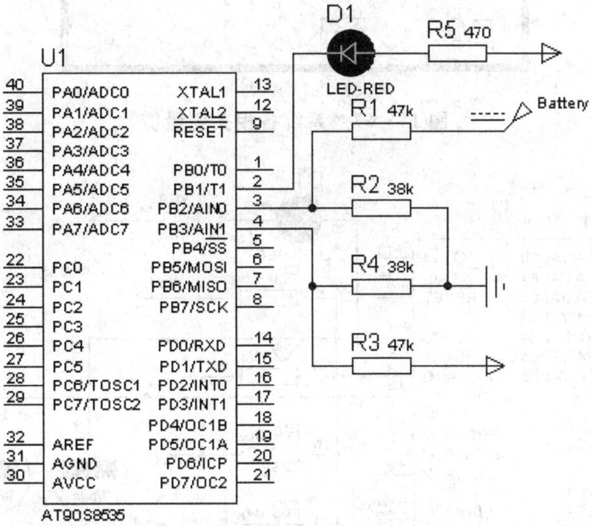

图11-65 检测电池电压系统调试用图

将Battery的电压设置为8 V,对系统进行仿真。

系统的初始参数设置如图11-66所示。

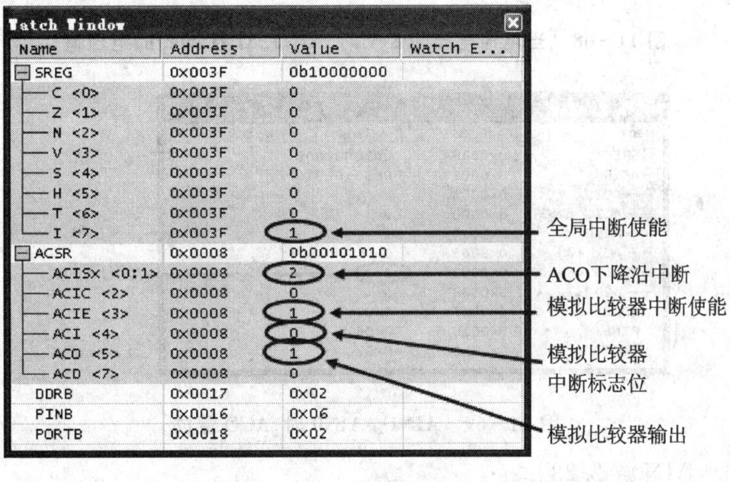

图11-66 系统初始参数设置

系统各相关变量值如图11-67所示。

当电池电压为8 V时,AIN0、AIN1端口的电压值如图11-68所示。

此时,AIN1=2.23<AIN0=3.57,模拟比较器输出ACO被置位,如图11-69所示。

此时,LED指示灯处于熄灭状态。

当Battery的电压设置为5 V时,AIN0、AIN1端口的电压值如图11-70所示。

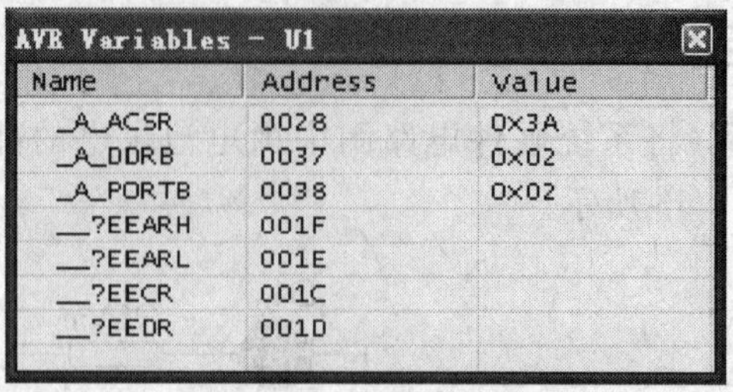

图 11-67 系统各相关变量值

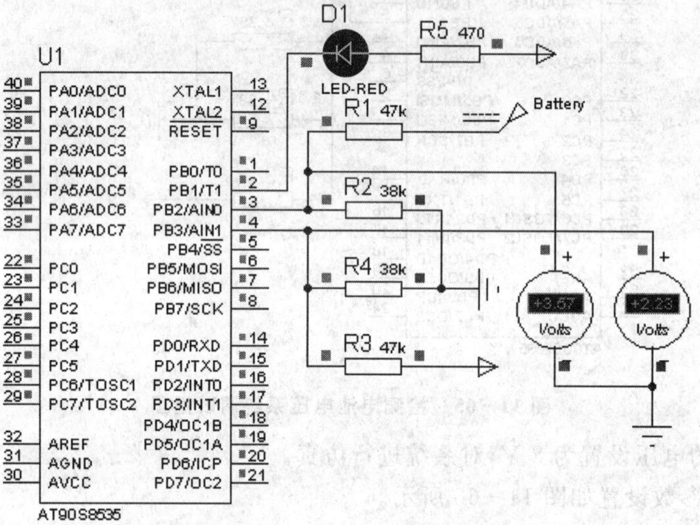

图 11-68 当电池电压为 8 V 时,AIN0、AIN1 端口的电压值

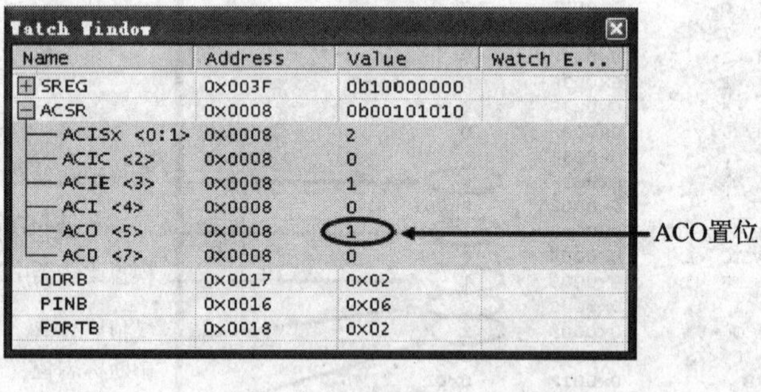

图 11-69 AIN1<AIN0 时,ACO 置位

此时,AIN1=AIN0=2.23。

当电池电压低于 5 V 时,设 Battery 为 3 V 时,AIN0、AIN1 端口的电压值如图 11-71 所示。

此时,AIN1=2.23>AIN0=1.34,模拟比较器输出 ACO 被清 0,如图 11-72 所示。

将系统硬件电路图中由电池供电的部分用分段线性激励源 PWLIN 替代进行仿真。其中,分段线性激励源 PWLIN 设置如图 11-73 所示。

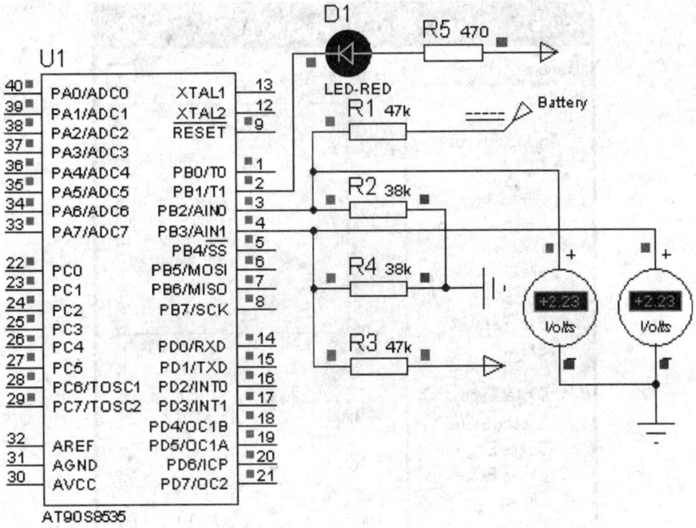

图 11-70　当电池电压为 5 V 时，AIN0、AIN1 端口的电压值

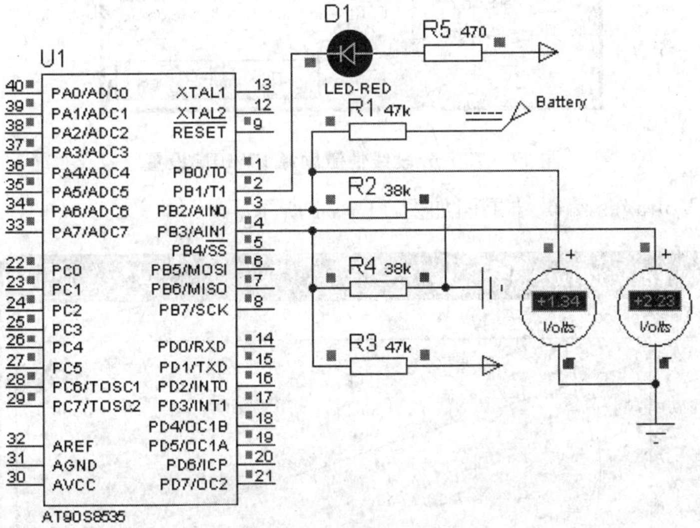

图 11-71　当电池电压为 3 V 时，AIN0、AIN1 端口的电压值

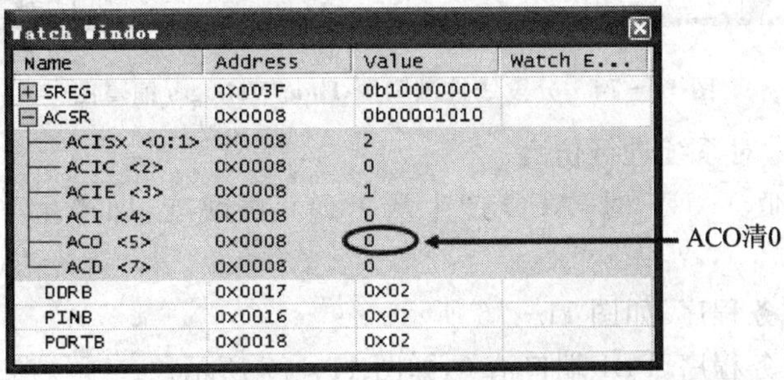

Name	Address	Value	Watch E...
SREG	0x003F	0b10000000	
ACSR	0x0008	0b00001010	
ACISx <0:1>	0x0008	2	
ACIC <2>	0x0008	0	
ACIE <3>	0x0008	1	
ACI <4>	0x0008	0	
ACO <5>	0x0008	0	
ACD <7>	0x0008	0	
DDRB	0x0017	0x02	
PINB	0x0016	0x02	
PORTB	0x0018	0x02	

图 11-72　AIN1<AIN0 时，ACO 清 0

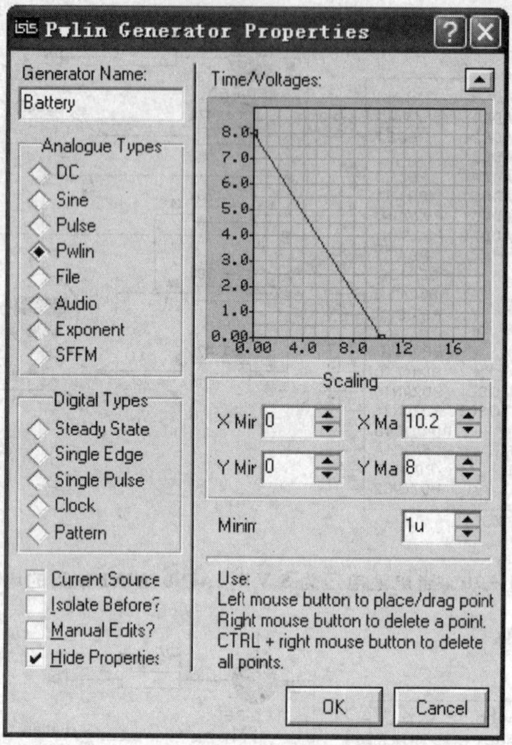

图 11-73　分段线性激励源 PWLIN 设置

其中,Time/Voltages 编辑结果图如图 11-74 所示。

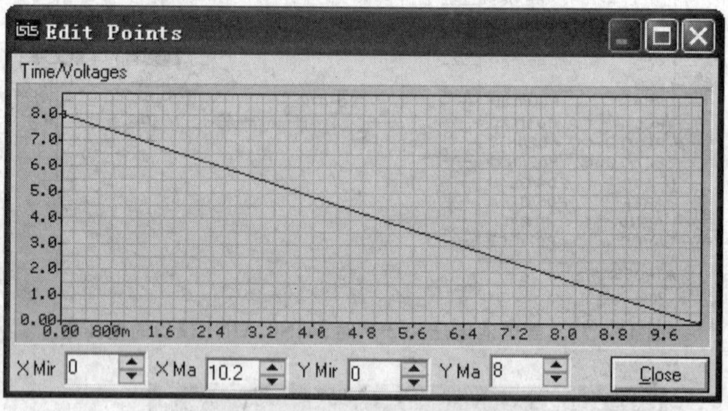

图 11-74　分段线性激励源 Time/Voltages 编辑图

在此仿真条件下,对系统进行仿真。

当 Battery 电压低于 5 V 时,ACO 产生从 1 到 0 的跳变,即产生下降沿,置位 ACI,如图 11-75所示。

程序进入中断服务程序,如图 11-76 所示。

程序执行中断服务程序,PB1 端口清 0,如图 11-77 所示。

此时,LED 指示灯点亮,如图 11-78 所示。

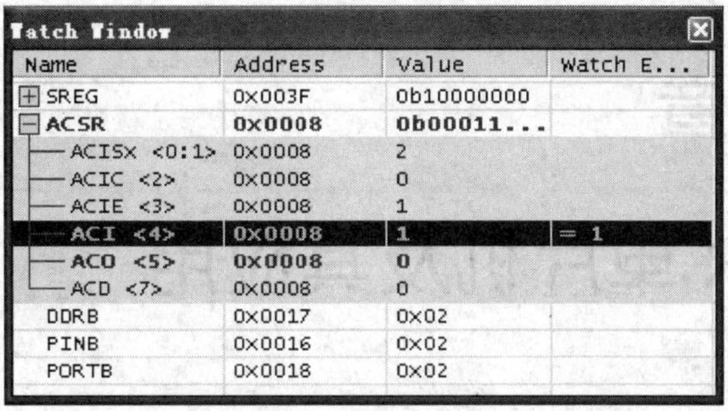

图 11-75 当 Battery 电压低于 5 V 时，置位 ACI

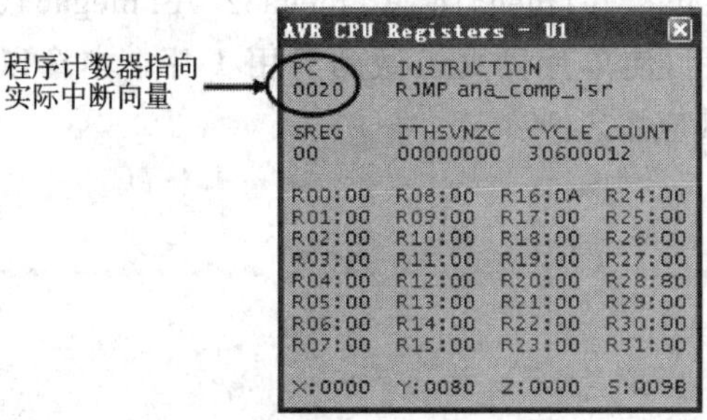

图 11-76 程序进入中断服务程序

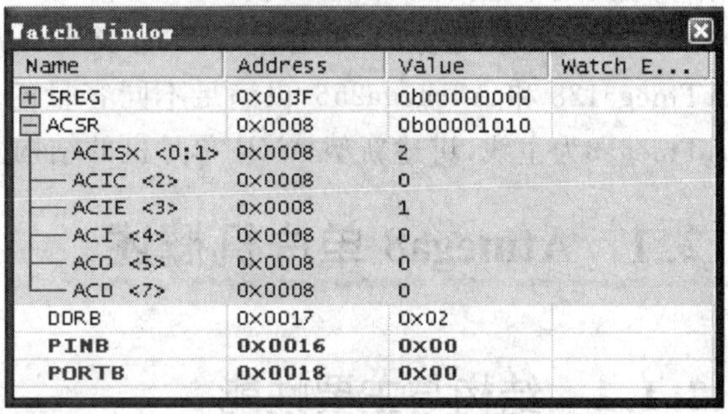

图 11-77 程序执行中断服务程序，清零 PB1 端口

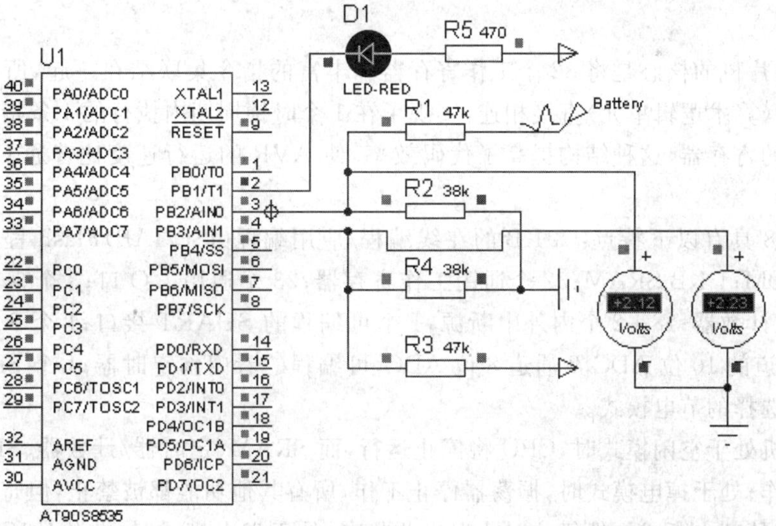

图 11-78 LED 指示灯点亮

由系统仿真结果可知，当采用电池供电的系统电池电压不足时，可采用模拟比较器进行监测。

第 12 章

新型 AVR 单片机及其应用

ATMEL AVR 在制造工艺上有重大改进，以 ATMEL 0.35 的 4 层金属 CMOS 工艺制作，降低了器件成本。尤其是高档 ATmega 系列器件，具有较高的性价比。

ATmega 系列按 Flash 容量(KB)分类有 ATmega8、ATmega16、ATmega32、ATmega64、ATmega128 和 ATmega256，以满足不同容量的应用，使单片机真正做到只用 1 片。本章以 ATmega8为主线，讲述新型 AVR 单片机的结构及其应用。

12.1 Atmega8 单片机概述

12.1.1 结构与主要性能

Atmega8 是一款基于 AVR RISC、低功耗 CMOS 的 8 位单片机，由于在 1 个时钟周期内执行 1 条指令，Atmega8 可以达到接近 1 MIps/MHz 的性能。Atmega8 的结构图如图 12-1 所示。

AVR 单片机的核心是将 32 个工作寄存器和丰富的指令集联结在一起，所有的工作寄存器都与 ALU(算术逻辑单元)直接相连，实现了在 1 个时钟周期内执行的 1 条指令可以同时访问 2 个独立的寄存器，这种结构提高了代码效率，使 AVR 的运行速度比普通 CISC 单片机高出 10 倍。

Atmega8 具有以下特点：8 KB 的在线编程/应用编程(ISP/IAP)Flash 程序存储器；512 字节 EEPROM；1 KB SRAM；32 个通用工作寄存器；23 个通用 I/O 口；3 个带有比较模式灵活的定时器/计数器；18+2 个内外中断源；1 个可编程的 SUART 接口；1 个 8 位 I^2C 总线接口；4 或 6 通道的 10 位 ADC；2 通道 8 位 ADC，可编程的看门狗定时器；1 个 SPI 接口和 5 种可通过软件选择的节电模式。

当单片机处于空闲模式时，CPU 将停止运行，而 SRAM、定时器/计数器、SPI 口和中断系统则继续工作；处于掉电模式时，振荡器停止工作，所有其他功能都被禁止，但寄存器内容得到保留，只有在外部中断或硬件复位时才退出此状态；处于省电模式时，芯片的所有功能被禁止(处于休眠状态)，只有异步时钟正常工作，以维持时间基准。当单片机处于 ADC 噪声抑制模式时，CPU 和其他的 I/O 模块都停止运行，只有 ADC 和异步时钟正常工作，以减少 ADC 转换过程中的开关噪声；在待命模式下，CPU 和其他的 I/O 模块都停止运行，但系统振荡器仍在运行，使得系统在低功耗时可以很快地启动。

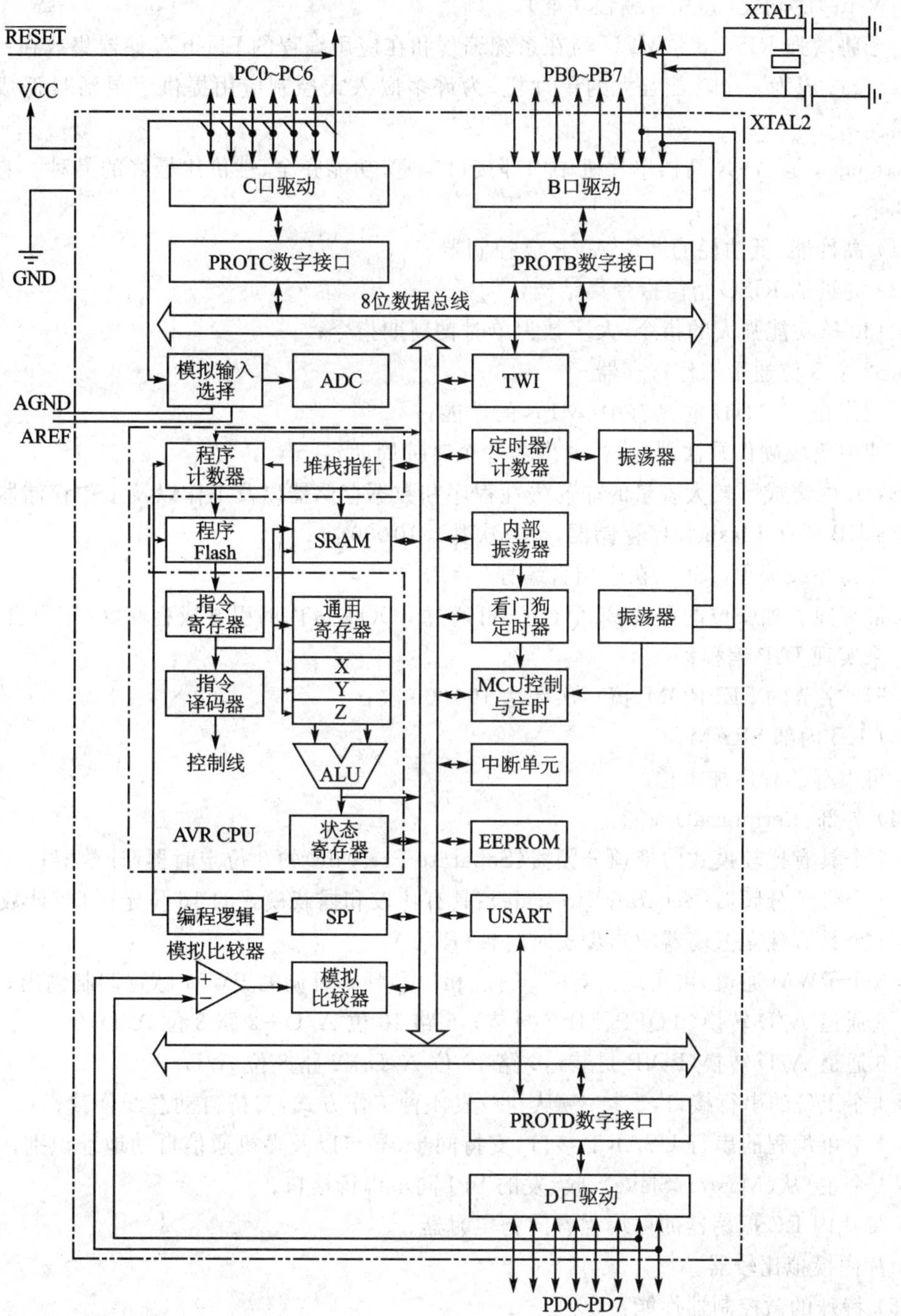

图 12-1　Atmega8 的结构图

Atmega8 单片机采用了 ATMEL 公司的高密度非易失性内存技术，片内 Flash 可以通过 SPI 接口、通用编程器及自引导 BOOT 程序进行编程和自编程。利用自引导 BOOT 程序，可以使用任一硬件接口下载应用程序，并写入到 Flash 的应用程序中，在更新 Flash 的应用程序区数据时，处在 Flash 的 BOOT 区内的自引导程序将继续执行，实现了同时读/写（Read-

While-Write)的功能(芯片自编程功能)。

由于将增强 RISC 8 位 CPU 与在系统编程和在应用编程的 Flash 存储器集成在一个芯片内,Atmega8 成为一个功能强大的单片机,为许多嵌入式控制应用提供了灵活且低成本的解决方案。

Atmega8 是 AVR 高档单片机中内部接口丰富、功能齐全、性价比最好的品种。它的主要性能如下:

(1) 高性能、低功耗的 8 位 AVR 微控制器。

(2) 先进的 RISC 精简指令集结构:

➢ 130 条功能强大的指令,大多数为单时钟周期指令;

➢ 32 个 8 位通用工作寄存器;

➢ 工作在 16 MHz 时具有 16 MIps 的性能;

➢ 片内集成硬件乘法器(执行速度为 2 个时钟周期)。

(3) 片内集成了较大容量的非易失性程序和数据存储器以及工作以及工作存储器:

➢ 8 KB 的在 Flash 程序存储器,擦写次数>10000 次;

➢ 支持在线编程(ISP)、在应用自编程(IAP);

➢ 带有独立加密位的可选 BOOT 区,可通过 BOOT 区内的引导成程序区(用户自己写入)来实现 IAP 编程;

➢ 512 字节的 EEPROM,擦写次数达 100000 次;

➢ 1 KB 内部 SRAM;

➢ 可编程的程序加密位。

(4) 外部(Peripheral)性能:

➢ 2 个具有比较模式的带预分频器(Separate Prescale)的 8 位定时器/计数器;

➢ 1 个带预分频器(Separate Prescale)、具有比较和捕获模式的 16 位定时器/计数器;

➢ 1 个具有独立振荡器的异步实时时钟(RTC);

➢ 3 个 PWM 通道,可实现任意<16 位、相位和频率可调的 PWM 脉宽调制输出;

➢ 8 通道 A/D 转换(TQFP、MLF 封装),6 路 10 位 A/D+2 路 8 位 A/D;

➢ 6 通道 A/D 转换(PDIP 封装),4 路 10 位 A/D+2 路 8 位 A/D;

➢ 1 个 I^2C 的串行接口,支持主/从、收/发 4 种工作方式,支持自动总线仲裁;

➢ 1 个可编程的串行 USART 接口,支持同步、异步以及多机通信自动地址识别;

➢ 1 个主/从(Master/Slave)、收/发的 SPI 同步串行接口;

➢ 带片内 RC 振荡器的可编程看门狗定时器;

➢ 片内模拟比较器。

(5) 特殊的微控制器性能:

➢ 上电复位和可编程的欠电压检测电路;

➢ 内部集成了可选择频率(1 MHz,2 MHz,8 MHz)、可校准的 RC 振荡器(25℃、5 V、1 MHz时的精度为±1%);

➢ 外部和内部的中断源共 18 个;

➢ 5 种休眠模式:空闲模式(Idle)、ADC 噪声抑制模式(ADC Noise Reduction)、省电模式(Power-save)、掉电模式(Power-down)和待命模式(Standby)。

(6) I/O 口和封装：

- 最多 23 个可编程 I/O 口，可任意定义 I/O 的输入/输出方向；输出时为推挽输出，驱动能力强，可直接驱动 LED 等大电流负载；输入口可定义为三态输入，可以设定带内部上拉电阻，省去外接上拉电阻；
- 28 脚 PIDP 封装、32 脚 TQFP 封装和 32 脚 MLF 封装。

(7) 工作电压：

- 2.7～5.5 V(ATmega8L)；
- 4.5～5.5 V(ATmega8)。

(8) 运行速度：

- 0～8 MHz(ATmega8L)；
- 0～16 MHz(ATmega8)。

(9) 功耗(4 MHz,3 V,25℃)：

- 正常模式(Active)：3.6 mA；
- 空闲模式(Idle Mode)：1.0 mA；
- 掉电模式(Power-down Mode)：0.5 μA。

12.1.2 MCU 内核

Atmega8 单片机的 Flash 程序存储器空间分成两段：非引导程序段(Boot program section)和应用程序段(Application program section)两个段的读/写保护可以通过设置对应的锁定位(Lock bits)来实现。在引导程序段驻留的引导程序中可以使用 SPM 指令，用以实现对应用程序段的更新写操作(实现可在应用自编程，使更新系统持续)。

Atmega8 由 MCU 时钟信号 CLK_{CPU} 驱动，该 CLK_{CPU} 时钟信号由选定的系统时钟振荡源直接产生，在内部没有使用时钟分频。

12.1.3 复位与中断处理

Atmega8 有 18 个不同的中断源，每个中断源和系统复位在程序存储器空间都有一个独立的中断向量，每个中断事件都有各自独立的中断允许控制位，当某一个中断源的中断允许位置 1，且状态寄存器(SREG)中的全局中断允许位 I 也为 1 时，MCU 才能响应该中断。通过对启动锁定位(Boot Lock bits)BLB02 和 BLB12 编程，也能禁止 MCU 响应中断。利用这一特性，可以提高系统的安全性。通常，Flash 程序存储器空间的最低位置定义为系统复位和中断向量。完整的中断向量表见表 12-1。

表 12-1 复位和中断向量表

中断向量号	向量地址	中断源	中断定义
1	0x00	RESET	上电、外部、BOD、看门狗复位
2	0x01	INT0	外部中断请求 0
3	0x02	INT1	外部中断请求 1
4	0x03	TIMER2 COMP	定时器/计数器 2 比较匹配
5	0x04	TIMER2 OVF	定时器/计数器 2 溢出

续表 12－1

中断向量号	向量地址	中断源	中断定义
6	0x05	TIMER1 CAPT	定时器/计数器 1 捕获事件
7	0x06	TIMER1 COMPA	定时器/计数器 1 比较匹配 A
8	0x07	TIMER1 COMPB	定时器/计数器 1 比较匹配 B
9	0x08	TIMER1 OVF	定时器/计数器 1 溢出
10	0x09	TIMER0 OVF	定时器/计数器 0 溢出
11	0x0A	SPI STC	SPI 串行传输完成
12	0x0B	USART，RCX	USART，Rx 完成
13	0x0C	USART，UDRE	USART，寄存器空
14	0x0D	USART，TXC	USART，Tx 完成
15	0x0E	ADC	ADC 转换完成
16	0x0F	EE_RDY	E2PROM 准备好
17	0x10	ANA_COMP	模拟比较
18	0x11	TW1	两线串行接口(I2C)
19	0x12	SPM_RDY	写程序存储器准备好

注：在中断向量表中，处于低地址的中断具有高的优先级，所以系统复位 RESET 具有最高的优先级。

12.1.4 存储器

Atmega8 单片机片内集成了 8 KB 的、支持可在线编程(ISP)和可在应用自编程(IAP)的 Flash 存储器，用于存放程序指令代码。Atmega8 数据存储器(SRAM)由低端开始的 1120 个数据存储器空间依次分配给：32 个通用工作寄存器、64 个 I/O 寄存器和 1KB 的内部 SRAM，即首 96 个地址分配给通用工作寄存器组空间和 I/O 寄存器空间(映射)使用，接下来的 1024 个地址用于内部 SRAM。Atmega8 单片机内部有一个 512 字节的 EEPROM 数据存储器，它们组成一个单独的数据存储器空间，与 Flash 程序存储器空间和 SRAM 数据存储器空间相互独立。EEPROM 数据存储器空间的读写是以单字节位单位的。EEPROM 的使用寿命至少为 100000 次的擦写循环。

Atmega8 单片机的 I/O 寄存器的地址空间分配、名称和功能见附录 F，表中给出了各 I/O 空间的地址，同时在括号中给出了各 I/O 空间在 SRAM 空间的映射地址。Atmega8 所有的 I/O 及外围设备的控制寄存器和数据寄存器都被放置在 I/O 寄存器空间中，通过 IN 和 OUT 指令可以直接对整个 I/O 寄存器空间的寄存器进行访问，这些指令用于 32 个通用寄存器与 I/O 空间的寄存器之间的数据交换。地址范围在＄00～＄1F 之间的 I/O 寄存器可通过 SBI(置位 I/O 寄存器的指定位)和 CBI(清零 I/O 寄存器的指定位)指令实现位操作访问，而指令 SBIS 和 SBIC 则用于对这些寄存器的某位进行测试，判别该位是否为 1 或 0。

使用 I/O 寄存器访问指令 IN(从 I/O 口输入)、OUT(输出到 I/O 口)时，要使用寄存器在 I/O 空间的地址＄00～＄3F。而使用 LD 和 ST 指令，把 I/O 空间的寄存器作为 SRAM 寻址时，I/O 寄存器的地址要加上＄20，即使用 I/O 寄存器在 SRAM 空间的映射地址＄0020～＄005F。

为了与将来的器件兼容，I/O 寄存器中的保留位应置 0，I/O 寄存器空间的保留地址应避免写入操作。

I/O 寄存器中的一些状态标志位的清除是通过写入逻辑 1 来实现的，因此对这些特殊的标志位进行操作时千万不要混淆。如用 CBI 和 SBI 指令读取这些特殊的已置位的标志位时，指令会自动回写 1，因此将会把这些标志位清 0。

12.1.5 系统时钟和时钟选择

AVR 的主时钟系统将产生以下几种用于驱动芯片各个不同模块的时钟信号。

(1) CPU 时钟信号——CLK_{CPU}

CPU 时钟信号连接到与 AVR 核心硬件系统操作有关的部分，如通用寄存器组、状态寄存器和数据寄存器。暂停 CPU 时钟信号将停止核心系统的通用操作和运算。

(2) I/O 时钟信号——$CLK_{I/O}$

I/O 时钟信号主要用于输入/输出模块，如定时器/计数器、SPI 和 USART。I/O 时钟信号还用于外部中断模块，但某些外部中断信号是通过异步逻辑来检测，这样即使在 I/O 时钟信号暂停的情况下，也可以检测到这些中断信号。此外，I^2C 模块的地址识别也是异步进行的，因此在 I/O 时钟信号暂停、系统处于休眠模式时，I^2C 模块的地址识别也不会停止。

(3) Flash 时钟信号——CLK_{Flash}

Flash 时钟信号控制着 Flash 接口的操作。当 CPU 时钟信号处于有效状态时，Flash 时钟信号同时也处于有效状态。

(4) 异步定时器时钟信号——CLK_{ASY}

异步定时器时钟信号 CLK_{ASY} 用于驱动异步定时器/计数器。即使系统处于休眠模式中，在 CLK_{ASY} 的驱动下，异步定时器/计数器仍可作为实时时钟处于工作状态。CLK_{ASY} 的产生有两种方式：一种是外部连接一个 32 kHz 晶振(Timer/Counter Oscillator)，由此产生一个外部异步定时器时钟信号；另一种是从片内振荡器引入 32 kHz 时钟源，但此时芯片必须是使用片内 RC 振荡器作为系统的时钟源。

(5) ADC 时钟信号——CLK_{ADC}

ADC 转换使用一个专用的时钟信号 CLK_{ADC}，这样就允许在 ADC 转换时暂停 CPU 和 I/O的时钟，从而可以降低由数字电路引起的噪声，使 ADC 转换的结果更加精确。

通过对 Atmega8 的 Flash 熔丝位 CKSEL 编程设置，器件可选择如表 12-2 所列的 5 种类型的系统时钟源。选定时钟源的脉冲输入到 AVR 内部的时钟发生器，再分配到相应的模块。

当 CPU 从掉电(Power-Down)或节电(Power-Save)模式中被唤醒时，系统对选定的时钟源脉冲进行延时计数，经过若干个时钟脉冲后(Start-up Time，可设置选定)，再正式启动 CPU 进入工作，这样就保证了在 CPU 正式开始执行指令前，振荡器已达到稳定工作状态。

当 CPU 从上电复位启动后到 CPU 开始正常操作指令前，也有额外的延时，以保证系统电源达到稳定的电平。看门狗振荡器(Watchdog Oscillator)被用作启动延时的定时器。这个 WDT 振荡器启动延时的时间周期如表 12-3 所列。

表 12-2　时钟源选择

可选系统时钟源	熔丝位 CKSEL3..0[1]
外部晶振	1111-1010
外部低频晶振	1001
外部 RC 振荡	1000-0101
内部 RC 振荡	0100-0001
外部时钟	0000

注："1"表示熔丝位不编程；"0"表示熔丝位被编程。

表 12-3　WDT 典型延时启动时间和脉冲数

典型延时时间		延时脉冲个数
V_{CC}=5.0 V	V_{CC}=3.0 V	
4.1 ms	4.3 ms	4k(4096)
65 ms	69 ms	64k(65536)

看门狗振荡器的频率由系统电源的电压决定。

1. 外部晶振

Atmega8 的 XTAL1 和 XTAL2 引脚分别为片内振荡器的反相放大器输入、输出端，可在外部连接一个石英晶体或陶瓷振荡器，组成如图 12-2 所示的系统时钟。

熔丝位 CKOPT 用于选择两种不同振荡器的工作方式。当 CKOPT 被编程时，振荡器的输出为一个满幅(rail-to-rail)的振荡信号。对于系统能够适合在高噪声环境下工作，或需要把 XTAL2 的时钟信号作为时钟输出驱动时，可以采用此种方式。该方式有较宽的工作频率范围。当熔丝位 CKOPT 未被编程时，振荡器输出一个较小摆幅的振荡信号，此时相应地减少了功率消耗。但此方式的工作频率范围受限，振荡器的输出不能作为外部时钟驱动使用。

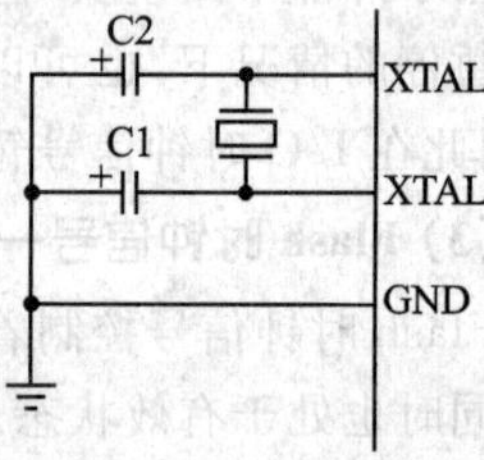

图 12-2　使用外部晶振

外接的陶瓷振荡器：在 CKOPT 未被编程时，最高工作频率为 8 MHz；在 CKOPT 被编程时，最高工作频率为 16 MHz。无论外接使用的是石英晶体还是陶瓷振荡器，电容 C1 和 C2 的值总是相等的。具体电容值的选择取决于所使用的石英晶体或陶瓷振荡器，以及总的引线电容和环境的电磁噪声等。表 12-4 给出了采用石英晶体时的电容选择参考值。

表 12-4　振荡器的不同工作模式

熔丝位		工作频率范围/MHz	C1、C2 取值范围(使用石英晶体)/pF
CKOPT	CKSEL3..1		
1	101	0.4～0.9	仅适合陶瓷振荡器
1	110	0.9～3.0	12～22
1	111	3.0～8.0	12～22
0	101,110,111	≤1.0	12～22

使用陶瓷振荡器时，电容值应采用陶瓷振荡器生产厂家给出的值。

振荡器能够工作在 3 种不同的模式下，它们对特定的工作频率范围进行了优化。工作模式可通过熔丝位 CKSEL3..1 进行选择。

此外，通过对 CKSEL0 熔丝位和 SUTL0 熔丝位的组合设置，可以选择系统唤醒的延时计数脉冲数和系统复位的延时时间，具体情况见表 12-5。

表 12-5 使用外部晶振时的唤醒脉冲和延时时间的选择设定

熔丝位		掉电和省电模式唤醒	复位延时启动时间 (V_{CC}=5.0 V)/ms	适用条件
CKSEL0	SUTL0			
0	00	258 CK	4.1	陶瓷振荡器快速上升电源
0	01	258 CK	65	陶瓷振荡器慢速上升电源
0	10	1K CK	—	陶瓷振荡器 BOD 方式
0	11	1K CK	4.1	陶瓷振荡器快速上升电源
1	00	1K CK	65	陶瓷振荡器慢速上升电源
1	01	16K CK	—	石英振荡器 BOD 方式
1	10	16K CK	4.1	石英振荡器快速上升电源
1	11	16K CK	65	石英振荡器慢速上升电源

2. 外部低频率晶振

可以使用外接 32768 kHz 手表用振荡器作为器件的时钟源。此时，通过设置熔丝位 CKSEL 为 1001 来选择使用低频晶体振荡器的工作方式。通过编程 CKOPT 熔丝位，可以选择使用与 XTAL1 和 XTAL2 连接的芯片内部电容，此时就没有必要使用外接的电容 C1 和 C2 了。芯片内部的电容值为 36 pF。

使用外部低频振荡器时，系统唤醒的延时计数脉冲数和系统复位的延时时间由熔丝位 SUTL0 的组合确定，具体情况见表 12-6。

表 12-6 使用外部低频晶振时的唤醒脉冲和延时时间的选择设定

熔丝位		掉电和省电模式唤醒	复位延时启动时间 (V_{CC}=5.0 V)/ms	适用条件
CKSEL1..0	SUTL0			
1001	00	1K CK	4.1	快速上升电源或 BOD 方式
1001	01	1K CK	65	慢速上升电源
1001	10	32K CK	65	唤醒时频率已经稳定
1001	11	保留		

3. 外部 RC 振荡器

对于定时要求不高的应用，可以在外部使用 RC 振荡回路，如图 12-3 所示。

采用外部 RC 振荡器时也有 4 种不同的模式，每种方式对特定的频率范围进行了优化。通过对熔丝位 CKSEL3.0 的编程，可以选择使用不同的工作模式，如表 12-7 所列。

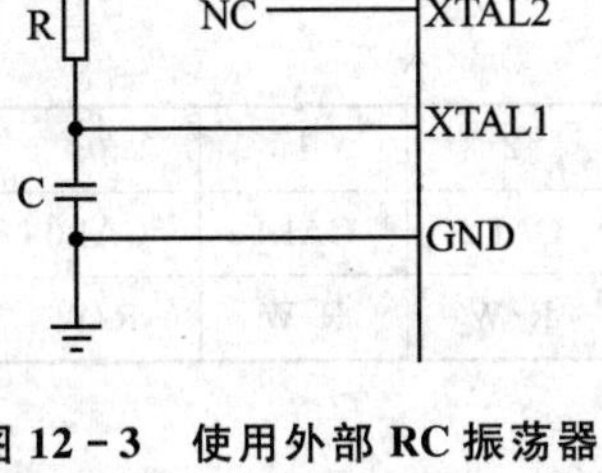

图 12-3 使用外部 RC 振荡器

表 12-7 使用外部 RC 振荡器的不同工作模式

熔丝位(CKSEL3.0)	工作频率范围/MHz
0101	≤0.9
0110	0.9～3.0
0111	3.0～8.0
1000	8.0～12.0

使用外部 RC 振荡器时，系统唤醒的延时计数脉冲数和系统复位的延时时间由熔丝位 SUTL0 的组合确定，具体见表 12－8。

表 12－8　使用外部 RC 振荡器时的唤醒脉冲和延时时间的选择确定

熔丝位(SUTL0)	掉电和省电模式唤醒	复位延时启动时间 (V_{CC}=5.0 V)/ms	适用条件
00	18 CK	—	BOD 方式
01	18 CK	4.1	快速上升电源
10	18 CK	65	慢速上升电源
11	6 CK	4.1	快速上升电源或 BOD 方式(工作频率 >8 MHz 时，不建议使用)

4. 可校准的内部 RC 振荡器

在 Atmega8 芯片中集成了可校准的内部 RC 振荡器，它可以提供固定的 1.0、2.0、4.0 或 8.0 MHz 时钟信号作为系统时钟源，上述时钟工作频率是在 5 V、25℃条件时的典型值。可以通过对 CKSEL 熔丝位编程而选用内部 RC 振荡器作为系统时钟源(见表 12－9)。

表 12－9　使用内部 RC 振荡器的不同工作模式

熔丝位(CKSEL3..1)	工作频率/MHz
0001*	1.0
0010	2.0
0011	4.0
0100	8.0

注：* 表示芯片出厂设置值。

系统复位时，硬件将自动把校准字装入 OSCCAL 寄存器，对内部的 RC 振荡器频率进行校准。在 5 V、25℃和选择内部 RC 振荡器振荡频率为 1.0 MHz 时，通过校准，能使振荡频率达到±1%的精度。当用内部 RC 振荡器作为芯片的时钟源时，看门狗的振荡器将仍然用作看门狗定时器和复位延时的时钟源使用。

使用内部 RC 振荡器时，系统唤醒的延时计数脉冲数和系统复位的延时时间由熔丝位 SUT1..0 组合确定，具体见表 12－10。

表 12－10　使用内部 RC 振荡器时的唤醒脉冲和延时时间的选择设定

熔丝位(SUT1..0)	掉电和省电模式唤醒	复位延时启动时间 (V_{CC}=5.0 V)/ms	适用条件
00	6 CK	—	BOD 方式
01	6 CK	4.1	快速上升电源
10	6 CK	65	慢速上升电源
11	保留		

振荡器校准寄存器 OSCCAL 的定义如下：

BIT	7	6	5	4	3	2	1	0	
$31($0051)	CAL7	CAL6	CAL5	CAL4	CAL3	CAL2	CAL1	CAL0	OSCCAL
读/写	R/W	R/W	R/W	R/W	R/W	R/W	R/W	R/W	

位 7——CAL7：用于存放内部 RC 振荡器的校准字。

写入到寄存器 OSCCAL 中的数值，将作为频率校准字用于对内部 RC 振荡器的振荡频率进行调整。系统复位时，位于频率校准标签列的最高字节(0x00)处 1 MHz 的校准值将自动由硬件读出并写入到 OSCCAL 寄存器。如果内部 RC 振荡器使用其他的频率，则与频率对应的校准字需要手动装载。可以先使用编程器读取频率校准标签列中与频率对应的校准字，再将其写到 Flash 或 EEPROM 中，然后由系统程序读取这个值，写入到 OSCCAL 寄存器。

当 OSCCAL 寄存器为 0 时，选择获得最低的内部 RC 振荡频率。写非零值到该寄存器将提高内部 RC 振荡器的振荡频率。写 0xFF 到该寄存器，则得到最高振荡频率。校准后的内部 RC 振荡器，也用于对 EEPROM 和 Flash 的访问定时，因此程序对 EEPROM 或 Flash 的写入将会失败。

注意：校准只是针对标称振荡频率 1.0 MHz、2.0 MHz、4.0 MHz 或 8.0 MHz 进行调整，表 12-11 中给出了校准频率的范围。

表 12-11 内部 RC 振荡器频率范围

OSCCAL 校准字	最低频率(与标称频率的百分比)	最高频率(与标称频率的百分比)
0x00	50%	100%
0x7F	75%	150%
0xFF	100%	200%

5. 外部时钟源

可以使用外部时钟源作为系统时钟，如图 12-4 所示。

外部时钟信号应从 XTAL1 输入。将 CKSEL 熔丝位编程为“0000”时，即选定系统使用外部时钟源。通过对熔丝位 CKOPT 的编程，可以使芯片内部 XTAL1 与地之间的 36 pF 电容有效。

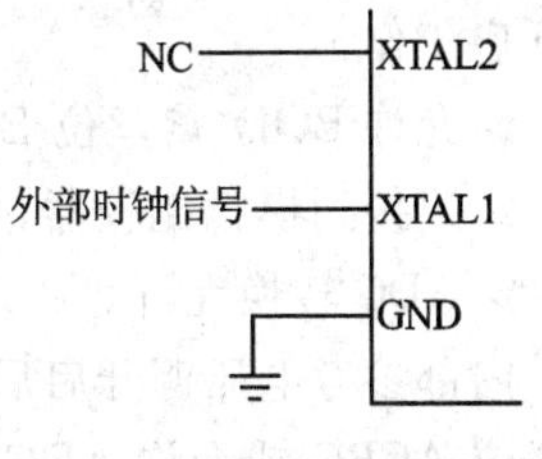

图 12-4 外部时钟源接法

当使用外部时钟源时，系统唤醒的延时计数脉冲数和系统复位的延时时间由熔丝位 SUTL0 的组合确定，具体见表 12-12。

表 12-12 使用外部时钟源时的唤醒脉冲和延时时间的选择设定

熔丝位(SUTL0)	掉电和省电模式唤醒	复位延时启动时间 (V_{CC}=5.0 V)/ms	适用条件
00	6 CK	—	BOD 方式
01	6 CK	4.1	快速上升电源
10	6 CK	65	慢速上升电源
11	保留		

为了保证 MCU 能够稳定工作，不能突然改变外部时钟源的振荡频率。这是因为工作频率突然变化超过 2%，将会产生异常现象。最好是在 MCU 保持复位状态时改变外部时钟的振荡频率。

6. 定时器/计数器振荡器

对于有定时器/计数器振荡引脚(TOSC1 和 TOSC2)的 AVR 控制器，只需将晶振值连接到这两个引脚上，不需要外部电容。振荡器已对 32768 Hz 手表用的晶振进行了优化，最好不要直接从 TOSC1 引脚输入时钟脉冲信号。

12.1.6 系统复位

Atmega8 单片机有 4 个复位源：

- 上电复位：当系统电源的电平低于上电复位门限电压 V_{POT} 时，MCU 产生的复位。
- 外部复位：当一个低电平加到 RESET 引脚超过 t_{RST} 时，MCU 产生的复位。
- 看门狗复位：当看门狗复位允许且看门狗定时器超时时，MCU 产生的复位。
- 电源电压检测 BOD 复位：当 BROWN-OUT 检测功能允许，且电源电压 V_{CC} 低于 BROWN-OUT 复位门限电压 V_{BOT} 时，MCU 产生的复位。

其中，对于电源电压检测 BOD 复位，Atmega8 有一个片内的 BROWN-OUT 检测电路，用于在系统运行时对系统电压 V_{CC} 的检测，并同一个固定的阈值电压相比较。BOD 检测阈值电压可以通过 BODLEVEL 熔丝位设定为 2.7 V 或 4.0 V。BOD 检测域值电压有迟滞效应，以避免系统电源的毛刺误触发 BROWN-OUT 检测器。

Atmega8 内部有一个集成的参考电压源。该内部参考电压用于 BROWN-OUT 检测，也可作为模拟比较器的一个输入参考电压。内部参考电压源还产生一个 2.56 V 的参考电压用于 A/D 转换。

出于省电的考虑，内部参考电压源一般处于关闭状态。在下面三种情况下，内部参考电源才开启工作：

- 允许 BOD(熔丝位 BODEN 被编程)；
- 连接到模拟比较器，作为一个输入参考电压(置寄存器 ACSR 的 ACBG 位为 1)；
- ADC 转换允许。

内部参考电压源开启后，需要一定的延时才能达到稳定。当不使用 BOD(禁止 BOD)时，在置位 ACBG 或允许 ADC 后，要等待一段延时时间 t_{BG} 后才能获得有效的模拟比较结果以及 ADC 的转换结果。表 12-13 所列为内部参考电压源的特性。

表 12-13 内部参考电压源特性

符　号	参　数	最小值	典型值	最大值	单　位
V_{BG}	参考电压	1.15	1.23	1.40	V
t_{BG}	启动稳定时间	1	40	70	μs
I_{BG}	电流消耗		10		μA

12.1.7 中断向量

Atmega8 有 18 个中断源。Flash 程序存储器空间的最低位置(0x000～0x012)定义为复位和中断向量空间。完整的中断向量如表 12-14 所列。

表 12-14 复位和中断向量表

中断向量号	向量地址	中断源	中断定义
1	0x000	RESET	上电、外部、BOD、看门狗复位
2	0x001	INT0	外部中断请求 0
3	0x002	INT1	外部中断请求 1
4	0x003	TIMER2 COMP	定时器/计数器 2 比较匹配
5	0x004	TIMER2 OVF	定时器/计数器 2 溢出
6	0x005	TIMER1 CAPT	定时器/计数器 1 捕获事件
7	0x006	TIMER1 COMPA	定时器/计数器 1 比较匹配 A
8	0x007	TIMER1 COMPB	定时器/计数器 1 比较匹配 B
9	0x008	TIMER1 OVF	定时器/计数器 1 溢出
10	0x009	TIMER0 OVF	定时器/计数器 0 溢出
11	0x00A	SPI,STC	SPI 串行传输完成
12	0x00B	USART,RCX	USART,RX 完成
13	0x00C	USART,UDRE	USART,寄存器空
14	0x00D	USART,TXC	USART,TX 完成
15	0x00E	ADC	ADC 转换完成
16	0x00F	EE_RDY	EEPROM 准备好
17	0x010	ANA_COMP	模拟比较
18	0x011	TW1	两线串行接口(I^2C)
19	0x012	SPM_RDY	写程序存储器准备好

1. 复位和中断向量表的移动

对于 Atmega8,可以通过对 BOOTRST 熔丝位编程和 GICR 寄存器的 IVSEL 标志位的设置将系统复位与中断向量置于 Flash 程序存储器的应用程序区(Application Section)的头部,或引导程序载入区(Application Section)的头部,或分开置于不同的两个区各自的头部。表 12-15 中给出复位地址和中断向量表在 BOOTRST 熔丝位和 IVSEL 位的不同组合设置下的不同位置。

表 12-15 复位和中断向量表的位置

BOOTRST	IVSEL	RESET 复位起始地址	中断向量表起始地址
1(未编程)	0	0x000	0x001
1(未编程)	1	0x000	引导载入区起始地址+0x001
0(编程)	0	引导载入区起始地址	0x001
0(编程)	1	引导载入区起始地址	引导载入区起始地址+0x001

如果程序不使用任何的中断,即中断向量表没有使用,那么正常的程序也能被放在这个地址单元内。

2. 中断控制寄存器 GICR

在通用中断寄存器 GICR 中，IVSEL 位和 IVCE 位用于控制中断向量位置的移动，通用中断寄存器中各位定义如下：

BIT	7	6	5	4	3	2	1	0	
\$3B(\$005B)	INT1	INT0	—	—	—	—	IVSEL	IVCE	GICR
读/写	R/W	R/W	R	R	R	R	R/W	R/W	
复位值	0	0	0	0	0	0	0	0	

位 1——IVSEL：中断向量表选择。当 IVSEL 位被清为 0 时，中断向量的位置定义在 Flash 存储器的起始处。当该位被置为 1 时，中断向量的位置定义在引导程序载入区的起始处。引导程序载入区在 Flash 空间的位置和大小由 BOOTSZ 熔丝位决定。

为防止移动中断向量表位置的误操作，必须遵守一个特殊的写入规则来改变 IVSEL 位的值：首先，置中断向量表移位使能位 IVCE 为 1；然后，必须在 4 个时钟周期内将需要的值写入 IVSEL 位。在写入 IVSEL 位的同时，IVCE 位将由硬件自动清 0。

在这个执行过程中，中断将自动被屏蔽。中断在 IVCE 位被置 1 的指令周期中将被屏蔽，并保持屏蔽状态，直到写 IVSEL 位的指令被执行。如果 IVSEL 位没有被写入，中断屏蔽将保持 4 个时钟周期。状态寄存器中的 I 位不受这种自动屏蔽的影响。

需要注意的是：如果中断向量表放置在引导载入程序区中，且引导锁定熔丝位 BLB02 被编程，那么当执行应用程序区中的程序时，中断将被屏蔽。如果中断向量放置在应用程序区，且引导锁定熔丝位 BLB12 被编程，那么在执行引导载入程序区的程序时，中断也被屏蔽。

位 0——IVCE：中断向量表移位允许位。IVCE 位必须被写入 1，才能允许 IVSEL 位的更改。在 4 个时钟周期后或 IVSEL 位写入后，IVCE 位由硬件自动清 0。置位 IVCEL，将屏蔽中断。

12.1.8 外部中断

外部中断是由 INT0 和 INT1 引脚触发的。需要注意的是：如果设置允许外部中断产生，即使是 INT0 和 INT1 引脚设置为输出方式，外部中断也会触发，这一特性提供了使用软件产生中断的途径。

外部中断可选择采用上升沿触发、下降沿触发以及低电平触发。具体方式是由 MCU 控制寄存器 MCUCR 以及 MCU 控制和状态寄存器 MCUCSR 决定。当允许外部中断，且设置为电平触发方式时，只要中断输入引脚保持低电平，那么将一直触发产生中断，而对于识别在 INT0 和 INT1 引脚上的上升沿或下降沿的中断触发，则需要 I/O 时钟信号的存在。用于低电平触发中断的检测是采用异步方式检测的，不需要时钟信号，因此，电平中断可以作为外部唤醒源将处在各种休眠模式的 MCU 唤醒。这是由于只有在空闲模式中，I/O 时钟信号还保持继续工作；而在其他各种休眠模式下，I/O 时钟信号是不工作的。

如果用低电平触发中断作为唤醒源将 MCU 从掉电模式中唤醒时，则电平改变后仍需要维持一段时间才能将 MCU 唤醒，这提高了 MCU 的抗噪性能。改变的触发电平将由看门狗的时钟信号采样 2 次。在通常的 5 V 电源电压和 25℃条件下，看门狗的时钟周期为 1 μs。如果输入电平符合中断触发电平的条件，且能保持 2 次采样周期的时间，或者一直保持到 MCU 启动延时(start-up time)过程之后，则 MCU 将被唤醒。如果该电平的保持时间能够满足看门狗的 2 次采样，但是在启动延时过程完成之前就消失了，那么 MCU 仍将被唤醒，但不会触发中断进入中断服务程序。所以，为了保证既能将 MCU 唤醒，又能触发中断，中断触发电平必须维持足够长的时间。

1. MCU 控制寄存器——MCUCR

MCU 控制寄存器——MCUCR 中包含中断方式控制位和一般的 MCU 功能控制位，其定义如下：

BIT	7	6	5	4	3	2	1	0	
$35($0055)	SE	SM2	SM1	SM0	ISC11	ISC10	ISC01	ISC00	MCUCR
读/写	R/W	R/W	R/W	R/W	R/W	R/W	R/W	R/W	
初始值	0	0	0	0	0	0	0	0	

位 3、位 2——ISC11、ISC10：外部中断 1 的中断方式控制位。

如果 SREG 寄存器中的 I 位和 GICR 寄存器中相应的中断屏蔽位被置为 1，外部中断 1 将会由外部引脚 INT1 上的电平变化而触发。

INT1 的中断触发方式在表 12－16 中定义。

表 12－16　INT1 中断方式

ISC11	ISC10	中断方式
0	0	INT1 的低电平产生一个中断请求
0	1	INT1 的下降沿和上升沿都产生一个中断请求
1	0	INT1 的下降沿产生一个中断请求
1	1	INT1 的上升沿产生一个中断请求

MCU 对 INT1 引脚上电平值的采样在边沿检测前，如果选择脉冲边沿触发中断的方式，那么脉宽大于 1 个时钟周期的脉冲变化将触发中断，过短的脉冲则不能保证触发中断。如果选择低电平触发中断，那么低电平必须保持到当前指令执行完成才触发中断。

位 1、位 0——ISC01、ISC00：外部中断 0 的中断方式控制位。

如果 SREG 寄存器中的 I 位和 GICR 寄存器中相应的中断屏蔽位被置为 1，则外部中断 0 将会由外部引脚 INT0 上的电平变化而触发。

INT0 的中断触发方式在表 12－17 中定义。

表 12－17　INT0 中断方式

ISC01	ISC00	中断方式
0	0	INT0 的低电平产生一个中断请求
0	1	INT0 的下降沿和上升沿都产生一个中断请求
1	0	INT0 的下降沿产生一个中断请求
1	1	INT0 的上升沿产生一个中断请求

2. 通用中断控制寄存器——GICR

通用中断控制寄存器——GICR 的定义如下：

BIT	7	6	5	4	3	2	1	0	
\$3B(\$005B)	INT1	INT0	—	—	—	—	IVSEL	IVCE	GICR
读/写	R/W	R/W	R	R	R	R	R/W	R/W	
初始值	0	0	0	0	0	0	0	0	

位 7——INT1：外部中断请求 1 使能。

当 INT1 位被置 1，同时状态寄存器 SREG 的 I 位被置为 1 时，外部引脚中断 1 被使能。MCU 通用控制寄存器 MCUCR 中的中断 1 方式控制位 ISC11 和 ISC10 决定了外部中断 1 是引脚上的低电平触发，还是上升沿、下降沿触发。

即使 INT1 引脚被配置为输出，只要使能，只要引脚电平发生了相应的变化，中断即将产生。

位 6——INT1：外部中断请求 0 使能。

当 INT0 位置 1，同时状态寄存器 SREG 的 I 位置 1 时，外部引脚中断 0 被使能。MCU 通用控制寄存器 MCUCR 中的中断 0 方式控制位 ISC01 和 ISC00 决定了外部中断 1 是由引脚上的低电平触发，还是上升沿、下降沿触发。

即使 INT0 引脚被配置为输出，只要使能，且引脚电平发生了相应的变化，中断即将产生。

3. 通用中断标志寄存器——GIFR

通用中断标志寄存器——GIFR 的定义如下：

BIT	7	6	5	4	3	2	1	0	
\$3A(\$005A)	INTF1	INTF0	—	—	—	—	—	—	GIFR
读/写	R/W	R/W	R	R	R	R	R/W	R/W	
初始值	0	0	0	0	0	0	0	0	

位 7——INTF1：外部中断 1 标志。

INT1 引脚电平发生跳变时触发中断请求，并置位相应的中断标志 INTF1。如果 SREG 的位 I 以及 GICR 寄存器相应的中断使能位 INT1 为 1，MCU 即跳转到相应的中断向量。进入中断服务程序之后，该标志自动清零。此外，标志位也可以通过写入 1 来清零。

位 6——INTF0：外部中断 0 标志。

INT0 引脚电平发生跳变时触发中断请求，并置位相应的中断标志 INTF0。如果 SREG 的位 I 以及 GICR 寄存器相应的中断使能位 INT0 为 1，MCU 即跳转到相应的中断向量。进入中断服务程序之后该标志自动清零。此外，标志位也可以通过写入 1 来清零。当 INT0 配置为电平中断时，该标志会被清零。

12.2 ATmega8 定时器/计数器 0 应用 1

通过 T0 引脚的外部时钟源来驱动定时器/计数器 0 计数，并显示计数值。

12.2.1 硬件电路

T/C0 计数器应用 1 硬件电路如图 12－5 所示。

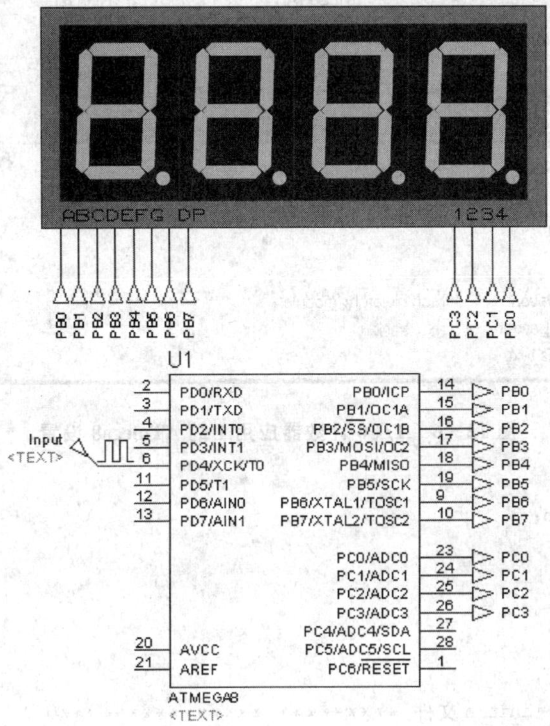

图 12－5 T/C0 计数器应用 1 硬件电路

其中，ATmega8 设置如图 12－6 所示。

12.2.2 软件编程

首先定义相关的.h 文件：

```
/ **************** main.h 文件 ***************************/
#ifndef MAIN_H
#define MAIN_H
#define ENABLE_BIT_DEFINITIONS
#define OutPort   PORTB
#define ConPort   PORTC
#ifdef MAIN_C
unsigned char data[4] = {0,0,0,0};
unsigned char CNT = 0;  //计数初值
```

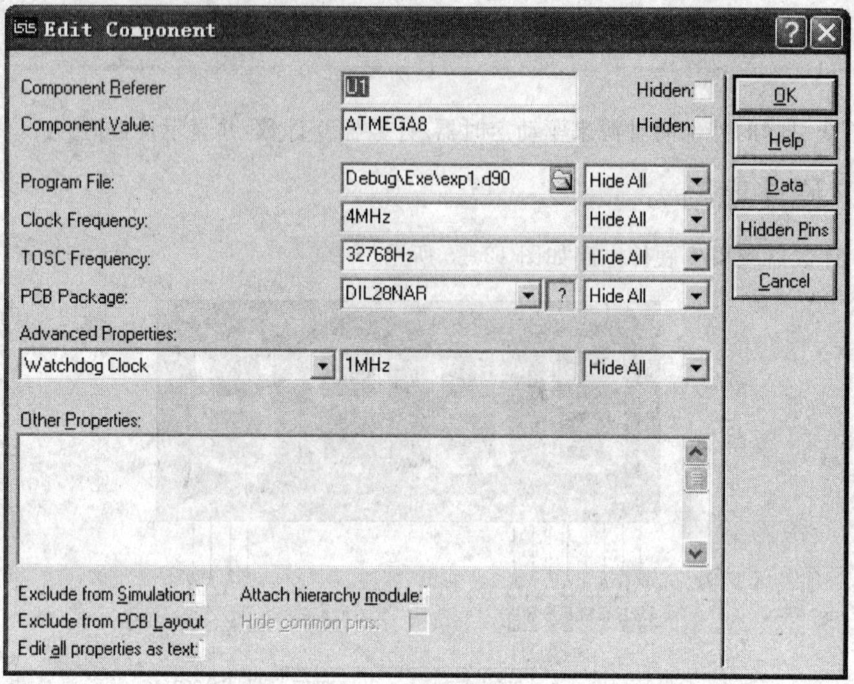

图 12-6　T/C0 计数器应用 1 的 ATmega8 设置

```
unsigned char KeyUp;
unsigned char KeyDown;
#else
#endif
#endif
/*****************init.h 文件 ***************************/
#ifndef INIT_H
#define INIT_H
#ifdef INIT_C
void InitIo(void);
#else
extern void InitIo(void);
#endif
#endif
/****************delay.h 文件 ***************************/
#ifndef DELAY_H
#define DELAY_H
#ifdef DELAY_C
void delay_1us(void);                          //1 μs 延时函数
void delay_nus(unsigned int n);                //N μs 延时函数
void delay_1ms(void) ;                         //1 ms 延时函数
void delay_nms(unsigned int n) ;               //N ms 延时函数
```

```
#else
extern void delay_1us(void);                        //1 μs 延时函数
extern void delay_nus(unsigned int n);              //N μs 延时函数
extern void delay_1ms(void) ;                       //1 ms 延时函数
extern void delay_nms(unsigned int n) ;             //N ms 延时函数
#endif
#endif
/**************** number.h 文件 ************************/
#ifdef NUMBER_H
#define NUMBER_H
#ifdef NUMBER_C
void process(unsigned char i,unsigned char *p);
#else
extern void process(unsigned char i,unsigned char *p);
#endif
#endif
/**************** include.h 文件 ************************/
#include "main.h"
#include "delay.h"
#include "init.h"
#include "number.h"
#include <iom8.h>
```

T/C0 计数器软件源程序如下：

```
/**************** main.c 主程序 ************************/
#define MAIN_C
#include "includes.h"
/****************************************************/
/*T0 工作于计数方式*/
/*计数脉冲从 PD4(T0)脚输入*/
/****************************************************/
//数码管字形表
//数码管为共阴极
unsigned char table[10] =
{
  0x3f,   //0
  0x06,   //1
  0x5b,   //2
  0x4f,   //3
  0x66,   //4
  0x6d,   //5
  0x7d,   //6
  0x07,   //7
  0x7f,   //8
  0x6f     //9
```

```
};
//显示子程序
void display(unsigned char * p)
{
    unsigned char i;
    unsigned sel = 0x08;
    for(i = 0;i<4;i ++ )
    {
          ConPort = ~sel;
          OutPort = table[p[i]];
          delay_nms(1);
          sel = sel>>1;
    }
}
void main(void)
{
    unsigned char load;
    InitIo();
    PORTB = 0xff;                                  //点亮测试所有数码管
    PORTC = 0x00;
    delay_nms(10);
    PORTC = 0xff;                                  //熄灭所有数码管
    TCCR0 |= (1<<CS02)|(1<<CS01);                  //T/C0 工作于计数方式,下降沿触发
    TCNT0 = CNT;                                   //计数初值
    while(1)
    {
          load = TCNT0;
          process(load,data);
          display(data);
    }
}
/ **************** 端口初始化程序 ***************************/
#define INIT_C
#include "includes.h"
void InitIo(void)
{
    DDRB   = 0xff;
    PORTB = 0xff;
    DDRD   = 0x00;
    PORTD = 0xff;
    DDRC   = 0xff;
    PORTC = 0xff;
}
/ **************** 延时程序 **************************/
```

```
#define DELAY_C
#include "includes.h"
#define XTAL 4                                          //晶振频率,单位 MHz
void delay_1us(void)                                    //1 μs 延时函数
  {
   asm("nop");
  }

void delay_nus(unsigned int n)                          //N μs 延时函数
  {
   unsigned int i = 0;
   for (i = 0;i<n;i ++ )
   delay_1us();
  }

void delay_1ms(void)                                    //1 ms 延时函数
  {
   unsigned int i;
   for (i = 0;i<(unsigned int)(XTAL * 143-2);i + + );
  }

void delay_nms(unsigned int n)                          //N ms 延时函数
  {
   unsigned int i = 0;
   for (i = 0;i<n;i ++ )
   {
      delay_1ms();
   }
  }

/*****************计数值处理程序 **************************/
#define NUMBER_C
#include "includes.h"
void process(unsigned char i,unsigned char * p)
{
    p[0] = i/1000;
    i = i%1000;
    p[1] = i/100;
    i = i%100;
    p[2] = i/10;
    i = i%10;
    p[3] = i;
}
```

12.2.3 系统调试与仿真

对 T/C0 计数器系统进行调试并仿真。其中,Input 信号的设置如图 12-7 所示。系统初始参数设置如图 12-8 所示。

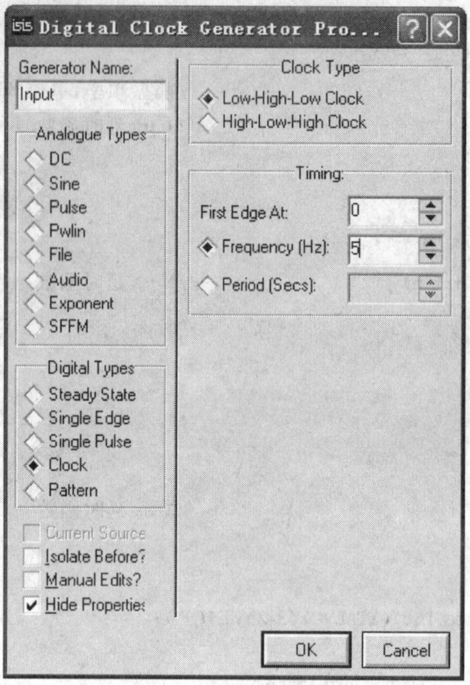

图 12－7　Input 信号的设置

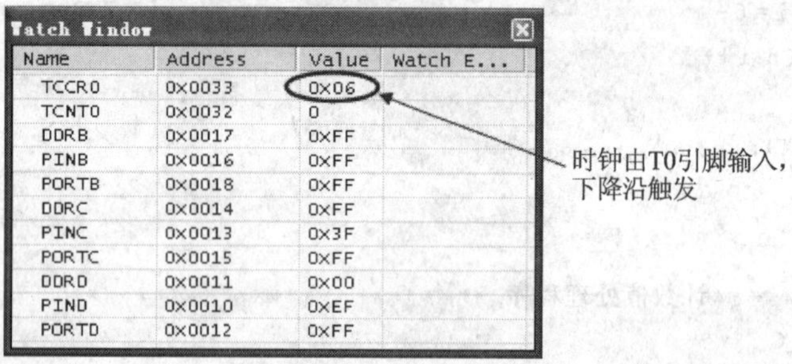

Name	Address	Value	Watch E...
TCCR0	0x0033	0x06	
TCNT0	0x0032	0	
DDRB	0x0017	0xFF	
PINB	0x0016	0xFF	
PORTB	0x0018	0xFF	
DDRC	0x0014	0xFF	
PINC	0x0013	0x3F	
PORTC	0x0015	0xFF	
DDRD	0x0011	0x00	
PIND	0x0010	0xEF	
PORTD	0x0012	0xFF	

图 12－8　系统初始参数设置

系统各变量初始值如图 12－9 所示。

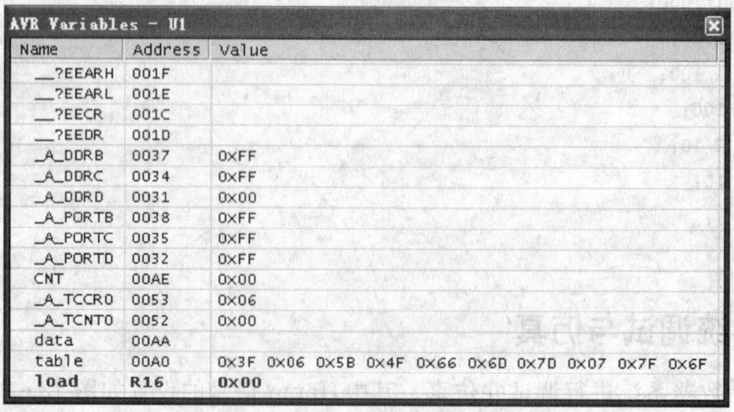

Name	Address	Value
__?EEARH	001F	
__?EEARL	001E	
__?EECR	001C	
__?EEDR	001D	
_A_DDRB	0037	0xFF
_A_DDRC	0034	0xFF
_A_DDRD	0031	0x00
_A_PORTB	0038	0xFF
_A_PORTC	0035	0xFF
_A_PORTD	0032	0xFF
CNT	00AE	0x00
_A_TCCR0	0053	0x06
_A_TCNT0	0052	0x00
data	00AA	
table	00A0	0x3F 0x06 0x5B 0x4F 0x66 0x6D 0x7D 0x07 0x7F 0x6F
load	**R16**	**0x00**

图 12－9　各变量初始值

当输入信号产生下降沿时，计数器加 1，如图 12－10 所示。

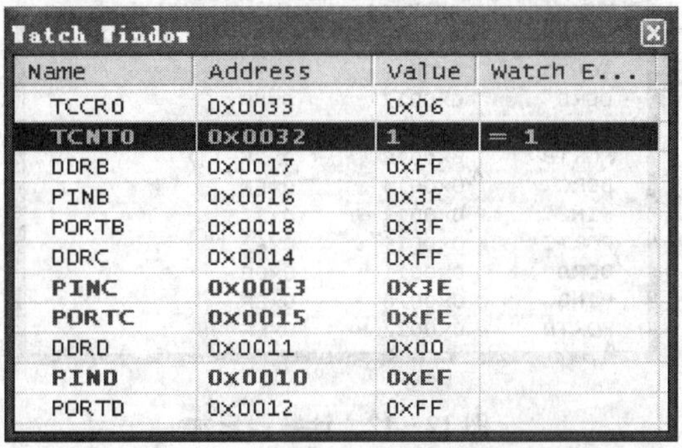

Watch Window

Name	Address	Value	Watch E...
TCCR0	0x0033	0x06	
TCNT0	0x0032	1	= 1
DDRB	0x0017	0xFF	
PINB	0x0016	0x3F	
PORTB	0x0018	0x3F	
DDRC	0x0014	0xFF	
PINC	0x0013	0x3E	
PORTC	0x0015	0xFE	
DDRD	0x0011	0x00	
PIND	0x0010	0xEF	
PORTD	0x0012	0xFF	

图 12－10　信号产生下降沿时，计数器加 1

同时在数码管上显示计数值，如图 12－11 所示。

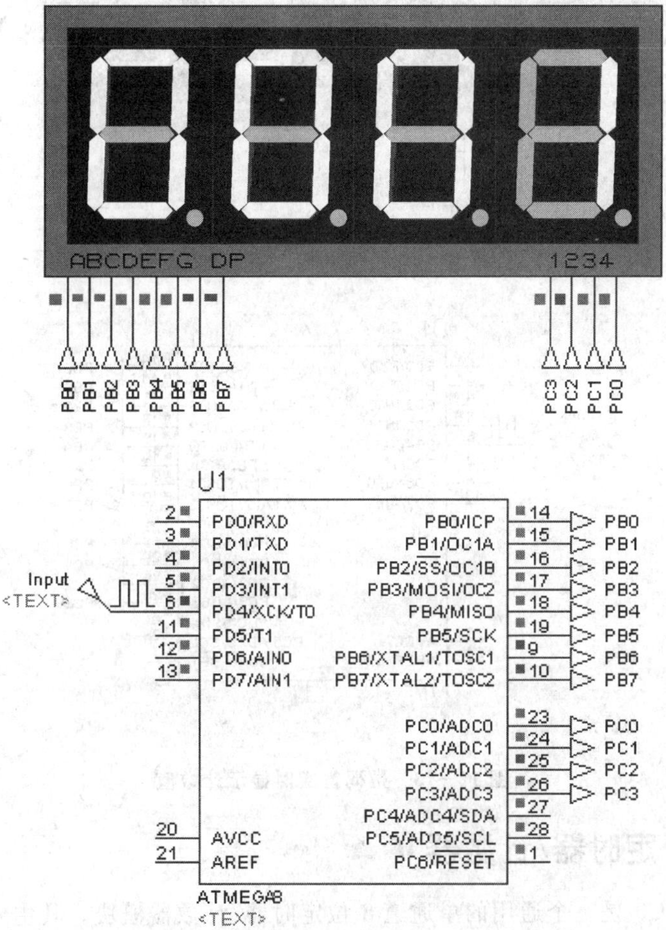

图 12－11　数码管显示计数值

当输入信号再次产生下降沿时，计数器继续累加，如图 12－12 所示。

同时数码管实时显示计数值，如图 12－13 所示。

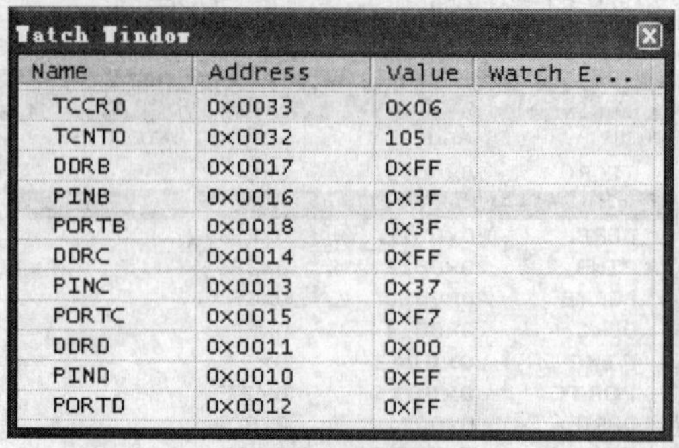

Watch Window

Name	Address	Value	Watch E...
TCCR0	0x0033	0x06	
TCNT0	0x0032	105	
DDRB	0x0017	0xFF	
PINB	0x0016	0x3F	
PORTB	0x0018	0x3F	
DDRC	0x0014	0xFF	
PINC	0x0013	0x37	
PORTC	0x0015	0xF7	
DDRD	0x0011	0x00	
PIND	0x0010	0xEF	
PORTD	0x0012	0xFF	

图 12-12　计数器累加

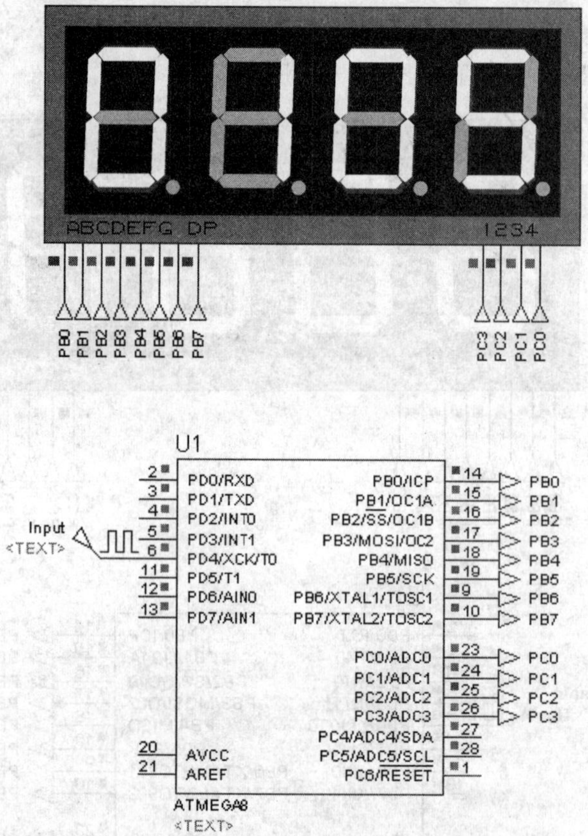

图 12-13　数码管实时显示计数值

12.2.4　关于定时器/计数器 0

ATmega8 T/C0 是一个通用的单通道 8 位定时器/计数器模块。其主要特点如下：

- ➢ 单通道计数器；
- ➢ 频率发生器；
- ➢ 外部事件计数器；
- ➢ 10 位的时钟预分频器。

(1) 定时器/计数器 0 的寄存器

T/C(TCNT0)和输出比较寄存器(OCR0)为 8 位寄存器。中断请求信号在定时器中断标志寄存器 TIFR 都有反映。所有中断都可以通过定时器中断屏蔽寄存器 TIMSK 单独进行屏蔽。

(2) 定时器/计数器 0 的时钟源

T/C 可以通过预分频器由内部时钟源驱动,或者是通过 T0 引脚的外部时钟源来驱动,即 T/C 可以由内部同步时钟或外部异步时钟驱动。

时钟源是由时钟选择逻辑决定的,而时钟选择逻辑是由位于 T/C 控制寄存器 TCCR0 的时钟选择位 CS02:0 控制的。

时钟选择逻辑模块控制使用哪一个时钟源与什么边沿来提高(或降低)T/C 的数值。如果没有选择时钟源,则 T/C 不工作。

(3) 定时器/计数器 0 的计数器单元

8 位 T/C0 的主要部分为可编程的双向计数单元。

计数方向始终向上(增加)且没有计数器清除操作,且当计数器值超过最大 8 位值(0xFF)时,重新由 0x00 开始计数。

在正常工作下,当 TCNT0 变为 0 时,T/C 溢出标志(TOV0)置位。此时,TOV0 可看作 TCNT0 的第 9 位,只会置位,不会清 0。TOV0 标志可用定时器溢出中断清 0,同时定时器的分辨率可通过软件提高。可随时写入新的计数器值。

定时器/计数器 0 寄存器说明如下。

T/C0 控制寄存器——TCCR0 的定义如下:

BIT	7	6	5	4	3	2	1	0	
$33($0053)	—	—	—	—	—	CS02	CS01	CS00	TCCR0
读/写	R	R	R	R	R	R/W	R/W	R/W	
初始值	0	0	0	0	0	0	0	0	

BIT2:0——CS02:0:时钟选择,用于选择 T/C0 的时钟源。

时钟源选择方式参见表 12-18。

表 12-18 时钟选择位定义

CS02	CS01	CS00	说 明
0	0	0	无时钟,T/C 不工作
0	0	1	CK/1
0	1	0	CK/8
0	1	1	CK/64
1	0	0	CK/256
1	0	1	CK/1024
1	1	0	时钟由 T0 引脚输入,下降沿触发
1	1	1	时钟由 T0 引脚输入,上升沿触发

如果 T/C0 使用外部时钟,即使 T0 被配置为输出,其上的电平变化仍然会驱动计数器。利用这一特性可通过软件控制计数。

T/C 寄存器——TCNT0 的定义如下:

BIT	7	6	5	4	3	2	1	0	
$32($0052)	TCNT0[7..0]								TCNT0
读/写	R/W	R/W	R/W	R/W	R/W	R/W	R/W	R/W	
初始值	0	0	0	0	0	0	0	0	

通过 T/C 寄存器可以直接对计数器的 8 位数据进行读/写访问。

T/C 中断屏蔽寄存器——TIMSK 的定义如下:

BIT	7	6	5	4	3	2	1	0	
$39($0059)	OCIE2	TOIE2	TICIE1	OCIE1A	OCIE1B	TOIE1	—	TOIE0	TIMSK
读/写	R/W	R/W	R/W	R/W	R/W	R/W	R/W	R/W	
初始值	0	0	0	0	0	0	0	0	

BIT0——TOIE0:T/C0 溢出中断使能。

当 TOIE0 和状态寄存器的全局中断使能位 I 都为 1 时,T/C0 的溢出中断使能。

当 T/C0 发生溢出,即 TIFR 中的 TOV0 位置位时,中断服务程序得以执行。

T/C 中断标志寄存器——TIFR 的定义如下:

BIT	7	6	5	4	3	2	1	0	
$38($0058)	OCF2	TOV2	ICF1	OCF1A	OCF1B	TOV1	—	TOV0	TIFR
读/写	R/W	R/W	R/W	R/W	R/W	R/W	R/W	R/W	
初始值	0	0	0	0	0	0	0	0	

BIT0——TOV0:T/C0 溢出标志。

当 T/C0 溢出时,TOV0 置位。执行相应的中断服务程序时,此位硬件清零。此外,TOV0 也可以通过写 1 来清零。

当 SREG 中的位 I、TOIE0(T/C0 溢出中断使能)和 TOV0 都置位时,将执行中断服务程序。

12.3 ATmega8 定时器/计数器 0 应用 2

设置 T0 工作与定时方式。

系统采用 8 MHz 系统时钟,定时器时钟为系统时钟的 256 分频,则每 32 μs 计 1 个数,每计 250 个数(8 ms)溢出 1 次。

中断复位程序统计计数次数,计数 125 次时,秒钟加 1;秒每满 60 s,向分进 1,同时秒重新计数。

当时间为 59 min 59 s 时,秒向分进位后,系统时间清 0,重新开始计时。

12.3.1 硬件电路

T/C0 计数器应用 2 硬件电路如图 12－14 所示。

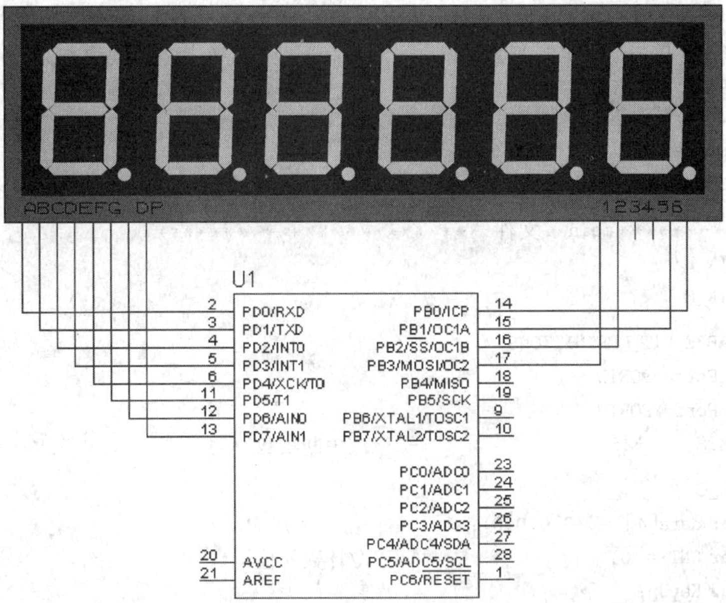

图 12－14　T/C0 计数器应用 2 硬件电路

其中，ATmega8 设置如图 12－15 所示。

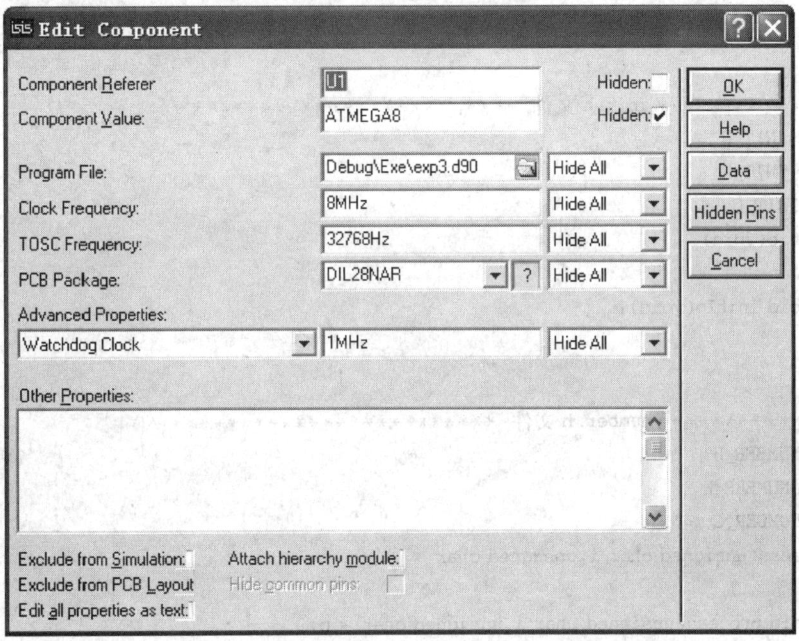

图 12－15　T/C0 计数器应用 2 的 ATmega8 设置

12.3.2 软件编程

首先定义相关的.h 文件：

```
/****************** includes.h 文件 ****************************/
#include "main.h"
#include "delay.h"
#include "init.h"
#include "number.h"
#include <iom8.h>

/****************** main.h 文件 ***************************/
#ifndef MAIN_H
#define MAIN_H

#define ENABLE_BIT_DEFINITIONS
#define OutPort   PORTD
#define ConPort   PORTB
#define TIMES     125                          //中断次数

#ifdef MAIN_C
unsigned char data[4] = {0,0,0,0};
unsigned char CNT = 0;                         //计数初值
unsigned char KeyUp;
unsigned char KeyDown;
unsigned char timer[2] = {0x00,0x00};

#else

#endif

#endif

/****************** init.h 文件 ***************************/
#ifndef INIT_H
#define INIT_H
#ifdef INIT_C
void InitIo(void);
#else
extern void InitIo(void);
#endif
#endif

/****************** number.h 文件 ***************************/
#ifdef NUMBER_H
#define NUMBER_H
#ifdef NUMBER_C
void process(unsigned char i,unsigned char * p);
#else
extern void process(unsigned char i,unsigned char * p);
#endif
#endif

/****************** delay.h 文件 ***************************/
```

```
#ifndef DELAY_H
#define DELAY_H
#ifdef DELAY_C
void delay_1us(void);                          //1 μs 延时函数
void delay_nus(unsigned int n);                //N μs 延时函数
void delay_1ms(void) ;                         //1 ms 延时函数
void delay_nms(unsigned int n) ;               //N ms 延时函数
#else
extern void delay_1us(void);                   //1 μs 延时函数
extern void delay_nus(unsigned int n);         //N μs 延时函数
extern void delay_1ms(void);                   //1 ms 延时函数
extern void delay_nms(unsigned int n) ;        //N ms 延时函数
#endif
#endif
```

定时系统的软件源程序如下：

```
/*****************main.c 主程序 ****************************/
#define MAIN_C
#include "includes.h"
/**********************************************************/
/*T0 工作在定时方式*/
/*定时器采用 8 MHz 系统时钟的 256 分频作为定时时钟*/
/*即每 32 μs 计 1 个数,每计 250 个数(8 ms)溢出 1 次*/
/*中断复位程序统计计数次数,计数 125 次时,秒钟加 1*/
/********************************************************/
//数码管字形表
//数码管为共阴极
unsigned char table[10] =
{
  0x3f,   //0
  0x06,   //1
  0x5b,   //2
  0x4f,   //3
  0x66,   //4
  0x6d,   //5
  0x7d,   //6
  0x07,   //7
  0x7f,   //8
  0x6f    //9
};
void display(unsigned char *p)
{
    unsigned char i;
    unsigned sel = 0x08;
    for(i=0;i<4;i++)
    {
```

```
            ConPort = ~sel;
            OutPort = table[p[i]];
            delay_nms(1);
            sel = sel>>1;
        }
}

void main(void)
{
        InitIo();
        PORTD = 0xff;                           //点亮测试所有数码管
        PORTB = 0x00;
        delay_nms(20);
        PORTB = 0xff;                           //熄灭所有数码管
        TCCR0 |= (1<<CS02);                     //T/C0 工作于定时方式,系统时钟 256 分频
        TCNT0 = 0x06;                           //计数初值
        TIMSK |= (1<<TOIE0);                    //使能 T0 溢出中断
        SREG |= (1<<7);                         //使能全局中断
        while(1)
        {
            process(timer,data);
            display(data);
        }
}

#pragma vector = TIMER0_OVF_vect
        __interrupt void TOver0_isr( void )
{
        CNT ++ ;
        if(CNT == TIMES)
        {
            CNT = 0;
            timer[1] ++ ;
            if(timer[1] = = 60)
            {
                timer[1] = 0;
                timer[0] ++ ;
        }
        if(timer[0] == 60)
        {
                timer[0] = 0;
        }
    }
}

/*****************端口初始化程序 ***************************/
#define INIT_C
```

```
#include "includes.h"
void InitIo(void)
{
    DDRD  = 0xff;
    PORTD = 0xff;
    DDRB  = 0xff;
    PORTB = 0xff;
}
/****************计数值处理程序 *************************/
#define NUMBER_C
#include "includes.h"
//计数处理函数
//参数 p1：时间数组名
//参数 p2：显示数组名
//功能：将计数值拆分为 BCD 码的 10 分,分;10 秒,秒
void process(unsigned char * p1,unsigned char * p2)
{
    p2[0] = p1[0]/10;
    p2[1] = p1[0]-p2[0] * 10;
    p2[2] = p1[1]/10;
    p2[3] = p1[1]-p2[2] * 10;
}
/****************延时程序 ************************/
#define DELAY_C
#include "includes.h"
#define XTAL 4                                  //晶振频率,单位 MHz
void delay_1us(void)                            //1 μs 延时函数
  {
   asm("nop");
  }
void delay_nus(unsigned int n)                  //N μs 延时函数
  {
   unsigned int i = 0;
   for (i = 0;i<n;i ++ )
   delay_1us();
  }
void delay_1ms(void)                            //1 ms 延时函数
  {
   unsigned int i;
   for (i = 0;i<(unsigned int)(XTAL * 143-2);i + + );
  }
void delay_nms(unsigned int n)                  //N ms 延时函数
  {
```

```
    unsigned int i = 0;
    for (i = 0;i<n;i ++ )
    {
        delay_1ms();
    }
}
```

12.3.3 系统调试与仿真

对计时系统调试并仿真,系统初始参数设置如图 12 - 16 所示。

Watch Window

Name	Address	Value	Watch E...
SREG	**0x003F**	**0b10000...**	
C <0>	0x003F	0	
Z <1>	0x003F	0	
N <2>	0x003F	0	
V <3>	0x003F	0	
S <4>	0x003F	0	
H <5>	0x003F	0	
T <6>	0x003F	0	
I <7>	**0x003F**	**1**	
TIMSK	0x0039	0b00000001	
TOIE0 <0>	0x0039	1	
TOIE1 <2>	0x0039	0	
OCIE1B <3>	0x0039	0	
OCIE1A <4>	0x0039	0	
TICIE1 <5>	0x0039	0	
TOIE2 <6>	0x0039	0	
OCIE2 <7>	0x0039	0	
TCCR0	0x0033	0x04	
DDRB	0x0017	0xFF	
PINB	0x0016	0xFF	
PORTB	0x0018	0xFF	
DDRD	0x0011	0xFF	
PIND	0x0010	0xFF	
PORTD	0x0012	0xFF	
TCNT0	0x0032	6	

图 12 - 16　系统初始参数设置

系统各相关变量值如图 12 - 17 所示。

AVR Variables - U1

Name	Address	Value
__?EEARH	001F	
__?EEARL	001E	
__?EECR	001C	
__?EEDR	001D	
_A_DDRB	0037	0xFF
_A_DDRD	0031	0xFF
_A_PORTB	0038	0xFF
_A_PORTD	0032	0xFF
CNT	00AE	'\0'
_A_SREG	**005F**	**0x80**
_A_TCCR0	0053	0x04
_A_TCNT0	0052	0x06
_A_TIMSK	0059	0x01
data	00AA	
table	00A0	0x3F 0x06 0x5B 0x4F 0x66 0x6D 0x7D 0x07 0x7F 0x6F
timer	00AF	

图 12 - 17　系统各相关变量值

计数器每溢出一次，CNT 递增 1，如图 12－18 所示。

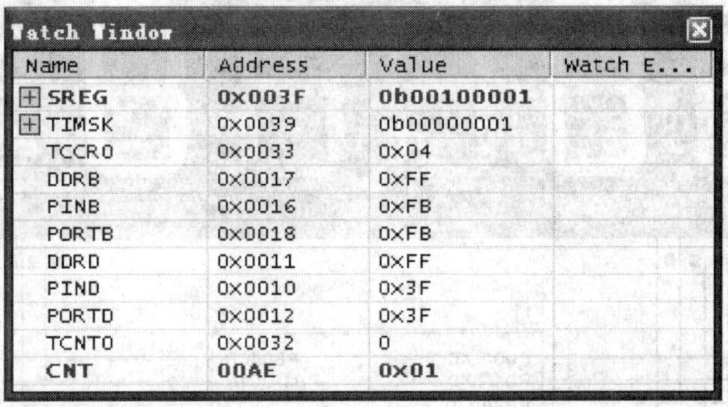

Watch Window

Name	Address	Value	Watch E...
⊞ SREG	0x003F	0b00100001	
⊞ TIMSK	0x0039	0b00000001	
TCCR0	0x0033	0x04	
DDRB	0x0017	0xFF	
PINB	0x0016	0xFB	
PORTB	0x0018	0xFB	
DDRD	0x0011	0xFF	
PIND	0x0010	0x3F	
PORTD	0x0012	0x3F	
TCNT0	0x0032	0	
CNT	00AE	0x01	

图 12－18　计数器每溢出一次，CNT 递增 1

当 CNT＝125 时，如图 12－19 所示。

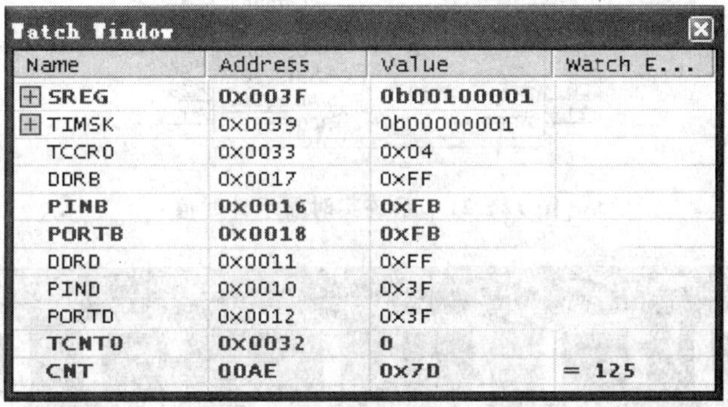

Watch Window

Name	Address	Value	Watch E...
⊞ SREG	0x003F	0b00100001	
⊞ TIMSK	0x0039	0b00000001	
TCCR0	0x0033	0x04	
DDRB	0x0017	0xFF	
PINB	0x0016	0xFB	
PORTB	0x0018	0xFB	
DDRD	0x0011	0xFF	
PIND	0x0010	0x3F	
PORTD	0x0012	0x3F	
TCNT0	0x0032	0	
CNT	00AE	0x7D	= 125

图 12－19　CNT＝125

程序进入执行条件语句，首先将 CNT 清 0，如图 12－20 所示。

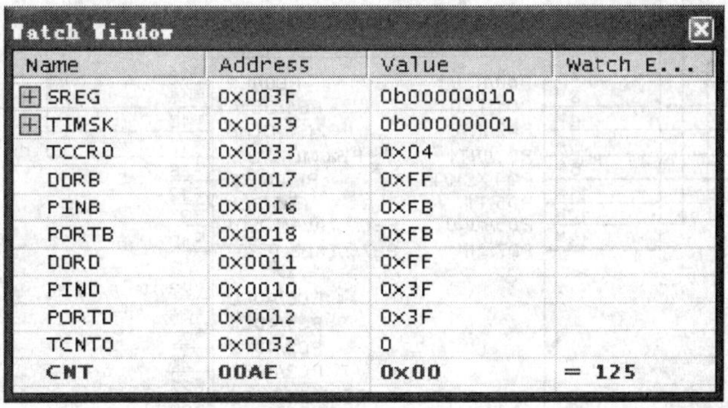

Watch Window

Name	Address	Value	Watch E...
⊞ SREG	0x003F	0b00000010	
⊞ TIMSK	0x0039	0b00000001	
TCCR0	0x0033	0x04	
DDRB	0x0017	0xFF	
PINB	0x0016	0xFB	
PORTB	0x0018	0xFB	
DDRD	0x0011	0xFF	
PIND	0x0010	0x3F	
PORTD	0x0012	0x3F	
TCNT0	0x0032	0	
CNT	00AE	0x00	= 125

图 12－20　当 CNT＝125 时，程序清 0 CNT

使秒计数值加 1，同时系统将计时值显示在数码管上，如图 12－21 所示。

秒值每满 60 即向分进位，程序运行的仿真结果如图 12－22 所示。

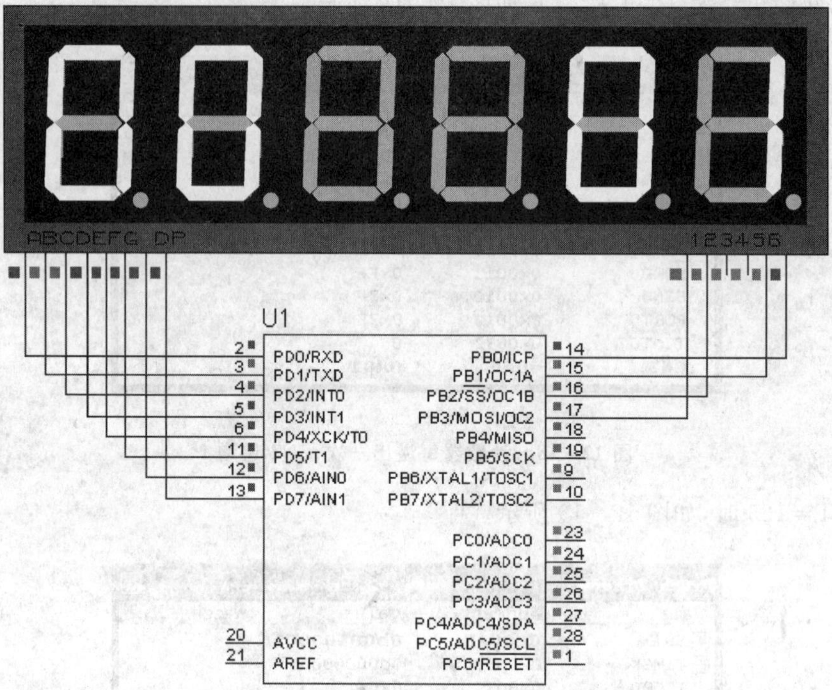

图 12-21　系统实时显示计时值

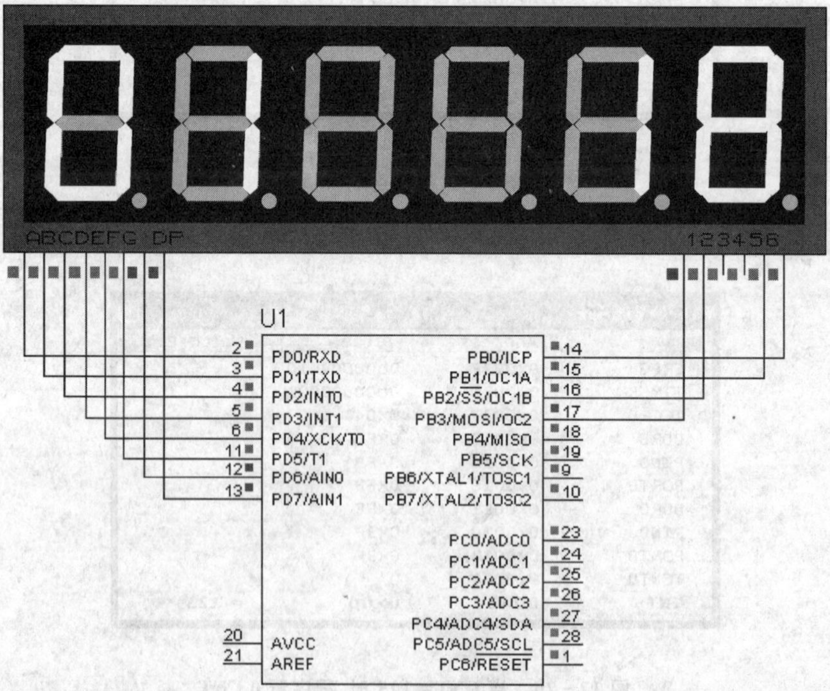

图 12-22　定时系统仿真

12.4 ATmega8 I/O 端口应用

在 PB 端口输出控制信号，控制 D1～D8 按如下方式循环显示：D1、D1～D2、D1～D3、……、D1～D8、D1～D7、D1～D6、……、D1、全灭、D1、D1～D2、D1～D3、……

12.4.1 硬件电路

I/O 端口应用的硬件电路如图 12－23 所示。

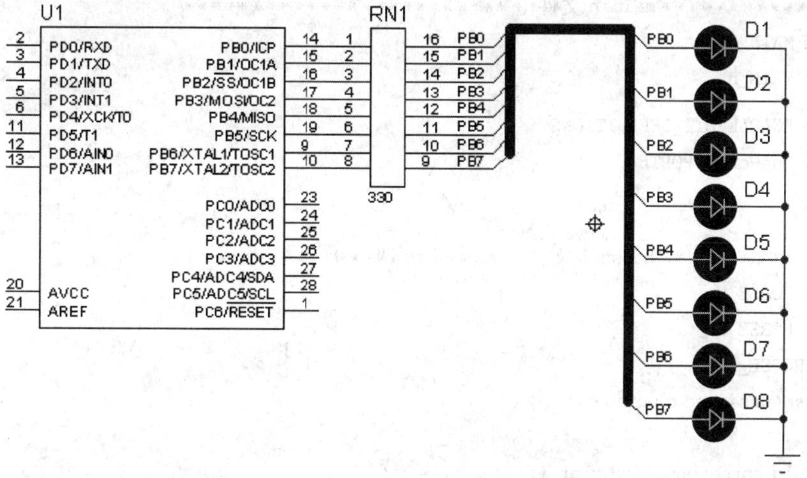

图 12－23 I/O 端口应用硬件电路图

其中，ATmage8 设置如图 12－24 所示。

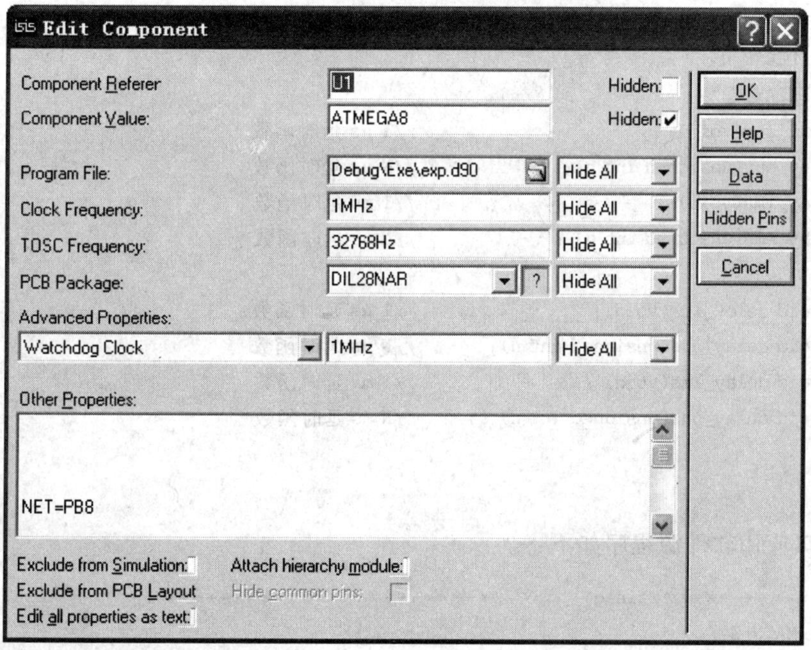

图 12－24 I/O 端口应用 ATmage8 设置

12.4.2 软件编程

首先定义相关的.h 文件：

```
/*****************includes.h文件 **************************/
#include "main.h"
#include "delay.h"
#include "horse.h"
#include <iom8.h>
```

```
/*****************main.h文件 **************************/
#ifndef MAIN_H
#define MAIN_H

#define ENABLE_BIT_DEFINITIONS
#define OutPort   PORTB

#endif
```

```
/*****************horse.h文件 **************************/
#ifndef HORSE_H
#define HORSE_H
#ifdef HORSE_C
void horse(unsigned char i);
#else
extern void horse(unsigned char i);
#endif
#endif
```

```
/*****************delay.h文件 **************************/
#ifndef DELAY_H
#define DELAY_H
#ifdef DELAY_C
void delay_1us(void);                          //1 μs延时函数
void delay_nus(unsigned int n);                //N μs延时函数
void delay_1ms(void) ;                         //1 ms延时函数
void delay_nms(unsigned int n) ;               //N ms延时函数
#else
extern void delay_1us(void);                   //1 μs延时函数
extern void delay_nus(unsigned int n);         //N μs延时函数
extern void delay_1ms(void) ;                  //1 ms延时函数
extern void delay_nms(unsigned int n) ;        //N ms延时函数
#endif
#endif
```

I/O 端口应用软件源程序如下：

```
/*****************main.c主程序 **************************/
#define MAIN_C
#include "includes.h"
```

```
void main(void)
{
    unsigned char i;
    DDRB   = 0xff;                        //端口设置:PB设置为推挽1输出
    PORTB = 0xff;
    PORTB = 0x00;                         //PORTB初始值为0,熄灭所有的LED
    delay_nms(10);
    while(1)
    {
        for(i = 0;i<9;i + + )
        {
            horse(i);
            delay_nms(20);
        }
    for(i = 7;i>0;i--)
    {
            horse(i);
            delay_nms(20);
    }
  }
}
/ *****************跑马灯程序 *************************/
#define HORSE_C
#include "includes.h"
void horse(unsigned char i)
{
    switch(i)
    {
            case 0:
            OutPort = 0x00;
            break;
    case 1:
            OutPort = 0x01;
            break;
    case 2:
            OutPort = 0x03;
            break;
    case 3:
            OutPort = 0x07;
            break;
    case 4:
            OutPort = 0x0f;
            break;
    case 5:
            OutPort = 0x1f;
```

```
            break;
        case 6:
            OutPort = 0x3f;
            break;
        case 7:
            OutPort = 0x7f;
            break;
        case 8:
            OutPort = 0xff;
            break;
        default:
            break;
    }
}
/ **************** 延时程序 ************************** /
#define DELAY_C
#include "includes.h"
#define XTAL 4                                  //晶振频率,单位 MHz
void delay_1us(void)                            //1 μs 延时函数
  {
   asm("nop");
  }
void delay_nus(unsigned int n)                  //N μs 延时函数
  {
   unsigned int i = 0;
   for (i = 0;i<n;i + + )
   delay_1us();
  }
void delay_1ms(void)                            //1 ms 延时函数
  {
   unsigned int i;
   for (i = 0;i<(unsigned int)(XTAL * 143-2);i + + );
  }
void delay_nms(unsigned int n)                  //N ms 延时函数
  {
   unsigned int i = 0;
   for (i = 0;i<n;i + + )
   {
     delay_1ms();
   }
  }
```

12.4.3 系统调试与仿真

对 I/O 端口应用程序进行仿真。相关端口的初始设置如图 12－25 所示。

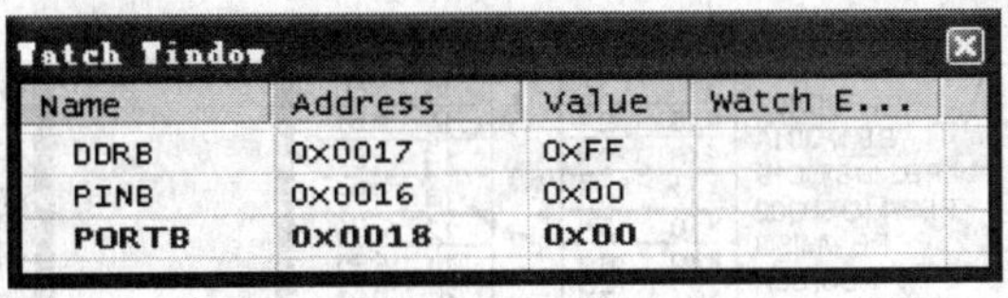

图 12-25　相关端口的初始设置

各相关变量值如图 12-26 所示。

当 $i=0$ 时,如图 12-27 所示。

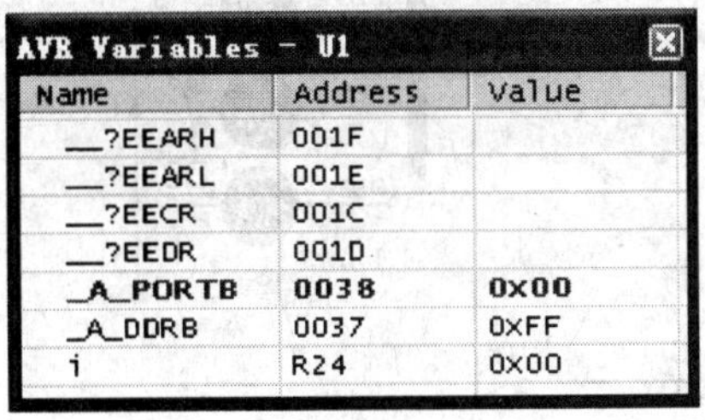

图 12-26　相关变量值

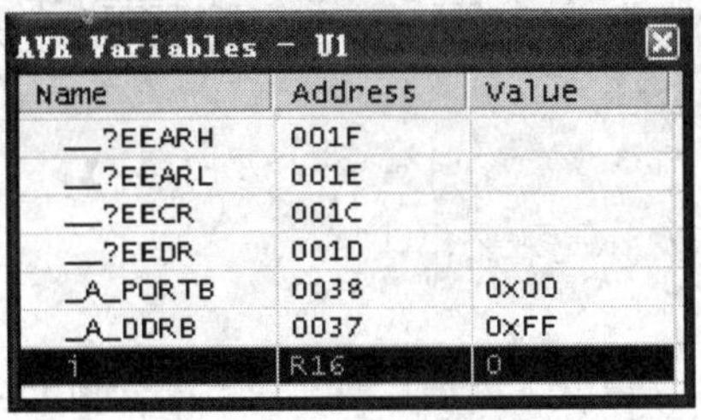

图 12-27　$i=0$

程序首先熄灭所有的 LED 灯,如图 12-28 所示。

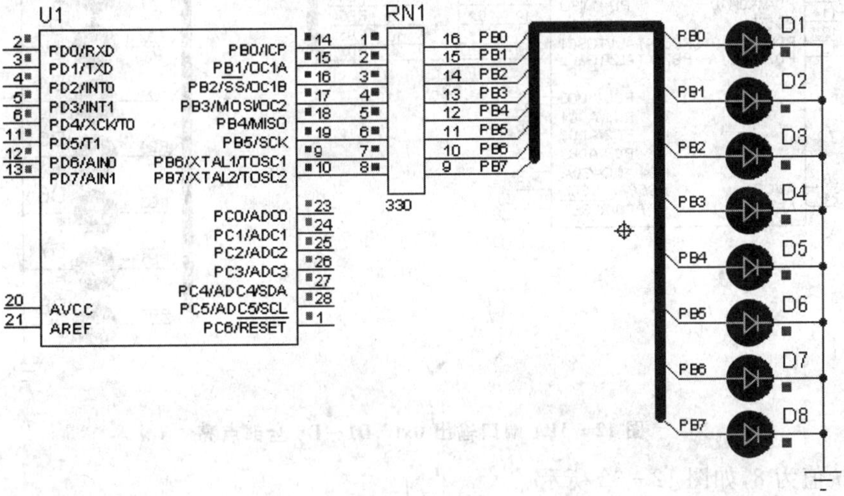

图 12-28　程序熄灭所有的 LED 灯

接着 $i=i+1=1$,如图 12-29 所示。

此时,在端口输出 0x01,程序点亮 D1 灯,如图 12-30 所示。

接着 i 依次累加,程序在端口依次输出 0x03、0x07、0x0f、0x1f、0x3f、0x7f 和 0xff,对应点亮 D1～D2;D1～D3;D1～D4;……;D1～D8,如图 12-31所示。

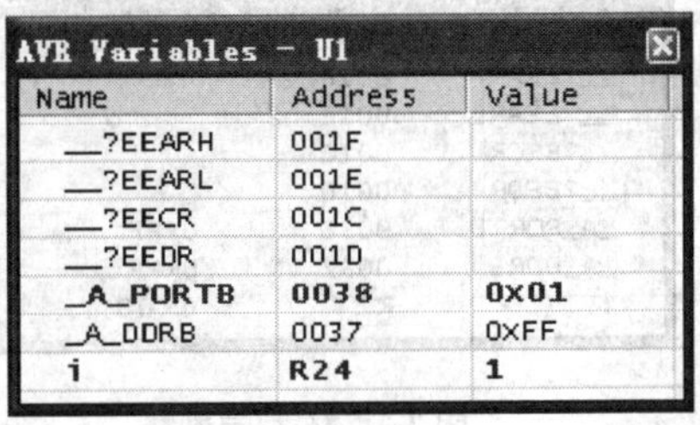

图 12-29　$i=1$

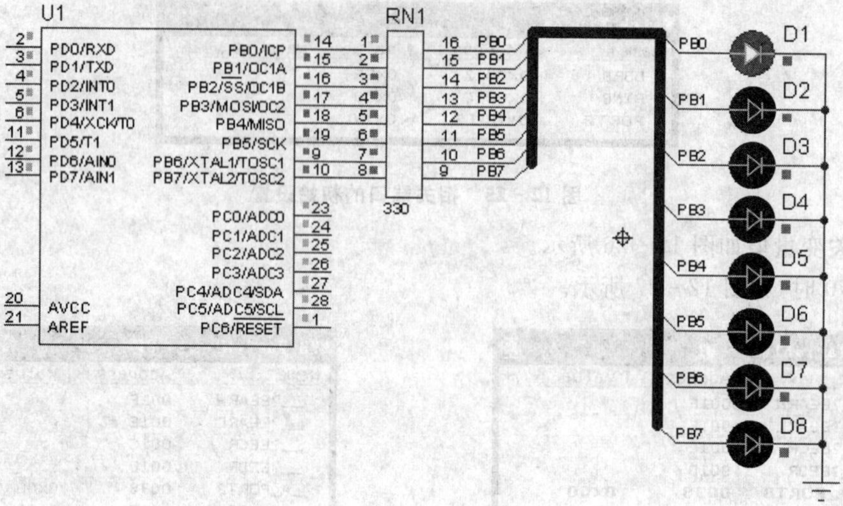

图 12-30 程序点亮 D1 灯

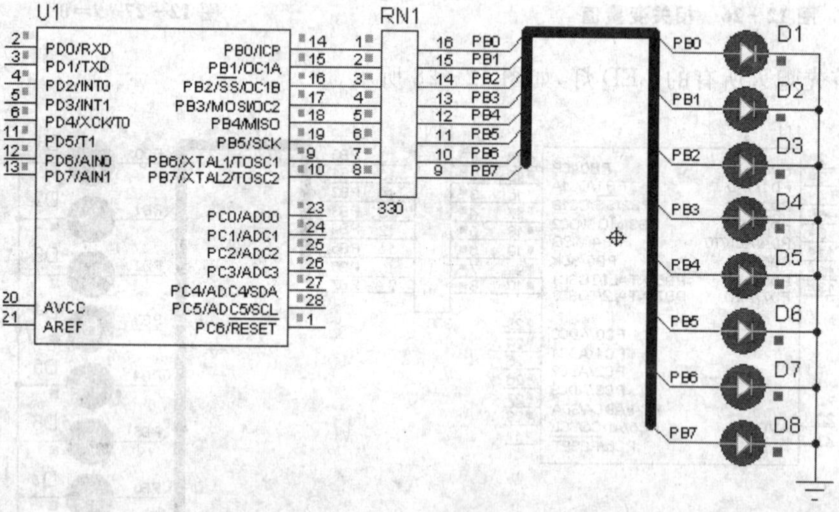

图 12-31 端口输出 0xff，D1～D8 全部点亮

此时，i 值为 8，如图 12-32 所示。

接着，程序给 i 赋值为 7，如图 12-33 所示。

AVR Variables - U1

Name	Address	Value
__?EEARH	001F	
__?EEARL	001E	
__?EECR	001C	
__?EEDR	001D	
_A_PORTB	0038	0xFF
_A_DDRB	0037	0xFF
i	**R24**	**0x08**

图 12-32 $i=8$

Watch Window

Name	Address	Value	Watch E...
DDRB	0x0017	0xFF	
PINB	**0x0016**	**0x7F**	
PORTB	0x0018	0x7F	
i	R24	7	

图 12-33 $i=7$

此时,程序点亮 D1～D7,如图 12-34 所示。

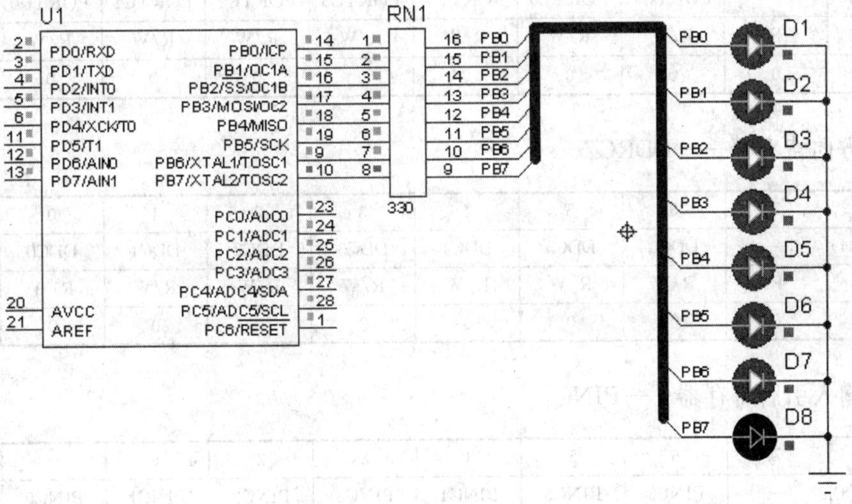

图 12-34 程序点亮 D1～D7

此后,i 递减,直至减到 1 后,程序为 i 赋值为 0,i 开始递增。这样周而复始,实现程序功能。

12.4.4 关于 ATmega8 I/O 端口

AVR 的 I/O 端口作为通用数字输入/输出口使用时,都具备真正的读—修改—写(Read-Modify-Write)特性。这意味着用 SBI 或 CBI 指令可以单独改变某个 I/O 引脚的输入/输出方向,或改变引脚的输出值,或在禁止/允许引脚的内部上拉电阻功能时不影响和改变其他引脚。每个 I/O 引脚都采用推挽式驱动,不仅提供大电流的输出驱动,而且也可以吸收 20 mA 的电流,因此能直接驱动 LED 显示器。

AVR 采用 3 个 8 位寄存器来控制 I/O 端口,它们分别是方向寄存器 DDRx、数据寄存器 PORTx 和输入引脚寄存器 PINx。其中,DDRx 和 PORTx 是可读/写寄存器,而 PINx 为只读寄存器。

每个 I/O 引脚内部都有独立的上拉电阻电路,可通过程序设置内部上拉电阻的有效与否。此外,如置 1,SFIOR 寄存器的上拉屏蔽位 PUD 为 1,则会屏蔽掉所有端口引脚中的内部上拉电阻。

每个 I/O 引脚在芯片内部都有对电源 VCC 和对地 GND 的二极管钳位保护电路。

Atmega8 多数的 I/O 口为复用口,除了作为通用数字 I/O 使用外,其第二功能则分别作为芯片内部其他外围电路的接口。

Atmega8 有 23 个 I/O 引脚,分成 3 个 8 位的端口 B、C 和 D,其中 C 口只有 7 位。有的 I/O 端口都是双向口,每一个端口内部分别带用可选的上拉驱动电路。每个 8 位的端口都有对应的 3 个端口寄存器。

其中,端口 C 各寄存器的定义分别如下:

C 口数据寄存器——PORTC:

BIT	7	6	5	4	3	2	1	0	
$15($0035)	—	PORTC6	PORTC5	PORTC4	PORTC3	PORTC2	PORTC1	PORTC0	PORTC
读/写	R	R/W	R/W	R/W	R/W	R/W	R/W	R/W	
复位值	0	0	0	0	0	0	0	0	

C 口方向寄存器——DDRC：

BIT	7	6	5	4	3	2	1	0	
$14($0034)	—	DDC6	DDC5	DDC4	DDC3	DDC2	DDC1	DDC0	DDRC
读/写	R	R/W	R/W	R/W	R/W	R/W	R/W	R/W	
复位值	0	0	0	0	0	0	0	0	

C 口输入引脚寄存器——PINC：

BIT	7	6	5	4	3	2	1	0	
$13($0033)	—	PINC6	PINC5	PINC4	PINC3	PINC2	PINC1	PINC0	PINC
读/写	R	R	R	R	R	R	R	R	
复位值	N/A	N/A	N/A	N/A	N/A	N/A	N/A	N/A	

位于方向寄存器 DDRx 中的每个位 DDxn 用于控制一个 I/O 引脚的输入/输出方向。

当 DDxn 为 1 时，对应的 Pxn 配置为输出引脚；而当 DDxn 写入 0 时，对应的 Pxn 配置为输入引脚。

当 Pxn 定义为输出引脚(DDxn=1)时，PORTxn 中的数据为外部引脚的输出电平，即置 PORTxn 为 1，端口引脚被强制驱动为高，输出高电平(输出电流)；当清 0 PORTxn 时，端口引脚被强制拉低，输出低电平(吸入电流)。

注意：*其中 PORTxn、DDxn、PINxn 分别表示这 3 个 I/O 寄存器中相应的各个位，其中 n 为 0～7，代表寄存器中的位值。*

当 Pxn 定义为输入(DDxn=0)且置 PORTxn 为 1 时，则配置该引脚的内部上拉电阻有效。若要屏蔽掉内部上拉电阻，应将 PORTxn 清 0，或将该引脚配置为输出。此外，通过对 I/O 特殊功能寄存器 SFIOR 中 PUD 位的设置，可以使所有引脚的上拉电阻处于无效状态。当芯片复位后，即使没有时钟脉冲，所有端口的引脚都被置为高阻态。

表 12-19 中给出了 I/O 口的各种配置与性能。

表 12-19 I/O 口设置(n=7,6,…,1,0)

DDxn	PORTxn	PUD	I/O	上 拉	说 明
0	0	X	输入	无效	三态(高阻)
0	1	0	输入	有效	外部引脚拉低时输出电流
0	1	1	输入	无效	三态(高阻)
1	0	X	输出	无效	低电平推挽输出，吸收电流
1	1	X	输出	无效	高电平推挽输出，输出电流

I/O 特殊功能寄存器 SFIOR 的定义如下：

BIT	7	6	5	4	3	2	1	0	
$30($0050)	—	—	—	ADHSM	ACME	PUD	PSR2	PSR10	SFIOR
读/写	R	R	R	R/W	R/W	R/W	R/W	R/W	
复位值	0	0	0	0	0	0	0	0	

位 2——PUD：上拉禁止位。当 PUD 位置 1 后，所有 I/O 引脚的上拉电阻均无效。即使在 DDxn=0、PORTxn=1 的情况下，只要 PUD=1，则上拉电阻仍无效。

在将一个引脚从输入高阻态（DDxn=0、PORTxn=0）转换为高电平输出状态（DDxn=0、PORTxn=1）的过程中，会暂时出现上拉有效输入（DDxn=0、PORTxn=1）或低电平输出（DDxn=1、PORTxn=0）的中间过程。通常情况下，应先转换到上拉有效输入状态（DDxn=0、PORTxn=1），再转换为高电平输出状态（DDxn=1、PORTxn=1）。更严格的转换是，先将 PUD 位置 1，在进行上述的转换。

同样，在将一个引脚从上拉有效输入（DDxn=0、PORTxn=1）转换为低电平输出状态（DDxn=1、PORTxn=0）过程中也会产生类似的问题。要根据实际情况选择高阻态输入（DDxn=0、PORTxn=0）或高电平输出（DDxn=1、PORTxn=1）作为中间转换过程，再转换为低电平输出状态（DDxn=1、PORTxn=0）。

不管方向寄存器 DDnx 为 0 或 1，总是可以通过读 PINxn 来获得外部引脚当前的实际电平。

如果在应用中需要立即回读刚刚由程序输出到引脚的设定值，那么应在输出和输入指令之间插入一条 NOP 指令。

端口的第二功能

大多数的端口引脚除了可作为一般数字 I/O 口外，都有第二功能。

(1) 端口 B 的第二功能

表 12-20 中给出了端口 B 的第二功能。

表 12-20　B 口引脚第二功能

引　脚	第二功能	引　脚	第二功能
PB7	XTAL2（系统时钟晶振引脚 2） TOSC2（实时时钟晶振引脚 2）	PB3	MOSI（SPI 总线主输出口/从输入口） OC2（T/C2 输出比较匹配输出口）
PB6	XTAL1（系统时钟晶振引脚 1） TOSC1（实时时钟晶振引脚 1）	PB2	SS（SPI 总线主从选择） OC1B（T/C1 输出比较 B 匹配输出口）
PB5	SCK（SPI 总线时钟）	PB1	OC1A（T/C1 输出比较 A 匹配输出口）
PB4	MISO（SPI 总线主输入口/从输出口）	PB0	ICP（T/C1 输入捕获输入口）

PB7——端口 B 位 7，XTAL2/ TOSC2。

XTAL2：系统时钟晶振引脚 2。芯片使用外部晶振时，该引脚连接晶振的一个脚，此时该引脚不能作为 I/O 引脚使用。当系统使用内部可校准的 RC 振荡器和外部时钟源时，PB7 可以作为一般 I/O 引脚使用。

TOSC2：实时时钟晶振引脚 2。只有当选择内部可校准的 RC 振荡器作为系统时钟源，且设置寄存器 ASSR 中的 AS2 位，允许使用异步时钟定时器时，PB7 才可用作 TOSC2。当 ASSR 寄存器的 AS2 位＝1，使能定时器/计数器 2 的异步时钟功能时，PB7 与端口引脚脱离，作为振荡放大器的反相输出端。在该模式下，时钟晶体连接到该引脚，且不能作为 I/O 引脚。

如果 PB7 被用作晶振引脚，则寄存器 DDB7、PORTB7 和 PINB7 读出都为 0。

PB6——端口 B 位 6，XTAL1/ TOSC1。

XTAL1：系统时钟晶振引脚 1。芯片使用外部晶振时，该引脚连接晶振的另一个脚，此时该引脚不能作为 I/O 引脚使用。当系统使用内部可校准的 RC 振荡器时，PB6 可以作为一般 I/O 引脚使用。

TOSC1：实时时钟晶振引脚 1。只有当选择内部可校准的 RC 振荡器作为系统时钟源，且设置寄存器 ASSR 中的 AS2 位，允许使用异步时钟定时器时，PB6 才可用作 TOSC1。当 ASSR 寄存器的 AS2 位＝1，使能定时器/计数器 2 的异步时钟功能时，PB6 与端口引脚脱离，作为振荡放大器的反相输出端。在该模式下，时钟晶体连接到该引脚，且不能作为 I/O 引脚。

如果 PB6 被用作晶振引脚，则寄存器 DDB6、PORTB6 和 PINB6 读出都为 0。

PB5——端口 B 位 5，SCK。

SCK：用于使用 SPI 串行总线接口。当芯片作为主机时，SCK 为 SPI 总线的时钟输出端；当芯片为从机时，SCK 为 SPI 总线的时钟输入端。

当使能 SPI 且为从机时，无论 DDB5 为何设置，该引脚被强置为输入。尽管 SCK 引脚被 SPI 强置为输入，但内部上拉电阻仍然由 PORTB5 位控制。当使能 SPI 且为主机时，该引脚的数据方向由 DDB5 来控制。

PB4——端口 B 位 4，MISO。

MISO：SPI 总线接口的主机数据输入/从机数据输出端。在使能 SPI 的情况下，为 SPI 主机模式时，无论 DDB4 为何值，PB4 被设置为输入；为 SPI 从机模式时，该引脚的数据方向由 DDB4 控制。当该引脚被 SPI 强制为输入时，内部上拉电阻仍然由 PORTB4 位控制。

PB3——端口 B 位 3，MOSI/ OC2。

MOSI：SPI 总线接口的主机数据输出/从机数据输入端。在使能 SPI 的情况下，为 SPI 从机模式时，无论 DDB3 为何值，PB3 被设置为输入；为 SPI 主机模式时，该引脚的数据方向由 DDB3 控制。当该引脚被 SPI 强制为输入时，内部上拉电阻仍然由 PORTB3 位控制。

OC2：T/C2 比较匹配输出。PB3 引脚还可作为定时器/计数器 2 比较匹配的外部输出口，此时，PB3 引脚必须设置为输出（DDB3＝1）。在 PWM 应用中，OC2 引脚还可作为 PWM 定时器模块的输出引脚。

PB2——端口 B 位 2，SS/OC1B。

SS：SPI 总线从机选择输入。在使能 SPI 且为从机模式时，无论 DDB2 为何值，PB2 脚被设置为输入。MCU 作为 SPI 总线的从机，当 PB2 被外部拉低时，SPI 功能被激活。PB2 被 SPI 强制为输入时，上拉电阻仍然由 PORTB2 位控制。当使能 SPI，且为主机模式时，该引脚的数据方向由 DDB2 控制。

OC1B：T/C1 比较匹配 B 输出。PB2 引脚还可作为定时器/计数器 1 比较匹配 B 的外部输出口，此时，PB2 引脚必须设置为输出（DDB2＝1）。在 PWM 应用中，OC1B 引脚还可作为 PWM 定时器模块的输出引脚。

PB1——端口 B 位 1,OC1A。

OC1A：T/C1 比较匹配 A 输出。PB1 引脚还可作为定时器/计数器 1 比较匹配 A 的外部输出口，此时，PB1 引脚必须设置为输出(DDB1=1)。在 PWM 应用中，OC1 A 引脚还可作为 PWM 定时器模块的输出引脚。

PB0——端口 B 位 0,ICP。

ICP：输入捕获的输入引脚。PB0 引脚能作为定时器/计数器 1 输入捕获功能的输入引脚。

(2) 端口 C 的第二功能

表 12-21 中给出了端口 C 各引脚的第二功能。

表 12-21　端口 C 各引脚的第二功能

引　脚	第二功能
PC6	RESET(系统复位引脚)
PC5	ADC5(ADC 输入通道 5) SCL(2 线串行总线接口时钟线)
PC4	ADC4(ADC 输入通道 4) SDA(2 线串行总线接口数据输入/输出线)
PC3	ADC3(ADC 输入通道 3)
PC2	ADC2(ADC 输入通道 2)
PC1	ADC1(ADC 输入通道 1)
PC0	ADC0(ADC 输入通道 0)

PC6——端口 C 位 6,RESET。

RESET：系统复位引脚。当 RSTDISBL 熔丝为被置位时，PC0 作为普通 I/O 引脚使用，此时，芯片内部的上电复位(POWER-UP)和 BROWN-OUT 复位电路将作为系统的复位源。当 RSTDISBL 熔丝位被清 0 时，内部复位电路将连接到该引脚，此时引脚不作为 I/O 使用，当被外部拉成低电平时产生系统复位。

如果 PC6 作为 RESET 复位引脚时，寄存器 DDC6、PORTC6 和 PINC6 读出为 0。

PC5——端口 C 位 5,ADC5/SCL。

ADC5：PC5 也能作为 ADC 输入的通道 5。

SCL：两线串行总线的时钟线。当 TWCR 寄存器中的 TWEN 位被设置为 1，使能 TWI 接口时，PC5 引脚将与 I/O 端口脱离，成为 TWI 总线接口的串行时钟线。PC5 工作在 TWI 模式下时，有一个尖峰滤波器连接到该引脚，能够抑制输入信号中小于 50 ns 的毛刺，同时引脚将由具有缓冲率限制(Slew-rate limitation)的开漏驱动器驱动。

PC4——端口 C 位 4,ADC4/ SDA。

ADC4：PC5 也能作为 ADC 输入的通道 4。

SDA：两线串行总线的数据线。当 TWCR 寄存器中的 TWEN 位被设置为 1，使能 TWI 接口时，PC4 引脚将与 I/O 端口脱离，成为 TWI 总线接口的串行数据线。PC4 工作在 TWI 模式下时，有一个尖峰滤波器连接到该引脚，能够抑制输入信号中小于 50 ns 的毛刺，同时引脚将由具有缓冲率限制(Slew-rate limitation)的开漏驱动器驱动。

PC3、PC2、PC1 和 PC0——端口 C 位 3、位 2、位 1 和位 0,ADC3、ADC2、ADC1 和 ADC0。ADC3、ADC2、ADC1 和 ADC0 分别为 ADC 输入通道 3、2、1 和 0。

注意:ADC 输入通道由数字电源端 VCC 供电。

(3) 端口 D 的第二功能

表 12-22 中给出了端口 D 各引脚的第二功能。

表 12-22 端口 D 各引脚的第二功能

引 脚	第二功能	引 脚	第二功能
PD7	AIN1(模拟比较器负输入)	PD3	INT1(外部中断 1 输入)
PD6	AIN0(模拟比较器正输入)	PD2	INT0(外部中断 0 输入)
PD5	T1(T/C1 外部计数脉冲输入口)	PD1	TXD(USART 输出口)
PD4	XCK(USART 外部时钟输入/输出口) T0(T/C0 外部计数脉冲输入口)	PD0	RXD(USART 输入口)

PD7——端口 D 位 7,AIN1。模拟比较器的反相输入。在使用模拟比较器功能时,应将 PD7 设置为输入,且关断内部上拉电阻,以避免数字口功能影响模拟比较器的性能。

PD6——端口 D 位 6,AIN0。模拟比较器的正相输入。在使用模拟比较器功能时,应将 PD6 设置为输入,且关断内部上拉电阻,以避免数字口功能影响模拟比较器的性能。

PD5——端口 D 位 5,T1。定时器/计数器 1 的外部计数脉冲输入口。

PD4——端口 D 位 4,XCK /T0。

XCK:USART 串行总线外部时钟口。

T0:定时器/计数器 0 的外部计数脉冲输入口。

PD3——端口 D 位 3,INT1。外部中断源 1。PD3 引脚可作为一个外部中断源的输入口。

PD2——端口 D 位 2,INT0。外部中断源 0。PD2 引脚可作为一个外部中断源的输入口。

PD1——端口 D 位 1,TXD。USART 总线的数据输出口。当使用 USART 的传送输出功能时,不管 DDD1 为何设置,PD1 都被配置为输出口。

PD0——端口 D 位 0,RXD。USART 总线的数据输入口。当使用 USART 的数据接收功能时,不管 DDD0 为何设置,PD0 都被配置为输入口。此时,引脚的内部上拉功能仍然由 PORTD0 位控制。

12.5 ATmega8 A/D-D/A 转换及串行数据传输应用

ATmega8 将模拟输入端口输入的信号经过 A/D-D/A 转换,输出到显示屏,同时通过串行口将模拟电压值输出。

12.5.1 硬件电路

A/D-D/A 转换及串行数据传输的硬件电路图如图 12-35 所示。

其中,ATmega8 设置如图 12-36 所示。

串行数据接收端即虚拟终端设置如图 12-37 所示。

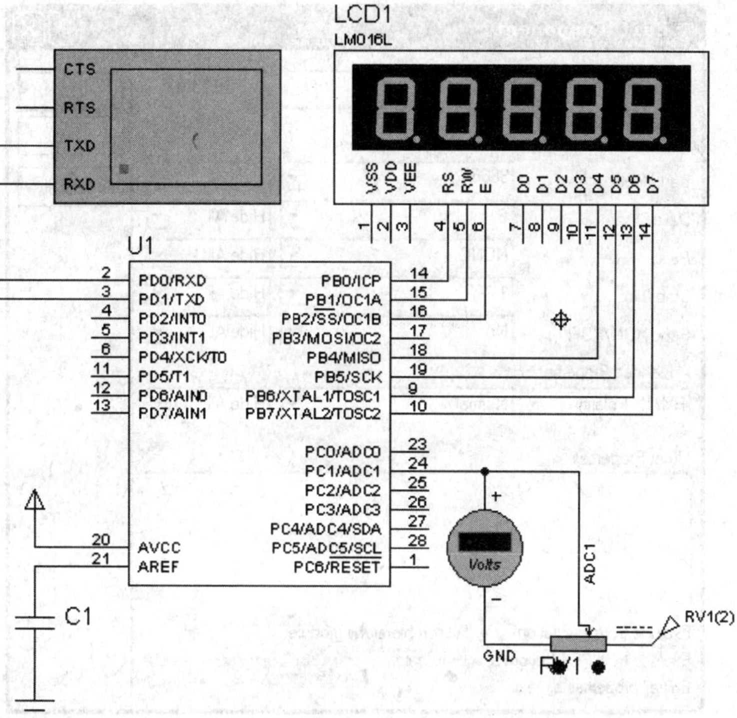

图 12-35　A/D-D/A 转换及串行数据传输硬件电路

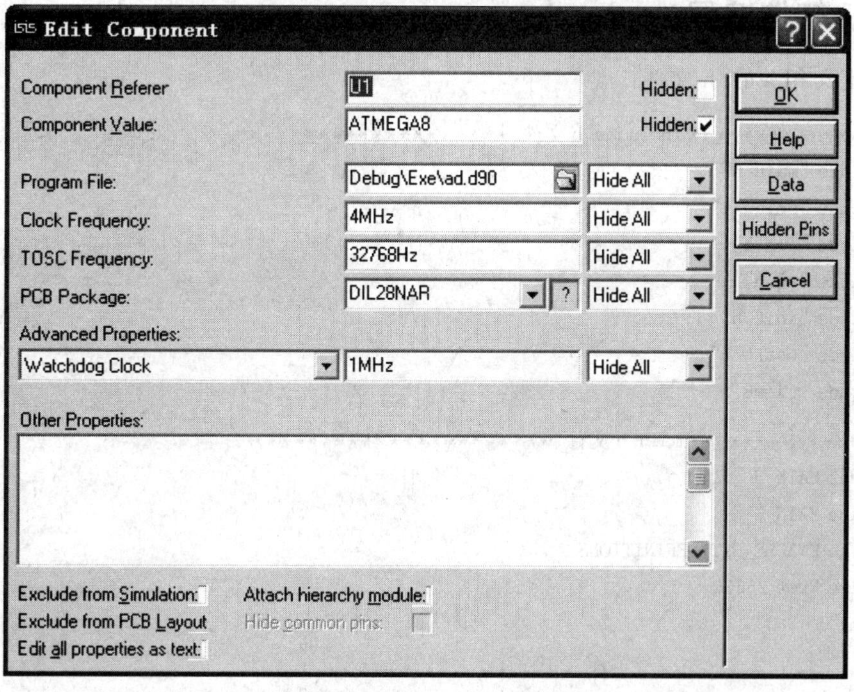

图 12-36　A/D-D/A 转换及串行数据传输应用中 ATmega8 设置

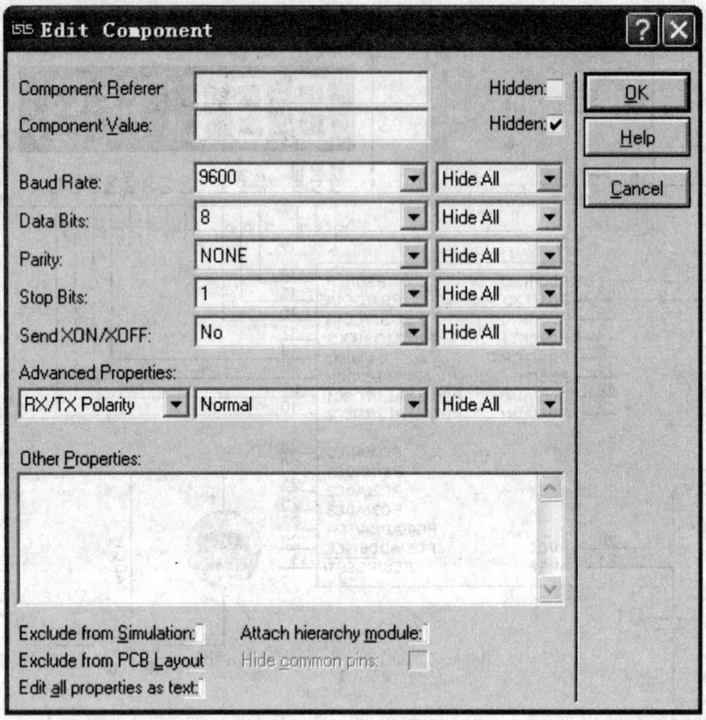

图 12-37　A/D-D/A 转换及串行数据传输应用中虚拟终端设置

12.5.2　软件编程

首先定义相关的.h 文件：

```
/ **************** includes.h 文件 **********************/
#include "main.h"
#include "delay.h"
#include "lcd.h"
#include "ad.h"
#include "init.h"
#include "usart.h"
#include <iom8.h>
/ **************** main.h 文件 **********************/
#ifndef MAIN_H
#define MAIN_H
#define ENABLE_BIT_DEFINITIONS
#define Vref 25600
#endif
/ **************** ad.h 文件 **********************/
#ifndef AD_H
#define AD_H
#ifdef AD_C
```

```
unsigned char  adc_mux ;
void init_adc(void);
#else
extern unsigned char adc_mux;
extern void init_adc(void);
#endif
#endif
/**************** init.h 文件 **********************/
#ifndef INIT_H
#define INIT_H
#ifdef INIT_C
void WDR(void);
void WDT_init(void);
void init_time1(void);
#else
extern void WDR(void);
extern void WDT_init(void);
extern void init_time1(void);
#endif
#endif
/**************** lcd.h 文件 **********************/
#ifndef LCD_H
#define LCD_H
#ifdef LCD_C
void Init_LCD(void);
void LCD_WriteControl (unsigned char CMD);
void LCD_Display_Off(void);
void LCD_Display_On(void);
void LCD_Clear(void);
void LCD_Home(void);
void LCD_Cursor(char row, char column);
void LCD_Cursor_On(void);
void LCD_Cursor_Off(void);
void LCD_DisplayCharacter(char Char);
void LCD_DisplayString_F(char row, char column, unsigned char __flash * string);
void LCD_DisplayString(char row, char column, unsigned char * string);
#else
extern void Init_LCD(void);
extern void LCD_WriteControl (unsigned char CMD);
extern void LCD_Display_Off(void);
extern void LCD_Display_On(void);
extern void LCD_Clear(void);
extern void LCD_Home(void);
extern void LCD_Cursor(char row, char column);
extern void LCD_Cursor_On(void);
```

```
extern void LCD_Cursor_Off(void);
extern void LCD_DisplayCharacter(char Char);
extern void LCD_DisplayString_F(char row, char column, unsigned char __flash * string);
extern void LCD_DisplayString(char row, char column, unsigned char * string);
#endif
#endif
/****************usart.h 文件 *********************/
#ifndef USART_H
#define USART_H
#ifdef USART_C
void put_char(unsigned char ch);
void InitSerial(void);
void put_string(unsigned char * sting);
#else
extern void put_char(unsigned char ch);
extern void InitSerial(void);
extern void put_string(unsigned char * sting);
#endif
#endif
/****************usart.h 文件(8MHz 时钟) *********************/
#ifndef DELAY_H
#define DELAY_H
#ifdef DELAY_C
void delay_1us(void);                          //1 μs 延时函数
void delay_nus(unsigned int n);                //N μs 延时函数
void delay_1ms(void) ;                         //1 ms 延时函数
void delay_nms(unsigned int n) ;               //N ms 延时函数
#else
extern void delay_1us(void);                   //1 μs 延时函数
extern void delay_nus(unsigned int n);         //N μs 延时函数
extern void delay_1ms(void) ;                  //1 ms 延时函数
extern void delay_nms(unsigned int n) ;        //N ms 延时函数
#endif
#endif
```

A/D 转换及串行数据传输软件源程序如下：

```
/****************main.c 主程序 ***********************/
#define ENABLE_BIT_DEFINITIONS
#include "includes.h"
void init_adc(void);
void WDR(void);
void WDT_init(void);
unsigned char RSend;
unsigned char RS_buf[10];
```

```
unsigned char RS_flag;
void main(void)
{
    float j;
    int count;
    unsigned char * test = "The Voltage is: ";
    unsigned char * value = "0.000 V";
    unsigned char * RS;
    RS = RS_buf;
    RS_flag = 0;
    delay_nms(1);
    OSCCAL = 0Xab;                              //系统时钟校准,不同的芯片和不同的频率
    init_adc();
    InitSerial();
    Init_LCD();
    LCD_DisplayString(1,1,test);
    LCD_DisplayString(2,1,value);
    put_string(value);
    put_char(0x0d);
    put_char(0x0a);
    while(1)
    {
       j = (float)(((float)((Vref/1023))) * ( ADC&0X3FF))/1000.00;
    count = j * 100;
        value[0] = count /1000 + 0x30;
        count = count % 1000;
        value[2] = count /100 + 0x30;
        count = count % 100;
        value[3] = count /10 + 0x30;
        value[4] = count % 10 + 0x30;
        LCD_Cursor(0,1);
        LCD_DisplayString(2,1,value);
        put_string(value);
        put_char(0x0d);
        put_char(0x0a);
        delay_nms(1000);
         if(RS_flag)
    {
            LCD_DisplayString(2,10,RS);
            RS_flag = 0;
    }
  }
}
```

```
#pragma vector = USART_RXC_vect
    __interrupt void usart_isr( void )
{
    SREG &= !(1<<7);
    RS_flag = 1;
    RSend++;
    RS_buf[RSend] = UDR;
    put_char(RS_buf[RSend]);
    if(RSend>=10)
    {
        RSend = 0;
    }
    SREG |= (1<<7);
}
/*****************A/D转换子程序 **************************/
#define AD_C
#include "includes.h"
unsigned char  adc_mux = 0x01 ;                              //A/D转换端口选择
/*********************************************************/
void init_adc(void)
{
    ADCSR = 0x00;
    ADMUX = (adc_mux&0x1f)|(1<<REFS0)|(1<<REFS1);  //参考电压为内部 2.56 V
    ADCSR = (1<<ADEN)|(1<<ADSC)|(1<<ADIE)|(1<<ADPS2)|(1<<ADPS1) ;//64 分频
    asm("sei");
    UBRRH = 25;
    UBRRL = 25;
    UCSRB = 0x18;
    UCSRC = 0x86;
}
/*************************************************/
#pragma vector = ADC_vect
    __interrupt void adc_isr( void )
{
    ADMUX = (adc_mux&0x1f)|(1<<REFS0)|(1<<REFS1);
    ADCSR| = (1<<ADSC);                                      //启动 A/D转换
}

/*****************初始化子程序 **************************/
#define INIT_C
#include "includes.h"
int count;
float j;
unsigned char * test = "The Voltage is: ";
unsigned char * value = "0.000 V";
```

```
void WDR(void)
{
     asm("wdr");
}
void WDT_init(void)
{
   WDR();
   WDTCR = 0x0f;
}
void init_time1(void)
{
    TIMSK = 0X02;                                          //T1 溢出中断
    TCCR1B = 0X00;                                         //停止 T1
    TCNT1H = 0XF9;
    TCNT1L = 0XE6;
    TCCR1A = 0X00;
    TCCR1B = 0X01;
    asm("sei");
}
#pragma vector = TIMER1_OVF_vect
    __interrupt void time1_isr( void )
{
    TCNT1H = 0XF9;
    TCNT1L = 0XE6;
    j = (float)(((float)((Vref/1023))) * ( ADC&0X3FF))/1000.00;
    count = j * 100;
    value[0] = count /1000 + 0x30;
    count = count % 1000;
    value[2] = count /100 + 0x30;
    count = count % 100;
    value[3] = count  /10 + 0x30;
    value[4] = count  % 10 + 0x30;
    LCD_Cursor(0,1);
    LCD_DisplayString(2,2,value);
}
/**************** ADC 完成中断服务子程序 *************************/
#define ISR_C
#include "includes.h"
unsigned char  adc_mux ;
#pragma vector = ADC_vect
    __interrupt void adc_isr( void )
{
    ADMUX = (adc_mux&0x1f)|(1<<REFS0);
    ADCSRA| = (1<<ADSC);                                   //启动 A/D 转换
```

```
}

/*****************采用4位数据线的1602液晶驱动子程序 **********************/
#define ENABLE_BIT_DEFINITIONS
#define LCD_C
#include "includes.h"
//*****定义I/O引脚*****//
#define BIT7 0x80
#define BIT6 0x40
#define BIT5 0x20
#define BIT4 0x10
#define BIT3 0x08
#define BIT2 0x04
#define BIT1 0x02
#define BIT0 0x01
//***设置LDC数据端口8位模式 ***//
#define LCD_OP_PORT PORTB
#define LCD_IP_PORT PINB
#define LCD_DIR_PORT DDRB
/*************************************/
#define LCD_EN   (1 << 2)                          //引脚定义
#define LCD_RS (1 << 0)
#define LCD_RW (1 << 1)

#define lcd_set_e()  (LCD_OP_PORT |= LCD_EN)       //置位与清零
#define lcd_set_rs() (LCD_OP_PORT |= LCD_RS)
#define lcd_set_rw() (LCD_OP_PORT |= LCD_RW)
#define lcd_clear_e()  (LCD_OP_PORT &= ~LCD_EN)
#define lcd_clear_rs() (LCD_OP_PORT &= ~LCD_RS)
#define lcd_clear_rw() (LCD_OP_PORT &= ~LCD_RW)
/****************************************************************/

#define LCD_ON 0x0C
#define LCD_CURS_ON 0x0D
#define LCD_OFF 0x08
#define LCD_HOME 0x02
#define LCD_CLEAR 0x01
#define LCD_NEW_LINE 0xC0
#define LCD_FUNCTION_SET 0x28
#define LCD_MODE_SET 0x06

void LCD_INIT(void)
{
LCD_DIR_PORT = 0xff;                              //LCD端口输出
LCD_OP_PORT = 0x30;
lcd_clear_rw();                                   //设置LCD写
lcd_clear_rs();                                   //设置LCD以响应命令
lcd_set_e();                                      //向LCD写数据
```

```
asm("nop");
asm("nop");
lcd_clear_e();                              //禁止 LCD
delay_nus(40);
lcd_clear_rw();
lcd_clear_rs();
lcd_set_e();
asm("nop");
asm("nop");
lcd_clear_e();
delay_nus(40);
lcd_set_e();
asm("nop");
asm("nop");
lcd_clear_e();
delay_nus(40);
LCD_OP_PORT = 0x20;
lcd_set_e();
asm("nop");
asm("nop");
lcd_clear_e();
delay_nus(40);
}
//******从 LCD 返回“忙”标志子程序 **********//
void LCD_Busy ( void )
{
unsigned char temp,high;
unsigned char low;
LCD_DIR_PORT = 0x0f;                        //设置 I/O 端口为输入
do
{
temp = LCD_OP_PORT;
temp = temp&BIT3;
LCD_OP_PORT = temp;
lcd_set_rw();                               //设置 LCD 写
lcd_clear_rs();
lcd_set_e();
delay_nus(3);
high = LCD_IP_PORT;                         //读高 4 位
lcd_clear_e();
lcd_set_e();
asm("nop");
asm("nop");
low = LCD_IP_PORT;                          //读低 4 位
lcd_clear_e();
```

```
} while(high & 0x80);
delay_nus(20);
}
//****向 LCD 写控制指令子程序 ********//
void LCD_WriteControl (unsigned char CMD)
{
char temp;
LCD_Busy();                                    //测试是否 LCD 忙
LCD_DIR_PORT = 0xff;                           //LCD 端口输出
temp = LCD_OP_PORT;
temp = temp&BIT3;
LCD_OP_PORT = (CMD & 0xf0)|temp;
lcd_clear_rw();
lcd_clear_rs();
lcd_set_e();
asm("nop");
asm("nop");
lcd_clear_e();
LCD_OP_PORT = (CMD<<4)|temp;
lcd_clear_rw();
lcd_clear_rs();
lcd_set_e();
asm("nop");
asm("nop");
lcd_clear_e();
}
//****向 LCD 写一个字节的数据子程序 ***********//
void LCD_WriteData (unsigned char Data)
{
char temp;
LCD_Busy();
LCD_DIR_PORT = 0xFF;
temp = LCD_OP_PORT;
temp = temp&BIT3;
LCD_OP_PORT = (Data & 0xf0)|temp;
lcd_clear_rw();
lcd_set_rs();
lcd_set_e();
asm("nop");
asm("nop");
lcd_clear_e();
LCD_OP_PORT = (Data << 4)|temp;
lcd_clear_rw();
lcd_set_rs();
lcd_set_e();
```

```
asm("nop");
asm("nop");
lcd_clear_e();
}
//*****初始化 LCD 驱动器 *********//
void Init_LCD(void)
{
LCD_INIT();
LCD_WriteControl (LCD_FUNCTION_SET);
LCD_WriteControl (LCD_OFF);
LCD_WriteControl (LCD_CLEAR);
LCD_WriteControl (LCD_MODE_SET);
LCD_WriteControl (LCD_ON);
LCD_WriteControl (LCD_HOME);
}
//**********清除 LCD 屏幕 *************//
void LCD_Clear(void)
{
LCD_WriteControl(0x01);
}
//*****将 LCD 光标放置在 1 行、1 列 ***********//
void LCD_Home(void)
{
LCD_WriteControl(0x02);
}
//********在当前光标位置,显示一个单字符 *******************//
void LCD_DisplayCharacter (char Char)
{
LCD_WriteData (Char);
}
//********使用 FLASH 在指定的行、列显示串 **************//
void LCD_DisplayString_F (char row, char column , unsigned char __flash * string)
{
LCD_Cursor (row, column);
while ( * string)
{
LCD_DisplayCharacter ( * string ++ );
}
}
//******使用 RAM 在指定的行、列显示串 ***********//
void LCD_DisplayString (char row, char column ,unsigned char * string)
{
LCD_Cursor (row, column);
while ( * string)
LCD_DisplayCharacter ( * string ++ );
```

```
}
//*****放置 LCD 光标在"行"、"列" ********//
void LCD_Cursor (char row, char column)
{
switch (row) {
case 1: LCD_WriteControl (0x80 + column - 1); break;
case 2: LCD_WriteControl (0xc0 + column - 1); break;
case 3: LCD_WriteControl (0x94 + column - 1); break;
case 4: LCD_WriteControl (0xd4 + column - 1); break;
default: break;
}
}
//*****显示光标 *******//
void LCD_Cursor_On (void)
{
LCD_WriteControl (LCD_CURS_ON);
}
//******关闭光标 *********//
void LCD_Cursor_Off (void)
{
LCD_WriteControl (LCD_ON);
}
//***关闭 LCD ******//
void LCD_Display_Off (void)
{
LCD_WriteControl(LCD_OFF);
}
//****打开 LCD ******//
void LCD_Display_On (void)
{
LCD_WriteControl(LCD_ON);
}

/****************串行通信子程序 **********************/
#define USART_C
#include "includes.h"
void put_char(unsigned char ch)
{
    while(!(UCSRA&(1<<UDRE)));
    UDR = ch;
}
void put_string(unsigned char * string)
{
    while( * string)
    {
```

```
    put_char( * string ++ );
    }
}
void InitSerial(void)                                           //串口初始化
{
    UCSRB = (1<<RXEN)|(1<<TXEN)|(1<<RXCIE);                     //允许发送和接收
    UCSRC = (1<<URSEL)|(1<<UCSZ1)|(1<<UCSZ0);                   //8 位数据位 + 1 位停止位
    UBRRH = 0x00;
    UBRRL = 0x19;
}
/ **************** 延时子程序 **********************/
#define DELAY_C
#include "includes.h"
#define XTAL 4                                                  //晶振频率,单位 MHz
void delay_1us(void)                                            //1 μs 延时函数
  {
   asm("nop");
  }
void delay_nus(unsigned int n)                                  //N μs 延时函数
  {
   unsigned int i = 0;
   for (i = 0;i<n;i ++ )
   delay_1us();
  }
void delay_1ms(void)                                            //1 ms 延时函数
  {
   unsigned int i;
   for (i = 0;i<(unsigned int)(XTAL * 143-2);i + + );
  }
void delay_nms(unsigned int n)                                  //N ms 延时函数
  {
   unsigned int i = 0;
   for (i = 0;i<n;i ++ )
   {
      delay_1ms();
   }
  }
```

12.5.3 系统调试与仿真

对 A/D 转换及串行数据传输进行调试及仿真。

系统仿真用电源信号设置如图 12 - 38 所示。

系统各相关变量设置如图 12 - 39 所示。

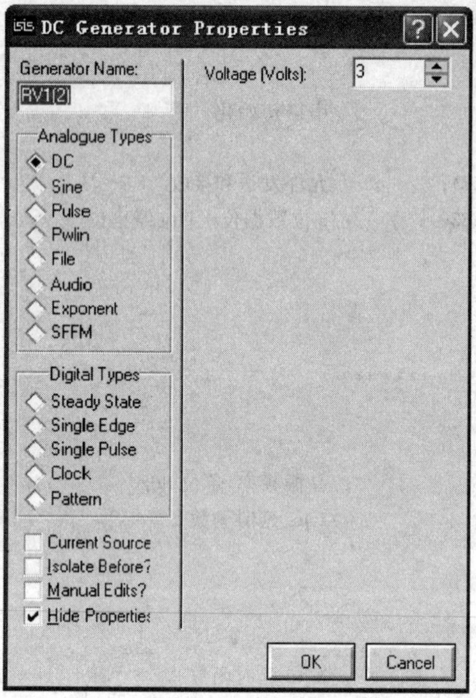

图 12-38 系统仿真用电源信号设置(DC=3 V)

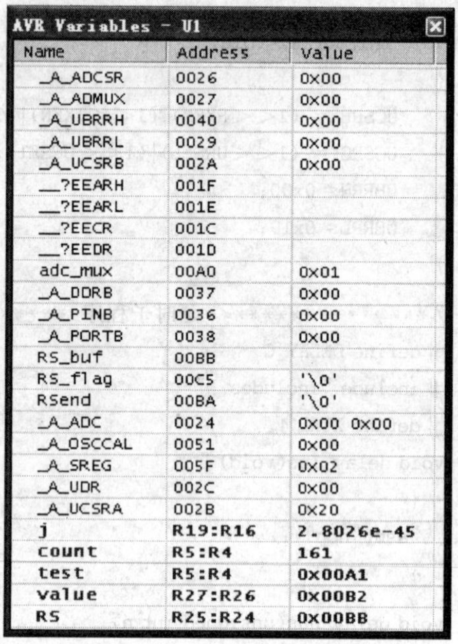

AVR Variables - U1

Name	Address	Value
_A_ADCSR	0026	0x00
_A_ADMUX	0027	0x00
_A_UBRRH	0040	0x00
_A_UBRRL	0029	0x00
_A_UCSRB	002A	0x00
__?EEARH	001F	
__?EEARL	001E	
__?EECR	001C	
__?EEDR	001D	
adc_mux	00A0	0x01
_A_DDRB	0037	0x00
_A_PINB	0036	0x00
_A_PORTB	0038	0x00
RS_buf	00BB	
RS_flag	00C5	'\0'
RSend	00BA	'\0'
_A_ADC	0024	0x00 0x00
_A_OSCCAL	0051	0x00
_A_SREG	005F	0x02
_A_UDR	002C	0x00
_A_UCSRA	002B	0x20
j	R19:R16	2.8026e-45
count	R5:R4	161
test	R5:R4	0x00A1
value	R27:R26	0x00B2
RS	R25:R24	0x00BB

图 12-39 系统各相关变量设置

系统 A/D 转换初始参数设置如图 12-40 所示。

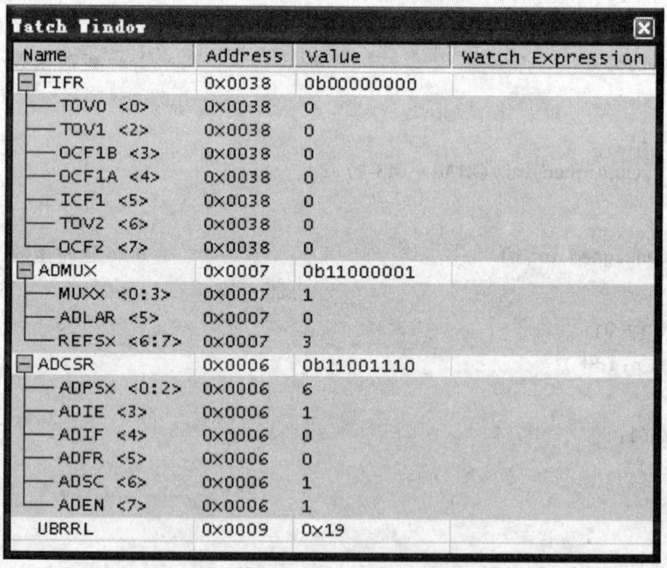

Watch Window

Name	Address	Value	Watch Expression
TIFR	0x0038	0b00000000	
TOV0 <0>	0x0038	0	
TOV1 <2>	0x0038	0	
OCF1B <3>	0x0038	0	
OCF1A <4>	0x0038	0	
ICF1 <5>	0x0038	0	
TOV2 <6>	0x0038	0	
OCF2 <7>	0x0038	0	
ADMUX	0x0007	0b11000001	
MUXX <0:3>	0x0007	1	
ADLAR <5>	0x0007	0	
REFSX <6:7>	0x0007	3	
ADCSR	0x0006	0b11001110	
ADPSX <0:2>	0x0006	6	
ADIE <3>	0x0006	1	
ADIF <4>	0x0006	0	
ADFR <5>	0x0006	0	
ADSC <6>	0x0006	1	
ADEN <7>	0x0006	1	
UBRRL	0x0009	0x19	

图 12-40 系统 A/D 转换初始参数设置

系统串行数据传输初始参数设置如图 12-41 所示。

当系统输入为 3 V 时,系统 A/D-D/A 转换输出值为片内基准电压 2.56 V,如图 12-42 所示。

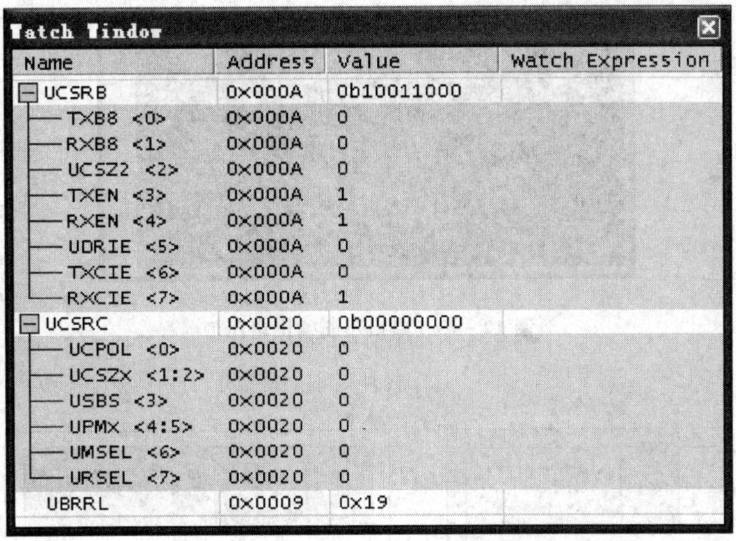
Watch Window

Name	Address	Value	Watch Expression
UCSRB	0x000A	0b10011000	
TXB8 <0>	0x000A	0	
RXB8 <1>	0x000A	0	
UCSZ2 <2>	0x000A	0	
TXEN <3>	0x000A	1	
RXEN <4>	0x000A	1	
UDRIE <5>	0x000A	0	
TXCIE <6>	0x000A	0	
RXCIE <7>	0x000A	1	
UCSRC	0x0020	0b00000000	
UCPOL <0>	0x0020	0	
UCSZx <1:2>	0x0020	0	
USBS <3>	0x0020	0	
UPMx <4:5>	0x0020	0	
UMSEL <6>	0x0020	0	
URSEL <7>	0x0020	0	
UBRRL	0x0009	0x19	

图 12-41　系统串行数据传输初始参数

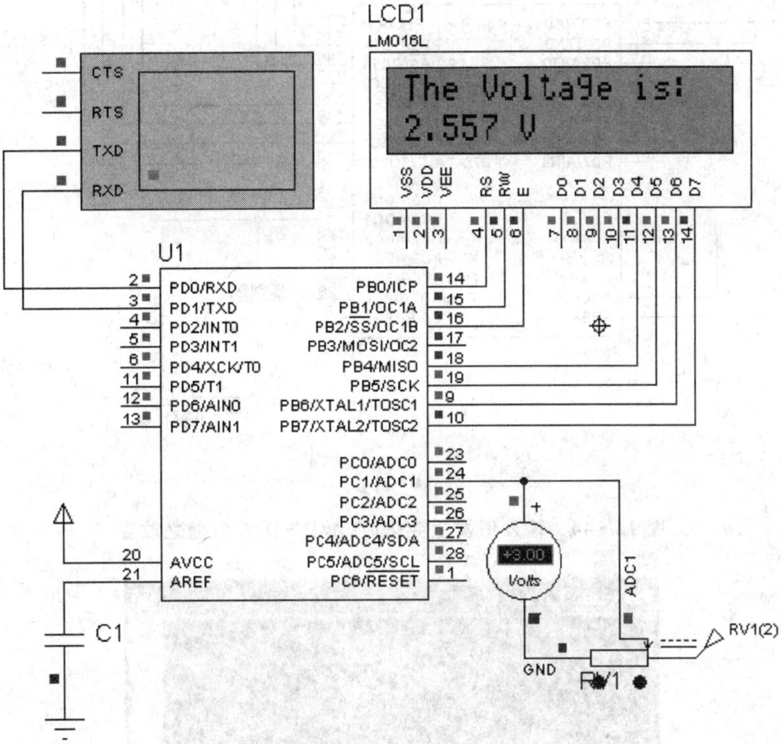

图 12-42　系统输入为 3 V 时，系统 A/D-D/A 转换输出值为 2.56 V

同时，串口不断输出电压值，如图 12-43 所示。

当输入发生变化时，A/D-D/A 转换值也相应变化，如图 12-44 所示。

同时，串口输出电压值随之改变，如图 12-45 所示。

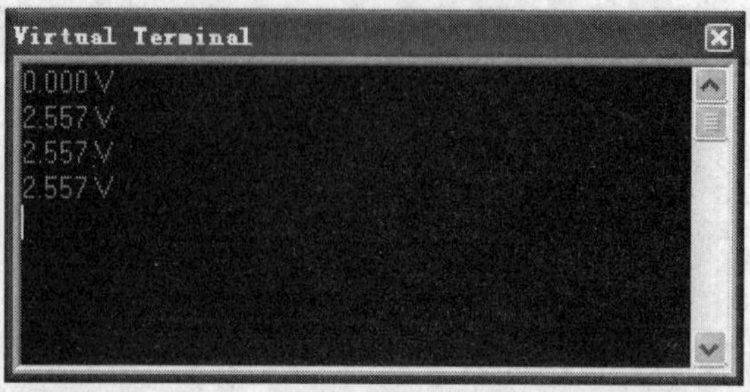

图 12-43 串口不断输出电压值

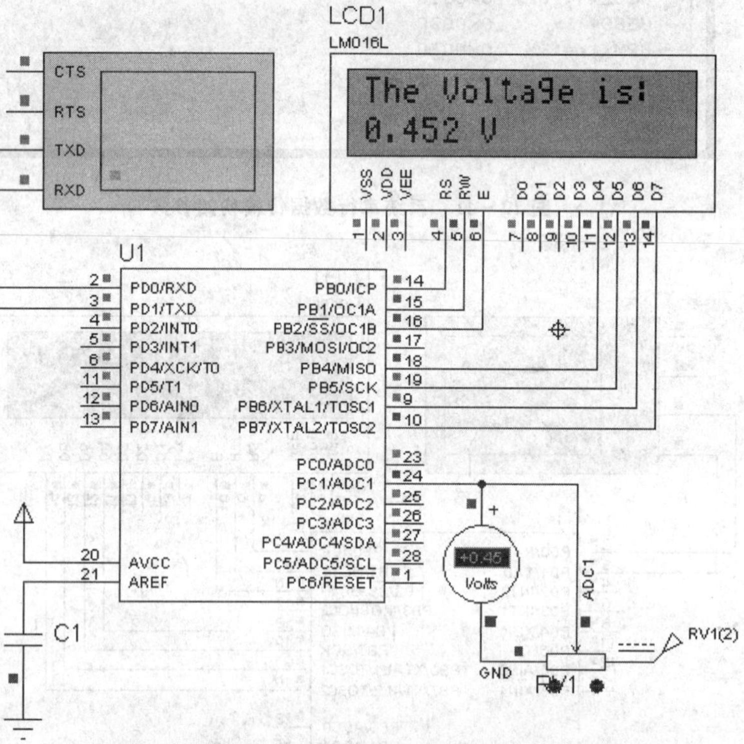

图 12-44 输入值发生变化时,A/D-D/A 值随之改变

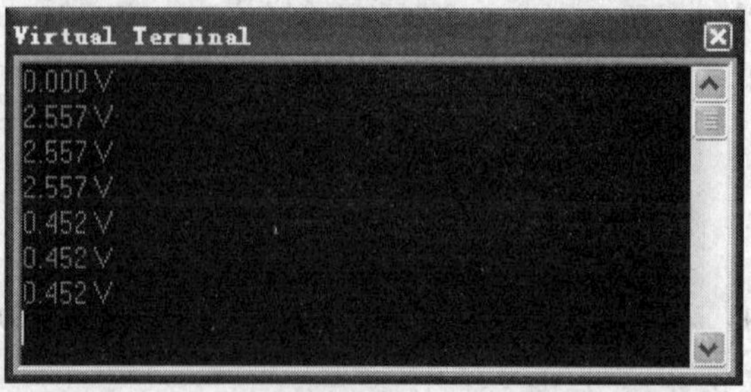

图 12-45 串口输出随输入改变

12.5.4 关于 ATmega8 定时器/计数器 1

ATmega8 定时器/计数器 1 为 16 位，可以实现精确的程序定时(事件管理)、波形产生和信号测量。其主要特点如下：

- 真正的 16 位设计(即允许 16 位的 PWM)；
- 2 个独立的输出比较单元；
- 双缓冲的输出比较寄存器；
- 1 个输入捕捉单元；
- 输入捕捉噪声抑制器；
- 比较匹配发生时清除寄存器(自动重载)；
- 无干扰脉冲，相位正确的 PWM；
- 可变的 PWM 周期；
- 频率发生器；
- 外部事件计数器；
- 4 个独立的中断源(TOV1、OCF1A、OCF1B 与 ICF1)。

1. T/C1 寄存器

定时器/计数器 TCNT1、输出比较寄存器 OCR1A/B 与输入捕捉寄存器 ICR1 均为 16 位寄存器。T/C 控制寄存器 TCCR1A/B 为 8 位寄存器，没有 CPU 访问的限制。信号在中断标志寄存器 TIFR 都有反映。所有中断都可以由中断屏蔽寄存器 TIMSK 单独控制。

T/C1 可由内部时钟通过预分频器或通过由 T1 引脚输入的外部时钟驱动。引发 T/C 数值增加(或减少)的时钟源及其有效沿由时钟选择逻辑模块控制。没有选择时钟源时，T/C 处于停止状态。

双缓冲输出比较寄存器 OCR1A/B 一直与 T/C 的值进行比较。波形发生器用比较结果产生 PWM 或在输出比较引脚 OC1A/B 输出可变频率的信号。比较匹配结果还可置位比较匹配标志 OCF1A/B，用来产生输出比较中断请求。

当输入捕捉引脚 ICP1 或模拟比较器输入引脚有输入捕捉事件产生(边沿触发)时，当时的 T/C 值被传输到输入捕捉寄存器保存起来。输入捕捉单元包括一个数字滤波单元(噪声消除器)以降低噪声干扰。

在某些操作模式下，TOP 值或 T/C 的最大值可由 OCR1A 寄存器、ICR1 寄存器或一些固定数据来定义。在 PWM 模式下用 OCR1A 作为 TOP 值时，OCR1A 寄存器不能用作 PWM 输出。但此时 OCR1A 是双向缓冲的，TOP 值可在运行过程中得到改变。当需要一个固定的 TOP 值时可以使用 ICR1 寄存器，从而释放 OCR1A 来用作 PWM 的输出。

2. 访问 T/C1 寄存器

TCNT1、OCR1A/B 与 ICR1 是 AVR CPU 通过 8 位数据总线可以访问的 16 位寄存器。读/写 16 位寄存器需要两次操作。每个 16 位定时器都有一个 8 位临时寄存器用来存放其高 8 位数据。每个 16 位定时器所属的 16 位寄存器共用相同的临时寄存器。访问低字节会触发 16 位读或写操作。当 CPU 写入数据到 16 位寄存器的低字节时，写入的 8 位数据与存放在临时寄存器中的高 8 位数据组成一个 16 位数据，同步写入到 16 位寄存器中。当 CPU 读取 16

位寄存器的低字节时，高字节内容在读低字节操作的同时被放置于临时辅助寄存器中。

并非所有的 16 位访问都涉及临时寄存器。比如，对 OCR1A/B 寄存器的读操作就不涉及临时寄存器。

写 16 位寄存器时，应先写入该寄存器的高位字节。而读 16 位寄存器时应先读取该寄存器的低位字节。

3. T/C1 时钟源

T/C 时钟源可来自内部，也可来自外部，由位于 T/C 控制寄存器 B(TCCR1B) 的时钟选择位(CS12：0) 决定。

4. T/C1 计数器单元

16 位 T/C1 的主要部分是可编程的 16 位双向计数器单元。16 位计数器映射到两个 8 位 I/O 存储器位置：TCNT1H 为高 8 位，TCNT1L 为低 8 位。CPU 只能间接访问 TCNT1H 寄存器。CPU 访问 TCNT1H 时，实际访问的是临时寄存器(TEMP)。读取 TCNT1L 时，临时寄存器的内容更新为 TCNT1H 的数值；而对 TCNT1L 执行写操作时，TCNT1H 被临时寄存器的内容所更新。这就使得 CPU 可以在 1 个时钟周期里通过 8 位数据总线完成对 16 位计数器的读/写操作。

根据工作模式的不同，在每一个 CLK_{T1} 时钟到来时，计数器进行清零、加 1 或减 1 操作。CLK_{T1} 由时钟选择位 CS12：0 设定。当 CS12：0= 0 时，计数器停止计数。但 CPU 对TCNT1的读取与 CLK_{T1} 是否存在无关。CPU 写操作比计数器清零和其他操作的优先级都高。

计数器的计数序列取决于寄存器 TCCR1A 和 TCCR1B 中标志位 WGM13：0 的设置。计数器的运行(计数)方式与通过 OC1x 输出的波形发生方式有紧密的联系。

通过 WGM13：0 确定了计数器的工作模式之后，TOV1 的置位方式也就确定了。TOV1 可以用来产生 CPU 中断。

5. T/C1 计数器输入捕获单元

T/C 的输入捕捉单元可用来捕获外部事件，并为其赋予时间标记以说明此事件的发生时刻。外部事件发生的触发信号由引脚 ICP1 输入，也可通过模拟比较器单元来实现。时间标记可用来计算频率、占空比及信号的其他特征，以及为事件创建日志。

当引脚 ICP1 上的逻辑电平(事件)发生了变化，或模拟比较器输出 ACO 电平发生变化，并且这个电平变化被边沿检测器所证实时，输入捕捉即被激发：16 位的 TCNT1 数据被拷贝到输入捕捉寄存器 ICR1，同时输入捕捉标志位 ICF1 置位。如果此时 ICIE1 ＝ 1，则输入捕捉标志将产生输入捕捉中断。中断执行时，ICF1 自动清零，或者也可通过软件在其对应的 I/O 位置写入逻辑 1 来清零。

读取 ICR1 时要先读低字节 ICR1L，然后再读高字节 ICR1H。读低字节时，高字节被复制到高字节临时寄存器 TEMP。CPU 读取 ICR1H 时，将访问 TEMP 寄存器。

对 ICR1 寄存器的写访问只存在于波形产生模式。此时，ICR1 被用作计数器的 TOP 值。写 ICR1 之前首先要设置 WGM13：0 以允许这个操作。对 ICR1 寄存器进行写操作时，必须先将高字节写入 ICR1H I/O 位置，然后再将低字节写入 ICR1L。

6. T/C1 输入捕捉触发源

输入捕捉单元的主要触发源是 ICP1。T/C1 还可用模拟比较输出作为输入捕捉单元的触发源。用户必须通过设置模拟比较控制与状态寄存器 ACSR 的模拟比较输入捕捉位 ACIC 来实现这一点。需要注意的是，改变触发源有可能造成一次输入捕捉。因此，在改变触发源后必须对输入捕捉标志执行一次清零操作以避免出现错误结果。

ICP1 与 ACO 的采样方式与 T1 引脚是相同的，使用的边沿检测器也一样。但是使能噪声抑制器后，在边沿检测器前会加入额外的逻辑电路并引入 4 个系统时钟周期的延时。需要注意的是，除去使用 ICR1 定义 TOP 的波形产生模式外，T/C 中的噪声抑制器与边沿检测器总是使能的。

输入捕捉也可以通过软件控制引脚 ICP1 的方式来触发。

7. T/C1 噪声抑制器

噪声抑制器通过一个简单的数字滤波方案提高系统抗噪性。

噪声抑制器对输入触发信号进行 4 次采样。只有当 4 次采样值相等时，其输出才会送入边沿检测器。

置位 TCCR1B 的 ICNC1 将使能噪声抑制器。使能噪声抑制器后，在输入发生变化到 ICR1 得到更新之间将会有额外的 4 个系统时钟周期的延时。噪声抑制器使用的是系统时钟，因此不受预分频器的影响。

12.5.5 关于 ATmega 8 A/D 转换

ATmega 8 A/D 转换的特点如下：

- 10 位精度；
- 0.5 LSB 的非线性度；
- ±2 LSB 的绝对精度；
- 13～260 μs 的转换时间；
- 最高分辨率时采样率高达 15 ksps；
- 6 路复用的单端输入通道；
- 2 路附加复用的单端输入通道（TQFP 与 MLF 封装）；
- 可选的左对齐 ADC 读数；
- 0～V_{CC}的 ADC 输入电压范围；
- 可选的 2.56 V ADC 参考电压；
- 连续转换或单次转换模式；
- ADC 转换结束中断；
- 基于睡眠模式的噪声抑制器。

ATmega 8 有一个 10 位的逐次逼近型 ADC。

ADC 与一个 8 通道的模拟多路复用器连接，能对来自端口 C 的 8 路单端输入电压进行采样。单端电压输入以 0 V(GND) 为基准。

ADC 包括一个采样保持电路，以确保在转换过程中输入到 ADC 的电压保持恒定。ADC 由 AVCC 引脚单独提供电源，AVCC 与 VCC 之间的偏差不能超过±0.3 V。

标称值为 2.56 V 的基准电压以及 AVCC，都位于器件之内。基准电压可以通过在 AREF 引脚上加一个电容进行解耦，以更好地抑制噪声。

1. 预分频及 ADC 转换时序

ADC 预分频器如图 12－46 所示。

在默认条件下，逐次逼近电路需要一个 50～200 kHz的输入时钟以获得最高精度。如果所需的转换精度低于 10 比特，那么输入时钟频率可以高于 200 kHz，以达到更高的采样率。

ADC 模块包括一个预分频器，它可以由任何超过 100 kHz 的 CPU 时钟来产生可接受的 ADC 时钟。预分频器通过 ADCSRA 寄存器的 ADPS 进行设置。置位 ADCSRA 寄存器的 ADEN 将使能 ADC，预分频器开始计数。只要 ADEN 为 1，预分频器就持续计数，直到 ADEN 清 0。

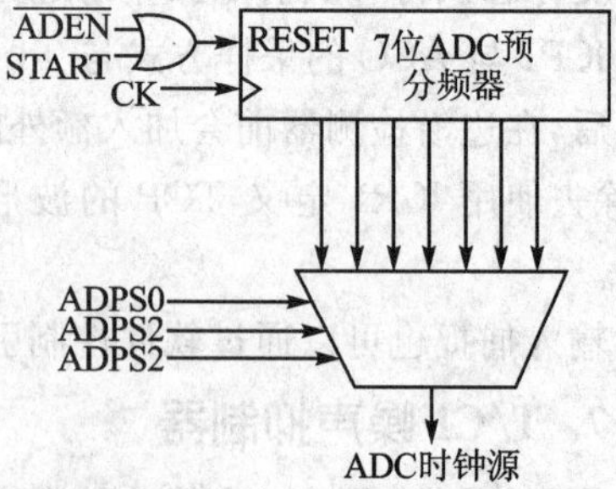

图 12－46　ADC 预分频器

ADCSRA 寄存器的 ADSC 置位后，单端转换在下一个 ADC 时钟周期的上升沿开始启动。正常转换需要 13 个 ADC 时钟周期。为了初始化模拟电路，ADC 使能（ADCSRA 寄存器的 ADEN 置位）后的第一次转换需要 25 个 ADC 时钟周期。

在普通的 ADC 转换过程中，采样保持在转换启动之后的 1.5 个 ADC 时钟周期开始；而第一次 ADC 转换的采样保持则发生在转换启动之后的 13.5 个 ADC 时钟周期。转换结束后，ADC 结果被送入 ADC 数据寄存器，且 ADIF 标志置位。ADSC 同时清零（单次转换模式）。之后软件可以再次置位 ADSC 标志，从而在 ADC 的第一个上升沿启动一次新的转换。

在连续转换模式下，当 ADSC 为高时，只要转换一结束，下一次转换马上开始。转换时间见表 12－23。

表 12－23　ADC 转换时间

条　件	采样 & 保持（其中转换后的时钟周期数）	转换时间（周期）
第一次转换	13.5	25
正常转换，单端	1.5	13

改变通道或基准源 ADMUX 寄存器中的 MUXn 及 REFS1：0 通过临时寄存器实现了单缓冲。CPU 可对此临时寄存器进行随机访问。这保证了在转换过程中通道和基准源的切换发生于安全的时刻。在转换启动之前通道及基准源的选择可随时进行。一旦转换开始就不允许再选择通道和基准源了，从而保证 ADC 有充足的采样时间。在转换完成（ADCSRA 寄存器的 ADIF 置位）之前的最后一个时钟周期，通道和基准源的选择又可以重新开始。转换的开始时刻为 ADSC 置位后的下一个时钟的上升沿。因此，建议用户在置位 ADSC 之后的一个 ADC 时钟周期里，不要操作 ADMUX 以选择新的通道及基准源。

若 ADFR 及 ADEN 都置位，则中断事件可以在任意时刻发生。如果在此期间改变 ADMUX 寄存器的内容，那么用户就无法判别下一次转换是基于旧的设置还是基于最新的设置。在以下时刻可以安全地对 ADMUX 进行更新：

① ADFR 或 ADEN 为 0。

② 转换过程中，在触发事件发生后至少一个 ADC 时钟周期。

③ 转换结束之后，在作为触发源的中断标志清零之前。

若在上面提到的任一种情况下更新 ADMUX，则新设置将在下一次 A/D 转换时生效。

2. ADC 输入通道

选择模拟通道时请注意以下指导方针：

工作于单次转换模式时，总是在启动转换之前选定通道。在 ADSC 置位后的一个 ADC 时钟周期就可以选择新的模拟输入通道了。但最简单的办法是等待转换结束后再改变通道。

在连续转换模式下，总是在第一次转换开始之前选定通道。在 ADSC 置位后的一个 ADC 时钟周期就可以选择新的模拟输入通道了。但最简单的办法是等待转换结束后再改变通道。然而，此时新一次的转换已经自动开始了，下一次的转换结果反映的是以前选定的模拟输入通道。以后的转换才是针对新通道的。

3. ADC 基准电压源

ADC 的参考电压源(VREF)反映了 ADC 的转换范围。若单端通道电平超过了 VREF，其结果将接近 0x3FF。VREF 可以是 AVCC、内部 2.56 V 基准或外接于 AREF 引脚的电压。

AVCC 通过一个无源开关与 ADC 相连。片内的 2.56 V 参考电压由能隙基准源(VBG)通过内部放大器产生。无论是哪种情况，AREF 都直接与 ADC 相连，通过在 AREF 与地之间外加电容可以提高参考电压的抗噪性。VREF 可通过高输入内阻的伏特表在 AREF 引脚测得。由于 VREF 的阻抗很高，因此只能连接容性负载。

如果将一个固定电源连接到 AREF 引脚，那么用户就不能选择其他的基准源了，因为这将导致片内基准源与外部参考源的短路。如果 AREF 引脚没有连接任何外部参考源，用户可以选择 AVCC 或 2.56 V 作为基准源。参考源改变后的第一次 ADC 转换结果可能不准确，建议用户不要使用此次的转换结果。

4. ADC 噪声抑制器

ADC 的噪声抑制器使其可以在睡眠模式下进行转换，从而降低由于 CPU 及外围 I/O 设备噪声引入的影响。噪声抑制器可在 ADC 降噪模式及空闲模式下使用。为了使用这一特性，应采用如下步骤：

① 确定 ADC 已经使能，且没有处于转换状态。工作模式应为单次转换，并且 ADC 转换结束中断使能。

② 进入 ADC 降噪模式(或空闲模式)。一旦 CPU 被挂起，ADC 便开始转换。

③ 如果在 A/D 转换结束之前没有其他中断产生，那么 ADC 中断将唤醒 CPU 并执行 A/D 转换结束中断服务程序。如果在 A/D 转换结束之前有其他的中断源唤醒了 CPU，对应的中断服务程序得到执行。A/D 转换结束后产生 A/D 转换结束中断请求。CPU 将工作到新的休眠指令得到执行。

进入除空闲模式及 ADC 降噪模式之外的其他休眠模式时，ADC 不会自动关闭。在进入这些休眠模式时，建议将 ADEN 清零以降低功耗。

5. 模拟输入电路

单端通道的模拟输入电路如图 12-47 所示。

不论是否用作 ADC 的输入通道，输入到 ADCn 的模拟信号都受到引脚电容及输入泄漏的影响。用作 ADC 的输入通道时，模拟信号源必须通过一个串联电阻（输入通道的组合电阻）驱动采样保持（S/H）电容。

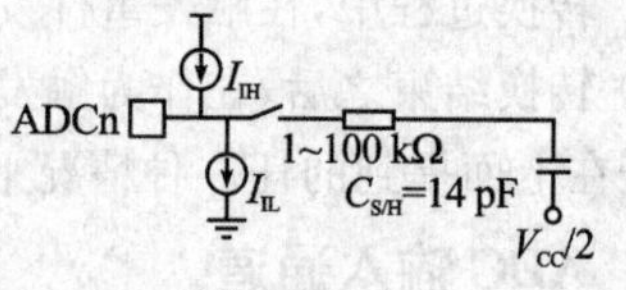

图 12-47　单端 ADC 的模拟输入等效电路

ADC 针对那些输出阻抗接近于 10 kΩ 或更小的模拟信号作了优化。对于这样的信号采样时间可以忽略不计。若信号具有更高的阻抗，那么采样时间就取决于对 S/H 电容的充电时间。这个时间可能变化很大。建议用户使用输出阻抗低且变化缓慢的模拟信号，因为这可以减少对 S/H 电容的电荷传输。

频率高于奈奎斯特频率（$f_{ADC}/2$）的信号源不能用于任何一个通道，这样可以避免不可预知的信号卷积造成的失真。在把信号输入到 ADC 之前最好使用一个低通滤波器来滤掉高频信号。

6. 模拟噪声抑制技术

设备内部及外部的数字电路都会产生电磁干扰（EMI），从而影响模拟测量的精度。如果转换精度要求较高，那么可以通过以下方法来减少噪声：

① 模拟通路越短越好。保证模拟信号线位于模拟地之上，并使它们与高速切换的数字信号线分开。

② 如图 12-48 所示，AVCC 应通过一个 LC 网络与数字电压源 VCC 引脚连接。

③ 使用 ADC 噪声抑制器来降低来自 CPU 的干扰噪声。

④ 如果 ADC[3：0] 端口被用作数字输出，那么必须保证在转换进行过程中它们不会有电平的切换。而使用两线接口（ADC4 与 ADC5）将影响 ADC4 与 ADC5 的转换，但不影响其他 ADC 通道。

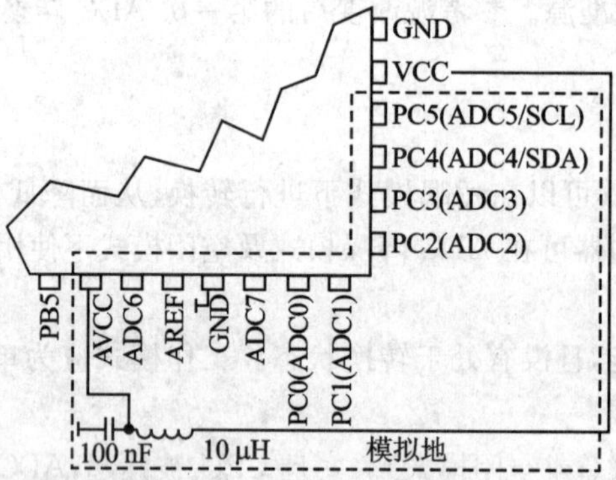

图 12-48　ADC 电源连接图

(1) ADC 精度定义

一个 n 位的单端 ADC 将 GND 与 VREF 之间的线性电压转换成 $2n$ 个（LSB）不同的数字量。最小的转换码为 0，最大的转换码为 $2n-1$。以下几个参数描述了与理想情况之间的偏差：

偏移——第一次转换（0x000～0x001）与理想转换（0.5 LSB）之间的偏差。理想值为 0 LSB。

增益误差——调整偏差之后，最后一次转换（0x3FE～0x3FF）与理想情况（最大值以下 1.5 LSB）之间的偏差即为增益误差。理想值为 0 LSB。

(2) A/D 转换结果

转换结束后(ADIF 为高),转换结果被存入 ADC 结果寄存器(ADCL, ADCH)。单次转换的结果为:$ADC=\frac{V_{IN}\times 1024}{V_{REF}}$。其中:$V_{IN}$为被选中引脚的输入电压,$V_{REF}$为参考电压。

(3) ADC 多工选择寄存器——ADMUX

ADC 多工选择寄存器——ADMUX 的定义如下:

BIT	7	6	5	4	3	2	1	0	
$07($0027)	REFS1	REFS0	ADLAR	—	MUX3	MUX2	MUX1	MUX0	ADMUX
读/写	R/W	R/W	R/W	R	R/W	R/W	R/W	R/W	
初始值	0	0	0	0	0	0	0	0	

BIT 7∶6——REFS1∶0:参考电压选择。

如表 12-24 所列,通过这几位可以选择参考电压。如果在转换过程中改变了它们的设置,只有等到当前转换结束(ADCSRA 寄存器的 ADIF 置位)之后改变才会起作用。如果在 AREF 引脚上施加了外部参考电压,内部参考电压就不能被选用了。

表 12-24 ADC 参考电压选择

REFS1	REFS0	参考电压选择
0	0	AREF, 内部 VREF 关闭
0	1	AVCC, AREF 引脚外加滤波电容
1	0	保留
1	1	2.56 V 的片内基准电压源, AREF 引脚外加滤波电容

ADLAR 影响 A/D 转换结果在 ADC 数据寄存器中的存放形式。ADLAR 置位时转换结果为左对齐,否则为右对齐。ADLAR 的改变将立即影响 ADC 数据寄存器的内容,不论是否有转换正在进行。

BIT 3∶0——MUX3∶0:模拟通道选择位。

通过这几位的设置,可以对连接到 ADC 的模拟输入进行选择,详见表 12-25。如果在转换过程中改变这几位的值,那么只有到转换结束(ADCSRA 寄存器的 ADIF 置位)后,新的设置才有效。

表 12-25 选择 ADC 的模拟输入通道

MUX3..0	单端输入	MUX3..0	单端输入
0000	ADC0	1000	
0001	ADC1	1001	
0010	ADC2	1010	
0011	ADC3	1011	
0100	ADC4	1100	
0101	ADC5	1101	
0110	ADC6	1110	1.23 V (VBG)
0111	ADC7	1111	0 V (GND)

(4) ADC 控制和状态寄存器 A ——ADCSRA

ADC 控制和状态寄存器 A——ADCSRA 的定义如下：

BIT	7	6	5	4	3	2	1	0	
\$06(\$0026)	ADEN	ADSC	ADFR	ADIF	ADIE	ADPS2	ADPS1	ADPS0	ADCSRA
读/写	R/W	R/W	R/W	R	R/W	R/W	R/W	R/W	
初始值	0	0	0	0	0	0	0	0	

BIT 7——ADEN：ADC 使能。

ADEN 置位即启动 ADC，否则 ADC 功能关闭。在转换过程中，关闭 ADC 将立即终止正在进行的转换。

BIT 6——ADSC：ADC 开始转换。

在单次转换模式下，ADSC 置位将启动一次 ADC 转换；在连续转换模式下，ADSC 置位将启动首次转换。第一次转换（在 ADC 启动之后置位 ADSC，或者在使能 ADC 的同时置位 ADSC）需要 25 个 ADC 时钟周期，而不是正常情况下的 13 个。第一次转换执行 ADC 初始化的工作。在转换进行过程中读取 ADSC 的返回值为"1"，直到转换结束。ADSC 清零不产生任何动作。

BIT 5——ADFR：ADC 连续转换选择。

该位置位时，运行在连续转换模式。该模式下，ADC 不断对数据寄存器进行采样与更新。该位清零，终止连续转换模式。

BIT 4——ADIF：ADC 中断标志。

在 ADC 转换结束且数据寄存器被更新后，ADIF 置位。如果 ADIE 及 SREG 中的全局中断使能位 I 也置位，A/D 转换结束后中断服务程序即得以执行，同时 ADIF 硬件清零。此外，还可以通过向此标志写 1 来清 ADIF。需要注意的是，如果对 ADCSRA 进行读—修改—写操作，那么待处理的中断就会被禁止。这也适用于 SBI 及 CBI 指令。

BIT 3——ADIE：ADC 中断使能。

若 ADIE 及 SREG 的位 I 置位，ADC 转换结束后中断即被使能。

BIT 2：0——ADPS2：0：ADC 预分频器选择位。

由这几位来确定 XTAL 与 ADC 输入时钟之间的分频因子，如表 12－26 所列。

表 12－26

ADPS2	ADPS1	ADPS0	分频因子
0	0	0	2
0	0	1	2
0	1	0	4
0	1	1	8
1	0	0	16
1	0	1	32
1	1	0	64
1	1	1	128

(5) ADC 数据寄存器——ADCL 及 ADCH

ADLAR = 0 时，定义如下：

BIT	15	14	13	12	11	10	9	8	
$05($0025)	—	—	—	—	—	—	ADC9	ADC8	ADCH
读/写	R	R	R	R	R	R	R	R	
初始值	0	0	0	0	0	0	0	0	
BIT	7	6	5	4	3	2	1	0	
$04($0024)	ADC7	ADC6	ADC5	ADC4	ADC3	ADC2	ADC1	ADC0	ADCL
读/写	R	R	R	R	R	R	R	R	
初始值	0	0	0	0	0	0	0	0	

ADLAR = 1 时，定义如下：

BIT	15	14	13	12	11	10	9	8	
$05(0025)	ADC9	ADC8	ADC7	ADC6	ADC5	ADC4	ADC3	ADC2	ADCH
读/写	R	R	R	R	R	R	R	R	
初始值	0	0	0	0	0	0	0	0	
BIT	7	6	5	4	3	2	1	0	
$04($0024)	ADC1	ADC0	—	—	—	—	—	—	ADCL
读/写	R	R	R	R	R	R	R	R	
初始值	0	0	0	0	0	0	0	0	

ADC 转换结束后，转换结果存于这两个寄存器之中。如果采用差分通道，则结果由 2 的补码形式表示。

读取 ADCL 之后，ADC 数据寄存器一直要等到 ADCH 也被读出才可以进行数据更新。因此，如果转换结果为左对齐，且要求的精度不高于 8 比特，那么仅需读取 ADCH 就足够了。否则，必须先读出 ADCL，然后再读 ADCH。

ADMUX 寄存器的 ADLAR 及 MUXn 会影响转换结果在数据寄存器中的表示方式。如果 ADLAR 为 1，那么结果为左对齐；反之（系统缺省设置），结果为右对齐。

12.5.6 关于 ATmega8 串行通信

USART 通用同步和异步串行接收器和转发器(USART) 是一个高度灵活的串行通信设备。其主要特点如下：

- 全双工操作（独立的串行接收和发送寄存器）；
- 异步或同步操作；
- 主机或从机提供时钟的同步操作；
- 高精度的波特率发生器；
- 支持 5、6、7、8 或 9 个数据位和 1 个或 2 个停止位；
- 硬件支持的奇偶校验操作；

➢ 数据过速检测；
➢ 帧错误检测；
➢ 噪声滤波，包括错误的起始位检测，以及数字低通滤波器；
➢ 3 个独立的中断：发送结束中断，发送数据寄存器空中断以及接收结束中断；
➢ 多处理器通信模式；
➢ 倍速异步通信模式。

1. AVR USART 和 AVR UART 兼容性

USART 在以下方面与 AVR UART 完全兼容：
➢ 所有 USART 寄存器的位定义；
➢ 波特率发生器；
➢ 发送器操作；
➢ 发送缓冲器的功能；
➢ 接收器操作。

然而，接收器缓冲器有两方面的改进，在某些特殊情况下会影响兼容性：

(1) 增加了一个缓冲器。两个缓冲器的操作好像是一个循环的 FIFO。因此，对于每个接收到的数据只能读一次！更重要的是，错误标志 FE 和 DOR 以及第 9 个数据位 RXB8 与数据一起存放于接收缓冲器。因此，必须在读取 UDR 寄存器之前访问状态标志位。否则，将丢失错误状态。

(2) 接收移位寄存器可以作为第三级缓冲。在两个缓冲器都没有空的时候，数据可以保存于串行移位寄存器之中，直到检测到新的起始位。由此增强了 USART 抵抗数据过速(DOR) 的能力。

下面控制位的名称作了改动，但其功能和在寄存器中的位置并没有改变：
➢ CHR9 改为 UCSZ2。
➢ OR 改为 DOR。

2. 时钟产生

时钟产生逻辑为发送器和接收器产生基础时钟。USART 支持以下 4 种模式的时钟：正常的异步模式，倍速的异步模式，主机同步模式以及从机同步模式。USART 控制位 UMSEL 和状态寄存器 C (UCSRC) 用于选择异步模式和同步模式。倍速模式(只适用于异步模式)受控于 UCSRA 寄存器的 U2X。使用同步模式 (UMSEL = 1) 时，XCK 的数据方向寄存器(DDR_XCK)决定时钟源是由内部产生(主机模式)还是由外部生产(从机模式)。仅在同步模式下 XCK 有效。

图 12－49 所示为时钟产生逻辑的框图。

各信号说明如下：

txclk——发送器时钟(内部信号)。

rxclk——接收器基础时钟(内部信号)。

xcki——XCK 引脚输入(内部信号)，用于同步从机操作。

xcko——输出到 XCK 引脚的时钟(内部信号)，用于同步主机操作。

f_{OSC}——XTAL 频率(系统时钟)。

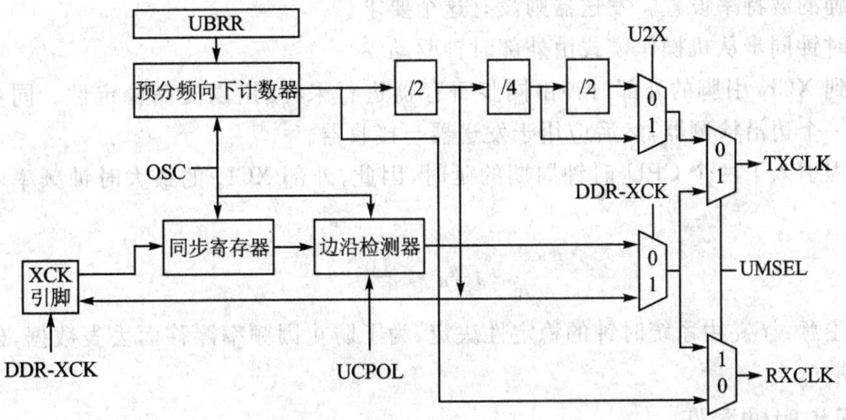

图 12-49　时钟产生逻辑框图

3. 片内时钟产生——波特率发生器

内部时钟用于异步模式与同步主机模式，请参见图 12-49。

USART 的波特率寄存器 UBRR 和降序计数器相连接，一起构成可编程的预分频器或波特率发生器。降序计数器对系统时钟计数，当其计数到 0 或 UBRRL 寄存器被写时，会自动装入 UBRR 寄存器的值。当计数到 0 时产生一个时钟，该时钟作为波特率发生器的输出时钟，输出时钟的频率为 $f_{OSC}/(UBRR+1)$。发生器对波特率发生器的输出时钟进行 2、8 或 16 的分频，具体情况取决于工作模式。波特率发生器的输出直接用于接收器与数据恢复单元。数据恢复单元使用了一个有 2、8 或 16 个状态的状态机，具体状态数由 UMSEL、U2X 与 DDR_XCK 位设定的工作模式决定。

表 12-27 中给出了计算波特率以及计算每一种使用内部时钟源工作模式的 UBRR 值的公式。

表 12-27　波特率计算公式

使用模式	波特率的计算	UBRR 值的计算
异步正常模式 U2X=0	$BAUD=\frac{f_{OSC}}{16(UBRR+1)}$	$BAUD=\frac{f_{OSC}}{16\times UBRR}-1$
异步倍速模式 U2X=1	$BAUD=\frac{f_{OSC}}{8(UBRR+1)}$	$BAUD=\frac{f_{OSC}}{8\times UBRR}-1$
同步主机模式	$BAUD=\frac{f_{OSC}}{2(UBRR+1)}$	$BAUD=\frac{f_{OSC}}{2\times UBRR}-1$

其中：BAUD 为波特率；f_{OSC} 为系统时钟频率；UBRR 为 UBRRH 与 UBRRL 的数值(0～4 095)。

倍速工作模式(U2X) 通过设定 UCSRA 寄存器的 U2X 可以使传输速率加倍。该位只对异步工作模式有效。当工作在同步模式时，设置该位为 0。

设置该位把波特率分频器的分频值从 16 降到 8，使异步通信的传输速率加倍。此时，接收器只使用一半的采样数对数据进行采样及时钟恢复，因此，在该模式下需要更精确的系统时钟与更精确的波特率设置。发送器则没有这个要求。

外部时钟同步从机操作模式由外部时钟驱动。

输入到 XCK 引脚的外部时钟由同步寄存器进行采样,用以提高稳定性。同步寄存器的输出通过一个边沿检测器,然后应用于发送器与接收器。

该过程引入了两个 CPU 时钟周期的延时,因此,外部 XCK 的最大时钟频率由以下公式限制:

$$f_{XCK} < \frac{f_{OSC}}{4}$$

需要注意: f_{OSC} 由系统时钟的稳定性决定,为了防止因频率漂移而丢失数据,建议保留足够的富裕量。

4. 同步时钟操作

使用同步模式时(UMSEL = 1),XCK 引脚用于时钟输入(从机模式)或时钟输出(主机模式)。时钟的边沿、数据的采样与数据的变化之间关系的基本规律是:在改变数据输出端 TxD 的 XCK 时钟的相反边沿对数据输入端 RxD 进行采样。

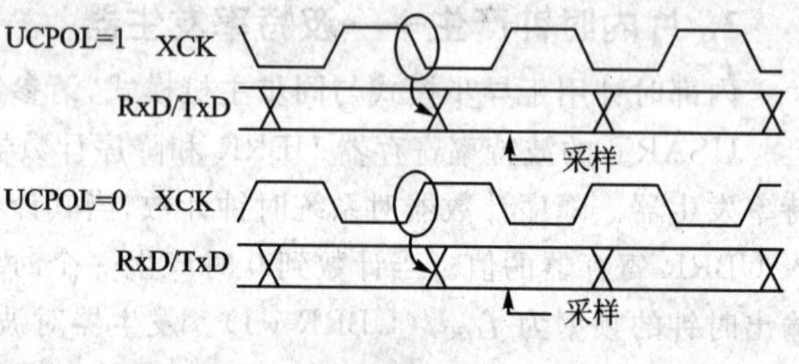

图 12-50 同步模式下的 XCK 时钟

UCRSC 寄存器的 UCPOL 位确定使用 XCK 时钟的哪个边沿对数据进行采样和改变输出数据。如图 12-50 所示,当 UCPOL=0 时,在 XCK 的上升沿改变输出数据,在 XCK 的下降沿进行数据采样;当 UCPOL=1 时,在 XCK 的下降沿改变输出数据,在 XCK 的上升沿进行数据采样。

5. 帧格式

串行数据帧由数据字加上同步位(开始位与停止位)以及用于纠错的奇偶校验位构成。USART 接收以下 30 种组合的数据帧格式:

- 1 个起始位;
- 5、6、7、8 或 9 个数据位;
- 无校验位、奇校验或偶校验位;
- 1 或 2 个停止位。

数据帧以起始位开始;紧接着是数据字的最低位,数据字最多可以有 9 个数据位,以数据的最高位结束。如果使能了校验位,则校验位将紧接着数据位,最后是结束位。当一个完整的数据帧传输后,可以立即传输下一个新的数据帧,或使传输线处于空闲状态。图 12-51 所示为可能的数据帧结构组合。括号中的位是可选的。

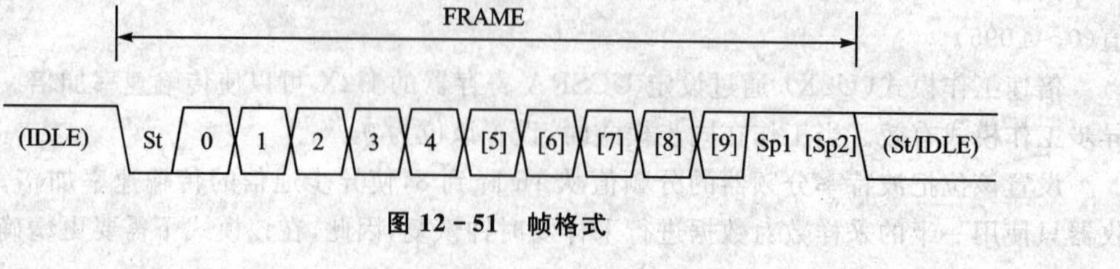

图 12-51 帧格式

St——起始位，总是为低电平。

(n)——数据位(0～8)。

P——校验位，可以为奇校验或偶校验。

Sp——停止位，总是为高电平。

IDLE——通信线上没有数据传输(RxD 或 TxD)，线路空闲时必须为高电平。

数据帧的结构由 UCSRB 和 UCSRC 寄存器中的 UCSZ2∶0、UPM1∶0 和 USBS 设定。接收与发送使用相同的设置。设置的任何改变都可能破坏正在进行的数据传送与接收。

USART 的字长位 UCSZ2∶0 确定了数据帧的数据位数；校验模式位 UPM1∶0 用于使能与决定校验的类型；USBS 位设置帧有 1 或 2 个结束位。接收器忽略第二个停止位，因此帧错误(FE) 只在第一个结束位为 0 时被检测到。

校验位的计算校验位的计算是对数据的各个位进行异或运算。如果选择了奇校验，则异或结果还需要取反。校验位处于最后一个数据位与第一个停止位之间。

6. USART 的初始化

进行通信之前，首先要对 USART 进行初始化。初始化过程通常包括波特率的设定、帧结构的设定以及根据需要使能接收器或发送器。对于中断驱动的 USART 操作，在初始化时首先要清零全局中断标志位(全局中断被屏蔽)。

重新改变 USART 的设置应该在没有数据传输的情况下进行。TXC 标志位可以用来检验一个数据帧的发送是否已经完成，RXC 标志位可以用来检验接收缓冲器中是否还有数据未读出。在每次发送数据之前(在写发送数据寄存器 UDR 前)，TXC 标志位必须清 0。

7. 数据发送-USART 发送器

置位 UCSRB 寄存器的发送允许位 TXEN 将使能 USART 的数据发送。使能后，TxD 引脚的通用 I/O 功能即被 USART 功能所取代，成为发送器的串行输出引脚。发送数据之前要设置好波特率、工作模式与帧结构。如果使用同步发送模式，则施加于 XCK 引脚上的时钟信号即为数据发送的时钟。

(1) 发送 5～8 个数据位的帧

将需要发送的数据加载到发送缓存器将启动数据发送。加载过程即为 CPU 对 UDR 寄存器的写操作。当移位寄存器可以发送新的一帧数据时，缓冲的数据将转移到移位寄存器。当移位寄存器处于空闲状态(没有正在进行的数据传输)，或前一帧数据的最后一个停止位传送结束时，它将加载新的数据。一旦移位寄存器加载了新的数据，就会按照设定的波特率完成数据的发送。

(2) 发送 9 个数据位的帧

如果发送 9 位数据的数据帧(UCSZ = 7)，则应先将数据的第 9 位写入寄存器 UCSRB 的 TXB8，然后再将低 8 位数据写入发送数据寄存器 UDR。

第 9 位数据在多机通信中用于表示地址帧，在同步通信中可以用于协议处理。

(3) 传送标志位与中断

USART 发送器有两个标志位：USART 数据寄存器空标志 UDRE 及传输结束标志 TXC，两个标志位都可以产生中断。

数据寄存器空 UDRE 标志位表示发送缓冲器是否可以接收一个新的数据。该位在发送缓冲器空时被置 1；当发送缓冲器包含需要发送的数据时清零。为与将来的器件兼容，写 UCSRA 寄存器时该位要写 0。

当 UCSRB 寄存器中的数据寄存器空中断使能位 UDRIE 为 1 时，只要 UDRE 被置位（且全局中断使能），就将产生 USART 数据寄存器空中断请求。对寄存器 UDR 执行写操作将清零 UDRE。当采用中断方式传输数据时，在数据寄存器空中断服务程序中必须写一个新的数据到 UDR 以清零 UDRE；或者是禁止数据寄存器空中断。否则，一旦该中断程序结束，一个新的中断将再次产生。

当整个数据帧移出发送移位寄存器，同时发送缓冲器中又没有新的数据时，发送结束标志 TXC 置位。TXC 在传送结束中断执行时自动清零，也可在该位写 1 来清零。TXC 标志位对于采用如 RS-485 标准的半双工通信接口十分有用。在这些应用里，一旦传送完毕，应用程序必须释放通信总线并进入接收状态。

当 UCSRB 上的发送结束中断使能位 TXCIE 与全局中断使能位均被置为 1 时，随着 TXC 标志位的置位，USART 发送结束中断将被执行。一旦进入中断服务程序，TXC 标志位即自动清零，中断处理程序不必执行 TXC 清零操作。

(4) 奇偶校验产生电路

奇偶校验产生电路为串行数据帧生成相应的校验位。校验位使能（UPM1 ＝ 1）时，发送控制逻辑电路会在数据的最后一位与第一个停止位之间插入奇偶校验位。

(5) 禁止发送器

TXEN 清零后，只有等到所有的数据发送完成，发送器才能真正禁止，即发送移位寄存器与发送缓冲寄存器中没有要传送的数据。发送器禁止后，TxD 引脚恢复其通用 I/O 功能。

8. 数据接收——USART 接收器

置位 UCSRB 寄存器的接收允许位（RXEN）即可启动 USART 接收器。接收器使能后，RxD 的普通引脚功能被 USART 功能所取代，成为接收器的串行输入口。进行数据接收之前首先要设置好波特率、操作模式及帧格式。如果使用同步操作，XCK 引脚上的时钟被用作传输时钟。

(1) 以 5～8 个数据位的方式接收数据帧

一旦接收器检测到一个有效的起始位，便开始接收数据。起始位后的每一位数据都将以所设定的波特率或 XCK 时钟进行接收，直到收到一帧数据的第一个停止位。接收到的数据被送入接收移位寄存器。第二个停止位会被接收器忽略。接收到第一个停止位后，接收移位寄存器就包含了一个完整的数据帧。这时，移位寄存器中的内容将被转移到接收缓冲器中。通过读取 UDR 就可以获得接收缓冲器的内容。

(2) 以 9 个数据位的方式接收帧

如果设定了 9 位数据的数据帧（UCSZ=7），在从 UDR 读取低 8 位之前，必须首先读取寄存器 UCSRB 的 RXB8 以获得第 9 位数据。这个规则同样适用于状态标志位 FE、DOR 及 UPE。状态通过读取 UCSRA 获得，数据通过 UDR 获得。读取 UDR 存储单元会改变接收缓冲器 FIFO 的状态，进而改变同样存储在 FIFO 中的 TXB8、FE、DOR 及 UPE 位。

(3) 接收结束标志及中断

USART 接收器有一个标志用来指明接收器的状态。

接收结束标志（RXC）用来说明接收缓冲器中是否有未读出的数据。当接收缓冲器中有未读出的数据时，此位为 1；当接收缓冲器空时为 0（即不包含未读出的数据）。如果接收器被禁止（RXEN = 0），接收缓冲器会被刷新，从而使 RXC 清零。

置位 UCSRB 的接收结束中断使能位（RXCIE）后，只要 RXC 标志置位（且全局中断使能）就会产生 USART 接收结束中断。使用中断方式进行数据接收时，数据接收结束中断服务程序程序必须从 UDR 读取数据以清 RXC 标志。否则，只要中断处理程序一结束，一个新的中断就会产生。

(4) 接收器错误标志

USART 接收器有 3 个错误标志：帧错误（FE）、数据溢出（DOR）及奇偶校验错（UPE）。它们都位于寄存器 UCSRA。

错误标志与数据帧一起保存在接收缓冲器中。由于读取 UDR 会改变缓冲器，因此 UCSRA 的内容必须在读接收缓冲器（UDR）之前读入。

错误标志的另一个统一性是它们都不能通过软件写操作来修改。但是为了保证与将来产品的兼容性，对执行写操作是必须对这些错误标志所在的位置写 0。

所有错误标志都不能产生中断。

帧错误标志（FE）表明了存储在接收缓冲器中的下一个可读帧的第一个停止位的状态。停止位正确（为 1），则 FE 标志为 0；否则，FE 标志为 1。这个标志可用来检测同步丢失、传输中断，也可用于协议处理。UCSRC 中 USBS 位的设置不影响 FE 标志位，因为除了第一位，接收器忽略所有其他的停止位。为了与以后的器件兼容，写 UCSRA 时该位必须置 0。

数据溢出标志（DOR）表明由于接收缓冲器满造成了数据丢失。当接收缓冲器满（包含了 2 个数据）时，接收移位寄存器中又有数据，若此时检测到一个新的起始位，数据溢出就产生了。DOR 标志位置位即表明在最近一次读取 UDR 和下一次读取 UDR 之间丢失了一个或更多的数据帧。为了与以后的器件兼容，写 UCSRA 时该位必须置 0。在数据帧成功地从移位寄存器转入接收缓冲器后，DOR 标志清零。

奇偶校验错标志（PE）指出，接收缓冲器中的下一帧数据在接收时有奇偶错误。如果不使能奇偶校验，那么 UPE 位应清零。为了与以后的器件兼容，写 UCSRA 时该位必须置 0。

(5) 奇偶校验器

奇偶校验模式位 UPM1 置位将启动奇偶校验器。校验的模式（偶校验还是奇校验）由 UPM0 确定。奇偶校验使能后，校验器将计算输入数据的奇偶，并把结果与数据帧的奇偶位进行比较。校验结果将与数据和停止位一起存储在接收缓冲器中。这样就可以通过读取奇偶校验错误标志位（UPE）来检查接收的帧中是否有奇偶错误。

如果下一个从接收缓冲器中读出的数据有奇偶错误，并且奇偶校验使能（UPM1 = 1），则 UPE 置位。在接收缓冲器（UDR）被读取之前，该位一直有效。

(6) 禁止接收器

与发送器对比，禁止接收器即刻起作用，正在接收的数据将丢失。禁止接收器（RXEN 清零）后，接收器将不再占用 RxD 引脚；接收缓冲器 FIFO 也会被刷新。缓冲器中的数据将丢失。

(7) 刷新接收缓冲器

禁止接收器时，缓冲器 FIFO 被刷新，缓冲器被清空，导致未读出的数据丢失。如果由于出错而必须在正常操作下刷新缓冲器，则需要一直读取 UDR，直到 RXC 标志清零。

9. USART 寄存器描述

(1) USART I/O 数据寄存器——UDR

USART I/O 数据寄存器——UDR 的定义如下：

BIT	7	6	5	4	3	2	1	0
\$0C(\$002C)	RXB[7:0] TXB[7:0]							UDR(读) UDR(写)
读/写	R/W	R/W	R/W	R/W	R/W	R/W	R/W	R/W
初始值	0	0	0	0	0	0	0	0

USART 发送数据缓冲寄存器和 USART 接收数据缓冲寄存器共享相同的 I/O 地址，称为 USART 数据寄存器或 UDR。将数据写入 UDR 时，实际操作的是发送数据缓冲器存器(TXB)；读 UDR 时，实际返回的是接收数据缓冲寄存器(RXB) 的内容。

在 5、6、7 位字长模式下，未使用的高位被发送器忽略，而接收器则将它们设置为 0。只有当 UCSRA 寄存器的 UDRE 标志置位后，才可以对发送缓冲器进行写操作。如果 UDRE 没有置位，那么写入 UDR 的数据就会被 USART 发送器忽略。当数据写入发送缓冲器后，若移位寄存器为空，则发送器将把数据加载到发送移位寄存器。然后，数据串行地从 TxD 引脚输出。

接收缓冲器包括一个两级 FIFO。一旦接收缓冲器被寻址，FIFO 就会改变它的状态。因此，不要对这一存储单元使用读—修改—写指令(SBI 和 CBI)。使用位查询指令(SBIC 和 SBIS)时也要小心，因为这也有可能改变 FIFO 的状态。

(2) USART 控制和状态寄存器 A——UCSRA

USART 控制和状态寄存器 A——UCSRA 的定义如下：

BIT	7	6	5	4	3	2	1	0	
\$0B(\$002B)	RXC	TXC	UDRE	FE	DOR	PE	U2X	MPCM	USCRA
读/写	R	R/W	R	R	R	R	R/W	R/W	
初始值	0	0	1	0	0	0	0	0	

BIT 7——RXC：USART 接收结束。

接收缓冲器中有未读出的数据时 RXC 置位，否则清零。接收器禁止时，接收缓冲器被刷新，导致 RXC 清零。RXC 标志可用来产生接收结束中断(见对 RXCIE 位的描述)。

BIT 6——TXC：USART 发送结束。

发送移位缓冲器中的数据被送出，且当发送缓冲器 (UDR) 为空时，TXC 置位。执行发送结束中断时，TXC 标志自动清零，也可以通过写 1 进行清除操作。TXC 标志可用来产生发送结束中断(请参见对 TXCIE 位的描述)。

BIT 5——UDRE：USART 数据寄存器空。

UDRE 标志指出发送缓冲器(UDR)是否准备好接收新数据。UDRE 为 1，说明缓冲器为空，已准备好进行数据接收。UDRE 标志可用来产生数据寄存器空中断(见对 UDRIE 位的描述)。复位后 UDRE 置位，表明发送器已经就绪。

BIT 4——FE：帧错误。

如果接收缓冲器接收到的下一个字符有帧错误，即接收缓冲器中的下一个字符的第一个停止位为 0,那么 FE 置位。该位一直有效,直到接收缓冲器(UDR) 被读取。当接收到的停止位为 1 时, FE 标志为 0。对 UCSRA 进行写入时,该位要写 0。

BIT 3——DOR:数据溢出。

数据溢出时 DOR 置位。当接收缓冲器满(包含了两个数据)且接收移位寄存器又有数据时,若此时检测到一个新的起始位,数据溢出就产生了。该位一直有效,直到接收缓冲器(UDR) 被读取。对 UCSRA 进行写入时,该位要写 0。

BIT 2——PE:奇偶校验错误。

当奇偶校验使能(UPM1 = 1),且接收缓冲器中所接收到的下一个字符有奇偶校验错误时,UPE 置位。该位一直有效,直到接收缓冲器 (UDR) 被读取。对 UCSRA 进行写入时,该位要写 0。

BIT 1——U2X:倍速发送。

该位仅对异步操作有影响。使用同步操作时将此位清零。此位置 1 可将波特率分频因子从 16 降到 8,从而有效地将异步通信模式的传输速率加倍。

BIT 0——MPCM:多处理器通信模式。

设置此位将启动多处理器通信模式。

MPCM 置位后, USART 接收器接收到的那些不包含地址信息的输入帧都将被忽略,而发送器不受 MPCM 设置的影响。

(3) USART 控制和状态寄存器 B——UCSRB

USART 控制和状态寄存器 B——UCSRB 的定义如下:

BIT	7	6	5	4	3	2	1	0	
\$0A(\$002A)	RXCIE	TXCIE	UDRIE	RXEN	TXEN	UCSZ2	RXB8	TXB8	UCSRB
读/写	R/W	R/W	R/W	R/W	R/W	R/W	R	R/W	
初始值	0	0	0	0	0	0	0	0	

BIT 7——RXCIE:接收结束中断使能。

置位后使能 RXC 中断。当 RXCIE 为 1,全局中断标志位 SREG 置位, UCSRA 寄存器的 RXC 亦为 1 时,可以产生 USART 接收结束中断。

BIT 6——TXCIE:发送结束中断使能。

置位后使能 TXC 中断。当 TXCIE 为 1,全局中断标志位 SREG 置位,UCSRA 寄存器的 TXC 亦为 1 时,可以产生 USART 发送结束中断。

BIT 5——UDRIE:USART 数据寄存器空中断使能。

置位后使能 UDRE 中断。当 UDRIE 为 1,全局中断标志位 SREG 置位,UCSRA 寄存器的 UDRE 亦为 1 时,可以产生 USART 数据寄存器空中断。

BIT 4——RXEN:接收使能。

置位后将启动 USART 接收器。RxD 引脚的通用端口功能被 USART 功能所取代。禁止接收器将刷新接收缓冲器,并使 FE、DOR 及 PE 标志无效。

BIT 3——TXEN:发送使能。

置位后将启动 USART 发送器。TxD 引脚的通用端口功能被 USART 功能所取代。TXEN 清零后,只有等到所有的数据发送完成后发送器才能够真正禁止,即发送移位寄存器与发送缓冲寄存器中没有要传送的数据。发送器禁止后，TxD 引脚恢复其通用 I/O 功能。

BIT 2——UCSZ2：字符长度。

UCSZ2 与 UCSRC 寄存器的 UCSZ1：0 结合在一起可以设置数据帧所包含的数据位数(字符长度)。

BIT 1——RXB8：接收数据位 8。

对 9 位串行帧进行操作时，RXB8 是第 9 个数据位。读取 UDR 包含的低位数据之前首先要读取 RXB8。

BIT 0——TXB8：发送数据位 8。

对 9 位串行帧进行操作时，TXB8 是第 9 个数据位。写 UDR 之前，首先要对它进行写操作。

(4) USART 控制和状态寄存器 C-UCSRC

USART 控制和状态寄存器 C——UCSRC 的定义如下：

BIT	7	6	5	4	3	2	1	0	
$20($0040)	URSEL	UMSEL	UPM1	UPM0	USBS	UCSZ1	UCSZ0	UCPOL	UCSRC
读/写	R/W	R/W	R/W	R/W	R/W	R/W	R/W	R/W	
初始值	1	0	0	0	0	1	1	0	

UCSRC 寄存器与 UBRRH 寄存器共用相同的 I/O 地址。

BIT 7——URSEL：寄存器选择。

通过该位选择访问 UCSRC 寄存器或 UBRRH 寄存器。当读 UCSRC 时，该位为 1；当写 UCSRC 时，URSEL 为 1。

BIT 6——UMSEL：USART 模式选择。

通过该位来选择同步或异步工作模式，如表 12-28 所列。

BIT 5：4——UPM1：0：奇偶校验模式。

这两位用于设置奇偶校验的模式并使能奇偶校验。

如果使能了奇偶校验，那么在发送数据时，发送器就会自动产生并发送奇偶校验位。

对每一个接收到的数据，接收器都会产生一奇偶值，并与 UPM0 所设置的值进行比较。如果不匹配，则将 UCSRA 中的 PE 置位。

UPM 设置如表 12-29 所列。

BIT 3——USBS：停止位选择。

通过这一位可以设置停止位的位数。

接收器忽略这一位的设置。

USBS 设置如表 12-30 所列。

表 12-28　UMSEL 设置

UMSEL	模　式
0	异步操作
1	同步操作

表 12-29　UPM 设置

UPM1	UPM0	奇偶模式
0	0	禁止
0	1	保留
1	0	偶校验
1	1	奇校验

表 12-30　USBS 设置

USBS	停止位位数
0	1 位
1	2 位

BIT 2：1——UCSZ1：0：字符长度。

UCSZ1：0 与 UCSRB 寄存器的 UCSZ2 结合在一起可以设置数据帧包含的数据位数(字符长度)。UCSZ 设置如表 12－31 所列。

表 12－31　UCSZ 设置

UCSZ2	UCSZ1	UCSZ0	字符长度	UCSZ2	UCSZ1	UCSZ0	字符长度
0	0	0	5 位	1	0	0	保留
0	0	1	6 位	1	0	1	保留
0	1	0	7 位	1	1	0	保留
0	1	1	8 位	1	1	1	9 位

BIT 0——UCPOL：时钟极性。

该位仅用于同步工作模式。使用异步模式时，将该位清零。UCPOL 设置了输出数据的改变和输入数据采样，以及同步时钟 XCK 之间的关系。

UCPOL 设置如表 12－32 所列。

表 12－32　UCPOL 设置

UCPOL	发送数据的改变(TxD 引脚的输出)	接收数据的采样(RxD 引脚的输入)
0	XCK 上升沿	XCK 下降沿
1	XCK 下降沿	XCK 上升沿

(5) USART 波特率寄存器——UBRRL 和 UBRRH

USART 波特率寄存器——UBRRL 和 UBRRH 的定义如下：

BIT	15	14	13	12	11	10	9	8	
$20($0040)	URSEL	—	—	—	UBRR[11：8]				UBRRH
读/写	R/W	R	R	R	R/W	R/W	R/W	R/W	
初始值	0	0	0	0	0	0	0	0	
BIT	7	6	5	4	3	2	1	0	
$09($0029)	UBRR[7：0]								UBRRL
读/写	R/W	R/W	R/W	R/W	R/W	R/W	R/W	R/W	
初始值	0	0	0	0	0	0	0	0	

UCSRC 寄存器与 UBRRH 寄存器共用相同的 I/O 地址。

BIT 15——URSEL：寄存器选择。

通过该位选择访问 UCSRC 寄存器或 UBRRH 寄存器。当读 UBRRH 时，该位为 0；当写 UBRRH 时，URSEL 为 0。

BIT 14：12——保留。

这些位是为以后的使用而保留的。为了与将来的器件兼容，写 UBRRH 时将这些位清零。

BIT 11：0——UBRR11：0：USART 波特率寄存器。

这个 12 位的寄存器包含了 USART 的波特率信息。其中,UBRRH 包含了 USART 波特率高 4 位,UBRRL 包含了低 8 位。波特率的改变将造成正在进行的数据传输受到破坏。写 UBRRL 将立即更新波特率分频器。

12.6 ATmega8 应用 1——计数及显示系统

系统从 0 开始计数,当 UP 键按下,计数值加 1;当计数值大于 0 时,按下 DOWN 键时,计数值减 1。同时,数码管实时显示计数值。

12.6.1 硬件电路

计数及显示系统硬件电路图如图 12-52 所示。

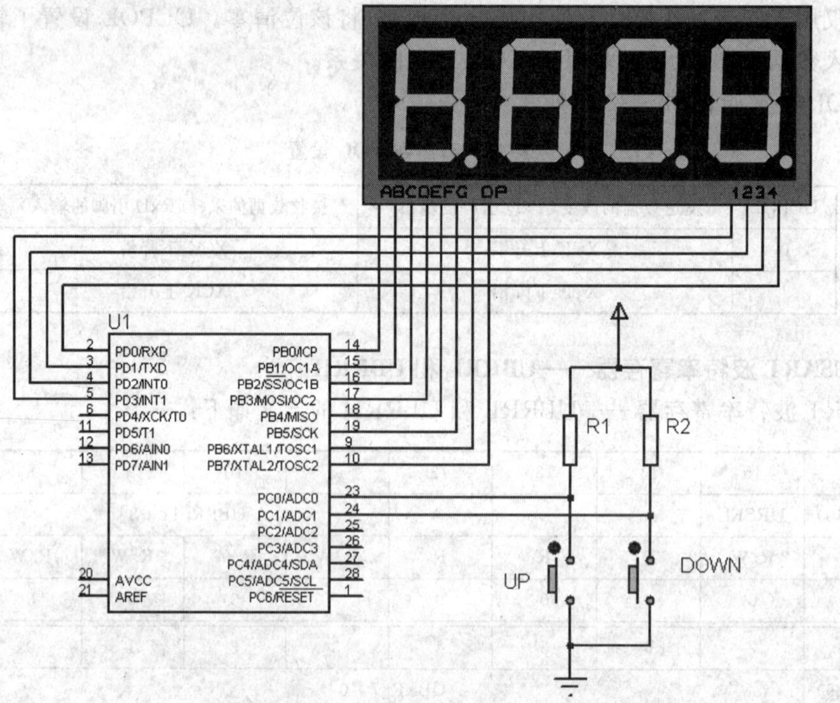

图 12-52 计数及显示系统硬件电路

其中,ATmega8 设置如图 12-53 所示。

12.6.2 软件编程

首先定义相关的.h 文件:

```
/ **************** includes.h *************************/
#include "main.h"
#include "delay.h"
#include "init.h"
#include "number.h"
#include <iom8.h>
```

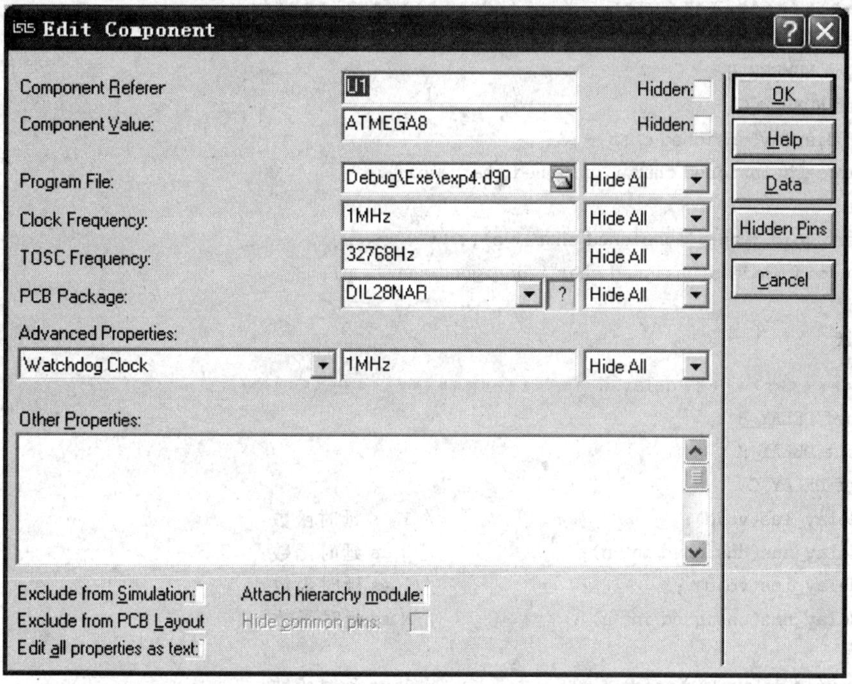

图 12-53　计数及显示系统中 ATmega8 设置

```
/****************** main.h ***************************/
#ifndef MAIN_H
#define MAIN_H

#define ENABLE_BIT_DEFINITIONS
#define OutPort   PORTB
#define ConPort   PORTD

#ifdef MAIN_C
unsigned char data[4] = {0,0,0,0};
unsigned char CNT = 0;                        //计数初值
unsigned char KeyUp;
unsigned char KeyDown;

#else

#endif

#endif

/****************** init.h ***************************/
#ifndef INIT_H
#define INIT_H
#ifdef INIT_C
void InitIo(void);
#else
extern void InitIo(void);
#endif
#endif
```

```
/****************** number.h **************************/
#ifdef NUMBER_H
#define NUMBER_H
#ifdef NUMBER_C
//void display(unsigned char *p);
void process(unsigned char i,unsigned char *p);
#else
//extern void display(unsigned char *p);
extern void process(unsigned char i,unsigned char *p);
#endif
#endif
/****************** delay.h **************************/
#ifndef DELAY_H
#define DELAY_H
#ifdef DELAY_C
void delay_1us(void);                          //1 μs 延时函数
void delay_nus(unsigned int n);                //N μs 延时函数
void delay_1ms(void) ;                         //1 ms 延时函数
void delay_nms(unsigned int n) ;               //N ms 延时函数
#else
extern void delay_1us(void);                   //1 μs 延时函数
extern void delay_nus(unsigned int n);         //N μs 延时函数
extern void delay_1ms(void) ;                  //1 ms 延时函数
extern void delay_nms(unsigned int n) ;        //N ms 延时函数
#endif
#endif
```

计数及显示系统软件源程序如下：

```
/****************** main.c 主程序 **************************/
#define MAIN_C
#include "includes.h"
/**************************************************/
/*数码管应用*/
/**************************************************/
//数码管字形表
//数码管为公阴极
unsigned char table[10] =
{
    0x3f,   //0
    0x06,   //1
    0x5b,   //2
    0x4f,   //3
    0x66,   //4
    0x6d,   //5
    0x7d,   //6
    0x07,   //7
    0x7f,   //8
```

```
  0x6f    //9
};
void display(unsigned char * p)
{
    unsigned char i;
    unsigned sel = 0x08;
    for(i = 0;i<4;i++)
    {
    ConPort = ~sel;
    OutPort = table[p[i]];
    delay_nms(1);
    sel = sel>>1;
    }
}
void GetKey(void)
{
    while((PINC&0x01) == 0)
    {
        KeyUp = 1;
        display(data);
    }
    while((PINC&0x02) == 0)
    {
        KeyDown = 1;
        display(data);
    }
}
void main(void)
{
    unsigned char i;
    InitIo();
    PORTB = 0xff;                          //点亮测试所有数码管
    PORTD = 0x00;
    delay_nms(20);
    PORTD = 0xff;
    while(1)
    {
    GetKey();                              //按键扫描
    if(KeyUp == 1)
    {
            if(CNT != 9999)
            {
                CNT++;
                KeyUp = 0;
```

```
            }
        }
        if(KeyDown == 1)
        {
            if(CNT != 0)
            {
                CNT--;
                KeyDown = 0;
            }
        }
        process(CNT,data);
        display(data);
    }
}
/*****************端口初始化程序 ***************************/
#define INIT_C
#include "includes.h"
void InitIo(void)
{
    DDRB  = 0xff;
    PORTB = 0xff;
    DDRC  = 0x00;
    PORTC = 0xff;
    DDRD  = 0xff;
    PORTD = 0xff;
}
/*****************数值处理程序 ***************************/
#define NUMBER_C
#include "includes.h"

void process(unsigned char i,unsigned char *p)
{
    p[0] = i/1000;
    i = i%1000;
    p[1] = i/100;
    i = i%100;
    p[2] = i/10;
    i = i%10;
    p[3] = i;
}
/*****************延时程序 ***************************/
#define DELAY_C
#include "includes.h"
#define XTAL 4                                    //晶振频率,单位 MHz
```

```
void delay_1us(void)                          //1 μs 延时函数
  {
   asm("nop");
  }
void delay_nus(unsigned int n)                //N μs 延时函数
  {
   unsigned int i = 0;
   for (i = 0;i<n;i ++ )
   delay_1us();
  }
void delay_1ms(void)                          //1 ms 延时函数
  {
   unsigned int i;
   for (i = 0;i<(unsigned int)(XTAL * 143-2);i ++ );
  }

void delay_nms(unsigned int n)                //N ms 延时函数
  {
   unsigned int i = 0;
   for (i = 0;i<n;i ++ )
   {
      delay_1ms();
   }
  }
```

12.6.3 系统调试与仿真

对计数及显示系统进行调试并仿真。

系统的初始参数设置如图 12 - 54 所示。

Watch Window

Name	Address	Value	Watch Expression
DDRB	0x0017	0xFF	
PINB	0x0016	0xFF	
PORTB	0x0018	0xFF	
DDRC	0x0014	0x00	
PINC	0x0013	0x3F	
PORTC	0x0015	0xFF	
DDRD	0x0011	0xFF	
PIND	0x0010	0xFF	
PORTD	0x0012	0xFF	

图 12 - 54　计数及显示系统初始参数设置

系统各相关变量值如图 12 - 55 所示。

当系统无按键按下时，系统输出如图 12 - 56 所示。

当 UP 键按下时，CNT 值递增，如图 12 - 57 所示。

同时，显示器实时显示 CNT 值，如图 12 - 58 所示。

AVR Variables - U1

Name	Address	Value
__?EEARH	001F	
__?EEARL	001E	
__?EECR	001C	
__?EEDR	001D	
_A_DDRB	0037	0xFF
_A_DDRC	0034	0x00
_A_DDRD	0031	0xFF
_A_PORTB	0038	0xFF
_A_PORTC	0035	0xFF
_A_PORTD	0032	0xFF
CNT	00AE	'\0'
KeyDown	00B0	'\0'
KeyUp	00AF	'\0'
_A_PINC	0033	0x3F
data	00AA	
table	00A0	??[0fm}??

图 12－55　系统各相关变量值

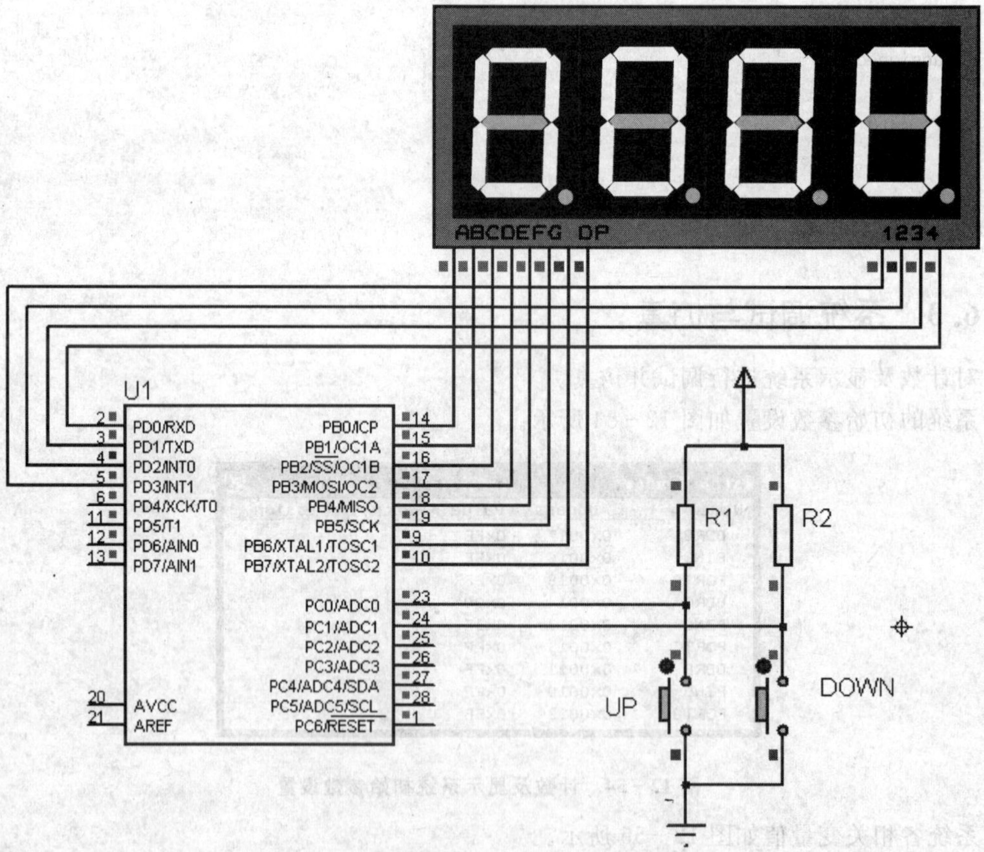

图 12－56　当无按键按下时，系统输出

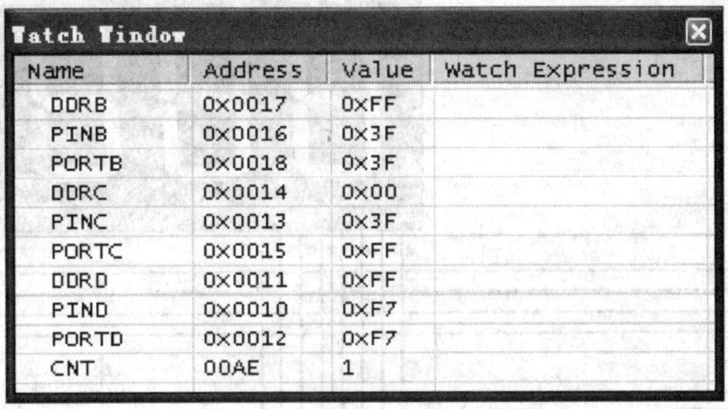
Watch Window

Name	Address	Value	Watch Expression
DDRB	0x0017	0xFF	
PINB	0x0016	0x3F	
PORTB	0x0018	0x3F	
DDRC	0x0014	0x00	
PINC	0x0013	0x3F	
PORTC	0x0015	0xFF	
DDRD	0x0011	0xFF	
PIND	0x0010	0xF7	
PORTD	0x0012	0xF7	
CNT	00AE	1	

图 12－57　当 UP 键按下时，CNT 值递增

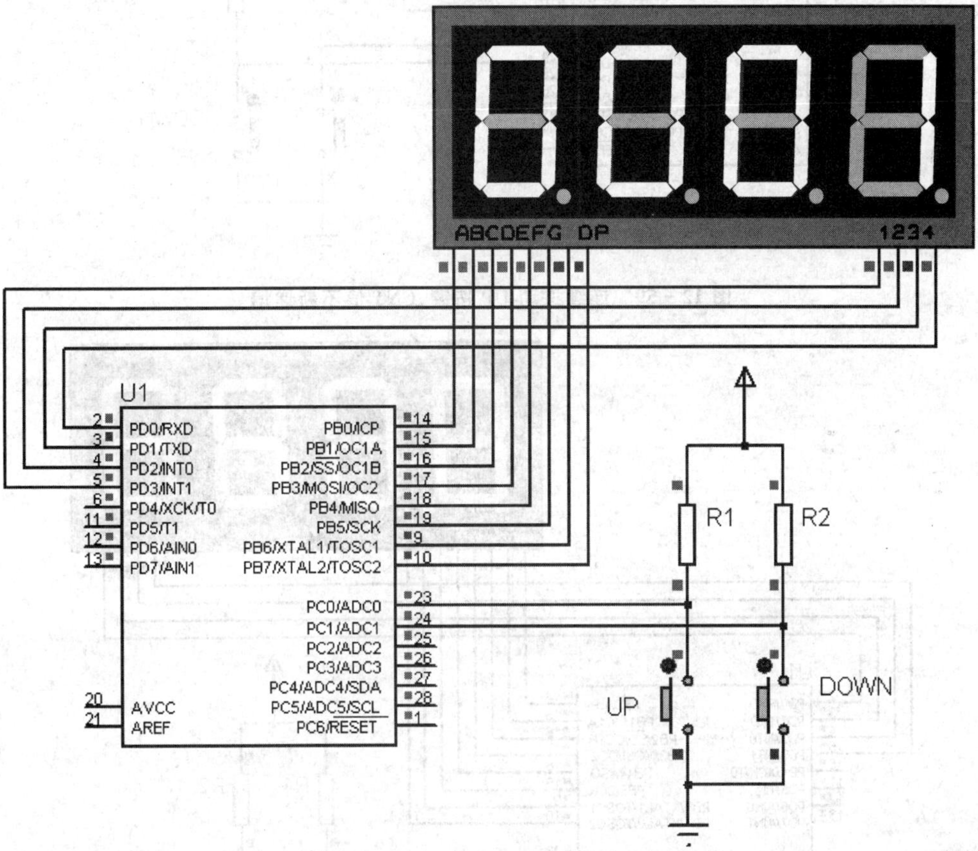

图 12－58　显示器实时显示 CNT 值

连续按动 UP 按键，CNT 值不断递增，如图 12－59 所示。

当按下 DOWN 按键时，CNT 值递减，如图 12－60 所示。

同理，连续按动 DOWN 按键，CNT 值不断递减。

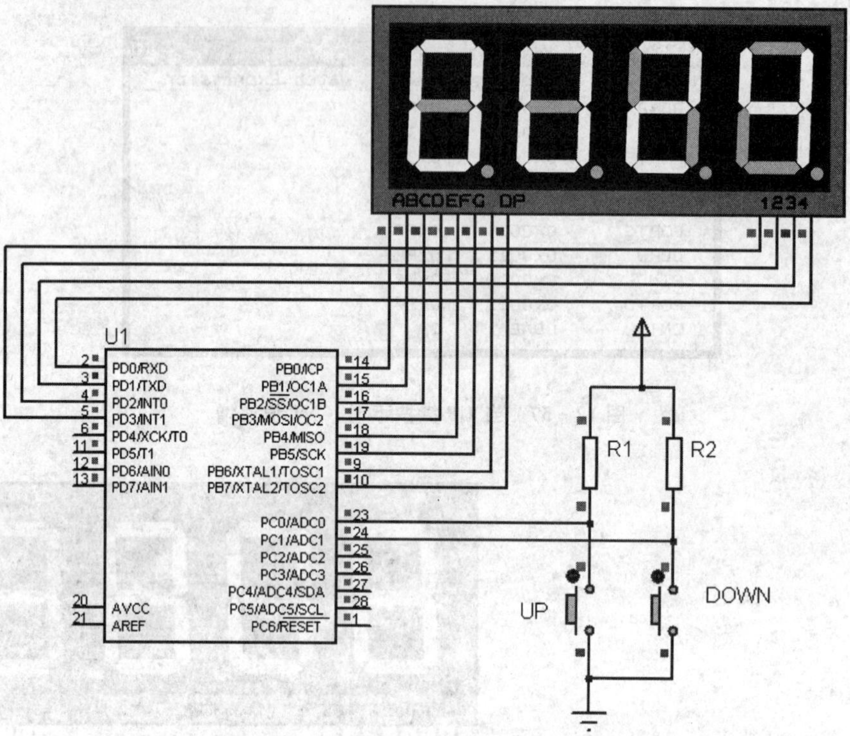

图 12-59　连续按动 UP 按键，CNT 值不断递增

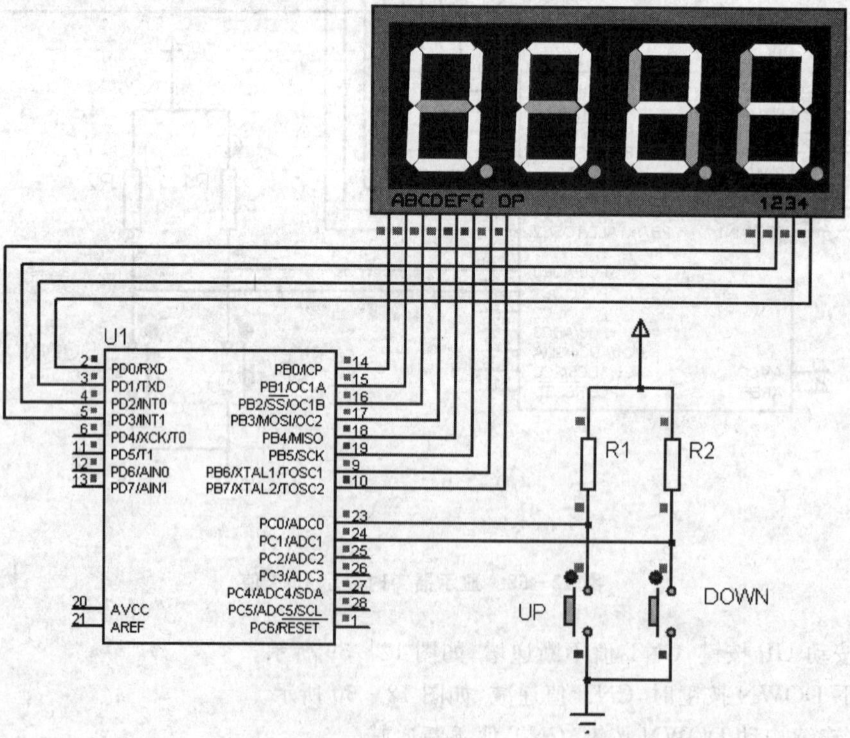

图 12-60　按下 DOWN 按键时，CNT 值递减

12.7 ATmega8 应用 2——键盘显示系统

系统实时显示键盘值。

12.7.1 硬件电路

键盘显示系统硬件电路图如图 12-61 所示。

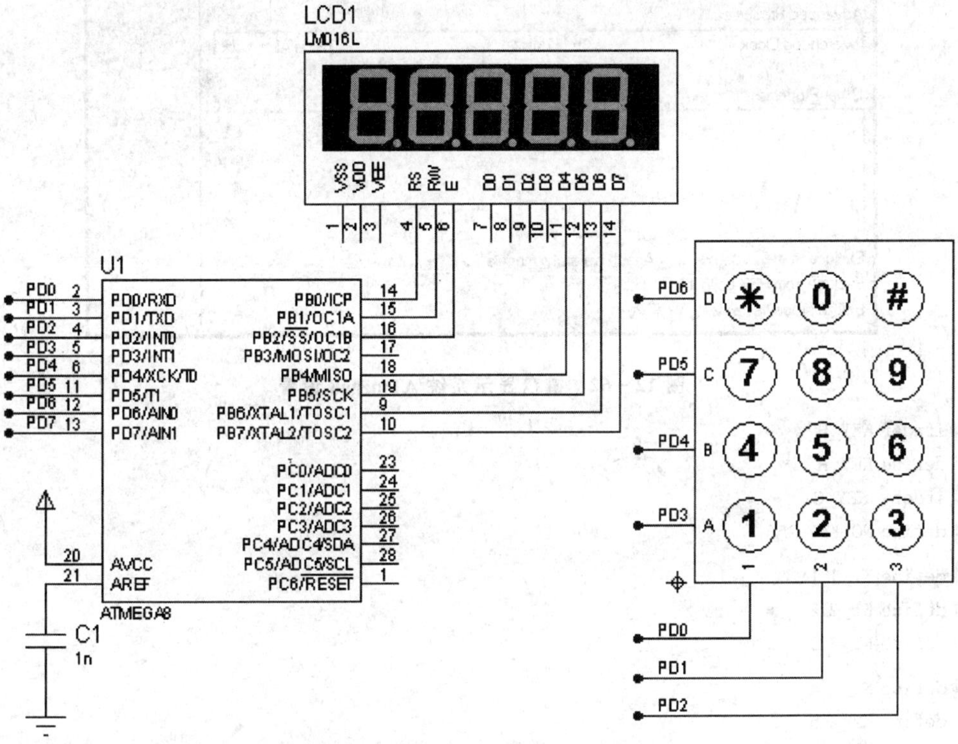

图 12-61 键盘显示系统硬件电路图

其中,ATmega8 设置如图 12-62 所示。

12.7.2 软件编程

首先定义相关的.h 文件:

```
/ **************** includes.h ************************* /
#ifndef INCLUDES_H
#define INCLUDES_H
#include <iom8.h>
#include "delay.h"
#include "lcd.h"
#include "key.h"
#endif
/ **************** key.h ************************* /
```

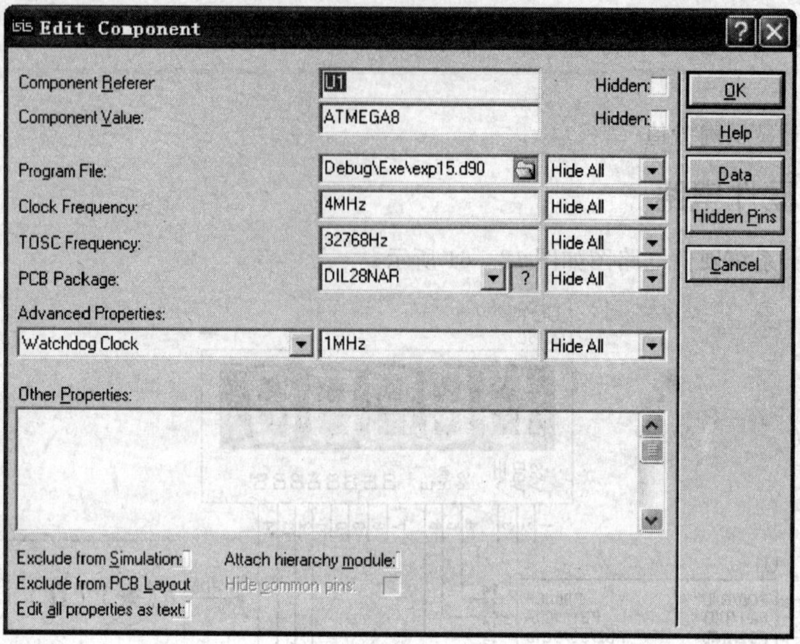

图 12-62　键盘显示系统 ATmega8 设置

```
#ifndef KEY_H
#define KEY_H
#ifdef  KEY_C
#define NO_KEY 255

#define K1_1 1
#define K1_2 2
#define K1_3 3

#define K2_1 4
#define K2_2 5
#define K2_3 6

#define K3_1 7
#define K3_2 8
#define K3_3 9

#define K4_1 10
#define K4_2 11
#define K4_3 12

#define KEY_MASK    0x07
#define KEY_PORT    PORTD
#define KEY_PIN     PIND

unsigned char key_scan(void);
char read_keybord(void);
#else
extern unsigned char key_scan(void);
extern char read_keybord(void);
#endif
```

```
#endif
/****************lcd.h *************************/
#ifndef LCD_H
#define LCD_H
#if defined LCD_C
void init_usart(void);
int usart_putchar(char);
void Init_LCD(void);
void LCD_WriteControl (unsigned char CMD);
void LCD_Display_Off(void);
void LCD_Display_On(void);
void LCD_Clear(void);
void LCD_Home(void);
void LCD_Cursor(char row, char column);
void LCD_Cursor_On(void);
void LCD_Cursor_Off(void);
void LCD_DisplayCharacter(char Char);
void LCD_DisplayString_F(char row, char column, unsigned char __flash * string);
void LCD_DisplayString(char row, char column, unsigned char * string);
#else
extern void init_usart(void);
extern int usart_putchar(char);
extern void Init_LCD(void);
extern void LCD_WriteControl (unsigned char CMD);
extern void LCD_Display_Off(void);
extern void LCD_Display_On(void);
extern void LCD_Clear(void);
extern void LCD_Home(void);
extern void LCD_Cursor(char row, char column);
extern void LCD_Cursor_On(void);
extern void LCD_Cursor_Off(void);
extern void LCD_DisplayCharacter(char Char);
extern void LCD_DisplayString_F(char row, char column, unsigned char __flash * string);
extern void LCD_DisplayString(char row, char column, unsigned char * string);
#endif
#endif
/****************delay.h *************************/
#ifndef DELAY_H
#define DELAY_H
#if defined DELAY_C
void delay_1us(void);                          //1 μs 延时函数
void delay_nus(unsigned int n);                //N μs 延时函数
void delay_1ms(void) ;                         //1 ms 延时函数
void delay_nms(unsigned int n) ;               //N ms 延时函数
#else
extern void delay_1us(void);                   //1 μs 延时函数
extern void delay_nus(unsigned int n);         //N μs 延时函数
extern void delay_1ms(void) ;                  //1 ms 延时函数
```

```
extern void delay_nms(unsigned int n) ;             //N ms 延时函数
#endif
#endif
```

键盘显示系统软件源程序如下：

```
/*****************main.c 主程序 **************************/
#define MAIN_C
#include "includes.h"
void main(void)
{
    char key_code;
    unsigned char x_position;
    unsigned char * space = "
    Init_LCD();
    PORTD = 0xff;
    DDRD  = 0xf8;
    LCD_DisplayString(1,1,"key scan test");
    x_position = 2;
    while(1)
    {
        key_code = read_keybord();
        switch(key_code)
        {
            case 1:
                LCD_Cursor(2,x_position);
                LCD_DisplayCharacter('1');
                break;
            case 2:
                LCD_Cursor(2,x_position);
                LCD_DisplayCharacter('2');
                break;
            case 3:
                LCD_Cursor(2,x_position);
                LCD_DisplayCharacter('3');
                break;
            case 4:
                LCD_Cursor(2,x_position);
                LCD_DisplayCharacter('4');
                break;
            case 5:
                LCD_Cursor(2,x_position);
                LCD_DisplayCharacter('5');
                break;
            case 6:
                LCD_Cursor(2,x_position);
```

```
                LCD_DisplayCharacter('6');
                break;
            case 7:
                LCD_Cursor(2,x_position);
                LCD_DisplayCharacter('7');
                break;
            case 8:
                LCD_Cursor(2,x_position);
                LCD_DisplayCharacter('8');
                break;
            case 9:
                LCD_Cursor(2,x_position);
                LCD_DisplayCharacter('9');
                break;
            case 10:
                LCD_Cursor(2,x_position);
                LCD_DisplayCharacter('*');
                break;
            case 11:
                LCD_Cursor(2,x_position);
                LCD_DisplayCharacter('0');
                break;
            case 12:
                LCD_Cursor(2,x_position);
                LCD_DisplayCharacter('#');
                break;
        }
    }
}
/*****************判键程序 ***************************/
#define KEY_C
#include "includes.h"

char read_keybord(void)
{
    static char key_state = 0;
    static char key_value, key_line;
    static char key_return = NO_KEY;
    unsigned char i;
    switch(key_state)
    {
        case 0:
            key_line = 0x08;                    //0b0000 1000;
            for(i=1;i<=4;i++)                   //按键扫描
            {
```

```
            KEY_PORT = ~key_line;          //输出行线电平
            KEY_PORT = ~key_line;          //输出两次
            key_value = KEY_MASK & KEY_PIN; //读列电平
            if(key_value == KEY_MASK)
            {
                key_line <<= 1;            //没有按键,继续扫描
            }
            else
            {
                key_state ++ ;             //有键按下,停止扫描
                break;                     //转消抖确认状态
            }
        }
        break;
case 1:
        {
            switch((key_value | key_line))//与状态 0 相同,确认按键
            {
                case 0x0e:                 //0b00001110:
                    key_return = K1_1;
                    break;
                case 0x0d:                 //0b00001101:
                    key_return = K1_2;
                    break;
                case 0x0b:                 //0b00001011:
                    key_return = K1_3;
                    break;

                case 0x16:                 //0b00010110:
                    key_return = K2_1;
                    break;
                case 0x15:                 //0b00010101:
                    key_return = K2_2;
                    break;
                case 0x13:                 //0b00010011:
                    key_return = K2_3;
                    break;
                case 0x26:                 //0b00100110:
                    key_return = K3_1;
                    break;
                case 0x25:                 //0b00100101:
                    key_return = K3_2;
                    break;
                case 0x23:                 //0b00100011:
                    key_return = K3_3;
```

```
                    break;
                case 0x46:                  //0b01000110:
                    key_return = K4_1;
                    break;
                case 0x45:                  //0b01000101:
                    key_return = K4_2;
                    break;
                case 0x43:                  //0b01000011:
                    key_return = K4_3;
                    break;
            }
            key_state ++ ;                  //转入按键释放状态
        }
        break;
    case 2:                                 //等待按键释放
        KEY_PORT = 0x07;                    //行线全部输出低电平
        KEY_PORT = 0x07;
        if((KEY_MASK & KEY_PIN) == KEY_MASK)
        {
            key_state = 0;                  //列线全部为高电平,返回状态 0
        }
        break;
    }
    return(key_return);
}
/*****************采用 4 位数据线的 1602 液晶驱动子程序 **********************/
#define ENABLE_BIT_DEFINITIONS
#define LCD_C
#include "includes.h"
//***** 定义 I/O 引脚 *****//
#define BIT7 0x80
#define BIT6 0x40
#define BIT5 0x20
#define BIT4 0x10
#define BIT3 0x08
#define BIT2 0x04
#define BIT1 0x02
#define BIT0 0x01
//*** 设置 LDC 数据端口 8 位模式 ***//
#define LCD_OP_PORT PORTB
#define LCD_IP_PORT PINB
#define LCD_DIR_PORT DDRB
/*************************************/
#define LCD_EN   (1 << 2)                   //引脚定义
#define LCD_RS (1 << 0)
```

```
#define LCD_RW (1 << 1)
#define lcd_set_e()  (LCD_OP_PORT |= LCD_EN)//置位与清零
#define lcd_set_rs() (LCD_OP_PORT |= LCD_RS)
#define lcd_set_rw() (LCD_OP_PORT |= LCD_RW)
#define lcd_clear_e()  (LCD_OP_PORT &= ~LCD_EN)
#define lcd_clear_rs() (LCD_OP_PORT &= ~LCD_RS)
#define lcd_clear_rw() (LCD_OP_PORT &= ~LCD_RW)
/**************************************************************************/
#define LCD_ON 0x0C
#define LCD_CURS_ON 0x0D
#define LCD_OFF 0x08
#define LCD_HOME 0x02
#define LCD_CLEAR 0x01
#define LCD_NEW_LINE 0xC0
#define LCD_FUNCTION_SET 0x28
#define LCD_MODE_SET 0x06
void LCD_INIT(void)
{
LCD_DIR_PORT = 0xff;                    //LCD 端口输出
LCD_OP_PORT = 0x30;
lcd_clear_rw();                         //设置 LCD 写
lcd_clear_rs();                         //设置 LCD 以响应命令
lcd_set_e();                            //向 LCD 写数据
asm("nop");
asm("nop");
lcd_clear_e();                          //禁止 LCD
delay_nus(40);
lcd_clear_rw() ;
lcd_clear_rs();
lcd_set_e();
asm("nop");
asm("nop");
lcd_clear_e();
delay_nus(40);
lcd_set_e();
asm("nop");
asm("nop");
lcd_clear_e();
delay_nus(40);
LCD_OP_PORT = 0x20;
lcd_set_e();
asm("nop");
asm("nop");
lcd_clear_e();
```

```
delay_nus(40);
}
// ****** 从 LCD 返回“忙”标志子程序 **********//
void LCD_Busy ( void )
{
unsigned char temp,high;
unsigned char low;
LCD_DIR_PORT = 0x0f;                          //设置 I/O 端口为输入
do
{
temp = LCD_OP_PORT;
temp = temp&BIT3;
LCD_OP_PORT = temp;
lcd_set_rw();                                 //设置 LCD 写
lcd_clear_rs();
lcd_set_e();
delay_nus(3);
high = LCD_IP_PORT;                           //读高 4 位
lcd_clear_e();
lcd_set_e();
asm("nop");
asm("nop");
low = LCD_IP_PORT;                            //读低 4 位
lcd_clear_e();
} while(high & 0x80);
delay_nus(20);
}
// **** 向 LCD 写控制指令子程序 ********//
void LCD_WriteControl (unsigned char CMD)
{
char temp;
LCD_Busy();                                   //测试是否 LCD 忙
LCD_DIR_PORT = 0xff;                          //LCD 端口输出
temp = LCD_OP_PORT;
temp = temp&BIT3;
LCD_OP_PORT = (CMD & 0xf0)|temp;
lcd_clear_rw();
lcd_clear_rs();
lcd_set_e();
asm("nop");
asm("nop");
lcd_clear_e();
LCD_OP_PORT = (CMD<<4)|temp;
lcd_clear_rw();
lcd_clear_rs();
```

```
lcd_set_e();
asm("nop");
asm("nop");
lcd_clear_e();
}
//****向 LCD 写一个字节的数据子程序 ***********//
void LCD_WriteData (unsigned char Data)
{
char temp;
LCD_Busy();
LCD_DIR_PORT = 0xFF;
temp = LCD_OP_PORT;
temp = temp&BIT3;
LCD_OP_PORT = (Data & 0xf0)|temp;
lcd_clear_rw() ;
lcd_set_rs();
lcd_set_e();
asm("nop");
asm("nop");
lcd_clear_e();
LCD_OP_PORT = (Data << 4)|temp;
lcd_clear_rw() ;
lcd_set_rs();
lcd_set_e();
asm("nop");
asm("nop");
lcd_clear_e();
}
//*****初始化 LCD 驱动器 *********//
void Init_LCD(void)
{
LCD_INIT();
LCD_WriteControl (LCD_FUNCTION_SET);
LCD_WriteControl (LCD_OFF);
LCD_WriteControl (LCD_CLEAR);
LCD_WriteControl (LCD_MODE_SET);
LCD_WriteControl (LCD_ON);
LCD_WriteControl (LCD_HOME);
}
//**********清除 LCD 屏幕 *************//
void LCD_Clear(void)
{
LCD_WriteControl(0x01);
}
//*****将 LCD 光标放置在 1 行、1 列 ************//
```

```
void LCD_Home(void)
{
LCD_WriteControl(0x02);
}
//********在当前光标位置,显示一个单字符 ******************//
void LCD_DisplayCharacter (char Char)
{
LCD_WriteData (Char);
}
//********使用 FLASH 在指定的行、列显示串 **************//
void LCD_DisplayString_F (char row, char column , unsigned char __flash * string)
{
LCD_Cursor (row, column);
while ( * string)
{
LCD_DisplayCharacter ( * string ++ );
}
}
//******使用 RAM 在指定的行、列显示串 ***********//
void LCD_DisplayString (char row, char column ,unsigned char * string)
{
LCD_Cursor (row, column);
while ( * string)
LCD_DisplayCharacter ( * string ++ );
}
//*****放置 LCD 光标在"行"、"列" ********//
void LCD_Cursor (char row, char column)
{
switch (row) {
case 1: LCD_WriteControl (0x80  + column - 1); break;
case 2: LCD_WriteControl (0xc0  + column - 1); break;
case 3: LCD_WriteControl (0x94  + column - 1); break;
case 4: LCD_WriteControl (0xd4  + column - 1); break;
default: break;
}
}
//*****显示光标 *******//
void LCD_Cursor_On (void)
{
LCD_WriteControl (LCD_CURS_ON);
}
//******关闭光标 *********//
void LCD_Cursor_Off (void)
{
LCD_WriteControl (LCD_ON);
```

```
}
//***关闭 LCD ******//
void LCD_Display_Off (void)
{
LCD_WriteControl(LCD_OFF);
}
//****打开 LCD ******//
void LCD_Display_On (void)
{
LCD_WriteControl(LCD_ON);
}

/****************延时程序 **************************/
#define DELAY_C
#include "includes.h"
#define XTAL 4                                          //晶振频率,单位 MHz
void delay_1us(void)                                    //1 μs 延时函数
  {
   asm("nop");
  }

void delay_nus(unsigned int n)                          //N μs 延时函数
  {
   unsigned int i = 0;
   for (i = 0;i<n;i ++ )
   delay_1us();
  }
void delay_1ms(void)                                    //1 ms 延时函数
  {
   unsigned int i;
   for (i = 0;i<(unsigned int)(XTAL * 143-2);i ++ );
  }
void delay_nms(unsigned int n)                          //N ms 延时函数
  {
   unsigned int i = 0;
   for (i = 0;i<n;i ++ )
   {
      delay_1ms();
   }
  }
```

12.7.3 系统调试与仿真

对键盘显示系统进行调试并仿真。系统的初始参数设置如图 12 - 63 所示。

系统的各变量值如图 12 - 64 所示。

Watch Window

Name	Address	Value	Watch Expression
DDRD	0x0011	0xF8	
PIND	0x0010	0xFF	
PORTD	0x0012	0xFF	

图 12-63 系统初始参数设置

AVR Variables - U1

Name	Address	Value
_A_DDRB	0037	0xFF
_A_PINB	0036	0x41
_A_PORTB	0038	0x41
__?EEARH	001F	
__?EEARL	001E	
__?EECR	001C	
__?EEDR	001D	
_A_PIND	0030	0xFF
_A_PORTD	0032	0xFF
key_line	00B1	'\0'
key_return	00A0	0xFF
key_state	00AF	'\0'
key_value	00B0	'\0'
_A_DDRD	0031	0xF8
key_code	R16	'\0'
x_position	R24	0x02

图 12-64 系统各变量值

当系统检测当有按键按下时，系统将检测到的按键显示在显示屏上。以“8”键为例，当按下按钮“8”时，系统显示如图 12-65 所示。

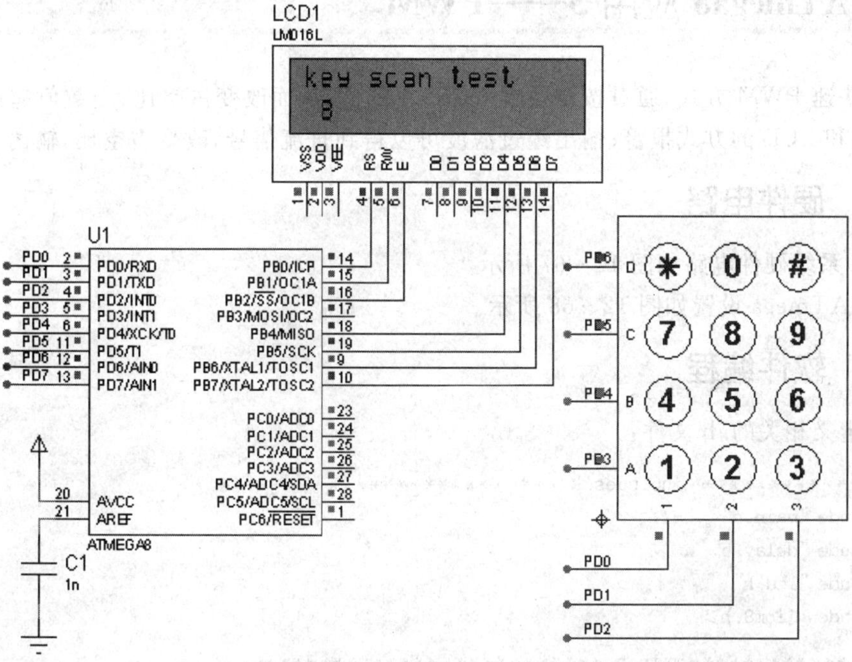

图 12-65 当按下按钮“8”时，系统的显示结果

当按下字符键时，系统也可显示字符。以"＊"键为例，当按下"＊"键时，系统的显示结果如图 12－66 所示。

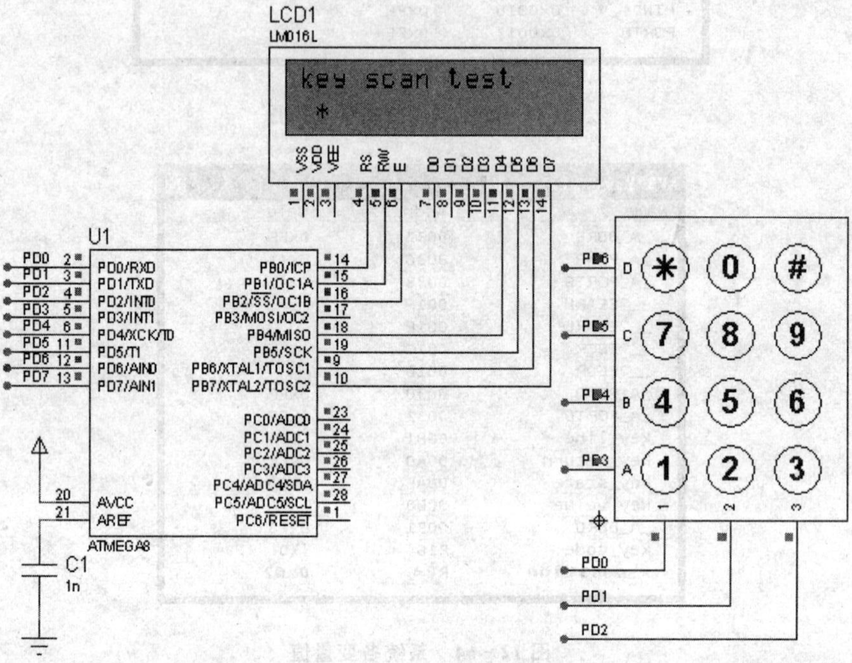

图 12－66　按下"＊"键时，系统的显示结果

12.8　ATmega8 应用 3——PWM

采用快速 PWM 方式，通过按键设置 OCR1A 的值，从而改变占空比；当数值超出界限时，以了 LED 和 LCD 的方式报警；输出经过滤波可以得到直流信号，改变占空比，输出不一样。

12.8.1　硬件电路

PWM 系统硬件电路如图 12－67 所示。

其中，ATmega 设置如图 12－68 所示。

12.8.2　软件编程

首先定义相关的. h 文件：

```
/***************** includes.h ***************************/
#include "main.h"
#include "delay.h"
#include "lcd.h"
#include <iom8.h>
```

```
/***************** main.h ***************************/
#ifndef MAIN_H
#define MAIN_H
```

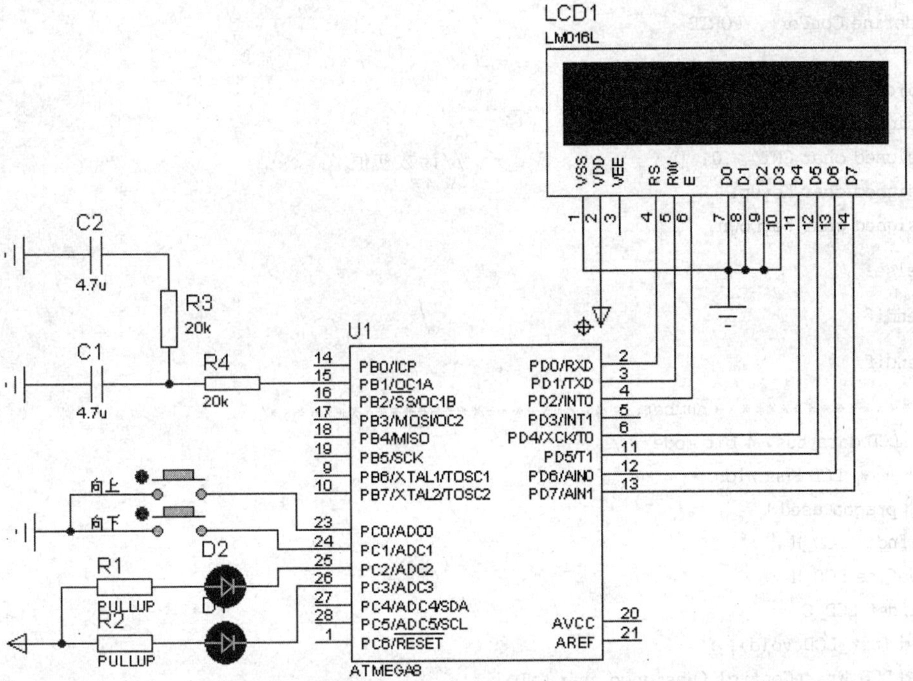

图 12－67　PWM 系统硬件电路图

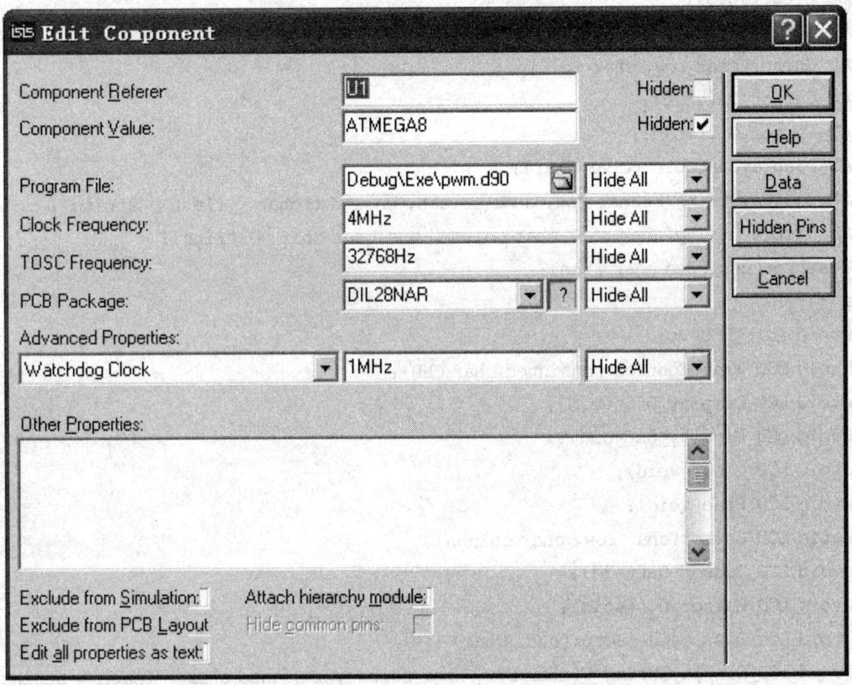

图 12－68　PWM 系统 ATmega 设置

```
#define ENABLE_BIT_DEFINITIONS
#define OutPort  PORTC
#define ConPort  PORTD

#ifdef MAIN_C
unsigned char data[4] = {0,0,0,0};
unsigned char CNT = 0;                              //计数初值
unsigned char KeyUp;
unsigned char KeyDown;
#else
#endif
#endif
/**************** number.h *************************/
/* LCD data bus, 4 bit mode */
//*** LCD Function ***//
//#pragma used+
#ifndef LCD_H
#define LCD_H
#ifdef LCD_C
void Init_LCD(void);
void LCD_WriteControl (unsigned char CMD);
void LCD_Display_Off(void);
void LCD_Display_On(void);
void LCD_Clear(void);
void LCD_Home(void);
void LCD_Cursor(char row, char column);
void LCD_Cursor_On(void);
void LCD_Cursor_Off(void);
void LCD_DisplayCharacter(char Char);
void LCD_DisplayString_F(char row, char column, unsigned char __flash * string);
void LCD_DisplayString(char row, char column, unsigned char * string);
void ClearLine(unsigned char line);
#else
extern void Init_LCD(void);
extern void LCD_WriteControl (unsigned char CMD);
extern void LCD_Display_Off(void);
extern void LCD_Display_On(void);
extern void LCD_Clear(void);
extern void LCD_Home(void);
extern void LCD_Cursor(char row, char column);
extern void LCD_Cursor_On(void);
extern void LCD_Cursor_Off(void);
extern void LCD_DisplayCharacter(char Char);
extern void LCD_DisplayString_F(char row, char column, unsigned char __flash * string);
extern void LCD_DisplayString(char row, char column, unsigned char * string);
extern void ClearLine(unsigned char line);
#endif
```

```
#endif
/*****************delay.h **************************/
#ifndef DELAY_H
#define DELAY_H
#ifdef DELAY_C
void delay_1us(void);                              //1 μs 延时函数
void delay_nus(unsigned int n);                    //N μs 延时函数
void delay_1ms(void) ;                             //1 ms 延时函数
void delay_nms(unsigned int n) ;                   //N ms 延时函数
#else
extern void delay_1us(void);                       //1 μs 延时函数
extern void delay_nus(unsigned int n);             //N μs 延时函数
extern void delay_1ms(void) ;                      //1 ms 延时函数
extern void delay_nms(unsigned int n) ;            //N ms 延时函数
#endif
#endif
```

PWM 系统软件源程序如下：

```
/*****************main.c 主程序 **************************/
#define MAIN_C
#include "includes.h"
/*****************************/
/* PWM */
/* 晶振为 4 MHz */
/* 利用 Timer1 的 OC1A 脚输出占空比可调的信号 */
/* 通过按键控制 OCR1A 的值 */
/*****************************/
#define PwmOut      PB1                            //A 通道的 PWM 输出
#define OCR         OCR1A
#define KeyUp       PC0                            //增大 PWM 值的按键
#define KeyDown     PC1                            //减小 PWM 值的按键
#define Above       PC2                            //设置位值过高指示
#define Below       PC3                            //设置位值过低指示
#define STEP        64                             //定义按键时的步进值
int OcrReg = 1024;                                 //OCR1A 初始值
int Icr1Reg = 0x7ff;                               //PWM 的计数顶部值  Icr1Reg = 2047
//unsigned char *show = "0000";
unsigned char temp;
void init(void)                                    //初始化函数
{
    //比较匹配时清零,计数到最大时置位 OC1A
    TCCR1A |= (1<<COM1A1)|(1<<WGM11);
    //11 位分辨率,快速 PWM 模式,使用系统时钟作为计数时钟
    TCCR1B |= (1<<WGM13)|(1<<WGM12)|(1<<CS10);
    ICR1     = Icr1Reg;
```

```
    OCR      = 0 ;
    DDRB   |= (1<<PwmOut);                              //置 PWM 为输出
    DDRC   |= (1<<Above)|(1<<Below);                    //指示灯定义为输出
    DDRC  &= ~((1<<KeyUp)|(1<<KeyDown));                //按键定义为输入
    PORTC |= (1<<KeyUp)|(1<<KeyDown);                   //按键开启上拉
    PORTC |= (1<<Above)|(1<<Below);                     //关闭两个指示灯
    //TIMSK |= (1<<OCIE1A);                             //允许计数器比较匹配中断
    //SREG  |= (1<<7);                                  //开全局中断
}
void  ShowValue(int value)
{
    unsigned char * temp = "0000";
    temp[0] = value/1000 + 0x30;
    value = value % 1000;
    temp[1] = value/100  + 0x30;
    value = value % 100;
    temp[2] = value/10  + 0x30;
    value = value % 10;
    temp[3] = value  + 0x30;
    ClearLine(2);
    LCD_DisplayString(2,1,"OCR1A = ");
    LCD_DisplayString(2,9,temp);
}
void main(void)
{
    unsigned char i;
    init();
    Init_LCD();
    OCR = OcrReg;
    LCD_DisplayString(1,1,"PWM test");
    LCD_DisplayString(2,1,"OCR1A = ");
    ShowValue(OcrReg);
    while(1)
    {
        if(!(PINC&(1<<KeyUp)))
        {
            delay_nms(10);                              //按键消抖
            if(!(PINC&(1<<KeyUp)))
            {
                while(!(PINC&(1<<KeyUp)));              //等待按键释放
                if(OcrReg >= (Icr1Reg + 1))
                {
                    for(i = 0;i<5;i ++ )
                    {
                        PORTC ^= (1<<Above);
```

```
                delay_nms(200);
            }
            ClearLine(2);
            LCD_DisplayString(2,1,"Value MAX!");
        }
        else
        {
            PORTC |= (1<<Above);
            OcrReg += STEP;
            OCR = OcrReg;
            ShowValue(OcrReg);
        }
    }
}
if(!(PINC&(1<<KeyDown)))
{
    delay_nms(10);                          //按键消抖
    if(!(PINC&(1<<KeyDown)))
    {
        while(! (PINC&(1<<KeyDown)));  //等待按键释放
        if(OcrReg <= 0)
        {
            for(i=0;i<5;i++)
            {
                PORTC ^= (1<<Below);
                delay_nms(200);
            }
             ClearLine(2);
            LCD_DisplayString(2,1,"Value MIN!");
        }
        else
        {
            PORTC |= (1<<Below);
            OcrReg -= STEP;
            OCR = OcrReg;
            ShowValue(OcrReg);
        }
    }
  }
 }
}
/****************采用4位数据线的1602液晶驱动子程序 **********************/
#define ENABLE_BIT_DEFINITIONS
#define LCD_C
#include "includes.h"
```

```
//*****定义 I/O引脚 *****//
#define BIT7 0x80
#define BIT6 0x40
#define BIT5 0x20
#define BIT4 0x10
#define BIT3 0x08
#define BIT2 0x04
#define BIT1 0x02
#define BIT0 0x01
//***设置 LDC 数据端口 8 位模式 ***//
#define LCD_OP_PORT PORTB
#define LCD_IP_PORT PINB
#define LCD_DIR_PORT DDRB
/**************************************/
#define LCD_EN   (1 << 2)                                //引脚定义
#define LCD_RS (1 << 0)
#define LCD_RW (1 << 1)
#define lcd_set_e()  (LCD_OP_PORT |= LCD_EN)             //置位与清零
#define lcd_set_rs() (LCD_OP_PORT |= LCD_RS)
#define lcd_set_rw() (LCD_OP_PORT |= LCD_RW)
#define lcd_clear_e()  (LCD_OP_PORT &= ~LCD_EN)
#define lcd_clear_rs() (LCD_OP_PORT &= ~LCD_RS)
#define lcd_clear_rw() (LCD_OP_PORT &= ~LCD_RW)
/************************************************************/
#define LCD_ON 0x0C
#define LCD_CURS_ON 0x0D
#define LCD_OFF 0x08
#define LCD_HOME 0x02
#define LCD_CLEAR 0x01
#define LCD_NEW_LINE 0xC0
#define LCD_FUNCTION_SET 0x28
#define LCD_MODE_SET 0x06
void LCD_INIT(void)
{
LCD_DIR_PORT = 0xff;                                     //LCD 端口输出
LCD_OP_PORT = 0x30;
lcd_clear_rw();                                          //设置 LCD 写
lcd_clear_rs();                                          //设置 LCD 以响应命令
lcd_set_e();                                             //向 LCD 写数据
asm("nop");
asm("nop");
lcd_clear_e();                                           //禁止 LCD
delay_nus(40);
lcd_clear_rw() ;
```

```
lcd_clear_rs();
lcd_set_e();
asm("nop");
asm("nop");
lcd_clear_e();
delay_nus(40);
lcd_set_e();
asm("nop");
asm("nop");
lcd_clear_e();
delay_nus(40);
LCD_OP_PORT = 0x20;
lcd_set_e();
asm("nop");
asm("nop");
lcd_clear_e();
delay_nus(40);
}
//******从 LCD 返回"忙"标志子程序 **********//
void LCD_Busy ( void )
{
unsigned char temp,high;
unsigned char low;
LCD_DIR_PORT = 0x0f;                                  //设置 I/O 端口为输入
do
{
temp = LCD_OP_PORT;
temp = temp&BIT3;
LCD_OP_PORT = temp;
lcd_set_rw();                                         //设置 LCD 写
lcd_clear_rs();
lcd_set_e();
delay_nus(3);
high = LCD_IP_PORT;                                   //读高 4 位
lcd_clear_e();
lcd_set_e();
asm("nop");
asm("nop");
low = LCD_IP_PORT;                                    //读低 4 位
lcd_clear_e();
} while(high & 0x80);
delay_nus(20);
}
//****向 LCD 写控制指令子程序 ********//
void LCD_WriteControl (unsigned char CMD)
```

```
{
char temp;
LCD_Busy();                                          //测试是否 LCD 忙
LCD_DIR_PORT = 0xff;                                 //LCD 端口输出
temp = LCD_OP_PORT;
temp = temp&BIT3;
LCD_OP_PORT = (CMD & 0xf0)|temp;
lcd_clear_rw();
lcd_clear_rs();
lcd_set_e();
asm("nop");
asm("nop");
lcd_clear_e();
LCD_OP_PORT = (CMD<<4)|temp;
lcd_clear_rw();
lcd_clear_rs();
lcd_set_e();
asm("nop");
asm("nop");
lcd_clear_e();
}
//****向 LCD 写一个字节的数据子程序 ***********//
void LCD_WriteData (unsigned char Data)
{
char temp;
LCD_Busy();
LCD_DIR_PORT = 0xFF;
temp = LCD_OP_PORT;
temp = temp&BIT3;
LCD_OP_PORT = (Data & 0xf0)|temp;
lcd_clear_rw() ;
lcd_set_rs();
lcd_set_e();
asm("nop");
asm("nop");
lcd_clear_e();
LCD_OP_PORT = (Data << 4)|temp;
lcd_clear_rw() ;
lcd_set_rs();
lcd_set_e();
asm("nop");
asm("nop");
lcd_clear_e();
}
//*****初始化 LCD 驱动器 *********//
```

```
void Init_LCD(void)
{
LCD_INIT();
LCD_WriteControl (LCD_FUNCTION_SET);
LCD_WriteControl (LCD_OFF);
LCD_WriteControl (LCD_CLEAR);
LCD_WriteControl (LCD_MODE_SET);
LCD_WriteControl (LCD_ON);
LCD_WriteControl (LCD_HOME);
}
//**********清除 LCD 屏幕 *************//
void LCD_Clear(void)
{
LCD_WriteControl(0x01);
}
//*****将 LCD 光标放置在 1 行、1 列 ************//
void LCD_Home(void)
{
LCD_WriteControl(0x02);
}
//********在当前光标位置,显示一个单字符 *******************//
void LCD_DisplayCharacter (char Char)
{
LCD_WriteData (Char);
}
//********使用 FLASH 在指定的行、列显示串 **************//
void LCD_DisplayString_F (char row, char column , unsigned char __flash * string)
{
LCD_Cursor (row, column);
while ( * string)
{
LCD_DisplayCharacter ( * string ++ );
}
}
//******使用 RAM 在指定的行、列显示串 ***********//
void LCD_DisplayString (char row, char column ,unsigned char * string)
{
LCD_Cursor (row, column);
while ( * string)
LCD_DisplayCharacter ( * string ++ );
}
//*****放置 LCD 光标在"行"、"列" ********//
void LCD_Cursor (char row, char column)
{
switch (row) {
```

```
case 1: LCD_WriteControl (0x80 + column - 1); break;
case 2: LCD_WriteControl (0xc0 + column - 1); break;
case 3: LCD_WriteControl (0x94 + column - 1); break;
case 4: LCD_WriteControl (0xd4 + column - 1); break;
default: break;
}
}
//*****显示光标 *******//
void LCD_Cursor_On (void)
{
LCD_WriteControl (LCD_CURS_ON);
}
//******关闭光标 *********//
void LCD_Cursor_Off (void)
{
LCD_WriteControl (LCD_ON);
}
//***关闭 LCD ******//
void LCD_Display_Off (void)
{
LCD_WriteControl(LCD_OFF);
}
//****打开 LCD ******//
void LCD_Display_On (void)
{
LCD_WriteControl(LCD_ON);
}

/*****************延时程序 **************************/
#define DELAY_C
#include "includes.h"
#define XTAL 4                                   //晶振频率,单位 MHz
void delay_1us(void)                             //1 μs 延时函数
  {
  asm("nop");
  }
void delay_nus(unsigned int n)                   //N μs 延时函数
  {
  unsigned int i = 0;
  for (i = 0;i<n;i ++ )
  delay_1us();
  }
void delay_1ms(void)                             //1 ms 延时函数
  {
  unsigned int i;
```

```
    for (i=0;i<(unsigned int)(XTAL*143-2);i++);
  }
void delay_nms(unsigned int n)                                  //N ms 延时函数
  {
    unsigned int i=0;
    for (i=0;i<n;i++)
    {
      delay_1ms();
    }
  }
```

12.8.3 系统调试与仿真

对 PWM 系统进行调试并仿真。系统的初始参数设置如图 12-69 所示。

Watch Window

Name	Address	Value	Watch Expre...
TCCR1A	0x002F	0b10000010	
WGMx <0:1>	0x002F	2	
FOC1B <2>	0x002F	0	
FOC1A <3>	0x002F	0	
COM1Bx <4:5>	0x002F	0	
COM1Ax <6:7>	0x002F	2	
TCCR1B	0x002E	0b00011001	
CSx <0:1>	0x002E	1	
WGMx <2:3>	0x002E	2	
ICES1 <5>	0x002E	0	
ICNC1 <6>	0x002E	0	
ICR1	0x0026	2047	
DDRB	0x0017	0x02	
DDRC	0x0014	0x0C	
DDRD	0x0011	0xFF	

图 12-69 系统初始参数设置

系统各相关变量值如图 12-70 所示。

AVR Variables - U1

Name	Address	Value
_A_DDRD	0031	0xFF
_A_PIND	0030	0x41
_A_PORTD	0032	0x41
__?EEARH	001F	
__?EEARL	001E	
__?EECR	001C	
__?EEDR	001D	
Icr1Reg	00E0	2047
OcrReg	00DE	1024
_A_DDRB	0037	0x02
_A_DDRC	0034	0x0C
_A_ICR1	0046	0xFF 0x07
_A_OCR1A	004A	0x00 0x04
_A_PINC	0033	0x0F
_A_PORTC	0035	0x0F
_A_TCCR1A	004F	0x82
_A_TCCR1B	004E	0x19
i	R24	0x2C

图 12-70 系统各相关变量值

当无按键输入时，系统输出频率恒定的 PWM 波，如图 12－71 所示。

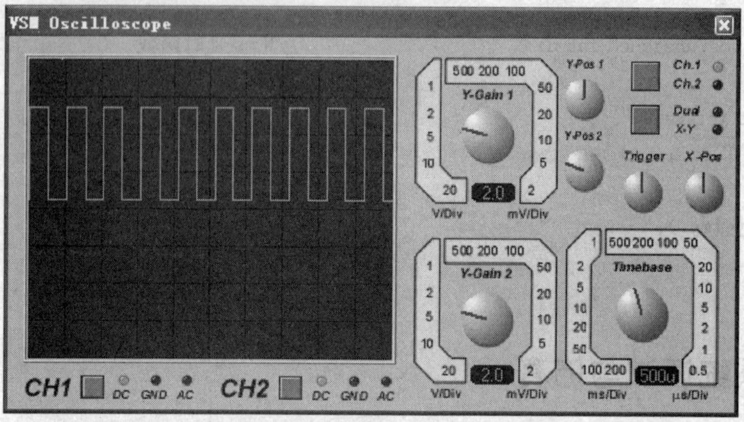

图 12－71　无按键输入时，系统输出的 PWM 波

此时，经滤波，系统输出电压值，电压值从 0 V 开始增长，如图 12－72 所示。

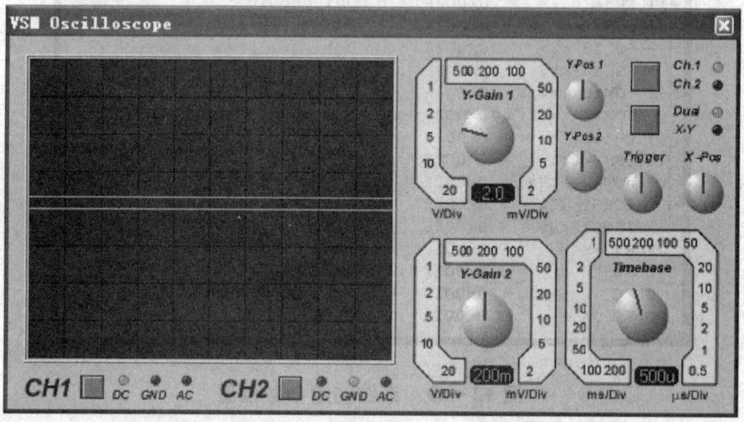

图 12－72　初始时，滤波后的电压从 0 V 开始增长

直至达到 2.5 V 时稳定，如图 12－73 所示。

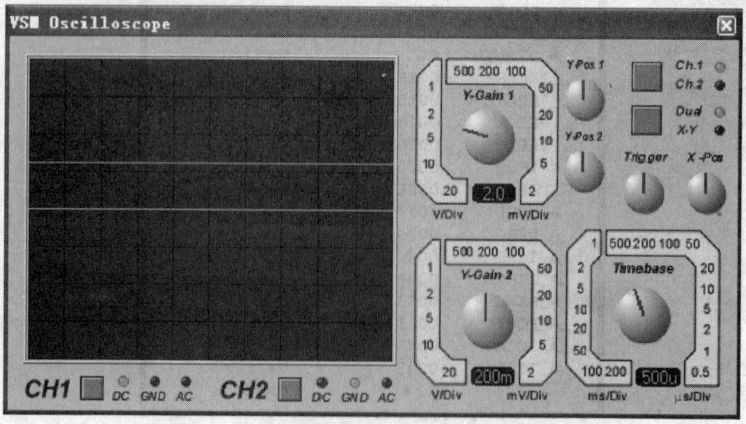

图 12－73　滤波后的电压增长到 2.5 V 时稳定

此时,系统状态如图 12-74 所示。

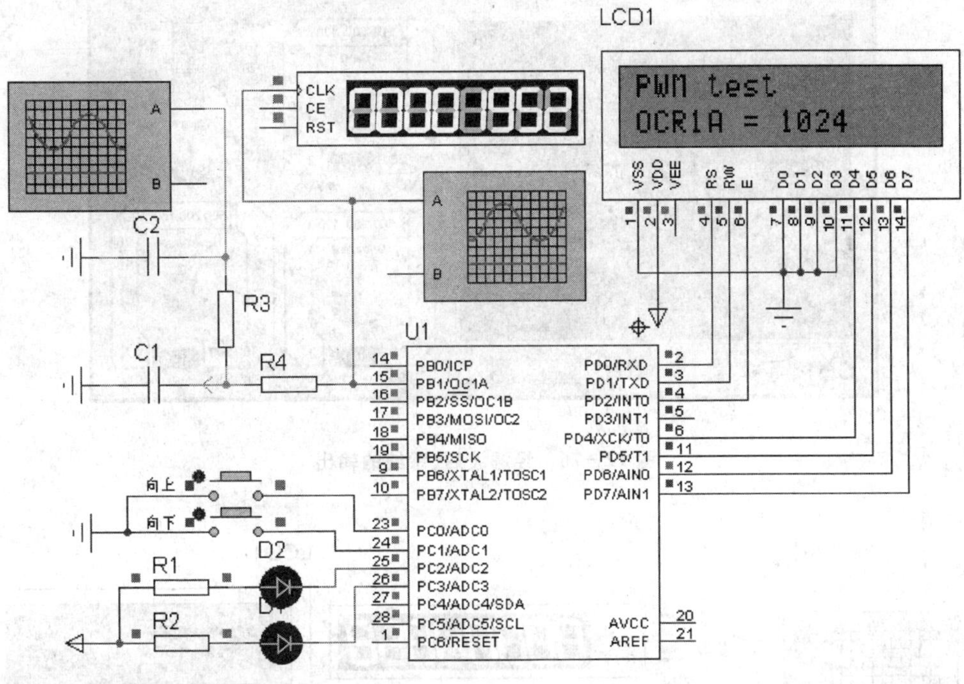

图 12-74 无按键输入时系统状态

从图中可知,此时系统 OCR1A=1024,系统输出 PWM 波的频率为 1952 Hz。

当按下"向上"按钮时,系统输出的 PWM 波如图 12-75 所示。

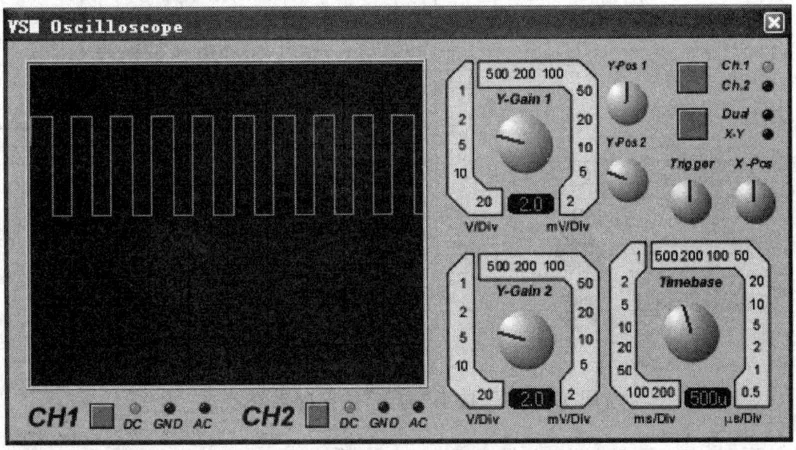

图 12-75 按下"向上"按钮时,系统输出的 PWM 波

经滤波后,系统的输出如图 12-76 所示。

此时,系统状态如图 12-77 所示。

此时,OCR1A=1088,而 PWM 波的频率为 1952。

从图 12-77 中可知,系统占空比增加。

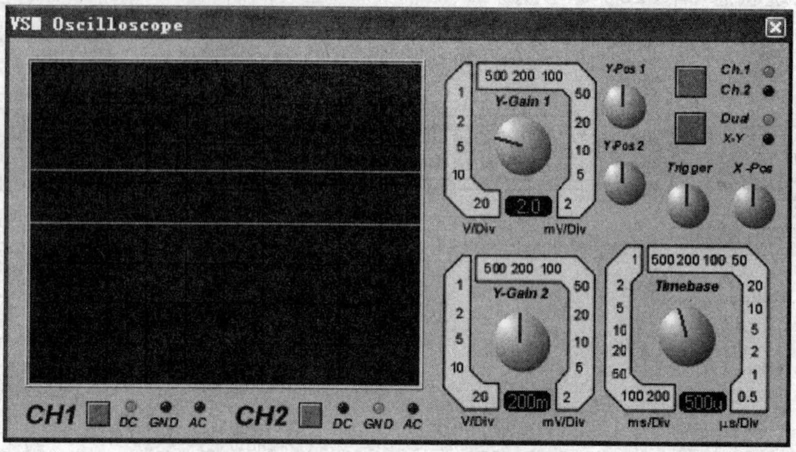

图 12-76　经滤波后，系统的输出

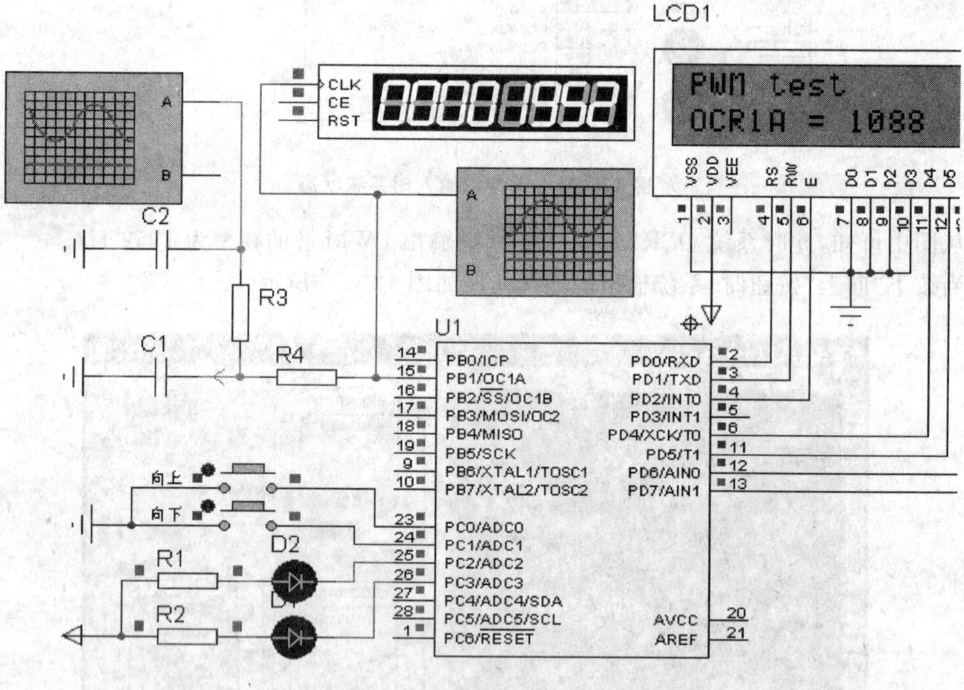

图 12-77　按下"向上"按钮时系统状态

当按下"向下"按钮时，系统输出的 PWM 波如图 12-78 所示。

经滤波后，系统的输出如图 12-79 所示。

此时系统状态如图 12-80 所示。

此时，OCR1A=1088，而 PWM 波的频率为 1952。

从图 12-80 中可知，系统占空比减小。

当"向上"值超过极限值时，系统"向上超过极限值"指示灯点亮，如图 12-81 所示。

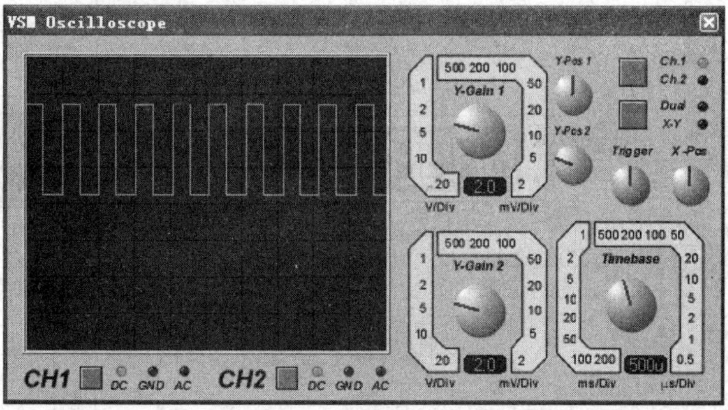

图 12-78　按下“向下”按钮时，系统输出的 PWM 波

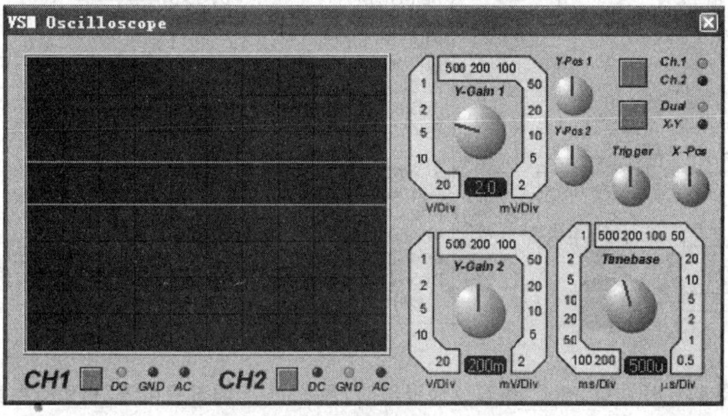

图 12-79　经滤波后系统的输出

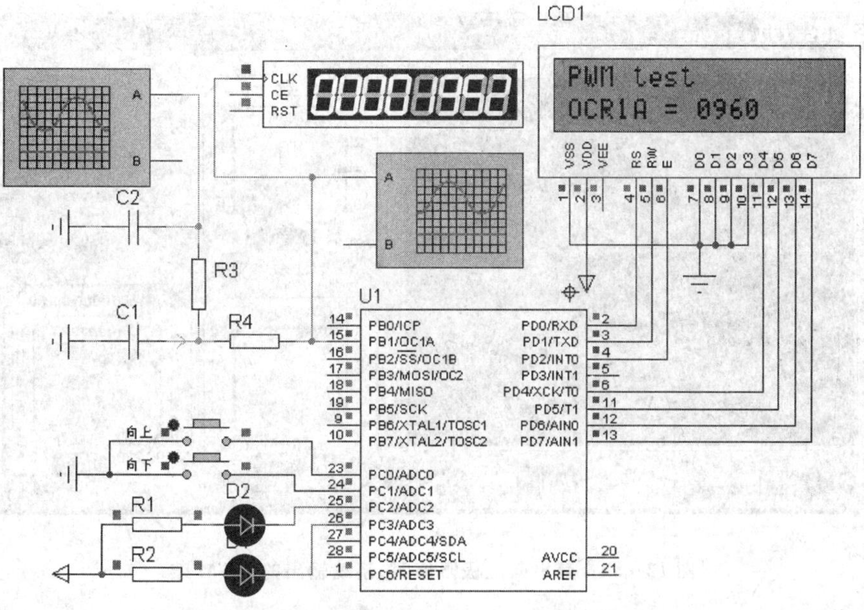

图 12-80　按下“向下”按钮时的系统状态

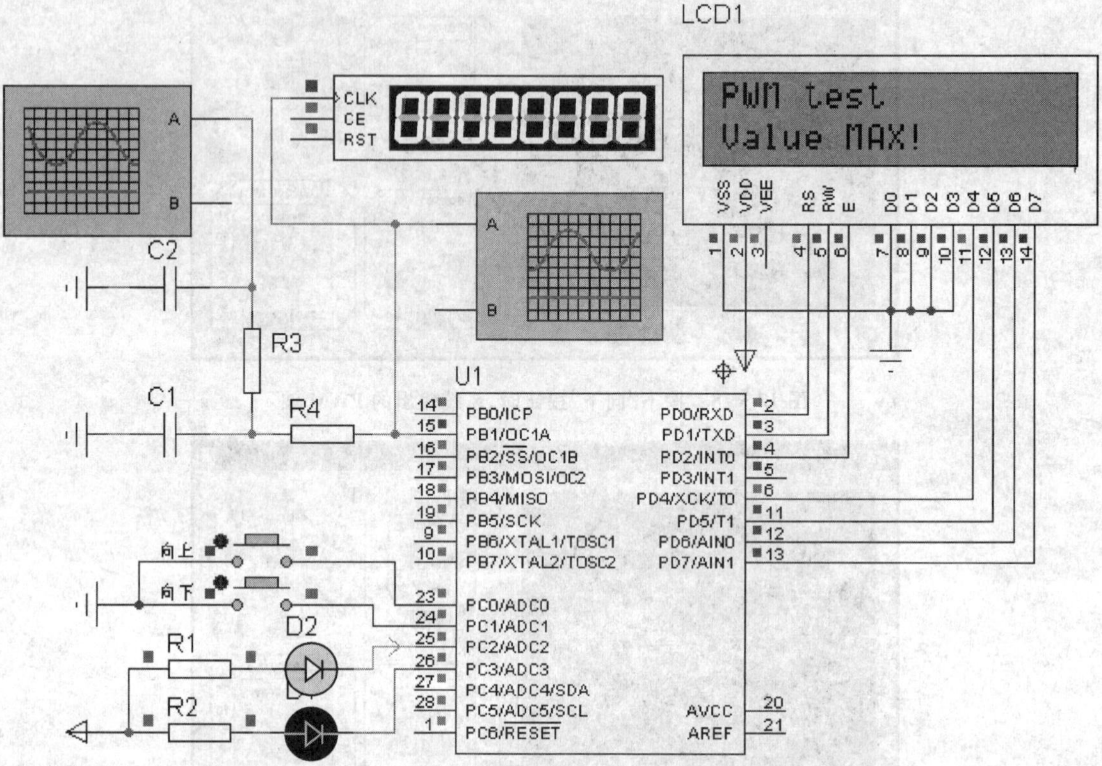

图 12-81 当"向上"值超过极限值时,系统"向上超过极限值"指示灯点亮

此时,系统输出的 PWM 波波形如图 12-82 所示。

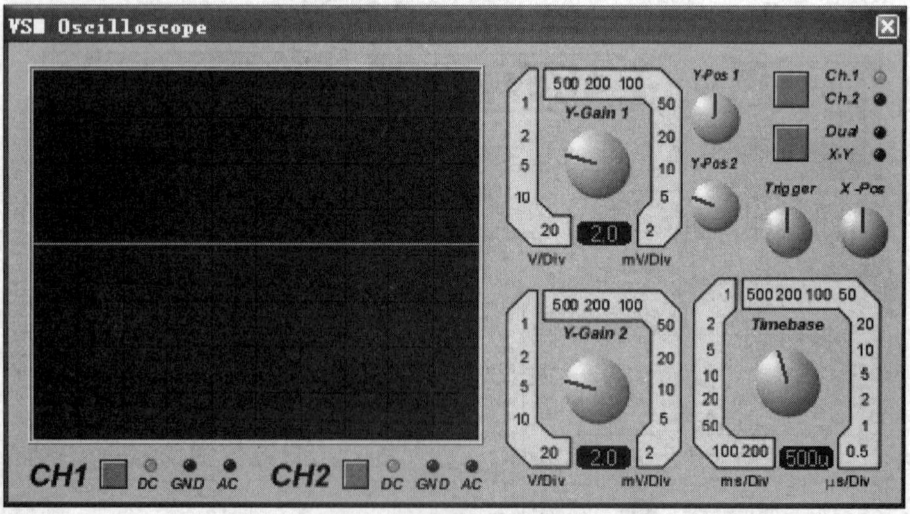

图 12-82 超出向上极限值时,系统输出的 PWM 波

经滤波后的波形如图 12-83 所示。

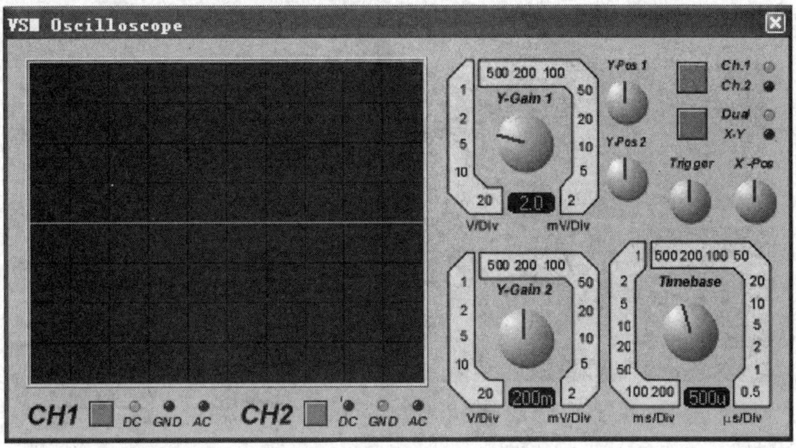

图 12-83　超出向上极限值时,系统输出的 PWM 波经滤波后的波形

当“向下”值超过极限值时,系统“向下超过极限值”指示灯点亮,如图 12-84 所示。

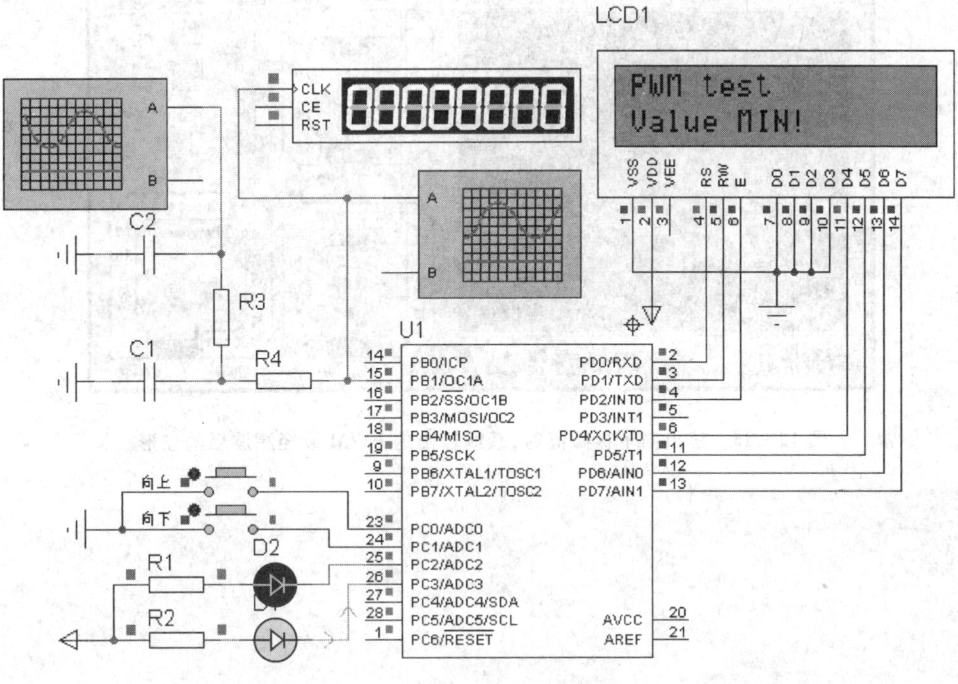

图 12-84　当“向下”值超过极限值时,系统“向上超过极限值”指示灯点亮

此时,系统输出的 PWM 波波形如图 12-85 所示。

经滤波后的波形如图 12-86 所示。

当向上或向下值回到规定范围内时,报警自动解除。

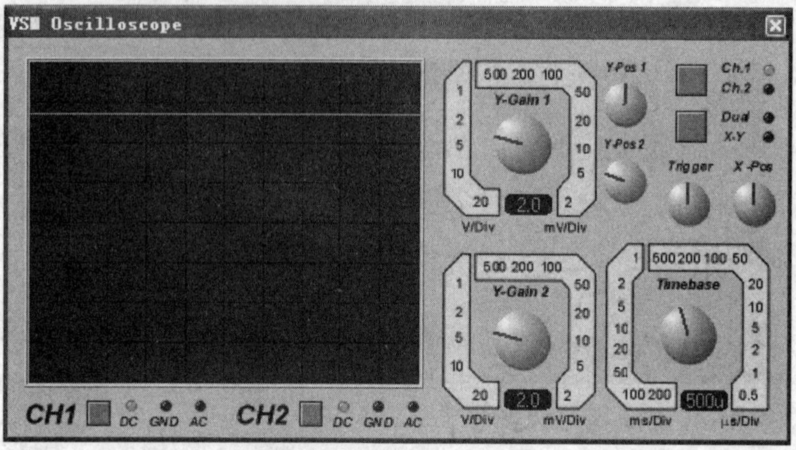

图 12-85　超出向下极限值时，系统输出的 PWM 波

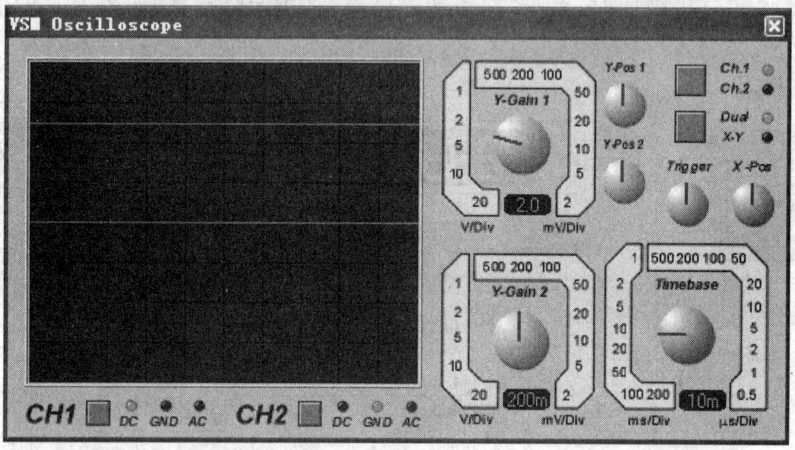

图 12-86　超出向下极限值时，系统输出的 PWM 波经滤波后的波形

附　录

要　点：

- IAR 系统目录
- IAR 文件类型
- 8 位 RISC 指令结构 AVR 单片机选型表
- AVR 器件 118 条指令速查表
- AT90S8535 I/O 空间
- Atmega8 I/O 地址空间分配表
- 通用延时子程序
- 从 MCS－51 到 AVR 的快速转换
- intrinsic 函数
- IAR 中断向量定义
- 单片机 C 程序优化
- DS18B20 简介

附录 A

IAR 系统目录

IAR 系统目录结构如图 A-1 所示。

根目录：在安装过程中创建的默认根目录为“x：\Program Files\IAR Systems\Embedded Workbench 4. n”。“x”是指 Microsoft Windows 的安装目录，而 4. n 是嵌入式 IAR Embedded Workbench IDE 的版本号。

avr 目录：avr 目录包含所有特定产品的相关子目录。

avr\bin 目录：avr\bin 子目录包含特殊 AVR 插件的可执行文件，比如 AVR IAR C/C++编译器，AVR IAR 汇编器和 AVR IARC-SPY 驱动。

avr\config 目录：avr\config 子目录包含用于配置开发环境和工程的文件，比如：

- 连接器命令模板文件（＊.xcl）；
- 特殊函数注册描述文件（＊.sfr）；
- C-SPY 设备描述文件（＊.ddf）
- 语法着色配置文件（＊.cfg）；
- 应用工程和库工程文件的模板文件（＊.ewp）以及它们相应的库配置文件。

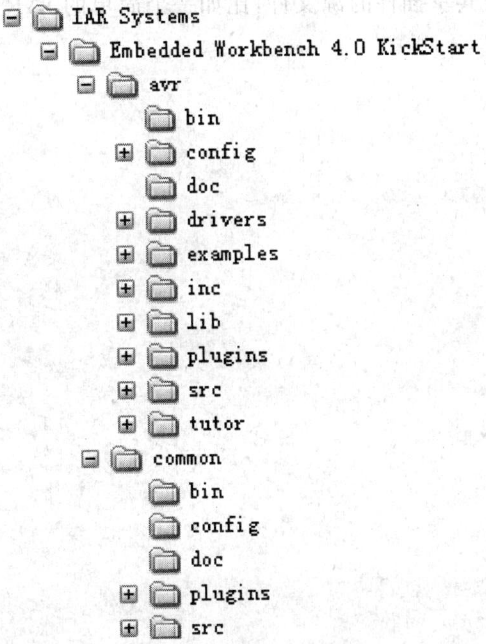

图 A-1　目录结构

avr\doc 目录：avr\doc 目录包含 AVR 工具的最新信息的帮助文档。建议用户先读一下这些文档。该目录下也包含了 IAR 用户手册和 AVR 参考手册的在线超文本文件(PDF 格式)，还有在线帮助文件(CHM 格式)。

avr\inc 目录：avr\inc 子目录包含内部文件，比如标准 C 或 C++库的头文件。同样，还有定义特定功能寄存器的特殊头文件，而这些文件主要由编译器和汇编器来使用。

avr\lib 目录：avr\lib 子目录包含编译器使用的预先创建的库以及相应的库配置文件。

avr\src 目录：avr\src 子目录包含一些可配置库功能的源文件以及一些应用程序代码示例。此外还包含库的源代码。

avr\tutor 目录：IAV 教程实例。

common 目录：公共目录包含所有嵌入式 IAR Embedded Workbench 产品共享的插件所在的子目录。

common\bin 目录：common\bin 子目录包含所有嵌入式 IAR Embedded Workbench 产品共享插件的可执行文件，例如 IAR XLINK Linker、IAR XLIB Librarian、IAR XAR Library Builder 以及编辑器和图形用户接口插件。IAR Embedded Workbench 的可执行文件也放置在这里。

common\config 目录：common\config 子目录包含嵌入式 IAR Embedded Workbench 在开发环境中所保持的设置。

common\doc 目录：common\doc 子目录包含了所有嵌入式 IAR Embedded Workbench 产品的共享插件的最新信息的帮助文档，例如连接器和库工具。这个目录还包括"IAR 连接器和库工具参考手册"的 PDF 在线版文档。

common\plugin 目录：common\plugin 子目录包含可作为载入式插件模块的插件的执行文件与描述文件。

common\src 目录：common\src 子目录包含所有嵌入式 IAR Embedded Workbench 产品的共享插件的源文件，比如一个简单的 IAR XLINK 连接器的输出格式文件"SIMPLE"。

附录 B

IAR 文件类型

IAR 系统的开发工具的 AVR 版中使用如表 B-1 所列默认的文件扩展名来确认 IAR 特定文件类型。

表 B-1　IAR 文件类型表

扩展名	文件类型	从下列位置输出	输入到下列位置
a90	目标应用	连接器	EPROM、C-SPY 等
asm	汇编源代码	文本编辑器	汇编器
c	C 源代码	文本编辑器	编译器
cfg	语法颜色配置	文本编辑器	IAR 嵌入式工作平台
cpp	嵌入式 C++源代码	文本编辑器	编译器
d90	带有调试信息的目标应用	连接器	C-SPY 和其他符号调试器
dbg	带有调试信息的目标应用	连接器	C-SPY 和其他符号调试器
dbgt	调试器界面设置	C-SPY	C-SPY
ddf	器件描述文件	文本编辑器	C-SPY
dep	相关信息	IAR 嵌入式工作平台	IAR 嵌入式工作平台
dni	调试器初始化信息	C-SPY	C-SPY
ewd	C-SPY 的工程设置	IAR 嵌入式工作平台	IAR 嵌入式工作平台
ewp	IAR 嵌入式工作平台的工程	IAR 嵌入式工作平台	IAR 嵌入式工作平台
eww	工作空间文件	IAR 嵌入式工作平台	IAR 嵌入式工作平台
fmt	窗口格式信息	IAR 嵌入式工作平台	IAR 嵌入式工作平台
h	C、C++或汇编头文件	文本编辑器	编译器或汇编器
i	预处理文件	编译器	编译器
inc	汇编器头文件	文本编辑器	汇编器
lst	列表输出文件	编译器和汇编器	—
mac	C-SPY 宏定义	文本编辑器	C-SPY
map	列表输出文件	连接器	—
pbd	源文件浏览信息	IAR 嵌入式工作平台	IAR 嵌入式工作平台
pbi	源文件浏览信息	IAR 嵌入式工作平台	IAR 嵌入式工作平台
pew	IAR 嵌入式工作平台的工程(旧工程格式)	IAR 嵌入式工作平台	IAR 嵌入式工作平台

续表 B-1

扩展名	文件类型	从下列位置输出	输入到下列位置
prj	IAR 嵌入式工作平台的工程(旧工程格式)	IAR 嵌入式工作平台	IAR 嵌入式工作平台
r90	目标模型	编译器和汇编器	连接器、XAR 和 XLIB
s90	AVR 汇编器源代码	文本编辑器	AVR IAR 汇编器
sfr	特殊功能寄存器定义	文本编辑器	C-SPY
wsdt	工作空间界面设置	IAR 嵌入式工作平台	IAR 嵌入式工作平台
xcl	扩展命令行	文本编辑器	汇编器、编译器和连接器
xlb	扩展库管理器批处理命令	文本编辑器	库

当用户需要确定一个文件名时,可以引用一个清楚的扩展名来覆盖默认的文件扩展名。扩展名为 inc 和 dni 的文件是在运行嵌入式 IAR Embedded Workbench 工具时同步生成的。这些文件包含关于用户的工程配置及其他设置的信息,然后被放到工程目录下的 settings 子目录里。

注意:如果用户是从命令行来运行工具,XLINK 列表文件(映像)会采用默认的扩展名 lst,这样可能会覆盖由编译器生成的扩展名。因此,建议用户将 XLINK 的映象文件完整地定义出来,比如 project1.map。

附录 C

8 位 RISC 指令结构 AVR 单片机选型表

型 号	Flash /Kb	EEPROM /Kb	SRAM /bytes	频率 /MHz	I/O	10 位 A/D	电压/V	8 位 定时器	16 位 定时器	其 他
AT90S1200	1	0.0625		12	15		2.7～6.0	1		
AT90S2313	2	0.125	128	10	15		2.7～6.0	1	1	一个 UART
ATtiny11	1			6	6		4.0～5.5	1		
ATtiny12	1	0.0625		8	6		4.0～5.5	1		掉电检测
ATtiny13	1	0.064	64	24	6	4	1.8～5.5	1		掉电检测
ATtiny15L	1	0.0625		1.6	6	4	2.7～5.5	2		掉电检测
ATtiny2313	2	0.128	128	20	18		1.8～5.5	1	1	掉电检测,一个 UART
ATtiny26	2	0.125	128	16	16	11	4.5～5.5	2		掉电检测,一个 USI
ATtiny26L	2	0.125	128	8	16	11	2.7～5.5	2		掉电检测,一个 USI
ATtiny28V	2		32	1	11		1.8～5.5	1		
ATtiny28L	2		32	4	11		2.7～5.5	1		
ATmega48	4	0.256	512	24	23	8	1.8～5.5	2	1	掉电检测,2 个 SPI,UART,TWI
ATmega88	8	0.5	1024	24	23	8	1.8～5.5	2	1	掉电检测,2 个 SPI,UART,TWI
ATmega8	8	0.5	1024	16	23	8	4.5～5.5	2	1	掉电检测,SPI,UART,TWI
ATmega8L	8	0.5	1024	8	23	8	2.7～5.5	2	1	掉电检测,SPI,UART,TWI
ATmega8515	8	0.5	512	16	35		4.5～5.5	1	1	掉电检测,SPI,UART
ATmega8515L	8	0.5	512	8	35		2.7～5.5	1	1	掉电检测,SPI,UART
ATmega8535	8	0.5	512	16	32	8	4.5～5.5	2	1	掉电检测,SPI,UART,TWI
ATmega8535L	8	0.5	512	8	32	8	2.7～5.5	2	1	掉电检测,SPI,UART,TWI
ATmega162	16	0.5	1024	16	35		4.5～5.5	2	2	掉电检测,SPI,2 个 UART,TWI
ATmega162V	16	0.5	1024	1	35		1.8～3.6	2	2	掉电检测,SPI,2 个 UART,TWI
ATmega162L	16	0.5	1024	8	35		2.7～5.5	2	2	掉电检测,SPI,2 个 UART,TWI
ATmega16	16	0.5	1024	16	32	8	4.5～5.5	2	1	掉电检测,SPI,UART,TWI
ATmega16L	16	0.5	1024	8	32	8	2.7～5.5	2	1	掉电检测,SPI,UART,TWI
ATmega168	16	0.5	1024	24	23	16	1.8～5.5	2	1	掉电检测,2 个 SPI,UART,TWI
ATmega169	16	0.5	1024	16	54	8	4.5～5.5	2	1	掉电检测,SPI,UART,TWI,LCD
ATmega169V	16	0.5	1024	1	54	8	1.8～5.5	2	1	掉电检测,SPI,UART,TWI,LCD
ATmega169L	16	0.5	1024	8	54	8	2.7～3.6	2	1	掉电检测,SPI,UART,TWI,LCD
ATmega32	32	1	2048	16	32	8	4.0～5.5	2	1	掉电检测,SPI,UART,TWI
ATmega32L	32	1	2048	8	32	8	2.7～5.5	2	1	掉电检测,SPI,UART,TWI
ATmega64	64	2	4096	16	53	8	4.5～5.5	2	2	掉电检测,SPI,2 个 UART,TWI
ATmega64L	64	2	4096	8	53	8	2.7～5.5	2	2	掉电检测,SPI,2 个 UART,TWI
ATmega128	128	4	4096	16	53	8	4.5～5.5	2	2	掉电检测,SPI,2 个 UART,TWI
ATmega128L	128	4	4096	8	53	8	2.7～5.5	2	2	掉电检测,SPI,2 个 UART,TWI

附录 D

AVR 器件 118 条指令速查表

表 D－1～表 D－4 的应用范围：AT90S2313/2323/2333/2343/4414/4433/4434/8515/8534/8535。

表 D－1　算术和逻辑指令

指　令	描　述	指　令	描　述
ADD Rd,Rr	加法	ORI Rd,K	或立即数
ADC RdI,Rr	带进位加法	EOR Rd,Rr	异或
◇ADIW RdI,K	加立即数	COM Rd	取反
SUB Rd,Rr	减法	NEG Rd	取补
SBC Rd,Rr	带进位减法	SBR Rd,R	寄存器位置位
SUBI Rd,Rr	减立即数	CBR Rd,K	寄存器位清零
SBCI Rd,K	带 C 减立即数	INC Rd	加 1
◇SBIW RdI,K	减立即数	DEC Rd	减 1
AND Rd,Rr	与	TST Rd	测试零或负
ANDI Rd,K	与立即数	CLR Rd	寄存器清零
OR Rd,Rr	或	SER Rd	寄存器置 FF

表 D－2　条件转移指令

指　令	描　述	指　令	描　述
BRSH k	≥转	◇ICALL	间接调用(Z)
BRLO k	小于转(无符号)	RET	子程序返回
BRMI k	负数转移	RETI	中断返回
BRPL k	正数转移	CPSE Rd,Rr	比较相等跳行
BRGE k	≥转(带符号)	CP Rd,Rr	比较
BRLT k	小于转(带符号)	CPC Rd,Rr	带进位比较
BRHS k	H 置位转移	CPI Rd,K	与立即数比较
BRHC k	H 清零转移	SBRC Rr,b	位清零跳行
BRTS k	T 置位转移	SBRS Rr,b	位置位跳行
BRTC k	T 清零转移	SBIC Rr,b	I/O 位清零跳行
BRVS k	V 置位转移	SBIS Rr,b	I/O 位置位跳行
BRVC k	V 清零转移	BRBS s,k	SREG 位置位转
BRIE k	中断位置位转移	BRBC s,k	SREG 位清零转
BRID k	中断位清零转移	BREQ k	相等转移
RJMP k	相对转移	BRNE k	不相等转移
◇IJMP	间接转移(Z)	BRCS k	C 置位转
RCALL k	相对调用	BRCC k	C 清零转

表 D-3　数据传送指令

指　令	描　述	指　令	描　述
MOV Rd,Rr	寄存器传送	◇ST X+,Rr	X间接存数后+
◇LDI Rd,Rr	装入立即数	◇ST -X,Rr	X间接存数先-
◇LD Rd,X	X间接取数	◇ST Y,Rr	Y间接存数
◇LD Rd,X+	X间接取数后+	◇ST Y+,Rr	Y间接存数后+
◇LD Rd,-X	X间接取数先-	◇ST -Y,Rr	Y间接存数先-
◇LD Rd,Y	Y间接取数	◇STD Y+q,Rr	Y间接存数+q
◇LD Rd,Y+	Y间接取数后+	ST Z,Rr	Z间接存数
◇LD Rd,-Y	Y间接取数先-	◇ST Z+,Rr	Z间接存数后+
◇LDD Rd,Y+q	Y间接取数先+q	◇ST -Z,Rr	Z间接存数先-
LD Rd,Y	Z间接取数	◇STD Z+q,Rr	Z间接存数+q
◇LD Rd,Z+	Z间接取数后+	◇STS k,Rr	数据送SRAM
◇LD Rd,-Z	Z间接取数先-	□LPM	从程序区取数
◇LDD Rd,Z+q	Z间接取数先+q	IN Rd,P	从I/O口取数
◇LDS Rd,K	从SRAM装入	OUT P,Rdr	存数I/O口
ST X,Rr	X间接存数		

表 D-4　位指令与位测试指令

指　令	描　述	指　令	描　述
SBI P,b	置位I/O位	CLN	清零N
CBI P,b	清零I/O位	SEI	置位I
LSL Rd	左移	CLI	清零I
LSR Rd	右移	SES	置位S
ROL Rd	带进位左循环	CLS	清零S
ROR Rd	带进位右循环	SEV	置位V
ASR Rd	算术右移	CLV	清零V
SWAP Rd	第四位与高四位互换	SET	置位T
BSET s	置位SREG	CLT	清零T
BCLR s	清零SREG	SEH	置位H
BST Rr,b	Rr的b位送T	CLH	清零H
BLD Rr,b	T送Rr的b位	NOP	空操作
SEC	置位C	SLEEP	休眠指令
CLC	清零C	WOR	看门狗复位
SEN	置位N		

附录 E

AT90S8535 I/O 空间

十六进制地址	名 称	BIT 7	BIT 6	BIT 5	BIT 4	BIT 3	BIT 2	BUT 1	BIT 0	功 能
$3F($5F)	SREG	I	T	H	S	V	N	Z	C	状态寄存器
$3E($5E)	SPH	—	—	—	—	—	—	SP9	SP8	堆栈指针高位
$3D($5D)	SPL	SP7	SP6	SP5	SP4	SP3	SP2	SP1	SP0	堆栈指针低位
$3C($5C)	保留位									
$3B($5B)	GIMSK	INT1	INT0	—	—	—	—	—	—	通用中断屏蔽寄存器
$3A($5A)	GIFR	INTF1	INTF0	—	—	—	—	—	—	通用中断标志寄存器
$39($59)	TIMSK	OCIE2	TOIE2	TICIE1	OCIE1A	OCIE1B	TOIE1	—	TOIE0	定时器/计数器中断屏蔽寄存器
$38($58)	TIFR	OCF2	TOV2	ICF1	OCF1A	OCF1B	TOV1	—	TOV0	定时器/计数器中断标志寄存器
$37($57)	保留位									
$36($56)	保留位									
$35($55)	MCUCR	—	SE	SM1	SM0	ISC11	ISC10	ISC01	ISC00	MCU 通用控制寄存器
$34($54)	MCUSR	—	—	—	—	—	—	EXTRF	PORF	
$33($53)	TCCR0	—	—	—			CS02	CS01	CS00	定时器/计数器 0 控制寄存器
$32($52)	TCNT0	MSB							LSB	定时器/计数器 0(8 位)
$31($51)	保留位									
$30($50)	保留位									

续表

十六进制地址	名　称	BIT 7	BIT 6	BIT 5	BIT 4	BIT 3	BIT 2	BUT 1	BIT 0	功　能
$2F($4F)	TCCR1A	COM1A1	COM1A0	COM1B1	COM1B0	—	—	PWM11	PWM10	定时器/计数器 1 控制寄存器 A
$2E($4E)	TCCR1B	ICNC1	ICES1	—	—	CTC1	CS12	CS11	CS10	定时器/计数器 1 控制寄存器 B
$2D($4D)	TCNT1H	MSB							LSB	定时器/计数器 1 高字节
$2C($4C)	TCNT1L	MSB							LSB	定时器/计数器 1 低字节
$2B($4B)	OCR1AH	MSB							LSB	定时器/计数器 1 输出比较寄存器 A 高字节
$2A($4A)	OCR1AL	MSB							LSB	定时器/计数器 1 输出比较寄存器 A 低字节
$29($49)	OCR1BH	MSB							LSB	定时器/计数器 1 输出比较寄存器 B 高字节
$28($48)	OCR1BL	MSB							LSB	定时器/计数器 1 输出比较寄存器 B 低字节
$27($47)	ICR1H	MSB							LSB	定时器/计数器 1 输入捕获寄存器高字节
$26($46)	ICR1L	MSB							LSB	定时器/计数器 1 输入捕获寄存器低字节
$25($45)	TCCR2	—	PWM2	COM21	COM20	CTC2	CS22	CS21	CS20	T/C2 控制寄存器
$24($44)	TCNT2	MSB							LSB	T/C2 计数器
$23($43)	OCR2	MSB							LSB	T/C2 输出比较寄存器
$22($42)	ASSR	—	—	—	—	AS2	TCN2UB	OCR2UB	TCR2UB	异步状态寄存器
$21($41)	WDTCR	—	—	—	WDTOE	WDE	WDP2	WDP1	WDP0	看门狗定时控制寄存器
$20($40)	保留位									
$1F($3F)	EEARH	—	—	—	—	—	—	—	EEAR8	EEPROM 地址寄存器高字节
$1E($3E)	EEARL	EEAR7	EEAR6	EEAR5	EEAR4	EEAR3	EEAR2	EEAR1	EEAR0	EEPROM 地址寄存器低字节
$1D($3D)	EEDR	MSB							LSB	EEPROM 数据寄存器
$1C($3C)	EECR	—	—	—	—	EERIE	EEMWE	EEWE	EERE	EEPROM 控制寄存器
$1B($3B)	PORTA	PORTA7	PORTA6	PORTA5	PORTA4	PORTA3	PORTA2	PORTA1	PORTA0	A 口数据寄存器

续表

十六进制地址	名　称	BIT 7	BIT 6	BIT 5	BIT 4	BIT 3	BIT 2	BUT 1	BIT 0	功　能
$1A($3A)	DDRA	DDA7	DDA6	DDA5	DDA4	DDA3	DDA2	DDA1	DDA0	A 口数据方向寄存器
$19($39)	PINA	PINA7	PINA6	PINA5	PINA4	PINA3	PINA2	PINA1	PINA0	A 口输入脚
$18($38)	PORTB	PORTB7	PORTB6	PORTB5	PORTB4	PORTB3	PORTB2	PORTB1	PORTB0	B 口数据寄存器
$17($37)	DDRB	DDB7	DDB6	DDB5	DDB4	DDB3	DDB2	DDB1	DDB0	B 口数据方向寄存器
$16($36)	PINB	PINB7	PINB6	PINB5	PINB4	PINB3	PINB2	PINB1	PINB0	B 口输入脚
$15($35)	PORTC	PORTC7	PORTC6	PORTC5	PORTC4	PORTC3	PORTC2	PORTC1	PORTC0	C 口数据寄存器
$14($34)	DDRC	DDC7	DDC6	DDC5	DDC4	DDC3	DDC2	DDC1	DDC0	C 口数据方向寄存器
$13($33)	PINC	PINC7	PINC6	PINC5	PINC4	PINC3	PINC2	PINC1	PINC0	C 口输入脚
$12($32)	PORTD	PORTD7	PORTD6	PORTD5	PORTD4	PORTD3	PORTD2	PORTD1	PORTD0	D 口数据寄存器
$11($31)	DDRD	DDD7	DDD6	DDD5	DDD4	DDD3	DDD2	DDD1	DDD0	D 口数据方向寄存器
$10($30)	PIND	PIND7	PIND6	PIND5	PIND4	PIND3	PIND2	PIND1	PIND0	D 口输入脚
$0F($2F)	SPDR	MSB							LSB	SPI I/O 数据寄存器
$0E($2E)	SPSR	SPIF	WCOL	—	—	—	—	—	—	SPI 状态寄存器
$0D($2D)	SPCR	SPIE	SPE	DORD	MSTR	CPOL	CPHA	SPR1	SPR0	SPI 控制寄存器
$0C($2C)	UDR	MSB							LSB	UART I/O 数据寄存器
$0B($2B)	USR	RXC	TXC	UDRE	FE	OR	—	—	—	UART 状态寄存器
$0A($2A)	UCR	RXCIE	TXCIE	UDRIE	RXEN	TXEN	CHR9	RXB8	TXB8	UART 控制寄存器
$09($29)	UBRR	MSB							LSB	UART 波特率寄存器
$08($28)	ACSR	ACD	—	ACO	ACI	ACIE	ACIC	ACIS1	ACIS0	模拟比较控制和状态寄存器
$07 ($27)	ADMUX	—	—	—	—	—	MUX2	MUX1	MUX0	
$06 ($26)	ADCSR	ADEN	ADSC	ADFR	ADIF	ADIE	ADPS2	ADPS1	ADPS0	
$05 ($25)	ADCH	—	—	—	—	—	—	ADC9	ADC8	
$04 ($24)	ADCL	ADC7	ADC6	ADC5	ADC4	ADC3	ADC2	ADC1	ADC0	

附录 F

Atmega8 I/O 地址空间分配表

十六进制地址	名 称	功 能
$00($0020)	TWBR	I^2C 波特率寄存器
$01($0021)	TWSR	I^2C 状态寄存器
$02($0022)	TWAR	I^2C 从机地址寄存器
$03($0023)	TWDR	I^2C 数据寄存器
$04($0024)	ADCL	ADC 数据寄存器低字节
$05($0025)	ADCH	ADC 数据寄存器高字节
$06($0026)	ADCSR	ADC 控制和状态寄存器
$07($0027)	ADMUX	ADC 多路选择器
$08($0028)	ACSR	模拟比较控制和状态寄存器
$09($0029)	UBRRL	USART 波特率寄存器低 8 位
$0A($002A)	UCSRB	USART 控制状态寄存器 B
$0B($002B)	UCSRA	USART 控制状态寄存器 A
$0C($002C)	UDR	USART I/O 数据寄存器
$0D($002D)	SPCR	SPI 控制寄存器
$0E($002E)	SPCS	SPI 状态寄存器
$0F($002F)	SPDR	SPI I/O 数据寄存器
$10($0030)	PIND	D 口输入脚
$11($0031)	DDRD	D 口数据方向寄存器
$12($0032)	PORTD	D 口数据寄存器
$13($0033)	PINC	C 口输入脚
$14($0034)	DDRC	C 口数据方向寄存器
$15($0035)	PORTC	C 口数据寄存器
$16($0036)	PINB	B 口输入脚
$17($0037)	DDRB	B 口数据方向寄存器
$18($0038)	PORTB	B 口数据寄存器
$19($0039)	(Reserved)	保留
$1A($003A)	(Reserved)	保留

续表

十六进制地址	名 称	功 能
$1B($003B)	(Reserved)	保留
$1C($003C)	EECR	EEPROM 控制寄存器
$1D($003D)	EEDR	EEPROM 数据寄存器
$1E($003E)	EEARL	EEPROM 地址寄存器低 8 位
$1F($003F)	EEARH	EEPROM 地址寄存器高 8 位
$20($0040)	UCSRC	USART 控制状态寄存器 C
	UBRRH	USART 波特率寄存器高 4 位
$21($0041)	WDTCR	看门狗定时器控制寄存器
$22($0042)	ASSR	异步模式状态寄存器
$23($0043)	OCR2	T/C2 输出比较寄存器
$24($0044)	TCNT2	T/C2 计数器(8 位)
$25($0045)	TCCR2	T/C2 控制寄存器
$26($0046)	ICR1L	T/C1 输入捕获寄存器低 8 位
$27($0047)	ICR1H	T/C1 输入捕获寄存器高 8 位
$28($0048)	OCR1BL	T/C1 输出比较寄存器 B 低 8 位
$29($0049)	OCR1BH	T/C1 输出比较寄存器 B 高 8 位
$2A($004A)	OCR1AL	T/C1 输出比较寄存器 A 低 8 位
$2B($004B)	OCR1AH	T/C1 输出比较寄存器 A 低 8 位
$2C($004C)	TCNT1L	T/C1 计数器低 8 位
$2D($004D)	TCNT1H	T/C1 计数器高 8 位
$2E($004E)	TCCR1B	T/C1 控制寄存器 B
$2F($004F)	TCCR1A	T/C1 控制寄存器 A
$30($0050)	SFIOR	特殊功能 I/O 寄存器
$31($0051)	OSCCAL	RC 振荡器校准值寄存器
$32($0052)	TCNT0	T/C0 计数器(8 位)
$33($0053)	TCCR0	T/C0 控制寄存器
$34($0054)	MCUCSR	MCU 控制和状态寄存器
$35($0055)	MCUCR	MCU 控制寄存器
$36($0056)	TWCR	I^2C 总线控制寄存器
$37($0057)	SPMCR	写程序存储器控制寄存器
$38($0058)	TIFR	T/C 中断标志寄存器
$39($0059)	TIMSK	T/C 中断屏蔽寄存器
$3A($005A)	GIFR	通用中断标志寄存器
$3B($005B)	GICR	通用中断控制寄存器
$3C($005C)	(Reserved)	保留
$3D($005D)	SPL	堆栈指针寄存器低 8 位
$3E($005E)	SPH	堆栈指针寄存器高 8 位
$3F($005F)	SREG	状态寄存器

附录 G

通用延时子程序

通用延时子程序如下：

```
delay:                  ;通用延时子程序
    push   r16          ;进栈需 2t
de0: push  r16          ;进栈需 2t
de1: push  r16          ;进栈需 2t
de2: push  r16          ;进栈需 2t
de3: dec   r16          ;-1 需 1t
    brne   de3          ;不为 0 转,为 0 顺序执行,需 1t/2t
    pop    r16          ;出栈需 2t
    dec    r16          ;-1 需 1t
    brne   de2          ;不为 0 转,为 0 顺序执行,需 1t/2t
    pop    r16          ;出栈需 2t
    dec    r16          ;-1 需 1t
    brne   de1          ;不为 0 转,为 0 顺序执行,需 1t/2t
    pop    r16          ;出栈需 2t
    dec    r16          ;-1 需 1t
    brne   de0          ;不为 0 转,为 0 顺序执行,需 1t/2t
    pop    r16          ;出栈需 2t
    ret                 ;子程序返回需 4t
```

两次嵌套通用延时程序：

AVR 8 MHz 晶振

R16 = 22	延时 = 1 ms
R16 = 29	延时 = 2 ms
R16 = 40	延时 = 5 ms
R16 = 51	延时 = 10 ms
R16 = 65	延时 = 20 ms
R16 = 90	延时 = 50 ms
R16 = 114	延时 = 100 ms
R16 = 144	延时 = 200 ms
R16 = 197	延时 = 500 ms
R16 = 249	延时 = 1 s

一次嵌套通用延时程序：

AVR 8 MHz 晶振

R16 = 71	延时 = 1 ms
R16 = 101	延时 = 2 ms
R16 = 161	延时 = 5 ms
R16 = 228	延时 = 10 ms

附录 H

从 MCS－51 到 AVR 的快速转换

ATMEL 公司的 AVR 系列单片机是一个优秀的 RISC 结构单片机系列。与 MCS－51 相比，其有以下一些典型特点：

- AVR 的机器周期为 1 个时钟周期，绝大多数指令为单周期指令，因此，1 MHz 时钟有接近 1 MIPS 的性能。
- 程序存储器与数据存储器有分开的总线程序，可以高效地执行。8 MHz 频率下工作的 AVR 相当于 224 MHz 频率下工作的 MCS51。
- 内置可重复编程的 Flash 程序存储器和 EEPROM 数据存储器，支持对单片机的在系统编程(ISP)。在生产中可以"先装配后编程"，从而缩短工艺流程和节约购买万用编程器的费用，并且可以方便地升级或修改程序。
- 内置上电复位电路和看门狗定时器(WatchDog Timer)电路，在提高产品可靠性的同时，降低了电路的成本。
- 部分 AVR 单片机与 MCS51 系列单片机引脚兼容，如 AT90S1200/2313 对应 AT89C1051/2051，AT90S4414/8515 对应 AT89C51/52。因此，可以做到一套 PCB 板对应两套电路，增加了用户备货的可选择性和灵活性。
- 定时器/计数器的功能大大增强，串口通信时波特率发生不占用定时器。

H.1 AVR 和 MCS-51 存储器配置的对比

H.1.1 存储器布置

MCS-51 的存储器从使用角度看可分 3 个地址空间，3 个空间分别用 MOV、MOVX 和 MOVC 指令访问。

而 AVR 的存储器在物理结构上可分为以下 5 个部分(以 AT90S8535 为例)：

- 程序空间(000H～FFFH)，用 LPM 指令访问；
- 片内数据存储器(0060H～025FH)，用 STS、LDS 和 ST、LD 指令访问；
- 片外数据存储器(0260H～FFFFH)，用 STS、LDS 和 ST、LD 指令访问；
- 32 个通用寄存器(R0～R31)，它们之间数据传送可使用 MOV 指令；
- I/O 寄存器(00H～3FH)，使用 IN、OUT 指令访问。

看了以上介绍，细心的读者可能发现有一部分数据存储器的地址(0000H～005FH)是空闲的。其实这部分地址空间并不空闲，其被映射为通用寄存器(R0～R31)和 I/O 寄存器的数据空间地址，具体为：32 个通用寄存器，直接映射到数据存储器的 0000H～001FH；64 个 I/O 寄存器，直接映射到数据存储器空间的 0020H～005FH。这种映射关系大大增强了 AVR 指令的灵活性，一方面对寄存器可以像 SRAM 一样地访问；另一方面对寄存器的访问时，也可以使用 X 、Y 和 Z 寄存器作为索引，从而大大提高了访问寄存器的灵活性。

H.1.2 堆栈工作方式

MCS-51 的堆栈是一个由堆栈指针寄存器 SP(单字节)控制的向上生长型堆栈，即将数据压入堆栈时 SP 增大。

在 AVR 系列单片机的堆栈同样是受 SP 寄存器控制的，而堆栈的生长方向与 MCS-51 不相同，其向下生长，即将数据压入堆栈时 SP 减小。另外，还要注意以下几点：

- MCS-51 的堆栈空间只能放置在片内 SRAM 中，而 AVR 的堆栈空间既可以放置的片内 SRAM 中，也可以放置在片外 SRAM 中。
- AVR 的 SP 寄存器，对不支持外部 SRAM 的单片机为 1 个字节长度，对支持外部 SRAM 的单片机为 2 个字节长度(SPL、SPH)。
- 为了提高速度，一般在初始化 SP 时，将其定位于内部 SRAM 的顶部(如对 8535 为 025FH)。
- AT90S1200 不支持软件堆栈(即由 SP 控制堆栈)，其包含了一个三级深度的硬件堆栈。
- 在对 AVR 编程时一定要对 SP 进行初始化，否则很可能出现在 IAR AVR C 中模拟调试正常，而程序下载到芯片后程序却不工作的现象。

H.1.3 外部 SRAM 的配置

在 MCS-51 中外部 SRAM 是使用专用的 MOVX 指令访问的，而在 AVR 中访问片内或片外 SRAM 使用相同的指令，当访问数据空间的地址超过片内 SRAM 范围时，会自动选择片外的 SRAM 空间。但为了正常工作，还必须对寄存器 MCUCR 的 SRE(D7)、SRW(D6)位进行设置。

MCUCR 寄存器的定义如下：

BIT7	BIT6	BIT5	BIT4	BIT3	BIT2	BIT1	BIT0	MCUCR
SRE	SRW	SE	SM	ISC11	ISC10	ISC01	ISC00	

当 SRE=1 时，使能外部 SRAM，如汇编指令“SBI　MCUCR,7”；

当 SRE=0 时，禁止外部 SRAM，如汇编指令“CBI　MCUCR,7”。

当 SRW=1 时，在访问外部 SRAM 中插入 1 个等待周期，如汇编指令“SBI　MCUCR,6”；

当 SRW=0 时，在访问外部 SRAM 中不插入 1 个等待周期，如汇编指令“CBI　MCUCR,6”。

H.1.4 程序空间的访问

MCS51 的程序存储器是以字节为单位的，地址也是按字节进行寻址的，使用 MOVC 指令访问程序 ROM 与使用指令寄存器访问程序 ROM 没有什么区别。

在 AVR 中,程序存储器的总线为 16 位,即指令寄存器访问程序 ROM 时是以字(双字节)为单位的,即一个程序地址对应 2 个字节;而 AVR 的数据存储器的总线为 8 位,当用户使用 LPM 指令访问程序 ROM 时是以字节为单位进行读取的,此时 Z 寄存器中的一个地址只对应 1 个字节。因此,要注意这两个地址的换算,否则很容易产生错误,具体的换算是 LPM 指令使用的 Z 寄存器中的地址应该是程序地址的两倍。

如:

```
        ldi     ZH,high(tab2 * 2)
        ldi     ZL,low(tab2 * 2)                  ;初始化 Z 指针
    lpm
        st      Y + ,r0
    tab2: .db       $ 05, $ eb, $ 05, $ 99, $ 04, $ fc, $ 04, $ 70, $ 03, $ f4, $ 03, $ bc, $ 03, $ 54,
                    $ 02, $ f7, $ 02, $ cc,
                    $ 02, $ 7e, $ 02, $ 38, $ 01, $ fa, $ 01, $ df, $ 01, $ aa, $ 01, $ 7b, $ 01, $ 66
```

H.2 AVR 输入/输出端口的使用

MCS-51 单片机的 I/O 端口大部分是准双向口,复位时全部输出高电平。对端口的输入和输出操作也是直接通过 I/O 端口的地址进行的。

而 AVR 的 I/O 端口为标准双向口,在复位时所有端口处于没有上拉电阻的输入状态(高阻态,引脚电平完全由外部电路决定),这在强调复位状态的场合是很有用的。AVR 的每一个端口对应 3 个地址,即 DDRX、PORTX 和 PINX (X 针对不同的单片机可从 A~F 中分别取不同的符号,注意只有 PINX 可取 F)。

AVR 输入/输出端口的功能配置如表 H-1 所列。

表 H-1 端口功能配置表(X=A~E、n=0~7)

DDRXn	PORTXn	I/O	上 拉	备 注
0	0	输入	关闭	高阻态
0	1	输入	打开	提供弱上拉,电平必须由外电路拉低,此时输出电流
1	0	输出	关闭	推挽输出 0
1	1	输出	关闭	推挽输出 1

DDRX 为端口方向寄存器,当 DDRX 的某一位置 1 时,相应端口的引脚作为输出使用;当 DDRX 的某一位清 0 时,相应端口的引脚作为输入使用。

PORTX 为端口数据寄存器,当引脚作为输出使用时,PORTX 的数据由相应引脚输出;当引脚作为输入使用时,POTRX 的数据决定相应端口的引脚是否打开弱上拉。

PINX 为相应端口的输入引脚地址。如果希望读取相应引脚的逻辑电平值,一定要读取 PINX ,而不能读取 PORTX,这与 MCS-51 是有区别的。

注意:在使用 AVR 单片机之前,一定要根据引脚功能的定义对相应的端口进行初始化,否则端口很可能在用作输出时不能正常工作。如设置端口 B 的高 4 位为输出、低 4 位为输入:

汇编语言:

```
ldi     r16,$f0         ;定义 PB 口高 4 位为输出、低 4 位为输入
out     DDRB,r16
```

H.3 AVR 和 MCS-51 定时器的对比

H.3.1 功能比较

在 MCS-51 中，定时器/计数器有两种基本用法，即以晶振频率的 12 分频信号为输入的定时器工作方式和以外部引脚 INT0、INT1 上的信号为输入的计数器工作方式。

在 AVR 有两个定时器 T0 和 T1(AT90S1200 只有一个 T0)，T0 的功能与 MCS-51 相似；而 T1 的功能很强，除了普通的定时器/计数功能外，还有一些增强的功能，如比较匹配 A、比较匹配 B、由 ICP 引脚或模拟比较器触发的捕捉功能及 8～10 位的 PWM 调制器。

AVR 的定时器/计数器用作定时器时，其输入信号为晶振频率的某一个分频信号，分频比有 1、8、64、256、1024 共 5 种；作为计数器使用时，既可上升沿触发，也可下降沿触发。

H.3.2 T0 的使用

在 AVR 中 T0 为 8 位长度，其由 TCCR0 寄存器控制。

TCCR0 寄存器的定义如下：

BIT7	BIT6	BIT5	BIT4	BIT3	BIT2	BIT1	BIT0	
—	—	—	—	—	CS02	CS01	CS00	TCCR0

TCCR0 的功能如表 H-2 所列。

表 H-2 TCCR0 功能表(X=0、1)

CSX2	CSX1	CSX0	说　明	CSX2	CSX1	CSX0	说　明
0	0	0	T0 停止工作	1	0	0	CK/256、定时器
0	0	1	CK、定时器	1	0	1	CK/1024、定时器
0	1	0	CK/8、定时器	1	1	0	计数器(下降沿触发)
0	1	1	CK/64、定时器	1	1	1	计数器(上升沿触发)

[例 1] 定时器 T0 用作定时器，晶振频率为 4 MHz，定时时间为 10 ms，可以这样对 T0 进行初始化：

汇编语言：

```
ldi     r16,$d9
out     TCNT0,r16           ;定时常数到定时寄存器 TCNT0
ldi     r16,$05
out     TCRR0,r16           ;1024 分频比
```

说明： TCNT0 为定时器/计数器寄存器。

[例 2] 定时器 T0 用作计数器、下降沿触发，可以这样对 T0 进行初始化：

汇编语言：

```
ldi     r16,$00
out     TCNT0,r16           ;TCNT0 清零
ldi     r16,$06
out     TCRR0,r16           ;计数器方式工作,下降沿触发
```

H.3.3 T1 的使用

在 AVR 中,T1 是 16 位的,其控制寄存器有 TCCR1A 和 TCCR1B 两个。

TCCR1A 寄存器的定义如下：

BIT7	BIT6	BIT5	BIT4	BIT3	BIT2	BIT1	BIT0	
COM1A1	COM1A0	COM1B1	COM1B0	—	—	PWM11	PWM10	TCCR1A

各位的功能如表 H-3 所列。

表 H-3 TCCR1A 功能表

COM1X1	COM1 X 0	说 明	PWM11	PWM10	说 明
0	0	与输出 OC1X 不连接	0	0	禁止 PWM 操作
0	1	OC1X 电平翻转	0	1	8 位 PWM
1	0	OC1X 为低电平	1	0	9 位 PWM
1	1	OC1X 为高电平	1	1	10 位 PWM

TCCR1B 寄存器的定义如下(其中,CS10～CS12 的用法同 T0)：

BIT7	BIT6	BIT5	BIT4	BIT3	BIT2	BIT1	BIT0	
ICNC1	ICES1	—	—	CTC1	CS12	CS11	CS10	TCCR1B

ICNC1 置 1 时,使能输入捕捉噪声消除;清 0 时,禁止输入捕捉噪声消除。

ICES1 置 1 时,在 ICP 的上升沿时发生定时器捕捉;清 0 时,在 ICP 的下降沿发生定时器捕捉。

CTC1 置 1 且比较匹配 A 发生时,将 TCNT1 清 0;清 0 时,TCNT1 继续计数,直至它被停止、清除或溢出。注意：只有比较匹配 A 有效,另外在 PWM 方式下该位无效。

[例 3] 定时器 1 用比较匹配 A 方式,在 OC1A 引脚输出一个 50 Hz 的方波,晶振频率为 4 MHz ,可以这样对 T1 进行初始化：

汇编语言：

```
ldi     r16,$20
out     DDRD,r16            ;引脚 OC1A 输出
ldi     r16,$00
out     TCNT1H,r16
out     TCNT1L,r16          ;TCNT1 清 0
ldi     r16,$02
```

```
out     OCR1AH,r16
ldi     r16,$71
out     OCR1AL,r16                ;送入对应 10 ms 的比较常量
ldi     r16,$40
out     TCCR1A,r16                ;T1 和 OC1A 相连,比较匹配时 OC1A 翻转
ldi     r16,$0b
out     TCCR1B,r16                ;T1 以定时器方式工作,分频比为 64
                                  ;比较匹配后自动清除 TCNT1
```

注意：

- 由于 T1 的 TCNT1、OCR1A、OCR1B 和 ICR1 均为 16 位定时器,为了正确地写入和读出,在写入数据时应先写入高位字节,后写入低位字节;在读取数据时,应先读取低位字节,后读取高位字节。
- T1 的捕捉方式可用于 ICP 引脚上频率或周期的测量,在使用时只需使能捕捉中断即可,对 T1 的设置可参考定时的用法。

H.4 AVR 和 MCS-51 中断系统的对比

MCS-51 有 6 个中断源(5 个中断入口地址),分两个优先级,并且是通过 IE 寄存器控制中断的使能,通过 IP 控制中断的优先等级。

而在 AVR 中,根据不同的单片机有不同数量的中断源,典型的 AT90S8535 有 16 个中断源,这 16 个中断源各有各的中断向量入口地址。AVR 通过寄存器 GIMSK、和 TIMSK 及 SREG 来控制中断使能,其中 SREG 的 D7 位 I 是全局中断使能标志。在 AVR 中只有全局中断控制位和某一特定中断控制位同时使能中断才会起作用。

在 AVR 中没有专门的中断优先级控制寄存器来区分中断的优先等级,用户可在中断服务程序中通过使能全局中断 I 来使系统响应高优先级的中断。具体的做法是:当 AVR 单片机响应任何一个中断时,硬件会禁止全局中断 I,从而禁止系统响应其他中断,而当从中断服务程序中退出时硬件重新使能全局中断 I;而当我们在中断服务程序中用 SEI 指令打开全局中断使能时,系统在没有退出中断服务程序的情况下又恢复了对中断的响应能力,从而可以响应高优先级的中断。另外,在同一优先级中入口地址较低的中断优先级较高。

［例 4］ 系统使能定时器 1 溢出中断和外部 INT0 中断,其中 INT0 的优先级较高,此时可以这样对 MCU 进行初始化:

汇编语言:

```
            ldi     r16,$40
            out     GIMSK,r16         ;使能 INT0 中断
            ldi     r16,$80
            out     TIMSK,r16         ;使能 T1 溢出中断
            sei                       ;使能全局中断
timer_ovf:                            ;定时器 1 溢出中断服务程序
            sei                       ;在 T1 溢出中断服务程序中开放全局中断
                                      ;保证 INT0 的优先级
            reti
```

注意：在 AVR 的子程序中，硬件不保护 SREG 状态寄存器，应根据实际情况由软件进行保护。

H.5 AVR 和 MCS-51 位操作功能的对比

MCS-51 和 AVR 都有较强的位操作功能，在汇编语言写的 AVR 源程序中对端口的某一位置 1 可用 SBI 指令，清 0 可用 CBI 指令。

H.6 AVR 单片机内置 EEPROM 的使用

AVR 是通过 3 个寄存器来访问 MCU 的内置 EEPROM 的。其中：第一个寄存器是 EEAR，存放访问 EEPROM 的地址，其根据片内 EEPROM 的数目可能有不同的长度；第二个是 8 位的 EEDR，用于存放访问 EEPROM 的数据；第三个是 EECR 用于控制对 EEPROM 的读/写。

EECR 寄存器的定义如下：

BIT7	BIT6	BIT5	BIT4	BIT3	BIT2	BIT1	BIT0	
—	—	—	—	—	EEMWE	EEWE	EERE	EECR

EEMWE——EEPROM 主写使能。只有在其置 1 后的 4 个时钟周期内将 EEWE 置 1，才能完成 EEPROM 写入，否则写操作无效。EEMWE 置 1 后，在 4 个周期后由硬件自动清除。

EEWE——EEPROM 写入使能。

EERE——EEPROM 读取使能。

［例 5］ 写数据到片内 EEPROM 中。

汇编语言：

```
            .def     EEdwr = r16          ;写入 EEPROM 的数据
            .def     EEawr = r17          ;EEPROM 的地址地位
            .def     EEawrh = r18         ;EEPROM 的地址高位
EEWrite:    sbic     EECR,1
            rjmp     EEWrite              ;等待 EEPROM 就绪
            out      EEARH,EEawrh
            out      EEARL,EEawr          ;送入 EEPROM 地址
            out      EEDR,EEdwr           ;送入写入 EEPROM 的数据
            sbi      EECR,2               ;设置 EEPROM 主写使能
            sbi      EECR,1               ;设置 EEPROM 写使能
            ret
```

H.7 AVR 单片机内置看门狗电路的使用

AVR 系列单片机内置看门狗电路，其由 WDTCR 寄存器控制。

WDTCR 寄存器的定义如下：

BIT7	BIT6	BIT5	BIT4	BIT3	BIT2	BIT1	BIT0	
—	—	—	WDTOE	WDE	WDP2	WDP1	WDP0	WDTCR

WDTOE——看门狗关闭使能。只有在该位被置 1 后的 4 个时钟周期内将 WDE 清 0 才能关闭看门狗电路，否则看门狗电路不会被关闭。WDTOE 在被置 1 后的 4 个周期后由硬件自动清 0。

WDE——置 1 时使能看狗电路，清 0 时关闭看门狗电路。注意：关闭看门狗电路应在对 WDTOE 置 1 后的 4 个时钟周期内进行。

WDP0～WDP2——看门狗电路的分频系数(产生复位所需要的振荡周期数)影响看门狗电路复位的时间(见表 H-4)。

表 H-4 看门狗电路分频系数对复位时间的影响

WDP2	WDP1	WDP0	分频系数	DC3V 时产生复位所需时间/S	DC～5 V(约 1 MHz)时产生复位所需时间/s
0	0	0	16K	0.047	0.015
0	0	1	32K	0.094	0.03
0	1	0	64K	0.19	0.06
0	1	1	128K	0.38	0.12
1	0	0	256K	0.75	0.24
1	0	1	512K	1.5	0.49
1	1	0	1024K	3.0	0.97
1	1	1	2048K	6.0	1.9

注意：看门狗电路的振荡器为内部 RC 振荡器，其振荡频率受电压影响，在 DC～5 V 时，约为 1 MHz。

在 AVR 中，有一条指令 WDR 用来清除看门狗定时器。

H.8 AVR 和 MCS51 中串口通信 UART 功能的对比

在 MCS51 中串口通信的波特率发生需要使用一个定时器，而且支持的波特率也较低。AVR 单片机可以有较高的波特率，最高波特率可达 115 200，而且有专用的波特率发生器。

注意：AT90S1200 没有 UART，只能用软件模拟串口通信。

在 AVR 中用于 UART 的寄存器主要有以下几个：接收和发送数据寄存器 UDR、状态寄存器 USR、控制寄存器 UCR 和波特率寄存器 UBRR。

UDR 寄存器由两个物理上分开的寄存器共享同一个地址，写入数据时是写入发送寄存器，读出数据时是读取接收寄存器。

H.9 C51 的源代码向 PROTEUS 中 AVR 的快速转换

以下例说明 C51 的源代码向 PROTEUS 中 AVR 的快速转换。

C51 源代码如下：

```
ORG     00H
START:  MOV     DPTR,#TAB1
        MOV     R0,#03
        MOV     R4,#0
        MOV     P1,#3
WAIT:   MOV     P1,R0               ;初始角度,0°
        MOV     P0,#0FFH
        JNB     P0.0,POS            ;判断键盘状态
        JNB     P0.1,NEG
        SJMP    WAIT
JUST:   JB      P0.1,NEG            ;首次按键处理
POS:    MOV     A,R4                ;正转 9°
        MOVC    A,@A+DPTR
        MOV     P1,A
        ACALL   DELAY
        INC     R4
        AJMP    KEY
NEG:    MOV     R4,#6               ;反转 9°
        MOV     A,R4
        MOVC    A,@A+DPTR
        MOV     P1,A
        ACALL   DELAY
        AJMP    KEY
KEY:    MOV     P0,#03H             ;读键盘情况
        MOV     A,P1
        JB      P0.0,FZ1
        CJNE    R4,#8,LOOPZ         ;是结束标志
        MOV     R4,#0
LOOPZ:  MOV     A,R4
        MOVC    A,@A+DPTR
        MOV     P1,A                ;输出控制脉冲
        ACALL   DELAY               ;程序延时
        INC     R4                  ;地址加 1
        AJMP    KEY
FZ1:    JB      P0.1,KEY
        CJNE    R4,#255,LOOPF       ;是结束标志
        MOV     R4,#7
LOOPF:  DEC     R4
        MOV     A,R4
        MOVC    A,@A+DPTR
        MOV     P1,A                ;输出控制脉冲
        ACALL   DELAY               ;程序延时
        AJMP    KEY
DELAY:  MOV     R6,#5
DD1:    MOV     R5,#080H
```

```
DD2:   MOV    R7,#0
DD3:   DJNZ   R7,DD3
       DJNZ   R5,DD2
       DJNZ   R6,DD1
       RET
TAB1:  DB     02H,06H,04H,0CH
       DB     08H,09H,01H,03H          ;正转模型
       END
```

将上述 C51 源代码转换为 AVR 源代码：

```
.device AT90S8535
.equ    sph        = $3E
.equ    spl        = $3D
.equ    PORTA      = $1B
.equ    DDRA       = $1A
.equ    PINA       = $19
.equ    PORTD      = $12
.equ    DDRD       = $11
.equ    PIND       = $10
.def    ZH         = r31
.def    ZL         = r30
    .org     $0000
    rjmp     reset
reset: ldi   r16,$02                   ;栈指针置初值
    out      sph,r16
    ldi      r16,$5f
    out      spl,r16
    ldi      r16,$00
    out      DDRA,r16
    ldi      r16,$ff
    out      DDRD,r16
    out      PORTA,r16
    ldi      r17,$03
    ldi      r18,$00
;*********************************************************
wait: out    PORTD,r17                 ;初始角度,0°
    in       r16,PINA
    sbrc     r16,0
    rjmp     a0
    rjmp     pos
a0: sbrc     r16,1
    rjmp     wait
    rjmp     neg
;*********************************************************
pos: ldi     ZH,high(tab*2)
```

```
    ldi     ZL,low(tab * 2)
    inc     ZL,r18
    lpm
    out     PORTD,r0
    rcall   delay
    inc     r18
    rjmp    key
;*****************************************************
neg: ldi    ZH,high(tab * 2)
    ldi     ZL,low(tab * 2)
    ldi     r18,$ 06                  ;反转 9°
    add     ZL,r18
    lpm
    out     PORTD,r0
    rcall   delay
    rjmp    key
;*****************************************************
key: in     r16,PINA                  ;读键盘情况
    sbrs    r16,0
    rjmp    a1
    rjmp    fz1
a1: cpi     r18,$ 08
    brne    loopz                     ;是结束标志
    ldi     r18,$ 00
;*****************************************************
loopz: ldi  ZH,high(tab * 2)
    ldi     ZL,low(tab * 2)
    add     ZL,r18
    lpm
    out     PORTD,r0                  ;输出控制脉冲
    rcall   delay                     ;程序延时
    inc     r18                       ;地址加 1
    rjmp    key
;*****************************************************
fz1: sbrs   r16,1
    rjmp    a2
    rjmp    key
a2: dec     r18
    cpi     r18,$ ff
    brne    loopf
    ldi     r18,$ 07
;*****************************************************
loopf: ldi  ZH,high(tab * 2)
    ldi     ZL,low(tab * 2)
    add     ZL,r18
```

```
    lpm
    out     PORTD,r0                    ;输出控制脉冲
    rcall   delay                       ;程序延时
    rjmp    key
;**************************************************************
                                        ;延时 100 ms
delay: ldi  r16,114
    push    r16                         ;进栈需 2t
de0: push   r16                         ;进栈需 2t
de1: push   r16                         ;进栈需 2t
de2: dec    r16                         ;-1 需 1t
    brne    de2                         ;不为 0 转,为 0 顺序执行,需 1t/2t
    pop     r16                         ;出栈需 2t
    dec     r16                         ;-1 需 1t
    brne    de1                         ;不为 0 转,为 0 顺序执行,需 1t/2t
    pop     r16                         ;出栈需 2t
    dec     r16                         ;-1 需 1t
    brne    de0                         ;不为 0 转,为 0 顺序执行,需 1t/2t
    pop     r16                         ;出栈需 2t
    ret
;**************************************************************
                                        ;正转模型
tab: .db    $02,$06,$04,$0C,$08,$09,$01,$03
```

附录 I

intrinsic 函数

表 I-1 综述了 intrinsic 函数所包含的内容固有函数以双下划线起始。

表 I-1 intrinsic 函数

intrinsic 函数	描 述
__delay_cycles	延时函数
__disable_interrupt	关闭中断函数
__enable_interrupt	启动中断函数
__extended_load_program_memory	从代码存储器返回一个字节
__fractional_multiply_signed	产生一个指令
__fractional_multiply_signed_with_unsigned	产生一个 FMULS 指令
__fractional_multiply_unsigned	产生一个 FMUL 指令
__indirect_jump_to	产生一个 IJMP 指令
__insert_opcode	为程序寄存器分配一个值
__load_program_memory	从代码存储器返回一个字节
__multiply_signed	产生一个 MULS 指令
__multiply_signed_with_unsigned	产生一个 MULSU 指令
__multiply_unsigned	产生一个 MUL 指令
__no_operation	产生一个 NOP 指令
__require	放置一个字母常量
__restore_interrupt	恢复中断标志
__reverse	倒置数据
__save_interrupt	保存中断标志状态
__segment_begin	返回到段的起始地址
__segment_end	返回到段的结束地址
__sleep	插入 SLEEP 指令
__swap_nibbles	低 4 位与高 4 位互换
__watchdog_reset	插入看门狗复位指令

附录J

IAR 中断向量定义

IAR 中 AT90S8535 中断向量定义如下：

```
#define    RESET_vect            (0x00)
#define    INT0_vect             (0x02)
#define    INT1_vect             (0x04)
#define    TIMER2_COMP_vect      (0x06)
#define    TIMER2_OVF_vect       (0x08)
#define    TIMER1_CAPT1_vect     (0x0A)
#define    TIMER1_COMPA_vect     (0x0C)
#define    TIMER1_COMPB_vect     (0x0E)
#define    TIMER1_OVF1_vect      (0x10)
#define    TIMER0_OVF0_vect      (0x12)
#define    SPI_STC_vect          (0x14)
#define    UART_RX_vect          (0x16)
#define    UART_UDRE_vect        (0x18)
#define    UART_TX_vect          (0x1A)
#define    ADC_vect              (0x1C)
#define    EE_RDY_vect           (0x1E)
#define ANA_COMP_vect            (0x20)
```

IAR 中 ATmega8 中断向量定义如下：

```
RESET_vect                       (0x00)
INT0_vect                        (0x02)
INT1_vect                        (0x04)
TIMER2_COMP_vect                 (0x06)
TIMER2_OVF_vect                  (0x08)
TIMER1_CAPT_vect                 (0x0A)
TIMER1_COMPA_vect                (0x0C)
TIMER1_COMPB_vect                (0x0E)
TIMER1_OVF_vect                  (0x10)
TIMER0_OVF_vect                  (0x12)
SPI_STC_vect                     (0x14)
USART_RXC_vect                   (0x16)
USART_UDRE_vect                  (0x18)
```

```
USART_TXC_vect                                    (0x1A)
ADC_vect                                          (0x1C)
EE_RDY_vect                                       (0x1E)
ANA_COMP_vect                                     (0x20)
TWI_vect                                          (0x22)
SPM_RDY_vect                                      (0x24)
```

附录 K

单片机 C 程序优化

对程序进行优化，通常是指优化程序代码或程序执行速度。优化代码和优化速度实际上是一个矛盾的统一。一般是优化了代码的尺寸，就会带来执行时间的增加；如果优化了程序的执行速度，通常会带来代码增加的副作用。很难鱼与熊掌兼得，因此在设计时只能掌握一个平衡点。

K.1 程序结构的优化

1. 程序的书写结构

虽然书写格式并不会影响生成的代码质量，但是在实际编写程序时还是应该遵循一定的书写规则，一段书写清晰明了的程序有利于以后的维护。在书写程序时，特别是对于 While、for、do…while、if…elst、switch…case 等语句或这些语句嵌套组合时，应采用"缩格"的书写形式。

2. 标识符

程序中使用的用户标识符除要遵循标识符的命名规则以外，一般不要用代数符号（如 a、b、x1、y1）作为变量名，应选取具有相关含义的英文单词（或缩写）或汉语拼音作为标识符，以增加程序的可读性，如 count、number1、red、work 等。

3. 程序结构

C 语言是一种高级程序设计语言，提供了十分完整的规范化流程控制结构。因此，在采用 C 语言设计单片机应用系统程序时，首先要注意尽可能采用结构化的程序设计方法，这样可使整个应用系统程序结构清晰，便于调试和维护。

对于一个较大的应用程序，通常将整个程序按功能分成若干个模块，不同模块实现不同的功能。一般单个模块完成的功能较为简单，设计和调试也相对容易一些。在 C 语言中，一个函数就可以认为是一个模块。

所谓程序模块化，不仅是要将整个程序划分成若干个功能模块，更重要的是，还应该注意保持各个模块之间变量的相对独立性，即保持模块的独立性，尽量少使用全局变量等。对于一些常用的功能模块，还可以封装为一个应用程序库，以便需要时可以直接调用。但在使用模块化时，如果将模块分得太细、太小，又会导致程序的执行效率变低（进入和退出一个函数时，保护和恢复寄存器要占用一些时间）。

4. 定义常数

在程序化设计过程中，对于经常使用的一些常数，如果将它直接写到程序中去，一旦常数的数值发生变化，就必须逐个找出程序中所有的常数，并逐一进行修改，这样必然会降低程序的可维护性。因此，应当尽量采用预处理命令方式来定义常数，而且还可以避免输入错误。

5. 减少判断语句

能够使用条件编译(ifdef)的地方就使用条件编译而不要使用if语句，这样有利于缩短编译生成的代码长度。

6. 表达式

对于一个表达式中各种运算执行的优先顺序不太明确或容易混淆的地方，应当采用圆括号明确指定它们的优先顺序。

7. 函　数

对于程序中的函数，在使用之前，应对函数的类型进行说明，对函数类型的说明必须保证它与原来定义的函数类型一致，对于没有参数和没有返回值类型的函数应加上"void"说明。如果需要缩短代码的长度，可以将程序中一些公共的程序段定义为函数。如果需要缩短程序的执行时间，在程序调试结束后，将部分函数用宏定义来代替。注意：应该在程序调试结束后再定义宏，因为大多数编译系统在宏展开之后才会报错，这样会增加排错的难度。

8. 尽量少用全局变量，多用局部变量。

因为全局变量是放在数据存储器中的，定义一个全局变量，MCU 就少一个可以利用的数据存储器空间，如果定义了太多的全局变量，就会导致编译器没有足够的内存可以分配；而局部变量大多定位于 MCU 内部的寄存器中。在绝大多数 MCU 中，使用寄存器操作速度比数据存储器快，指令也更多、更灵活，有利于生成质量更高的代码，而且局部变量所占用的寄存器和数据存储器在不同的模块中可以重复利用。

9. 设定合适的编译程序选项

许多编译程序有几种不同的优化选项，在使用前应理解各优化选项的含义，然后选用最合适的一种优化方式。通常情况下一旦选用最高级优化，编译程序会近乎病态地追求代码优化，可能会影响程序的正确性，导致程序运行出错。因此，应熟悉所使用的编译器，应知道哪些参数在优化时会受到影响，哪些参数不会受到影响。

K.2　代码的优化

1. 选择合适的算法和数据结构

应熟悉算法语言。将比较慢的顺序查找法用较快的二分查找或乱序查找法代替，插入排序或冒泡排序法用快速排序、合并排序或根排序代替，这样可以大大提高程序执行的效率。

选择一种合适的数据结构也很重要，比如在一堆随机存放的数据中使用了大量的插入和删除指令，比使用链表要快得多。数组与指针具有十分密切的关系，一般来说指针比较灵活简洁，而数组则比较直观，容易理解。对于大部分的编译器，使用指针比使用数组生成的代码更短，执行效率更高。

2. 使用尽量小的数据类型

能够使用字符型(char)变量定义的变量，就不要使用整型(int)变量；能够使用整型变量定义的变量就不要用长整型(long int)；能不使用浮点型(float)变量就不要使用浮点型变量。当然，在定义变量后不要超过变量的作用范围，如果超过变量的赋值范围，C 编译器并不报错，但程序运行结果却错了，而且这样的错误很难发现。

3. 使用自加、自减指令

通常使用自加、自减指令和复合赋值表达式(如 a－＝1 及 a＋＝1 等)都能够生成高质量的程序代码，编译器通常都能够生成 inc 和 dec 之类的指令，而使用 a＝a＋1 或 a＝a－1 之类的指令，有很多 C 编译器都会生成 2～3 个字节的指令。在 IAR C 编译器中，以上几种书写方式生成的代码是一样的，也能够生成高质量的 inc 和 dec 之类的的代码。

4. 减少运算的强度

可以使用运算量小但功能相同的表达式替换原来复杂的的表达式。如下：

(1) 求余运算

```
a=a%8;
```

可以改为：

```
a=a&7;
```

说明：位操作只需一个指令周期即可完成，而大部分的 C 编译器的“%”运算均是调用子程序来完成的，代码长、执行速度慢。通常，只要求是求 $2n$ 方的余数，均可使用位操作的方法来代替。

(2) 平方运算

```
a=pow(a,2.0);
```

可以改为：

```
a=a*a;
```

说明：在自带硬件乘法器的 AVR 单片机中，如 ATMega163 中，乘法运算只需 2 个时钟周期即可完成。既使是在没有内置硬件乘法器的 AVR 单片机中，乘法运算的子程序比平方运算的子程序代码短，执行速度快。如果是求 3 次方，如：

```
a=pow(a,3.0);
```

更改为：

```
a=a*a*a;
```

则效率的改善更明显。

(3) 用移位实现乘除法运算

```
a=a*4;
b=b/4;
```

可以改为：

```
a=a<<2;
b=b>>2;
```

说明：通常如果需要乘以或除以 $2n$，都可以用移位的方法代替。用移位的方法得到代码比调用乘除法子程序生成的代码效率高。实际上，只要是乘以或除以一个整数，均可用移位的方法得到结果，如：

a=a*9

可以改为：

a=(a<<3)+a

5. 循　环

(1) 循环语

对于一些不需要循环变量参加运算的任务可以把它们放到循环外面，这里的任务包括表达式、函数的调用、指针运算和数组访问等，应该将没有必要执行多次的操作全部集合在一起，放到一个 init 的初始化程序中运行。

(2) 延时函数

通常使用的延时函数均采用自加的形式：

```
void delay (void)
{
unsigned int i;
for (i = 0;i<1000;i + +)
; }
```

将其改为自减延时函数：

```
void delay (void)
{
unsigned int i;
for (i = 1000;i>0;i--)
; }
```

两个函数的延时效果相似，但几乎所有的 C 编译对后一种函数生成的代码均比前一种代码少 1～3 个字节，因为几乎所有的 MCU 均为有 0 转移的指令，采用后一种方式能够生成这类指令。在使用 while 循环时也一样，使用自减指令控制循环会比使用自加指令控制循环生成的代码少 1～3 个字母。

但是在循环中有通过循环变量"i"读/写数组的指令时，使用预减循环时有可能使数组超界，这点需要注意。

(3) while 循环和 do…while 循环

用 while 循环时有以下两种循环形式：

```
unsigned int i;
i = 0;
while (i<1000)
{
i + +;
//用户程序
}
```

或：

```
unsigned int i;
i = 1000;
do
i--;
//用户程序
while (i>0);
```

在这两种循环中，使用 do…while 循环比使用 while 循环编译后生成的代码的长度更短。

6. 查　表

在程序中一般不进行非常复杂的运算，如浮点数的乘除及开方等以及一些复杂的数学模型的插补运算，对这些既消耗时间又消耗资源的运算，应尽量使用查表的方式，并且将数据表置于程序存储区。如果直接生成所需的表比较困难，也尽量在启动时先计算，然后在数据存储器中生成所需的表，以后在程序运行中直接查表就可以了，减少了程序执行过程中重复计算的工作量。

7. 其　他

比如使用在线汇编及将字符串和一些常量保存在程序存储器中，均有利于优化。

附录L

DS18B20 简介

L.1 总体特点

高精度数字传感器 DS18B20 是 Dallas 公司的 1-Wire 系列温度传感器。1-Wire 单总线是 Dallas 公司的一项专有技术，它采用单根信号线既传输时钟又传输数据，而且数据传输是双向的。它具有节省 I/O 口线资源、结构简单、成本低廉、便于总线扩展和维护等诸多优点。1-Wire单总线适用于单个主机系统，能够控制一个或多个从机设备。

DS18B20 提供 9～12 位精度的温度测量；电源供电范围是 3.0～5.5 V；温度测量范围 －55～＋125℃，在－10～＋85℃范围内，测量精度是±0.5；增量值最小可为 0.0625℃。将测量温度转换为 12 位的数字量最大需 750 ms。而且 DS18B20 可采用信号线寄生供电，不需额外的外部供电。每个 DS18B20 有唯一的 64 位序列码，这使得可以有多个 DS18B20 在一条单总线上工作。

L.2 内部结构

DS18B20 的内部框图如图 L－1 所示。64 位 ROM 存储器件具有独一无二的序列号。暂存器包含两字节（0 和 1 字节）的温度寄存器，用于存储温度传感器的数字输出。暂存器还提供一字节的上线警报触发（T_H）和下线警报触发（T_L）寄存器（2 和 3 字节），以及一字节的配置寄存器（4 字节），使用者可以通过配置寄存器来设置温度转换的精度。暂存器的 5、6 和 7 字节器件内部保留使用。第 8 字节含有循环冗余码（CRC ）。

使用寄生电源时，DS18B20 不需额外的供电电源；当总线为高电平时，功率由单总线上的上拉电阻通过 DQ 引脚提供；高电平总线信号同时也向内部电容 C_{PP}充电，C_{PP}在总线低电平时为器件供电。

DS18B20 加电后，处在空闲状态。要启动温度测量和模拟到数字的转换，处理器需向其发出 Convert T [44h] 命令；转换完成后，DS18B20 回到空闲状态。温度数据是以带符号位的 16 位补码形式存储在温度寄存器中的，如图 L－2 所示。

符号位说明温度是正值还是负值，正值时 S=0，负值时 S=1。表 L－1 给出了一些数字输出数据与对应的温度值的例子。

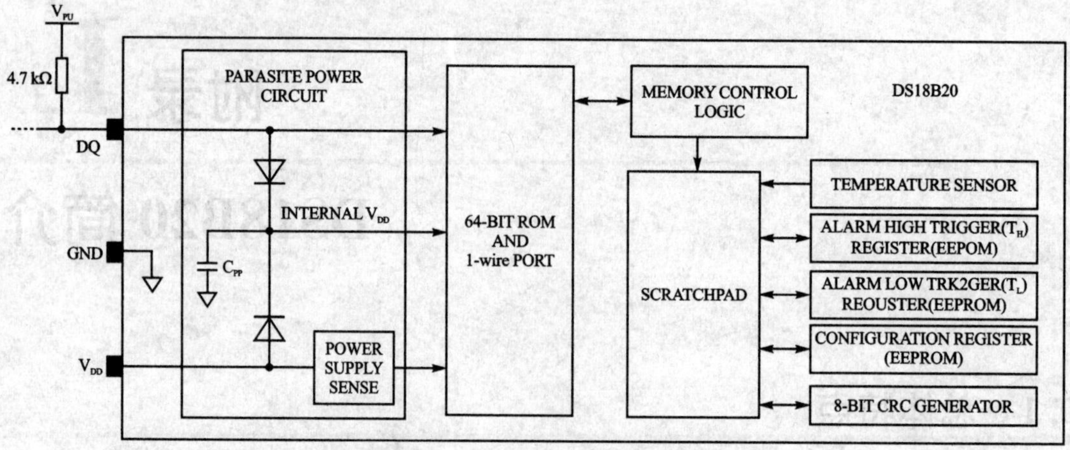

图 L－1　DS18B20 的内部框图

	bit 7	bit 6	bit 5	bit 4	bit 3	bit 2	bit 1	bit 0
LSB	2^3	2^2	2^1	2^0	2^{-1}	2^{-2}	2^{-3}	2^{-4}
	bit 15	bit 14	bit 13	bit 12	bit 11	bit 10	bit 9	bit 8
MSB	S	S	S	S	S	2^6	2^5	2^4

图 L－2　温度寄存器格式

表 L－1　温度/数据的关系

温　度/℃	数据输出(二进制)	数据输出(十六进制)
＋125	0000 0111 1101 0000	07D0H
＋85	0000 0101 0101 0000	0550H
＋25.0625	0000 0001 1001 0001	0191H
＋10.125	0000 00000 1010 0010	00A2H
＋0.5	0000 0000 0000 1000	0008H
0	0000 0000 0000 0000	0000H
－0.5	1111 1111 1111 1000	FFF8H
－10.125	1111 1111 0101 1110	FF5EH
－25.0625	1111 1110 0110 1111	FE6FH
－55	1111 1100 1001 0000	FC90H

L.3　硬件配置

设备(主机或从机)通过一个漏极开路或三态端口，连接至单总线，这样可允许设备在不发送数据时释放数据总线，以便总线被其他设备使用。DS18B20 的单总线端口为漏极开路，其内部等效电路如图 L－3 所示。

单总线需接一个 5 kΩ 的外部上拉电阻，因此，DS18B20 的闲置状态为高电平。不管什么

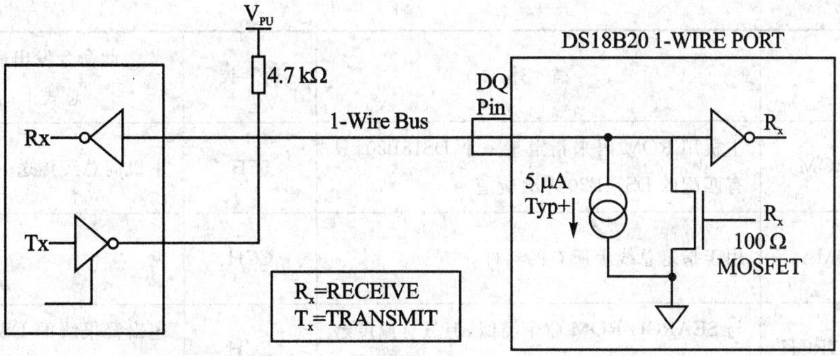

图 L-3　DS18B20 内部等效电路图

原因，只要传输过程需要暂时挂起，且要求传输过程还能继续的话，则总线必须处于空闲状态。位传输之间的恢复时间没有限制，只要总线在恢复期间处于空闲状态即可。如果总线保持低电平的时间超过 480 μs，则总线上所有的器件将复位。

L.4　命令序列

① 初始化；

② ROM 命令跟随着需要交换的数据；

③ 功能命令跟随着需要交换的数据。

访问 DS18B20 必须严格遵守上述命令序列。如果任何一步丢失或是序列混乱，DS18B20 都不会响应主机(除了 Search ROM 和 Alarm Search 两个命令，在它们之后，主机都必须返回到第①步)。

1. 初始化

DS18B20 所有的数据交换都由一个初始化序列开始。包括主机发出的复位脉冲和跟在其后的由 DS18B20 发出的应答脉冲构成。当 DS18B20 发出响应主机的应答脉冲时，即向主机表明它已处在总线上并且准备工作。

2. ROM 命令

ROM 命令通过每个器件 64 位的 ROM 码，使主机指定某一特定器件(如果有多个器件挂在总线上)与之进行通信。DS18B20 的 ROM 如表 L-2 所列，每个 ROM 命令都是 8 位长。

表 L-2　DS18B20 ROM 命令

命　令	描　述	协　议	此命令发出后，1-Wire 总线上的活动
SEARCH ROM	识别总线上挂着的所有 DS18B20 的 ROM 码	F0H	所有 DS18B20 向主机传送 ROM 码
READ ROM	当只有一个 DS18B20 挂在总线上时，可用此命令来读取 ROM 码	33H	DS18B20 向主机传送 ROM 码

续表 L-2

命令	描述	协议	此命令发出后，1-Wire 总线上的活动
MATCH ROM	主机用 ROM 码来指定某一个 DS18B20，只有匹配的 DS18B20 才会响应	55H	主机向总线传送一个 ROM 码
SKIP ROM	用于指定总线上所有的器件	CCH	无
ALARM SEARCH	与 SEARCH ROM 命令类似，但只有温度超出警报线的 DS18B20 才会响应	ECH	超出警报线的 DS18B20 向主机传送 ROM 码

3. 功能命令

主机通过功能命令对 DS18B20 进行读/写 Scratchpad 存储器，或者启动温度转换。DS18B20 的功能命令如表 L-3 所列。

表 L-3　DS18B20 功能命令

命令	描述	协议	此命令发出后，1-Wire 总线上的活动
	温度转换命令		
Convert T	开始温度转换	44H	DS18B20 向主机传送转换状态（寄生电源不适用）
	存储器命令		
Read Scratchpad	读暂存器完整的数据	BEH	DS18B20 向主机传送总共 9 个字节的数据
Write Scratchpad	向暂存器的 2、3 和 4 字节写入数据（T_H，T_L 和精度）	4EH	主机向 DS18B20 传送 3 个字节的数据
Copy Scratchpad	将 T_H、T_L 和配置寄存器的数据复制到 EEPROM	48H	无
Recall E2	将 T_H、T_L 和配置寄存器的数据从 EEPROM 中调到暂存器中	B8H	DS18B20 向主机传送调用状态
Read Power Supply	向主机示意电源供电状态	B4H	DS18B20 向主机传送供电状态

L.5　DS18B20 的信号方式

DS18B20 采用严格的单总线通信协议，以保证数据的完整性。该协议定义了几种信号类型：复位脉冲、应答脉冲、写 0、写 1、读 0 和读 1。除了应答脉冲所有这些信号都由主机发出同步信号。总线上传输的所有数据和命令都是以字节的低位在前。

1. 初始化序列：复位脉冲和应答脉冲

在初始化过程中，主机通过拉低单总线至少 480 μs，以产生复位脉冲（T_X）。然后主机释放总线并进入接收(R_X)模式。当总线被释放后,5 kΩ 的上拉电阻将单总线拉高。DS18B20 检测到这个上升沿后,延时 15~60 μs,通过拉低总线 60~240 μs 产生应答脉冲。初始化波形如图 L-4 所示。

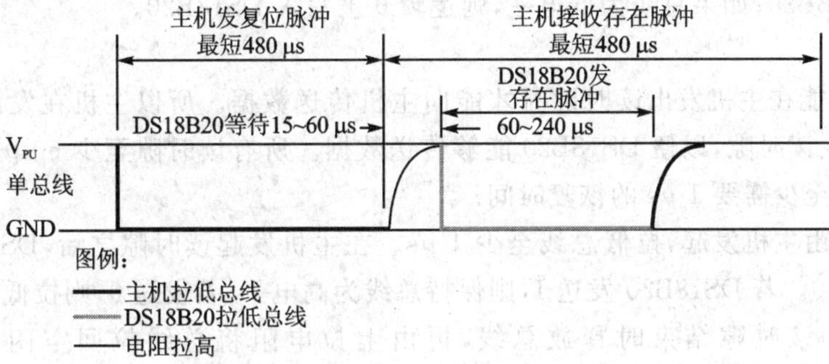

图 L-4 初始化脉冲

2. 读/写时隙

在写时隙期间,主机向 DS18B20 写入数据;而在读时隙期间,主机读入来自 DS18B20 的数据。在每一个时隙,总线只能传输一位数据。读/写时隙如图 L-5 所示。

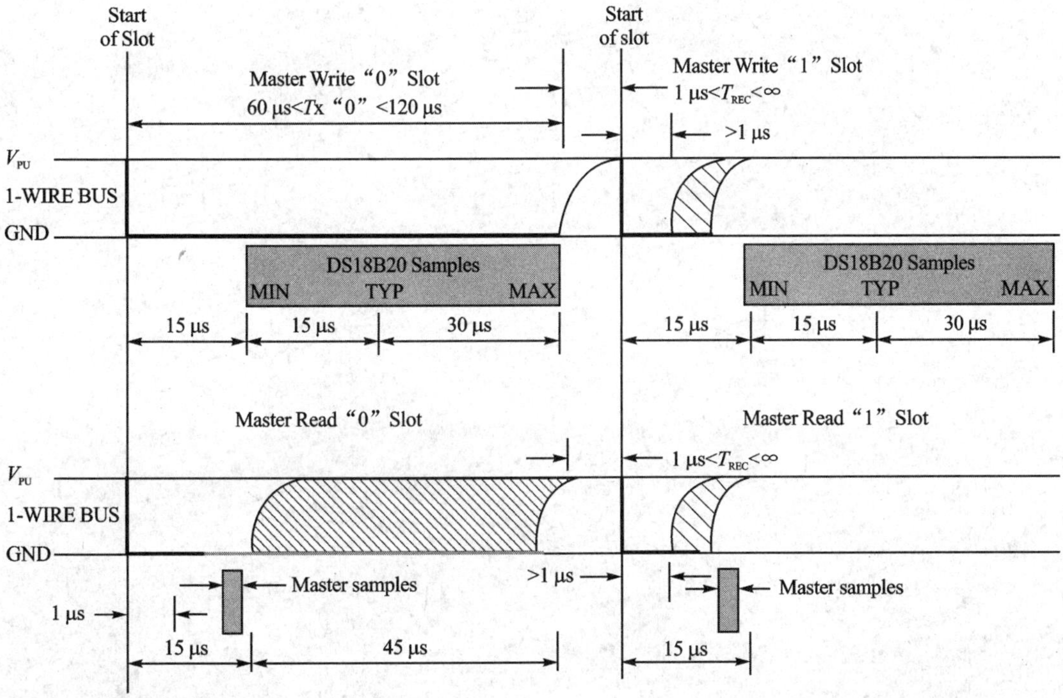

图 L-5 DS18B20 读/写时隙图

(a) 写时隙

存在两种写时隙:"写 1"和"写 0"。主机在写 1 时隙向 DS18B20 写入逻辑 1,而在写 0 时隙向 DS18B20 写入逻辑 0。所有写时隙至少需要 60 μs,且在两次写时隙之间至少需要 1 μs 的恢复时间。两种写时隙均以主机拉低总线开始。

产生写 1 时隙：主机拉低总线后，必须在 15 μs 内释放总线，然后由上拉电阻将总线拉至高电平。产生写 0 时隙：主机拉低总线后，必须在整个时隙期间保持低电平（至少 60 μs）。

在写时隙开始后的 15～60 μs 期间，DS18B20 采样总线的状态。如果总线为高电平，则逻辑 1 被写入 DS18B20；如果总线为低电平，则逻辑 0 被写入 DS18B20。

(b) 读时隙

DS18B20 只能在主机发出读时隙时才能向主机传送数据。所以主机在发出读数据命令后，必须马上产生读时隙，以便 DS18B20 能够传送数据。所有读时隙至少 60 μs，且在两次独立的读时隙之间至少需要 1 μs 的恢复时间。

每次读时隙由主机发起，拉低总线至少 1 μs。在主机发起读时隙之后，DS18B20 开始在总线上传送 1 或 0。若 DS18B20 发送 1，则保持总线为高电平；若发送 0，则拉低总线。当传送 0 时，DS18B20 在该时隙结束时释放总线，再由上拉电阻将总线拉回空闲高电平状态。DS18B20 发出的数据在读时隙下降沿起始后的 15 μs 内有效，因此，主机必须在读时隙开始后的 15 μs 内释放总线，并且采样总线状态。

参考文献

[1] 丁化成,狄德根,李君凯. AVR 单片机应用设计[M]. 北京:北京航空航天大学出版社,2002.

[2] Larry O'Cull,Sarah Cox. 嵌入式 C 编程与 Atmel AVR[M]. 周俊杰,等译. 北京:清华大学出版社,2003.

[3] 马潮,詹卫前,耿德根. Atmega8 原理与应用手册[M]. 北京:清华大学出版社,2003.

[4] 周润景,张丽娜. 基于 PROTEUS 的电路及单片机系统设计与仿真[M]. 北京:北京航空航天大学出版社,2006.

[5] 周润景,袁伟亭,景晓松. 基于 PROTEUS 的 51 及 ARM 应用 100 例[M]. 北京:电子工业出版社,2006.

[6] AT90S4434/8535 用户手册.

[7] ATmega8 用户手册.

[8] 李立军,丁化成. AT90S8535 单片机与液晶显示模块的接口设计[J]. 仪器仪表用户,2002,19(6).

[9] 李军,刘君华. AVR 单片机的特点及应用[J]. 测控技术,2002,21(7).

基于 PROTEUS 的电路与单片机系统设计与仿真 （含光盘）

周润景　张丽娜　编著

2006 年 6 月出版　　书号 ISBN 7-81077-835-8　　定价：45.00 元

本书分为基础篇与应用篇两部分。基础篇讲述软件的使用，包括电子线路部分与单片机部分。电子线路部分介绍了如何使用 PROTEUS 软件分析模拟电路、数字电路及模数混合电路，包括模拟与数字激励信号的编辑、各种分析（如瞬态分析、傅里叶分析、交直流参数扫描分析、直流工作点分析、失真分析、噪声分析、传输函数分析和音频响应分析等）的物理意义及方法；单片机部分详细说明了如何使用该软件设计与仿真单片机系统，包括利用软件自带的编译器编译程序和利用第三方工具编译程序。应用篇通过多个实例说明了 PROTEUS 在模拟电路、数字电路及单片机电路设计中的应用，包括题目、技术指标、系统方案、单元电路设计、软件流程、源程序、调试方法及步骤、测试结果与 PCB 制板等。本书附带光盘 1 张，包括 PROTEUS 软件的演示版软件及书中涉及的例子。

本书可作为从事电路设计的科研与工程技术人员、高校师生及广大电子爱好者的参考书籍，对科技开发，电路系统教学，以及学生的实验、课程设计、毕业设计、电子设计竞赛等都有很大的帮助。